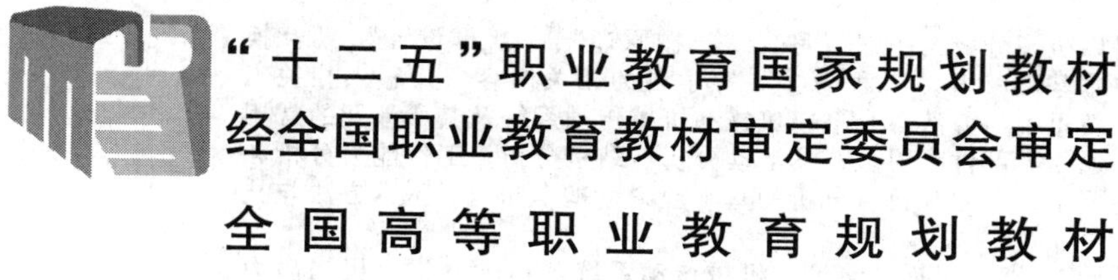

机械分析应用基础

程时甘　黄劲枝　主　编

机械工业出版社

本书是以机械分析为主线，整合“机械原理”、“机械设计”、“互换性与测量技术基础”及“工程力学”等学科的相关内容，并融入相关工程常识和创新思维与方法。全书以机械和机械传动系统及其所涉及的常用传动机构和通用零部件为对象，按运动分析、结构分析、工作能力分析和精度分析的要求，介绍了机械分析的基本理论、基本知识、基本方法与技术。

全书共计11章，包括：绪论、机械传动系统的运动分析、机构静力分析基础、常用机构、机械零件工作能力分析基础、挠性传动、齿轮传动、轴、轴承、连接、机械零部件精度分析。本书可供高职高专机械类、近机类各专业教学使用，也可供有关工程技术人员参考。

为方便教师教学使用，本书配有教学指南、电子教案、习题参考答案及其他相关教学资源。有此需要的教师请登录顺德职业技术学院网站（www. sdpt. com. cn），在“已获国家级省级精品课”下拉列表选择本课程，即可进入国家精品课程“机械分析应用基础”网站进行下载。

读者也可以登录机械工业出版社教材服务网 www. cmpedu. com 免费注册后进行下载，或联系编辑索取（QQ：1239258369，电话（010）88379739）。

图书在版编目（CIP）数据

机械分析应用基础/程时甘，黄劲枝主编．—北京：机械工业出版社，2013.10（2017.7 重印）

全国高等职业教育规划教材

ISBN 978-7-111-45418-2

Ⅰ.①机…　Ⅱ.①程…②黄…　Ⅲ.①机械－结构分析－高等职业教育－教材　Ⅳ.①TH112

中国版本图书馆 CIP 数据核字（2014）第 008864 号

机械工业出版社（北京市百万庄大街 22 号　邮政编码 100037）
责任编辑：刘闻雨　管　娜　版式设计：霍永明
责任校对：刘怡丹　责任印制：李　飞
北京机工印刷厂印刷（三河市南杨庄国丰装订厂装订）
2017 年 7 月第 1 版第 2 次印刷
184mm×260mm · 22.5 印张 · 541 千字
3 001—4 200 册
标准书号：ISBN 978-7-111-45418-2
定价：47.00 元

凡购本书，如有缺页、倒页、脱页，由本社发行部调换

电话服务　　网络服务
社服务中心：(010)88361066　教 材 网：http://www. cmpedu. com
销售一部：(010)68326294　机工官网：http://www. cmpbook. com
销售二部：(010)88379649　机工官博：http://weibo. com/cmp1952
读者购书热线：(010)88379203　**封面无防伪标均为盗版**

全国高等职业教育规划教材机电类专业委员会成员名单

出版说明

根据“教育部关于以就业为导向深化高等职业教育改革的若干意见”中提出的高等职业院校必须把培养学生动手能力、实践能力和可持续发展能力放在突出的地位，促进学生技能的培养，以及教材内容要紧密结合生产实际，并注意及时跟踪先进技术的发展等指导精神，机械工业出版社组织全国近60所高等职业院校的骨干教师对在2001年出版的“面向21世纪高职高专系列教材”进行了全面的修订和增补，并更名为“全国高等职业教育规划教材”。

本系列教材是由高职高专计算机专业、电子技术专业和机电专业教材编委会分别会同各高职高专院校的一线骨干教师，针对相关专业的课程设置，融合教学中的实践经验，同时吸收高等职业教育改革的成果而编写完成的，具有“定位准确、注重能力、内容创新、结构合理和叙述通俗”的编写特色。在几年的教学实践中，本系列教材获得了较高的评价，并有多个品种被评为普通高等教育“十一五”国家级规划教材、“十二五”职业教育国家规划教材。在修订和增补过程中，除了保持原有特色外，针对课程的不同性质采取了不同的优化措施。其中，核心基础课程的教材在保持扎实的理论基础的同时，增加实训和习题；实践性较强的课程强调理论与实训紧密结合；涉及实用技术的课程则在教材中引入了最新的知识、技术、工艺和方法。同时，根据实际教学的需要对部分课程进行了整合。

归纳起来，本系列教材具有以下特点：

1）围绕培养学生的职业技能这条主线来设计教材的结构、内容和形式。

2）合理安排基础知识和实践知识的比例。基础知识以“必需、够用”为度，强调专业技术应用能力的训练，适当增加实训环节。

3）符合高职学生的学习特点和认知规律。对基本理论和方法的论述容易理解、清晰简洁，多用图表来表达信息；增加相关技术在生产中的应用实例，引导学生主动学习。

4）教材内容紧随技术和经济的发展而更新，及时将新知识、新技术、新工艺和新案例等引入教材。同时注重吸收最新的教学理念，并积极支持新专业的教材建设。

5）注重立体化教材建设。通过主教材、电子教案、配套素材光盘、实训指导和习题及解答等教学资源的有机结合，提高教学服务水平，为高素质技能型人才的培养创造良好的条件。

由于我国高等职业教育改革和发展的速度很快，加之我们的水平和经验有限，因此在教材的编写和出版过程中难免出现问题和错误。我们恳请使用这套教材的师生及时向我们反馈质量信息，以利于我们今后不断提高教材的出版质量，为广大师生提供更多、更适用的教材。

机械工业出版社

前　言

国家级精品课程“机械分析应用基础”是高等职业院校机械专业基础平台课程，也是机械行业技术基础平台课程。本教材的编写力求符合高职教学特点和学生学习规律，尤其在专业基础知识如何实现向职业能力转化、专业基础课程如何体现“工学结合”等方面，做出了突破性的改革与创新。本教材无论是在内容体系结构上或是在内容组织编排上都不同于同类教材的一般模式，书中融入了全新的高职课程教学理念。与现行同类教材比较，本书具有如下特点。

1）构建全新的教材体系。针对现行“机械设计基础”教材仍以“机械设计”为主线，存在不符合高职教学特点以及不适应高职毕业生就业岗位需要的状况，本教材以“机械分析”为主线，以实际应用为目的，以典型机械设备为对象，按其运动分析、结构分析、工作能力分析、精度分析的要求，整合“机械原理”、“机械设计”、“互换性与测量技术基础”及“工程力学”等传统学科的相关内容（其中包含使用与维护等方面的工程常识），并融入创新思维与方法编写而成。

2）打破传统学科的界限。本教材虽涉及多门传统学科，但在教材内容的组织编排上，紧紧围绕所研究的对象，沿着“机械分析”这一主线，并以解决机械行业职业岗位所面临的实际问题为目的，筛选、整合、处理教材内容。因此，全书在很大程度上摆脱了传统学科界限以及系统化知识体系的束缚，力求写成一本符合毕业生职业岗位需求，并有利于可持续发展的机械行业技术基础教材。

3）图文并茂，简明实用。本教材大量采用实物简图帮助读者理解所述内容，语言叙述和理论分析简明扼要；尽可能采用图表对照法处理一些相关内容，通过对照、比较，使其中的共性和个性问题一目了然；淡化抽象而复杂的理论分析，简化公式的演绎推导，重结论、重应用，力求计算方法简明实用，有效地避免了繁琐、累赘的知识罗列和长篇叙述等弊端。

4）选用丰富的工程案例。本教材以工程案例为载体进行分析讲解，使得许多力学问题不再模型化、抽象化、复杂化。增强了教材内容的工程背景及针对性、实用性，并使其直观、具体、浅显易懂，有利于学以致用，学用结合。

5）有较强的适应性。在教材内容编排中具有一定的柔性，无论是教材的知识结构，还是教材的章节或是题例、思考与习题，均给教师以灵活取舍的空间。因此学时适应范围较大。

6）本教材贯彻最新国家标准；并融入机械行业相关的新知识、新技术。

参加本书编写的有：顺德职业技术学院程时甘（第1、7、10章）、皮云云（第2、6章）、黄劲枝（第3、11章）、冯光林（第4、8章）、李会文（第5章）、曾宪荣（第9章）。程时甘、黄劲枝担任主编并最终统稿。

由于编者水平所限，且高职高专教材改革尚处于探索阶段，书中不妥之处在所难免，欢迎专家、学者及读者提出宝贵意见。

编　　者

目　　录

第1章　绪　　论

在现代的生产过程和日常生活中，机械被广泛地用来代替或减轻人的劳动、提高生产率和产品质量。机械的发展程度和机械工业的生产水平，是衡量一个国家现代化程度的重要标志之一。

本课程研究的对象是机械，它是机器与机构的总称。

1.1　机械的组成

1.1.1　机器和机构

人们在生产和生活的各个领域中广泛地使用着名目繁多的机器，例如机床、电动机、内燃机、起重机、汽车、自行车、缝纫机、洗衣机等。尽管这些机器的结构、性能和用途各不相同，但它们具有一些共同的特征。

图 1-1 所示为单缸四冲程内燃机。气缸中的活塞 2 下行，燃气通过进气阀 3 吸入气缸后，进气阀关闭；活塞上行压缩燃气，点火，燃气在气缸中燃烧产生压力，推动活塞下行，通过连杆 5 带动曲轴 6 转动，向外输出机械能。活塞再次上行，排气阀 4 开启，废气通过排气阀被排出气缸。燃气推动活塞作往复运动，经过连杆使曲轴作连续转动。凸轮 7 和顶杆 8 用来启闭进气阀和排气阀。在曲轴和凸轮轴之间安装了齿数比为 1∶2 的齿轮 10 和 9，以保证曲轴每转两周，进气阀、排气阀各启闭一次。这样，各个机件的协调动作，将燃气的热能转换为曲轴转动的机械能。

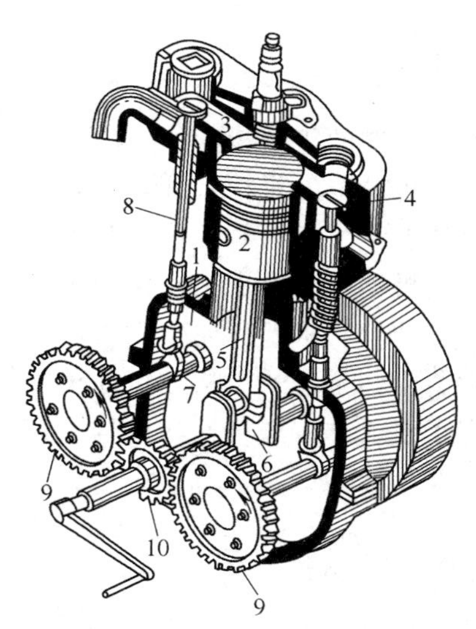

图 1-1　单缸四冲程内燃机

1—气缸体　2—活塞　3—进气阀　4—排气阀　5—连杆　6—曲轴　7—凸轮　8—顶杆　9、10—齿轮

图 1-2 所示为牛头刨床。它由电动机 1、小齿轮 2、大齿轮 3、用销轴装在大齿轮侧面的滑块 4、导杆 5、镶在导杆滑槽中绕定轴转动的滑块 6、刨头 7、刀架 8、工作台 9、丝杠 10、床身 11 等机件组成。电动机 1 通过带传动（图中未画出）使小齿轮 2 带动大齿轮 3 转动，导杆 5 往返摆动，导杆上端用销轴连接的刨头 7 作往复直线移动，从而产生刨削动作。与此同时，动力还通过其他辅助部分（图中未画出）带动丝杠 10 作间歇转动，使工作台 9 横向移动，从而实现工件的进给动作。这样，各个机件的协调动作，把电动机的电能最后转换为刨刀往复切削工件的机械能。

以上仅举了两个实例。从对不同机器的分析中可以看到，机器具有如下几个共同特点：

1）它们都是一种人造的实物（机件）组合体。

2）各个运动实物之间具有确定的相对运动。

3）能变换或传递能量、物料和信息。例如，电动机、内燃机用来变换能量；牛头刨床用来变换物料的形状；起重运输机用来传递物料；计算机用来变换和传递信息等。

凡同时具备上述三个特征的实物组合体就称为机器。

进一步分析上述两个机器可以看到，在机器的各种运动中，有些机件能实现往复运动；有些机件能实现回转运动；有些是利用机件自身的轮廓曲线来实现预期规律的移动或摆动。因此，人们根据实现这些运动形式的机件的外形特点，把相应的一些机件的组合称为机构。例如，图 1-1 所示的内燃机，活塞 2、连杆 5、曲轴 6 和气缸体 1 组成曲柄滑块机构，可将活塞的往复移动转变为曲轴的连续转动；凸轮 7、顶杆 8、气缸体 1 组成凸轮机构，将凸轮的连续转动转换为顶杆有规律的往复移动；凸轮轴上的齿轮 9、曲轴上的齿轮 10 和气缸体 1 组成齿轮传动机构，使轴之间保持一定的转速比。

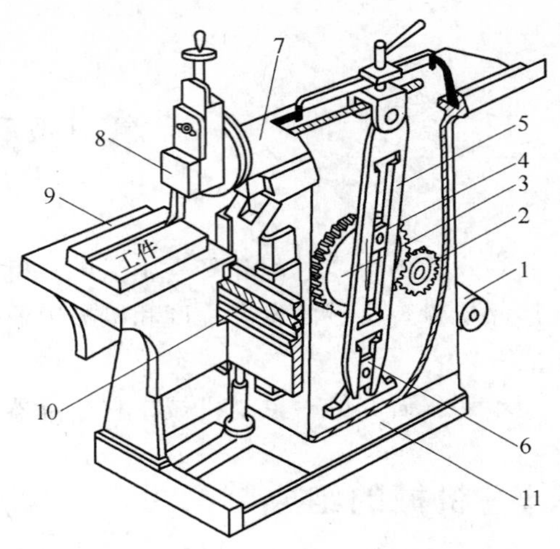

图 1-2　牛头刨床

1—电动机　2、3—齿轮　4、6—滑块　5—导杆　7—刨头　8—刀架　9—工作台　10—丝杠　11—床身

由此可见，机器是由各种机构组成的，机构具有机器的前两个特征。也就是说，机构是实现预期的机械运动的实物组合体；而机器则是能实现预期的机械运动并完成有用机械功或转换机械能的机构系统。因此，仅从结构和运动方面来看，机器和机构两者之间并无区别，习惯上常将机器和机构统称为机械。

机器的种类很多，但是组成机器的机构种类却是有限的。机器中常用的机构有连杆机构、凸轮机构、齿轮传动机构、间歇运动机构、带传动机构、链传动机构等。多数机器都包含若干个不同的机构。最简单的机器只含有一个最简单的机构，如电动机只含一个由转子和定子组成的双连杆回转机构。

就功能而言，机器主要由以下四部分组成（图 1-3）：

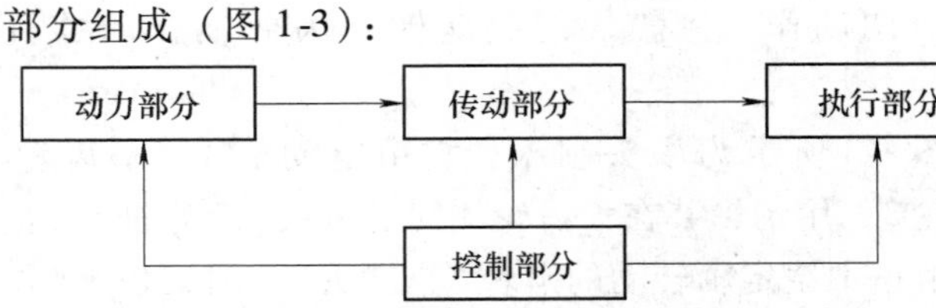

（1）动力部分　是机器工作的动力源，最常用的动力机（即原动机）有电动机、内燃机，其功用是把其他形式的能量转变为机械能，以驱动机器运动并作功。

动力部分　传动部分　执行部分

控制部分

图 1-3　机器的组成

（2）传动部分　是机器中将原动机的运动和动力传递给执行部分的中间部分。机器的传动部分大多使用机械传动系统，也有使用液压、气压和电力的传动系统。机械传动是大多数机器必不可少的组成部分，常采用连杆机构、凸轮机构、齿轮传动机构、带传动机构等。

（3）执行部分　是直接完成机器预定功能的部分。例如，汽车的车轮系统、压路机的压辊系统、机床的刀架系统等。

（4）控制部分　其作用是控制机器的开动和停止，改变运动的速度和方向，输出或切断动力等。例如，汽车的转向盘、排挡杆、制动踏板、离合器踏板及油门等就组成了汽车的控制系统。有的仅采用电子控制系统，如电风扇的开关控制。现代机器的控制部分，一般来说，既包括机械控制系统又包括电子控制系统，并且广泛采用了计算机控制，使机器的结构简化而性能显著提高。

需要指出的是，随着近代科学技术的发展，机构和机器的概念也有所扩展。例如，组成机构的机件在某些情况下已不再是单纯的刚体，也可以是挠性体或弹性体，或是液压、气动、电磁件；有时气体和液体也参与实现了预期的机械运动；某些机器还包含了使其内部各机构正常动作的控制系统以及信息处理和传递系统；在某些方面，机器不仅可以代替人的体力劳动，还可以代替人的脑力劳动，如电子计算机。

1.1.2 构件和零件

组成机械的各个相对运动的机件称为构件，它是机械的运动单元，如汽车的车轮、车床的主轴等。零件是组成机械的基本单元，如螺钉、螺母、轴等。构件可以是单一的零件，如内燃机中的曲轴；也可以是由几个零件装配而成的刚性结构，如图 1-4 所示内燃机中的连杆，是由连杆体 1、连杆盖 4、螺栓 2 以及螺母 3 等零件组成的。

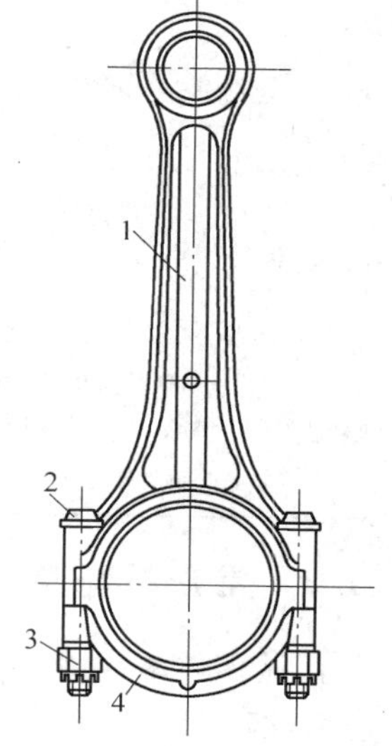

图 1-4 内燃机中的连杆
1—连杆体 2—螺栓
3—螺母 4—连杆盖

在机器中普遍使用的零件称为通用零件，如齿轮、螺钉、轴等；只在某些机器中使用的零件称为专用零件，如汽轮机中的叶片、内燃机中的活塞、起重机中的吊钩等。另外，把为完成共同任务而结合起来的一组零件称为部件，它是机器装配的单元，如联轴器、滚动轴承、减速器等。

1.2 机械零件常用材料及其性能

1.2.1 材料的力学性能

金属材料受到外力作用时表现出来的性能称为力学性能，它是机械零件工作能力分析的重要依据。力学性能主要包括强度、塑性、硬度、冲击韧度和疲劳强度等，如表 1-1 所示。

表 1-1 材料的力学性能

力学性能	含义	测定方法
强度	材料抵抗塑性变形（永久变形）和断裂的能力	常用的强度指标有屈服极限 σ_S 和强度极限 σ_b。测定强度通常采用试验法，其中拉伸试验应用最普遍（参见第 5 章）
塑性	材料在外力作用下产生塑性变形而不断裂的能力	常用的塑性指标有断后伸长率 A 和断面收缩率 Z，这些指标也可在拉伸试验中测出 材料的 A 和 Z 越大，其塑性越好，也越有利于锻压、冷压和冷拔等压力加工

（续）

力学性能	含义	测定方法
硬度	材料表面抵抗硬物压入的能力	硬度的常用测试方法： 1）布氏硬度试验法。其指标为 HBW，压入被测试材料表面的压头为硬质合金球，适用于 450～650HBW 的材料。常用于测定经退火、正火、调质处理的钢及铸铁、有色金属的硬度，但因压痕较大，不宜测试成品或薄壁金属的硬度 2）洛氏硬度试验法。常用指标为 HRC，压入被测试材料表面的压头为淬火钢球。操作简便，压痕小，可直接测定薄壁件和成品件，且硬度测试范围大
冲击韧度	材料在冲击载荷作用下抵抗破坏的能力	以冲击韧度 A_K 来表征。冲击韧度是通过冲击试验测定的。冲击试验中一次冲断试样单位截面积所消耗的冲击吸收功即为 A_K。A_K 值越大，材料的韧性就越好，在受到冲击时越不容易断裂
疲劳强度	材料抵抗疲劳破坏的能力 疲劳破坏是指材料在交变应力（参见第 5 章）作用下的破坏	疲劳强度是在专门的疲劳试验机上测定的。工程上用的疲劳强度，对于钢铁材料，是指应力循环次数为 10^7 时不发生断裂的最大应力

1.2.2 常用材料及牌号

机械零件中常用的材料主要是钢和铸铁，其次是有色金属合金和非金属材料。

1. 钢

钢是碳的质量分数在 0.02%～2.11% 的铁碳合金。钢具有高的强度、良好的韧性和塑性，并可通过热处理工艺改善其力学性能，是工业中用量最大的金属材料。

钢按化学成分可分为碳素钢和合金钢；按品质可分为普通钢、优质钢、高级优质钢；按用途可分为结构钢、工具钢和特殊性能钢；按成形方法分为锻钢、铸钢、热轧钢、冷拉钢。钢的品种繁多，常用钢种的牌号及应用见表 1-2。

2. 铸铁

铸铁是碳的质量分数 >2.11% 的铁碳合金。铸铁是较早被使用的材料，也是最便宜的金属材料之一。铸铁只能用铸造成形法制造零件毛坯，不能用锻造或轧制的方法。机械零件常用铸铁的牌号及应用见表 1-3。

表 1-2 常用钢种的牌号及应用

种类	牌号示例	应用
普通碳素结构钢	牌号以“Q＋数字＋字母＋字母”表示 例如，Q235CF 即表示屈服点为 235 MPa 的 C 级沸腾钢 常用的有 Q275A、Q235A、Q215A 等	主要用于制造一般要求、受力不大的机械零件
优质碳素结构钢	牌号以“两位数字＋Mn”表示 例如，45 钢表示平均碳的质量分数为 0.45% 的优质碳素结构钢；65Mn 表示平均碳的质量分数为 0.65%，锰的质量分数为 0.70%～1.20% 的高锰优质碳素结构钢 常用的有 35 钢、45 钢、50 钢、65Mn 等	具有良好的综合力学性能，可用来制造各种机械零件

（续）

种类	牌号示例	应用
合金结构钢	牌号以“两位数字+元素+数字+…”表示 例如，20CrMnTi 表示平均碳的质量分数为 0.20%，主要合金元素 Cr、Mn 含量均低于 1.5%，并含有微量 Ti 的合金结构钢 常用的合金渗碳钢有 20Cr、20CrMnTi 等；合金调质钢有 40Cr、35CrMo 等；弹簧钢有 60Si2Mn、65Mn 等；滚动轴承钢有 GCr9、GCr15 等	具有强度高、韧性好、耐蚀性强等良好性能，常用于制造重要或特殊要求的机械零件
铸钢	牌号由“ZG”和两组数字组成 例如，ZG270-500 表示 $\sigma_S \geq 270$MPa、$\sigma_b \geq 500$MPa 的一般工程用铸造碳素钢 常用的有 ZG270-500、ZG310-570 等	可以铸造成各种形状的零件，其强度和韧性均较好

表 1-3　常用铸铁的牌号及应用

种类	牌号示例	应用
灰铸铁	牌号由“HT”和一组数字组成 例如，HT200 表示最小抗拉强度为 200 MPa 的灰铸铁 常用的有 HT200、HT250、HT300 等	与普通碳钢相比，其抗拉强度和塑性、韧性都远低于钢，但耐磨性、减振性、工艺性好。常用于制造带轮、机座和箱体等零件
球墨铸铁	牌号由“QT”和两组数字组成 例如，QT400-18 表示最小抗拉强度为 400 MPa，断后伸长率为 18% 的球墨铸铁 常用的有 QT400-18、QT600-3、QT900-2 等	与灰铸铁相比，抗拉强度和弯曲疲劳极限较高，塑性、韧性、刚性良好，但减振能力比灰铸铁低很多。可通过合金化和热处理提高其机械性能。故可在一定条件下代替铸钢、锻钢等，用以制造受力复杂、载荷较大和要求耐磨的铸件

3. 有色金属

在工程上通常把钢铁材料称为黑色金属，而把其他金属材料称为非铁金属或有色金属。常用有色金属的牌号及应用见表 1-4。

4. 非金属材料

非金属材料通常是指除金属材料以外的一切工程材料，常用种类见表 1-5。

表 1-4　常用有色金属牌号及应用

种类	牌号示例	应用
铝及其合金	变形铝合金：2A01，7A04，2A50 等 铸造铝合金：ZL101，ZL201，ZL301，ZL401 等	纯铝的强度、硬度低，不适合制作受力的机械零件。但加入合金元素的铝合金既具有高强度又能保持纯铝的优良特性，是轻质结构件的重要材料
铜及其合金	H70（普通黄铜） HPb59-1（特殊黄铜） ZCuZn40Pb2（铸造黄铜） ZCuSn3Zn8Pb6Nil（铸造锡青铜） ZCuAl10Fe3（铸造铝青铜）	纯铜强度低，不宜做结构零件。机械产品常用黄铜和青铜。例如，锡青铜具有良好的强度、硬度、耐蚀性和铸造性，可用来制作耐磨零件和与酸、碱、蒸汽等接触的零件。锡青铜价格昂贵，常用铝青铜替代

（续）

种类	牌号示例	应用
轴承合金	ZSnSb12Pb10Cu4（锡基） ZPbSb15Sn10（铅基） ZCuSn5Pb5Zn5（铜基） ZAlSn6Cu1Ni1（铝基）	具有良好的耐磨性、耐蚀性、导热性。一定的塑性、韧性和较小的膨胀系数，因此常用于制造滑动轴承轴瓦及内衬

表 1-5　常用非金属材料及其应用

种类	应用
工程塑料	是指可以替代金属材料制造机械零件的塑料，属高分子材料。与普通塑料和金属材料比较，其比强度（强度/密度）高，化学稳定性好，具有优良的耐磨性、减摩性、自润滑性，良好的绝缘性、减振性、消声性及成形工艺性等；其缺点是强度和硬度比金属材料低，耐热性和导热性差，容易老化
橡胶	属于高分子材料。有很高的弹性，优良的伸缩性，很好的储能能力，并有良好的耐磨性、隔声性和阻尼特性，故广泛用于制作密封件、减振件、传动带、轮胎等制品。可与其他材料（如金属、纤维、石棉和塑料等）结合而成为复合材料
合成纤维	是指以石油、天然气、煤及农副产品等作为原料，经过化学合成方法而制得的化学纤维。普通合成纤维有锦纶、涤纶、腈纶、氯纶和丙纶。特种合成纤维的品种较多，而且还在不断发展，目前应用较多的有耐高温纤维、高强力纤维、高模量纤维（如有机碳纤维、有机石墨纤维）等
陶瓷	是指用各种粉状原料做成一定形状后，在高温窑炉中烧制而成的一种无机非金属固体材料。其硬度是各类材料中最高的，抗压强度大，有较高的化学稳定性，良好的耐蚀性，隔热和绝缘性能良好等。主要缺点是脆性高，抗拉、抗弯强度低
复合材料	是指为达到某些特殊性能要求而将两种或两种以上不同性质的材料，经人工组合而得到的多相固体材料。一般由高强度、高模量、脆性大的增强材料与低强度、低模量、韧性好的基体材料组成，获得原组成材料所没有的优良综合性能。其强度、刚度、耐蚀性均优于单一的金属、聚合物及陶瓷，已成为很有发展和应用前途的新型工程材料

1.2.3　常用热处理方法

热处理是一种改善钢的力学性能的工艺方法。它是将金属工件放在介质中加热到适宜的温度，在该温度中保持一定时间后，又以不同速度冷却的工艺。热处理可以充分发挥金属材料的潜力，提高工件的使用性能；并能减轻工件的重量，节约材料，降低成本，还能延长工件的使用寿命。

常用热处理方法有退火、正火、淬火、回火和表面热处理等，见表 1-6。

表 1-6　钢的常用热处理方法

名称	方法	目的
退火	将工件加热到一定温度（一般在 500°以上），经保温后随炉缓慢冷却	消除组织缺陷，改善组织，使成分均匀化并细化晶粒。提高力学性能，减少残留应力；同时可降低硬度，提高塑性和韧性，改善切削加工性能。退火既能消除和改善前道工序遗留的组织缺陷和内应力，又为后续工序做好准备

（续）

名称	方法	目的
正火	将工件加热到一定温度（一般在800°C以上），经保温后在空气中冷却	是退火的一种特殊形式，具有与退火相似的目的。只是消除残留应力效果不如退火好，但正火后得到的材料组织更细致。常用于改善材料的可加工性，有时也用于对要求不高的零件作为最终热处理
淬火	将工件加热到一定温度（一般在850°C以上），经保温后放入介质中快速冷却	碳的质量分数高于0.25%的钢可以进行淬火。可提高钢的强度、硬度和耐磨性。但会降低塑性、增加脆性、增大残留应力等。淬火时常用的介质有油、水和盐溶液等
回火	将淬火后的工件在低于650℃的适当温度下保温，然后冷却到室温	低温（150～250℃）回火，保持钢的高硬度和耐磨性，减少淬火引起的残留应力和脆性 中温（350～500℃）回火，使钢有一定的韧性并提高其弹性极限和屈服强度
调质	是淬火和高温回火结合起来的工艺。即淬火后高温（500～650℃）回火的热处理方法	碳的质量分数为0.25%～0.60%的优质碳素结构钢和合金结构钢称为调质钢（即可用于调质热处理的钢）。调质可使金属的性能、材质得到很大调整，其强度、塑性和韧性均好，具有良好的综合机械性能
时效处理	低温回火后，精加工前，把工件重新加热到100～150℃，保持5～20 h	一些精密量具、模具、零件淬火后，为避免其在长期使用中尺寸、形状发生变化，采取时效处理以稳定精密零件的质量
表面淬火	利用氧乙炔火焰或高频感应加热等方法将零件表面加热到淬火温度，然后在介质中快速冷却	可达到零件表面淬硬，而心部韧性、塑性不变的目的。一般用于中碳钢或中碳合金钢（如45、40Cr等）。在表面淬火前零件应先经过正火或调质，使零件内部具有较好的综合力学性能；表面淬火后常用低温回火消除应力并保持较高的硬度
表面化学热处理	将某些化学元素渗入钢的表层，以改变钢的表层化学成分、组织和性能的热处理方法	可提高零件表层硬度、耐磨性和抗疲劳强度。常有渗碳、渗氮、碳氮共渗、渗金属等。其中渗金属可使机械零件表面层合金化，使工件表面具有某些合金钢、特殊钢的特性，如耐热性、耐磨性、耐蚀性等

1.3 机械分析的一般程序和基本方法

在机器（装备、产品、仪器等）的使用保养、维修改善、技术改造、仿制或设计制造，乃至发明创造等过程中，对现有机械设备的分析是这一系列实践活动的前提和重要步骤。虽然机械分析的过程不能脱离工程技术人员的从业经验、感性知识和灵活性，也没有通用和固定的程序，但有其一般规律和方法可循。

1.3.1 机械分析的一般程序

（1）准备阶段　对现有机械设备的分析首先应明确机械所具有的功能和预定的任务，并详细调查研究其使用情况，了解其使用对象、使用环境、技术指标以及制造条件等。

（2）方案分析阶段　分析机械的功能和各组成部分，了解机械系统中执行部分构件的运动形式、原动机的类型和所用传动机构的类型和特点；明确机械的工作原理、运动方案，绘制机械系统运动简图；确定运动和动力参数；并综合分析机械传动方案对机械完成预定任务的适应性和合理性。

（3）技术分析阶段　首先，针对机械装置的总体布局和构造，进行总体结构分析和零件及其组合结构分析。绘制装配示意图、测绘各零件草图、测绘装配草图；通过测绘和分析，确定各零部件的功能、结构形状、公称尺寸及材料；确定各零部件的相对位置、连接方式；确定外购的标准件、元器件规格和技术要求；并分析机械零部件结构的加工工艺和装配工艺的合理性。然后，分析机械零部件的工作能力，即分析零部件的载荷、受力、失效及对策，核算承载能力，并分析提高工作能力的措施；分析机械零部件的精度，即根据整机及其零部件的功能要求，分析其尺寸精度、配合精度、形状位置精度、表面粗糙度及制造安装的技术条件。

1.3.2 机械分析的基本方法

（1）理论与实际紧密结合　将机械分析的基本理论和方法与实际应用密切联系起来，注意各种理论和方法的适用范围和条件，并在实际机械的观察和分析中正确、灵活地应用。

（2）抓住分析对象的共性　各种机构或机器具有许多共性的问题，在机械分析过程中，不仅应掌握它们的特性，也要抓住它们之间的共性，掌握其中的一些规律和经验，从而可收到举一反三的效果。

（3）采用综合分析的方法　工程问题都是涉及多方面因素的综合性问题。解决工程实际问题时往往可以采用多种方法，其结果也往往不是唯一的。这就要求养成综合分析、全面考虑问题的习惯，以及科学的、一丝不苟的工作作风。

1.4 本课程的性质、任务和学习方法

1.4.1 本课程的性质和任务

机械分析是多学科知识的综合应用。“机械分析应用基础”课程是以机械分析为主线，有机整合“机械原理”、“机械设计”、“互换性与测量技术基础”及“工程力学”等学科而成的基础课程。是一门介绍机械分析的基本知识、基本理论、基本方法，并培养一定机械分析能力的技术基础课。本课程不仅为有关专业的学生学习相关专业课程提供必要的理论和技术基础，而且在培养学生综合分析和解决工程实际问题的能力、动手能力、合作能力和创新能力等方面都有着重要的影响和作用。

通过本课程的学习要求读者做到以下几点：

1）掌握常用机械传动机构和通用零部件的工作原理、结构特点、应用场合、技术规

范、选择使用等基本知识和基本理论以及对其进行分析的基本方法，并了解有关现代技术的应用。

2）具有计算、绘图、实际操作、使用技术资料和工具（如计算机、基本测量仪器等）的基本技能。

3）具有对一般机械传动装置进行运动分析、结构分析、工作能力分析、精度分析等基本能力；并初步具备综合分析和解决实际生产中现有机械设备或产品在使用、维护、维修、仿制、改造等过程中相关技术问题的能力。

4）培养创新意识和综合素质，树立创业和敬业精神、团队合作精神。

1.4.2 本课程的学习方法

本课程不仅是由多学科整合而成的，而且需要综合应用许多先修课程的知识，如数学、机械制图等，涉及的知识面较广、理论性较强，但属于实践性很强的应用型课程。学习本课程的一般方法为：

（1）注重应用能力的培养　学习知识与培养应用能力紧密结合，但后者比前者更为重要。在学习的过程中，应注意把一般原理和方法与分析实际机构和机器时的具体运用紧密联系起来，并随时注意观察和分析日常生活和生产中所遇到的各种机构和机器。善于观察、勤于思考和勇于实践是培养实际应用能力的关键和要领。

（2）加强概念的深化和理论的应用　虽然本课程涉及的知识需要一定的理论基础，但在学习的过程中，应着重弄清基本概念、理解基本原理、掌握机械分析的基本方法，着重理解重要结论或理论公式建立的前提、意义和应用，淡化系统的理论分析以及公式的推导过程。

（3）注重知识的融会贯通　本课程是以机器或机械传动系统所涉及的常用机构和通用零部件为研究对象，以培养学生能用整体的、系统的观点分析实际的机械传动装置，并综合运用所学的知识和所掌握的技能来解决工程实际问题为目的。因此，本课程的内容自成体系并有其规律性，各部分内容有其特性和共性，而且各种理论和方法与工程实际密切相关。在学习的过程中，应避免把各章节内容分割开来、孤立地学习，避免脱离实际地生搬硬套书本知识；应注重所学知识的内在联系，并将其与工程实际紧密联系起来、融会贯通、灵活运用以收到举一反三的效果。与本课程相关的实验、实训、综合大作业、课程综合实践以及课外科技活动等环节，均有助于学生将知识融会贯通并提高应用能力。

思考与习题

1. 机器与机构的共同特征有哪些？它们的区别是什么？
2. 家用缝纫机、洗衣机、机械式手表是机器还是机构？
3. 按机器的功能，分析一种机械装置（如机床、洗衣机、自行车、建筑用起重机等）由哪些部分组成？
4. 以自行车为例，列举一两个构件，说明其主要由哪几个零件组装而成？
5. 观察了解公共汽车车门的启闭是如何实现的。

第 2 章　机械传动系统的运动分析

机械传动系统的运动分析是从分析机构运动的可能性及其具有确定运动的条件出发，了解常用机构及其传动系统的运动特性、传动形式及基本功能。

2.1　机构的组成及运动简图

如绪论所述，机构是具有确定相对运动的构件的组合。做无规则运动或不能产生运动的机件组合都不能称为机构。了解机构的组成，并判断机构在什么条件下才具有确定的相对运动，对于分析现有机构或开发新机构都是非常重要的。

机构中所有构件都在同一平面或相互平行的平面内运动时，该机构称为平面机构；否则称为空间机构。工程中常见的是平面机构，因此本章主要讨论平面机构。

2.1.1　构件的运动形式

平面机构中各构件的运动可分为平动、定轴转动和平面运动三种形式。

1. 构件的平动

构件运动时，若其上任一条直线始终与初始位置保持平行，则这种运动称为构件的平动或移动。例如，内燃机气缸中活塞的运动（图 2-1）；摇摆式送料机料槽的运动（图 2-2）。构件在平动时，其上各点的运动轨迹为直线时，称之为直线平动，如活塞的平动；其上各点的运动轨迹为曲线时，称之为曲线平动，如料槽的平动。

构件平动时的特征是：其上各点的轨迹形状相同；在同一瞬时其上各点的速度和加速度相同。例如，在图 2-2 中，料槽上 A、B 两点的轨迹$\overset{\frown}{AA'}$、$\overset{\frown}{BB'}$均为圆弧形；A 点的速度 v_A 和加速度 a_A 分别等于 B 点的速度 v_B 和加速度 a_B，即 $v_A = v_B$；$a_A = a_B$。可见，构件的平动问题可归结为其上任意一点的运动问题。

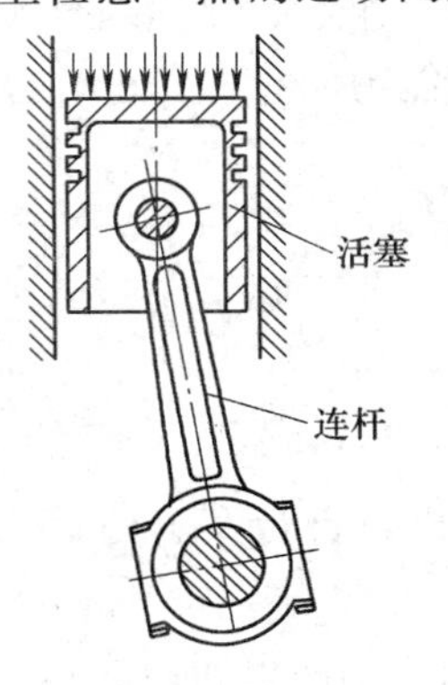

图 2-1　活塞的平动

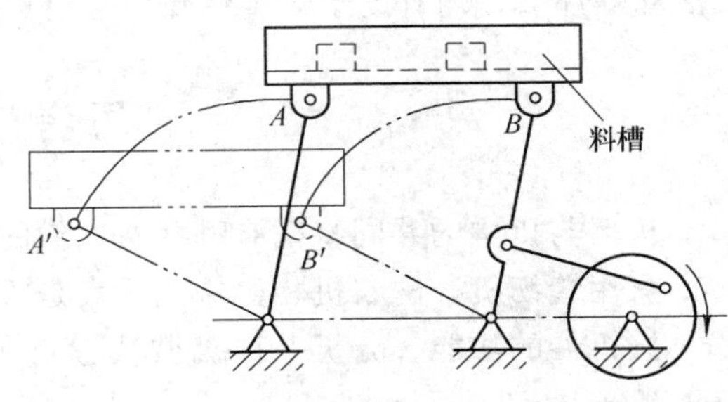

图 2-2　料槽的平动

2. 构件的定轴转动

构件运动时，其上（或其延伸部分）始终有且只有一条直线固定不动。构件的这种运动称为定轴转动或转动。这一固定不动的直线称为轴线或转轴。在工程实际中，定轴转动的构件应用非常广泛，如齿轮、凸轮、带轮、电动机转子、机床主轴等。

构件定轴转动时的特征是：除转轴上的点不动以外，其余各点都在垂直于转轴的平面内作圆周运动，圆心在转轴上，圆周的半径为点到转轴的距离。

3. 构件的平面运动

平动和定轴转动是构件最简单的运动形式，在工程中常会遇到构件的运动既不是平动，也不是定轴转动，而是复杂的平面运动，例如，车轮沿直线轨道的滚动（图 2-3）；内燃机连杆的运动（图 2-1）。这类构件的运动特征是：构件运动时，其上任意一点始终在某一平面内运动，该平面平行于空间某一个固定平面。构件的这种运动称为平面运动。

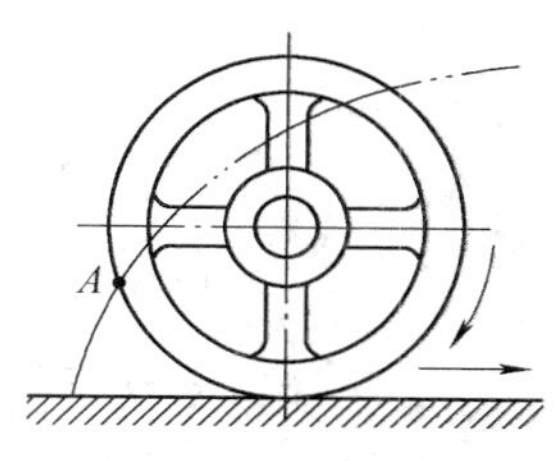

图 2-3　车轮的平面运动

理论分析表明，平动和定轴转动是平面运动的特殊情形。在一般情况下平面运动可视作平动和转动的合成。

2.1.2　运动副及其分类

如图 2-4 所示，一个作平面运动的自由构件 S 可有三个独立运动，即随其上任一点 A 沿 x 轴和 y 轴方向的移动以及绕 A 点转动。构件所具有的独立运动数目称为构件的自由度。显然，一个作平面运动的自由构件有三个自由度。

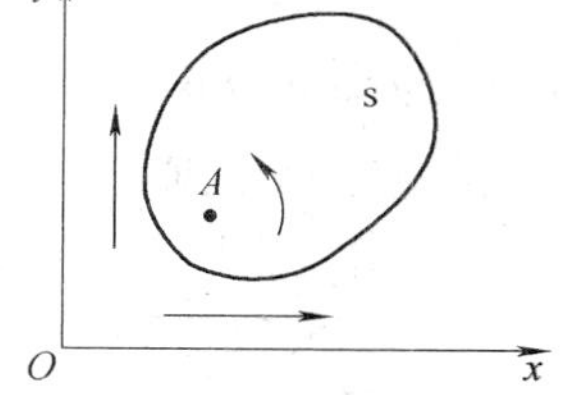

图 2-4　平面运动构件的自由度

如前所述，组成机构的所有构件都应具有确定的相对运动。为此，机构中每一构件都以一定方式与其他构件相互连接，这种使两构件直接接触并能产生一定相对运动的连接称为运动副。各种运动副实例如图 2-5 所示。构件组成运动副后，使构件的某些独立运动受到限制，构件的自由度便随之减少。这种对构件独立运动的限制称为约束。显然，作平面运动的构件其约束不能超过 2 个，否则构件就不可能产生相对运动。

不同的运动副对构件自由度的约束是不同的，按两构件的接触情况，通常把运动副分为低副和高副。

1. 低副

两构件以面接触构成的运动副称为低副。平面机构中的低副有转动副和移动副两种。

（1）转动副　构成运动副的两构件只能绕某一轴线作相对转动，这种运动副称为转动副，如图 2-5a、b 所示。由圆柱销和销孔构成的转动副常称为铰链（图 2-5b）。

（2）移动副　构成运动副的两构件只能沿一个方向做相对移动，这种运动副称为移动副，如图 2-5c、d 所示。

2. 高副

两构件以点或线接触构成的运动副称为高副，如图 2-5e、f、g 所示。组成平面高副两构件间的相对运动是沿接触处切线 $t—t$ 方向的相对移动和绕接触点 A（或接触线）的相对转动。

上述各类运动副两构件均在同一平面内相对运动，属于平面运动副。除此以外，机械中

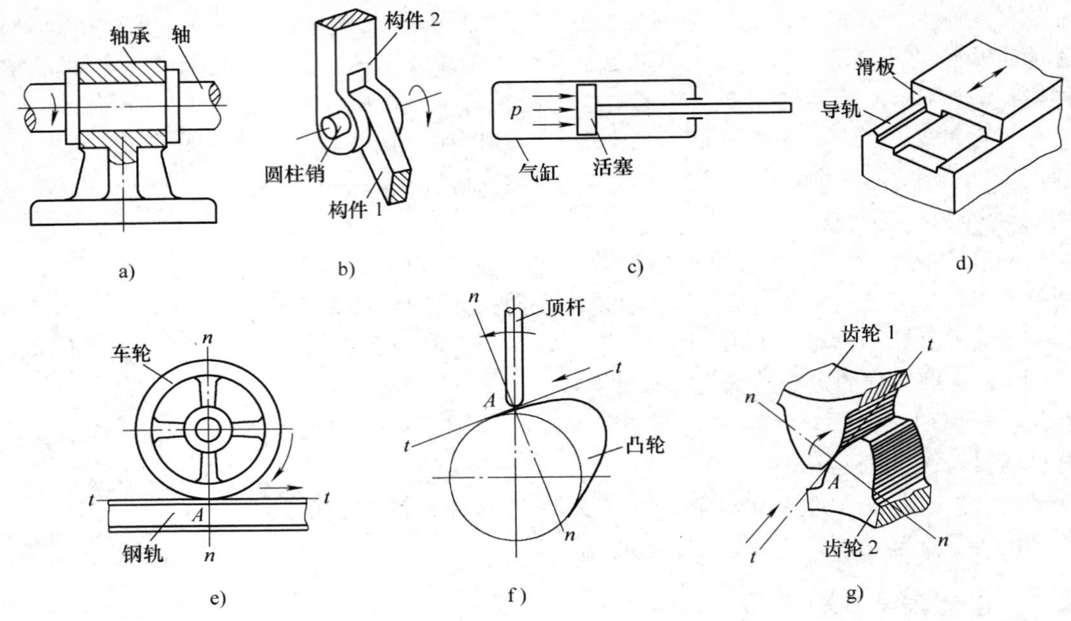

图 2-5　运动副实例

a）轴与轴承　b）圆柱销与销孔　c）活塞与气缸　d）滑板与导轨

e）车轮与钢轨　f）凸轮与顶杆　g）两轮齿的啮合

常见到螺旋副（图 2-6）和球面副（图 2-7）。这类运动副两构件间的相对运动是空间运动，故属于空间运动副，本章将不予介绍。

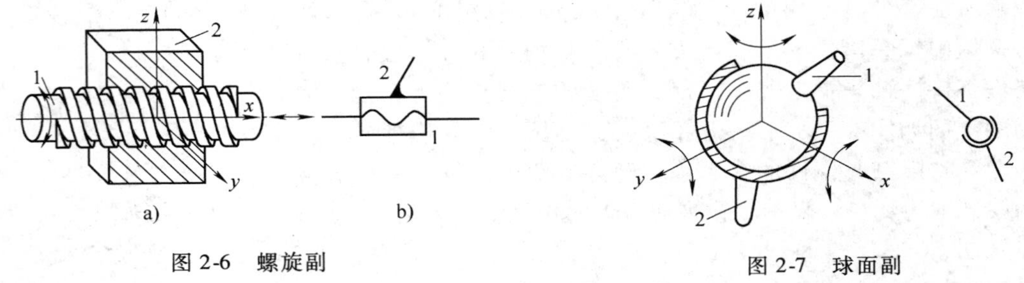

图 2-6　螺旋副　　　　图 2-7　球面副

2.1.3　运动链与机构

1. 运动链

两个或两个以上的构件通过运动副连接而成的系统称为运动链。在运动链中，若各构件构成首尾封闭的系统，称为闭式运动链，如图 2-8a 所示。若各构件未构成首尾封闭的系统，称为开式运动链，如图 2-8b 所示。传统的机械中多采用闭式运动链，但随着生产线中机械手和机器人的应用日趋普遍，机械中开式运动链也逐渐增多。

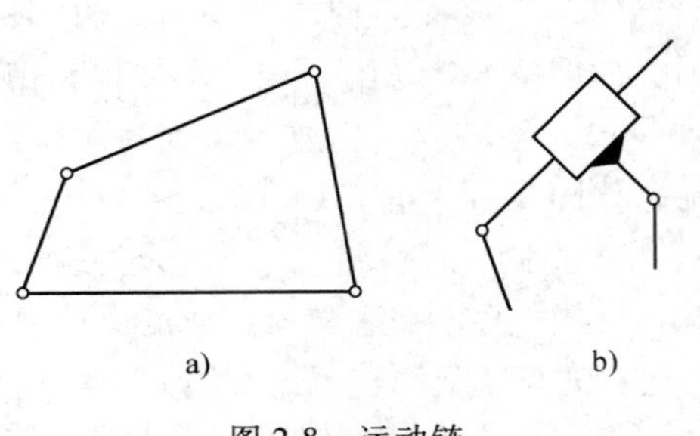

图 2-8　运动链

2. 机构

在运动链中，固定某一构件，并让另一个（或几个）构件按给定运动规律相对于固定构件运动，若其余构件能随之作确定的相对运动，则此运动链就称为机构。其中固定的构件称为机架；按给定运动规律作独立运动的构件称为原动件（或主动件），而其余的活动构件则称为从动件。因此，也可以说机构是由机架、原动件和从动件组成的传递机械运动和力的构件系统。

2.1.4 平面机构运动简图

无论是分析现有机械或是开发新机械，为突出分析其运动关系，往往撇开那些与运动无关的因素，如构件的外形、断面尺寸、组成构件的零件数目以及运动副的具体结构，仅用简单的线条和符号来表示构件和运动副，并按一定比例确定各运动副的相对位置。这种表示机构中各构件间相对运动关系的简化图形称为机构运动简图。

在机构运动简图中，运动副的表示方法见表 2-1；一般构件的表示方法见表 2-2。

表 2-1 常用运动副的符号（摘自 GB 4460—1984）

运动副名称		运动副符号	
		两构件均不固定	两构件之一固定
低副	转动副	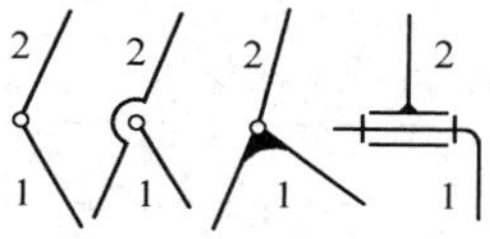 2 1 2 1 2 1 2 1	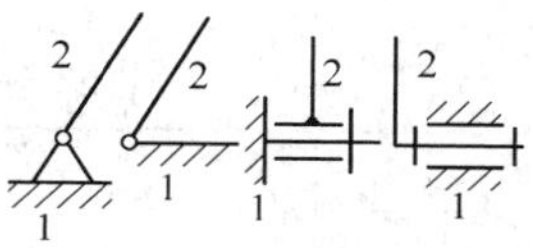 2 1 2 1 2 1 2 1
	移动副	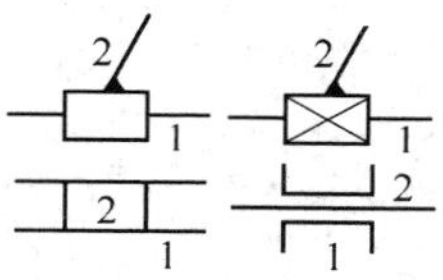 2 1 2 1 2 1 2 1	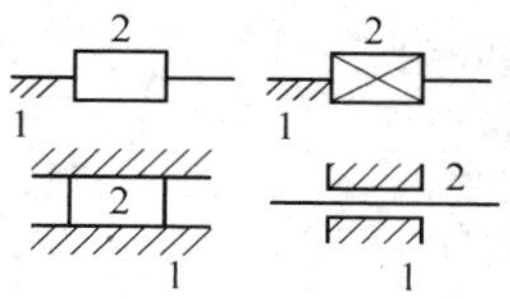 2 1 2 1 2 1 2 1
高　副		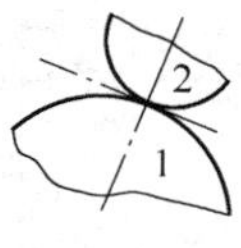 2 1	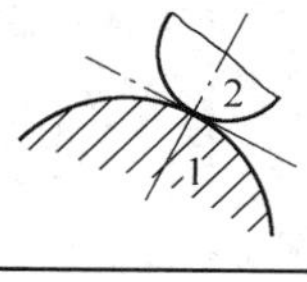 2 1

表 2-2 一般构件的表示符号（摘自 GB 4460—1984）

固定构件	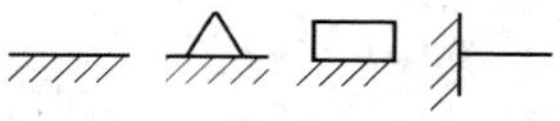	杆、轴类构件	
固连构件	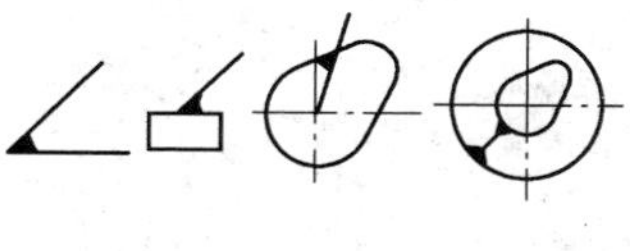	两副构件	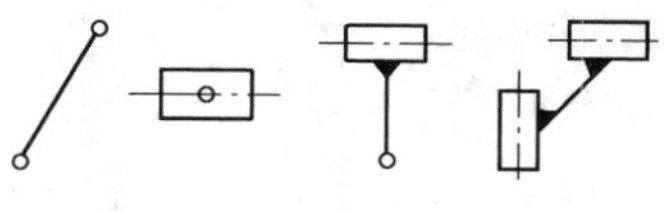
三副构件	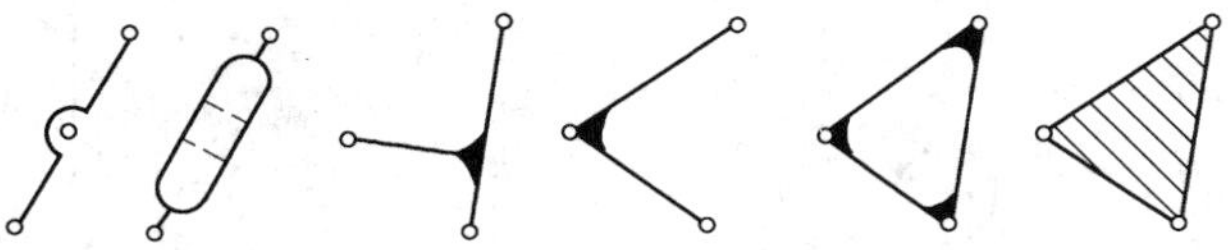		

在某些情况下，只是为了反映机构组成情况及其运动的传递方式，也可以不要求严格地按照比例绘图，这种简图称为机构示意图，例如，图 1-1 中的单缸四冲程内燃机示意图如图 2-9a 所示（图中各构件的序号与图 1-1 对应）；图 1-2 中的牛头刨床示意图如图 2-9b 所示（图中各构件的序号与图 1-2 对应）。

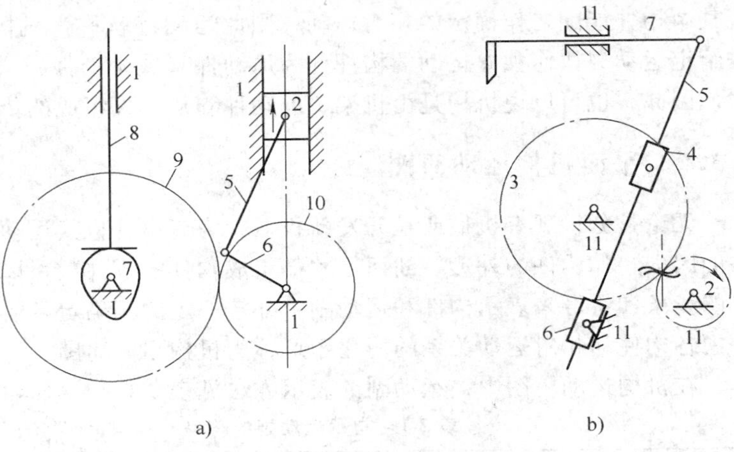

图 2-9　机构示意图实例

a）单缸四冲程内燃机示意图　b）牛头刨床示意图

常用机构的示意图符号见表 2-3。

表 2-3　常用机构符号（摘自 GB 4460—1984）

名称	符号	名称	符号
支架上的电动机		锥齿轮机构	
凸轮机构		齿轮齿条机构	
棘轮机构		蜗杆蜗轮机构	
外啮合圆柱齿轮机构		带传动	
内啮合圆柱齿轮机构		链传动	

绘制机构运动简图的一般步骤为：

1）分析机构的组成和运动原理。确定组成机构的机架、原动件和从动件，以及原动件的运动方向。

2）从原动件开始，沿着运动传递的路线，依次分析各构件间的相对运动形式，确定运动副的类型和数目。

3）选择机构运动的一般位置和运动所在平面，作为绘制简图的视图平面，并绘制机构草图，测量确定各运动副相对位置的实际尺寸。

4）选择合适的比例尺，按比例定出各运动副的相对位置，用构件和运动副的规定符号绘制出机构运动简图。并以箭头表示原动件的运动方向。常用的比例尺为

$$\mu_l = \frac{\text{实际长度（mm 或 m）}}{\text{图示长度（mm）}}$$

【例 2-1】 试绘制图 2-10a 所示货车翻斗自动卸料机构的运动简图。

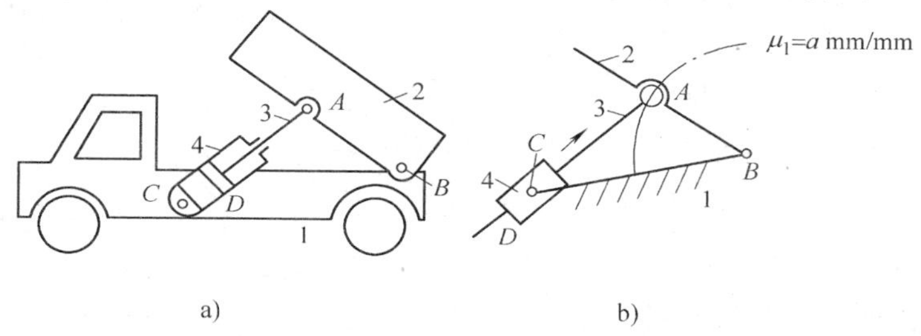

图 2-10 例 2-1 图

1—机架 2—翻斗 3—活塞杆 4—液压缸

解 （1）分析机构的组成和运动原理。图 2-10a 所示卸料机构是利用液压推动活塞杆 3 撑起翻斗 2，使翻斗绕支点 B 翻转，物料便自动卸下。机构工作时，液压缸体 4 能绕支点 C 摆动。因此该机构中车体 1 是机架；活塞杆 3 是原动件；翻斗 2 和液压缸体 4 为从动件。

（2）依次确定运动副的类型。活塞杆 3 与液压缸体 4 构成移动副 D，活塞杆 3 与翻斗 2、翻斗 2 与机架 1、液压缸体 4 与机架 1 分别构成转动副 A、B、C。

（3）选择视图平面，绘制机构草图，并测量确定各运动副相对位置的实际尺寸。即以卸料机构的运动平面和图示运动位置为视图平面，目测并按规定的符号画出各运动副的位置图，再用简单线条连成机构草图，并测量 l_{AB}、l_{BC}及 BC 连线与水平线的夹角。

（4）根据卸料机构的真实尺寸和图幅大小，确定长度比例尺 $\mu_l = a$ mm/mm，并绘制机构运动简图。步骤为：先画机架上两个转动副的中心 B 和 C 的位置（图中 BC 连线长度为 l_{BC}/μ_l）；以 B 为圆心，以 l_{AB}/μ_l 为半径画圆弧，得 A 点运动轨迹；设活塞杆 3 与机架 BC 成 30°角，则可过 C 点作活塞杆 3 的方向线，与弧交于 A 点。按构件和运动副的规定符号画出卸料机构的运动简图，如图 2-10b 所示。在图中注明构件序号（1、2、3、4）、运动副代号（A、B、C、D），并用箭头表示活塞杆 3 的运动方向。

【例 2-2】 图 2-11a 所示为一液压泵。试绘制该液压泵的机构示意图。

解 （1）分析机构的组成和运动原理。该液压泵运转时，偏心轴 1 的几何轴线 B 绕固定轴线 A 作圆周运动。套环 2 套在偏心轴 1 上，可相对转动。隔板 3 的下端呈圆弧状与构件 2 铰接，泵内空间被隔板 3 隔为Ⅰ、Ⅱ两个腔。随着液压泵的运转，Ⅰ、Ⅱ两腔的容积发生

变化，从而形成吸液和排液过程。其中，泵体 4 为机架，偏心轴 1 为原动件，其余构件为从动件。

（2）依次确定运动副的类型。偏心轴 1 与泵体 4 构成转动副 A；套环 2 与偏心轴 1 构成转动副 B；套环 2 与隔板 3 构成转动副 C；隔板 3 与泵体 4 构成移动副，移动路径通过转动副 C 的中心。

（3）选择视图平面后，目测各运动副的相对位置，按大致比例绘图。即以回转副 A 为基准，目测回转副 A、B 及 C 的相对位置，从偏心轴 1 开始依次画出各构件及运动副。该液压泵的机构示意图，如图 2-11b 所示。图中箭头表示原动件 1 的运动方向。

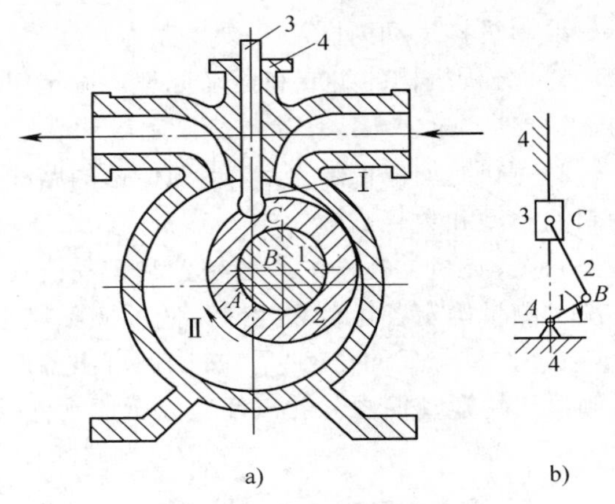

图 2-11　例 2-2 图

1—偏心轴　2—套环　3—隔板　4—泵体

【例 2-3】　试绘制图 2-12a 所示压力机的运动简图。

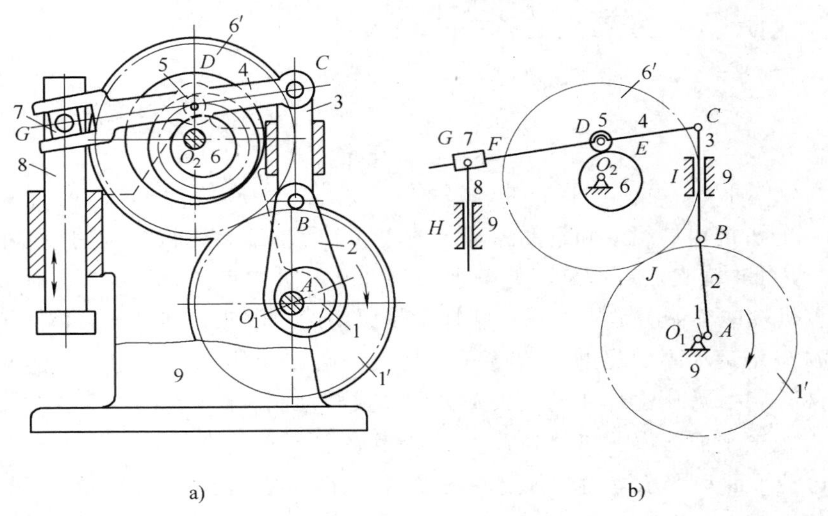

图 2-12　例 2-3 图

1—偏心轮　1′—齿轮　2、4—连杆　3—滑杆　5—滚子　6—槽凸轮

6′—齿轮　7—滑块　8—冲杆　9—机座

解　该压力机由多种机构组成，其运动简图的绘制仍可按上述步骤进行。

（1）图 2-12a 所示该压力机由偏心轮 1、齿轮 1′、连杆 2、滑杆 3、连杆 4、滚子 5、槽凸轮 6、齿轮 6′、滑块 7、冲杆 8 和机座 9 所组成。其中，偏心轮 1 和齿轮 1′及槽凸轮 6 和齿轮 6′分别固连为一个构件。运动由偏心轮 1 输入，一路经连杆 2 和滑杆 3 传至连杆 4；另一路由齿轮 1′经齿轮 6′、槽凸轮 6、滚子 5 传至连杆 4。两路运动经连杆 4 合成，由滑块 7 传至冲杆 8，实现冲压动作。可见，机座 9 为机架；构件 1—1′为原动件；其余为从动件，其中冲杆 8 为输出构件。

（2）由图 2-12a 可知，机架 9 与构件 1—1′、构件 1 与 2、2 与 3、3 与 4、4 与 5、6—6′

与9、7与8之间分别构成转动副；构件3与9、8与9之间分别构成移动副；齿轮1′与6′、滚子5与槽凸轮6之间分别构成高副。

（3）选择视图平面和比例尺；测量各构件尺寸和各运动副间的相对位置；设偏心轮1相对机架9处于某一位置，并从偏心轮1开始，分别沿着两条运动路线，用规定的符号依次画出各个构件和运动副，即得压力机的运动简图，如图2-12b所示。图中箭头表示原动件1—1′的转动方向。

2.2 平面机构具有确定运动的条件

如前所述，各种机构均用来传递运动或动力，或改变运动形式。当机构按照一定的要求进行运动的传递和交换时，原动件按给定的运动规律运动，而其余构件的运动也应是完全确定的。但是，机构具有确定运动是有条件的。例如，在图2-13a所示的五杆运动链中，若使原动件1回转，即给定一个独立运动，则构件2、3、4的运动并不确定，可能是实线位置，也可能是双点画线位置；若使原动件1和4按各自运动规律回转，即给定两个独立运动，则该运动链因其运动完全确定而成为机构。在图2-13b所示的四杆运动链中，只允许给定一个独立运动（如原动件1回转），如果使1和3都为原动件按各自运动规律回转，除非损坏构件，否则运动链无法运动。可见，运动链成为机构时必定是可动并具有运动的确定性，其条件与机构的独立运动数目即自由度有关。

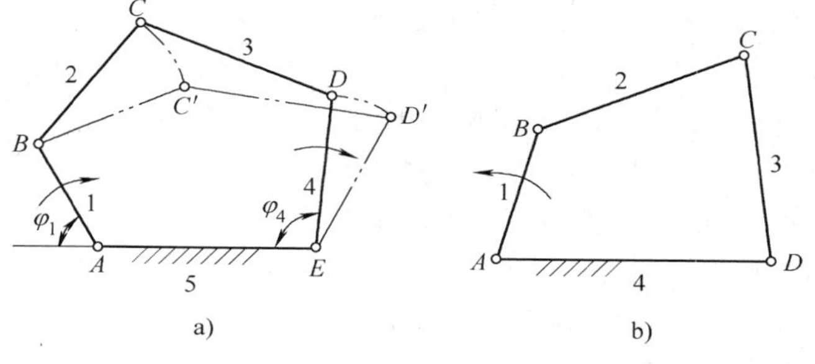

图2-13　运动链

2.2.1 平面机构自由度的计算

设在一个平面机构中有n个活动构件（机架不计入其内），P_L个低副，P_H个高副。如前所述，每一个自由运动的平面构件有3个自由度，则各构件在未用运动副相连时，n个活动构件共有$3n$个自由度。组成机构之后，机构中每一个低副具有两个约束，使机构失去2个自由度；每一个高副具有一个约束，使机构失去一个自由度。所以平面机构的自由度F为

$$F = 3n - 2P_L - P_H \tag{2-1}$$

可见，平面机构的自由度F取决于机构中活动构件的件数以及运动副的类型（高副或低副）和个数。

【例2-4】 计算图2-13a所示机构的自由度。

解 该机构活动构件数$n=4$，低副数$P_L=5$（A、B、C、D、E），高副数$P_H=0$，由式（2-1）得

$$F = 3n - 2P_L - P_H = 3\times4 - 2\times5 - 0 = 2$$

【例2-5】 计算图2-13b所示机构的自由度。

解 该机构活动构件数 $n=3$，低副数 $P_L=4(A、B、C、D)$，高副数 $P_H=0$，由式(2-1)得

$$F = 3n - 2P_L - P_H = 3 \times 3 - 2 \times 4 = 1$$

2.2.2 运动链的可动性及运动确定性的条件

以上叙述表明，运动链可动性的必要条件是其自由度 $F>0$；否则构件系统没有运动的可能性。例如，图2-14a 所示运动链的自由度 $F=0$，该运动链不可动，工程上称为桁架。图2-14b 所示运动链的自由度 $F=-1$，该运动链也不可动，工程上称为超静定桁架。

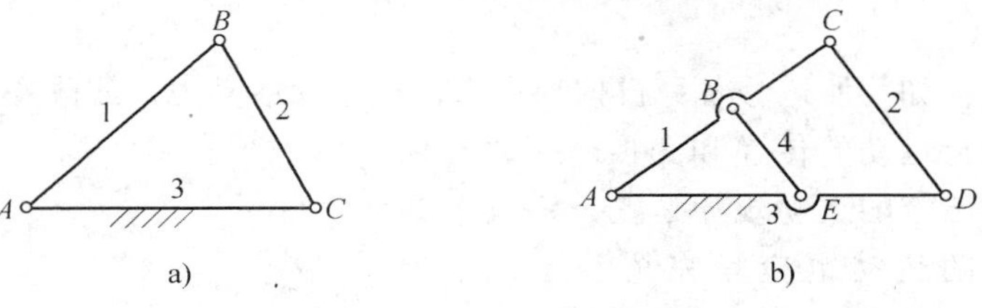

图 2-14 不具可动性的运动链

a) 桁架 b) 超静定桁架

综上分析可知，机构的自由度也即是机构具有的独立运动数目，因只有原动件才能独立运动，且通常每个原动件只具有一个独立运动(如驱动电动机的转动、液压缸活塞杆的移动等)。因此，机构的原动件数必定等于机构的自由度 F，如图2-13a 中的五杆运动链必须给出两个原动件，否则该运动链将作无规则运动或无法运动，不能称之为机构。

综上所述可知，机构具有确定运动的条件是：$F>0$，F 等于原动件数。

2.2.3 平面机构自由度计算中的特殊情况

在用式(2-1)计算平面机构自由度时，有些特殊情况需要处理，否则会导致错误结论。

1. 复合铰链

两个以上构件汇集在同一处以转动副相连接，组成包含多个转动副的复合铰链。图2-15a所示为三个构件汇集成的复合铰链，由其俯视图(图 2-15b)可见，这三个构件组成两个转动副。依此类推，K 个构件汇集而成的复合铰链应有$(K-1)$个转动副。在计算平面机构自由度时应识别复合铰链，并确定所包含的转动副个数。

【例 2-6】 计算图 2-16 所示的圆盘锯机构的自由度，并判定其原动件数是否合适。

解 机构中活动构件数 $n=7$，A、B、C、D 都是汇集三构件的复合铰链，各包含两个转动副，低副数 $P_L=10$，高副数 $P_H=0$。则

$$F = 3n - 2P_L - P_H = 3 \times 7 - 2 \times 10 = 1$$

因该机构中的构件 1 为原动件，原动件数等于自由度，故合适。

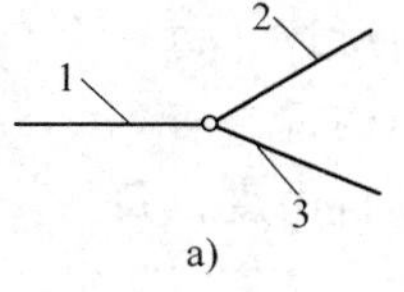

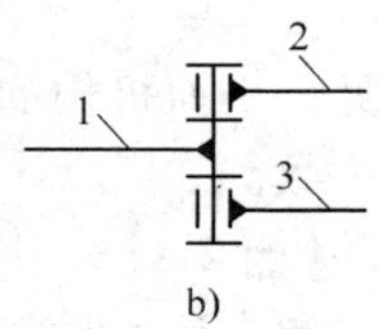

图 2-15 复合铰链

2. 局部自由度

机构中常出现一种与输出构件运动无关的自由度，称为局部自由度，在计算平面机构自由度时应预先排除。

在图 2-17a 所示的凸轮机构中，活动构件数 $n=3$，低副数 $P_L=3(A、B、C)$，高副数 $P_H=1(a)$，则自由度为

$$F = 3n - 2P_L - P_H = 3 \times 3 - 2 \times 3 - 1 = 2$$

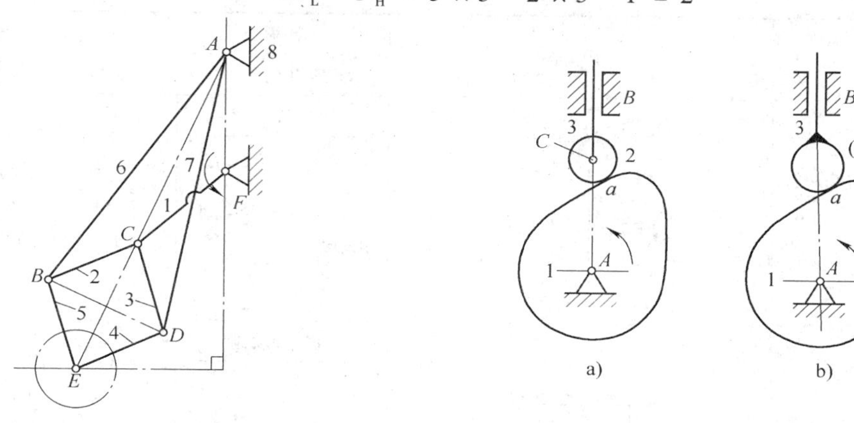

图 2-16　圆盘锯机构　　　　图 2-17　局部自由度

根据机构具有确定运动的条件，该凸轮机构应有两个原动件才有确定运动，但事实上只需凸轮一个原动件。其原因在于无论滚子 2 绕转动副 C 中心是否转动或转动快慢都不影响输出构件 3 的运动，故滚子 2 绕其中心的独立转动是局部自由度。在计算机构自由度时，可设想将滚子与从动件 3 焊接成一个构件，以预先排除局部自由度，如图 2-17b 所示。此时，活动构件数 $n=2$，低副数 $P_L=2(A、B)$，高副数 $P_H=1(a)$，则自由度为

$$F = 3n - 2P_L - P_H = 3 \times 2 - 2 \times 2 - 1 = 1$$

计算结果与实际一致，即当凸轮为原动件时，机构的运动是确定的。

虽然局部自由度不影响整个机构的运动，但滚子可使高副接触处的滑动摩擦变为滚动摩擦，以减小磨损。因此在实际机械中常有局部自由度出现。

3. 虚约束

在机构中有些运动副引入的约束与其他约束的作用是重复的，对机构的运动实际上不起任何限制作用，这类约束称为虚约束。在计算机构的自由度时应当除去虚约束。

虚约束对机构的运动虽不起作用，但可以增加机构的刚度、改善受力情况、保持传动的可靠性等，因此，在机构中引入虚约束是工程实际中经常采用的主动措施。常见虚约束的引入情况见表 2-4。

表 2-4　常见虚约束的引入情况

虚约束引入情况	实例简图	特征 / 特定几何条件	自由度计算及对虚约束处理措施
		重复轨迹	
用转动副连接两构件上运动轨迹重合的点	机动车轮联动机构 B　2　E(E₂、E₅)　C 1　5　3 A　F　4　D	构件 EF、AB、CD 彼此平行且相等	$F=3n-2P_L-P_H$ $=3\times3-2\times4=1$ 措施：拆去构件 5 及其引入的转动副 E、F

（续）

虚约束引入情况	实例简图	特征 特定几何条件	自由度计算及对虚约束处理措施
两构件组成多个转动副，且各转动副的轴线重合	齿轮轴轴承	重复转动副 B 和 B' 两个轴承共轴线	$F=3n-2P_{\mathrm{L}}-P_{\mathrm{H}}$ $=3\times1-2\times1=1$ 措施：只计算一个转动副（如 B），除去其余转动副（如 B'）
两构件组成多个移动副，且各移动副的路径平行或重合	气缸	重复移动副 B 和 B' 两移动方向彼此平行	$F=3n-2P_{\mathrm{L}}-P_{\mathrm{H}}$ $=3\times1-2\times1=1$ 措施：只计算一个移动副（如 B），除去其余转动副（如 B'）
两构件组成多个平面高副，且各高副接触点处公法线重合	凸轮机构	重复高副 两接触点 B、B' 处公法线重合	$F=3n-2P_{\mathrm{L}}-P_{\mathrm{H}}$ $=3\times2-2\times2-1=1$ 措施：只计算一个高副（如 B），除去其余高副（如 B'）。另外，只计算一个移动副 C
对机构运动不起作用的对称部分	齿轮机构	重复结构 对称的三个小齿轮 2、2′、2″大小相同	$F=3n-2P_{\mathrm{L}}-P_{\mathrm{H}}$ $=3\times4-2\times4-2=2$ 措施：只计算一个小齿轮（如 2），拆去其余小齿轮及其引入的运动副

由表 2-4 可见，机构中的虚约束都是在一些特定几何条件下出现的，这些几何条件给制造和装配提出了必要的精度要求。若这些几何条件不能满足，则引入的虚约束就成了实约束，“机构”将不能运动。

【例 2-7】 试计算图 2-18 所示冲压机构的自由度，并判断原动件数目是否恰当。

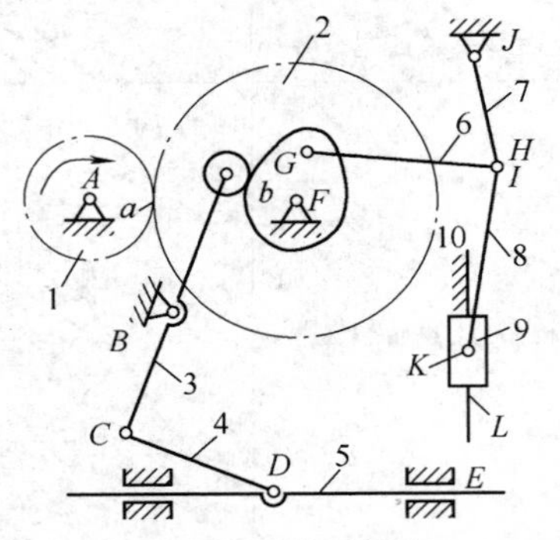

图 2-18 冲压机构

解 从小齿轮开始给每个构件编号，共有 10 个构件，其中构件 10 为机架；分别用大、小写英文字母给低副和高副编序，如图所示。机构中滚子处有一个局部自由度，故设想滚子与摆杆 3 焊接成一个构件。推料杆 5 与机架由导路平行的两个移动副相连，其中一个移动副引入虚约束，应除去该移动副。构件 6、7 及 8 之间是复合铰链，包含 2 个转动

副。合计有 12 个低副、2 个高副。由式(2-1)有

$$F = 3n - 2P_{\mathrm{L}} - P_{\mathrm{H}} = 3 \times 9 - 2 \times 12 - 2 = 1$$

图 2-18 中弧线箭头表明机构中的小齿轮是原动件。故原动构件数与机构自由度相等，原动件数恰当。

2.3 机械传动系统概述

机械传动是用各种形式的机构来传递运动和动力，各种常用机构传递运动的一般形式、特点及应用见表 2-5。若干种基本传动机构的组合构成机械传动系统。

2.3.1 机械传动的运动和动力参数

机械传动的运动特性通常用速度、传动比等参数表示；其动力特性则用功率、转矩、效率等参数来表示。

1. 构件的速度

(1)角速度　由构件转动时的特征可知，构件上各点的运动速度是不同的，故不能由其中一点的运动来描述构件的运动。如图 2-19 所示为一绕定轴 z 转动的摩擦轮，过定轴作一固定平面Ⅰ和一固连在摩擦轮上的动平面Ⅱ，两平面的夹角 φ 称为摩擦轮的转角，则任一瞬时摩擦轮的位置可以用转角 φ 来确定。转角 φ 是代数量，且规定：自 z 轴的正端看，摩擦轮逆时针方向转动时转角为正值；反之为负值。构件转动时，转角 φ 将随时间 t 而变化，其变化率称为角速度 ω，即

$$\omega = \frac{\mathrm{d}\varphi}{\mathrm{d}t}$$

表 2-5　常用机构的特点及应用

类型	运动形式变换	实例简图	功率/kW	传动比	效率(%)	应　用
平面连杆机构	回转、摆动、往复移动→回转、摆动、往复移动	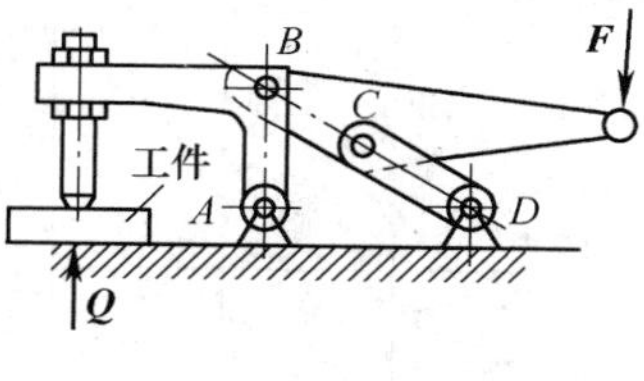 B F C 工件 A D Q	大、中、小		较高	结构简单、制造方便；行程较大；连接处为面接触，磨损较轻，能承受较大载荷；一般不宜高速运动 常用于重型机械、轻工机械、农业机械及机床、仪表等
凸轮机构	回转→往复移动、摆动	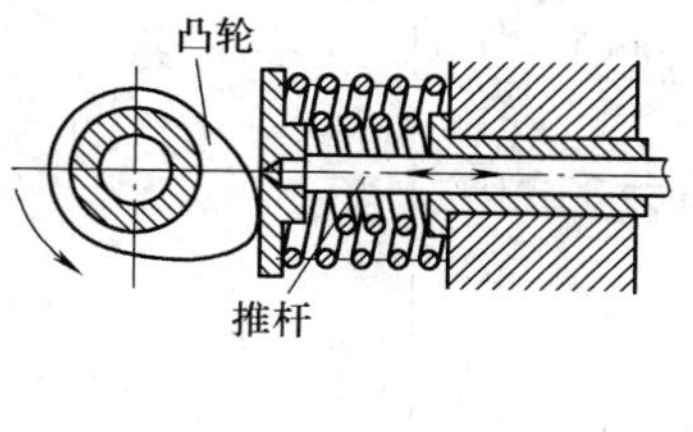 凸轮 推杆	小		较低	可实现从动件的任意运动规律；但凸轮制造复杂；高速时冲击较大 常用于自动机床的进给机构、印刷机、内燃机、纺织机等

（续）

类型	运动形式变换	实例简图	功率/kW	传动比	效率(%)	应用
棘轮机构	摆动→间歇回转或移动	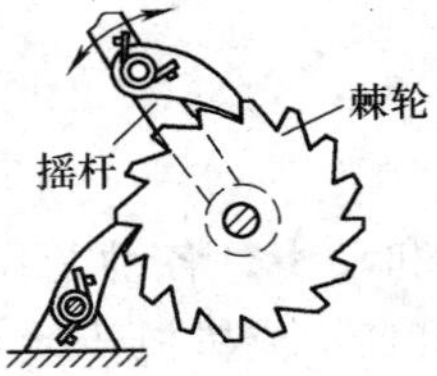	中、小		较低	结构简单，角位移调节方便；平稳性较差；高速时噪声大；传递动力不宜过大 常用于间歇转动角度很小或常需调节转角大小的场合。如牛头刨床工作台的进给机构
槽轮机构	回转→间歇回转	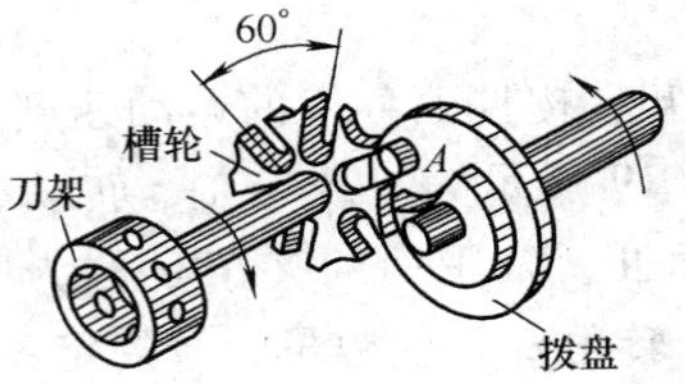	中、小		较高	结构较简单，工作可靠；运动较平稳；间歇运动转角不可调；每次槽轮转角不小于45° 多用于不需经常调节转角的转位运动。如自动机床上的转动刀架
V带传动	回转→同向回转（两轴平行）	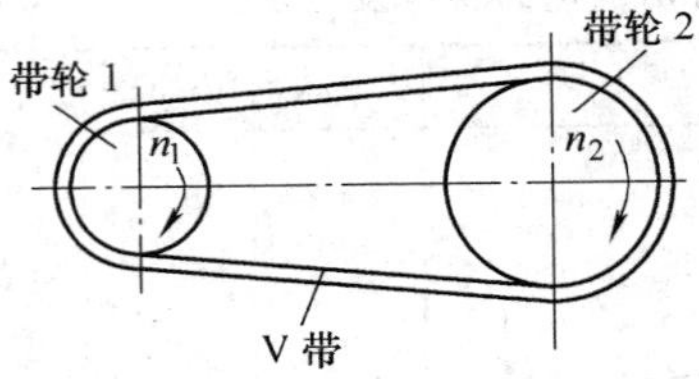	≤100	≤7~10	94~97	能远距离传动；工作平稳；能吸振缓冲；过载打滑起保护作用；结构简单、成本低。但传动比不准确 常用于机床、运输机、农业机械、纺织机械等。通常置于传动系统的高速级
链传动	回转→同向回转（两轴平行）	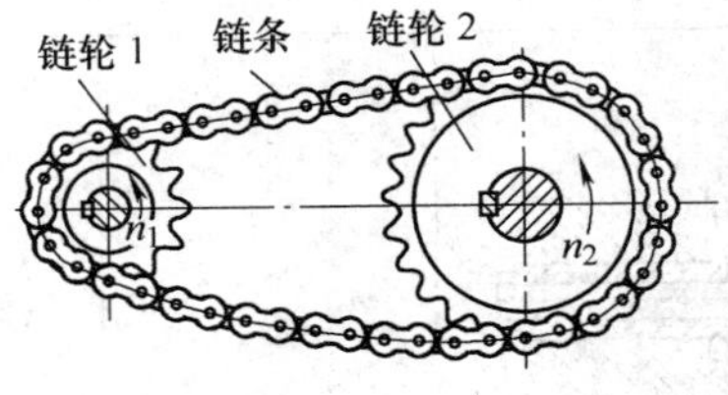	≤100	≤8	92~97	可在高温、油、酸等恶劣环境下工作；远距离传动；瞬时传动比有波动 常用于农业、化工、石油、矿山机械以及运输机械和起重机械等。通常置于传动系统的低速级

（续）

类型	运动形式变换	实例简图	功率/kW	传动比	效率(%)	应用
圆柱齿轮传动	回转→回转（两轴平行）		≤750（直齿）≤50000（斜齿）	≤8 单级	95～98（直齿）96-99（斜齿）	适用的功率和速度范围广；寿命长；效率高；传动比准确。但噪声大，制造精度要求高
锥齿轮传动	回转→回转（两轴垂直相交）		≤500	≤5	95～98	常用于各类机床、冶金矿山机械、起重机械、汽车、船舶、轻工机械、化工机械、仪表等
蜗杆传动	回转→回转（两轴垂直交错）		≤50	<80	70～82	传动比大而尺寸小；传动平稳。但效率低；因摩擦大，有时蜗轮需用价格较贵的青铜 常用于车床溜板箱、铣床分度头、手动辘轳等
滑动螺旋传动	回转→移动		中、小		30～60	工作平稳；运动精度较高；尺寸紧凑；降速、增力效果好。但效率低、易磨损 常用于机床的进给机构和机械的调速装置、起重升降装置等

角速度 ω 是代数量，它能够反映构件转动的快慢和转动的方向。当 $\omega>0$ 时，构件逆时针转动；当 $\omega<0$ 时，构件顺时针转动。

角速度 ω 的单位是 rad/s（弧度/秒）。工程上常用每分钟转过的圈数表示构件转动的快慢，称为转速 n，单位是 r/min（转/分）。角速度 ω 和转速 n 之间的关系为

$$\omega = \frac{2\pi n}{60} = \frac{\pi n}{30} \tag{2-2}$$

（2）线速度　如图 2-20a 所示，转动构件上任一点的线速度 v（m/s）等于其转动半径 r（m）与构件角速度 ω（rad/s）的乘积。即

$$v = r\omega \tag{2-3}$$

可见，转动构件上任一点线速度的大小与该点的转动半径成正比，

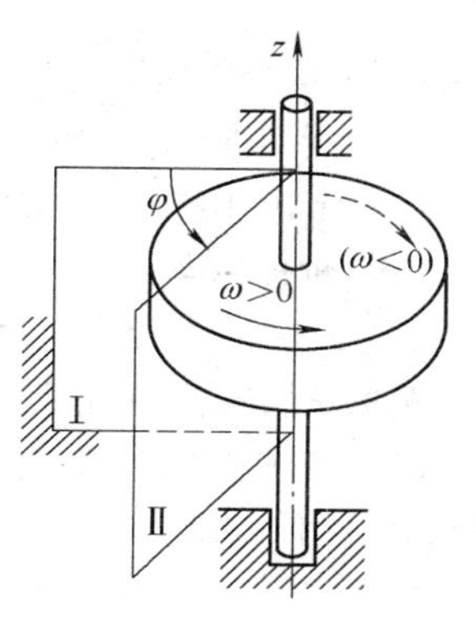

图 2-19　转动构件的转角

方向垂直于转动半径，指向与角速度的转向一致。显然在同一构件上，越靠近轴心 O，线速度 v 越小，轴心上的线速度为零；边缘上的线速度最大，如图 2-20b 所示。

当以转速 n(r/min)表示构件转动快慢时，则直径为 d(mm)的圆周上各点的线速度 v(即圆周速度，m/s)可表示为

$$v = \frac{\pi dn}{60 \times 1000} \tag{2-4}$$

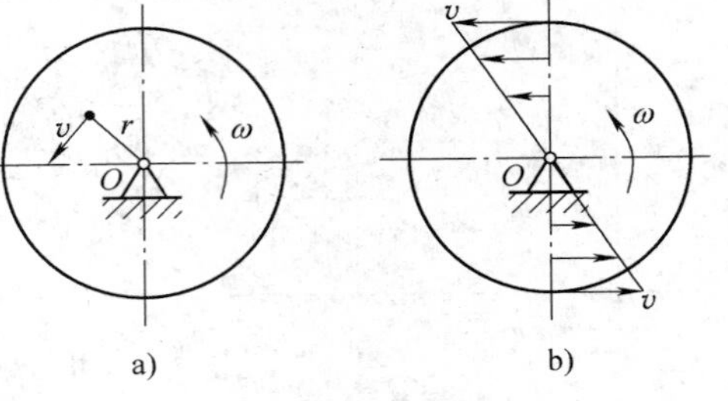

图 2-20　转动构件的线速度

2. 传动比

在机械传动中，为满足构件变速、换向的需要，常通过齿轮传动、带传动、链传动、摩擦轮传动或它们的组合来实现。传动比能够反映机械传动增速或减速的能力。设轮 1 是主动轮，轮 2 是从动轮，则两轮的传动比 i_{12} 为主动轮 1 和从动轮 2 的转速(或角速度)之比，即

啮合传动

$$i_{12} = \frac{n_1}{n_2} = \frac{z_2}{z_1} \tag{2-5}$$

摩擦传动

$$i_{12} = \frac{n_1}{n_2} = \frac{d_2}{d_1} \tag{2-6}$$

式中　n_1、n_2——主动轮、从动轮转速；

z_1、z_2——主动轮、从动轮齿数；

d_1、d_2——主动轮、从动轮计算直径。

减速传动时 $i_{12} > 1$，增速传动时 $i_{12} < 1$。

传动系统总传动比等于各级传动比的连乘积，即

$$i_{1k} = i_{12} \cdot i_{23} \cdot \cdots \cdot i_{jk} \tag{2-7}$$

3. 功率

在机械传动中，所能传递的功率，代表着传动系统的传动能力。功率 P(kW)是单位时间内力 $F(N)$所做的功。

移动构件

$$P = \frac{Fv}{1000} \tag{2-8}$$

转动构件

$$P = \frac{Tn}{9550} \tag{2-9}$$

式中　v——线速度(m/s)；

n——转速(r/min)；

T——作用在转动构件上的力 F 对转轴 O 点之矩(图 2-21)，简称转矩(N · m)，$T = Fr$。

4. 机械效率

机械传动过程中，其运动副中的摩擦力会损耗部分传动功率。机械效率能够反映输入功率在机械传动中的有效利用程度。机械效率 η 等于机械的输出功 $W_{输出}$(功率 $P_{输出}$)与输入功 $W_{输入}$(功率 $P_{输入}$)之比，即

$$\eta = \frac{W_{输出}}{W_{输入}} = \frac{P_{输出}}{P_{输入}} < 1 \tag{2-10}$$

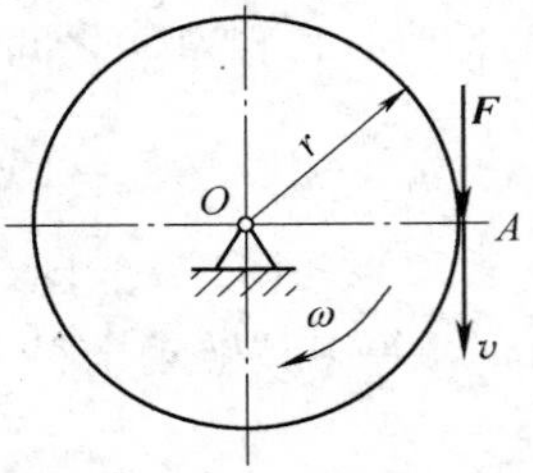

图 2-21　力对转轴之矩

则输出功率 $P_{输出}$ 等于输入功率 $P_{输入}$ 乘以机械效率 η，即

$$P_{输出} = P_{输入} \cdot \eta \tag{2-11}$$

机械传动系统总效率 η 为各级传动和各处轴承、联轴器的效率之乘积，即

$$\eta = \eta_1 \cdot \eta_2 \cdot \eta_3 \cdot \cdots \cdot \eta_k \tag{2-12}$$

一般轴承效率为98% ~99.5%，联轴器的效率99% ~99.5%，各类传动效率可查表2-5。

在对各零件进行工作能力计算时，均以其输入功率作为计算功率。若已知传动系统的 $P_{输入}$ 或 $P_{输出}$ 以及各运动副的效率 η，便可求出各零件的计算功率。

【例2-8】 图2-22所示为二级齿轮传动系统，已知：$P_{输入}$、$P_{输出}$ 及 $\eta_{齿轮}$ 和 $\eta_{轴承}$，试求Ⅰ、Ⅱ、Ⅲ轴的计算功率及两齿轮副的计算功率。

解 设 P_{I}、P_{II}、P_{III} 分别为Ⅰ、Ⅱ、Ⅲ轴的计算功率，P_1、P_2 分别为齿轮1、2和齿轮3、4构成的齿轮副的计算功率。

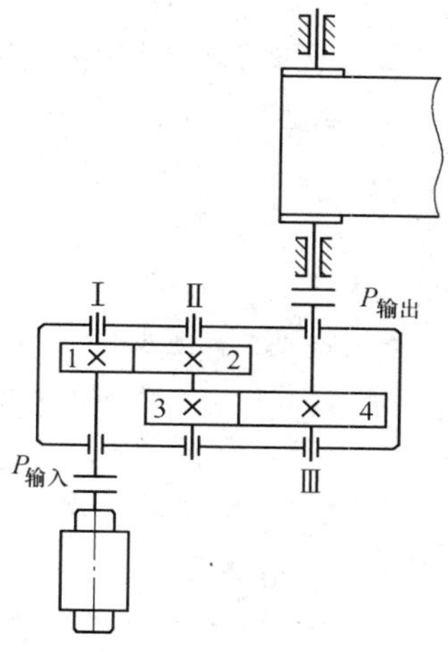

图2-22 二级齿轮传动系统

（1）若由 $P_{输入}$ 计算，则由式(2-11)可得

$$P_{\mathrm{I}} = P_{输入}$$
$$P_1 = P_{输入}\eta_{轴承}$$
$$P_{\mathrm{II}} = P_{输入}\eta_{轴承}\eta_{齿轮}$$
$$P_2 = P_{输入}\eta_{轴承}^2\eta_{齿轮}$$
$$P_{\mathrm{III}} = P_{输入}\eta_{轴承}^2\eta_{齿轮}^2$$
$$P_{输出} = P_{输入}\eta_{轴承}^3\eta_{齿轮}^2$$

（2）若由 $P_{输出}$ 计算，则

$$P_{\mathrm{I}} = P_{输出}/(\eta_{轴承}^3\eta_{齿轮}^2)$$
$$P_1 = P_{输出}/(\eta_{轴承}^2\eta_{齿轮}^2)$$
$$P_{\mathrm{II}} = P_{输出}/(\eta_{轴承}^2\eta_{齿轮})$$
$$P_2 = P_{输出}/(\eta_{轴承}\eta_{齿轮})$$
$$P_{\mathrm{III}} = P_{输出}/\eta_{轴承}$$

5. 转矩

若已知运动件的输入功率 P(kW)和转速 n(r/min)，可求出相应转矩 T(N · mm)。

$$T = 9550\frac{P}{n} = 9.55 \times 10^6\frac{P}{n} \tag{2-13}$$

在传动系统中，通过理论分析可得两轴之间转矩的普遍关系式，即

$$T_k = T_1\eta_{1k}i_{1k} \tag{2-14}$$

式中 T_1、T_k——主动轴、从动轴转矩；

i_{1k}——主动轴、从动轴间传动比；

η_{1k}——主动轴、从动轴间的机械效率。

【例2-9】 汽车发动机的额定功率 $P=74$kW，若不考虑功率损耗，当传动轴的转速 $n=1000$r/min时，试求传动轴所输出的转矩；当驾驶员换挡以后，传动轴的转速降为 $n_1=650$ r/min,试求此时传动轴输出的转矩。

解 （1）转速 $n=1000$r/min时，由式(2-13)可得传动轴的输出转矩为

$$T = 9550\frac{P}{n} = 9550 \times \frac{74}{1000}\text{N} \cdot \text{m} = 706.7\text{N} \cdot \text{m}$$

（2）当转速降为 $n_1 = 650\text{r/min}$ 时，传动轴的输出转矩则为

$$T = 9550\frac{P}{n} = 9550 \times \frac{74}{650}\text{N} \cdot \text{m} = 1087\text{N} \cdot \text{m}$$

计算结果说明，当功率 P 一定时，转矩 T 与转速 n 成反比。汽车上坡时，需要较大的驱动力矩 T，故驾驶员换用低速挡，以便在功率一定的情况下产生较大的驱动力矩。这就是机械传动系统中减速增矩（或升速减矩）的重要规律。

2.3.2 机械传动系统的基本功能

机械传动系统因其构成形式不同，作用和功能也各异。其基本功能如下：

1. 实现运动形式的变换

电动机、内燃机等原动机输出匀速的回转运动，而机械执行构件要求的运动形式是多种多样的。传动机构可把匀速的回转运动转变为移动、摆动、间歇运动、平面复杂运动等形式。实现各种运动形式变换的机构见表 2-5。

2. 实现运动速度的变换

机械执行构件要求的转速一般是与原动机转速不同的，传动机构能够实现减速、增速或变速的功能。

在较大传动比的情况下，需要将多级齿轮、带、链、蜗杆传动等组合起来满足速度变化的要求。

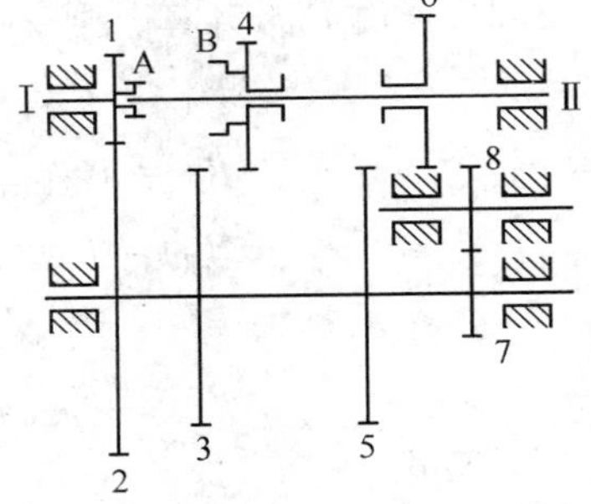

图 2-23　汽车齿轮变速器

图 2-23 所示为汽车齿轮变速器。图中Ⅰ为动力输入轴，Ⅱ为输出轴；滑移齿轮 4、6 通过花键与轴形成可动连接，既能随轴转动，变速时又能沿轴移动；离合器 A、B 由驾驶员操纵。根据汽车行驶的不同速度要求，该变速器可使输出轴获得四种转速并实现反转。

低速挡：齿轮 5 与齿轮 6 相啮合，同时齿轮 3、4 和离合器 A、B 均脱开。传动路线为Ⅰ(1)→2(5)→6(Ⅱ)。

中速挡：齿轮 3 与齿轮 4 相啮合，同时齿轮 5、6 和离合器 A、B 均脱开。传动路线为Ⅰ(1)→2(3)→4(Ⅱ)。

高速挡：离合器 A 与离合器 B 相嵌合，同时齿轮 3、4 和齿轮 5、6 均脱开。传动路线为Ⅰ→Ⅱ。

低速倒车挡：齿轮 6 与齿轮 8 相啮合，齿轮 3、4 和齿轮 5、6 以及离合器 A、B 均脱开。传动路线为Ⅰ(1)→2(7)→8→6(Ⅱ)。此时，由于齿轮 8 的作用，输出轴反转。

这类齿轮变速也广泛用于各类机床。由于只能分级变速，故称为有级变速。

3. 实现运动的合成和分解

机械传动中，常需要将两个运动合成为一个输出运动或将一个运动分解为两个输出运动，传动机构能够实现运动的合成和分解。

图 2-24 所示为电风扇摇头机构。电风扇通过风扇叶轮的旋转搅动，使空气流动形成风；另外，叶轮的轴线能作一定角度的摆动，使整个房间都能吹到风。为达到上述两个功能要

求，一方面，将叶轮直接安装在电动机轴上转动，并通过调节电动机的转速得到不同档的风速；另一方面，将叶轮及其转动系统装在构件 4 上，通过装在电动机轴上的蜗杆 5 与固定在构件 1 上的蜗轮 6 啮合传动，使构件 1 以较低的速度相对构件 4(2)绕转动副 A(B)作 360°圆周转动，并带动构件 4(2)往复摆动，实现风扇摇头的要求。

图 2-25 所示为平板印刷机的吸纸机构。该机构从凸轮 1(1′)输入运动，通过两个摆动从动件 2、3 分别从两条路线传递运动，至吸纸盘 P 实现运动合成，并走出一个矩形轨迹，以完成吸纸和送纸的动作。

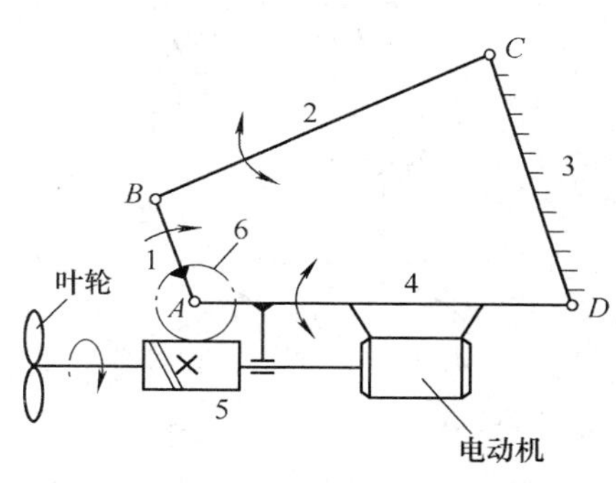

图 2-24　电扇摇头机构

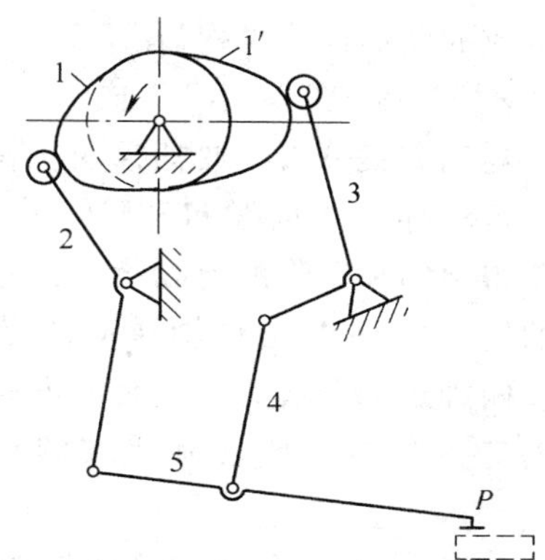

图 2-25　平板印刷机吸纸机构

4. 获得较大的机械效益

机械传动系统在许多情况下能够增矩、增力，获得较大的机械效益。根据一定功率下减速增矩的原理，通过减速传动实现用较小的驱动转矩产生较大的输出转矩。

图 2-26 所示为手动蜗杆传动起重机构。该起重机构的卷筒半径为 R，重物重量为 W。起重时，作用在卷筒上的转矩为 $T_2 = WR$。当 T_2 较大时，若用人力直接驱动，往往不能实现。但若采用蜗杆蜗轮减速传动，在手柄上用力 F 驱动蜗杆轴转动，其驱动转矩为 T_1，角速度为 ω_1。蜗轮与卷筒固连在同一轴上，其转矩为 T_2，角速度为 ω_2。由式(2-14)可知，该机构的输入转矩 T_1 和输出转矩 T_2 间存在以下关系

$$T_2 = T_1 \eta_{12} i_{12}$$

式中　i_{12}——蜗杆蜗轮的传动比；

η_{12}——蜗杆蜗轮的传动效率。

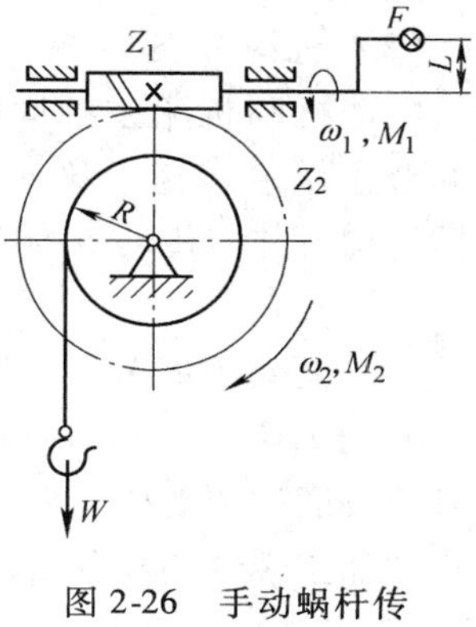

图 2-26　手动蜗杆传动起重机构

而

$$T_1 = FL;\quad T_2 = WR$$

则有

$$\frac{F}{W} = \frac{R}{L\eta_{12} i_{12}}$$

式中，蜗杆蜗轮的传动比 $i_{12}(=z_2/z_1)$远远大于 1。这表明若不考虑传动效率，并合理地控制 R 和 L 的尺寸，便可用较小的驱动力 F 提起较大的重量 W，达到省力的目的。

2.3.3　机械传动系统运动方案分析实例

如前所述，机械传动系统的作用是通过减速(或增速)、变速、换向或变换运动形式，

将原动机的运动或动力传递并分配给机械的执行构件，使之获得所需的运动形式和生产能力。这里通过一些简单实例来分析机械传动机构的运动方案及其功能，有助于读者掌握对现有机械传动装置工作原理和结构组成进行分析的基本方法。

实例一　分析电动玩具马的主体运动机构(图 2-27a)。

(1) 功能分析　图示机构具有模仿马飞奔前进的运动形态，马的这种运动形态的可分解为奔腾状态和前进运动。

(2) 机构方案分析　该机构由杆件 1、2、4 及滑块 3 构成的曲柄摇块机构(图 2-27b)以及杆件 4、5 构成的两杆机构(图 2-27c)组成。

(3) 运动方案分析　曲柄摇块机构中的曲柄 1 转动时，带动导杆 2 摇摆和升降，其上 M 点处的模型马获得俯仰和升降的奔驰状态；另一方面两杆机构中的转动构件 4 绕 O 轴转动，使模型马作前进运动。两种运动合成为马飞奔前进的运动形态。

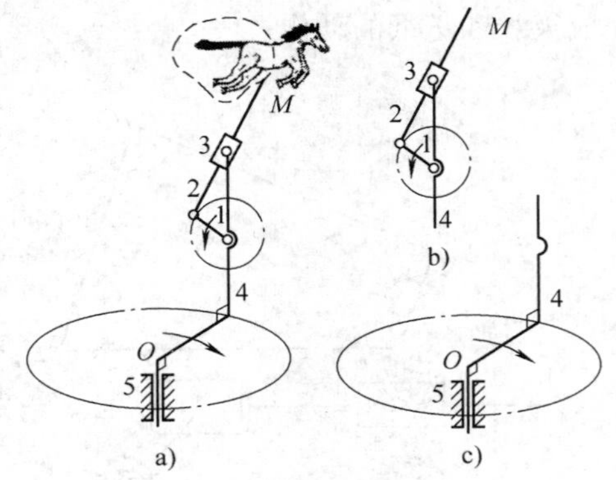

图 2-27　电动玩具马主体运动机构

实例二　分析车床切制螺纹的传动系统(图 2-28)。

(1) 功能分析　车床切制螺纹时，该传动系统需要将电动机输出的运动分解为工件 1 随主轴的匀速回转和车刀 4 向左的匀速移动；并能够控制两运动之间的传动比和转向，以使车刀在工件上能正确地切出螺纹。

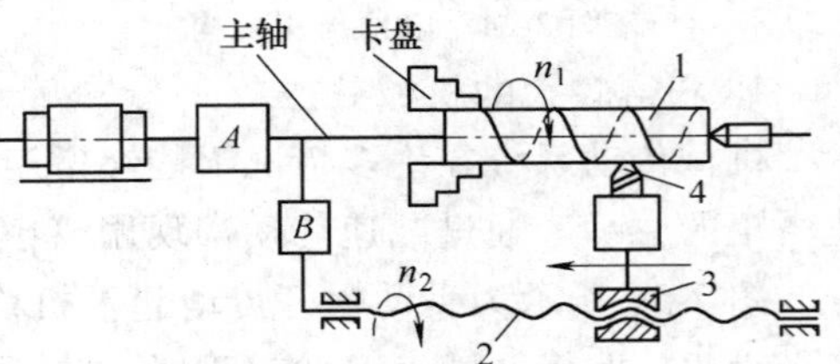

图 2-28　车床切制螺纹的传动系统

(2) 机构方案分析　在该传动系统中，A 为从电动机到机床主轴间的变速传动系统，用以调节主轴的转速；丝杠 2 和螺母 3 构成螺旋传动机构，并与传动机构 B 形成进给系统，其中 B 是根据要求的传动比配置的齿轮传动系统。

(3) 运动方案分析　车床切制螺纹时，电动机通过主轴卡盘带动工件 1 以 n_1 作匀速回转（转向如图所示），通过变速传动系统 A 可使机床主轴得到几种转速，以满足加工要求；同时，又通过传动机构 B，使主轴每转一周，丝杠 2 通过螺母 3 带动车刀 4 移动的距离恰好等于被加工螺纹的导程 s_1，达到正确切出螺纹的目的。若丝杠 2 的转速为 n_2（转向如图所示），导程为 s_2，则主轴与丝杠的传动比须为

$$i_{12} = \frac{n_1}{n_2} = \frac{s_2}{s_1}$$

当丝杠转向与主轴相同时，则被切螺纹的旋向与丝杠相同，否则相反。通过传动机构 B 可改变丝杠的转向。

实例三　分析绕线机的传动系统（图 2-29）。

(1) 功能分析　该绕线机能够实现把导线绕在线轴上和沿线轴长度方向均匀布线两种功能，并使这两种运动准确地协调配合。

(2) 机构及其运动方案分析　经传动比计算（从略）可知，Ⅰ轴和Ⅱ轴之间传动比不

大，而Ⅰ轴和Ⅳ轴之间传动比较大。因此，为使系统结构紧凑、传动比准确，在电动机与线轴之间采用一级齿轮减速传动，并使线轴连续回转完成绕线功能。同时，在电动机与导线叉之间，考虑均匀布线要求，采用齿轮传动与蜗杆传动组合来实现大减速比；与蜗轮固装在同一轴（Ⅳ轴）上的凸轮与导线叉组成凸轮机构，将回转变换为导线叉的往复运动，实现往复均匀布线的功能。为保证实现准确的传动比，满足绕线和布线两种运动的协调配合，应选择合适的齿轮齿数。

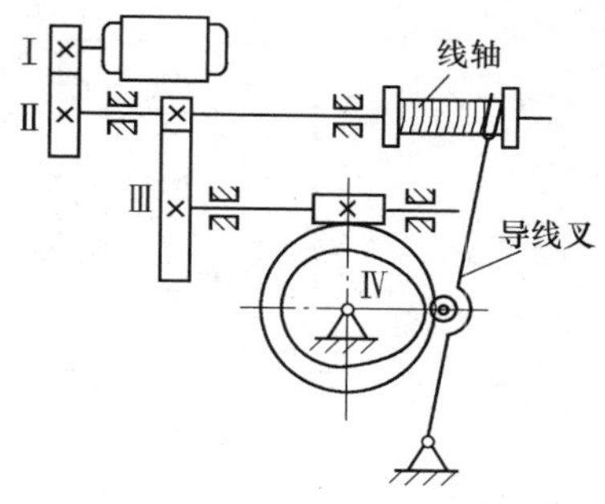

图 2-29　绕线机的传动系统

思考与习题

1. 两构件构成运动副的主要特征是什么？

2. 运动链与机构有什么区别？构造运动链的目的是什么？

3. 机构具有确定运动的条件是什么？

4. 图 2-30 所示为回转柱塞泵机构。当轮 1 转动时，构件 3 相对于构件 2 作往复移动。试绘出该机构的示意图。

5. 图 2-31 所示为偏心泵。该泵的内腔被套环 2 及其上的叶片 a 分隔为左、右两室。当原动件偏心轮 1 转动时，套环 2 随之转动，叶片 a 绕圆柱状构件 3 的轴心 C 转动，并随构件 3 在槽中滑动，使左、右两室的容积有规律地变化，完成泵的功能。试绘出该偏心泵的机构示意图。

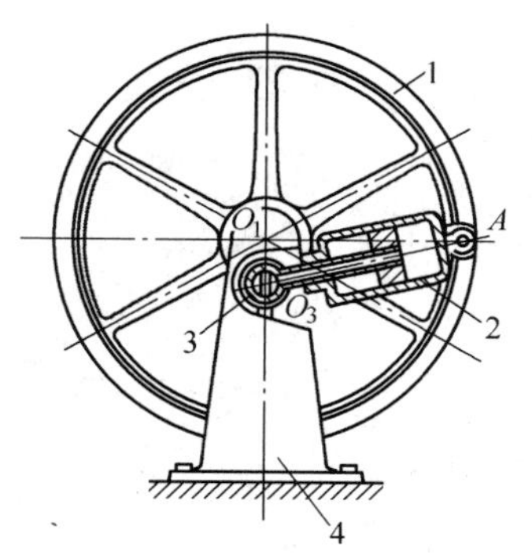

图 2-30　题 4 图
1—原动件　2—缸体　3—活塞和活塞杆　4—机架

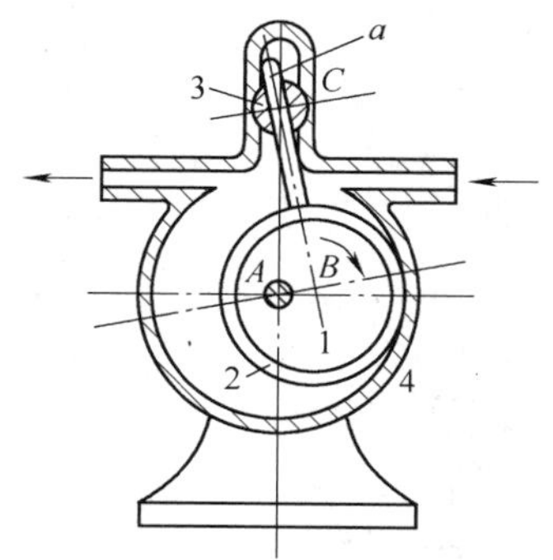

图 2-31　题 5 图
1—偏心轮　2—套环　3—圆柱状构件　4—机架

6. 试绘出图 2-32 所示各种机构的运动简图。

7. 图 2-33 所示为一简易压力机初拟设计方案。设计者试图用齿轮 1 带动与齿轮 1 装在同一个轴上的凸轮 2 转动，凸轮借助于杠杆 3 使冲头 4 上下运动。试绘出该方案的机构示意图，指出该方案在原理上不合理之处，并拟定改进方案。

8. 指出图 2-34 所示各机构的复合铰链、局部自由度和虚约束（如果存在），并核算其自由度。

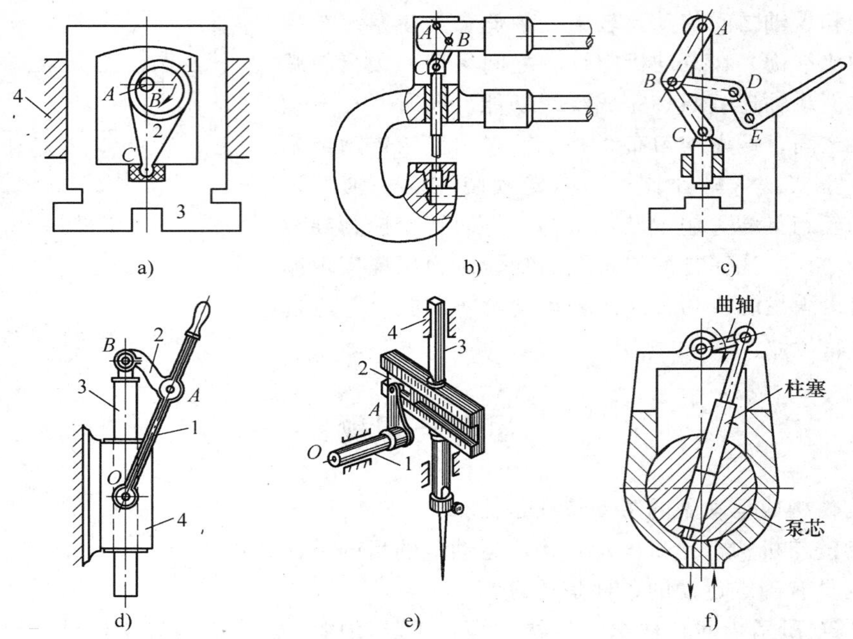

图 2-32　题 6 图

a）压力机刀架机构　b）手动冲孔钳　c）手动压力机　d）手动抽水泵　e）缝纫机下针机构　f）水泵

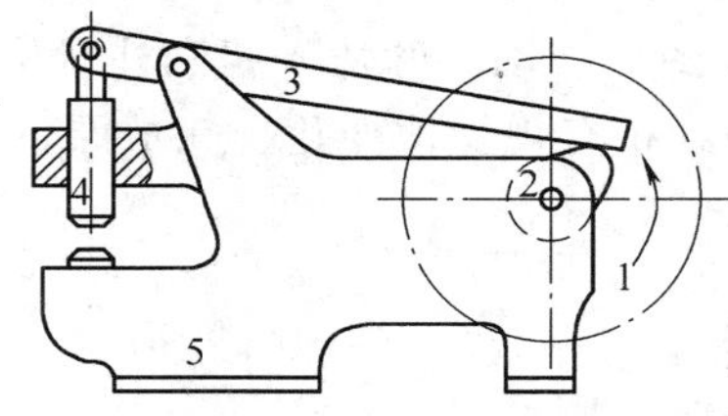

图 2-33　题 7 图

1—齿轮　2—凸轮　3—杠杆　4—冲头　5—机架

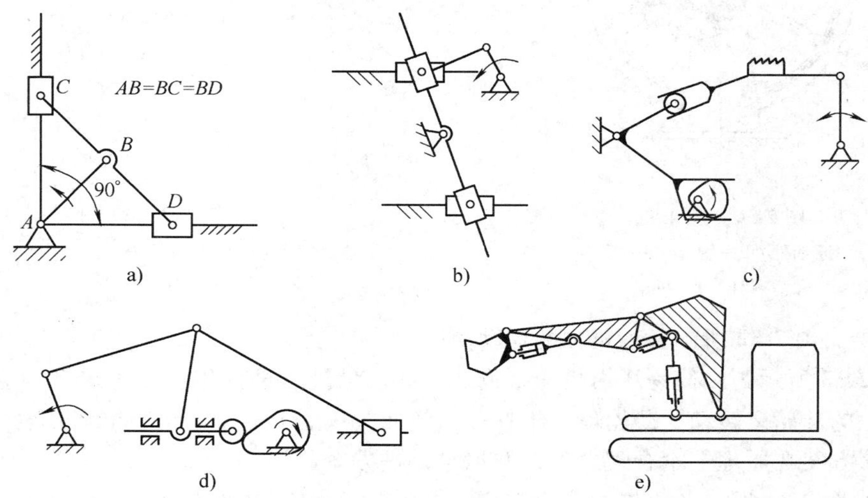

图 2-34　题 8 图

a）椭圆规机构　b）压缩机机构　c）缝纫机送布机构　d）大筛机构　e）挖掘机

9. 观察和分析某一日常生活中常见的机械，并绘制其主体机构的运动简图。

10. 图 2-35 所示为碎铁机传动系统机构运动简图。该机器的作用是压碎生铁锭，其传动系统从电动机到执行构件冲头传递运动和动力。根据碎铁机的工作特点，冲头上冲击载荷大，振动也大。试分析碎铁机传动系统的功能、机构及其运动方案。

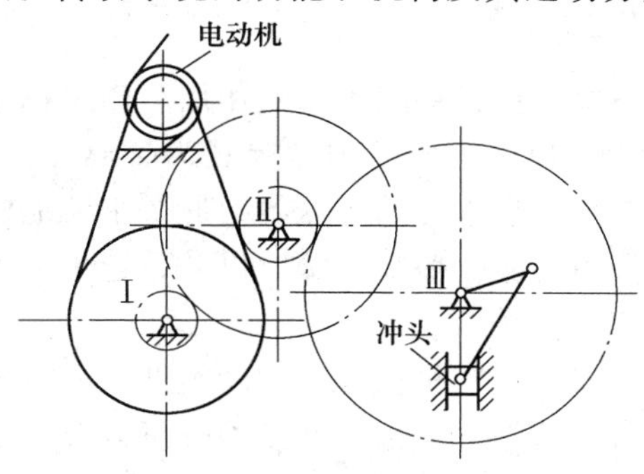

图 2-35　题 10 图

第3章 机构静力分析基础

机械在运转的过程中，各个构件都要受到力的作用。作用在机械上的力，包括由外部施于机械的驱动力、阻力、重力、风力、水压力、弹簧力、电磁力和运动构件受到的介质阻力，以及构件在变速运动时产生的惯性力等。这些力通常主动地使物体运动或使物体有运动趋势，故称为主动力，工程上也常称作载荷。除此以外，还包括由主动力在运动副中所引起的约束反力。

由于作用在机械上的力不仅是影响机械运动和动力性能的重要参数，而且也是决定相应构件的尺寸和结构形状等的重要依据。所以，在正确分析或合理使用现有机械时，都需要对机构的受力情况进行分析。

这里主要针对机构力分析的任务之一展开讨论：确定各运动副中的约束反力，即运动副两元素接触处彼此的作用力。这些力的大小和性质对于分析各构件的承载能力，分析运动副中的摩擦和润滑，确定机械的效率及其运转时所需的功率等，都是必需的重要资料。

对于低速轻载机械，由于惯性力的影响不大，故常略去不计。在不计惯性力的条件下，对机械进行的力分析称为静力分析。静力分析的基本理论和方法是机构力分析的基础，在工程技术中有着十分重要的意义。本节以平面机构为主要研究对象介绍静力分析的方法。

3.1 静力分析的基本概念

3.1.1 力及其性质

1. 力的概念

力是物体间的机械作用，这种作用使物体的运动状态发生改变（称为力的运动效应）或使物体产生变形（称为力的变形效应）。例如，人用手推动小车，人与小车之间产生相互作用，使小车运动状态改变；压力机冲压工件时，冲头与工件间有相互作用，工件产生变形。

力对物体作用的效应取决于力的三要素，即力的大小、方向、作用点。

力的大小反映物体间机械作用的强弱程度。在国际单位制中，力的单位为牛［顿］(N)或千牛［顿］(kN)。

力的方向包含方位和指向两个意思，如铅直向下，水平向右等。

力的作用点指的是力在物体上的作用位置。一般说来，力的作用位置并不是一个点，而是在一定的面积内，故称为分布力。但是，当作用面积小到可以不计其大小时，就看作一个点（即力的作用点），而这种作用于一点的力则称为集中力。例如，静止的汽车通过轮胎作用在桥面上的力，因轮胎与桥面接触面积较小，可视为集中力（图3-1a）；而桥面施加在桥梁上的力则为分布力（图3-1b）。

由力的三要素可知，力是定位矢量，可用带箭头的有向线段表示。有向线段的长度 AB

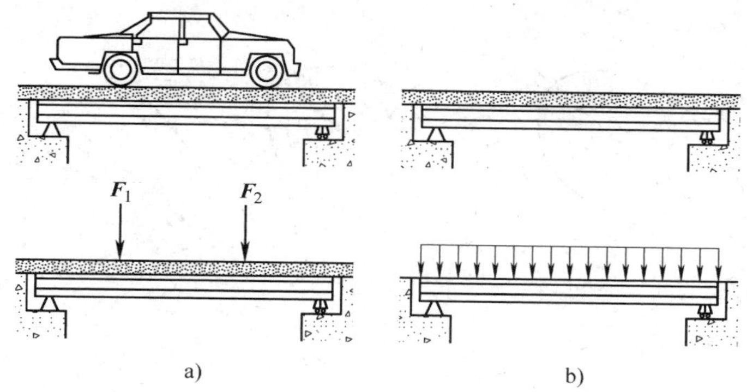

图 3-1　集中力与分布力

按比例表示力的大小，线段的方位和箭头指向表示力的方向，线段的起点 A 或终点 B 表示力的作用点，如图 3-2 所示，力所沿的直线称为力的作用线。在本书中，力的矢量用黑体字母（如 $\boldsymbol{F}$）表示，手写时在字符上方画箭头；而力的大小用相应的普通字母（如 F）表示。

作用在物体上的一组力称为力系。使同一物体产生相同作用效应的力系称为等效力系。如果某力系与一个力等效，则这一力称为该力系的合力，而力系中的各个力则称为这一合力的分力。

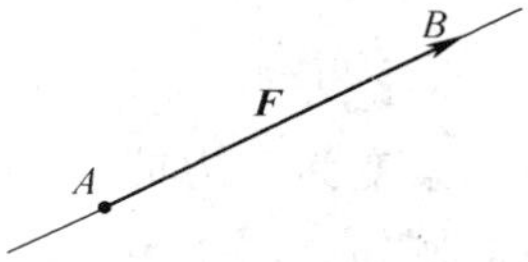

图 3-2　力的表示

平衡是指物体相对于地球处于静止或做匀速直线运动的状态，是机械运动的一种特殊情形。作用于物体并使其保持平衡状态的力系称为平衡力系。构件或零件的平衡问题是平面机构静力分析的基本问题。

任何物体受力后都将或多或少地发生变形，但微小变形对零件或构件的平衡问题影响甚微，可以忽略不计，因而在对零件或构件进行静力分析时将其视作刚体（即受力后不变形的力学模型）。然而，在分析构件或零件的承载能力时，其变形是主要研究因素，因此即使构件或部件产生极其微小的变形，也不能将其视作刚体。

2. 力的性质

人们在长期的生活和生产实践中，总结出了许多力所遵循的规律，称为力的性质，因被人们所公认，所以也称为静力学公理。力的基本性质如下：

性质 1　二力平衡公理

不计自重的构件在二力作用下平衡的必要和充分条件是：二力沿着同一作用线，大小相等，方向相反，如图 3-3 所示。其矢量表达式为

$$\boldsymbol{F}_1 = -\boldsymbol{F}_2 \tag{3-1}$$

工程上把作用有二力而处于平衡的构件又称为二力构件或二力杆。根据上述性质，二力构件上的两个力必沿两力作用点的连线（与构件形状无关），且等值、反向。

性质 2　加减平衡力系公理

在作用于构件的力系中，加上或减去任意一个平衡力系，不会改变原力系对构件的作用效应。由此可得出如下推论：

推论 1　力的可传性

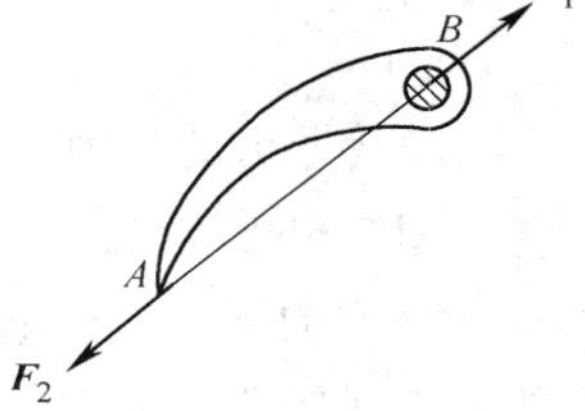

作用于构件上的力可沿其作用线移至构件内任意点，不会改

图 3-3　棘爪的二力平衡

变力对构件的作用效应。

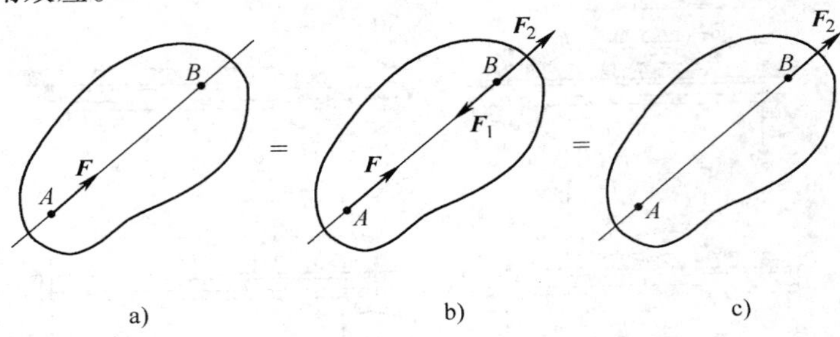

图 3-4　力的可传性

如图 3-4a 所示，设 $\boldsymbol{F}$ 作用于构件上 A 点，根据加减平衡力系公理，在力的作用线上任一点 B 加上一对大小均为 F 的平衡力 $\boldsymbol{F}_1$、$\boldsymbol{F}_2$（图 3-4b），新力系（$\boldsymbol{F}$、$\boldsymbol{F}_1$、$\boldsymbol{F}_2$）与原来的力 $\boldsymbol{F}$ 等效。而 $\boldsymbol{F}$ 和 $\boldsymbol{F}_1$ 为平衡力系，减去后不改变力系的作用效应（图 3-4c）。于是，力 $\boldsymbol{F}_2$ 与原力 $\boldsymbol{F}$ 等效。力 $\boldsymbol{F}_2$ 与力 $\boldsymbol{F}$ 只是作用点不同，这就相当于力 $\boldsymbol{F}$ 沿其作用线由 A 点移到了 B 点。

推论表明，对于刚性构件，力的三要素变为：力的大小、方向和作用线。例如，用小车运送物品时如图3-5所示，不论在车后 A 点用力 $\boldsymbol{F}$ 推车，或在车前同一作用线上的 B 点用力 $\boldsymbol{F}$ 拉车，效果都是一样的。

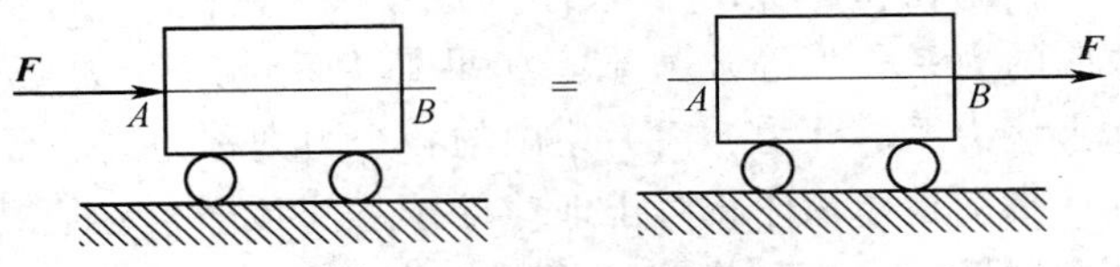

图 3-5　推车或拉车效果不变

需要指出的是，当研究力对构件的变形效应时，构件不能被视作刚体，力的可传性将不再成立。

性质 3　力的平行四边形法则

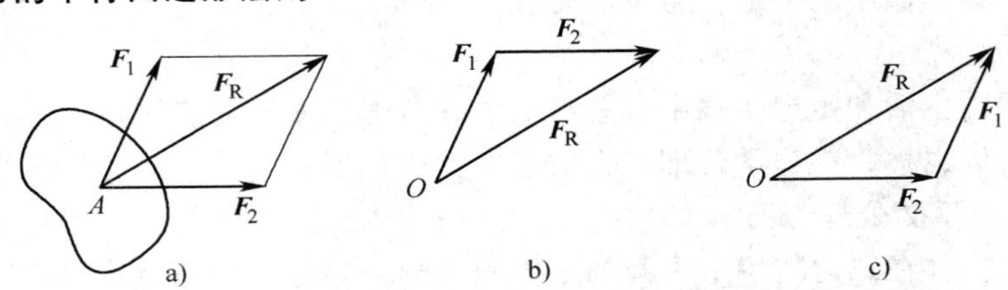

图 3-6　力的平行四边形法则

作用在构件上同一点的两个力可以合成为一个力，合力的作用点仍作用在这一点，合力的大小和方向由这两个力为邻边所构成的平行四边形的对角线确定，如图 3-6a 所示。其矢量表达式为

$$\boldsymbol{F}_{\mathrm{R}} = \boldsymbol{F}_1 + \boldsymbol{F}_2 \tag{3-2}$$

在求共点力的合力时，为作图方便，可采取只画出平行四边形一半的作图法，称三角形法则（图 3-6b）。方法是：自任意一点 O 作矢量 $\boldsymbol{F}_1$，再从 $\boldsymbol{F}_1$ 的终端作矢量 $\boldsymbol{F}_2$，最后从 $\boldsymbol{F}_1$ 的始端 O 点向 $\boldsymbol{F}_2$ 的终端作矢量 $\boldsymbol{F}_{\mathrm{R}}$，即为 $\boldsymbol{F}_1$ 和 $\boldsymbol{F}_2$ 的合力。若改变 $\boldsymbol{F}_1$、$\boldsymbol{F}_2$ 的作图顺序，其结果不变（图 3-6c）。但应注意，力三角形只表明力的大小和方向，而不表示力的作用点或作用线。

若构件上有 $\boldsymbol{F}_1$、$\boldsymbol{F}_2$、…、$\boldsymbol{F}_n$ 共 n 个力作用，力系中各力的作用线共面且汇交于同一点（称为平面汇交力系），则根据性质 3 此力系可通过两两合成的方法（图 3-7），最后合成为一个合力 $\boldsymbol{F}_R$，其矢量表达式为

$$\boldsymbol{F}_R = \boldsymbol{F}_1 + \boldsymbol{F}_2 + \cdots + \boldsymbol{F}_n = \sum \boldsymbol{F} \tag{3-3}$$

式（3-3）表示，平面汇交力系的合力矢量等于力系中各分力的矢量和。

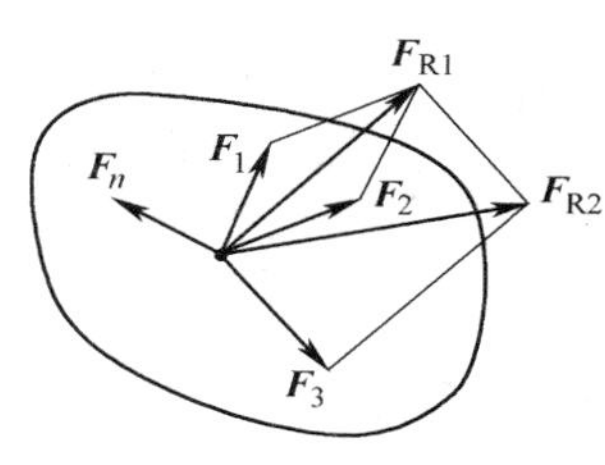

图 3-7 平面汇交力系的合成

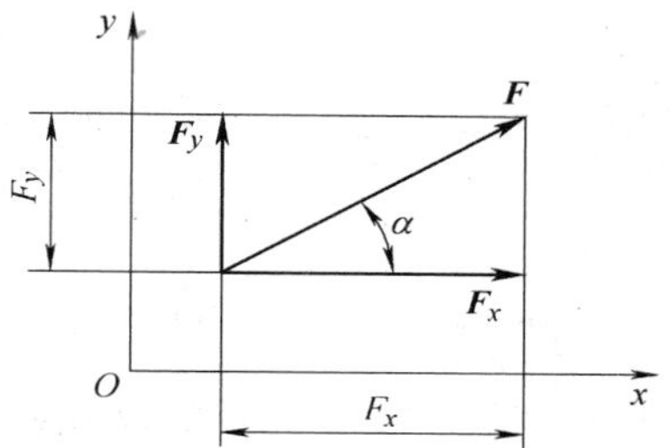

图 3-8 力的正交分解

在工程实际中，为方便分析与计算，常利用平行四边形法则将一个力分解为方向已知且相互垂直的两个分力，称之为正交分解。如图 3-8 所示，若将力 $\boldsymbol{F}$ 沿直角坐标轴 $\boldsymbol{x}$、$\boldsymbol{y}$ 方向分解，则其分力 $\boldsymbol{F}_x$ 和 $\boldsymbol{F}_y$ 的大小分别等于力 $\boldsymbol{F}$ 在两坐标轴上投影 F_x、F_y 的绝对值，即

$$\left.\begin{aligned} F_x &= F\cos\alpha \\ F_y &= F\sin\alpha \end{aligned}\right\} \tag{3-4}$$

式中　α——力 $\boldsymbol{F}$ 与 x 轴所夹的锐角（°）。

必须注意，分力 $\boldsymbol{F}_x$ 和 $\boldsymbol{F}_y$ 是矢量，投影 F_x、F_y 是代数量。

推论 2　三力平衡汇交定理

作用于构件上不平行的三个力，若构成平衡力系，且其中两个力的作用线汇交于一点，则此三个力的作用线在同一平面内且必汇交于一点，如图 3-9 所示的三个力 $\boldsymbol{F}_1$、$\boldsymbol{F}_2$、$\boldsymbol{F}_3$。这一推论，读者可自行证明。

性质 4　作用与反作用定律

两构件间相互作用的力（作用力与反作用力），总是大小相等、方向相反、作用线相同，并分别作用在这两个构件上。

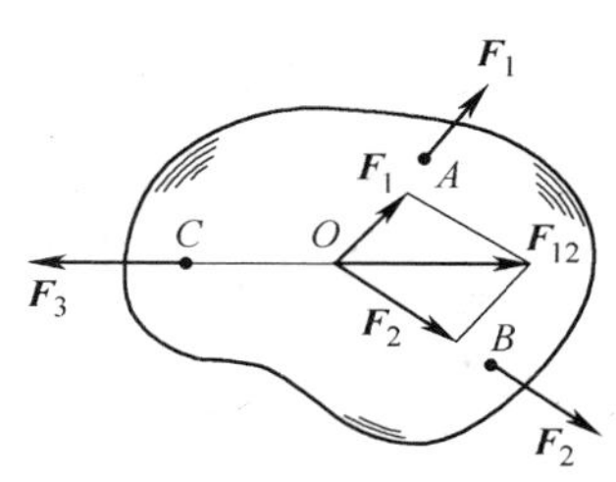

图 3-9 三力平衡汇交定理

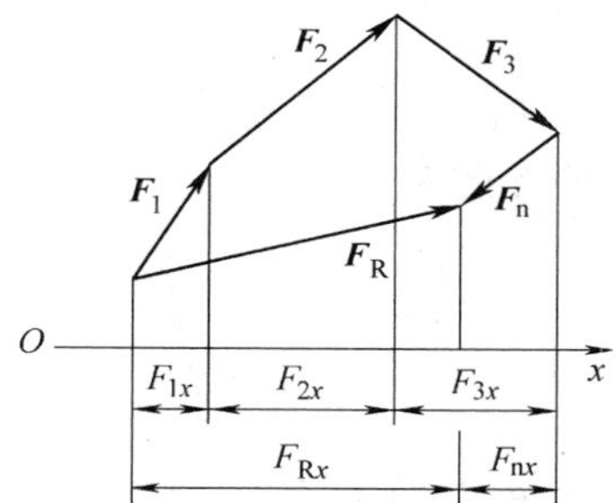

图 3-10 合力在 x 轴上的投影

性质 5　合力投影定理

力系的合力在某一直角坐标轴上的投影，等于力系中各分力在同一轴上投影的代数和（图 3-10）。对于平面汇交力系，其数学表达式为

$$
\left.\begin{aligned}
F_{Rx} &= F_{1x} + F_{2x} + \cdots + F_{nx} = \sum F_x \\
F_{Ry} &= F_{1y} + F_{2y} + \cdots + F_{ny} = \sum F_y
\end{aligned}\right\} \tag{3-5}
$$

式中　F_{Rx}、F_{Ry}——合力 $\boldsymbol{F}_R$ 在 x 轴、y 轴上的投影；

F_{1x}、F_{2x}、…、F_{nx}和 F_{1y}、F_{2y}、…、F_{ny}——各分力在 x、y 轴上的投影。投影的正负号规定为：由力的始端投影至终端投影的指向与投影轴正向一致时，取正号；方向相反取负号。

由合力的投影 F_{Rx}、F_{Ry}可确定合力 $\boldsymbol{F}_R$ 的大小和方向，即

$$
\left.\begin{aligned}
F_R &= \sqrt{F_{Rx}^2 + F_{Ry}^2} = \sqrt{\left(\sum F_x\right)^2 + \left(\sum F_y\right)^2} \\
\tan\alpha &= \left|\frac{F_{Ry}}{F_{Rx}}\right| = \left|\frac{\sum F_y}{\sum F_x}\right|
\end{aligned}\right\} \tag{3-6}
$$

式中　α——合力 $\boldsymbol{F}_R$ 与 x 轴所夹的锐角。

$\boldsymbol{F}_R$ 的指向由$\sum F_x$、$\sum F_y$ 的正负来确定。

【例 3-1】　如图 3-11 所示，在固定圆环上有四根绳索，其拉力分别为 $F_1 = 0.2\text{kN}$，$F_2 = 0.3\text{kN}$，$F_3 = 0.5\text{kN}$，$F_4 = 0.4\text{kN}$，它们与 x 轴的夹角分别为 $\alpha_1 = 30°$，$\alpha_2 = 45°$，$\alpha_3 = 0$，$\alpha_4 = 60°$。试求它们的合力大小和方向。

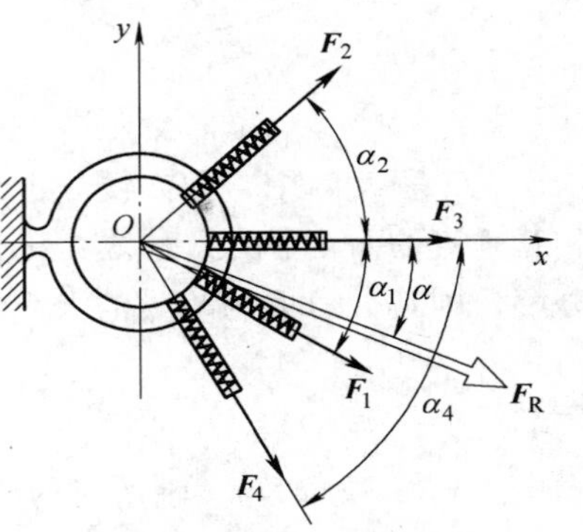

图 3-11　例 3-1 图

解　建立如图 3-11 所示直角坐标系。根据合力投影定理，有

$$
\begin{aligned}
F_{Rx} &= \sum F_x = F_{1x} + F_{2x} + F_{3x} + F_{4x} \\
&= F_1\cos\alpha_1 + F_2\cos\alpha_2 + F_3\cos\alpha_3 + F_4\cos\alpha_4 \\
&= (0.2\cos30° + 0.3\cos45° + 0.5\cos0 + 0.4\cos60°)\text{kN} \\
&= 1.085\text{kN}
\end{aligned}
$$

$$
\begin{aligned}
F_{Ry} &= \sum F_y = F_{1y} + F_{2y} + F_{3y} + F_{4y} \\
&= -F_1\sin\alpha_1 + F_2\sin\alpha_2 + F_3\sin\alpha_3 - F_4\sin\alpha_4 \\
&= (-0.2\sin30° + 0.3\sin45° + 0.5\sin0 - 0.4\sin60°)\text{kN} \\
&= -0.234\text{kN}
\end{aligned}
$$

合力的大小为

$$
F_R = \sqrt{(F_{Rx})^2 + (F_{Ry})^2} = \sqrt{(1.085)^2 + (-0.234)^2}\text{kN} = 1.11\text{kN}
$$

合力的方向为

$$
\tan\alpha = \left|\frac{\sum F_y}{\sum F_x}\right| = \left|\frac{-0.234}{1.085}\right| = 0.216
$$

$$
\alpha = 12°11'19''(\text{图 3-11})
$$

3.1.2　力矩及其性质

1. 力矩的概念

力对构件作用的运动效应体现在使构件移动和转动，力的移动效应取决于力的大小和方向，力的转动效应则是用力矩来度量的。常见的工具（如扳手、杠杆等）和简单机械（如手动剪切机等）的工作原理中都包含着力矩的概念。

如图 3-12 所示，以扳手拧动螺母为例，力 $\boldsymbol{F}$ 使螺母绕 O 点转动。由经验可知，加在扳手上的力 $\boldsymbol{F}$ 越大或离 O 点越远，拧动螺母越容易。这就表明，力 $\boldsymbol{F}$ 使螺母绕某一固定点 O 转动的效应，不仅与力 $\boldsymbol{F}$ 的大小有关，还与该点到力 $\boldsymbol{F}$ 作用线的垂直距离 d 有关。因此，可用 $\boldsymbol{F}$ 与 d 的乘积作为力 $\boldsymbol{F}$ 使螺母绕 O 点转动效应的量度，并称其为力 $\boldsymbol{F}$ 对 O 点之矩，简称力矩，O 点称为力矩中心，简称矩心；距离，d 称为力臂记为 $M_O(\boldsymbol{F})$。即

$$M_O(\boldsymbol{F}) = \pm Fd \tag{3-7}$$

式中的符号“±”表示力使物体绕矩心转动的方向，通常规定：力使物体绕矩心逆时针方向转动时，力矩为正，反之为负。可见，在平面问题中，力矩是一个代数量。

在国际单位制中，力矩的单位是牛·米(N·m)或千牛·米(kN·m)。

2. 力矩的性质

由上述分析可得力矩的性质：

1）力对点之矩，不仅取决于力的大小和方向，还与矩心的位置有关。力矩随矩心的位置变化而变化。

2）力对任一点之矩，不因该力的作用点沿其作用线移动而改变，这是因为力与力臂均未改变。

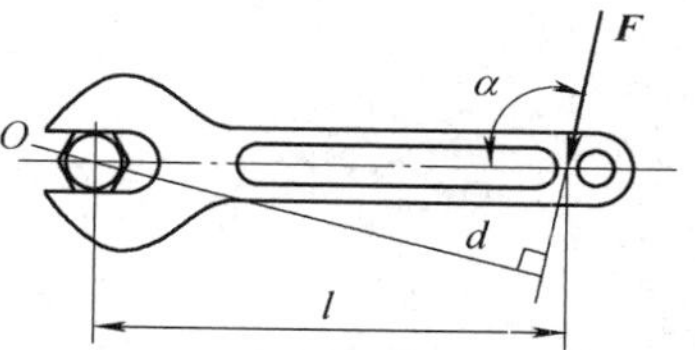

图 3-12　力对点之矩

3）力的大小等于零或其作用线通过矩心时，力矩等于零。

4）互相平衡的两个力对于同一点之矩的代数和等于零。

3. 合力矩定理

合力对其作用平面内任一点的矩等于该面内各分力对同一点之矩的代数和。即

$$M_O(\boldsymbol{F}_R) = M_O(\boldsymbol{F}_1) + M_O(\boldsymbol{F}_2) + \cdots + M_O(\boldsymbol{F}_n) \tag{3-8}$$

其中，$\boldsymbol{F}_R$ 为 $\boldsymbol{F}_1$、$\boldsymbol{F}_2$、…、$\boldsymbol{F}_n$ 的合力。

计算力矩时，若力臂不易确定，常将力分解为两个易确定力臂的正交分力，然后应用合力矩定理方便地计算力矩。

【例 3-2】 如图 3-13 所示为汽车制动的操纵机构。在驾驶员的脚踏力 $\boldsymbol{F}$ 的作用下，脚踏板 A 左移，摇臂 ABC 绕 B 点转动，通过连杆推动活塞右移，实现液压油控制制动。已知：脚踏力 $F=300\text{N}$，与水平方向所夹的锐角 $\alpha=30°$，$a=0.25\text{m}$，$b=0.05\text{m}$，求：力 $\boldsymbol{F}$ 对 B 点的矩 M_B（$\boldsymbol{F}$）。

解　此题如果直接由力矩定义式 $M_B(\boldsymbol{F}) = \pm Fd$ 求解，力臂 d 不容易确定，但题目已给出力 $\boldsymbol{F}$ 作用点 A 与矩心 B 的铅直距离 $a=0.25\text{m}$，水平距离 $b=0.05\text{m}$，因此，应用合力矩定理可方便地计算力矩。

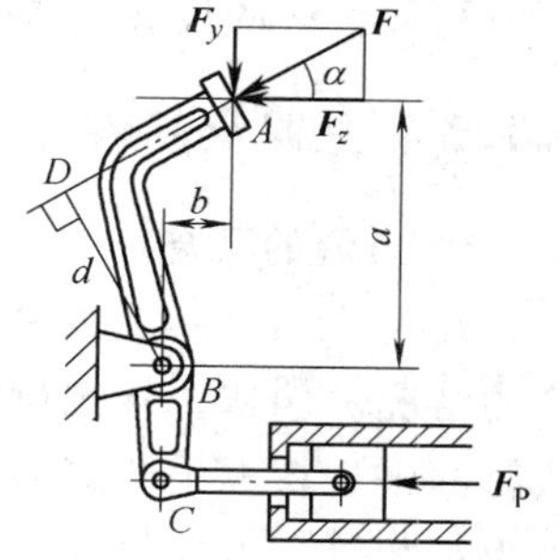

图 3-13　例 3-2 图

将力 $\boldsymbol{F}$ 分解为水平和铅直方向两分力 $\boldsymbol{F}_x$、$\boldsymbol{F}_y$，这两分力的力臂就是 a 和 b，则

$$F_x = F\cos\alpha = 300 \times \cos30°\text{N} = 260\text{N}$$

$$F_y = F\sin\alpha = 300 \times \sin30°\text{N} = 150\text{N}$$

由合力矩定理可得

$$\begin{aligned} M_B(F) &= M_B(F_x) + M_B(F_y) = F_x a - F_y b \\ &= 260 \times 0.25\text{N}\cdot\text{m} - 150 \times 0.05\text{N}\cdot\text{m} = 57.5\ \text{N}\cdot\text{m} \end{aligned}$$

【例 3-3】 图 3-14a 所示为一对圆柱直齿轮的啮合传动，齿廓间沿公法线方向相互作用

的力(啮合力)为 $\boldsymbol{F}_n$，并设作用点在节圆(啮合圆)上。已知力 $F_n=1400\text{N}$，节圆半径 $r_2=60\text{mm}$，压力角 $\alpha=20°$(力 $\boldsymbol{F}_n$ 与节圆切线所夹的锐角)。试计算主动轮 1 对从动轮 2 的力矩(图 3-14b)。

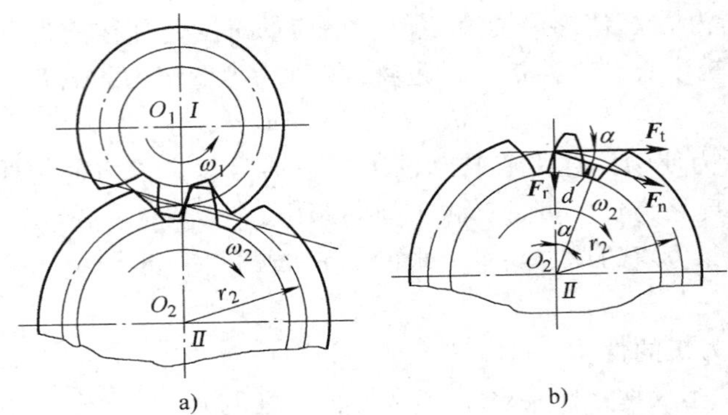

图 3-14　例 3-3 图

解　本题有两种解法。

(1) 由力矩的定义计算力 F_n 对 O_2 点之矩，即

$$M_{O2}(\boldsymbol{F}_n)=-F_n d=-F_n r_2\cos\alpha$$

$$=-1400\times60\times\cos20°\text{N}\cdot\text{m}=-78.93\ \text{N}\cdot\text{m}$$

(2) 根据合力矩定理计算力 F_n 对 O_2 点之矩，将力 $\boldsymbol{F}_n$ 正交分解为切向分力 $\boldsymbol{F}_t$ 和径向分力 $\boldsymbol{F}_r$，其中径向分力 $\boldsymbol{F}_r$ 的作用线通过矩心 O_2，则 $\boldsymbol{F}_r$ 对 O_2 点之矩为零，即

$$M_{O2}(\boldsymbol{F}_n)=M_{O2}(\boldsymbol{F}_t)+M_{O2}(\boldsymbol{F}_r)=-F_t\cdot r_2+0=-(F_n\cos\alpha)r_2$$

$$=-(1400\times\cos20°)\times60\text{N}\cdot\text{m}=-78.93\ \text{N}\cdot\text{m}$$

两种解法的计算结果一致。其中负号表示主动轮 1 对从动轮 2 的力矩是顺时针方向。

3.1.3　力偶及其性质

1. 力偶的概念

在生活和生产实践中，经常遇见用一对等值、反向但不共线的平行力对物体产生转动效应的情况。例如，驾驶员驾驶汽车时两手作用在方向盘上的力(图 3-15a)；工人用丝锥攻螺纹时两手加在扳手上的力(图 3-15b)；以及用手拧动水龙头(图 3-15c)所加的力等等。这种由大小相等、方向相反、作用线平行但不共线的两个力组成的力系称为力偶，用符号 $(\boldsymbol{F},\boldsymbol{F}')$ 表示。两力作用线之间的垂直距离 d 称为力偶臂(图 3-15b)，两力作用线所决定的平面称为力偶的作用面。

由经验可知，组成力偶的力越大或力偶臂越大时，力偶对物体产生的转动效应就越显著。因此，力偶对物体的转动效应可用其中的一个力 $\boldsymbol{F}$ 的大小和力偶臂 d 的乘积来量度，并称为力偶矩，记为 $m(\boldsymbol{F},\boldsymbol{F}')$ 或 M。即

$$m(\boldsymbol{F},\boldsymbol{F}')=M=\pm Fd \tag{3-9}$$

式中的乘积 Fd 称为力偶矩；符号“±”表示力偶使物体转动的方向，通常规定：力偶使物体逆时针方向转动时，力偶矩为正，反之为负。可见，在平面问题中，力偶矩与力矩一样

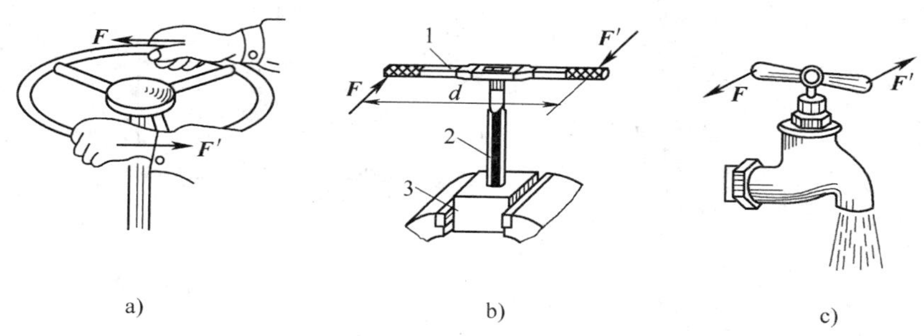

图 3-15 力偶的实例

1—手柄 2—丝锥 3—工件

为代数量。

在国际单位制中，力偶矩的单位是牛·米(N·m)或千牛·米(kN·m)。

2. 力偶的性质

力偶作为一种特殊的力系，有其独特的性质。

1）力偶不能与一个力等效，也不能与一个力平衡。

因为力偶在其作用面内任一轴上的投影恒等于零，如图 3-16 所示，由合力投影定理可知，力偶没有合力，故有上述性质。可见，力偶与力一样是构成力系的基本元素。

2）力偶对其作用平面内任一点的矩恒等于力偶矩，与矩心位置无关。

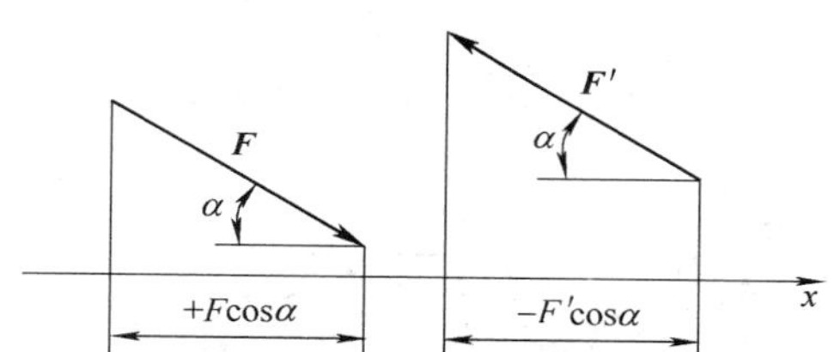

图 3-16 力偶在任一轴上的投影恒等于零

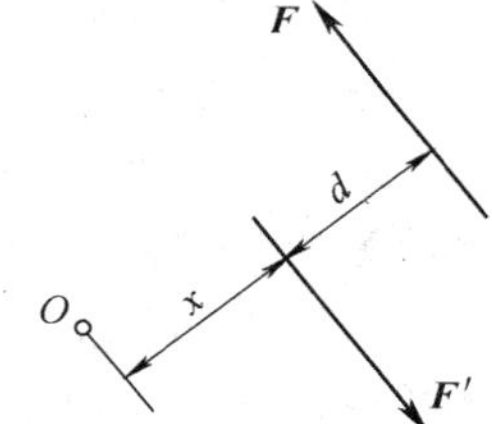

图 3-17 力偶对其作用平面内任一点的矩

如图 3-17 所示，一力偶($\boldsymbol{F}$，$\boldsymbol{F}'$)的力偶矩 $M = F \cdot d$。在其作用面内任取一点 O，则力偶使物体绕 O 点转动的效应可用力偶中的两个力 $\boldsymbol{F}$、$\boldsymbol{F}'$对 O 点的力矩的代数和来量度。设 O 点到力 $\boldsymbol{F}'$的垂直距离为 x，则力偶($\boldsymbol{F}$，$\boldsymbol{F}'$)对于 O 点的矩为

$$M_O = M_O(\boldsymbol{F}) + M_O(\boldsymbol{F}') = F(x + d) - F'x = F \cdot d = M$$

结果表明，无论点 O 选在何处，力偶对其作用面内任一点的矩总等于力偶矩。即力偶对物体的转动效应总取决于力偶矩(包括大小和转向)，而与矩心位置无关。这也是力偶矩与力矩的主要区别。

3）在同一平面内的两个力偶，只要两者的力偶矩大小和转向相同(即代数值相等)，则这两个力偶等效。

由力偶的等效性可知，只要保持力偶矩不变，力偶可在其作用面内任意移动和转动，或同时改变力偶中力的大小和力偶臂的长度，都不会改变它对物体的转动效应。如图 3-18a 所示，拧紧瓶盖时，将力偶($\boldsymbol{F}$，$\boldsymbol{F}'$)加在 A、B 位置或加在 C、D 位置，其效果相同。又如图 3-18b 所示，用丝锥攻螺纹时，若将力增加一倍，而力偶臂减少 1/2，其效果相同。

因此，力偶对物体的作用，完全取决于力偶矩的大小和转向。因此，力偶在其作用平面

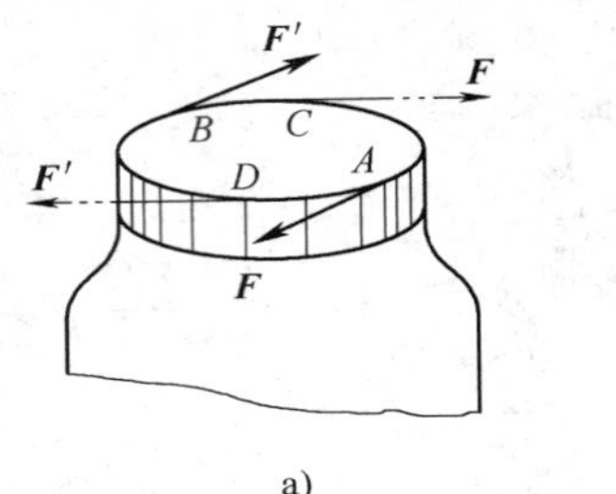

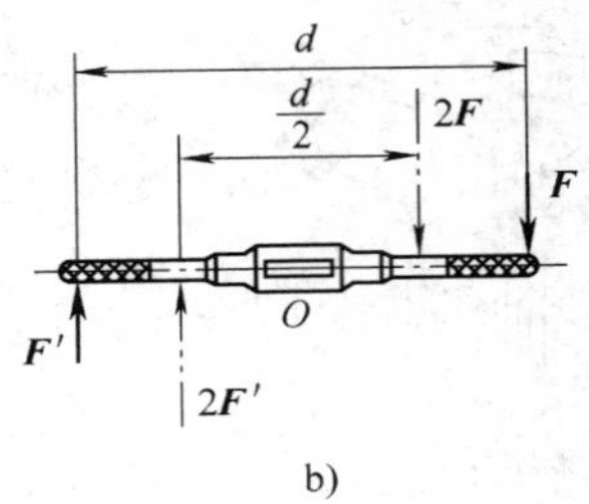

图 3-18　力偶的等效性

内除可用两个力表示外，也可用一带箭头的弧线或折线来表示，如图 3-19 所示，其中箭头表示力偶的转向，M 表示力偶矩的大小。

4）作用在物体同一平面内的两个或两个以上的力偶构成平面力偶系。平面力偶系可以合成为一合力偶，此合力偶的力偶矩等于力偶系中各力偶的力偶矩代数和。即

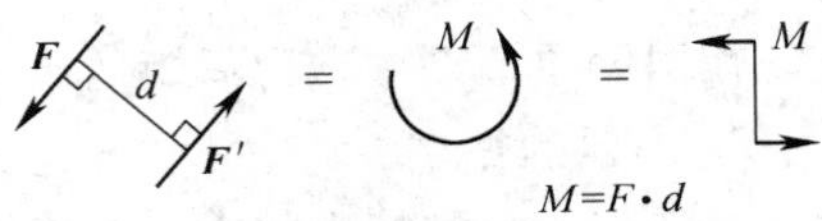

图 3-19　力偶的表示方法

$$M = M_1 + M_2 + \cdots + M_n = \sum M_i \tag{3-10}$$

图 3-20　平面力偶系的合成

图 3-20 所示为两个力偶组成的平面力偶系的合成。

【例 3-4】　如图 3-21 所示，用多轴钻床在水平放置的工件上同时钻四个相同的圆孔，钻孔时每个钻头的主切削力组成一力偶，对工件的切削力偶矩均为 15N · m。为了在设计夹具时考虑对工件的夹紧措施，试计算工件受到的总切削力偶矩。

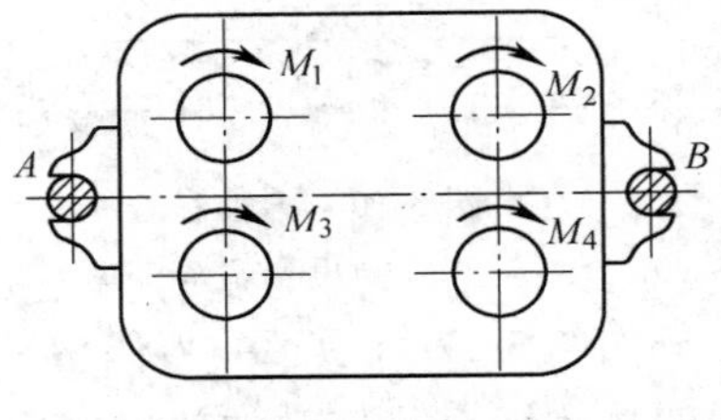

图 3-21　例 3-4 图

解　因钻头作用在工件上的每一个力偶大小相等、转向相同，且在同一平面内，则工件受到的总切削力偶矩为

$$\begin{aligned} M &= \sum M_i = M_1 + M_2 + M_3 + M_4 \\ &= 4 \times (-15)\ \mathrm{N \cdot m} \\ &= -60\mathrm{N \cdot m} \end{aligned}$$

负号表示总切削力偶为顺时针方向。

3.1.4　力的平移定理

钳工用丝锥攻螺纹时，要求双手一推一拉，均匀用力（构成力偶）。若只用单手给丝锥的一端加力 $\boldsymbol{F}$（图 3-22a），将会影响攻丝精度，甚至使丝锥折断，因此这样操作是不允许的。为了解其原因，可分析力 $\boldsymbol{F}$ 对丝锥的作用效应。根据加减平衡力系公理，在丝锥中心 O 点加上一对等值、反向、共线的平衡力 $\boldsymbol{F}'$ 和 $\boldsymbol{F}''$，并使它们与力 $\boldsymbol{F}$ 平行且大小相等，如图

3-22b所示。显然，力 $\boldsymbol{F}$、$\boldsymbol{F}'$和 $\boldsymbol{F}''$组成的力系与原力 $\boldsymbol{F}$ 等效。由于在力系 $\boldsymbol{F}$、$\boldsymbol{F}'$和 $\boldsymbol{F}''$中，力 $\boldsymbol{F}$ 与力 $\boldsymbol{F}''$等值、反向且作用线平行，它们组成力偶（$\boldsymbol{F}$、$\boldsymbol{F}''$），称为附加力偶，以 M 表示，如图 3-22c 所示。于是作用在 O 点的力 $\boldsymbol{F}'$（相当于将力 $\boldsymbol{F}$ 平移至 O 点）和附加力偶 M 与原力 $\boldsymbol{F}$ 等效，其中附加力偶 M 使丝锥转动，而力 $\boldsymbol{F}'$则使丝锥弯曲，这是影响攻丝精度、导致丝锥折断的原因。

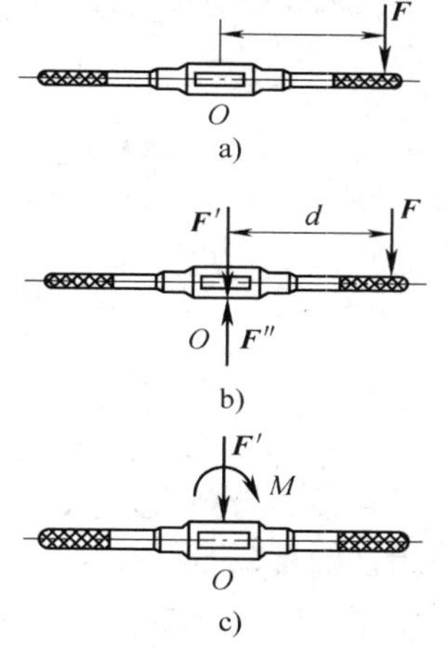

图 3-22　丝锥上力平移的结果

由此可见，作用在构件上某点的力，可以平移至构件上任一指定点，但必须同时增加一个附加力偶，该附加力偶矩等于原力对该点之矩。这就是力的平移定理（图 3-23）。

力的平移定理常被用来解决工程实际问题。如图 3-24a 所示厂房立柱受偏心载荷 $\boldsymbol{F}$ 的作用，为了分析 $\boldsymbol{F}$ 的作用效果，将力 $\boldsymbol{F}$ 平移距离 e 到立柱轴线上 O 点成为力 $\boldsymbol{F}'$，并附加一力偶 M，且 $M=F\cdot e$，可见，力 $\boldsymbol{F}'$使立柱受压，力偶 M 使立柱弯曲。图 3-24b 所示齿轮轴，若齿轮上受切向力 $\boldsymbol{F}$ 的作用，由力的平移定理可知，力 $\boldsymbol{F}$ 的作用效应将与该力平移至轴线上 O 点后的力 $\boldsymbol{F}'$和附加力偶 M 等效。

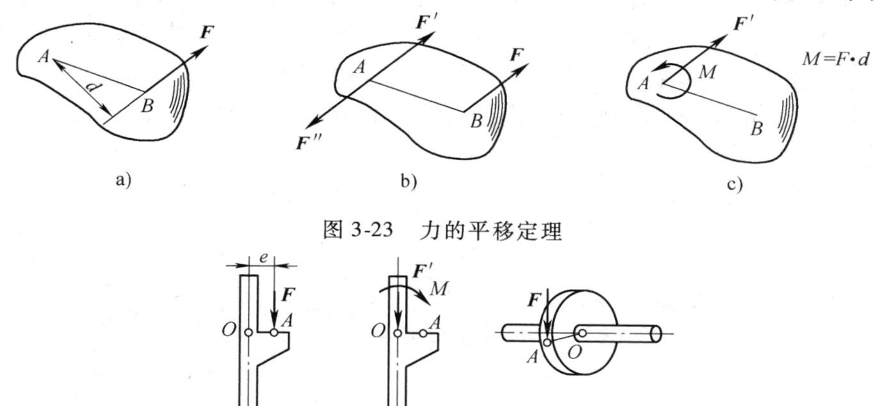

图 3-23　力的平移定理

e
F
O
A
F'
M
a)
b)

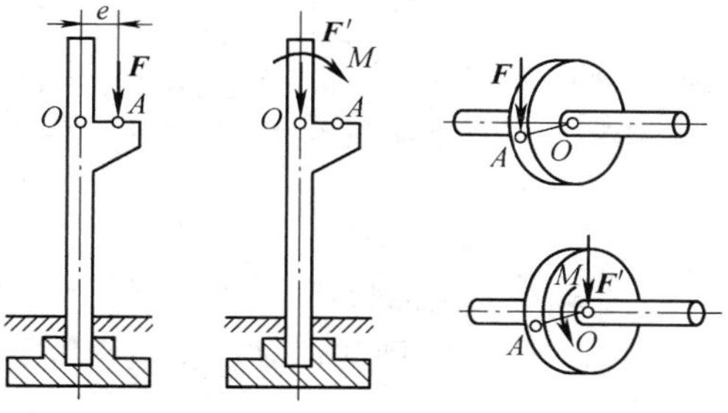

图 3-24　力的平移定理在工程上的应用

力的平移定理表明，可以将一个力分解为一个力和一个力偶；反过来，也可以将同一平面内的一个力和一个力偶合成为一个力。

3.2　平面机构中约束类型及约束反力

静力分析的重要任务之一就是确定未知的约束反力。

构件的运动受到约束的限制作用，意味着被约束构件受到约束的施力作用。约束施加于被约束结构或构件上的力称为约束力或约束反力，也常简称为反力。由前所述，约束反力通常是由主动力所引起的。如图 3-25a 所示的轮轴，在齿轮啮合力 $\boldsymbol{F}_n$ 和传动带拉力 $\boldsymbol{F}_{T1}$、$\boldsymbol{F}_{T2}$

及自身重量作用下，轮轴不可能正常工作，而若把它安装在支座 A、B 上，轮轴可以定轴转动。在支座和轮轴的接触处，轮轴受到支座的约束反力 $\boldsymbol{F}_A$、$\boldsymbol{F}_B$ 和 $\boldsymbol{F}_N$ 的作用（图 3-25b）。

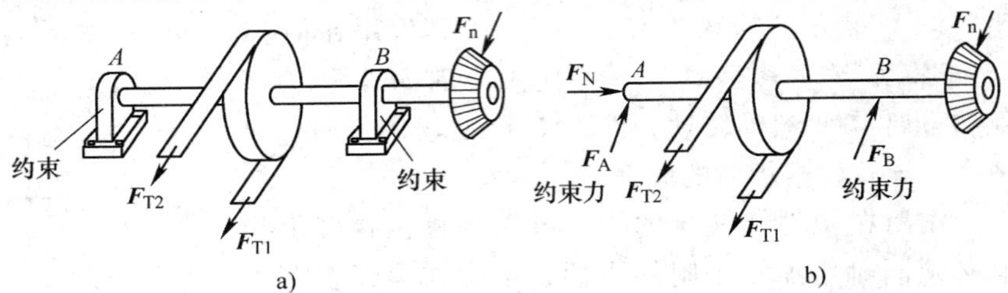

图 3-25　主动力和约束反力

主动力一般是已知的，而约束反力则是未知的。但是，约束反力总是作用在约束与被约束构件的接触处，其方向总是与约束所能阻止的构件运动方向相反，据此可确定约束反力的作用点、方位或方向。下面是机械工程常见的约束类型。

3.2.1　柔性约束

工程上认为不计自重的柔索（如绳索、传动带、链条等）构成柔性约束。柔性约束只能限制物体沿柔索伸长方向的移动，因此所产生的约束反力一定是沿着柔索中心线而背离物体的拉力，并作用在柔索和物体的连接点，用 $\boldsymbol{F}_T$ 表示。

图 3-26a 所示为吊车通过绳索吊运钢梁时，绳索对钢梁的约束反力，如图 3-26b 所示。

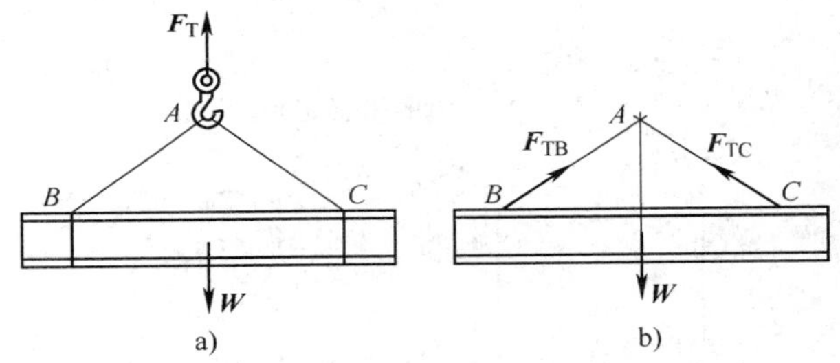

图 3-26　绳索对钢梁的约束反力

图 3-27a 所示为一带传动机构，传动时传动带对带轮的约束反力如图 3-27b 所示。

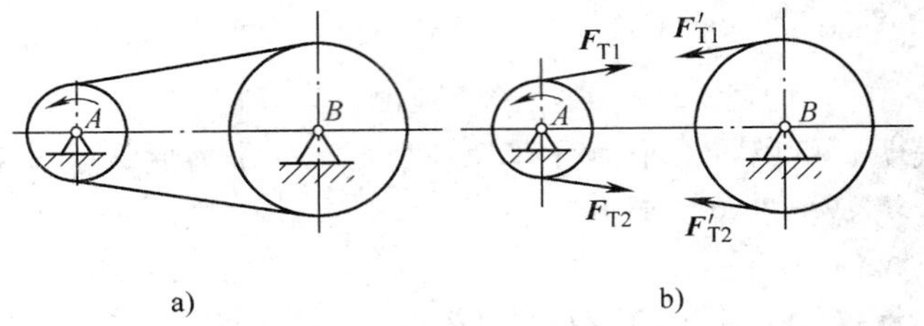

图 3-27　传动带对带轮的约束反力

3.2.2　运动副约束

1. 高副约束

在图 3-28a 所示的凸轮传动机构中，凸轮与顶杆构成高副约束，如果不计摩擦，凸轮只能限制顶杆沿接触点 K 处公法线压入凸轮（约束体）内部。因此，凸轮所产生的约束反力是一个沿着接触点 K 处公法线指向顶杆（被约束体）的压力，并作用在接触点 K 处，一般用 $\boldsymbol{F}_{N}$ 表示，如图 3-28b 所示。

图 3-29a 所示为齿轮传动机构，从动轮 2 对主动轮 1 的约束反力如图 3-29b 所示。

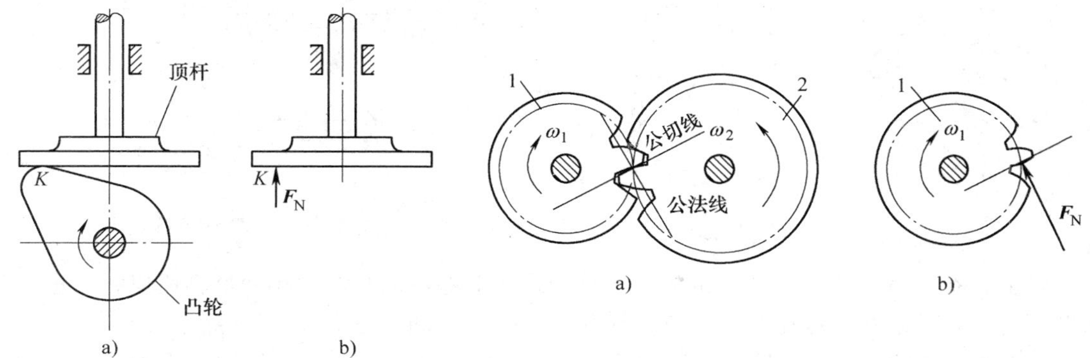

图 3-28　高副约束

图 3-29　从动轮 2 对主动轮 1 的约束反力

图 3-30a 所示为一夹紧装置，图 3-30b、c 分别为压板和工件所受的约束反力。

2. 转动副约束

在图 3-31a 所示支座结构的铰链中，销钉和被连接构件构成转动副约束，也称铰链约束。如果不计摩擦，销钉限制了构件在垂直于销钉轴线平面内沿 x、y 两正交方向的运动，因此，销钉所产生的约束反力 $\boldsymbol{F}_{R}$ 由 x、y 方向的约束分力 $\boldsymbol{F}_{x}$、$\boldsymbol{F}_{y}$ 合成，其作用线沿销钉和构件接触处的公法线方向并通过转动副中心。实际上当销钉和构件相对运动时，两者便在接触面的某处接触，如图 3-31b 中的 K 点。由于接触处 K 点的位置难以确定，约束反力 $\boldsymbol{F}_{R}$ 的大小和方向均为未知，因此，在实际受力分析时，通常用过转动副中心的正交分力 $\boldsymbol{F}_{x}$、$\boldsymbol{F}_{y}$ 来代替（图 3-31c）。

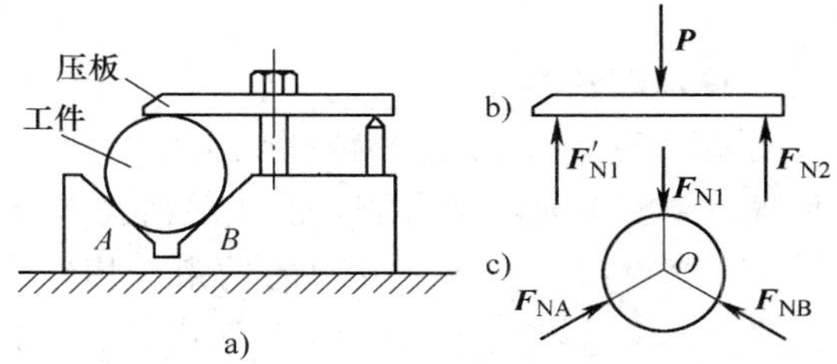

图 3-30　压板和工件所受的约束反力

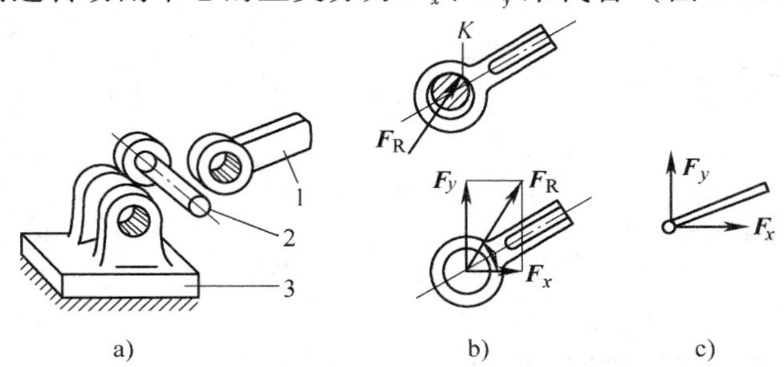

图 3-31　转动副约束（固定铰链支座）

1—构件　2—销钉　3—支座

用铰链连接的两构件之一是固定的结构，称为固定铰链支座，如图 3-31 所示。用铰链连接的两构件均不固定的结构称为中间铰链，图 3-32 所示。

工程上为了适应某些构件变形时同时发生微小的偏转和移动，常采用如图 3-33a、b 所示的活动铰链支座。这种支座一般是将构件的铰链支座用滚子支承在光滑的支承面上，构成了支座可以移动的铰链约束。这种支座只能限制构件沿法线方向的移动，因此，活动铰链支座的约束反力 $\boldsymbol{F}_{\mathrm{N}}$ 必垂直于支承平面，并通过铰链中心，指向待定。

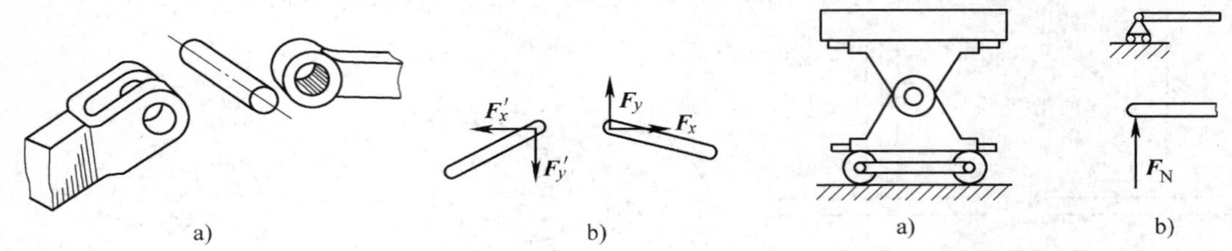

图 3-32　中间铰链

图 3-33　活动铰链支座

例如，在机械装置中，轴两端的支座结构通常能够适应轴的微小变形，所以，在进行静力分析时，将一端视为固定铰链支座，而另一端视为活动支座。

图 3-34a 所示为一滑动轴承装置，轴与轴承构成的转动副约束与铰链约束相似，但轴为被约束体。轴承限制了轴在垂直于轴线平面内的径向移动，所产生的约束反力如图 3-34b 所示。

3. 移动副约束

在如图 3-35a 所示曲柄滑块机构中，滑块 2 在导槽 1 中移动，构成移动副约束，如果不计摩擦，导槽 1 能限制滑块 2 沿接触面公法线压入导槽内部的运动和在图示平面内的转动。因此，导槽对滑块有两个方面的约束作用，一个是产生沿接触面公法线且指向滑块的压力 $\boldsymbol{F}_{\mathrm{N}}$（图 3-35b），另一个是产生限制滑块转动的约束反力偶 M。如视滑块受主动力作用而无转动趋势，则约束反力偶 $M=0$。为便于计算，常将沿接触面分布的约束反力 $\boldsymbol{F}_{\mathrm{N}}$ 简化为集中力。

图 3-36 所示为机床导轨对工作台的约束，这也是移动副约束的实例。

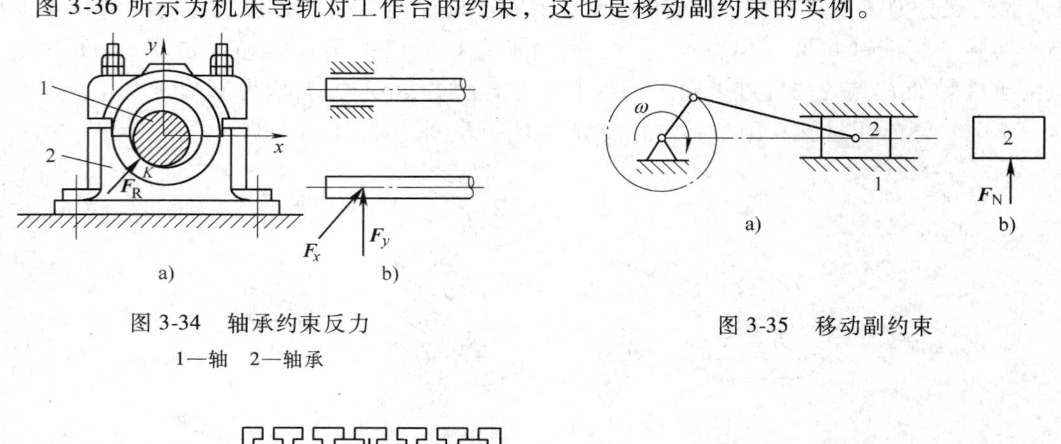

图 3-34　轴承约束反力

1—轴　2—轴承

图 3-35　移动副约束

图 3-36　机床导轨对工作台的约束反力

3.2.3 固定端约束

固定端是一种常见的约束形式。图 3-37a 所示为固定在车床卡盘上的工件，图 3-37b 所示为安装在刀架上的车刀，均可用图 3-37c 所示简图表示。其固定端 A 限制了它们沿任何方向的移动和转动，即在固定端接触面上产生任意方向的分布力系（图 3-38a），该力系可利用力的平移定理向固定端 A 点简化为一个约束反力 F_A 和一个约束反力偶 M_A（图 3-38b），并用两个垂直正交的分力 F_x、F_y 和一个约束反力偶 M_A 来表示（图 3-38c），其中力的指向和力偶的转向均可任意假设，然后由计算结果来判定其正确方向和力的大小。

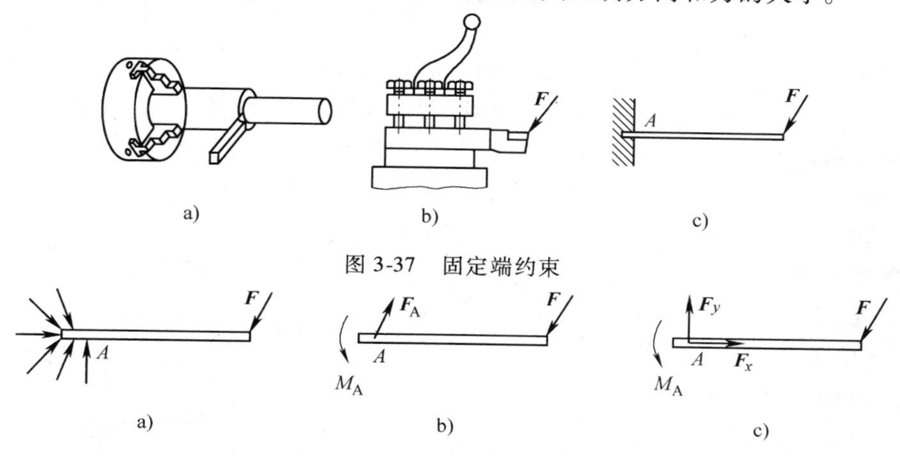

图 3-37 固定端约束

图 3-38 固定端约束的简化

3.2.4 构件的受力分析与受力图

在确定构件的约束反力时，需要分析构件所受的所有主动力和约束反力，即通过画构件的受力图对其受力状况进行表达。

对于整个机构，各个构件之间的作用力为内力，要对其中某个构件作受力分析时，需将该构件从机构中分离出来，此时，其他构件对该构件的作用力均为该构件受的外力。因此，画出被分离出来的构件（称受力分析对象），并画出其承受的所有主动力和约束反力，即为该构件的受力图。

为正确画出受力图，常采用解除约束分析力的方法，该方法的步骤是：

1）确定受力分析对象（即构件等）。

2）将该构件单独分离出来。

3）画出该构件上的主动力。

4）根据该构件所受到的约束类型逐个画出约束反力。

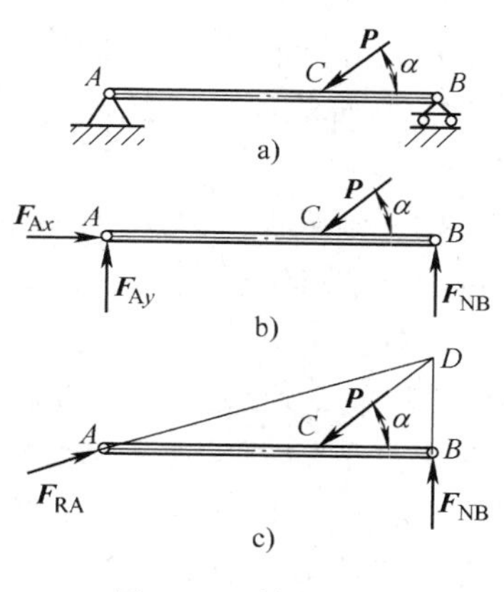

图 3-39 例 3-5 图

【例 3-5】 某横梁 AB 两端分别为固定铰链支座和活动铰链支座，在 C 处承受一倾斜的集中力 $\boldsymbol{P}$，如图 3-39a 所示。若不计梁的自重，试画出梁 AB 的受力图。

解 以梁 AB 为分析对象，解除其两端支座约束，取为分离体单独画出。

作用在梁上的主动力即为载荷 $\boldsymbol{P}$，其作用方向和作用位置均已给定。A 端为固定铰链支座，其约束反力可用水平分力 $\boldsymbol{F}_{Ax}$ 和垂直分力 $\boldsymbol{F}_{Ay}$ 表示，方向假设；B 端为活动铰链支座，它对梁的约束反力垂直于支承平面，方向假设，用 $\boldsymbol{F}_{NB}$ 表示。于是，梁 AB 的受力图如图 3-39b所示。

梁的受力图还可以用另一种表示方法，如图 3-39c 所示。将固定铰链支座 A 处的约束反力用合力 $\boldsymbol{F}_{RA}$ 表示，其作用线和方向未知。但由于梁在载荷 $\boldsymbol{P}$、约束反力 $\boldsymbol{F}_{RA}$ 和 $\boldsymbol{F}_{NB}$ 三力作用下而平衡，由三力平衡汇交定理可知，这三个力作用线必定汇交于一点，而 $\boldsymbol{P}$ 和 $\boldsymbol{F}_{NB}$ 的作用线交点为 D，则 $\boldsymbol{F}_{RA}$ 的作用线必交于 D 点，因此，约束反力 $\boldsymbol{F}_{RA}$ 的作用线沿 AD 连线，但方向假设。

【例 3-6】 图 3-40a 所示为一铣床上所用夹紧工件的夹具。当拧紧螺母时，压板便在工件 1 和工件 2 上施加压力，使之压紧。若不计螺母与压板、压板与工件及工件与夹具座之间的摩擦，试画出螺栓、压板与工件 1 的受力图（不计自重）。

解 分别以螺栓、压板和工件 1 为分离体，解除其约束，画出各自的受力图。

（1）画螺栓的受力图。压板通过螺母对螺栓施力，故将螺栓和螺母一起作为分离体，如图 3-40b 所示。螺母拧紧后受到压板产生的反作用力是垂直于两者接触面向上的压力，并可简化为沿螺栓中心线的集中力 $\boldsymbol{Q}'$，螺栓下部受到夹具座产生的约束反力限制螺栓上移，此时螺栓为二力构件，因此，其下部的约束反力 $\boldsymbol{Q}''$ 与上部的力 $\boldsymbol{Q}'$ 是一对等值、反向、共线的平衡力，而且对螺栓杆而言是一对拉力。螺栓的受力如图 3-40b 所示。

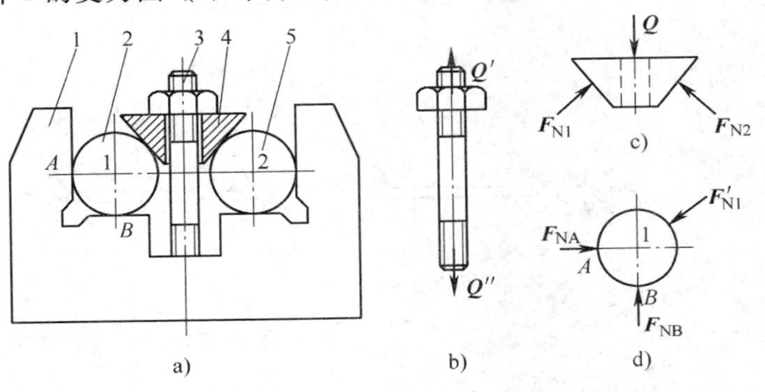

图 3-40　例 3-6

1—夹具座　2、5—工件　3—螺栓　4—压板

（2）画压板的受力图。螺母施加在压板上的力 $\boldsymbol{Q}$ 可视为外载荷，它与 $\boldsymbol{Q}'$ 是一对作用力和反作用力。压板与工件形成高副约束，所以工件 1（工件 2）对压板的约束反力 $\boldsymbol{F}_{N1}$（$\boldsymbol{F}_{N2}$）是作用在工件与压板的接触点并垂直压板表面的压力。压板的受力如图 3-40c 所示。

（3）画工件 1 的受力图。压板对工件的压力 $\boldsymbol{F}'_{N1}$ 与工件对压板的约束反力 $\boldsymbol{F}_{N1}$ 是一对作用力和反作用力。工件与夹具座在 A、B 两点处形成高副约束，所以夹具座对工件的约束反力 $\boldsymbol{F}_{NA}$ 和 $\boldsymbol{F}_{NB}$ 分别是通过 A、B 两点并垂直于夹具座接触表面的压力。工件 1 的受力如图 3-40d 所示。

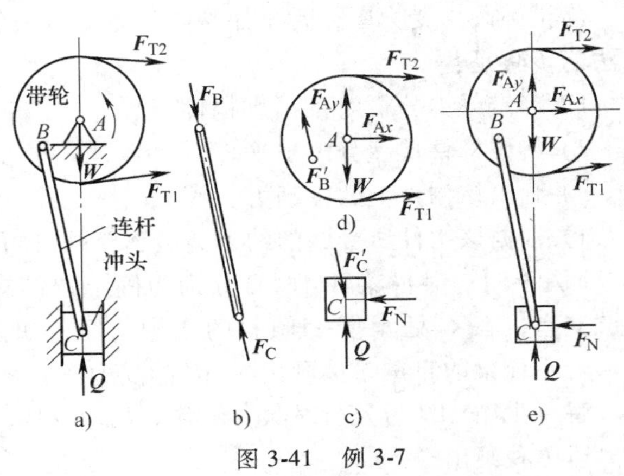

图 3-41　例 3-7

【例 3-7】 曲柄冲压机构如图 3-41a

所示，设带轮的重量为 W，并不计冲头及连杆的自重，冲头受工件阻力 $\boldsymbol{Q}$ 作用。试画出连杆、带轮、冲头和机构系统的受力图。

解 分别以连杆、带轮、冲头和机构系统为分离体，解除其约束，画出各自的受力图。

（1）以连杆为分析对象。该连杆为二力杆，根据二力平衡条件，可确定连杆在 B、C 两处铰链的约束反力分别为 $\boldsymbol{F}_{B}$、$\boldsymbol{F}_{C}$，并假设为压力。连杆的受力如图 3-41b 所示。

（2）分析与连杆相连的冲头。作用于冲头上的工件阻力 $\boldsymbol{Q}$ 为主动力。冲头在 C 处铰链的约束反力 $\boldsymbol{F}'_{C}$ 与力 $\boldsymbol{F}_{C}$ 是一对作用力与反作用力；机座上滑槽与冲头形成移动副约束，滑槽对冲头产生的约束反力 $\boldsymbol{F}_{N}$ 是垂直于两者接触面的压力，按三力平衡汇交定理，力 $\boldsymbol{F}_{N}$ 必过力 $\boldsymbol{Q}$ 与力 $\boldsymbol{F}'_{C}$ 的汇交点 C。冲头的受力如图 3-41c 所示。

（3）分析带轮。带轮上作用于轮心向下的重力 $\boldsymbol{W}$ 为主动力。带的拉力 $\boldsymbol{F}_{T1}$、$\boldsymbol{F}_{T2}$ 分别沿带的中心线而背离带轮；连杆对带轮的约束反力 $\boldsymbol{F}'_{B}$ 与 $\boldsymbol{F}_{B}$ 是一对作用力与反作用力；轮心 A 处固定铰链支座对带轮产生的约束反力用正交分力 $\boldsymbol{F}_{Ax}$ 和 $\boldsymbol{F}_{Ay}$ 表示，且通过铰链中心 A，方向假设。带轮的受力如图 3-41d 所示。

（4）以整个机构系统为分离体。系统受到的主动力有 $\boldsymbol{Q}$、$\boldsymbol{W}$。去掉外部约束，即解除滑槽和固定铰链支座并分别画出其约束反力 $\boldsymbol{F}_{N}$ 及 $\boldsymbol{F}_{Ax}$ 和 $\boldsymbol{F}_{Ay}$；画出带的拉力 $\boldsymbol{F}_{T1}$、$\boldsymbol{F}_{T2}$。B、C 两处转动副约束为内部约束，所产生的约束反力为系统内力，在系统内部自相平衡，故内力不应画出。机构系统的受力如图 3-41e 所示。

通过分析以上例题，读者不难发现，分析受力，特别是分析约束反力时，应注意以下几点：

1）应根据约束类型及其性质，确定约束反力的作用位置和作用方向。

2）利用二力或三力平衡条件，有利于确定某些未知约束反力的作用方向。

3）正确利用作用与反作用定律，有助于由一个分析对象上的受力确定与之接触的其他分析对象上的受力。

3.3 平面机构中约束反力的求解

3.3.1 平面力系的简化与平衡

1. 平面力系的简化

机械中某些平面结构，所受的力（包括载荷和约束反力）都处在结构平面内，这就形成平面力系，如图 3-41d 所示带轮所受的力。有的结构虽所受的力不在同一平面内，但因受力情形有对称面，在静力分析时可视为作用在对称面内的平面力系，例如，均匀装载并沿直线行驶的货车，若不计路面不平的影响，其上作用的各力可视作平面力系。

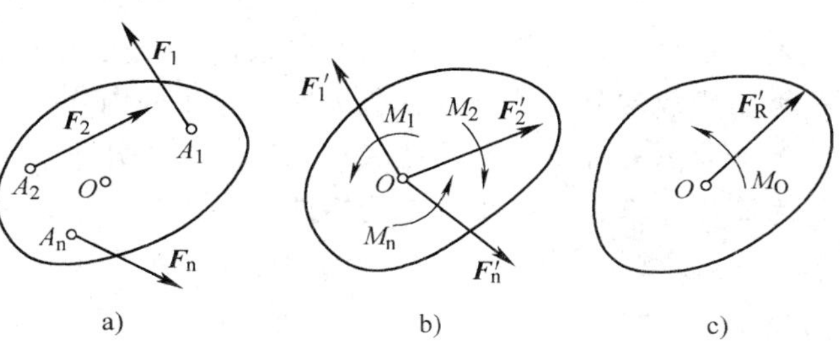

图 3-42　平面力系的简化

设构件受到平面力系 $\boldsymbol{F}_1$、$\boldsymbol{F}_2$、…、$\boldsymbol{F}_n$ 的作用，如图 3-42a 所示，应用力的平移定理可使该力系得到

简化。在力系所在的平面内取任意一点 O，称为简化中心。将力系的各力平移至 O 点，该平面力系便简化为两个基本力系：一个是汇交于 O 点的平面汇交力系 $\boldsymbol{F}'_1$、$\boldsymbol{F}'_2$、…、$\boldsymbol{F}'_n$，另一个是力偶矩分别为 M_1、M_2、…、M_n 的附加力偶系，如图 3-42b 所示。所得平面汇交力系可合成为一个作用于点 O 的力，其矢量 $\boldsymbol{F}'_R$ 称为原力系的主矢，它等于各分力 $\boldsymbol{F}'_1$、$\boldsymbol{F}'_2$、…、$\boldsymbol{F}'_n$ 的矢量和；附加力偶系可合成为同一平面内的力偶，其力偶矩 M_O 称为原力系对简化中心 O 的主矩，它等于各附加力偶矩 M_1、M_2、…、M_n 的代数和，如图 3-42c 所示。由于 $\boldsymbol{F}'_1=\boldsymbol{F}_1$，$\boldsymbol{F}'_2=\boldsymbol{F}_2$，…，$\boldsymbol{F}'_n=\boldsymbol{F}_n$，所以

$$\boldsymbol{F}'_R = \boldsymbol{F}_1 + \boldsymbol{F}_2 + \cdots + \boldsymbol{F}_n = \sum \boldsymbol{F} \tag{3-11}$$

即，主矢 $\boldsymbol{F}'_R$ 等于原力系各力的矢量和，且与简化中心的位置无关。由于 $M_1=M_O(\boldsymbol{F}_1)$，$M_2=M_O(\boldsymbol{F}_2)$，…，$M_n=M_O(\boldsymbol{F}_n)$，所以

$$M_O = M_O(\boldsymbol{F}_1) + M_O(\boldsymbol{F}_2) + \cdots + M_O(\boldsymbol{F}_n) = \sum M_O(\boldsymbol{F}) \tag{3-12}$$

即，主矩 M_O 等于原力系中各力对简化中心之矩的代数和，一般随简化中心位置的变化而变化。

根据合力投影定理，并由式(3-5)、式(3-6)可确定主矢 $\boldsymbol{F}'_R$ 的大小及方向，即

$$\left.\begin{aligned} F'_R &= \sqrt{(\sum F_x)^2 + (\sum F_y)^2} \\ \tan\alpha &= \left|\frac{\sum F_y}{\sum F_x}\right| \end{aligned}\right\} \tag{3-13}$$

式中，α 是主矢 $\boldsymbol{F}'_R$ 与 x 轴所夹的锐角，$\boldsymbol{F}'_R$ 的指向由 $\sum F_x$、$\sum F_y$ 的正负来确定。

综上所述，平面力系向作用面内任一点简化，可得到一个力和一个力偶。力的作用线过简化中心，力的大小和方向取决于力系的主矢；力偶的力偶矩取决于该力系对简化中心的主矩。可见，主矢和主矩是确定平面力系对构件作用效应的两个重要因素。

2. 平面力系的平衡

当平面力系的主矢和主矩都等于零时，作用在简化中心的汇交力系是平衡力系，附加力偶系也是平衡力系，所以该平面力系一定是平衡力系。于是得到平面力系平衡的充分与必要条件是：力系的主矢和主矩同时为零，即 $\boldsymbol{F}'_R=0$，$M_O=0$。则式(3-12)、式(3-13)为

$$\left.\begin{aligned} F'_R &= \sqrt{(\sum F_x)^2 + (\sum F_y)^2} = 0 \\ M_O &= \sum M_O(\boldsymbol{F}) = 0 \end{aligned}\right\} \tag{3-14}$$

由此可得平面力系平衡方程的基本形式为

$$\left.\begin{aligned} \sum F_x &= 0 \\ \sum F_y &= 0 \\ \sum M_O(\boldsymbol{F}) &= 0 \end{aligned}\right\} \tag{3-15}$$

上式表明平面力系平衡的充分与必要条件是：力系中各力在其作用面内任选的 x、y 坐标轴上投影的代数和分别等于零，各力对其作用面内任一点之矩的代数和也等于零。式(3-15)含有三个独立的方程式，利用该式可求解三个未知量。

为简化计算，还可采用二力矩式和三力矩式，即

二力矩式
$$\left.\begin{aligned} \sum M_A(\boldsymbol{F}) &= 0 \\ \sum M_B(\boldsymbol{F}) &= 0 \\ \sum F_x &= 0 \ (\text{或} \sum F_y = 0) \end{aligned}\right\} \tag{3-16}$$

其中矩心 A、B 两点的连线不能与 x 轴（或 y 轴）垂直。

三力矩式
$$\left.\begin{aligned}\sum M_A(\boldsymbol{F}) &= 0\\ \sum M_B(\boldsymbol{F}) &= 0\\ \sum M_C(\boldsymbol{F}) &= 0\end{aligned}\right\} \tag{3-17}$$

其中，矩心 A、B、C 三点不能共线。

3.3.2 应用平衡方程求解约束反力

1. 平面汇交力系的应用实例

在平面汇交力系中，由于各力的作用线汇交于一点，若以汇交点为矩心 O，则无论是否平衡，式(3-15)中 $\sum M_O(\boldsymbol{F}) \equiv 0$，所以，平面汇交力系的平衡方程为
$$\left.\begin{aligned}\sum F_x &= 0\\ \sum F_y &= 0\end{aligned}\right\} \tag{3-18}$$
即力系中各力在其作用面内任选的 x、y 坐标轴上投影的代数和分别等于零。由式(3-18)可解两个未知量。

【例 3-8】 起重机吊起一减速器箱盖如图 3-43a 所示，箱盖重 $W=200\text{N}$，已知钢丝绳与铅垂线的夹角 $\alpha=60°$，$\beta=30°$，求钢丝绳 AB 和 AC 的拉力。

解 （1）取分离体，画受力图。

以减速器箱盖为分析对象，取其为分离体，画出各力，即：作用于箱盖的重力 $\boldsymbol{W}$ 和两钢丝绳拉力 $\boldsymbol{T}_B$、$\boldsymbol{T}_C$，方向均确定，画受力图如图 3-43b 所示。

（2）选取投影轴，列平衡方程。

以三力汇交点 A 为坐标原点，x 轴、y 轴如图 3-43b 所示，则有
$$\sum F_x = 0 \qquad T_B\sin60° - T_C\sin30° = 0$$
$$\sum F_y = 0 \qquad T_B\cos60° + T_C\cos30° - W = 0$$

（3）求解平衡方程，得

$T_B = 100\text{N}$，$T_C = 173\text{N}$

（4）讨论，以 A 点为坐标原点，若取 $\boldsymbol{T}_B$ 方向为 x 轴方向，$\boldsymbol{T}_C$ 方向为 y 轴方向，如图 3-43c所示，则有
$$\sum F_x = 0 \qquad T_B - W\cos60° = 0$$
$$\sum F_y = 0 \qquad T_C - W\cos30° = 0$$

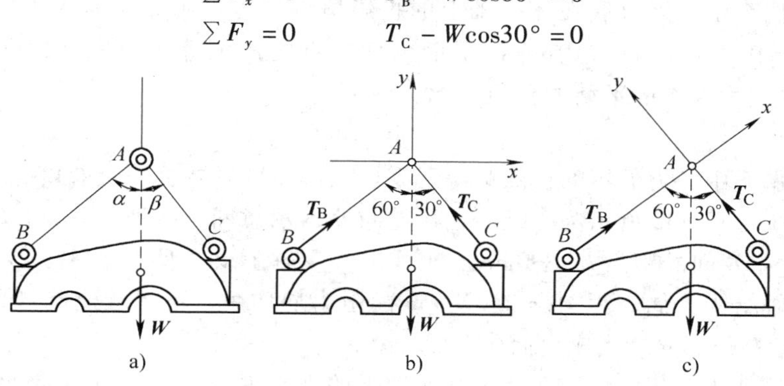

图 3-43 例 3-8 图

得，$T_B = 100\text{N}$，$T_C = 173\text{N}$。

由此可见，直角坐标系的方位可任意选取，而恰当地选取坐标系的方位能使计算简化。

【例 3-9】 图 3-44a 所示为一压紧装置的简图，其中 $\alpha = 8°$。如在铰链 B 处作用一铅垂方向的外载荷，其值为 $F = 1000\text{N}$。不计杆的自重和各处摩擦，试求构件 AB 和 BC 的受力以及工件所受的压紧力。

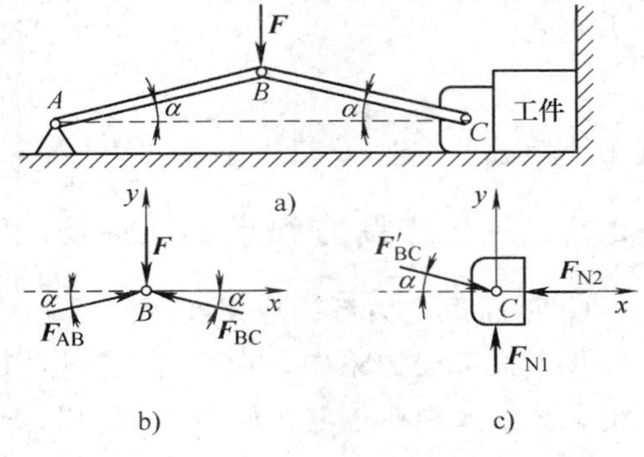

图 3-44　例 3-9 图

解　构件 AB 和 BC 均为二力杆，若取铰链 B 为分析对象，可求得两构件的受力；当构件 BC 的受力确定后，若以压头为分析对象，即可求得工件所受的压紧力。

（1）以铰链 B 为分析对象。假设构件 AB 和 BC 均受压力，则根据作用与反作用定律，可画出铰链 B 的受力图，并建立 x 轴和 y 轴，如图 3-44b 所示。列平衡方程

$$\sum F_x = 0 \qquad F_{AB}\cos\alpha - F_{BC}\cos\alpha = 0$$

$$\sum F_y = 0 \qquad F_{AB}\sin\alpha + F_{BC}\sin\alpha - F = 0$$

由此解得

$$F_{AB} = F_{BC} = \frac{F}{2\sin\alpha} = \frac{1000}{2\sin 8°}\text{N} = 3593\text{N}$$

即为构件 AB 和 BC 所受的压力（与假设相同）。

（2）以压头为分析对象。构件 BC 以及工件和底面给压头的力均为压力。画出压头的受力图，并建立 x 轴和 y 轴，如图 3-44c 所示。列平衡方程

$$\sum F_x = 0 \qquad F'_{BC}\cos\alpha - F_{N2} = 0$$

解得

$$F_{N2} = F'_{BC}\cos\alpha = 3593\text{N} \times \cos 8° = 3558\text{N}$$

工件所受的压紧力与此力大小相等、方向相反。由上式可知，若使机构中 α 角减小，对工件的压紧力将会增大。

由此题的计算结果可见，该压紧装置是一增力机构，其增力作用随 α 角的减小而增大。

2. 平面力偶系中的应用实例

在平面力偶系中，因力偶在任一轴上的投影恒等于零，则无论是否平衡，式（3-15）中 $\sum F_x \equiv 0$，$\sum F_y \equiv 0$，且因力偶对其作用平面内任一点的矩恒等于力偶矩，则有 $\sum M_O(F) \equiv \sum M_i$。所以，平面力偶系的平衡方程为

$$\sum M_i = 0 \tag{3-19}$$

由式可知，力偶系中各力偶矩的代数和等于零。式（3-19）只能解一个未知量。

【例 3-10】 图 3-45a 所示为一级圆柱齿轮减速器示意图。减速器在 A、B 两处用螺栓固定在底座上，A、B 间的距离 $l = 800\text{mm}$。工作时，Ⅰ轴上受力偶矩为 $M_1 = 120\text{N}\cdot\text{m}$ 的主动力偶作用；Ⅱ轴上受力偶矩为 $M_2 = 240\text{N}\cdot\text{m}$ 的阻力偶作用。不计减速器自重，求在两个外力偶作用下 A、B 处螺栓或底座台面所受的力。

解　取减速器为分析对象，作用于减速器上的力有主动力偶、阻力偶及 A、B 两处的约束反力 $\boldsymbol{F}_A$、$\boldsymbol{F}_B$，其中 $\boldsymbol{F}_A$ 是螺栓作用于减速器的力，$\boldsymbol{F}_B$ 是底座台面作用于减速器的力。此

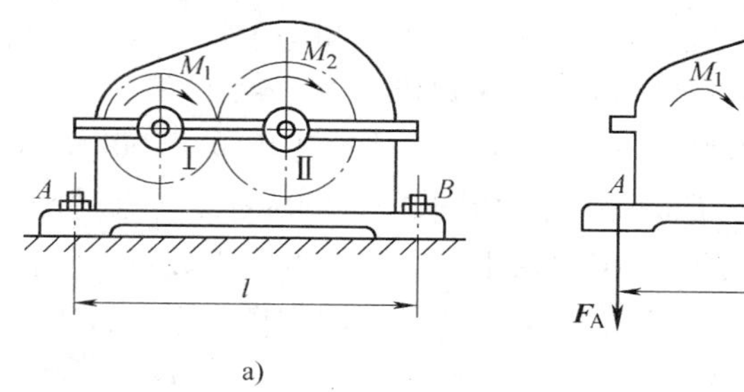

图 3-45　例 3-10 图

时，$\boldsymbol{F}_A$ 和 $\boldsymbol{F}_B$ 必形成一个力偶，才能与两个外力偶平衡，所以 $\boldsymbol{F}_A$ 与 $\boldsymbol{F}_B$ 大小相同、方向相反。减速器受力图如图 3-45b 所示。

由平面力偶系的平衡条件，有

$$\sum M = 0 \qquad -M_1 - M_2 + F_A l = 0$$

解得

$$F_A = F_B = \frac{M_1 + M_2}{l} = \frac{120 + 240}{0.8}\text{N} = 450\text{N}$$

计算结果为正值，说明 $\boldsymbol{F}_A$ 和 $\boldsymbol{F}_B$ 的实际方向与图示假设方向相同。根据作用与反作用定律，A 处螺栓受拉力 $\boldsymbol{F}'_A(=-\boldsymbol{F}_A)$作用，$B$ 处底座台面受压力 $\boldsymbol{F}'_B(=-\boldsymbol{F}_B)$作用。

另一方面，两螺栓间的距离 l 越大，约束反力 $\boldsymbol{F}_A$、$\boldsymbol{F}_B$ 将越小，即螺栓所受的拉力和底座台面所受的压力将越小，因此对螺栓和底座越有利。

【例 3-11】 电动机轴通过联轴器与工作机轴连接，联轴器由两个法兰盘和连接二者的螺栓所组成，如图 3-46 所示。四个相同的螺栓 A、B、C、D 均匀地分布在同一圆周上，此圆的直径 $d = AC = BD = 150\text{mm}$。电动机通过联轴器传递力偶，其力偶矩 $M = 2.5\text{kN}\cdot\text{m}$。试求每个螺栓所受的力。

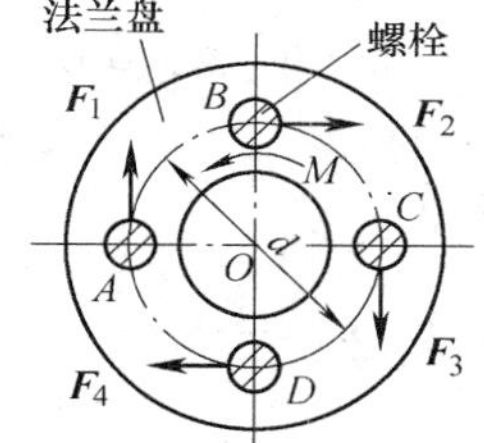

图 3-46　例 3-11 图

解　取半联轴器为分析对象。其上作用有主动力偶 $\boldsymbol{M}$，以及四个螺栓的约束反力，其方向如图 3-46 所示。设每个螺栓所受力的大小为 F，则 $F = F_1 = F_2 = F_3 = F_4$，而 $\boldsymbol{F}_1$ 和 $\boldsymbol{F}_3$、$\boldsymbol{F}_2$ 和 $\boldsymbol{F}_4$ 组成两个约束反力偶，其力偶矩均为 Fd。

由平面力偶系的平衡条件，有

$$\sum M = 0 \qquad M - 2 \times Fd = 0$$

由此解得个螺栓所受的力

$$F = \frac{M}{2d} = \frac{2.5}{2 \times 150 \times 10^{-3}}\text{kN} = 8.33\text{kN}$$

由上述计算可知，螺栓所分布的圆周直径 d 越大，螺栓所受的力越小，因此对螺栓越有利。

3. 平面平行力系中的应用实例

在平面平行力系中，各力作用线在同一平面内且相互平行，若选 x 轴与力作用线垂直，y 轴与力平行，则无论是否平衡，式(3-15)中 $\sum F_x \equiv 0$，所以，平面平行力系的平衡方程为

$$\left.\begin{aligned} \sum F_y &= 0 \\ \sum M_O(\boldsymbol{F}) &= 0 \end{aligned}\right\} \tag{3-20}$$

即：力系中各力在与力作用线平行的 y 轴上投影的代数和等于零，各力对其作用面内任一点之矩的代数和也等于零。由式(3-20)可解两个未知量。

【例 3-12】 某锅炉安全装置如图 3-47a 所示，蒸汽压力 $p=400\text{kN/m}^2$，气阀直径 $d=60\text{mm}$，气阀重量 $W_1=50\text{N}$，$OA=120\text{mm}$；杆 OC 长 $l=800\text{mm}$，其重量 $W_2=100\text{N}$；重锤重量 $W_3=200\text{N}$。若使气阀刚好不漏气，则重锤到 O 点的距离应该是多少？

解 （1）以杆 OC 为分析对象，取分离体，画受力图如图 3-47b 所示。因外力作用后杆无水平移动趋势，故 O 点处固定铰链支座的水平方向约束反力为零，所以杆所受各力形成平面平行力系。

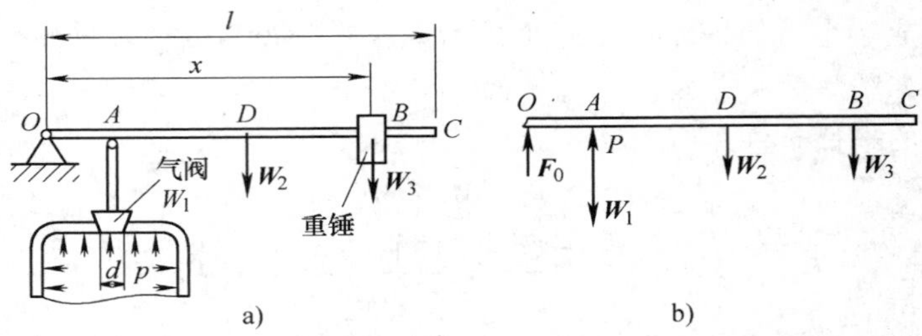

图 3-47 例 3-12 图

（2）计算蒸汽对气阀的压力 P

$$P=p\frac{\pi d^2}{4}=400000\times\frac{\pi\times0.060^2}{4}\text{N}=1131\text{N}$$

（3）设重锤到点 O 的距离为 x，列出平面平行力系的平衡方程

$$\sum M_O=0 \qquad P\cdot OA-W_1\cdot OA-W_2\times0.5l-W_3\cdot x=0$$

解得

$$x=\frac{P\cdot OA-W_1OA-W_2\times0.5l}{W_3}=\frac{1131\times120-50\times120-100\times0.5\times800}{200}\text{mm}$$

$$=449\text{mm}$$

4. 一般平面力系中的应用实例

一般平面力系是力作用线任意分布的平面力系，也就是工程实际中经常遇到的一般受力状况的平面力系，其平衡方程即为式(3-15)、式(3-16)、式(3-17)。

【例 3-13】 如图 3-48a 所示为简易起重机简图。已知横梁 AB 的自重 $W_1=4\text{kN}$，提升重量 $W_2=20\text{kN}$；斜拉杆 BC 的倾角 $\alpha=30°$(不计自重)，梁的长度 $l=2\text{m}$。试求当电葫芦离 A 端距离 $a=1.5\text{m}$ 时，拉杆 BC 的拉力和 A 端固定铰链支座的约束反力。

解 （1）以横梁 AB 为分析对象，取分离体，画出所受各力，即作用在横梁上的主动力：横梁中点处的自身重量 $\boldsymbol{W}_1$、提升重量 $\boldsymbol{W}_2$；作用在横梁上的约束反力：拉杆 $\boldsymbol{BC}$ 的拉力 $\boldsymbol{F}_T$(假设为拉力)、铰链 A 点的约束反力 $\boldsymbol{F}_{Ax}$、$\boldsymbol{F}_{Ay}$(指向假设)。画受力图如图 3-48b 所示。

（2）建立直角坐标系，如图 3-48b 所示。列平衡方程

$$\sum M_A(\boldsymbol{F})=0 \qquad F_Tl\sin\alpha-W_1\frac{l}{2}-W_2a=0 \tag{a}$$

$$\sum F_x=0 \qquad F_{Ax}-F_T\cos\alpha=0 \tag{b}$$

$$\sum F_y=0 \qquad F_{Ay}-W_1-W_2+F_T\sin\alpha=0 \tag{c}$$

（3）由联立平衡方程求解，即

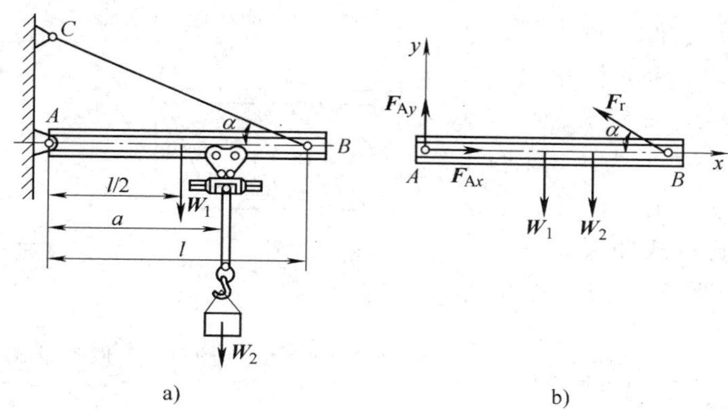

图 3-48　例 3-13 图

由式(a)得

$$F_T = \frac{1}{l\sin\alpha}\left(W_1 \frac{l}{2} + W_2 a\right) = 34\text{kN}$$

将 F_T 代入式(b)得

$$F_{Ax} = F_T\cos\alpha = 29.44\text{kN}$$

将 F_T 代入式(c)得

$$F_{Ay} = W_1 + W_2 - F_T\sin\alpha = 7\text{kN}$$

F_T、F_{Ax}、F_{Ay}都为正值，表示力的实际方向与假设方向相同。

（4）讨论

本题若写出对 A、B 两点的力矩方程和对 x 轴的投影方程(A、B 两点连线不垂直于 x 轴)，则同样可求解。即由

$$\sum M_A(\boldsymbol{F}) = 0 \qquad F_T l\sin\alpha - W_1 \frac{l}{2} - W_2 a = 0$$

$$\sum M_B(\boldsymbol{F}) = 0 \qquad -F_{Ay} l + W_1 \frac{l}{2} + W_2(l-a) = 0$$

$$\sum F_x = 0 \qquad F_{Ax} - F_T\cos\alpha = 0$$

解得

$$F_T = 34\text{kN},\ F_{Ax} = 29.44\text{kN},\ F_{Ay} = 7\text{kN}$$

若写出对 A、B、C 三点的力矩方程(A、B、C 三点不共线)，即

$$\sum M_A(\boldsymbol{F}) = 0 \qquad F_T l\sin\alpha - W_1 \frac{l}{2} - W_2 a = 0$$

$$\sum M_B(\boldsymbol{F}) = 0 \qquad -F_{Ay} l + W_1 \frac{l}{2} + W_2(l-a) = 0$$

$$\sum M_C(\boldsymbol{F}) = 0 \qquad F_{Ax} l\tan\alpha - W_1 \frac{l}{2} - W_2 a = 0$$

求解上述各方程，也可得出同样结果。

在某些情况下应用二力矩式或三力矩式求解，可方便运算，但必须满足其限制条件，否则所列三个平衡方程将不都是独立的。

【例 3-14】 图 3-49a 所示为一气动连杆夹紧机构简图。气体压力 $p = 4\times10^5\text{N/m}^2$，气缸内径 $D = 0.035\text{m}$，杠杆比 $l_1/l_2 = 5/3$，夹紧工件时连杆 AB 与铅垂线的夹角 $\alpha = 10°$。若不计各构件自重及各处摩擦，试求作用于工件上的夹紧力及支座 O 处的反力。

解　机构夹紧原理为：气缸内压力 p 推动活塞带动滚轮 A 向右移动，连杆 AB 在 B 端推动杠杆 BOC，使杠杆在 C 点压紧工件，连杆 AB 及活塞杆均为二力杆。

根据本题的已知条件和待求量，选择滚轮 A 和杠杆 BOC 为分析对象，分别画受力图如图 3-49b、c 所示。并以水平向右为 x 轴，竖直向上为 y 轴（图中未画出）。因已知力作用于滚轮，故从滚轮 A 入手列平衡方程式并求解。

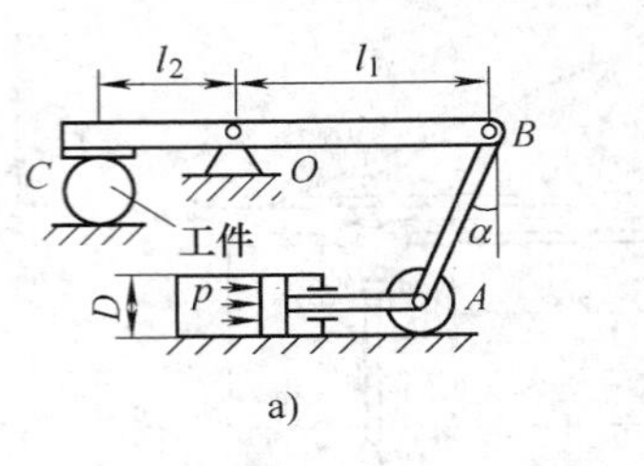

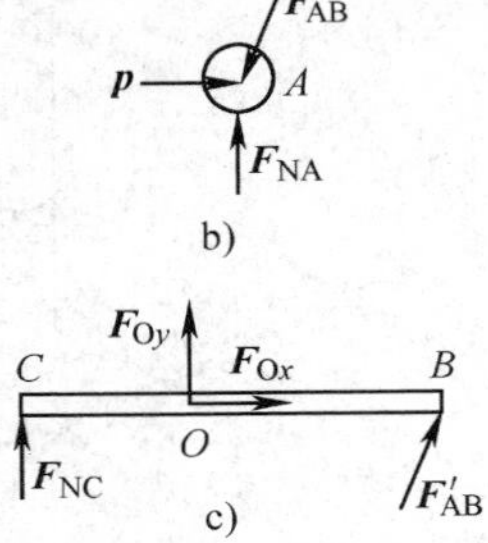

图 3-49　例 3-14 图

（1）滚轮 A 受平面汇交力系的作用。列平衡方程如下

$$\sum F_x = 0 \qquad p - F_{AB}\sin\alpha = 0$$

其中活塞杆传来的压力 $\boldsymbol{p}$ 的大小为

$$p = \frac{1}{4}\pi D^2 \cdot p = \frac{1}{4} \times 3.14 \times 0.035^2 \times 4 \times 10^5 \text{N} = 384.65\text{N}$$

$$F_{AB} = \frac{p}{\sin\alpha} = \frac{384.65}{\sin 10°}\text{N} = 2215.11\text{N}$$

解得

（2）杠杆 BOC 受一般平面力系的作用。列平衡方程如下

$$\sum M_O(\boldsymbol{F}) = 0 \qquad F'_{AB} l_1 \cos\alpha - F_{NC} l_2 = 0$$

$$\sum F_x = 0 \qquad F_{Ox} + F'_{AB}\sin\alpha = 0$$

$$\sum F_y = 0 \qquad F_{Oy} + F_{NC} + F'_{AB}\cos\alpha = 0$$

解得

$$F_{NC} = 3635.76\text{N}$$

$$F_{Ox} = -384.65\text{N}$$

$$F_{Oy} = -5817.22\text{N}$$

其中，F_{Ox}、F_{Oy}（杠杆支座 O 处反力）均为负值，即二者的实际方向与图示假设方向相反；作用于工件上的夹紧力，其大小与 F_{NC} 相同，但方向与 $\boldsymbol{F}_{NC}$ 相反（即朝下指向工件）。

由上面例题可知，应用平面力系平衡方程求解的一般步骤为：

1）取分离体，画受力图。

根据题目的已知条件和待求量，选择合适的分析对象，画出全部主动力和约束反力。

2）选取投影轴和矩心，列平衡方程。

为了简化计算，尽量使力系中多数未知力的作用线平行或垂直于投影轴，尽量取未知力的交点为矩心，使所列平衡方程含一个未知数，尽可能避免联立解方程。

3）解平衡方程，说明结果的正负号。

将已知量代入方程求出未知量。若所得结果为正值，说明所求力的实际方向与假设方向相同；若所得结果为负值，说明所求力的实际方向与假设方向相反。对计算结果只作说明，不要修改受力图中力的方向。

5. 轮轴类部件空间力系的平面解法

轮轴类部件是指轮子、轴、轴承构成的部件，其上作用的力通常构成空间一般力系。为便于求解，常将空间一般力系投影到坐标面上，从而简化成三个平面力系，即把空间问题转化为平面的问题来处理。这就是空间力系的平面解法，该方法被广泛用来解决轮轴类部件的平衡问题。

【**例 3-15**】 传动轴如图 3-50a、b 所示。其上齿轮 1 和齿轮 2 的节圆直径分为 $d_1=100\text{mm}$ 和 $d_2=200\text{mm}$；作用在齿轮 1 上的合力 $F_1=5321\text{N}$；两轮的压力角 $\alpha=20°$。试求轴承 A、B 的约束力。

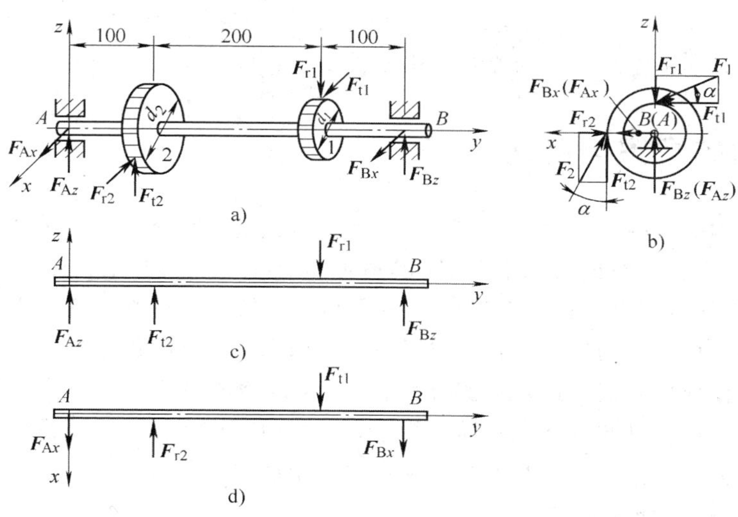

图 3-50　例 3-15 图

a) 轴测图　b) xz 面　c) yz 面　d) xy 面

解　取传动轴为研究对象，其上有齿轮的作用力 F_1、F_2 和轴承 A、B 的约束力 F_{Ax}、F_{Az}、F_{Bx}、F_{Bz}，如图 3-50a、b 所示，属于空间一般力系。由齿轮 1 上作用的合力 F_1 和压力角，可求得圆周力 F_{t1} 和径向力 F_{r1} 两分力，即

$$F_{t1}=F_1\cos\alpha=5321\cos20°\text{N}=5000\text{N}$$

$$F_{r1}=F_1\sin\alpha=5321\sin20°\text{N}=1820\text{N}$$

将力系向三个坐标平面投影，并画出传动轴在三个坐标平面上受力的投影图，如图 3-50b、c、d 所示，其中 xz 平面为平面一般力系，yz 与 xy 平面则为平面平行力系，可分别列方程求解。

(1) xz 平面(图 3-50b)

$$\sum M_A(F)=0,\ F_{t1}\cdot\frac{d_1}{2}-F_{t2}\cdot\frac{d_2}{2}=0$$

得

$$F_{t2}=F_{t1}\cdot\frac{d_1}{d_2}=2500\text{N}$$

则

$$F_{r2}=F_{t2}\tan\alpha=910\text{N}$$

(2) yz 平面(图 3-50c)

$$\sum M_A(F)=0,\ F_{Bz}\times400-F_{r1}\times300+F_{r2}\times100=0$$

$$\sum F_z=0,\ F_{Az}+F_{Bz}+F_{t2}-F_{r1}=0$$

解得

$$F_{Bz}=(F_{r1}\times300-F_{t2}\times100)/400=740\text{N}$$

$$F_{Az}=F_{r1}-F_{t2}-F_{Bz}=-1420\text{N}$$

(3) xy 平面(图 3-50d)

$$\sum M_A(F)=0,\ F_{r2}\times100-F_{t1}\times300-F_{Bx}\times400=0$$

$$\sum F_x = 0,\ F_{Ax} + F_{Bx} - F_{r2} + F_{t1} = 0$$

解得

$$F_{Bx} = (F_{r2} \times 100 - F_{t1} \times 300)/400 = -3523\text{N}$$

$$F_{Ax} = -F_{t1} - F_{Bx} + F_{r2} = -567\text{N}$$

计算结果中的负号表示力的实际方向与图示假设方向相反。

3.4 运动副的摩擦与自锁

前面讨论机构的平衡问题时，没有考虑摩擦，这只是一种简化，对于摩擦不是主要因素或摩擦力较小(接触面光滑或有润滑剂时)的情形是合理的。实际上，摩擦存在于一切做相对运动(或有相对运动趋势)的两构件运动副之间，摩擦是影响机器工作性能的重要因素。由于摩擦的存在，机器中的零件受到磨损而缩短使用寿命，并且由于有一部分功率消耗在摩擦损失上，使机械效率降低。这是摩擦有害的一面。但摩擦又不总是有害，例如，由于存在摩擦，人和许多交通工具才可能在地面上行走。工程中，许多机械装置是利用摩擦来实现其功能的，如带传动、摩擦轮传动及摩擦式离合器、制动器、螺纹连接等。因此，在机械工程中，许多问题往往不能忽略摩擦。

按照接触构件之间的相对运动形式，摩擦可分为滑动摩擦和滚动摩擦。

3.4.1 滑动摩擦

当两物体接触面间有相对滑动或有相对滑动趋势时，沿接触面上彼此作用着阻碍相对滑动的力，称为滑动摩擦力，简称摩擦力。这种摩擦即为滑动摩擦。当物体之间仅出现相对滑动趋势而尚未发生运动时的摩擦称为静滑动摩擦，简称静摩擦；而已发生相对滑动的物体间的摩擦称为动滑动摩擦，简称动摩擦。

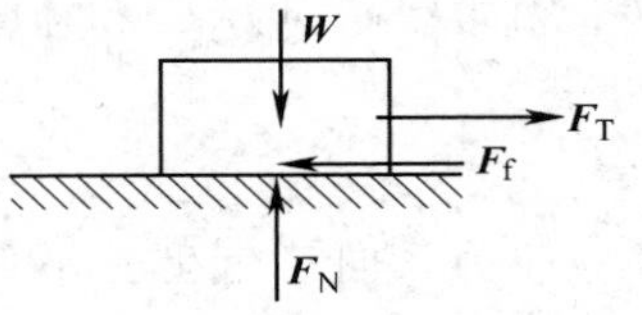

图 3-51 滑动摩擦

1. 静滑动摩擦

图 3-51 所示为一重量为 $\boldsymbol{W}$ 的物体放在粗糙的水平支承面上，受水平拉力 $\boldsymbol{F}_T$ 的作用，当拉力 $\boldsymbol{F}_T$ 由零逐渐增大而不超过某一定值时，物体仅有相对滑动趋势而仍保持静止状态。这表明物体在接触处除了有法向约束反力 $\boldsymbol{F}_N$ 外，必定还有一个阻碍物体沿水平方向滑动的摩擦力 $\boldsymbol{F}_f$，此力称为静摩擦力。由平衡方程 $\sum F_x = 0$，$F_T - F_f = 0$，解得 $F_f = F_T$。可见，静摩擦力 $\boldsymbol{F}_f$ 随主动力 $\boldsymbol{F}_T$ 的变化而变化。

但是，静摩擦力 $\boldsymbol{F}_f$ 并不会随主动力的增大而无限制地增大，当水平拉力 $\boldsymbol{F}_T$ 达到一定限度时，物体处于即将滑动而未滑动的临界平衡状态。在临界平衡状态下，静摩擦力达到最大值，称为最大静摩擦力，用 $\boldsymbol{F}_{fmax}$ 表示。所以静摩擦力的大小介于零和最大静摩擦力 $\boldsymbol{F}_{fmax}$ 之间。即

$$0 \leqslant F_f \leqslant F_{fmax}$$

大量实验表明，最大静摩擦力与许多因素有关，其大小约为

$$F_{fmax} = f_s F_N \tag{3-21}$$

即，最大静摩擦力的大小与接触面之间的法向约束反力(即正压力)成正比。式(3-21)称为静摩擦定律或库仑摩擦定律。式中 f_s 是量纲为 1 的比例系数，称为静摩擦因数，其大小与接

触物体的材料和接触面状况(如表面粗糙度、湿度、温度等)有关，由实验测定。常用材料的静摩擦因数可由机械工程手册中查得。

2. 动滑动摩擦

实验表明，在图 3-51 所示情形下，当水平拉力 $\boldsymbol{F}_{\mathrm{T}}$ 超过最大静摩擦力 F_{fmax} 时，物体开始滑动。这时接触物体之间仍有阻碍物体相对滑动的摩擦力，称为动摩擦力，用 $\boldsymbol{F}'_{\mathrm{f}}$ 表示。动摩擦力的大小与两接触物体间的正压力成正比。即

$$F'_{\mathrm{f}} = fF_{\mathrm{N}} \tag{3-22}$$

式(3-22)称为动摩擦定律。式中量纲为 1 的系数 f 称为动摩擦因数。当两物体的相对滑动速度不大时，近似认为动摩擦因数只与接触物体的材料以及接触面状况有关，即动摩擦力 $\boldsymbol{F}'_{\mathrm{f}}$ 将不受主动力 $\boldsymbol{F}_{\mathrm{T}}$ 的影响。

由静摩擦因数 f_{s} 和动摩擦因数 f 的实验数据可知，一般情况下 f_{s} 略大于 f，这就说明了为什么使物体从静止开始滑动较费力，一旦滑动起来，维持物体滑动就比较省力。工程上，在精度要求不高时，常近似地取 $f=f_{\mathrm{s}}$。

3.4.2 滚动摩擦

实践经验表明，滚动比滑动省力，可明显地提高效率。所以，在工程中常常以滚动代替滑动，例如，搬运沉重的物体，可在重物下安放一些小滚子；轴在轴承中转动，用滚动轴承要比滑动轴承更轻快、省力等。但物体滚动时在接触处也要受到阻碍。

考察置于粗糙地面上的车轮。设车轮的半径为 r，重量为 $\boldsymbol{W}$，在轮心 O 处施加拉力 $\boldsymbol{F}_{\mathrm{T}}$。只有当拉力 $\boldsymbol{F}_{\mathrm{T}}$ 达到一定数值时，车轮才开始滚动，否则仍保持静止。这说明车轮滚动受到了阻碍。阻碍产生的原因是，车轮与地面在重力作用下，一般会产生微小的接触变形，使二者接触面扩大，导致约束反力的分布发生改变而构成平面一般力系，如图 3-52a 所示。将该力系向 A 点简化，可得一作用于 A 点的约束反力(分解为正压力 $\boldsymbol{F}_{\mathrm{N}}$ 和摩擦力 $\boldsymbol{F}_{\mathrm{f}}$)和一约束反力偶(力偶矩为 M_{f})，如图 3-52b 所示。由平衡条件可得，$F_{\mathrm{N}}=W$，$F_{\mathrm{f}}=F_{\mathrm{T}}$，$M_{\mathrm{f}}=F_{\mathrm{T}}\cdot r$。可见，力偶($\boldsymbol{F}_{\mathrm{T}}$，$\boldsymbol{F}_{\mathrm{f}}$)将使车轮滚动，称滚动力偶；约束反力偶阻止车轮滚动，称之为滚阻力偶。滚阻力偶将随滚动力偶而变化，当 $\boldsymbol{F}_{\mathrm{T}}$ 增大到某一值时，车轮处于将滚而未滚的临界平衡状态，滚阻力偶矩 M_{f} 达到最大值 M_{fmax}，称为最大滚阻力偶矩。则有

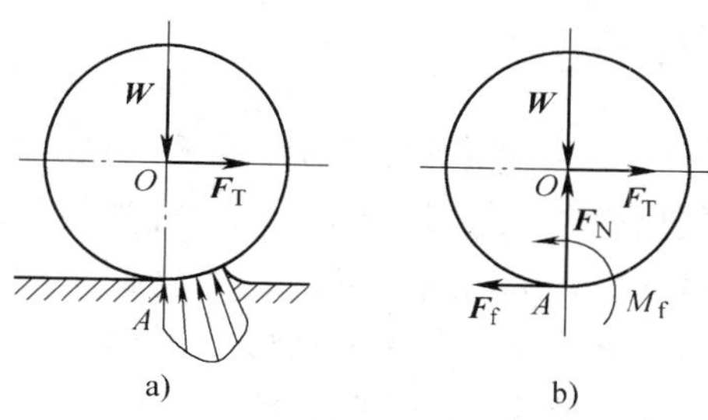

图 3-52　滚动摩擦

$$0 \leqslant M_{\mathrm{f}} \leqslant M_{\mathrm{fmax}}$$

由实验得知，最大滚阻力偶矩与支承面正压力成正比。即

$$M_{\mathrm{fmax}} = \delta F_{\mathrm{N}} \tag{3-23}$$

式(3-23)被称为滚动摩擦定律。其中比例常数 δ 称为滚动摩擦因数，它具有长度的量纲，常用单位为 mm。滚动摩擦因数 δ 的值主要与材料硬度有关，材料硬，接触面的变形就小，δ 值也小。火车轨道采用钢轨、轮胎要充足气、滚动轴承采用高硬度的铬锰钢制造等，都是用增加硬度的方法来减小滚动摩擦的实例。

3.4.3 运动副中的自锁现象

图 3-53 所示为滑块与水平导路形成的移动副。由上述可知，若滑块在驱动力和自重的作用下而处于静止，导路对滑块产生法向约束反力（正压力）和切向约束反力（摩擦力），这两个力的合力 $\boldsymbol{F}_R$ 称为全约束反力或全反力，全反力 $\boldsymbol{F}_R$ 与接触面公法线的夹角为 φ，如图 3-53 a 所示。显然，夹角 φ 随摩擦力的变化而变化。当滑块处于临界平衡状态时，静摩擦力达到最大值 F_{fmax}，全反力达到最大值 $\boldsymbol{F}_{Rm}$，此时夹角 φ 也达到最大值 φ_m，φ_m 称为摩擦角，如图 3-53b 所示，可见

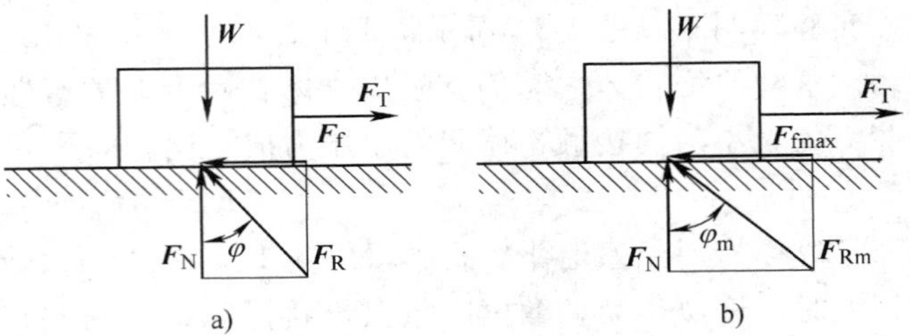

图 3-53 摩擦角

$$\tan\varphi_m = \frac{F_{fmax}}{F_N} = \frac{f_s F_N}{F_N} = f_s \tag{3-24}$$

即，摩擦角的正切等于静摩擦因数。这表明，摩擦角 φ_m 与静摩擦因数 f_s 一样，只与运动副中两构件的材料和接触面状况有关。

实际上，摩擦角 φ_m 确定了滑块平衡时全反力作用线的范围，即全反力与接触面公法线间的夹角 φ 变化范围是

$$0 \leqslant \varphi \leqslant \varphi_m \tag{3-25}$$

（1）如图 3-54a 所示，作用于滑块的所有主动力的合力 $\boldsymbol{F}_Q$，只要其作用线在摩擦角 φ_m 以内，即只要主动力的合力 $\boldsymbol{F}_Q$ 与接触面公法线间的夹角 α 不超过 φ_m，则不论 $\boldsymbol{F}_Q$ 多大，导路支承面总能产生与 $\boldsymbol{F}_Q$ 等值、反向、共线的反力 $\boldsymbol{F}_R$ 与之平衡，滑块一定保持静止。这种现象称为自锁。自锁条件是

$$\alpha \leqslant \varphi_m \tag{3-26}$$

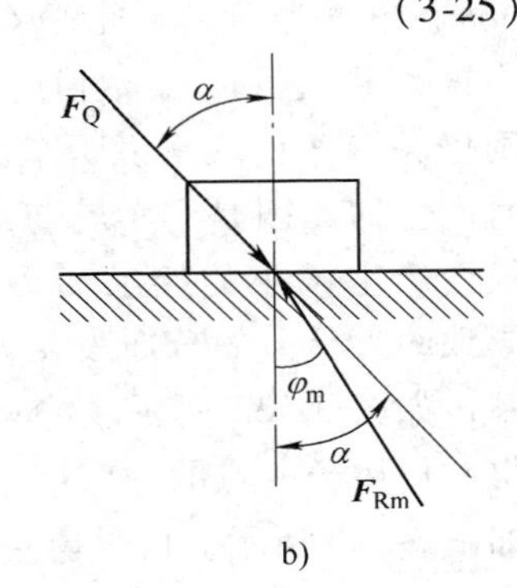

图 3-54 自锁现象

自锁现象在机械工程上常被利用，如螺旋千斤顶、压榨机、螺纹等的工作就利用了自锁原理。

（2）如图 3-54b 所示，如果作用于滑块的所有主动力的合力 $\boldsymbol{F}_Q$ 作用线在摩擦角 φ_m 以外，即 $\alpha > \varphi_m$，则不论 $\boldsymbol{F}_Q$ 多小，导路支承面都没有能与 $\boldsymbol{F}_Q$ 共线的全反力 $\boldsymbol{F}_R$ 与之平衡，滑块必将滑动。机械中，利用这个原理，如对于传动机构，可避免自锁，使机构不致卡死。

3.4.4 机构中摩擦问题的实例分析

实例一 分析摇臂钻床中摇臂在自重作用下不发生自锁的条件。

图 3-55 所示为摇臂钻床的摇臂示意图。摇臂的重量为 W，其重心与立轴轴线的距离为

h；滑套的有效长度为 l，滑套与立轴之间的摩擦因数为 f。为便于调节钻头的高度，一般摇臂钻床要求摇臂能在自重作用下下滑，即不发生自锁。当摇臂的重心位置确定之后，能否在其自重作用下不自锁，将取决于滑套长度 l，并通过对摇臂的静力分析可得到滑套长度 l 所满足的不自锁条件。

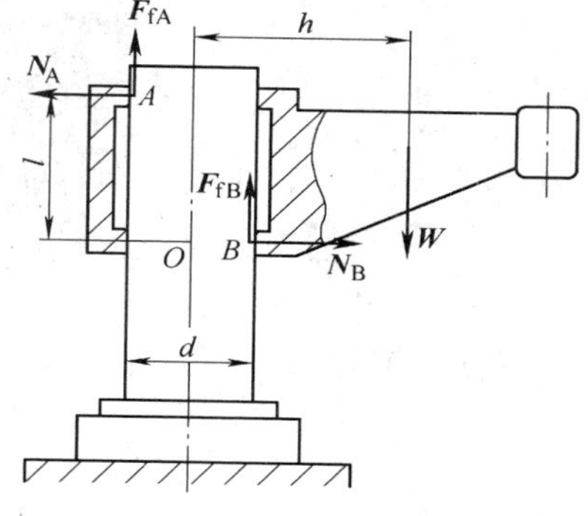

图 3-55　摇臂钻床的摇臂示意图

如图所示，该摇臂在自重的作用下，将产生翻转力矩，使滑套与立柱在 A、B 两处接触，产生正压力 $\boldsymbol{N}_A$、$\boldsymbol{N}_B$，由于滑套有向下运动的趋势，在 A、B 两处将产生向上的摩擦力 $\boldsymbol{F}_{fA}$、$\boldsymbol{F}_{fB}$。根据摇臂的静力平衡条件，有

$$\sum F_x = 0 \qquad N_B - N_A = 0$$

$$\sum F_y = 0 \qquad F_{fA} + F_{fB} - W = 0$$

$$\sum M_O(F) = 0 \qquad N_A l + F_{fB}\frac{d}{2} - F_{fA}\frac{d}{2} - Wh = 0$$

考虑平衡的临界情况，由静摩擦定律有

$$F_{fA} = f \cdot N_A \qquad F_{fB} = f \cdot N_B$$

联立以上各式，解得

$$Nl = Wh$$

即

$$W = \frac{Nl}{h}$$

并有 $N_A = N_B = N$，$F_{fA} = F_{fB} = F_f$。

由图可知，摇臂在自重作用下能自动下滑的条件为

$$W > 2F_f = 2fN$$

则得

$$\frac{Nl}{h} > 2fN$$

所以

$$l > 2hf$$

即为摇臂在自重作用下不自锁的几何条件。

实例二　分析凸轮机构的压力角与不自锁条件。

图 3-56 所示为凸轮机构在工作行程中任一位置的受力情况。从动件的载荷为 $\boldsymbol{Q}$（包括生产阻力、自重等）；在不考虑滚子与凸轮接触处的摩擦时，凸轮施加于从动件的推力为 $\boldsymbol{F}$，其作用线是过凸轮与从动件滚子的接触点所作的公法线 nn，并通过滚子中心。由对从动件的受力分析可知，导槽对从动件的法向反力为 $\boldsymbol{N}_A$、$\boldsymbol{N}_B$，摩擦力为 fN_A、fN_B，f 为导槽与从动件之间的摩擦因数。

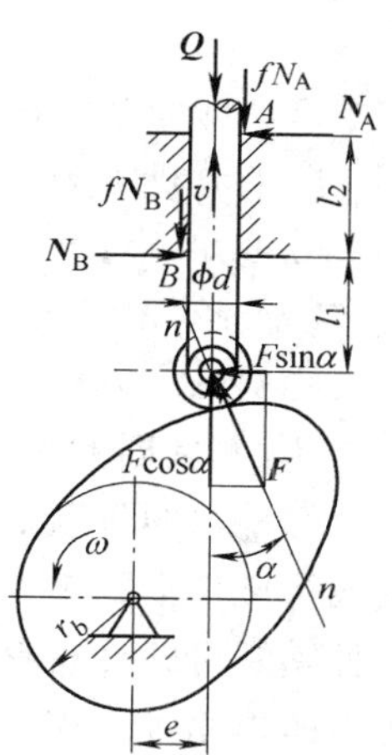

图 3-56　凸轮机构的运动简图

机构中，不计摩擦时推力的作用线与从动件受力点的运动方向所夹的锐角，称为从动件的压力角（简称压力角），一般压力角 α 的大小将随机构位置的变化而不同。该凸轮机构在图示位置的压力角 α 如图 3-56 所示。此时推力 $\boldsymbol{F}$ 可分解为沿导槽中心线的分力 $F\cos\alpha$ 和垂直于该中心线的分力 $F\sin\alpha$，则根据从动件的静力平衡条件，有

$$\sum F_x = N_B - N_A - F\sin\alpha = 0 \tag{a}$$

$$\sum F_y = F\cos\alpha - Q - f(N_A + N_B) = 0 \tag{b}$$

$$\sum M_B = -\frac{d}{2}Q - fN_A d + l_2 N_A - l_1 F\sin\alpha + \frac{d}{2}F\cos\alpha = 0 \tag{c}$$

式中　l_1——从动件上滚子中心伸出导槽的长度；

l_2——导槽的长度；

d——从动件的直径。

联立求解式(a)、(b)、(c)，得

$$\frac{F}{Q} = \frac{1}{\cos\alpha - f\left(\frac{2l_1 + l_2}{l_2}\right)\sin\alpha} \tag{3-27}$$

由上式可见，若其他条件不变，则当压力角 $\alpha=0$ 时，$F/Q=1$，即 $F=Q$；当 $\alpha>0$ 时，$F/Q>1$，即克服同样的 Q 所需的推力 F 增大；当 α 增大到 α_c 并使式(3-27)中分母等于零，即

$$\cos\alpha_c - f\left(\frac{2l_1 + l_2}{l_2}\right)\sin\alpha_c = 0 \tag{3-28}$$

时 $F/Q=\infty$，于是凸轮将不可能驱动从动件，即机构自锁，则 α_c 是不产生自锁的极限压力角，由式(3-28)可得

$$\alpha_c = \arctan\frac{l_2}{f(2l_1 + l_2)}$$

显然，为避免自锁，应使凸轮机构的压力角满足

$$\alpha < \arctan\frac{l_2}{f(2l_1 + l_2)} \tag{3-29}$$

式(3-29)即为凸轮机构不自锁的条件。

以上分析可知，从减小推力和避免自锁的观点来看，压力角 α 越小越好；此外，由式(3-27)可知，对于相同的 α 值，当 f、l_1 越小，l_2 越大时，F/Q 越小，即机构的受力情况和工作性能越好。

实例三　分析螺旋副的效率与自锁条件。

1. 螺旋副的受力分析

螺杆与螺母组成螺旋副(图 3-57)，并构成机械中的螺纹连接或螺旋传动，工作时均受到轴向载荷的阻力作用，例如，螺纹在拧紧螺母时受材料变形的反弹力作用；螺旋千斤顶在举重时受重力的作用等。在传力的过程中，组成螺旋副的两螺旋面之间有相对滑动(或相对滑动趋势)，产生摩擦力。为便于受力分析，将螺纹分为牙型角 $\alpha=0$(矩形螺纹)和牙型角 $\alpha\neq0$(非矩形螺纹)两大类；并将螺母 1 视为沿一斜面滑动的滑块，而螺杆 2 可视为由该斜面卷绕在圆柱体上而成，该斜面的斜角为螺纹中径 d_2 处的螺纹升角 λ，如图 3-58 所示。

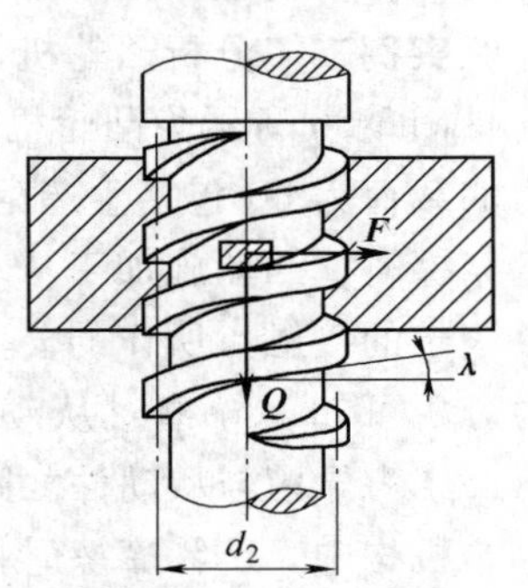

图 3-57　螺旋副的受力分析

(1) 矩形螺纹(牙型角 $\alpha=0$)

设矩形螺纹构成的螺旋副承受一轴向载荷 $\boldsymbol{Q}$。当拧紧螺母时，可视为水平力 $\boldsymbol{F}$ 推动一

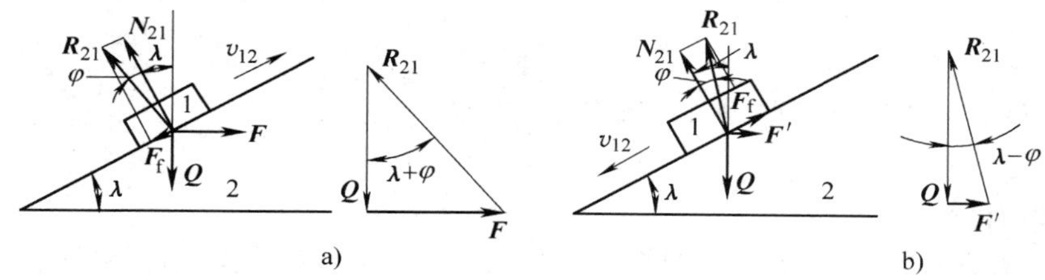

图 3-58 重物沿斜面移动时的受力分析

1—螺母 2—螺杆

重量为 $\boldsymbol{Q}$ 的重物沿斜面匀速上升，如图 3-58a 所示，其中，N_{21} 为斜面对重物的法向反力；$\boldsymbol{F}_f$ 为斜面对重物的摩擦力，方向与 $\boldsymbol{v}_{12}$ 反向；$\boldsymbol{R}_{21}$ 为斜面对重物的全支反力；φ 为摩擦角，$\tan\varphi = f$（f 为摩擦因数）。重物在 $\boldsymbol{Q}$、$\boldsymbol{F}$、$\boldsymbol{R}_{21}$ 三力作用下平衡，则有

$$\boldsymbol{Q} + \boldsymbol{R}_{21} + \boldsymbol{F} = \boldsymbol{0} \tag{3-30}$$

图解矢量方程式(3-30)，得力的封闭三角形如图 3-58a 所示，于是得

$$F = Q\tan(\lambda + \varphi) \tag{3-31}$$

旋动螺母克服螺旋副间的摩擦阻力上升所需的力矩 M 为

$$M = F\frac{d_2}{2} = Q\tan(\lambda + \varphi)\frac{d_2}{2} \tag{3-32}$$

对于非自锁螺旋副，当推动螺母上升的水平力 $\boldsymbol{F}$ 减小到 $\boldsymbol{F}'$时，螺母可能在轴向载荷 $\boldsymbol{Q}$ 的作用下自动松退，此时可视为重物沿斜面匀速下滑，只是摩擦力 $\boldsymbol{F}_f$ 与匀速上升时相反，如图 3-58b 所示。同理可得

最小防松力为

$$F' = Q\tan(\lambda - \varphi) \tag{3-33}$$

则最小防松力矩 M 为

$$M' = F\frac{d_2}{2} = Q\tan(\lambda - \varphi)\frac{d_2}{2} \tag{3-34}$$

（2）非矩形螺纹（牙型角 $\alpha \neq 0$）

现以三角形螺纹为例，通过将三角形螺纹与矩形螺纹比较（图 3-59a、b），分析非矩形螺纹的受力情况。三角形螺纹与矩形螺纹的区别仅在于螺纹间接触面的几何形状不同，此时可把螺母和螺杆的相对运动看作一楔形滑块沿斜槽面的运动，此斜槽面的夹角为 2θ（$\theta = 90° - \beta$，β 称为牙侧角；三角形螺纹的牙型角 $\alpha = 2\beta$），如图 3-59b 所示。由对斜槽面上摩擦力 $\boldsymbol{F}_f'$ 的分析，可得 $\boldsymbol{F}_f'$ 与轴向载荷 $\boldsymbol{Q}$、摩擦因数 f 和牙侧角 β 的关系式（推导从略），即

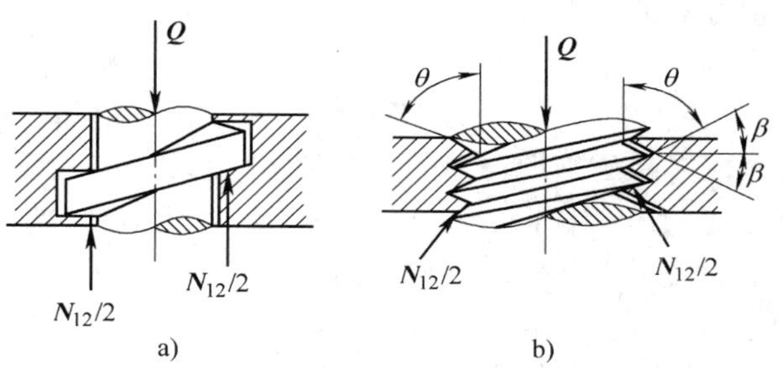

图 3-59 三角形螺纹与矩形螺纹的区别

$$F_f' = \frac{f}{\cos\beta}Q = f_v Q$$

$$f_v = \frac{f}{\cos\beta} \tag{3-35}$$

式中　f_v——斜槽面的当量摩擦因数；其对应的摩擦角为

$$\varphi_v = \arctan f_v \tag{3-36}$$

式中，φ_v 称为当量摩擦角。

引入当量摩擦因数的概念后，可将非矩形螺纹的摩擦问题看作矩形螺纹的摩擦问题，亦即非矩形螺纹的受力分析可看作矩形螺纹的受力分析，只需将其当量摩擦角 φ_v 替换式(3-31)、式(3-32)、式(3-33)、式(3-34)中的摩擦角 φ，便可得到非矩形螺纹的受力关系式，即

$$F = Q\tan(\lambda + \varphi_v) \tag{3-31a}$$

$$M = F\frac{d_2}{2} = Q\tan(\lambda + \varphi_v)\frac{d_2}{2} \tag{3-32a}$$

$$F' = Q\tan(\lambda - \varphi_v) \tag{3-33a}$$

$$M' = F\frac{d_2}{2} = Q\tan(\lambda - \varphi_v)\frac{d_2}{2} \tag{3-34a}$$

2. 螺旋副的自锁

螺旋副被拧紧后，如不加外力矩，不论轴向载荷 $\boldsymbol{Q}$ 有多大，也不会自动松退，此现象称为螺旋副的自锁。

由式(3-33a)可知，若 $\lambda < \varphi_v$，则 $F' < 0$，即要使重物沿斜面等速下滑，必须反向加一个水平力 $\boldsymbol{F}'$，否则不论载荷 $\boldsymbol{Q}$ 有多大，滑块都不会自行下滑，即不论轴向载荷 $\boldsymbol{Q}$ 有多大，螺母不会在其作用下自行松退，即出现自锁现象。因此，螺旋副的自锁条件为

$$\lambda \leqslant \varphi_v \tag{3-37}$$

3. 螺旋副的效率

在轴向载荷 $\boldsymbol{Q}$ 的作用下，螺旋副相对运动一周时，驱动功 W_1 和有效功 W_2 分别为

$$W_1 = 2\pi M = Q\pi d_2\tan(\lambda + \varphi_v)$$

$$W_2 = Qs = Q\pi d_2\tan\lambda$$

故螺旋副的效率为

$$\eta = \frac{W_2}{W_1} = \frac{Qs}{2\pi M} = \frac{Q\pi d_2\tan\lambda}{Q\pi d_2\tan(\lambda + \varphi_v)} = \frac{\tan\lambda}{\tan(\lambda + \varphi_v)} \tag{3-38}$$

以上螺旋副的自锁条件和效率计算也适合矩形螺纹。综上分析表明：

1）当 f 相同时，$\varphi_v > \varphi$，所以牙型角 α 不等于零的螺旋副更容易自锁；且 φ_v 随牙型角的增大而增大，所以螺纹多用牙型角为60°或55°三角螺纹。

2）由式(3-38)可知，为提高螺纹副的传动效率，应适当提高 λ 值，尽量降低 φ_v 值，所以传动螺纹常采用小牙型角的矩形、梯形多线螺纹。螺纹多用大牙型角的三角形单线螺纹。

3.5　回转件平衡的动态静力分析

3.5.1　回转件平衡的目的

机器中有许多构件是作回转运动的，由于结构不对称或制造、装配误差以及材质不均等

原因而造成质量分布不均匀，往往使回转件的质心偏离其回转轴线，由此产生了离心惯性力。此惯性力将会对机械设备产生诸多不良影响，如加剧运动副磨损，降低机械效率；引起运动副中的附加动压力；使机器及基础产生强迫振动，影响机械工作质量，甚至危及机器和厂房建筑。对于高速、重型和精密机械，惯性力的不良影响更为严重。

为了完全或部分消除惯性力的不良影响，需设法消除或减少回转件的惯性力，这就是回转件平衡的目的。在对回转件进行平衡分析时，是将惯性力视为一般外力加于产生该惯性力的回转件上，该回转件可视为处于静力平衡状态，仍然可采用静力分析方法对其平衡问题进行分析，即为动态静力分析。

3.5.2 回转件平衡的类型

根据回转体不平衡质量的分布情况，平衡可以分为静平衡和动平衡两种。

1. 静平衡

对于轴向尺寸 b 远小于直径 $D(b/D \leq 0.2)$ 的盘形回转件，如齿轮、飞轮、带轮、盘形凸轮等，均可视其质量分布于同一回转平面内。如发生不平衡，则是由于质心不在回转体轴线上，若把这种回转体静放在摩擦力很小的支承上(图 3-60)，由于重力作用，即可显示出不平衡状态，故称为静不平衡。消除不平衡质量，使其所产生的离心惯性力为零即为静平衡。

2. 动平衡

对于轴向尺寸较大($b/D > 0.2$)的回转件，如曲轴、机床主轴、电动机转子等，其质量不能再视为分布于同一平面内，即使回转体的重心在回转体轴线上，静止时可达到平衡(图 3-61)，但由于各偏心质量分布在不同的回转平面内，所产生的离心惯性力将形成惯性力偶，所以回转体仍然是不平衡的。这种不平衡状态只有在回转体转动时才显示出来，故称为动不平衡。消除不平衡质量，使其所产生的离心惯性力和惯性力偶均为零的状态称为动平衡。

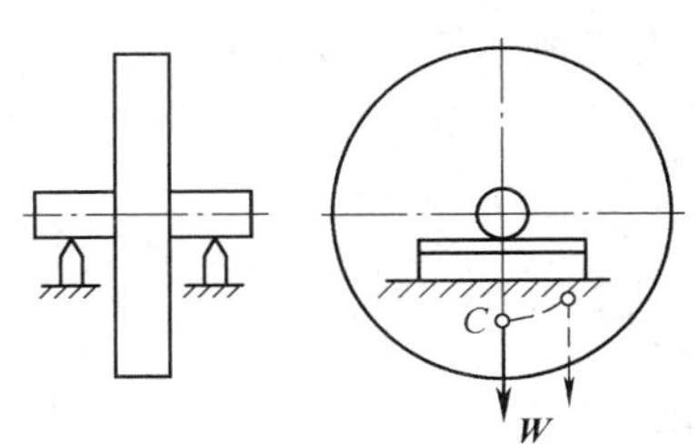

图 3-60　静不平衡

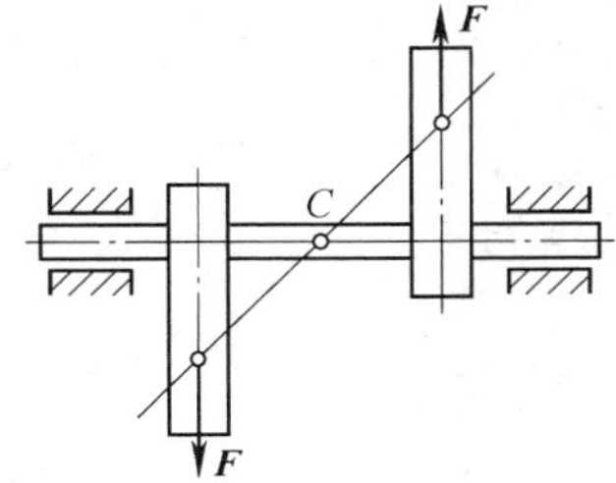

图 3-61　动不平衡

3.5.3 回转件的平衡计算

1. 静平衡计算

如图 3-62a 所示的回转件，其上的不平衡质量 m_1 和 m_2 分布在同一平面内，质心的矢径分别为 $\boldsymbol{r}_1$ 和 $\boldsymbol{r}_2$。当回转件以等角速度 ω 回转时，不平衡质量所产生的离心惯性力分别为

$$\boldsymbol{F}_1 = m_1 \boldsymbol{r}_1 \omega^2$$

$$\boldsymbol{F}_2 = m_2 \boldsymbol{r}_2 \omega^2$$

回转件在 $\boldsymbol{F}_1$ 和 $\boldsymbol{F}_2$ 所构成的平面汇交力系作用下处于不平衡状态，则该惯性力系的合力不为

零，即$\sum \boldsymbol{F}_i \neq 0$。由平面汇交力系的平衡条件可知，为了达到平衡，需加一平衡质量m_b，其质心的矢径为$\boldsymbol{r}_b$，使其产生的离心惯性力$\boldsymbol{F}_b = m_b\boldsymbol{r}_b\omega^2$与$\boldsymbol{F}_1$及$\boldsymbol{F}_2$相平衡，则回转体上离心惯性力的合力$\boldsymbol{F}$为零，即

$$\boldsymbol{F} = \boldsymbol{F}_b + \boldsymbol{F}_1 + \boldsymbol{F}_2 = 0$$

或

$$m\boldsymbol{e}\omega^2 = m_b\boldsymbol{r}_b\omega^2 + m_1\boldsymbol{r}_1\omega^2 + m_2\boldsymbol{r}_2\omega^2 = 0$$

则

$$m\boldsymbol{e} = m_b\boldsymbol{r}_b + m_1\boldsymbol{r}_1 + m_2\boldsymbol{r}_2 = 0 \tag{3-39}$$

式中，$\boldsymbol{m}$、$\boldsymbol{e}$分别为回转件的总质量、总质心的向径。质量与向径的乘积称为质径积，为矢量。它相对地代表了各质量在同一转速上离心惯性力的大小和方向。

式(3-39)可用矢量多边形法求解，如图3-62b所示，平衡质量m_b的质径积$m_b\boldsymbol{r}_b$的大小和方向由矢量多边形封闭边确定。根据回转件的结构特点选定$\boldsymbol{r}_b$的大小后，便可求出平衡质量m_b，其安装方向为矢量多边形图上$m_b\boldsymbol{r}_b$所指的方向。一般$\boldsymbol{r}_b$值尽量大些，使m_b小些。假如减去平衡质量m_b，则其安装方向相反。式(3-39)表明，加上平衡质量以后，$e=0$，即回转件的总质心与回转轴线相重合。

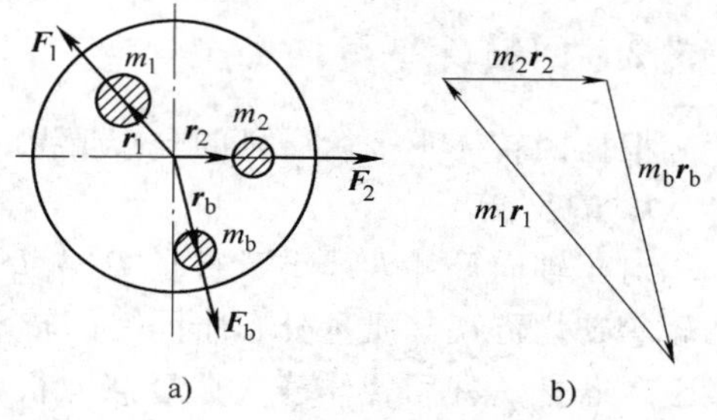

图 3-62　回转件的静平衡

2. 动平衡计算

如图3-63a所示的回转件，其上的不平衡质量m_1、m_2、m_3分布在1、2、3三个回转平面内，质心的矢径分别为$\boldsymbol{r}_1$、$\boldsymbol{r}_2$、$\boldsymbol{r}_3$。当回转件以等角速度ω回转时，各不平衡质量所产生的离心惯性力$\boldsymbol{F}_1$、$\boldsymbol{F}_2$、$\boldsymbol{F}_3$及惯性力偶构成一空间力系，将使回转件不平衡，则该惯性力系的合力和合力偶矩都不为零，即$\sum \boldsymbol{F}_i \neq 0$、$\sum \boldsymbol{M}_i \neq 0$。为了达到平衡，在回转件上任选相距为$l$并垂直于回转轴的两个平衡平面Ⅰ和Ⅱ，它们与原来三个回转面1、2、3的距离分别为l'_1、l'_2、l'_3；l''_1、l''_2、l''_3。将惯性力$\boldsymbol{F}_1$、$\boldsymbol{F}_2$、$\boldsymbol{F}_3$分别平行分解到平面Ⅰ和Ⅱ内，可得

$$F'_1 = \frac{l''_1}{l}F_1,\ F''_1 = \frac{l'_1}{l}F_1$$

$$F'_2 = \frac{l''_2}{l}F_2,\ F''_2 = \frac{l'_2}{l}F_2$$

$$F'_3 = \frac{l''_3}{l}F_3,\ F''_3 = \frac{l'_3}{l}F_3$$

式中　F'_1、F'_2、F'_3——分别为Ⅰ面内的分力；

F''_1、F''_2、F''_3——分别为Ⅱ面内的分力。

则在Ⅰ和Ⅱ面内相应的不平衡质量m'_1、m'_2、m'_3和m''_1、m''_2、m''_3分别为

$$m'_1 = \frac{l''_1}{l}m_1,\ m''_1 = \frac{l'_1}{l}m_1$$

$$m'_2 = \frac{l''_2}{l}m_2,\ m''_2 = \frac{l'_2}{l}m_2$$

$$m'_3 = \frac{l''_3}{l}m_3,\ m''_3 = \frac{l'_3}{l}m_3$$

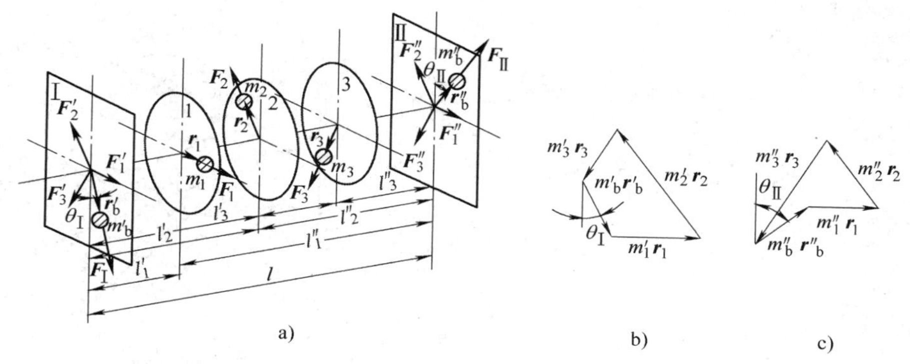

图 3-63　回转件的动平衡

至此，已将空间惯性力系的平衡问题转化为平面Ⅰ和Ⅱ内的平面汇交力系的平衡问题。可分别对Ⅰ和Ⅱ平面作静平衡计算。

对Ⅰ面可得　$m'_b\boldsymbol{r}'_b + m'_1\boldsymbol{r}_1 + m'_2\boldsymbol{r}_2 + m'_3\boldsymbol{r}_3 = 0$

图解如图 3-63b 所示，求出质径积 $m'_b\boldsymbol{r}'_b$，选定 $\boldsymbol{r}'_b$ 的大小后，可求出 m'_b 的大小。

对Ⅱ面可得　$m''_b\boldsymbol{r}''_b + m''_1\boldsymbol{r}_1 + m''_2\boldsymbol{r}_2 + m''_3\boldsymbol{r}_3 = 0$

图解如图 3-63c 所示，求出质径积 $m''_b\boldsymbol{r}''_b$，选定 $\boldsymbol{r}''_b$ 的大小，可求出 m''_b 的大小。

可见，质量分布不在同一回转面内的构件，无论其不平衡质量分布在多少个回转面的平行面内，均可将其分解到任选的两个平衡平面Ⅰ和Ⅱ内，只需在Ⅰ和Ⅱ面内各加一适当的平衡质量，即可使该回转件达到完全平衡。平衡平面可根据构件的具体结构选定，通常选择构件的两个端面。

需要指出的是，由于动平衡同时满足静平衡条件，故满足动平衡条件的构件一定是静平衡的；但是满足静平衡条件的构件不一定是动平衡的。

上述的分析计算方法，虽然理论上可以使回转件得到平衡，但由于制造和装配的误差以及材质不均匀等原因，实际上往往达不到预期的平衡效果，因此在生产过程中还需要用试验的方法加以平衡。根据回转件质量分布的特点，回转件的平衡实验也分为静平衡实验和动平衡实验两种。有关内容可参阅有关文献。

思考与习题

1. 力对物体作用的效应取决于什么？

2. 在分析构件或零件的承载能力时，是否能将其视作刚体？

3. 在研究力对构件的变形效应时，力是否可沿其作用线在构件内任意移动？

4. 构件在二力作用下平衡的条件与作用与反作用定律都是说二力大小相等、方向相反、作用线相同，二者有什么区别？

5. 刚体受到不平行的三个力的作用而平衡时，这三个力的作用线为什么会汇交于一点？

6. 固定于房顶的吊钩 A 上作用有三个力 F_1、F_2、F_3，方向如图 3-64 所示，大小分别为 $F_1 = F_2 = 1000\text{N}$，$F_3 = 2000\text{N}$，试求三力的合力。

7. 同一平面内的三根绳联结在一个固定圆环上，方向如图 3-65 所示，已知三根绳的拉力分别为 $F_1 = 80\text{N}$，$F_2 = 70\text{N}$，$F_3 = 190\text{N}$，试求这三根绳作用在圆环上的合力 $\boldsymbol{F}_R$。

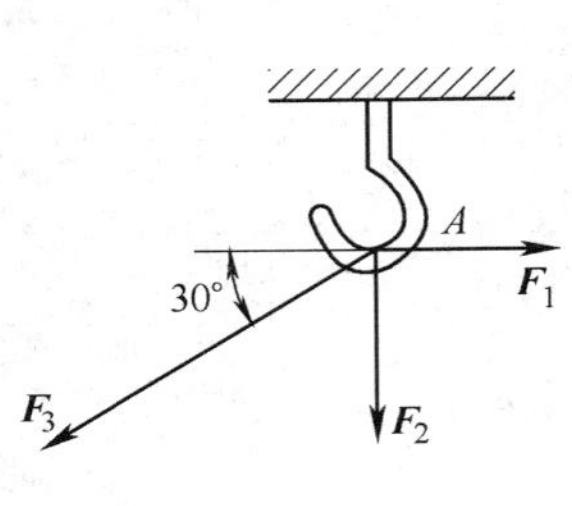

图 3-64　题 6 图

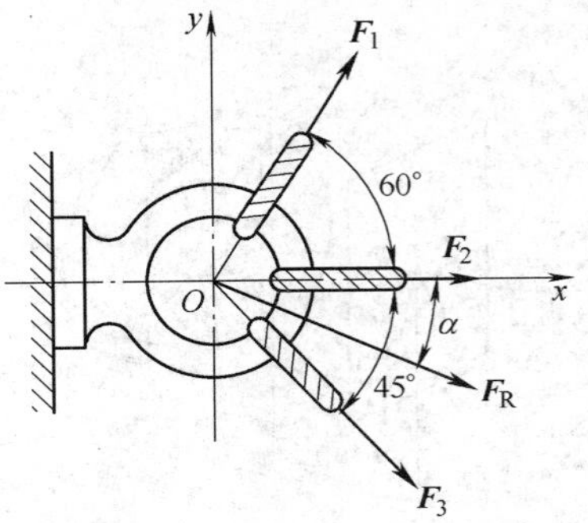

图 3-65　题 7 图

8. 如图 3-66 所示，力 $F=150\mathrm{N}$，作用在锤柄上，柄长 $l=320\mathrm{mm}$，试求图 3-66a、b 所示两种情况下力 $\boldsymbol{F}$ 对支点 O 的矩。

9. 一带轮直径 $d=400\mathrm{mm}$，胶带拉力 $F_{\mathrm{T1}}=1500\mathrm{N}$，$F_{\mathrm{T2}}=750\mathrm{N}$，与水平线的夹角为 15°，如图 3-67 所示。试分别求胶带拉力 $\boldsymbol{F}_{\mathrm{T1}}$ 和 $\boldsymbol{F}_{\mathrm{T2}}$ 对轮心的矩。

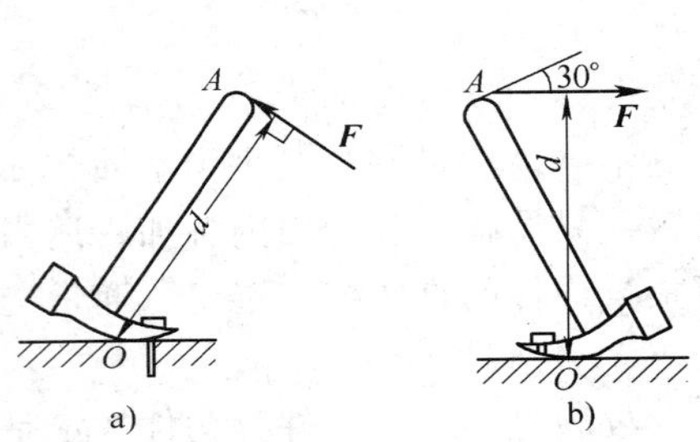

图 3-66　题 8 图

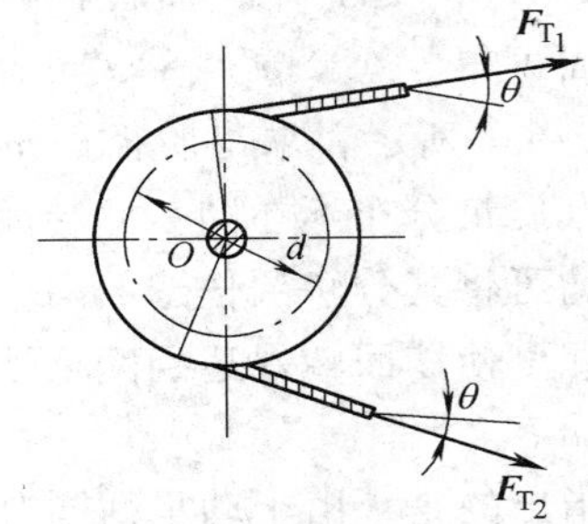

图 3-67　题 9 图

10. 手动剪切机结构及尺寸如图 3-68 所示。设 $a=0.8\mathrm{m}$，$b=0.08\mathrm{m}$，$\alpha=15°$，被剪物体放在刀口 K 处，在 B 处施加 $F=50\mathrm{N}$ 的作用力。试求在图示位置时力 $\boldsymbol{F}$ 对 A 点的矩。

11. 梁 AB 两端用固定铰链支座和活动铰链支座支承，如图 3-69 所示，在梁的 C 处受集中应力 $\boldsymbol{F}$，不计梁自重及摩擦，试画出梁 AB 的受力图。

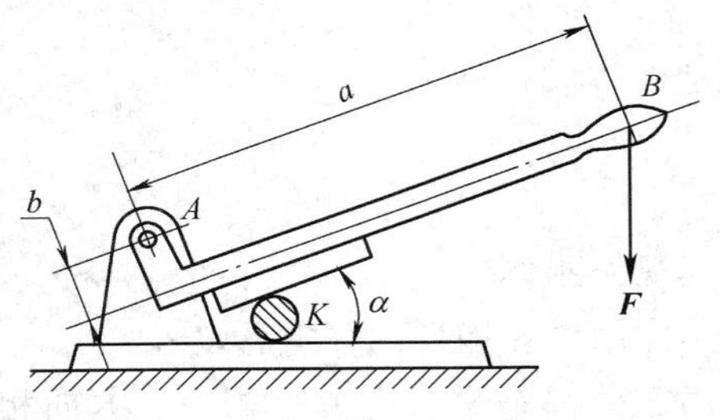

图 3-68　题 10 图

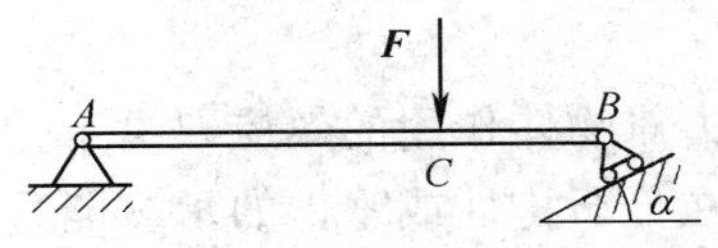

图 3-69　题 11 图

12. 如图 3-70 所示，托架支承着重量为 W 的重物，A 点为铰链支座。不计托架自重及摩擦，试画出托架的受力图。

13. 如图 3-71 所示，托架 A 点为固定铰链连接，B 点为一固定销钉，销钉和托架的槽接触。不计托架自重及摩擦，试画出托架的受力图。

14. 图 3-72a 所示为曲柄滑块机构，图 3-72b 所示为凸轮机构，不计各构件自重及摩擦，试画出滑块及推杆的受力图。

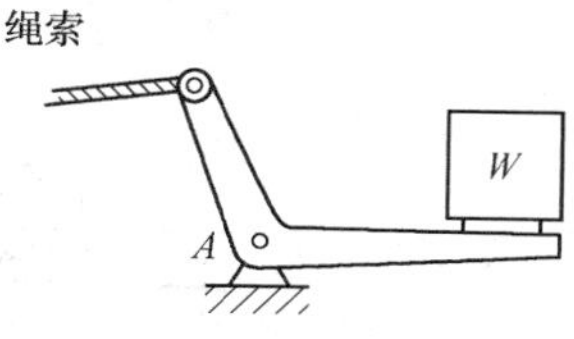

图 3-70　题 12 图

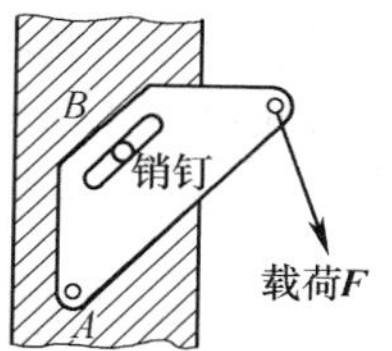

图 3-71　题 13 图

15. 梁 AB 的 A 端为固定端，B 端为活动铰链支座，梁上 C、D 处分别受到力 **F** 与力偶 M 的作用，如图 3-73 所示，不计梁的自重及摩擦，试画出梁 AB 的受力图。

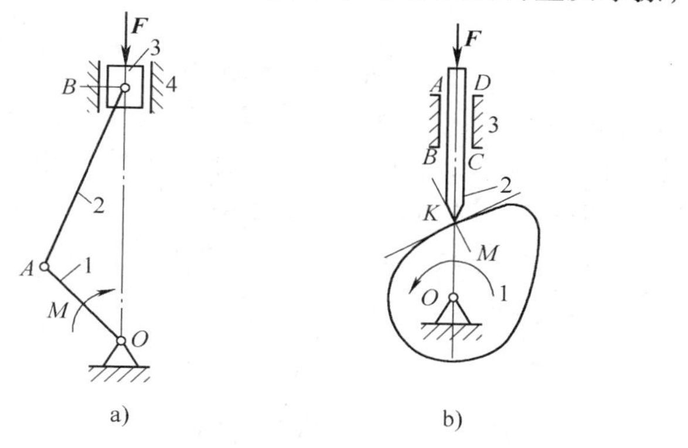

图 3-72　题 14 图

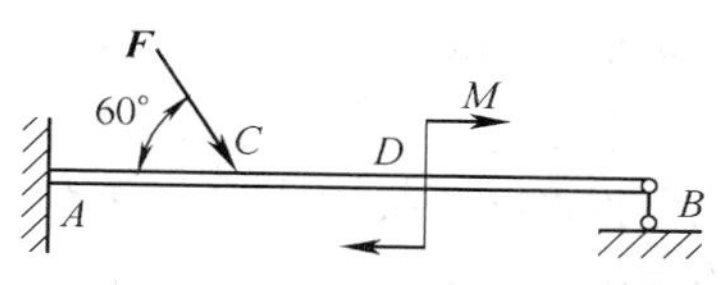

图 3-73　题 15 图

16. 如图 3-74 所示是一个简易起重机。A、C、D 三处都是圆柱铰链，被吊起的重物重量为 W，绳子拉力为 $\boldsymbol{F}_T$，不计各构件自重及摩擦，试画出各部分的受力图和整体受力图。

17. 由水平杆 AB 和斜杆 BC 构成的管道支架，如图 3-75 所示。在 AB 杆上放置一重量为 W 的管道，A、C 处为固定铰链支座，B 处为铰链连接。不计各杆自重及摩擦。试画出管道、水平杆、斜杆及整体的受力图。

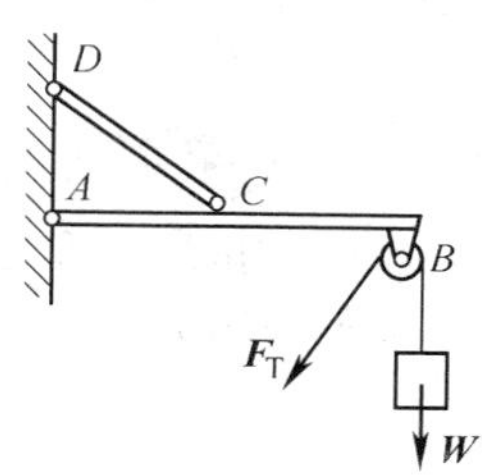

图 3-74　题 16 图

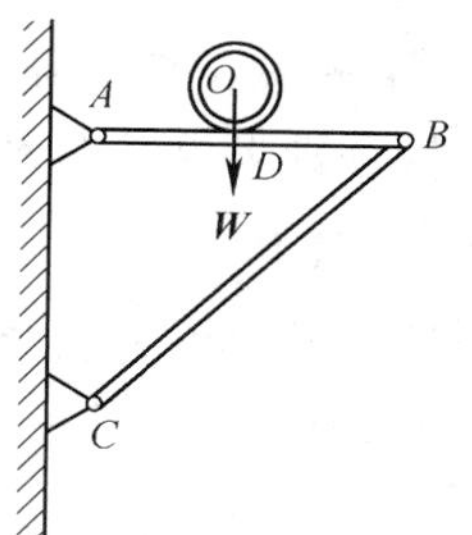

图 3-75　题 17 图

18. 液压夹具如图 3-76 所示，已知液压缸的推力为 **P**，机构通过活塞杆 AD 和连杆 AB 使杠杆 BOC 压紧工件。AB、AD 杆与 A 滚轮用圆销钉连接，O 为固定铰链支座，C、E 为光滑接触面，不计各零件自重及摩擦。试画出夹具工作时各零件的受力图。

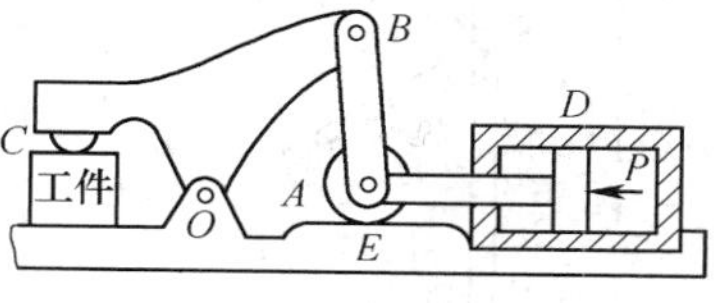

图 3-76　题 18 图

19. 三角支架由杆 AB、BC 组成，如图 3-77 所示，A、B、C 处均为光滑铰链，在销钉 B 上悬挂一重物，已知其重量 W = 10kN，不计各杆的自重及摩擦。试求杆件 AB、BC 所受的力。

20. 横梁上有电动机重量 $W=100\text{kN}$，如图 3-78 所示，已知尺寸如图中所示，不计各杆的自重及摩擦，试求支撑杆 BC 与销钉 D 的受力。

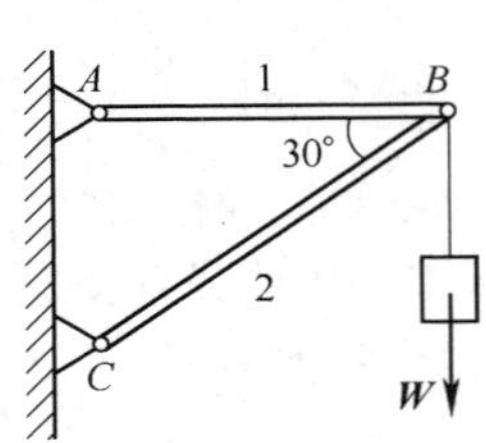

图 3-77　题 19 图

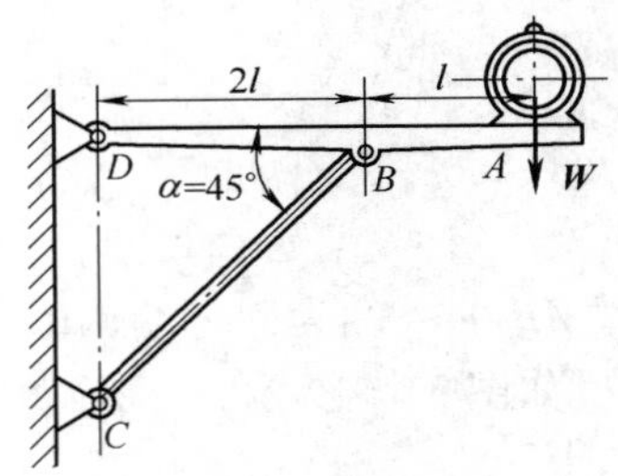

图 3-78　题 20 图

21. 物体重量 $W=20\text{kN}$，如图 3-79 所示，用绳子挂在支架的滑轮 B 上，绳子的另一端接在铰车 D 上。转动铰车，物体便能升起。A、B、C 三处为铰链。不计滑轮的大小和杆 AB、BC 的自重，不考虑摩擦。当物体处于平衡时，试求杆 AB、BC 所受的力。

22. 用手拔钉子拔不出来，为什么用钉锤就能一下子拔出来？如图 3-80 所示，加在手柄上的力为 50kN，问拔钉子受的力有多大？

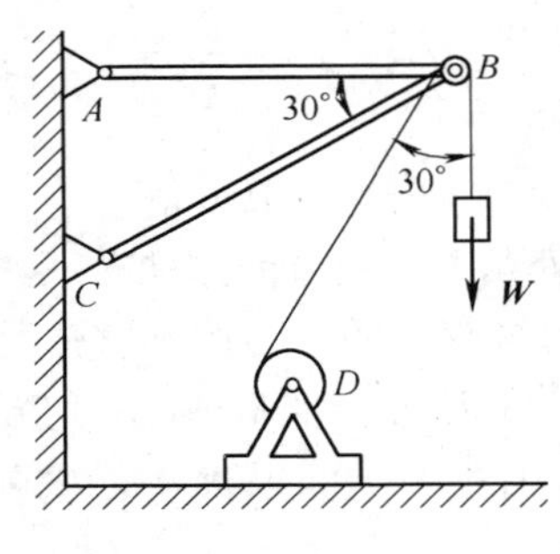

图 3-79　题 21 图

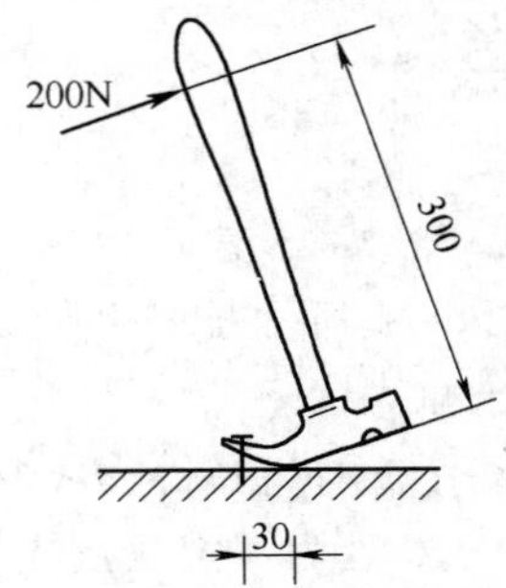

图 3-80　题 22 图

23. 提升建筑材料的简易装置如图 3-81 所示，物体重量 $W=10\text{kN}$。当横杆在图示两个位置平衡时，试分别求提升力 $\boldsymbol{F}$ 的大小。

24. 用多轴钻床在一水平放置的工件上加工四个直径相同的孔，钻孔时每个钻头的主切削力组成一力偶，各力偶矩的大小 $M_1=M_2=M_3=M_4=15\text{N}\cdot\text{m}$，两个固定螺栓 A、B 之间的距离为 200mm，如图 3-82 所示。试求加工时两个固定螺栓 A、B 所受的力。

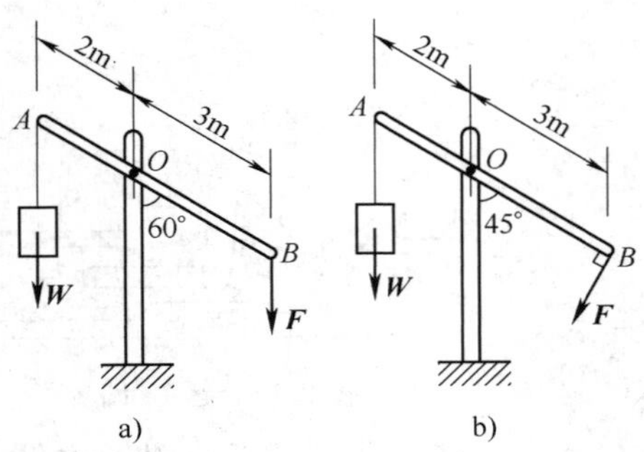

图 3-81　题 23 图

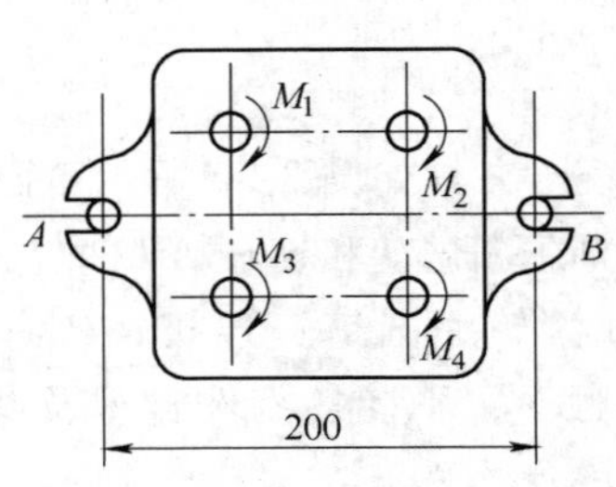

图 3-82　题 24 图

25. 锻锤工作时，如受工件给它的反作用力有偏心，则会使锻锤 C 发生偏斜，如图 3-83 所示。这时将在导轨两侧产生很大的压力，从而加速导轨的磨损并影响锻件的精度。已知打击力 $F=1000\text{kN}$，偏心距 $e=20\text{mm}$。不考虑锻锤的自重及摩擦，试求锻锤给导轨两侧的压力。

26. 机械化装料设备简图如图 3-84 所示。四轮小车 A 可以在双梁桥上移动。由于四轮与双梁受力对称，因而可以简化为平面力系，图中只画出了小车的两个轮子和一根梁。小车下部装有桁架式的倾覆操纵杆 D，其上装有料斗 C。若料斗及装料的总重量 $W_1=15\text{kN}$，各部分尺寸如图中所示，试求：装料时，保证小车不致倾倒，操纵杆与小车的总重量 W 应为多大，并求这时小车轮子所受的约束力。

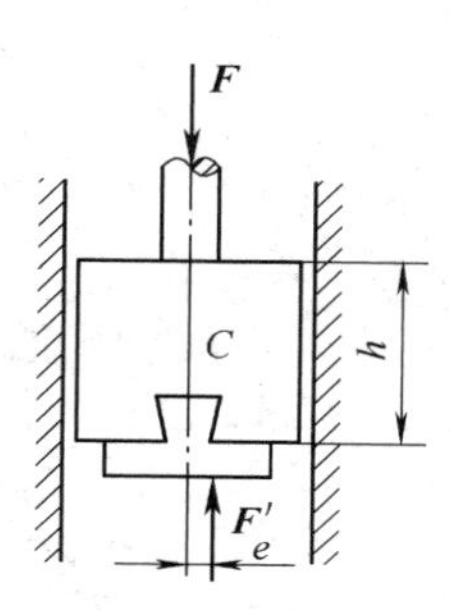

图 3-83　题 25 图

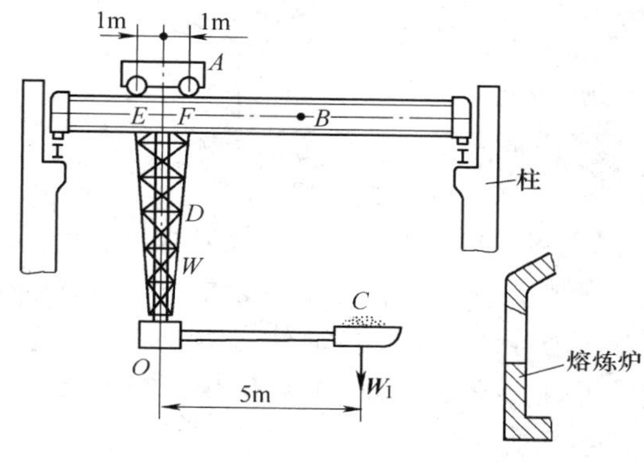

图 3-84　题 26 图

27. 汽车车头部分重量 $W_1=15\text{kN}$，载货拖车重量 $W_2=10\text{kN}$，载重物 $W=50\text{kN}$，如图3-85 所示，试求 A、B、C 各轮的约束反力和活动铰链 D 处的约束反力(尺寸如图 3-85 所示)。

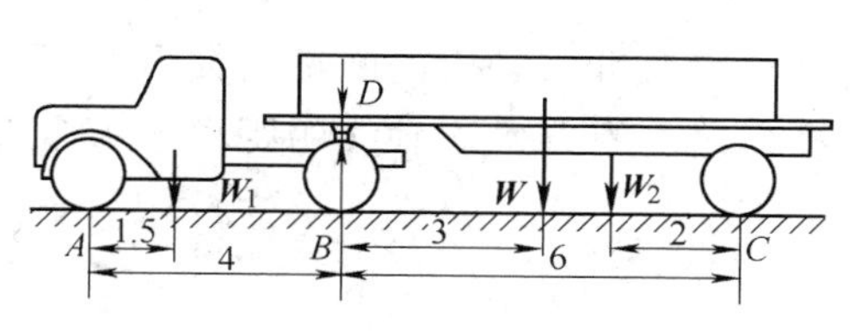

图 3-85　题 27 图

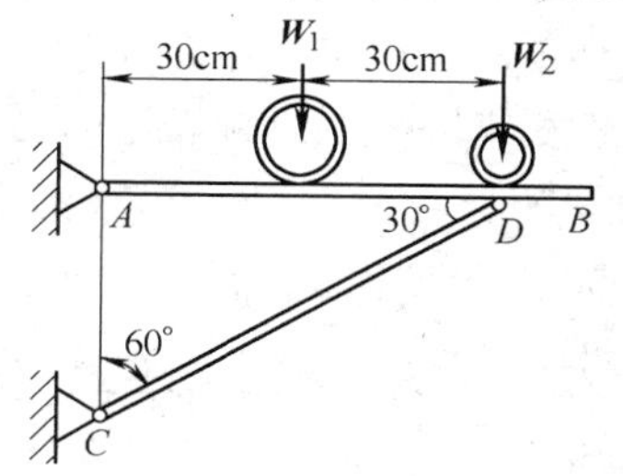

图 3-86　题 28 图

28. 一管道支架尺寸如图 3-86 所示，其上有两根管道。支架所承受的管的重量 $W_1=12\text{kN}$，$W_2=7\text{kN}$，不计支架自重及摩擦。试求支座 A、C 处的约束反力。

29. 镗刀杆用卡盘夹持，其 A 端可视为固定端(图 3-87)。已知 A 端至镗刀的距离 $l=200\text{mm}$，孔径 $D=50\text{mm}$，镗孔时镗刀在图面内受到的轴向切削力 $F_x=3000\text{N}$、径向切削力 $F_y=600\text{N}$，不计镗刀杆自重。试求固定端 A 的约束反力。

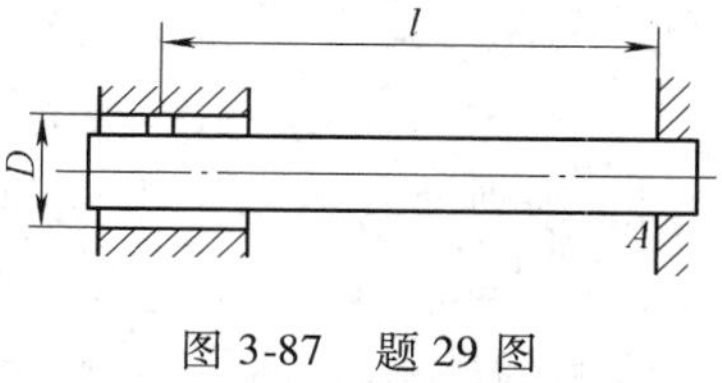

图 3-87　题 29 图

30. 加工柴油机汽缸盖时，采用四连杆气动夹具(图 3-88)，机构左右对称，活塞杆 1 与连杆 2、3 用圆柱销钉连接，连杆 2、4 与滚轮 B，连杆 3、5 与滚轮 C 分别用圆柱钉 B、C 连接。夹具工作时，压缩空气将活塞杆向下推，通过连杆 2、3 和 4、5 使滚轮 B、C 压紧工件。已知夹紧平衡时 $\alpha=$

150°，$\beta=11°$，压缩空气压力 $p=0.4\text{MPa}$，汽缸直径 $d=155\text{mm}$。不计各零件自重及摩擦，试求夹紧力 $\boldsymbol{F}$。

31. 一偏心夹紧机构如图 3-89 所示，在图示位置时压杆 AC 水平，已知 $\alpha=30°$，$a=120\text{mm}$，$b=60\text{mm}$，$R=40\text{mm}$，$e=15\text{mm}$，$l=100\text{mm}$。不计各构件自重及接触面之间的摩擦，求工件 E 所受的夹紧力。

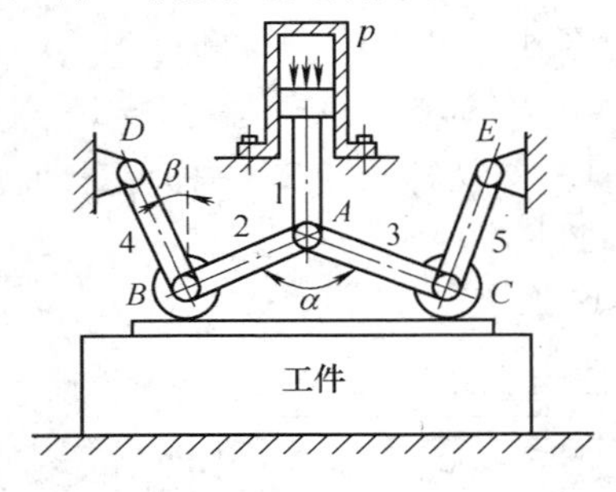

图 3-88　题 30 图

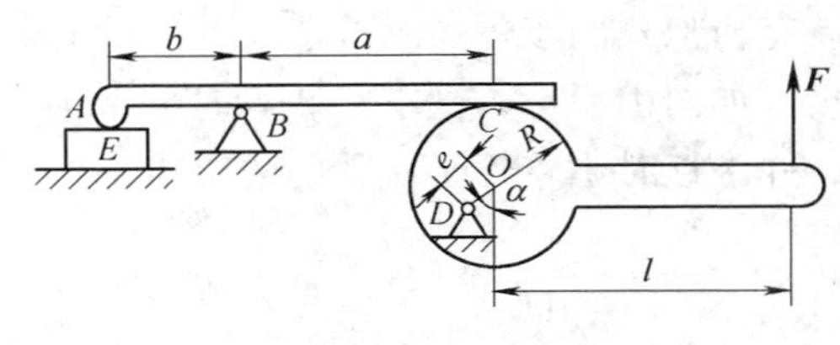

图 3-89　题 31 图

32. 图 3-90 所示为一曲柄连杆机构，它由活塞、连杆、曲柄及飞轮组成，设曲柄处于图示铅垂位置时系统平衡，已知飞轮重量为 W，曲柄 OA 长为 r，连杆 AB 长为 L，作用于活塞 B 上的总压力为 F。不计各构件自重及摩擦。求作用于轴承 O 上的阻力偶的力偶矩 M、轴承 O 所受的反力、连杆所受的力和气缸对活塞的反力。

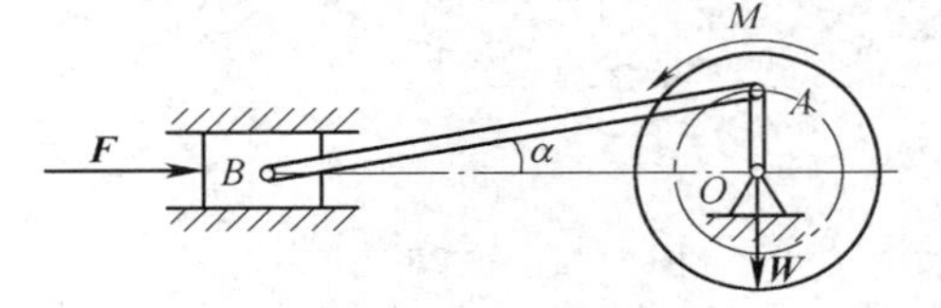

图 3-90　题 32 图

33. 某传动轴如图 3-91 所示。已知传动带拉力 $F_{T1}=5\text{kN}$，$F_{T2}=2\text{kN}$，带轮直径 $D=160\text{mm}$，分度圆直径为 $d=100\text{mm}$，压力角（齿轮合力与分度圆切线间夹角）$\alpha=20°$，求齿轮圆周力 $\boldsymbol{F}_t$、径向力 $\boldsymbol{F}_r$ 和轴承的约束反力。

34. 某变速机构中滑移齿轮如图 3-92 所示。已知齿轮轴孔与轴间的摩擦因数为 f，轮与轴接触面间的长度为 b。问拔叉（图中未画出）作用在齿轮上的力 $\boldsymbol{F}$ 到轴线的距离 a 为多大，才能保证齿轮不被卡住。设齿轮重量忽略不计。

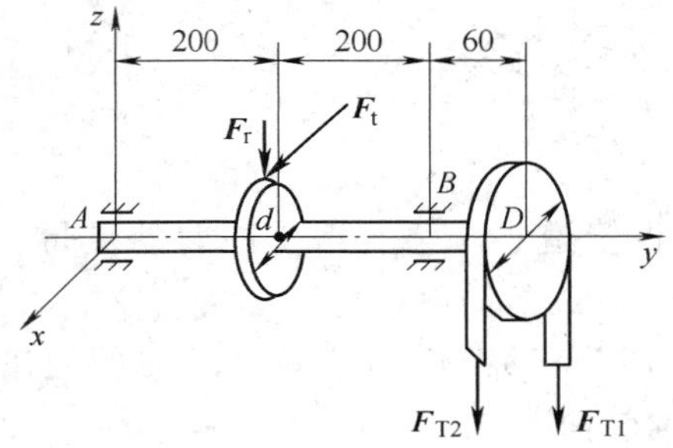

图 3-91　题 33 图

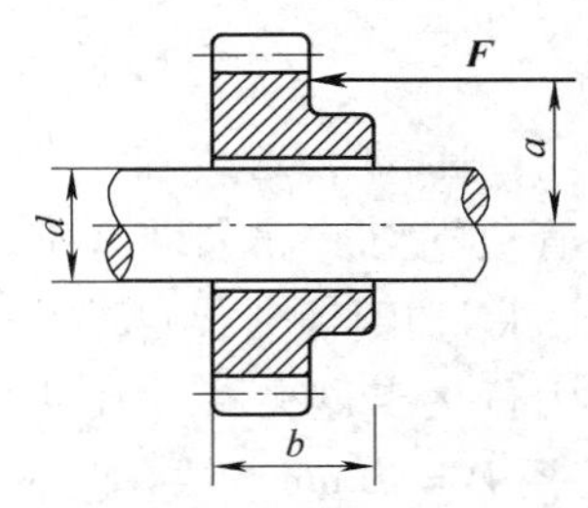

图 3-92　题 34 图

35. 托架安装在直径 $D=300\text{mm}$ 的混凝土柱子上，如图 3-93 所示。若柱子与托架之间的摩擦因数 $f=0.25$，加在托架上的重物重量为 $\boldsymbol{W}$。试求保持托架平衡时，$\boldsymbol{W}$ 的作用线与柱子中心线间的最小距离。

36. 电工攀登电杆用的套钩如图 3-94 所示。套钩尺寸 $b=100\text{mm}$，套钩重量不计。若电杆和套钩表面之间的摩擦因数为 f，试求电工安全操作（套钩不下滑）时，脚蹬处到电杆中心

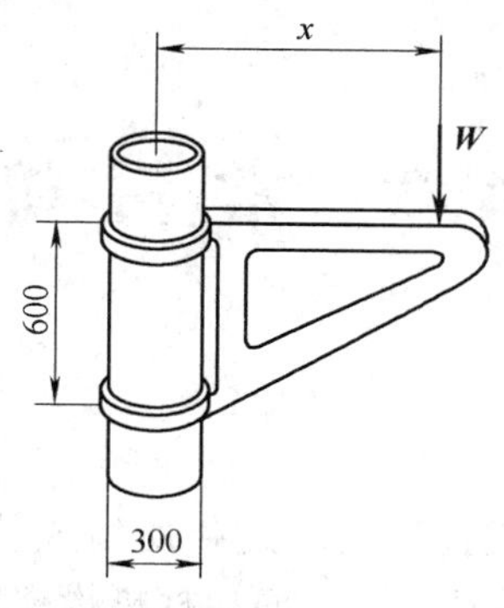

图 3-93　题 35 图

的最小距离 l。

37. 一制动器的结构和尺寸如图 3-95 所示。已知在圆轮上作用一力偶 M，制动块和圆轮表面之间的摩擦因数为 f，忽略制动块厚度，试求制动圆轮所需的力 $\boldsymbol{F}$ 的最小值。

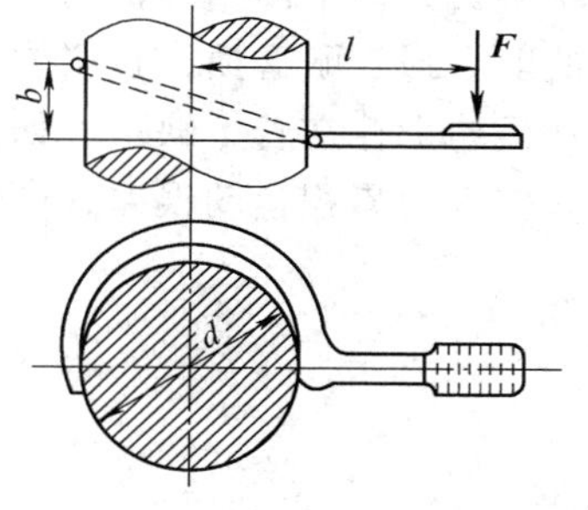

图 3-94　题 36 图

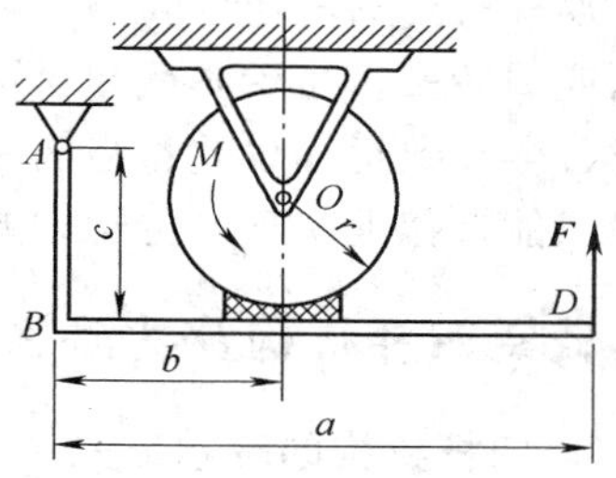

图 3-95　题 37 图

第4章　常用机构

4.1　平面连杆机构

若干构件通过低副（转动副或移动副）连接所组成的平面机构称作平面连杆机构，可用以实现运动的传递、变换和传送动力。平面连杆机构被广泛使用在各种机器、仪表及操纵装置中。例如内燃机、牛头刨床、钢窗启闭机构、自行车手闸机构等。

平面连杆机构的类型很多，单从组成机构的杆件数来看就有四杆机构、五杆机构或多杆机构。一般的多杆机构可以看成由几个四杆机构所组成。所以平面四杆机构不但结构最简单、应用最广泛，同时也是连杆机构的基础。因此，本章主要介绍平面四杆机构。

由于连杆机构的两构件间均为面接触，故承受载荷的能力强、耐磨损；且两构件的接触面为平面或回转面，易于制造和获得较高的精度。但连杆机构也存在若干缺点，如：低副内存在间隙，会导致运动误差；当构件数目较多时，会引起较大的累积运动误差，影响运动精度；一般只能近似地实现给定运动要求。

4.1.1　铰链四杆机构及其演化

1. 铰链四杆机构的基本形式

构件之间都是用转动副连接的平面四杆机构称为铰链四杆机构（图4-1），它是工程上常用的平面四杆机构中最基本的形式，也是具有实现运动和力转换或传递能量且构件数目最少的平面连杆机构，其他形式的四杆机构都可以看成是在它的基础上通过演化而来的。

在图4-1所示的铰链四杆机构中，构件4是机架；与机架相连的构件1、3称为连架杆；构件2称为连杆。在连架杆中，能作整周回转的构件称为曲柄，而只能在一定角度范围内摆动的构件称为摇杆。按机构中有无曲柄；有几个曲柄，铰链四杆机构主要分为三种基本形式：

（1）曲柄摇杆机构　曲柄摇杆机构是两连架杆分别为曲柄和摇杆的铰链四杆机构。当曲柄为原动件时，可将曲柄的匀速转动转变为摇杆的变速摆动，图4-2所示为雷达天线俯仰角调整机构，可实现天线（摇杆）的俯仰运动；当摇杆为原动件时，可将摇杆的往复摆动转变为曲柄的整周转动，图4-3所示为缝纫机的脚踏驱动机构，可驱动大带轮的转动。

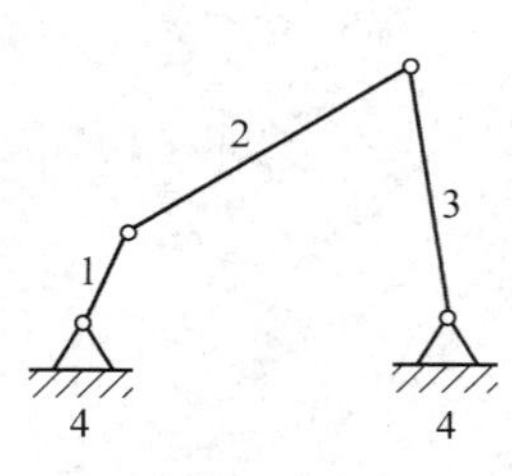

图4-1　铰链四杆机构

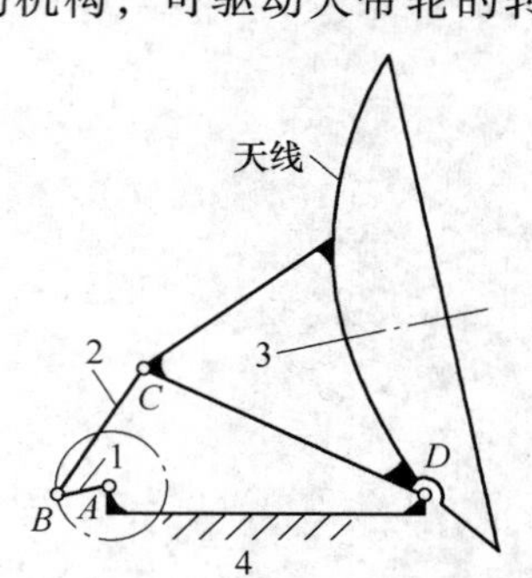

图4-2　雷达天线俯仰角调整机构

（2）双曲柄机构　双曲柄机构是两连架杆均为曲柄的铰链四杆机构。可将原动曲柄的等速转动转换为从动曲柄的变速或等速转动。图 4-4 所示为惯性筛驱动机构，可使筛子 6 具有较大变化的加速度，从而提高筛子的筛分功能。

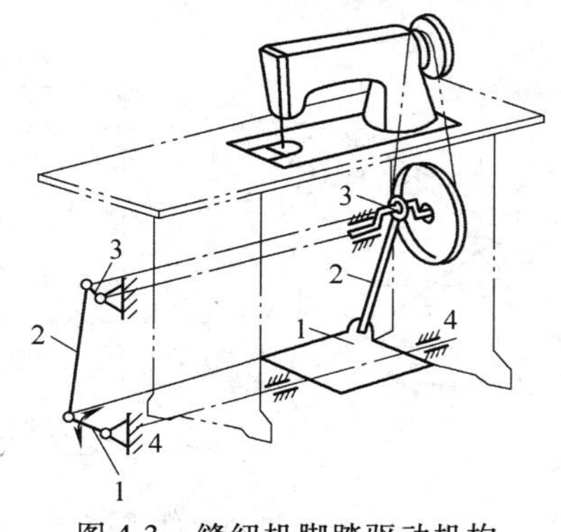

图 4-3　缝纫机脚踏驱动机构

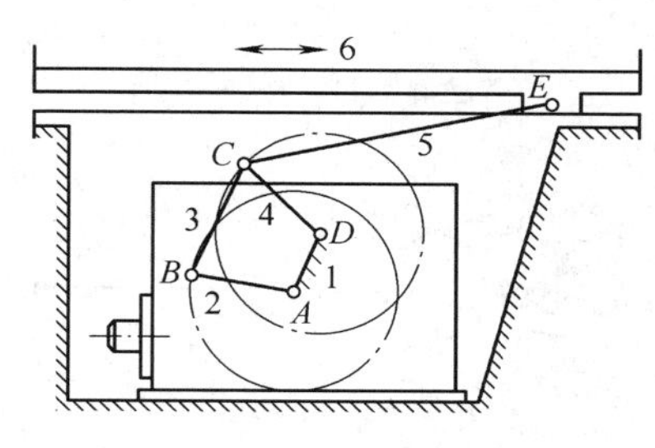

图 4-4　惯性筛驱动机构

在双曲柄机构中，若其相对两杆平行且相等，则称为平行四边形机构，如图 4-5 所示，此时两曲柄作等速同向转动，连杆作平移运动。当各构件共线时，会处于运动不确定状态。当主动曲柄 AB 转至 AB_2 位置时，从动曲柄 CD 可能同向转到 C_2D；也可能反向转到 $C_2'D$，形成反平行四边形机构（图 4-6）。工程上常采取一些措施来克服这种运动不确定性。如机车驱动轮联动机构就是利用三个平行曲柄来限制机构的运动不确定性（图 4-7）。

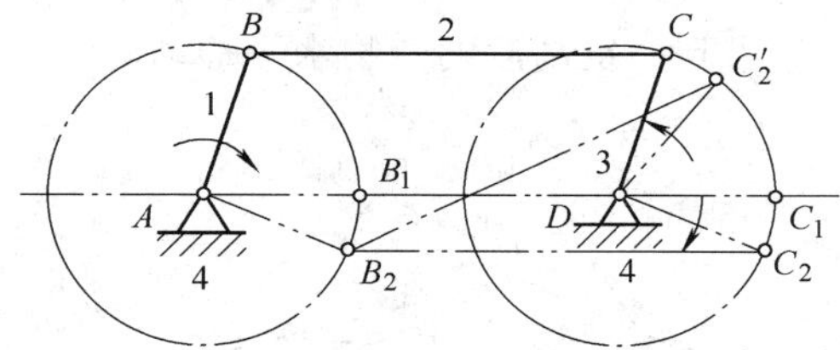

图 4-5　平行四边形机构

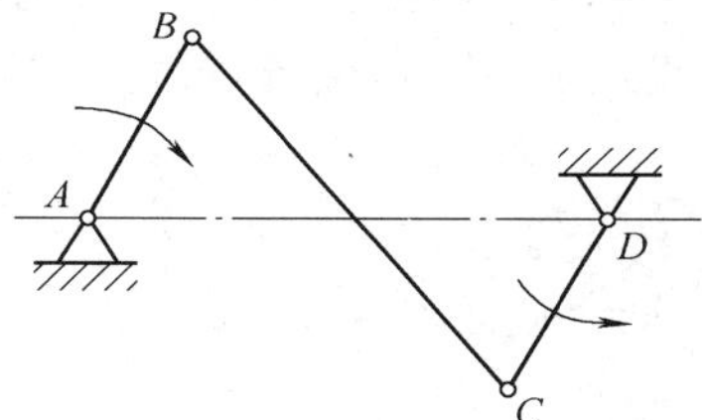

图 4-6　反平行四边形机构

图 4-8 所示为摄影车坐斗升降机构，它采用了两组平行四边形机构，利用连杆的平动特性，使坐斗可平稳地任意平移。

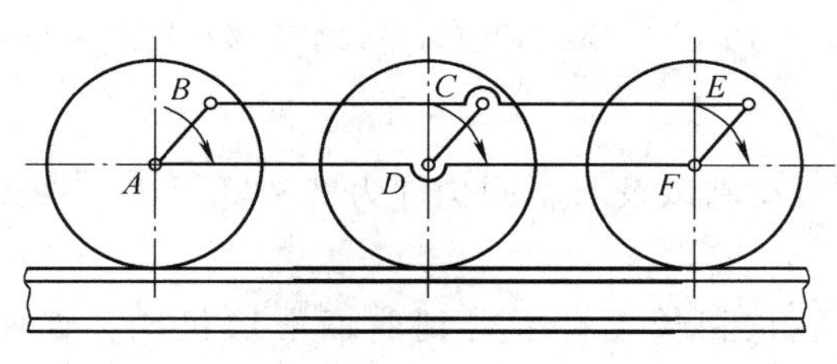

图 4-7　机车驱动轮联动机构

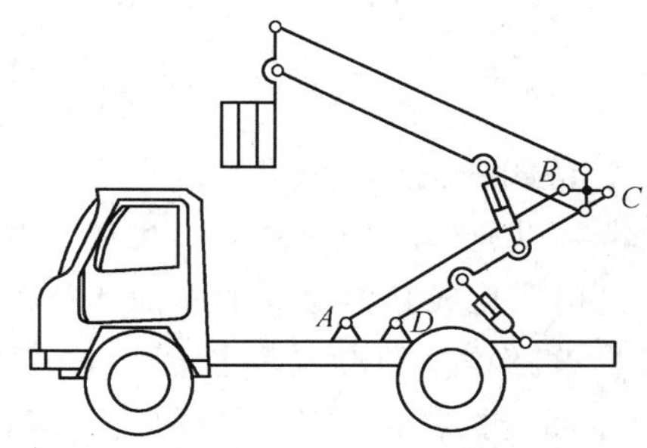

图 4-8　摄影车坐斗升降机构

图 4-9 所示为车门的启闭机构，是典型的反平行四边形机构的实例，该机构可同时实现两扇门反向开启和关闭。

（3）双摇杆机构　双摇杆机构是两连架杆均为摇杆的铰链四杆机构。一般情况下两摇杆的摆角不相等。

图 4-10 所示为造型机的翻转机构，利用其连杆（*BC*）可在平面内作 360°转动的运动特点，实现沙箱震实和起模相对翻转 180°的Ⅰ、Ⅱ两个位置。

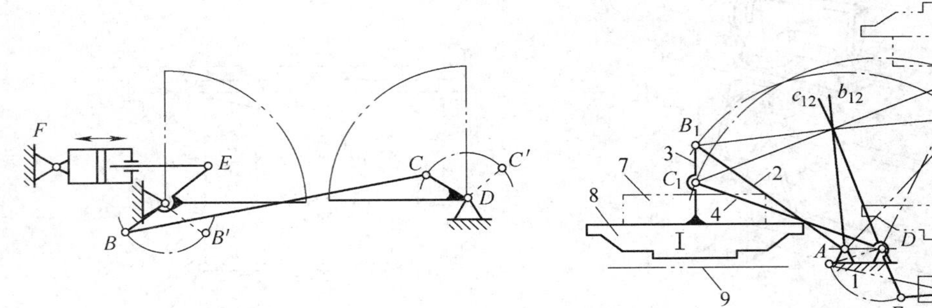

图 4-9　车门的启闭机构

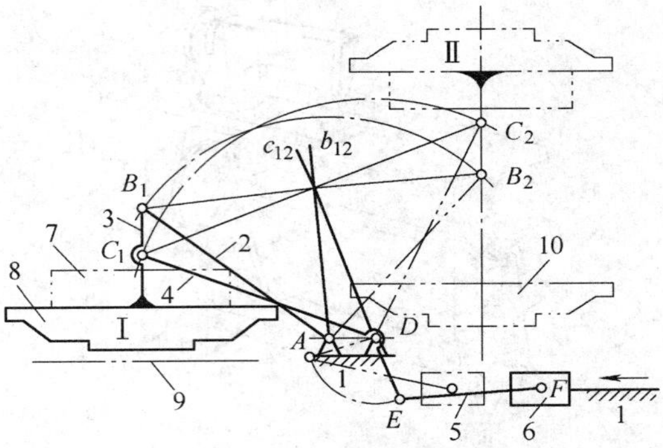

图 4-10　造型机的翻转机构

1—机座　2、4—摇杆　3、5—连杆　6—活塞

7—砂箱　8—翻台　9—振实台　10—托台

图 4-11 所示汽车前轮转向机构 *ABCD* 是等腰梯形机构。当汽车走直线时，*ABCD* 呈等腰梯形；当汽车走弯道时，*AB*、*CD* 两摇杆摆不同的角度，使两前轮转动轴线汇交于后轮轴线上的 *P* 点，保证四个轮子绕 *P* 点作纯滚动。

如图 4-12 所示鹤式起重机的吊钩，可使连杆机构中连杆 *BC* 上点 *M* 的运动轨迹按近似水平的直线运动，可以保证以最小的能量消耗将已起吊到一定高度的货物水平移动。

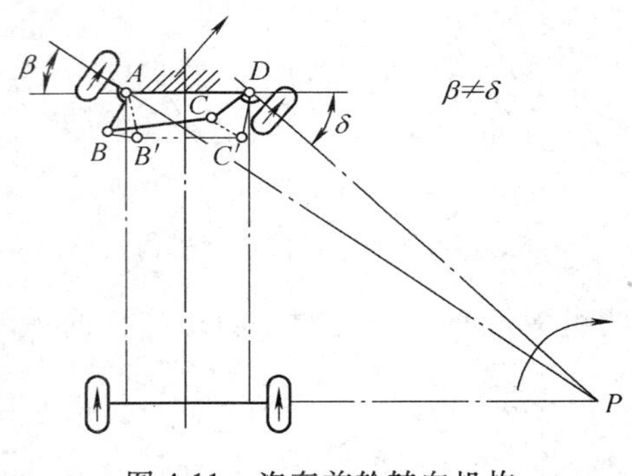

图 4-11　汽车前轮转向机构

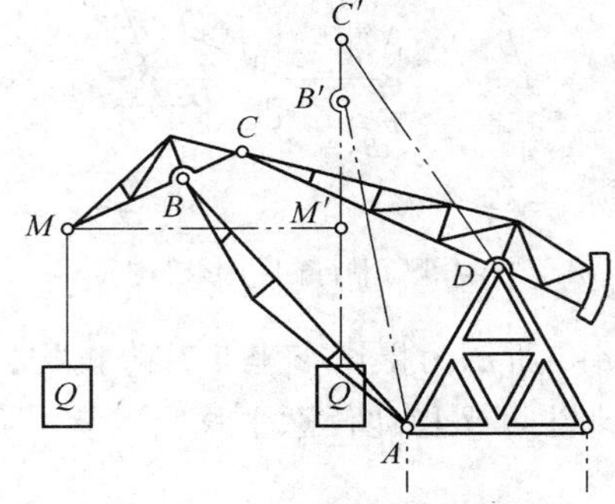

图 4-12　鹤式起重机吊钩水平移动机构

2. 铰链四杆机构的演化

通常可以通过改变构件的形状和长度、扩大转动副以及取不同构件为机架等方法，将铰链四杆机构演化成其他形式的平面四杆机构。

（1）改变构件的形状和长度　改变构件的形状和长度，可得到曲柄滑块机构。如图 4-13a所示曲柄摇杆机构中，当曲柄 1 绕轴 *A* 回转时，铰链 *C* 将沿圆弧 *m*—*m* 往复运动。如图 4-13b 所示，若将摇杆 3 改变成弧面滑块，并沿弧形导槽 *m*—*m* 往复运动。显然各构件的运动性质不变，但曲柄摇杆机构已演化成具有曲线导槽的曲柄滑块机构。

如果将图 4-13b 中的摇杆 3 的长度增大到无穷（构件 4 长度也相应增至无穷），则铰链 *C* 的运动轨迹 *m*—*m* 将变为直线，弧形导槽 *m*—*m* 将变为直线导槽。此时，摇杆 3 演化为往

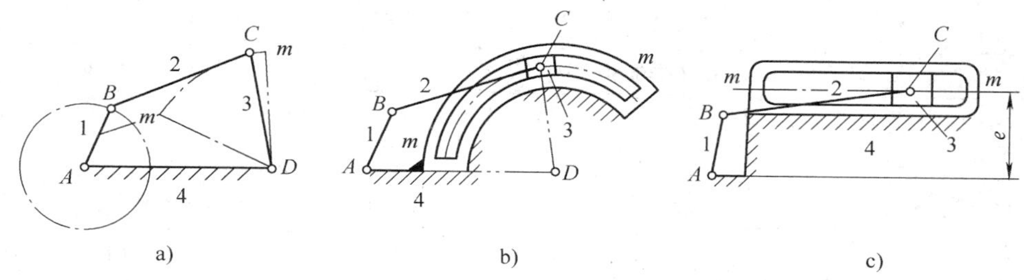

图 4-13　改变构件的形状和长度

复直线移动的滑块，转动副 D 演化为移动副，曲柄摇杆机构就演化成常见的具有直线导槽的曲柄滑块机构（图 4-13c）。由于导路中心线 $m—m$ 偏离曲柄的固定转动中心 A，偏心距为 e，故称为偏置曲柄滑块机构，其简图如图 4-14a 所示；当 $e=0$ 时，该机构称为对心曲柄滑块机构（图 4-14b）。

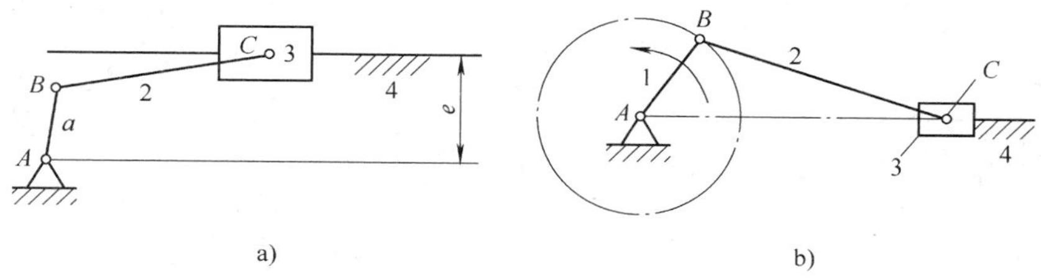

图 4-14　曲柄滑块机构

a）偏置曲柄滑块机构　b）对心曲柄滑块机构

曲柄滑块机构广泛应用于活塞式内燃机、空气压缩机和压力机等各种机械中。

（2）扩大转动副　扩大转动副可得到偏心轮机构。如图 4-13a所示曲柄摇杆机构中，若将转动副 B 的半径扩大，使其半径超过曲柄 1 的长度，则曲柄 1 演化为一个圆盘，如图 4-15 所示。该圆盘的几何中心 B 与转动中心 A 不相重合，故称其为偏心轮。偏心轮机构多用于曲柄承受较大冲击载荷，或曲柄长度较短的机器中，如压力机、剪床及颚式破碎机等。

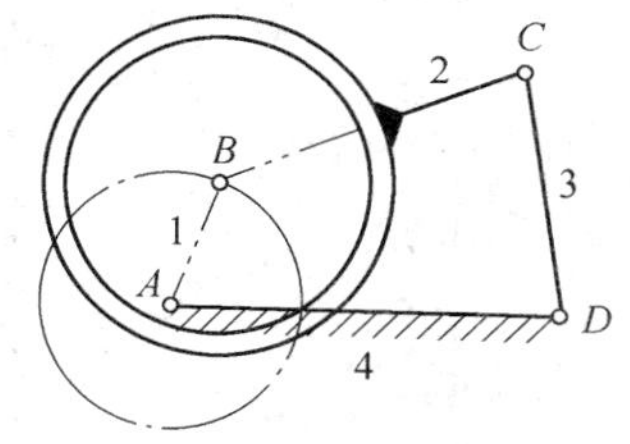

图 4-15　偏心轮机构

（3）取不同构件为机架　在同一低副机构中，不论取哪一个构件为机架，机构中各构件间的相对运动不变。选取不同构件作机架，可得到不同形式的机构，这种演化方式称为倒置。例如，铰链四杆机构的三种基本形式中，双曲柄机构和双摇杆机构可视为曲柄摇杆机构经倒置演化而成。其他机构的倒置及实例见表 4-1。

4.1.2　平面四杆机构的基本特性

1. 曲柄存在的条件

如前所述，铰链四杆机构的连架杆是否为曲柄是区别其三种基本形式的关键。在实际生产中驱动机械的原动机（电动机、内燃机等）一般都是做整周转动的，因此要求机构的原动件也能做整周转动，即原动件为曲柄。下面以曲柄摇杆机构为例来分析曲柄存在的条件。

设有曲柄摇杆机构 $ABCD$，如图 4-16 所示。各杆长分别为 a、b、c、d。其中 AB 杆为曲柄。AB 杆只要能通过 AB_1、AB_2 两位置，就可以整周转动，即 AB 与其相邻的两构件 BC、AD 间均可相对整周转动。而 AB 可以通过 AB_1、AB_2 的几何条件是可以构成两个三角形

表 4-1　机构的倒置及应用实例

机架构件	含有一个移动副的四杆机构	含有两个移动副的四杆机构
4	对心曲柄滑块机构 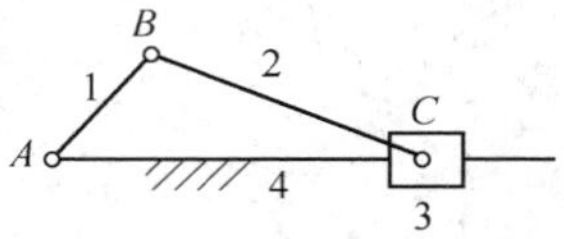 搓丝机 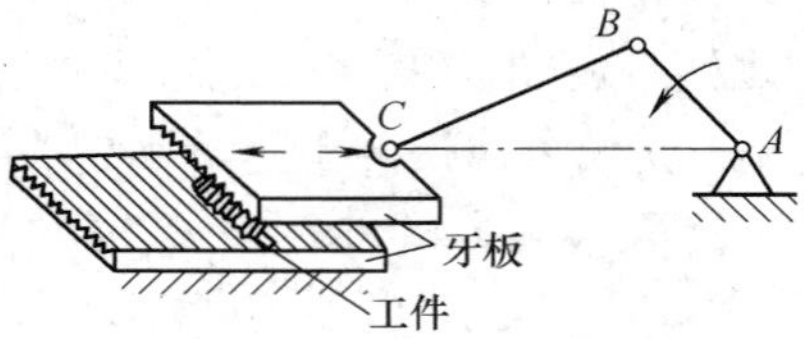	双滑块机构 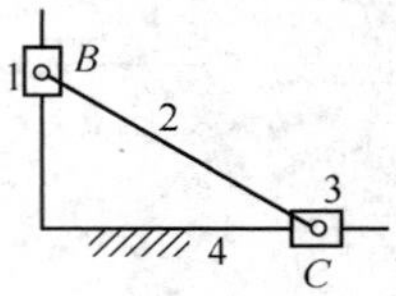 椭圆仪 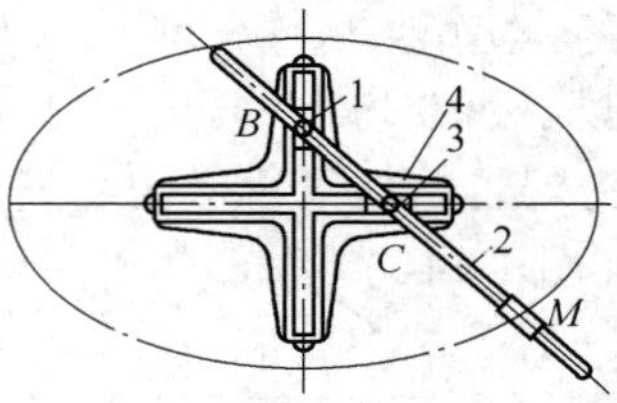
1	转动导杆机构 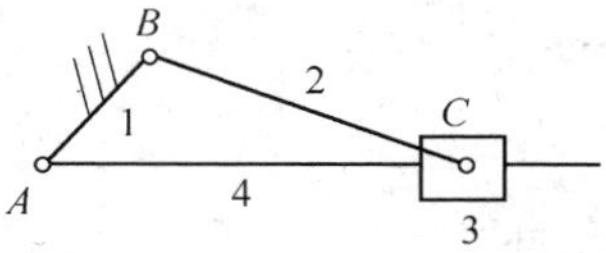 六缸回转式液压泵 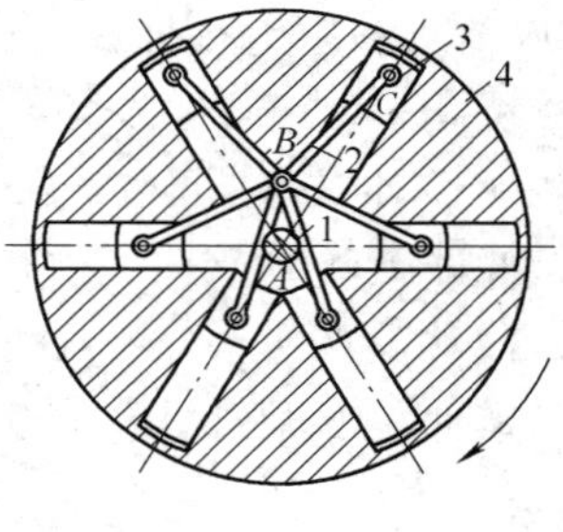	移动导杆机构 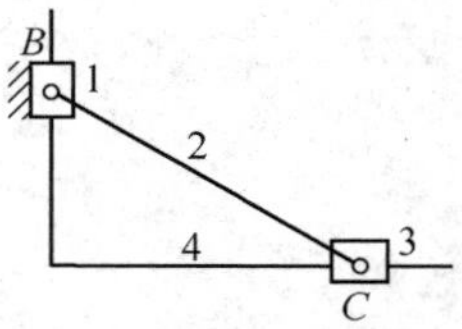 缝纫机下针机构 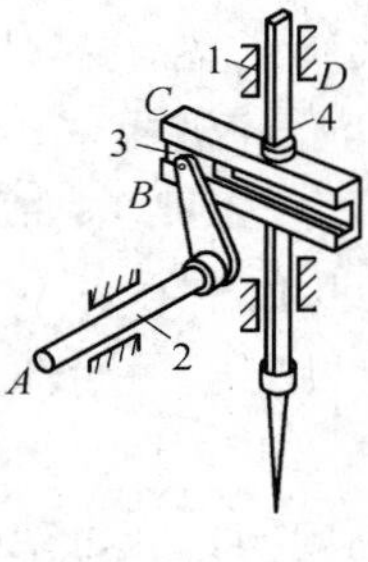
2	摇块机构 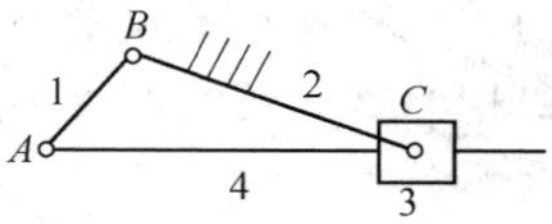 自动卸料卡车 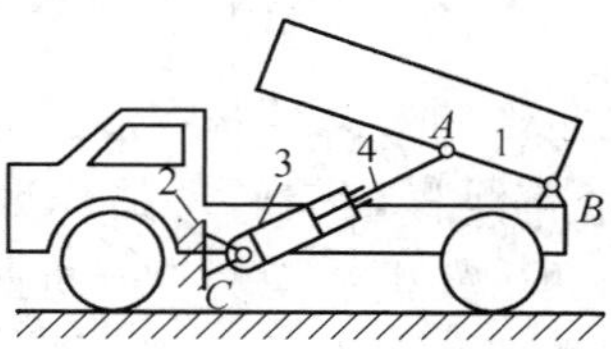	双转块机构 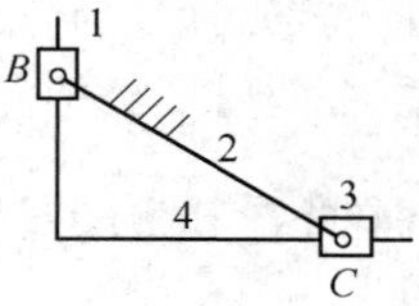 滑块联轴器 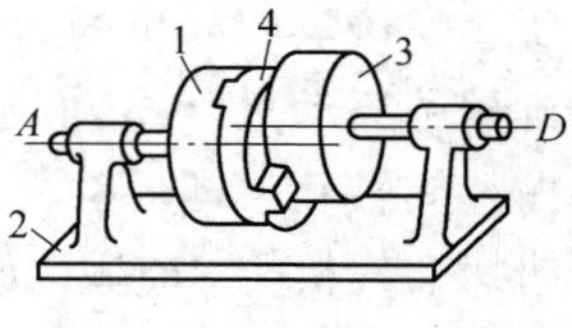

（续）

机架构件	含有一个移动副的四杆机构	含有两个移动副的四杆机构
3	定块机构 手动水泵	移动导杆机构 压缩机

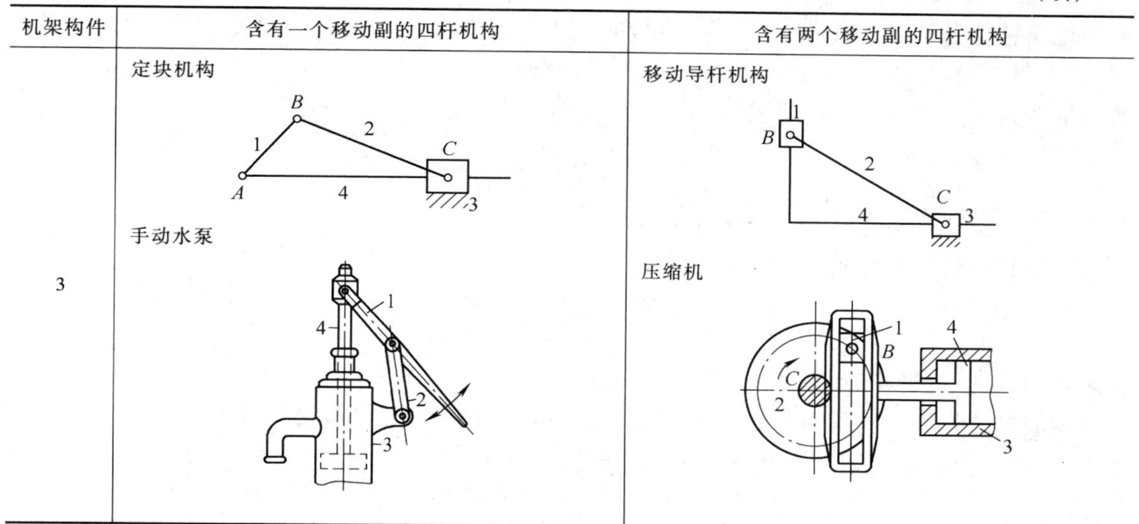

$\triangle B_1C_1D$ 和 $\triangle B_2C_2D$。根据三角形两边和大于第三边的性质（极限情况下等于），可分别由 $\triangle B_1C_1D$、$\triangle B_2C_2D$ 导出

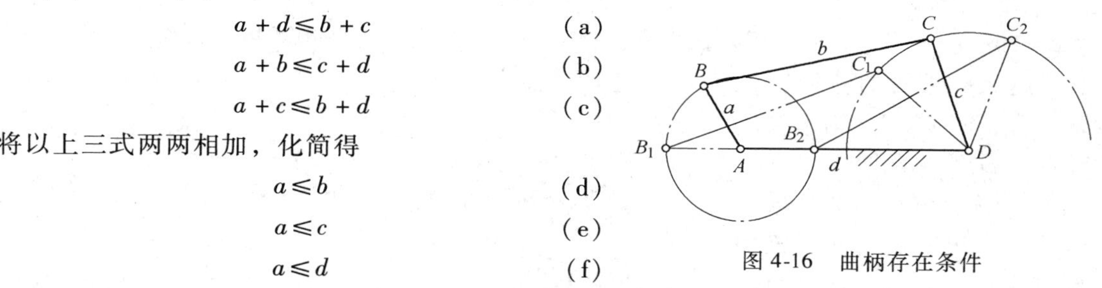

$$a+d \leqslant b+c \quad \text{(a)}$$

$$a+b \leqslant c+d \quad \text{(b)}$$

$$a+c \leqslant b+d \quad \text{(c)}$$

将以上三式两两相加，化简得

$$a \leqslant b \quad \text{(d)}$$

$$a \leqslant c \quad \text{(e)}$$

$$a \leqslant d \quad \text{(f)}$$

图 4-16　曲柄存在条件

由以上六式可得出在曲柄摇杆机构中，曲柄存在的必要条件：

1）曲柄是最短杆。

2）最短杆与最长杆长度之和小于或等于其余两杆长度之和。

实际上，只要满足条件 2），最短杆就可以相对于相邻两杆整周转动。此时若取与最短杆相邻的任意一构件为机架，则该机构只有一个曲柄，是曲柄摇杆机构；若取最短杆为机架，该机构有两个曲柄，是双曲柄机构；若取最短杆对边构件为机架，该机构无曲柄，是双摇杆机构。

若不能满足条件 2），则四个构件均相对摆动。此时，无论取哪个构件为机架均无曲柄，都是双摇杆机构。

2. 急回特性

有不少的平面四杆机构，当其主动件等速转动时，做往复摆动（或移动）的从动件工作行程速度较慢，而回程速度较快，机构的这种性质称为急回特性。例如牛头刨床刨削工件时速度较慢，而退刀时速度较快，以缩短生产时间，减小原动机功率，提高生产率。下面以曲柄摇杆机构为例来分析机构的急回特性。

图 4-17 所示为一曲柄摇杆机构，主动构件曲柄 AB 以角速度 ω 顺时针转动，从动构件摇杆 CD 在两极限位置 C_1D、C_2D 间往复摆动，摆角为 $\varPsi$。曲柄与连杆两次共线位置 B_1AC_1 和

AB_2C_2 与摇杆两极限位置对应，AB_1 和 AB_2 之间所夹的锐角称为极位夹角，以 θ 表示。由图 4-17 可知，在工作行程中，摇杆由 C_1D 摆到 C_2D，所对应的曲柄转角 $\varphi_1 = 180° + \theta$，所需时间为 t_w，则摇杆的平均角速度 ω_w 为

$$\omega_w = \frac{\Psi}{t_w} = \frac{\Psi}{\varphi_1/\omega} = \frac{\Psi\omega}{180° + \theta}$$

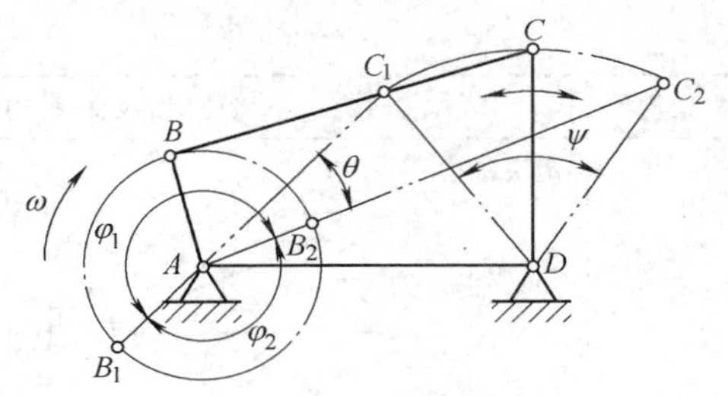

图 4-17　曲柄摇杆机构急回特性

同理，摇杆回程平均角速度 ω_R 为

$$\omega_R = \frac{\Psi}{t_R} = \frac{\Psi}{\varphi_2/\omega} = \frac{\Psi\omega}{180° - \theta}$$

可见 $\omega_R > \omega_w$，表明摇杆具有急回特性。

为表明急回程度，通常用行程速度变化系数（或称行程速比系数）K 来衡量，即

$$K = \frac{\text{往复运动构件空回行程的平均角速度（或平均速度）}}{\text{往复运动构件工作行程的平均角速度（或平均速度）}} \tag{4-1}$$

将 ω_R 和 ω_w 代入式（4-1），则曲柄摇杆机构的行程速比系数 K 为

$$K = \frac{\omega_R}{\omega_w} = \frac{180° + \theta}{180° - \theta} \tag{4-2}$$

式（4-2）表明，当曲柄摇杆机构有极位夹角 θ 时，就有急回运动特性，而且 θ 角越大，K 值就越大，机构的急回特性就越显著；若 $\theta = 0$，则 $K = 1$，此时 $\omega_R = \omega_w$，无急回特性。

式（4-2）可用于分析偏置曲柄滑块机构和摆动导杆机构的急回特性，分别如图 4-18a、b 所示。值得注意的是摆动导杆机构中 $\theta = \Psi$。

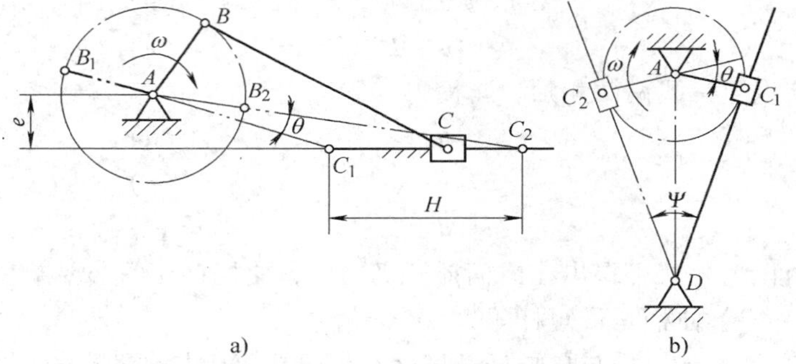

图 4-18　偏置曲柄滑块及摆动导杆机构的急回特性

在设计具有急回特性的平面四杆机构时，常根据工作要求预先选定 K 值，再由式（4-2）求出 θ 值，即

$$\theta = 180°\frac{K-1}{K+1} \tag{4-3}$$

3. 压力角与传动角

在如图 4-19a 所示的曲柄摇杆机构中，若不考虑运动副的摩擦力及构件的重力和惯性力的影响，且连杆 2 上不受其他外力，则曲柄 1 经过连杆 2 传递到摇杆 3 上 C 点的力 $\boldsymbol{F}$ 将沿连杆 BC 方向。力 $\boldsymbol{F}$ 可以分解为沿 C 点速度 $\boldsymbol{v}_C$ 方向的切向力 $\boldsymbol{F}_t$ 和沿摇杆 CD 方向的法向力 $\boldsymbol{F}_n$，其中 $\boldsymbol{F}_n$ 不能推动摇杆 3 运动，只能使 C、D 两处运动副产生径向压力，引起阻碍运动的摩擦力；$\boldsymbol{F}_t$ 才是推动摇杆 3 运动的有效分力。由图 4-19 可知

$$F_t = F\cos\alpha = F\sin\gamma$$

式中，α 是作用力 $\boldsymbol{F}$ 的方向与摇杆受力点 C 处速度 v_C 方向所夹的锐角，即为机构在此位置的压力角。$\gamma = 90° - \alpha$ 是压力角的余角，也是连杆 2 与摇杆 3 所夹锐角，称为机构在此位置

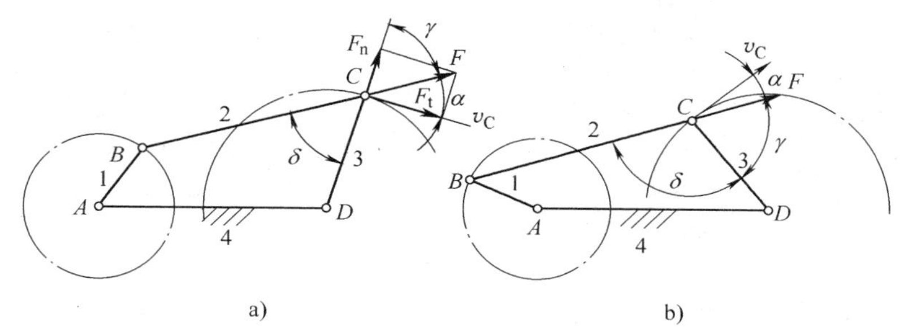

图 4-19　压力角与传动角

的传动角。

显然，若 F 不变，α 值越小，F_t 越大，机构传力性越好，故 α 的大小可判定机构传力性能的优劣。对应于曲柄的不同位置，压力角 α 是变化的，其中有一个最大压力角 α_{max}。为了保证机构传力性能良好，应使 α_{max} 不超过某一许用值 $[\alpha]$，即 $\alpha_{max} \leqslant [\alpha]$。

为了能从机构运动简图中直接判定机构传力性能的优劣，也常用传动角 γ 的大小及变化情况来分析机构传动性能的优劣。当 $\delta \leqslant 90°$ 时，$\gamma = \delta$，如图 4-19a 所示；当 $\delta > 90°$ 时，$\gamma = 180° - \delta$ 如图 4-19b 所示。而 δ 是连杆与从动件之间的夹角。可见，γ 也随曲柄的位置变化，其值越接近 90°，机构传力性能越好。为保证机构具有良好的传力性能，使其运转轻便、高效，通常取 $\gamma_{min} \geqslant 40°$；重载情况下，应取 $\gamma_{min} \geqslant 50°$。对于只传递运动，受力较小的机构，允许传动角小些（例如在一些仪表中）。

可以证明，曲柄摇杆机构的最小传动角 γ_{min} 必出现在曲柄与机架两次共线位置，即 AB' 位置或 AB'' 位置，如图 4-20 所示。

4. 死点

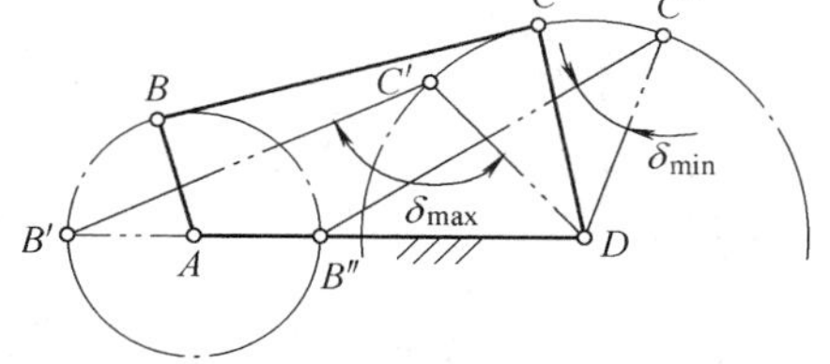

图 4-20　最小传动角位置

在有些机构中，运动中会出现 $\gamma = 0°$ 的情况，这时，无论在原动件上施加多大的力都不能使机构运动，这种位置称为死点。

在如图 4-17 所示的曲柄摇杆机构中，若取摇杆 CD 为原动件，曲柄 AB 为从动件，则当摇杆处于两极限位置（C_1D 和 C_2D）时，连杆与曲柄共线，就出现 $\gamma = 0°$ 的情况，这时摇杆通过连杆作用于曲柄上的力恰好通过其回转中心 A，所以无论这时施加多大的力也不能推动从动件曲柄回转。

当机构通过死点位置时，从动件可能卡死（不能运动），也可能出现运动不确定现象。在工程上，为了使机构能够顺利通过死点而正常运转，常采用在从动件上安装飞轮的办法。例如，在发动机上安装飞轮以加大惯性力；在缝纫机脚踏驱动机构中，较大质量的带轮与从动件曲轴相连，兼有飞轮的作用。还可利用机构的组合错开死点位置，例如机车车轮的联动装置。

但是，在工程上也常利用死点来实现工作要求。如图 4-21 所示夹紧装置，夹具在力 F 作用下夹紧工件。当撤去力 F 后，铰链四杆机构 $ABCD$ 中构件 AB 在工件反弹力作用下成为主动件，连杆 BC 与从动件 CD 共线处于死点，从而保证夹紧装置不会松开。又如图 4-22 所示的电气开关分合闸机构，当合闸（接通电路）时，机构处于 AB、BC 共线的死点位置，不会因机构受到较大的接触力 $\boldsymbol{Q}$ 和弹簧拉力 $\boldsymbol{F}$ 而自动跳闸；分闸（切断电路）时，只需推动 AB 杆转动，使机构离开死点位置处于 $AB'C'D$ 位置即可。

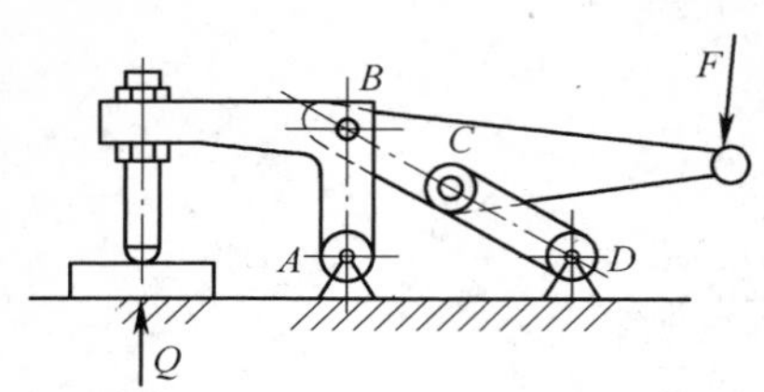

图 4-21　夹紧装置

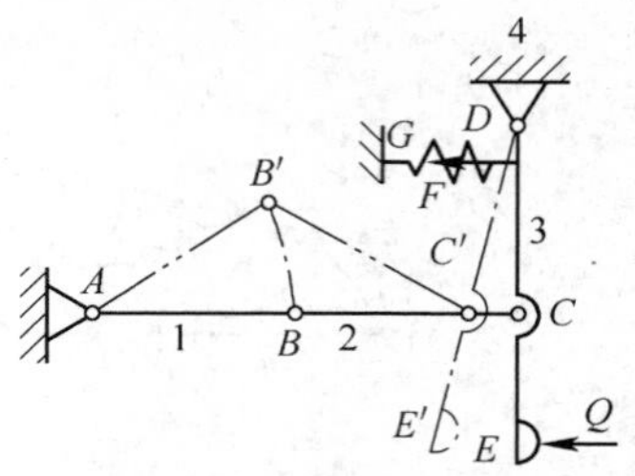

图 4-22　电气开关分合闸机构

4.1.3　实现运动要求的机构参数图解法实例

【例 4-1】　图 4-23a 所示为自动上料机的偏置曲柄滑块机构。曲柄为主动件时，行程速比系数 $K=1.4$，偏心距 $e=12\text{mm}$；被推送的工件的长度 $l=25\text{mm}$，滑块的行程 H 应比工件长度略大些，以保证料斗上的工件能顺利下落。试确定曲柄和连杆的尺寸。

解　对于有急回运动的四杆机构，通常由行程速比系数 K 求得极位夹角 θ，并利用机构在极限位置的几何关系，再结合其他辅助条件来解题。

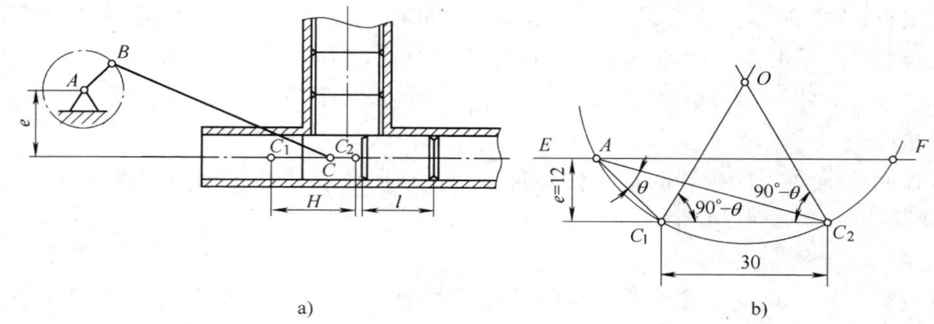

图 4-23　例 4-1 图

（1）计算极位夹角 θ。由式（4-3）得

$$\theta=180°\times\frac{1.4-1}{1.4+1}=30°$$

（2）选取比例尺、作辅助圆。取比例尺 $\mu_l=1\text{mm/mm}$，做出滑块的行程线段 $C_1C_2=H=30\text{mm}$（取 H 略大于 l）；作 $\angle C_1C_2O=\angle C_2C_1O=90°-\theta=60°$，直线 C_1O 和 C_2O 交于 O；以 O 为圆心、C_1O（或 C_2O）为半径作辅助圆（图 4-23b）。显然，圆心角 $\angle C_1OC_2=2\theta$。

（3）确定曲柄的转动中心 A。如图 4-23b 所示，作直线 $EF /\!/ C_1C_2$，且偏心距 $e=12\text{mm}$，交辅助圆于 A 点（有两个交点，仅取一个），即曲柄的转动中心。连接 AC_1 和 AC_2，此时必有 $\angle C_1AC_2=\theta=30°$（为圆心角 $\angle C_1OC_2$ 的一半），即 AC_1、AC_2 分别为曲柄与连杆重叠和拉直共线位置，由图中量得：$AC_1=15\text{mm}$；$AC_2=40\text{mm}$。

（4）计算曲柄和连杆的长度 l_{AB}、l_{BC}。由曲柄滑块机构在极限位置的几何关系可得

$$l_{BC}+l_{AB}=\mu_l\cdot AC_2$$

$$l_{BC}-l_{AB}=\mu_l\cdot AC_1$$

由上式解得

曲柄长　$$l_{AB}=\mu_l\frac{(AC_2-AC_1)}{2}=1\times\frac{40-15}{2}\text{mm}=12.5\text{mm}$$

连杆长 $$l_{BC}=\mu_l\frac{(AC_2+AC_1)}{2}=1\times\frac{40+15}{2}\text{mm}=27.5\text{mm}$$

【例 4-2】 如图 4-10 所示为铸造车间振实造型机工作台的翻转机构。当翻台 8 在振实台上振实造型时，处于图示 Ⅰ 位置，此时连杆处于 B_1C_1 实线位置；而需要起模时，要求翻台 8 能转过 180°到达图示托台上方 Ⅱ 位置，以便托台 10 上升接触沙箱起模，此时连杆处于 B_2C_2 虚线位置。若已知连杆 BC 的长度 $l_{BC}=0.5\text{m}$ 及两位置 B_1C_1 和 B_2C_2，并要求固定铰链中心 A、D 在同一水平线上，机座 AD 的长度 $l_{AD}=l_{BC}$。试确定摇杆 AB、CD 的长度 l_{AB}、l_{CD}。

解 （1）选取比例尺 $\mu_l=0.1\text{m/mm}$，则

$$BC=\frac{l_{BC}}{\mu_l}=\frac{0.5\text{mm}}{0.1\text{m/mm}}=5\text{mm}$$

并在给定位置作 B_1C_1 和 B_2C_2。

（2）连接 B_1B_2 和 C_1C_2，作 B_1B_2 的中垂线 b_{12} 和 C_1C_2 的中垂线 c_{12}。铰链中心 A 必定位于中垂线 b_{12} 上，铰链中心 D 必定位于中垂线 c_{12} 上。

（3）作水平线 AD，使其与中垂线 b_{12} 的交点为 A，与中垂线 c_{12} 的交点为 D，并使 $AD=BC=5\text{mm}$。

（4）连接 AB_1C_1D 得图 4-10 所示的翻转机构。由图中量得：$AB_1=25\text{mm}$；$C_1D=27\text{mm}$。则摇杆 AB、CD 的长度分别为

$$l_{AB}=\mu_l\cdot AB_1=0.1\times25\text{m}=2.5\text{m}$$
$$l_{CD}=\mu_l\cdot C_1D=0.1\times27\text{m}=2.7\text{m}$$

4.1.4 构件和运动副的结构

平面连杆机构中构件和运动副的结构形式，往往随实际工况条件的不同而多种多样，在使用中需正确安装、调整及维护。这里仅介绍一些常用且较典型的构件和运动副结构。

1. 构件的结构

（1）杆类构件　如图 4-24a、b 所示，当转动副之间的距离较大时，构件一般做成杆状。而且多采用直杆（图 4-24a）；有特殊要求时，如为避免运动干涉，也可以做成曲杆（图 4-24b）或其他特殊结构形式。

（2）盘类构件　较高转速时，常在带轮、齿轮等圆盘类构件上偏离轴心处装上销轴，与其他构件构成另一个转动副，将形成图 4-25 所示的盘类构件；对于转动副间距较小的曲柄常做成偏心轮结构。

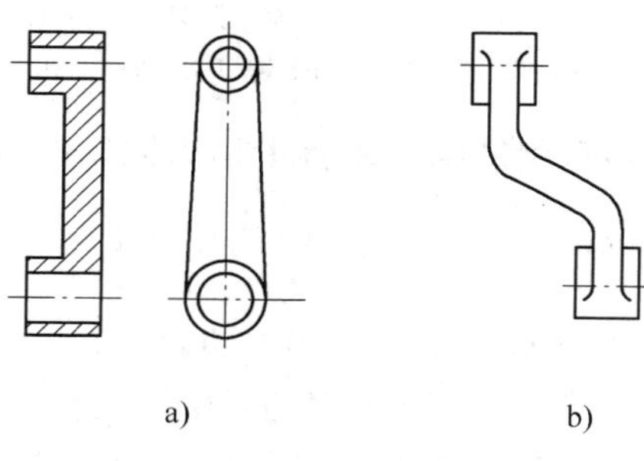

图 4-24　杆类构件

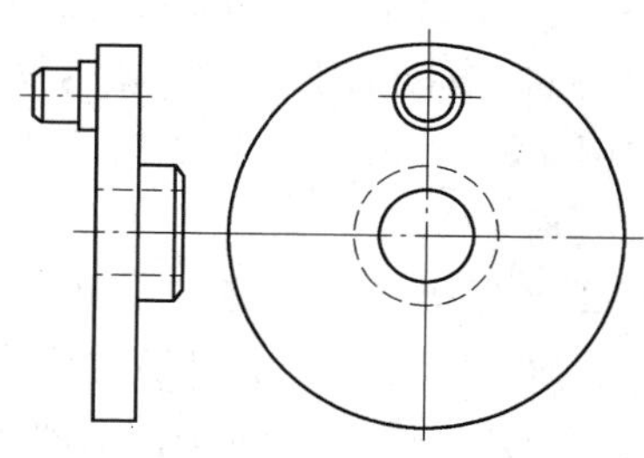

图 4-25　盘类构件

（3）轴类构件　图 4-26 所示为曲轴式曲柄。图 4-26a 所示结构用于回转轴端部；图 4-26b所示结构用于回转轴两支承之间；图 4-26c 所示为曲柄长度很小的偏心轴。为防止高速转动时因质量分布不均匀而产生离心力，应采用合理结构使构件的质量均匀分布（图 4-27)，并进行构件的静平衡或动平衡。

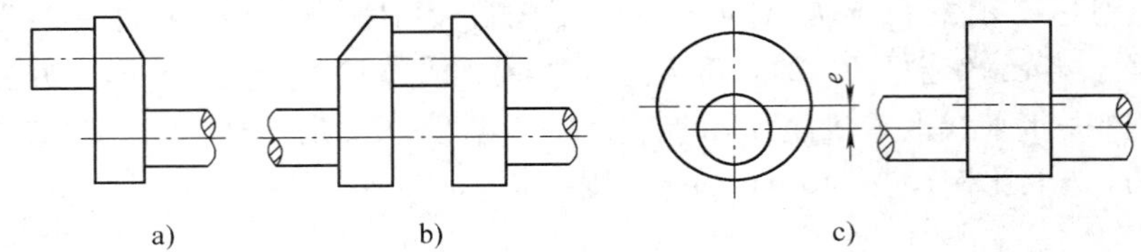

图 4-26　轴类构件

（4）块类构件　作移动的构件大多为块状，在机构运动分析中称为滑块，其结构、形状与运动副的结构有关。图 4-28 所示为与圆柱形缸体构成移动副的活塞。

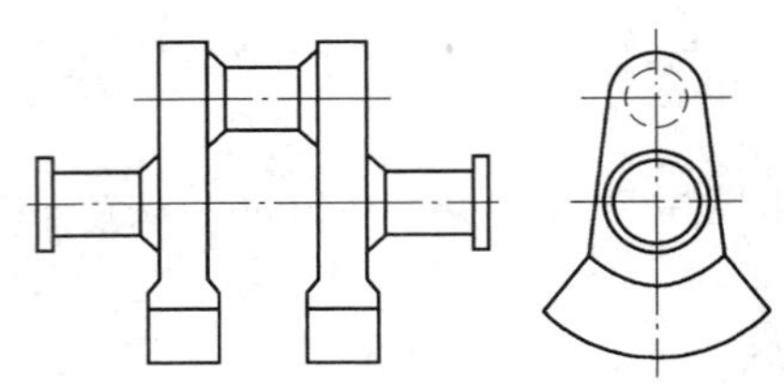

图 4-27　构件质量均匀分布的结构

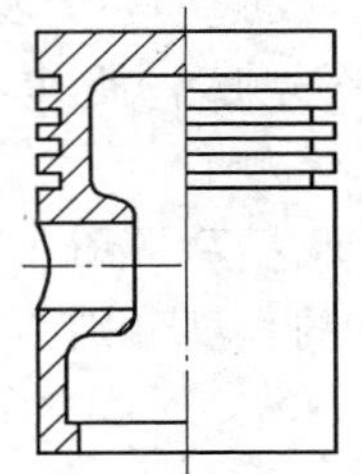

图 4-28　块类构件

2. 运动副的结构

（1）转动副　除轴与轴承构成的转动副外，如图 4-29a、b 所示的铰链类转动副也得到广泛地应用。图 4-29a 为浮动销轴结构，销轴 3 与构件 1、2 之间均能相对转动，弹性挡圈 4 用来限制销轴的轴向移动。图 4-29b 为固定销轴结构，销轴 3 与构件 2 采用铆接方法固连。

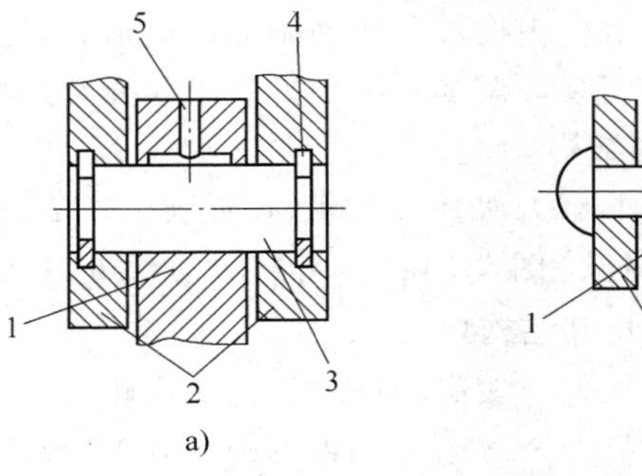

图 4-29　铰链结构

a）1、2—构件　3—销轴　4—弹性挡圈　5—油孔

b）1、2—构件　3—销轴　4—铆钉头　5—油孔

（2）移动副　如活塞与缸体、滑移齿轮与花键等构成的移动副，移动距离一般较小且行程固定。当移动距离较大时常采用导轨式移动副，其常见的平面接触式如图 4-30 所示。图 4-31 所示为圆柱面接触式移动副结构，侧板 1 用以限制构件 3 和导轨 2 间的相对转动。

3. 平面连杆机构的调整与维护

由于平面连杆机构是面接触的低副机构，其运动副中的间隙将引起运动误差，因此应保证良好润滑来减小摩擦和磨损。如图 4-29 所示的铰链结构可通过油孔注入润滑油。移动副磨损后的间隙可采用如图 4-32 所示的结构来调整。图 4-32a 是利用调整螺钉移动镶条的位置以调整间隙；图 4-32b 是通过改变压板与动导轨结合面间的垫片的厚度来调整间隙。

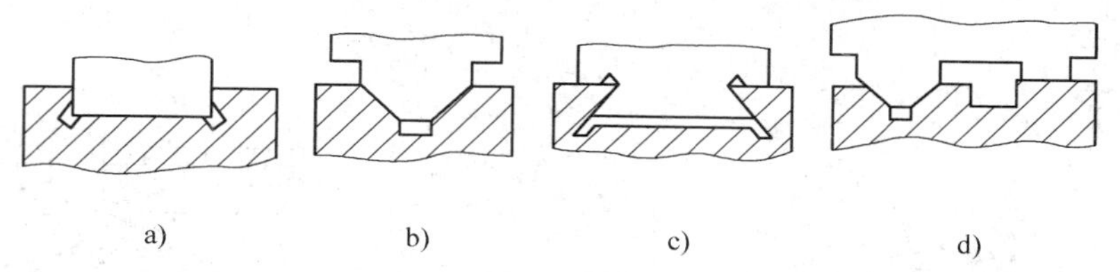

图 4-30 平面接触式移动副结构
a）矩形 b）V 形 c）燕尾形 d）组合形

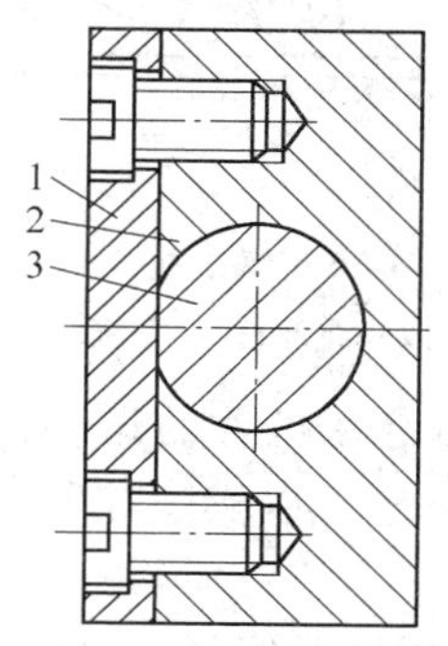

图 4-31 圆柱面接触式移动副结构
1—侧板 2—导轨 3—构件

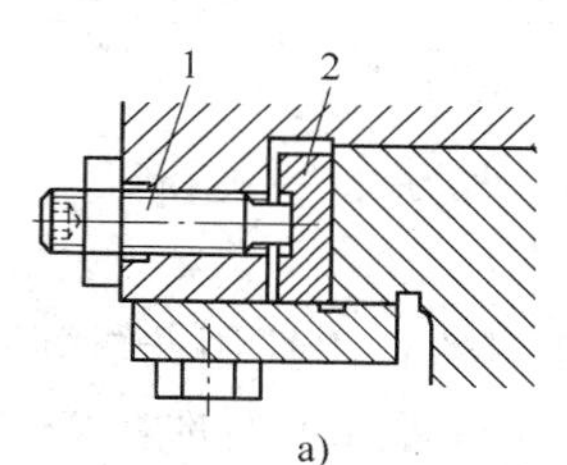

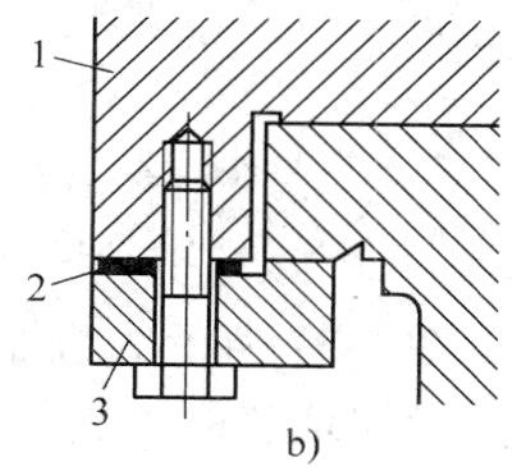

图 4-32 移动副间隙的调整结构
a）1—调整螺钉 2—镶条
b）1—动导轨 2—调整垫片 3—压板

平面连杆机构常使用构件长度可调整的结构，以适应其工作的要求。例如，图 4-33 中的连杆做成左右两部分，转动带有左、右旋螺纹的连接套，可调整连杆长度 *BC*；在图 4-34 的棘轮机构中，转动调节丝杠可改变曲柄的长度 *r*，达到调节棘轮摆角的目的。

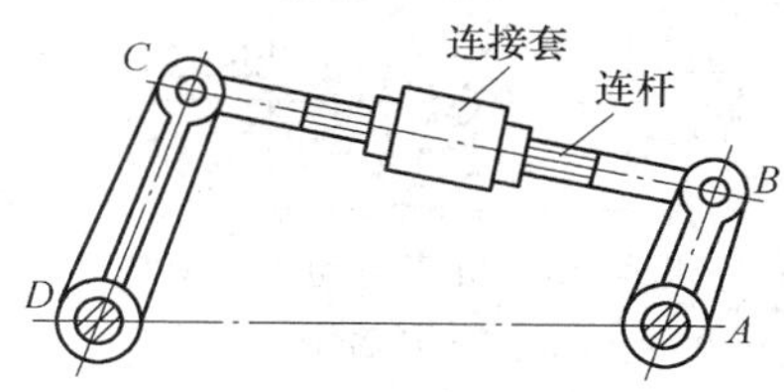

图 4-33 连杆长度的调整

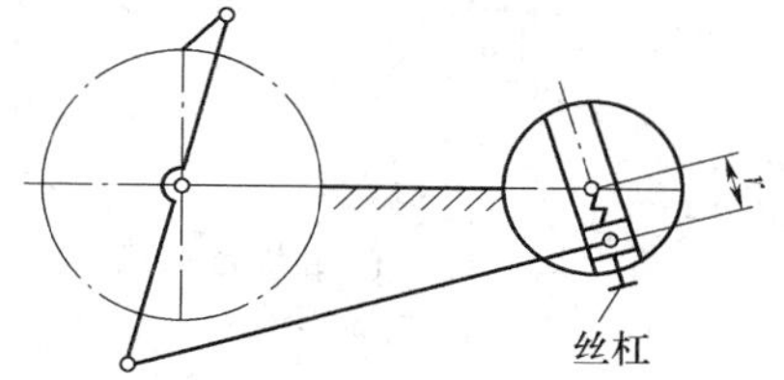

图 4-34 曲柄长度的调整

4.2 凸轮机构

4.2.1 凸轮机构应用及分类

凸轮是一具有曲线轮廓或沟槽的构件，在其运动时，通过轮廓或沟槽驱动从动件运动。凸轮机构主要由凸轮、从动件及机架三个基本构件组成，是一种含高副的常用机构。

图 4-35 所示为内燃机配气凸轮机构。凸轮 1 等速回转，通过其曲线轮廓驱动从动构件 2 开启和关闭（关闭需借助附属装置弹簧的作用）进气口或排气口。

绕线机中的凸轮机构如图 4-36 所示。凸轮 1 作等速回转，用其曲线轮廓驱动布线杆（从动件）2 往复摆动，使线均匀地缠绕在绕线轴 3 上。

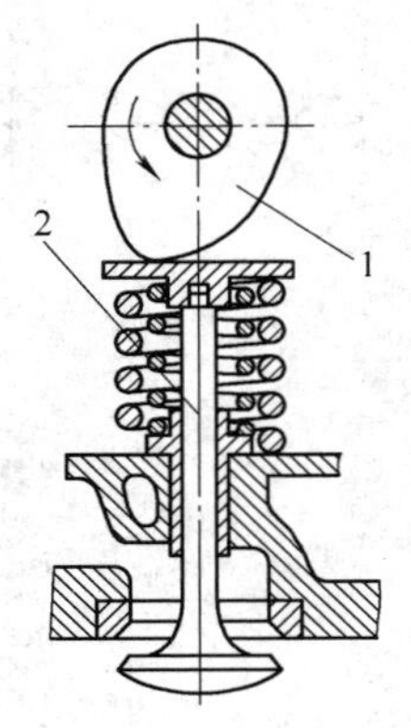

图 4-35　内燃机配气机构
1—凸轮　2—从动件

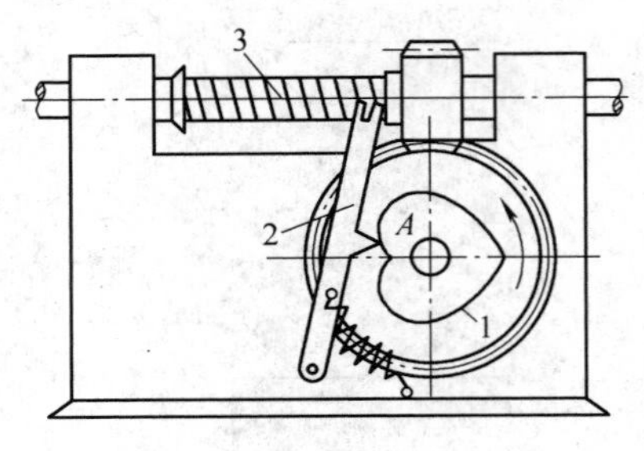

图 4-36　绕线机
1—凸轮　2—布线杆　3—绕线轴

图 4-37 所示为机器中常用的行程控制凸轮机构。凸轮 1 固定在机器的运动部件上，当到达预定位置时，其轮廓推动行程开关的推杆 2，使之发出电信号，以实现控制运动部件变速、停止或换向等功能。

图 4-38 所示为机床自动进给机构。凸轮 1 作等速回转，并用其曲线形沟槽驱动从动件 2 绕固定回转副 O 做往复摆动，通过扇形齿轮和齿条带动刀架 3，完成刀具的进给运动。

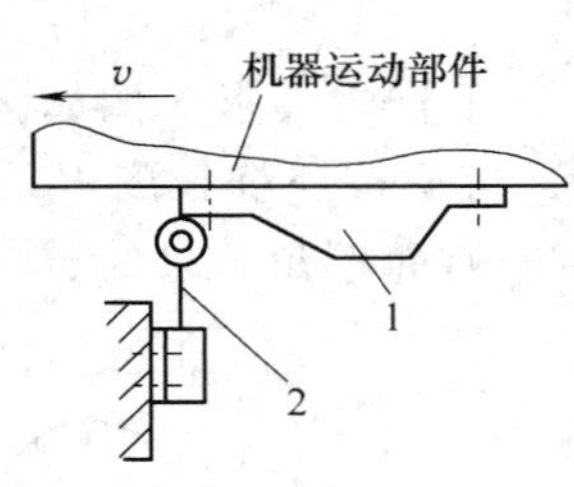

图 4-37　行程控制凸轮机构
1—凸轮　2—推杆

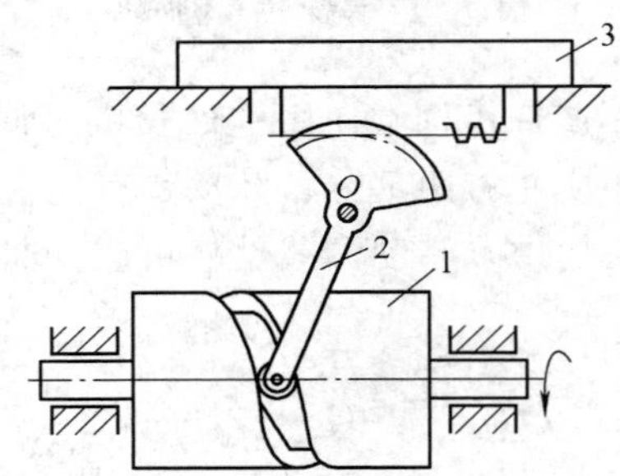

图 4-38　机床自动进给机构
1—凸轮　2—从动件　3—刀架

凸轮机构结构简单、紧凑，工作可靠，只需设计适当的凸轮轮廓，便可使从动件得到准确的任意运动。但凸轮与从动件间为高副接触，易磨损。所以常用于传力不大的场合。如：自动机床的进给机构、上料机构、内燃机配气机构、印刷机和纺织机中的有关机构等。

凸轮机构的种类繁多，常用凸轮机构分类如下。

1. 按凸轮的形状分类

（1）盘形凸轮　如图 4-35 和图 4-36 所示。这类凸轮形状如盘，绕定轴转动且具有变化的向径，是凸轮的基本形式。

（2）移动凸轮　如图 4-37 所示。这类凸轮形状如板，沿直线相对机架作往复移动，并具有曲线形的侧轮廓。移动凸轮可视为回转中心为无穷远处的部分盘形凸轮。

（3）圆柱凸轮　如图 4-38 所示。这类凸轮形状如圆柱，绕其轴线定轴转动且有曲线形沟槽。圆柱凸轮可视为是移动凸轮卷成圆柱而成的。

盘形凸轮、移动凸轮构成的凸轮机构是平面凸轮机构，而圆柱凸轮构成的凸轮机构是空间凸轮机构。

2. 按从动件的结构形式分类

（1）尖端从动件　如图 4-36 所示。从动件端部为尖点状或凿刃形，能和任何凸轮廓线保持接触，从动件能实现任意运动。尖端从动件是研究其他形式从动件凸轮机构的基础。由于端部与凸轮是高副接触，接触应力大，尖端易磨损，故一般只用于轻载低速的场合。在实际应用中，尖端常做成半径不大的圆头形。

（2）滚子从动件　如图 4-37 和图 4-38 所示。从动件端部装有可以自由转动的滚子，以减小摩擦和磨损，能传递较大的动力。但端部结构复杂，质量较大，不易润滑，故不宜用于高速。

（3）平底从动件　如图 4-35 所示。当不计摩擦时，凸轮对从动件的驱动力垂直于平底，有效作用力较大。凸轮与平底接触处易形成楔形油膜，故常用于高速凸轮。但不能用于有内凹或直线轮廓的凸轮。

3. 按从动件运动形式分类

（1）直动从动件　如图 4-35 所示。从动件做往复直线移动。若从动件导路通过盘形凸轮回转中心，称为对心直动从动件；若从动件导路不通过盘形凸轮回转中心，称为偏置直动从动件。从动件导路与凸轮回转中心的距离称为偏心距，用 e 表示。

（2）摆动从动件　如图 4-36 所示。从动件做往复摆动。

4. 按锁合方式分类

使凸轮轮廓与从动件始终保持接触，即锁合。锁合的方式有：

（1）力锁合　靠重力、弹簧力或其他力锁合。图 4-35 所示的凸轮机构是靠弹簧力锁合的。

（2）几何锁合　依靠凸轮和从动件的特殊几何形状锁合。如图 4-38 所示的圆柱凸轮的凹槽两侧面间的距离处处等于滚子直径，故能保证滚子与凸轮始终接触，以实现锁合。其他常用的几何锁合方式有主回凸轮、等径凸轮及等宽凸轮等，可参阅相关参考文献。

4.2.2　从动件的常用运动规律

1. 凸轮机构的运动过程

图 4-39a 所示为一对心尖端直动从动件盘形凸轮机构。凸轮逆时针方向匀速转动，从动件尖端在离轮心最近（低）位置 A 和最远（高）位置 B' 之间往复移动。

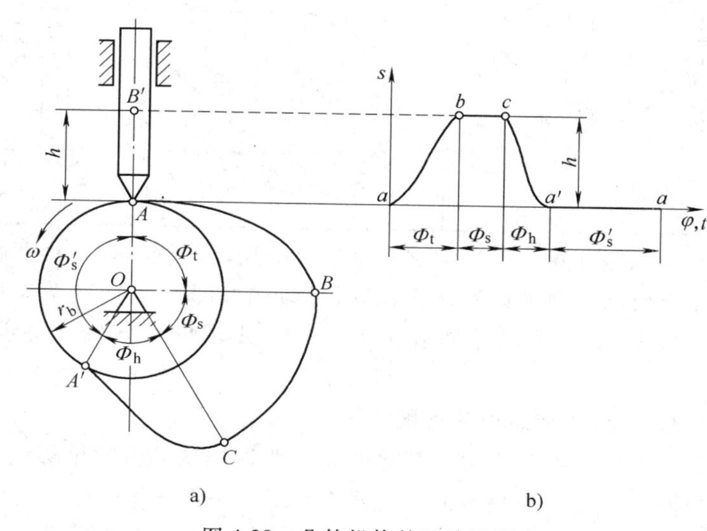

图 4-39　凸轮机构的运动过程

以凸轮轮廓上最小半径 r_b 为半径的圆称为基圆。从动件与基圆接触时处于“最低”位置。在图 4-39a 中，尖端与基圆上的点 A 接触为从动件上升的起始位置。当凸轮以等角速度 ω 逆时针转过 Φ_t 角时，从动件尖端与凸轮轮廓 AB 段接触并按某一运动规律上升至最高位置 B'，此最大上升距离用 h 表示，h 称为升程，这个过程称为推程，Φ_t 称为推程运动角。当凸轮又转过 Φ_S 角时，从动件与凸轮轮廓 BC 段接触，并且在最高处静止不动，这个过程为远程休止过程，Φ_S 称为远程休止角。当凸轮又转过 Φ_h 角时，从动件尖端与凸轮轮廓上的 CA' 段接触，从动件按某一运动规律下降距离 h，这个过程为回程，Φ_h 称为回程运动角。当凸轮又转过 Φ_S' 角时，从动件尖端与凸轮轮廓上 $A'A$ 段接触，从动件在最低处保持不动，为近程休止过程，Φ_S' 称为近程休止角。凸轮连续回转时，从动件重复上述升—停—降—停的运动过程。从动件的位移与凸轮转角（或时间）的关系可用位移线图表示（图 4-39b），也可用解析式表示，详见表 4-2。

表 4-2　几种从动件常用位移线图的作图方法、特点及适用范围

	解析式	位移线图及作图方法	特点及适用范围
等速运动规律	$S=\dfrac{h}{\Phi_t}\varphi$ $0\leqslant\varphi\leqslant\Phi_t$	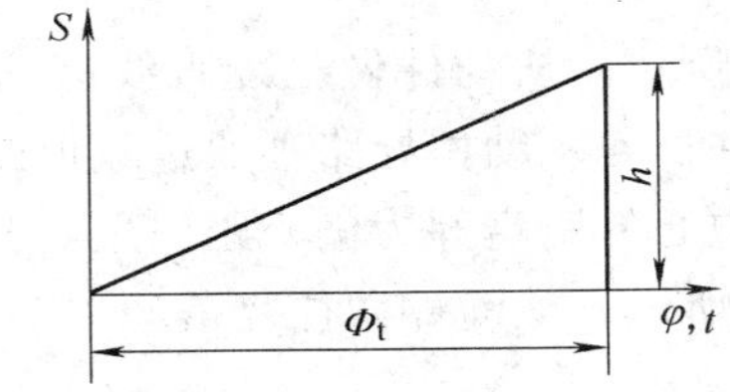 S, h, Φ_t, φ,t	起点和终点两处的加速度为无穷大，会产生刚性冲击。只宜用于低速、轻载的场合 为避免刚性冲击，可在起点和终点处用小段圆弧修正位移线图，以缓和刚性冲击
等加速等减速运动规律	$S=\dfrac{2h}{\Phi_t^2}\varphi^2$ $0\leqslant\varphi\leqslant\Phi_t/2$ $S=h-\dfrac{2h}{\Phi_t^2}(\Phi-\varphi)^2$ $\Phi_t/2\leqslant\varphi\leqslant\Phi_t$	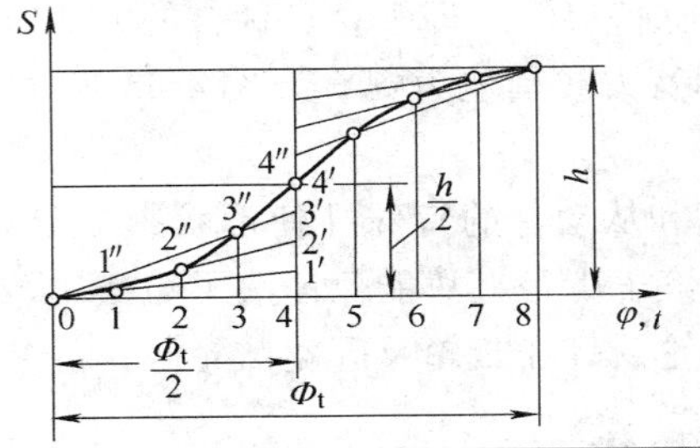 S, 1″, 2″, 3″, 4″, 4′, 3′, 2′, 1′, $\frac{h}{2}$, h, 0 1 2 3 4 5 6 7 8, φ,t, $\frac{\Phi_t}{2}$, Φ_t	没有刚性冲击。但在起点、中点和终点三处存在有限值的加速度突变，产生柔性冲击。适用于中速、轻载的场合
简谐运动规律	$S=\dfrac{h}{2}\left(1-\cos\dfrac{\pi}{\Phi_t}\varphi\right)$ $0\leqslant\varphi\leqslant\Phi_t$	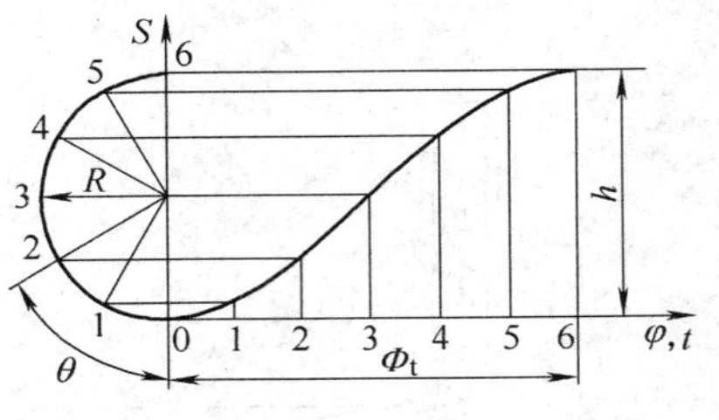 S, 6, 5, 4, R, 3, 2, 1, θ, h, 0 1 2 3 4 5 6, φ,t, Φ_t	没有刚性冲击。但在起点和终点两处存在有限值的加速度突变，产生柔性冲击。适用于中速、中载的场合 若从动件仅作升—降连续运动，则无柔性冲击，可用于高速的场合

升—停—降—停运动过程是最典型运动过程。在工程实践中，有缺少远程休止、缺少近程休止或同时缺少远程休止和近程休止的情况，都可视为典型运动过程的特殊情况。

图 4-39a 中凸轮轮廓上的 AB 段和 CA' 段的形状尺寸决定了从动件推程和回程的运动规律。

2. 从动件常用位移线图

在工程实际应用中，凸轮的轮廓要根据从动件的位移线图确定，而从动件的位移线图又是根据工作要求来决定的。表 4-2 中以升—停—降—停运动过程为例，介绍几种从动件常用的位移线图及作图方法、特点及适用范围。相关的回程位移线图可参阅有关文献。

4.2.3 凸轮轮廓的图解法

根据选定的从动件运动规律和其他有关数据，可用图解法直接绘出平面凸轮轮廓。图解法简单、直观，但精度较低，多用于设计要求不高的凸轮机构。图解法绘制凸轮轮廓应用的是反转法原理。

图4-40a为一偏置尖端直动从动件盘形凸轮机构。当凸轮以角速度ω顺时针转动时，从动件尖端在凸轮轮廓驱动下，按图4-40b所示位移线图规律运动。若凸轮轮廓未知，当凸轮平面转动时，仍让从动件按图4-40b所示位移线图表示的运动规律运动，在转动的凸轮平面上找到从动件尖端的轨迹，此轨迹即为凸轮轮廓。但按上述方法不便于在图纸上绘制凸轮轮廓。因此，根据相对运动原理，给凸轮机构中每个构件加上绕凸轮轴心O的角速度$-\omega$，机构中各构件间的相对运动不变。此时，凸轮与图纸相对静止。而从动件一方面随其导路以角速度$-\omega$转动，另一方面相对导路按原运动规律作往复移动，按此方法可很方便地在静止不动的纸上绘出从动件尖端的轨迹，即凸轮轮廓，这种方法称为反转法。

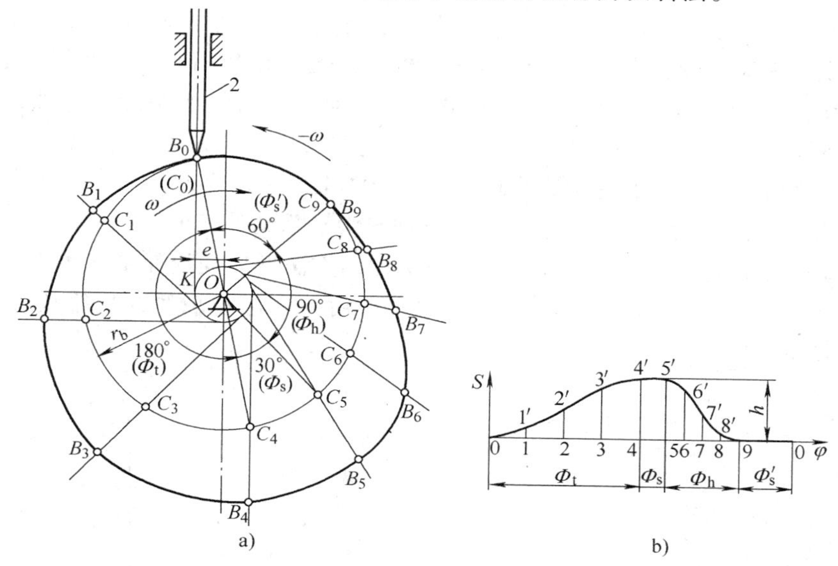

图4-40 偏置尖端直动从动件盘形凸轮轮廓的绘制

对摆动从动件盘形凸轮机构运用反转法时，设凸轮不动，一方面摆动从动件的固定回转副以$-\omega$绕凸轮轴心转动；另一方面从动件相对其固定回转副中心按原角位移运动规律运动。

对移动凸轮机构运用反转法时，设凸轮不动，一方面移动从动件的导路或摆动从动件的固定回转副朝移动凸轮移动的反方向按移动凸轮的运动规律移动；另一方面从动件相对其导路或固定回转中心按原运动规律运动。

1. 直动从动件盘形凸轮轮廓

（1）尖端从动件　已知凸轮基圆半径r_b，偏心距e及偏置方位如图4-40a所示。凸轮以等角速度ω顺时针转动，从动件的位移线图如图4-40b所示。绘制凸轮轮廓的作图步骤和方法如下（图4-40）：

1）取与位移线图相同的比例尺μ_l画出基圆和偏距圆。过偏心距圆上任意一点K，按给定导路偏置方位作偏心距圆的切线，即导路，切线交基圆于B_0（C_0），即为从动件尖端初始位置。

2）将位移线图的推程运动角 Φ_t 和回程运动角 Φ_h 分别分为若干等分，如图 4-40b 所示。

3）自 OC_0 开始，沿 $-\omega$ 的方向，在基圆上取 Φ_t、Φ_S、Φ_h 及 Φ_S'角，再将 Φ_t 和 Φ_h 等分成与位移线图上对应运动角相同的等份，得基圆上 C_1、C_2、…各点。

4）过 C_1、C_2、…各点作偏心距圆的一系列切线，它们是反转的一系列导路。

5）沿以上各切线自基圆开始，量取对应于凸轮各转角的从动件的位移量，即取 $C_1B_1 = 11'$，$C_2B_2 = 22'$，…得从动件尖端的一系列位置 B_1、B_2、…各点。

6）将 B_0、B_1、B_2、…各点连成光滑连续的曲线（B_4 到 B_5 之间，B_9 到 B_0 之间均为以 O 为圆心的圆弧），该曲线即为凸轮轮廓。

当偏心距 $e=0$ 时，即为对心尖端直动从动件盘形凸轮机构。此时，偏距圆收缩为凸轮回转中心 O，偏距圆的切线即为过 O 的径向线，其余作图的步骤及方法与以上所述相同。

（2）滚子从动件　与尖端直动从动件盘形凸轮轮廓绘制相比，绘制滚子直动从动件盘形凸轮轮廓应增加一个已知条件即滚子半径 r_T。因为滚子中心与从动件上其他点的运动规律相同，所以把滚子中心当作从动件的尖端，先按绘制尖端从动件凸轮的步骤和方法绘出一条凸轮轮廓曲线，称为理论轮廓曲线，记作 η；再以 η 上各点为圆心，以滚子半径 r_T 为半径画一系列的圆，这些圆的内包络线即为采用滚子从动件时凸轮的实际轮廓曲线，记作 η'，如图 4-41 所示。

由作图过程可知，凸轮的基圆应为理论轮廓曲线上半径最小的圆。

（3）平底从动件　凸轮实际轮廓的绘制方法与滚子从动件相似。把平底与导路的交点 B 看作尖端从动件的尖端，按尖端从动件凸轮轮廓绘制方法求出理论轮廓曲线上一系列点 B_1、B_2、B_3、…等；再过这些点画出各位置的平底；最后，作这些平底的包络线，即得凸轮轮廓，如图 4-42 所示。

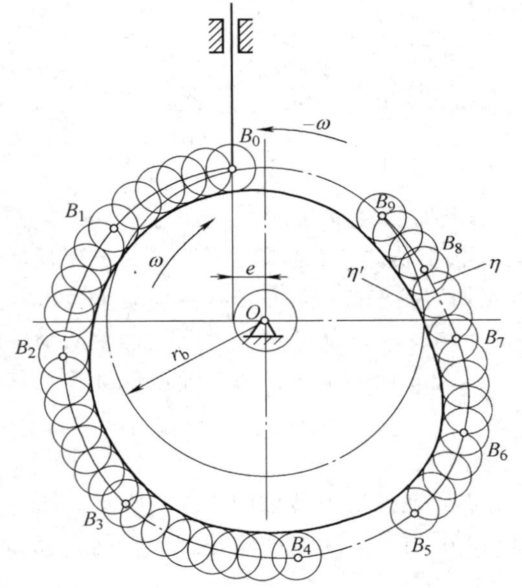

图 4-41　偏置滚子直动从动件盘形凸轮轮廓的绘制

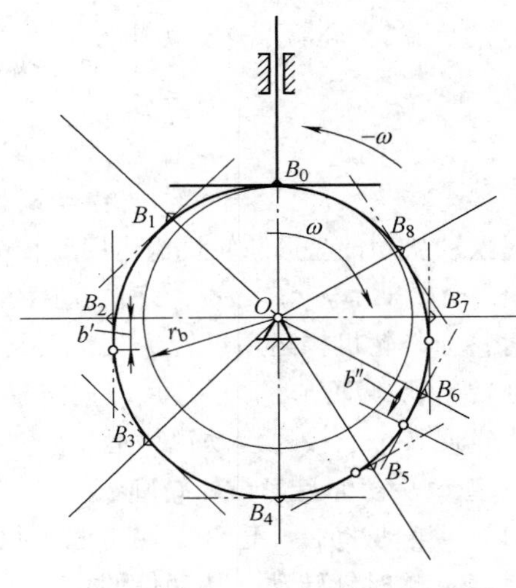

图 4-42　对心平底直动从动件盘形凸轮轮廓的绘制

若实际轮廓不能与每个平底内切，将导致运动失真。此时，可以适当增大凸轮基圆半径，重新绘制凸轮轮廓。

2. 摆动从动件盘形凸轮轮廓

图4-43a所示为尖端摆动从动件盘形凸轮机构。为了绘制其凸轮轮廓，需要给定凸轮基圆半径 r_b、凸轮回转中心与摆动从动件摆动中心间距离 L_{OA}、摆动从动件长度 L_{AB}、从动件的角位移线图（图4-43b）、凸轮角速度 ω 及从动件推程摆动方向。

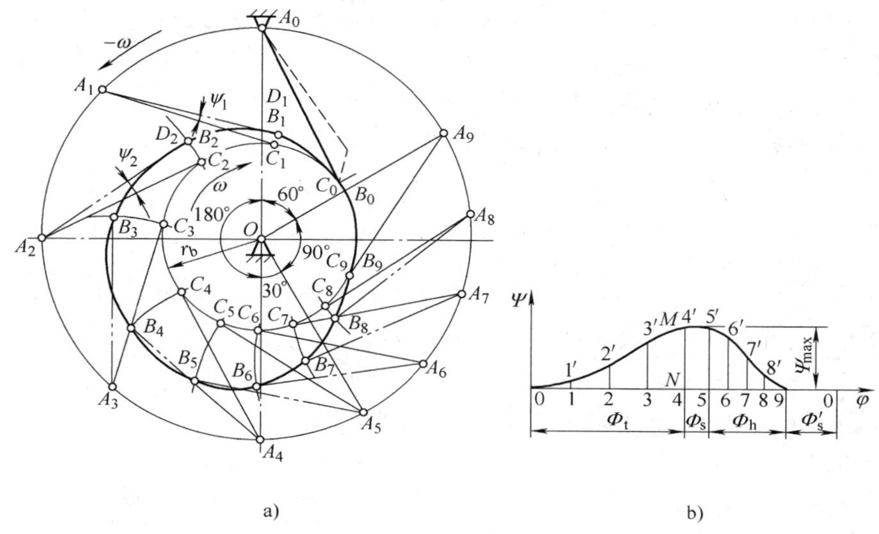

图4-43 尖端摆动从动件盘形凸轮轮廓的绘制

绘制凸轮轮廓时仍用反转法。尖端摆动从动件盘形凸轮轮廓绘制的步骤及方法如下（图4-43）：

1）将 ψ—φ 线图的推程运动角 Φ_t 和回程运动角 Φ_h 分别分为若干等分（图4-43b中各分为四等份）。

2）选取长度比例尺 μ_1，画基圆，基圆的圆心为 O，确定从动件摆动中心 A_0 位置。再以 A_0 为圆心，L_{AB}/μ_1 为半径画圆弧，交基圆于 B_0 点（推程时，从动件逆时针摆动），该点即为从动件尖端的起始位置。

3）以 O 为圆心，以 OA_0 为半径画圆。从 OA_0 开始，沿 $-\omega$ 方向分该圆为 Φ_t、Φ_S、Φ_h 及 Φ_S'角。将 Φ_t 和 Φ_h 分为与图4-43b相对应的等份，得 A_1、A_2、…。

4）分别以 A_1、A_2、…为圆心，以 L_{AB}/μ_l 为半径画圆弧 $\overset{\frown}{C_1D_1}$、$\overset{\frown}{C_2D_2}$、…分别交基圆于 C_1、C_2、…各点。

5）求出凸轮转过如图4-43b所示各转角时，从动件的摆角 ψ_1、ψ_2、…分别在圆弧 $\overset{\frown}{C_1D_1}$、$\overset{\frown}{C_2D_2}$、…上，求 B_1、B_2、…各点，使 $\angle C_1A_1B_1=\psi_1$、$\angle C_2A_2B_2=\psi_2$、…。

6）将 B_0、B_1、B_2、…各点连成光滑曲线，即得尖端摆动从动件盘状凸轮轮廓曲线。若直线状的摆动从动件 AB 与凸轮干涉，可将摆动从动件 A、B 两点以曲线相连成曲杆（图4-43中虚线所示），以避免摆动从动件与凸轮干涉。

若采用滚子或平底从动件，作法与直动从动件作法相似，先作理论轮廓线，再在理论轮廓线的基础上绘出一系列滚子或平底，最后绘制包络线便可求得实际轮廓。

移动凸轮和圆柱凸轮轮廓绘制都以盘状凸轮轮廓绘制为基础，具体作法可参阅相关参考文献。

4.2.4 基本尺寸的确定

1. 压力角、基圆半径及偏心距

在设计凸轮机构时，不仅要使其能实现预期的运动规律，还要使其具有良好的传力性能和紧凑的结构尺寸。传力性能直接影响机构的摩擦、磨损、效率和自锁，且与机构尺寸有关。现以偏置尖端直动从动件盘形凸轮机构为例予以说明。

若从动件的运动规律为 $S=f(\varphi)$，可得（推导略）

$$\tan\alpha=\frac{\dfrac{dS}{d\varphi}\pm e}{\sqrt{r_b^2-e^2}+S} \tag{4-4}$$

凸轮轮廓上不同点处的压力角一般是不同的，α 值越小，机构传力性能越好。一般设计中，限定最大压力角 α_{max} 不能大于许用压力角 $[\alpha]$，即 $\alpha_{max}\leqslant[\alpha]$。许用压力角值推荐如下：

直动从动件　推程许用压力角 $[\alpha]=30°\sim40°$。

摆动从动件　推程许用压力角 $[\alpha]=35°\sim45°$。

回程时发生自锁的可能性很小，特别是力锁合凸轮机构。通常可取回程的许用压力角 $[\alpha']=70°\sim80°$。

在以上数据中，使用滚子从动件、润滑良好和支承刚性较好时取上限，否则取下限。

由式（4-4）可知，当选定 $S=f(\varphi)$、e 后，加大 r_b 可以减小压力角 α，但机构总体尺寸增大。为了使机构既有较好的传力性能，又有较紧凑的结构尺寸，设计时，通常在 $\alpha_{max}\leqslant[\alpha]$ 前提下，尽量采用较小基圆半径。下列经验数据可供选择 r_b 时参考，与轴分体的铸铁凸轮

$$r_b\geqslant r_h+(3\sim5)+r_T \tag{4-5}$$

或

$$r_b\geqslant1.75r_s+(3\sim5)+r_T \tag{4-6}$$

式中　r_h——凸轮轮毂半径；

r_s——凸轮处轴的半径。

若为钢凸轮，r_b 值可略减小。若为轴凸轮，r_b 可取略大于 (r_s+r_T)。

此外，采用使式（4-4）中 e 前为负号的导路偏置方位，适当大小的偏心距，可以减小压力角。但应注意，若推程的压力角减小，则回程的压力角将增大。

在实际设计中，通常可根据空间位置和经验，初选基圆和偏心距，并以此确定凸轮轮廓。然后，用作图法（图 4-45）校核压力角，最大压力角 α_{max} 一般出现在推程的起始位置、从动件具有最大速度的位置或凸轮轮廓曲线较陡处。如果不能满足要求，则应适当增大基圆半径、调整 e 值重新设计。

2. 从动件滚子半径

滚子半径的选取，要考虑滚子结构、强度及凸轮轮廓线形状等因素。在图 4-44 中，η 为理论廓线，η' 为实际廓线，r_T 是滚子半径，ρ 为理论廓线曲率半径，ρ' 为实际廓线曲率半

径。对于凸轮的内凹部分，$\rho' = \rho + r_T$，如图 4-44a 所示，无论 r_T 大小如何，实际廓线总可以画出。对于凸轮的外凸部分，$\rho' = \rho - r_T$。若 $\rho > r_T$，如图 4-44b 所示，实际廓线的 $\rho' > 0$，可以画出；若 $\rho = r_T$，如图 4-44c 所示，实际廓线的 $\rho' = 0$，此处实际轮廓变尖，凸轮易磨损；若 $\rho < r_T$，如图 4-44d 所示，实际廓线的 $\rho' < 0$，此处实际轮廓相交（图 4-44d 中阴影部分），在加工时将被切去，使从动件不能与被切去廓线接触，因而不能实现预期的运动规律，这种现象称为失真。

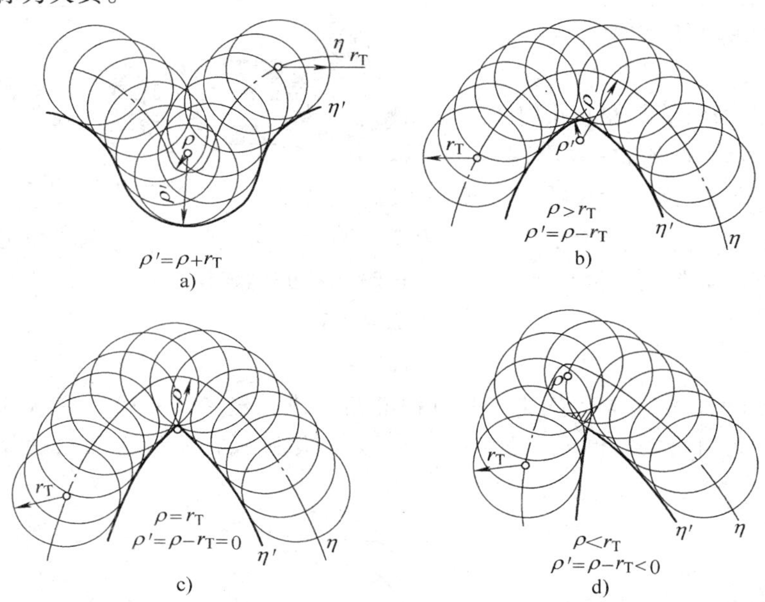

图 4-44　滚子半径与凸轮轮廓

综上所述，对于外凸凸轮，滚子半径 r_T 应小于理论廓线上最小曲率半径 ρ_{min}，通常应保证 $r_T \leqslant 0.8\rho_{min}$。滚子半径 r_T 应在结构及强度允许的条件下尽量取小值，通常可取 $r_T = (0.1 \sim 0.5)\ r_b$。若不满足 $r_T \leqslant 0.8\rho_{min}$，可适当加大 r_b。

各点的 ρ' 可用作图法求得，如图 4-45 中点 A 的曲率 ρ_A'。此方法也可用于求压力角。

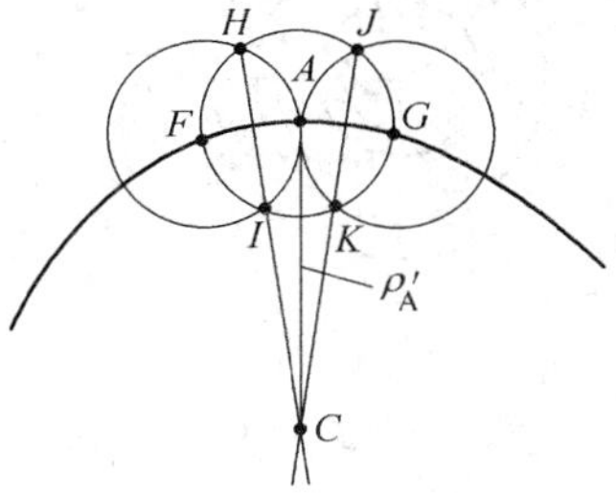

图 4-45　作图法求曲率半径

3. 平底长度

由图 4-42 可知，平底与凸轮实际轮廓的切点，随着导路反转的位置变化。从图上可以找到平底左右两侧离导路最远两切点至导路的距离 b' 和 b''。取 b' 和 b'' 中较长者为 L_{max}。为保证平底始终与凸轮轮廓接触，从动件平底总长度用 L 表示，单位为 mm，计算式为

$$L = 2L_{max} + (5 \sim 7)\ \text{mm}$$

4.2.5　凸轮机构的材料与结构

1. 凸轮机构的常用材料

制造凸轮用的材料要求工作表面有较高的硬度，芯部有较好的韧性。一般尺寸不大的凸轮用 45 钢或 40Cr，并进行调质或表面淬火，硬度为 52 ~ 58HRC。要求更高时，可采用 15

钢或 20Cr 钢渗碳淬火，表面硬度为 56 ~ 62HRC，渗碳深度为 0.8 ~ 1.5mm 。大尺寸或轻载的凸轮可采用优质灰铸铁，载荷较大时可采用耐磨铸铁。

从动件接触端面常用的材料有 45 钢，也可用 T8、T10、T12，淬火硬度为 55 ~ 62HRC。要求较高时可以使用 20Cr 进行渗碳淬火等热处理。

滚子材料可采用 20Cr 钢，渗碳淬火，表面硬度为 56 ~ 62HRC。也可用滚动轴承作为滚子。

2. 凸轮机构的常用结构

（1）凸轮

1）凸轮轴。当凸轮基圆较小时，可将凸轮与轴做成一体，称为凸轮轴，如图 4-46 所示。

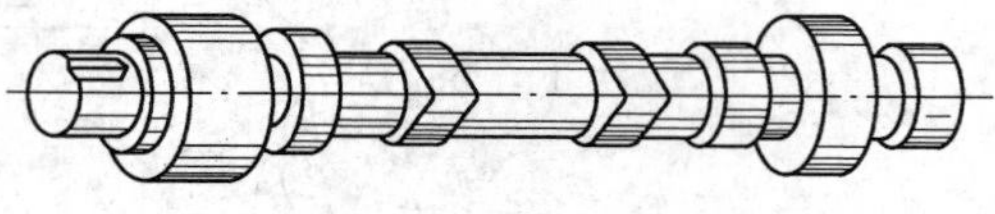

图 4-46　凸轮轴

2）整体式凸轮。当凸轮尺寸较小又无特殊要求或不需经常装拆时，一般采用整体式凸轮，如图 4-47 所示。它具有加工方便，精度高和刚性好的优点。轴毂联结常采用平键，其轮毂尺寸的推荐值为

$$L = (1.2 \sim 1.6)d_0 \tag{4-7}$$

$$d_1 = (1.5 \sim 2)d_0 \tag{4-8}$$

3）组合式凸轮。对于大型低速凸轮机构的凸轮或需经常调整轮廓形状的凸轮，常采用凸轮与轮毂分开的组合式结构，如图 4-48 所示。利用圆弧槽可调整凸轮盘与轮毂的相对角度。

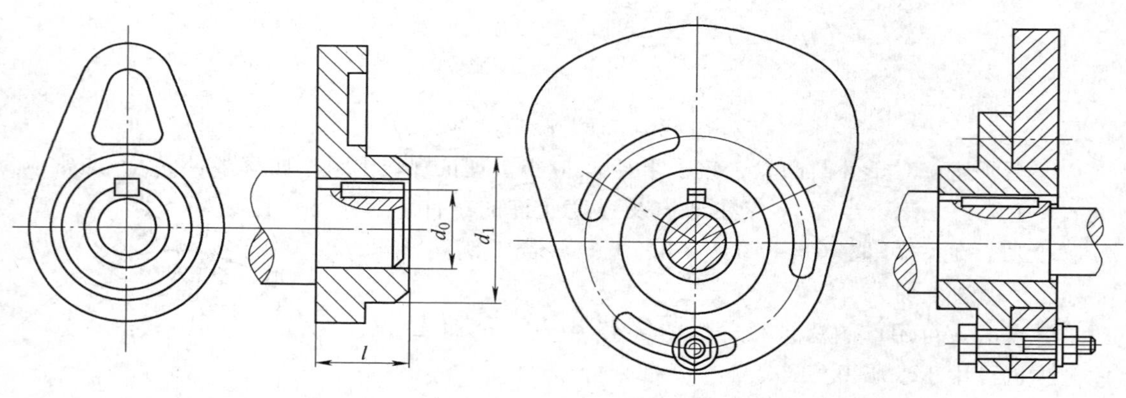

图 4-47　整体式凸轮

图 4-48　组合式凸轮

（2）滚子　滚子常采用的装配结构如图 4-49 所示，无论是哪种结构形式，都必须保证滚子能灵活自由地转动。

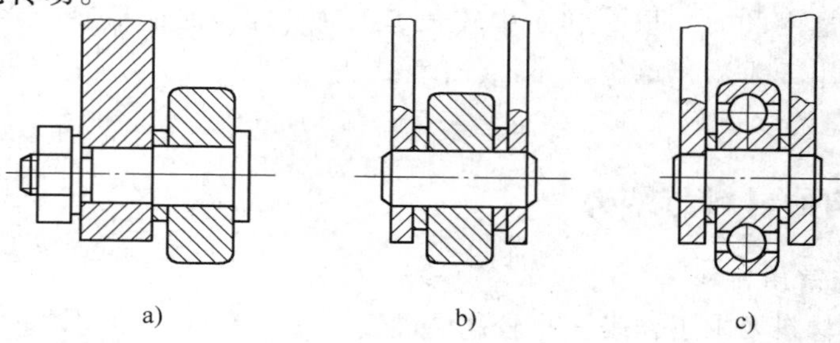

图 4-49　滚子结构

4.3 螺旋机构

螺旋机构一般由螺杆、螺母和机架组成，利用螺杆和螺母构成的螺纹副来工作，以实现回转运动与直线运动的变换、力的传递以及测量和调整等功能。因此螺旋机构广泛应用于机械设备和仪器、仪表中。

4.3.1 螺纹

1. 螺纹的形成

在生产中螺纹是按照螺旋线形成的原理进行制作的。螺纹的加工方法很多，如：车制内、外螺纹；对于直径较小的外螺纹也可用辗压的方法或用板牙绞出螺纹，对于直径较小的螺孔，可先用钻头钻出光孔，再用丝锥攻出螺纹。

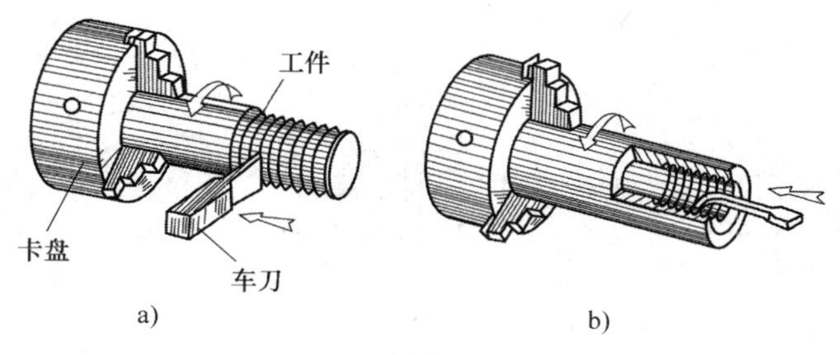

图 4-50 螺纹的形成

a）外螺纹 b）内螺纹

如图 4-50a、b 所示，在车床上车制螺纹时，当圆柱棒料（工件）随卡盘匀速旋转时，若使刀尖在过工件轴线的水平面内对刀，并沿轴向等速移动，那么刀尖将在工件表面刻出一条螺旋线痕迹。当刀刃切入工件表面一定深度时，便车制出内（外）螺纹。

2. 螺纹牙型的特点和应用

如图 4-50 所示的螺纹加工方法中，若采用不同形状的车刀，便可得到工件轴线剖面不同的螺纹形状，即螺纹牙型。常用的螺纹类型、特点和应用见表 4-3。

表 4-3 常用的螺纹类型、特点和应用

类型及特征代号	牙型图	特点和应用
普通螺纹 M	内螺纹 60° d d_2 d_1 P 外螺纹 GB/T 192—2003	牙型为三角形（$\alpha=60°$），牙根较厚，强度较高；当量摩擦因数较大，自锁性好；价格低廉。广泛用于连接。同一公称直径，可有多种螺距，其中最大的一种为粗牙，其余为细牙，一般情况下用粗牙。与粗牙相比，细牙螺纹的升角小，自锁性好；螺纹牙较浅，对螺纹零件强度的削弱较少；但每圈接触面小，不耐磨，磨损后易滑扣。故多用于薄壁或细小零件，或冲击、振动和变载荷的连接；也可用于微调机构的调整
55°非密封管螺纹 G	接头 55° d d_2 d_1 P 管子 GB/T 7307—2001	牙型角 $\alpha=55°$（英制），内、外螺纹均为圆柱形管螺纹，公称直径近似为管子内径，以英寸为单位。牙顶和牙底均为圆弧形，旋合螺纹间无径向间隙，紧密性好。但内、外螺纹配合后本身不具备密封性，在管路系统中仅起机械连接的作用。可借助密封圈在螺旋副之外的端面进行密封，也可用于静载荷下的低压管路系统

（续）

类型及特征代号	牙型图	特点和应用
55°密封管螺纹 R_c、R_p R_1、R_2	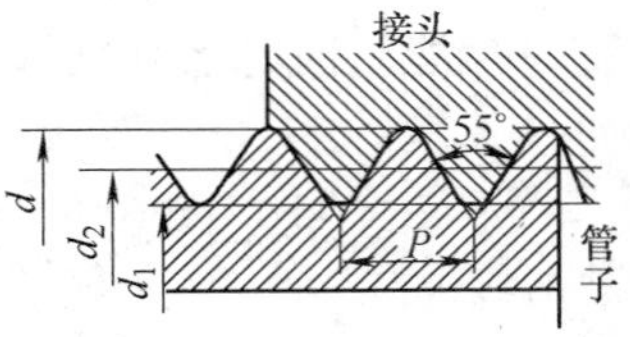 GB/T 7306.1、2—2000	牙型角 $\alpha=55°$（英制），公称直径近似为管子内径，以英寸为单位。内外螺纹旋紧后不用填料而依靠本身的变形即可保证连接的紧密性。有两种配用方式： ① 圆柱内螺纹/圆锥外螺纹（R_p/R_1），密封性较好。一般低压、静载，水、煤气管多采用此种配用方式 ② 圆锥内螺纹/圆锥外螺纹（R_c/R_2），密封性稍差，但不易破坏。圆锥螺纹的锥度为 1:16，牙顶和牙底均为圆弧形。可用于高温、高压、承受冲击载荷的系统
矩形螺纹	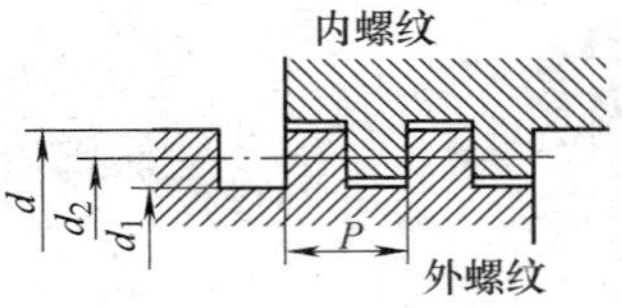	牙型为正方形（$\alpha=0°$），尚未标准化。牙厚为螺距的一半，牙根强度较低；精确加工较困难；磨损后会松动，间隙难以补偿，对中精度低。但当量摩擦因数最小，传动效率较其他螺纹高。曾用于千斤顶、小型压力机等传力机械；目前仅用于对传动效率有较高要求的机件
梯形螺纹 Tr	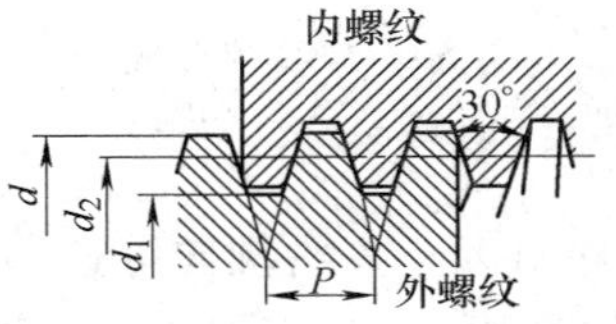 GB/T 5796.1～4—2005	牙型为等腰梯形（$\alpha=30°$），其高度为 $0.5P$，螺旋副的小径和大径处有相等的间隙，与矩形螺纹相比，效率略低，但可避免矩形螺纹的缺点。故广泛应用于各种传动和大尺寸机件紧固连接，如机床丝杠、刀架丝杠等
锯齿形螺纹 B	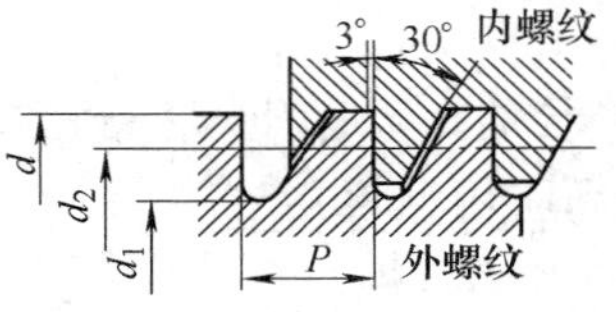 GB/T 13576.1～4—2008	一般情况下，牙型角 $\alpha=33°$，工作面牙侧角为 3°，非工作面牙侧角为 30°。综合了矩形螺纹效率高和梯形螺纹牙根强度高的特点；螺旋副大径处无间隙，对中性好；外螺纹的根部有较大的圆角以减小应力集中。多用于单向受力的传动，如螺旋压力机、轧钢机的压下螺旋、起重机吊钩等

3. 螺纹的主要几何参数

螺旋副由内、外螺纹相互旋合而成。普通螺纹的主要几何参数见表 4-4。

表 4-4 螺纹的主要几何参数

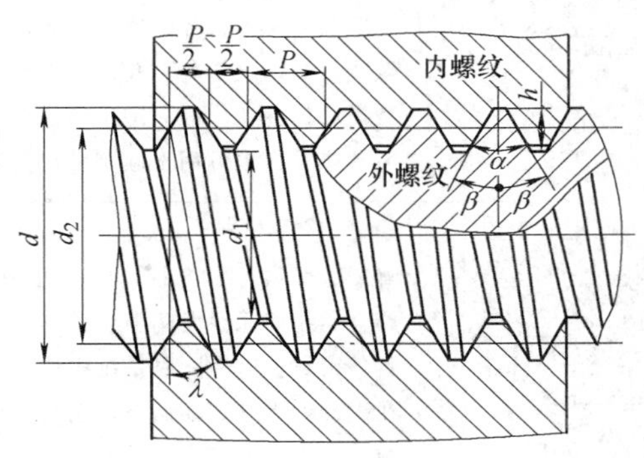

（续）

名　称	代　号	意　　义
大径	d 或 D	与外螺纹牙顶或内螺纹牙底相重合的假想圆柱面的直径，在标准中定为公称直径
小径	d_1 或 D_1	与外螺纹牙底或内螺纹牙顶相重合的假想圆柱面的直径，在强度计算中常作为螺杆危险剖面的计算直径
中径	d_2 或 D_2	处于螺纹大径和小径之间的一个假想圆柱面直径，在此圆柱面的母线上螺纹的齿厚与齿宽相等
螺距	P	螺纹相邻两牙上对应点之间的轴向距离
线数	n	螺旋线的数目，一般 $n \leqslant 4$。单线用于连接；多线用于传动
导程	s	螺纹上任一点沿螺旋线绕转一周所移动的轴向距离。单线 $s = P$，多线 $s = nP$
螺纹升角	λ	旋线的切线与垂直于螺纹轴线的平面间的夹角 $\tan\lambda = \dfrac{s}{\pi d_2} = \dfrac{nP}{\pi d_2}$
牙型角	α	轴向剖面内螺纹牙型两侧间的夹角
牙型斜角	β	轴向剖面内螺纹牙型的一侧边与螺纹轴线的垂直平面间的夹角。称为牙型斜角，表 4-1 所列的螺纹除锯齿形螺纹牙型斜角 β 分别为 3°、30°外，其余 $\beta = \alpha/2$
螺纹接触高度	h	内、外螺纹旋合后接触面的径向距离

4.3.2　螺旋机构的类型及应用

螺旋机构具有结构简单，工作连续、平稳，传动精度高，有良好的减速性能，施加较小的转矩可以获得很大的轴向推力，并且易于自锁。其缺点是由于螺旋副间产生较大的相对滑动，因而磨损大，效率低。近年来滚动螺旋机构的应用，使磨损和效率问题得到很大程度的改善。

螺旋机构的应用类型较多，可按其功用及摩擦性质来分类。

1. 按功用分类

螺旋机构按功用可分为三类，见表 4-5。

表 4-5　螺旋机构按功用分类

类型	应用实例	特点和应用
传力螺旋	螺旋压力机	利用传动增力的优点，以传递动力为主。可用较小的力矩转动螺杆（或螺母），使螺母（或螺杆）产生轴向运动和较大的轴向力，用以起重和加压等。一般工作速度较低，大多间歇工作，通常要求自锁 例如，螺旋压力机、螺旋千斤顶等

（续）

类型	应用实例	特点和应用
传导螺旋	车床刀架	利用传动均匀、平稳、准确的优点，以传递运动为主，有时也承受较大的轴向载荷。通常具有较高的传动精度和工作速度。一般在一段时间内连续工作。 例如，车床刀架溜板或工作台丝杠传动、千分尺等
调整螺旋	测量工具	用以调整或固定机械零件或部件之间的相对位置。有时也承受较大的轴向载荷，常在空载下调整。调整螺旋不经常转动，要求自锁 例如，测量工具、各类夹具、张紧装置等的调整螺旋

2. 按摩擦性质分类

螺旋机构按螺纹副摩擦性质的不同又可分为三类，见表 4-6。

静压螺旋和滚动螺旋由于结构复杂，只用于高精度、高效率的重要传动中，如数控、精密机床、测试装置或自动控制系统中的螺旋传动；一般用途的螺旋传动多为滑动螺旋传动。

表 4-6　螺旋机构按螺旋副摩擦性质分类

类型	图　例	特点及应用
滑动螺旋	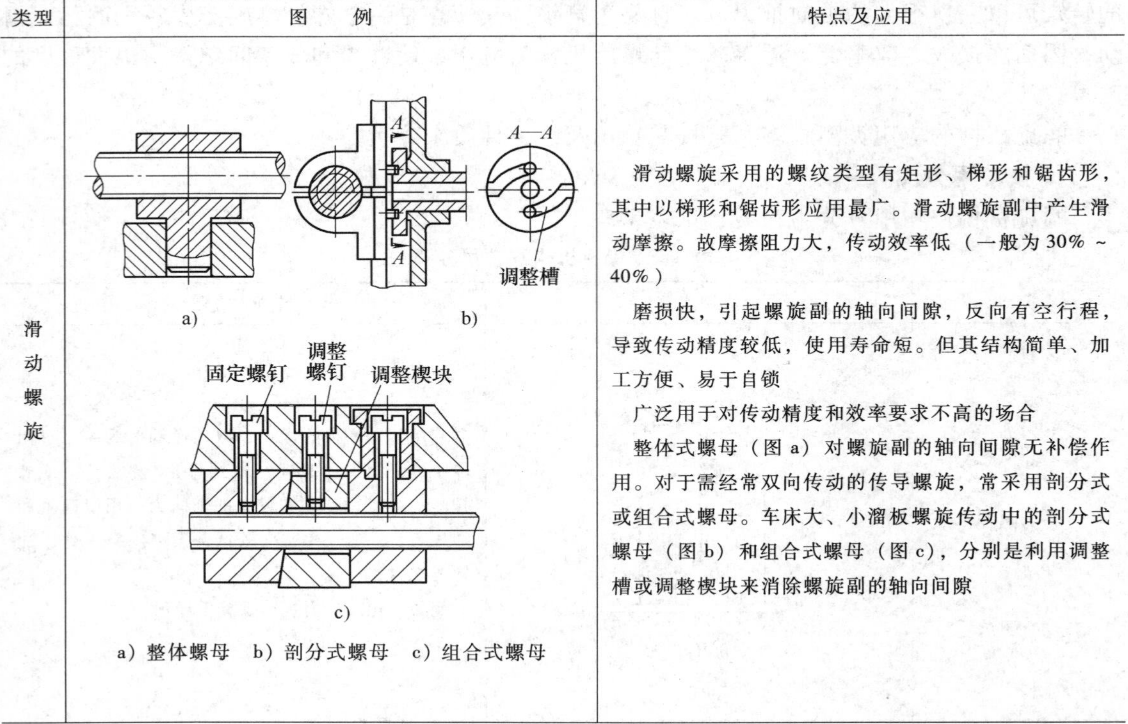 a）整体螺母　b）剖分式螺母　c）组合式螺母	滑动螺旋采用的螺纹类型有矩形、梯形和锯齿形，其中以梯形和锯齿形应用最广。滑动螺旋副中产生滑动摩擦。故摩擦阻力大，传动效率低（一般为 30% ~ 40%） 磨损快，引起螺旋副的轴向间隙，反向有空行程，导致传动精度较低，使用寿命短。但其结构简单、加工方便、易于自锁 广泛用于对传动精度和效率要求不高的场合 整体式螺母（图 a）对螺旋副的轴向间隙无补偿作用。对于需经常双向传动的传导螺旋，常采用剖分式或组合式螺母。车床大、小溜板螺旋传动中的剖分式螺母（图 b）和组合式螺母（图 c），分别是利用调整槽或调整楔块来消除螺旋副的轴向间隙

（续）

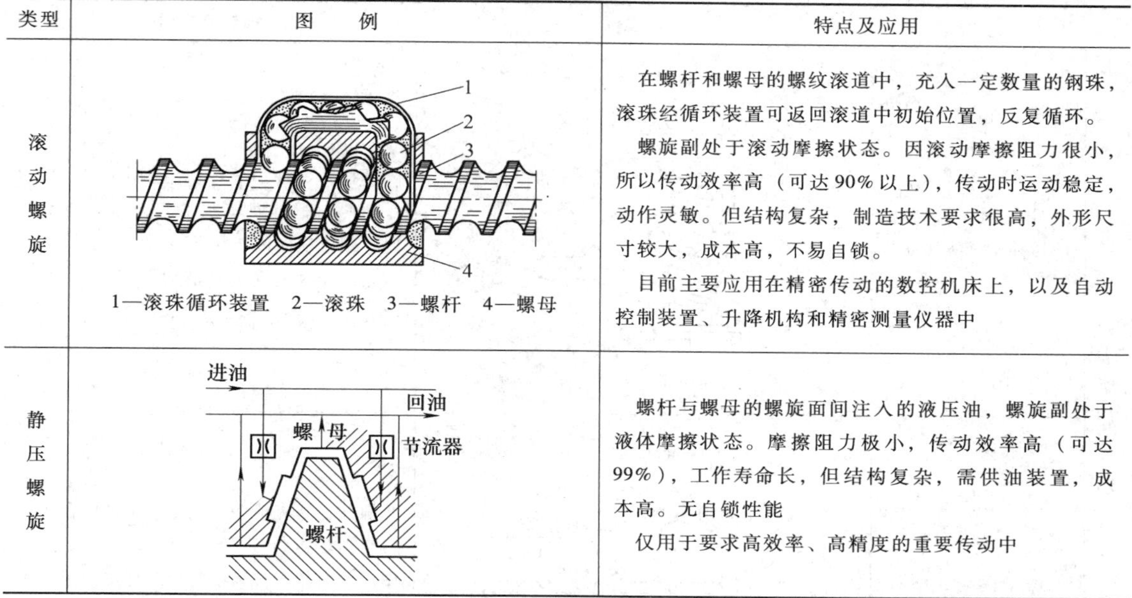

类型	图例	特点及应用
滚动螺旋	1—滚珠循环装置　2—滚珠　3—螺杆　4—螺母	在螺杆和螺母的螺纹滚道中，充入一定数量的钢珠，滚珠经循环装置可返回滚道中初始位置，反复循环。 螺旋副处于滚动摩擦状态。因滚动摩擦阻力很小，所以传动效率高（可达90%以上），传动时运动稳定，动作灵敏。但结构复杂，制造技术要求很高，外形尺寸较大，成本高，不易自锁。 目前主要应用在精密传动的数控机床上，以及自动控制装置、升降机构和精密测量仪器中
静压螺旋	进油　回油　螺母　节流器　螺杆	螺杆与螺母的螺旋面间注入的液压油，螺旋副处于液体摩擦状态。摩擦阻力极小，传动效率高（可达99%），工作寿命长，但结构复杂，需供油装置，成本高。无自锁性能 仅用于要求高效率、高精度的重要传动中

3. 滑动螺旋机构的传动形式、特点及应用

滑动螺旋机构因螺杆与螺母相对运动的不同情况可有多种传动形式；按螺杆上螺旋副的数目，滑动螺旋机构又分为单螺旋传动和双螺旋传动。滑动螺旋机构的传动形式、特点及应用见表4-7。

表4-7　滑动螺旋机构的传动形式、特点及应用

传动形式		应用实例	特点及应用
单螺旋传动	螺杆原位回转，螺母直线移动	机床溜板螺旋传动 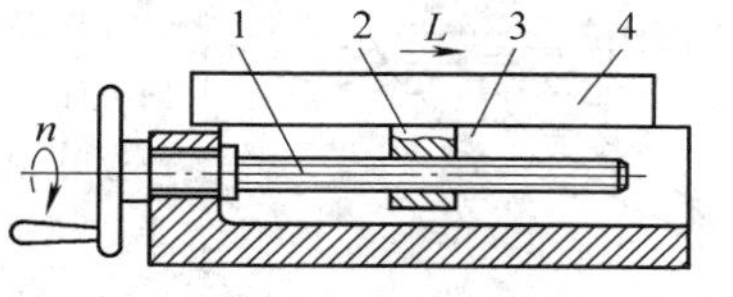 1—螺杆　2—螺母　3—溜板箱　4—溜板	螺杆相对于溜板箱原位回转而不能往复移动，螺母与螺杆旋合并与溜板相连接，使螺母只能往复移动而不能转动。当转动手轮使螺杆（左旋）按图示方向回转时，螺母即可带动溜板沿溜板箱上导轨移动。
	螺母原位回转，螺杆直线移动	观察镜螺旋调整装置 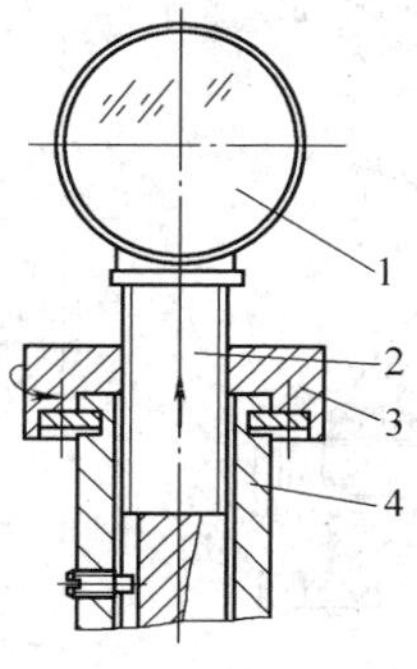 1—观察镜　2—螺杆　3—螺母　4—机架	图示为应力试验机上的观察镜螺旋调整装置。当螺母（左旋）按图示方向回转时，螺杆向上移动；螺母反向回转时，螺杆向下移动。从而实现上下调整观察镜的功能

（续）

传动形式		应用实例	特点及应用
单螺旋传动	螺杆固定，螺母回转并作直线移动	螺旋千斤顶 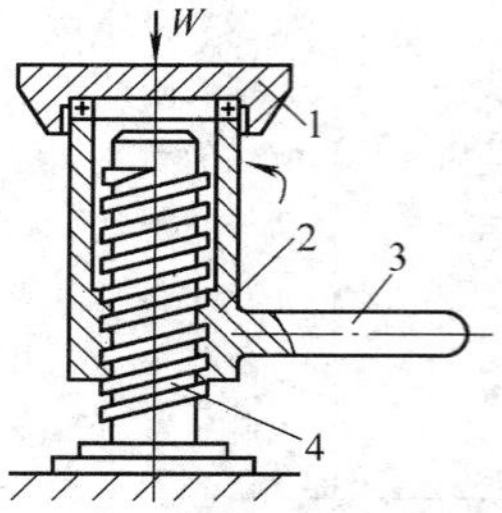 1—托盘　2—螺母　3—手柄　4—螺杆	螺杆固定在底座上，当按图示方向转动手柄时，螺母回转并上升；当手柄反转时，螺母反向回转并下降。从而实现举起或放下托盘上重物 W 的功能
单螺旋传动	螺母固定，螺杆回转并直线移动	台虎钳 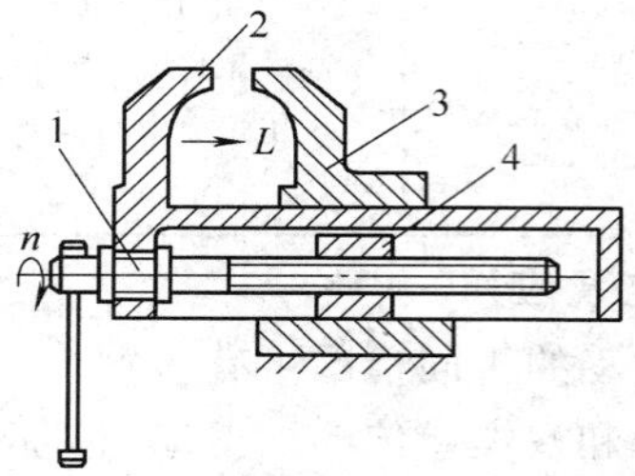 1—螺杆　2—活动钳口　3—固定钳口　4—螺母	螺杆上装有活动钳口并与螺母旋合；螺母与固定钳口连接。当螺杆（右旋）按图示方向作回转运动时，螺杆带动活动钳口右移，与固定钳口合拢；当螺杆反向回转时，活动钳口左移，与固定钳口分离。从而实现夹紧与松开工件的功能
双螺旋传动	差动位移：同一螺杆（或螺母）上制出两段旋向相同、导程不等的螺纹，利用其导程之差，产生微小位移量	镗刀的微调螺旋 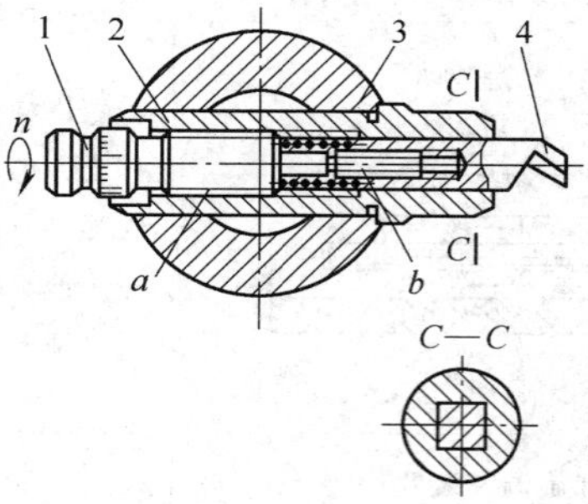 1—螺杆　2—刀套　3—镗杆　4—镗刀	如图所示，螺杆在 a、b 两段制出旋向相同、导程分别为 s_1、s_2 的螺旋，刀套与镗杆连接；镗刀只能在刀套的方孔中移动而不能转动。当螺杆转一周时，a 段螺旋使螺杆相对于刀套（固定螺母）位移等于 s_1，而 b 段螺旋使镗刀（活动螺母）相对于螺杆反向位移等于 s_2。因此，镗刀相对于镗杆为差动位移 $L = s_1 - s_2$，即得到镗刀的微量移动
双螺旋传动	合成位移：同一螺杆（或螺母）上制出两段旋向相反、导程不等或相等的螺纹，利用其导程之和，产生相向或相反的快速位移	铣床棒料快动夹具 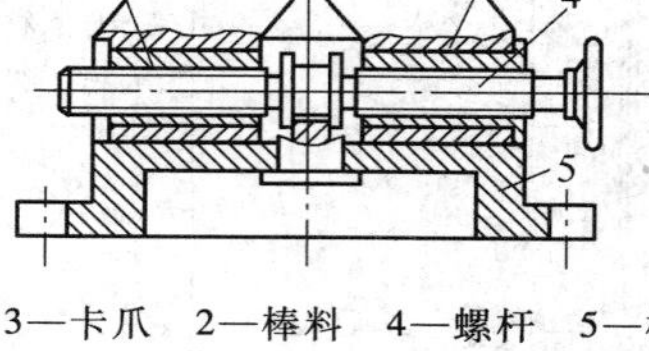 1、3—卡爪　2—棒料　4—螺杆　5—机架	在图示的铣床棒料快动夹具中，螺杆的 a 段为右旋螺纹，导程为 s_1；b 段为左旋螺纹，导程为 s_2。当螺杆转一周时，左、右V形卡爪（螺母）相向或相背移动，两者相对位移 $L = s_1 + s_2$，以实现快速夹紧或松开棒料

4.4 间歇运动机构

4.4.1 棘轮机构

1. 棘轮机构的类型及工作原理

棘轮机构按其工作原理可分为齿式棘轮机构和摩擦式棘轮机构两大类，如图 4-51 及图 4-52 所示。

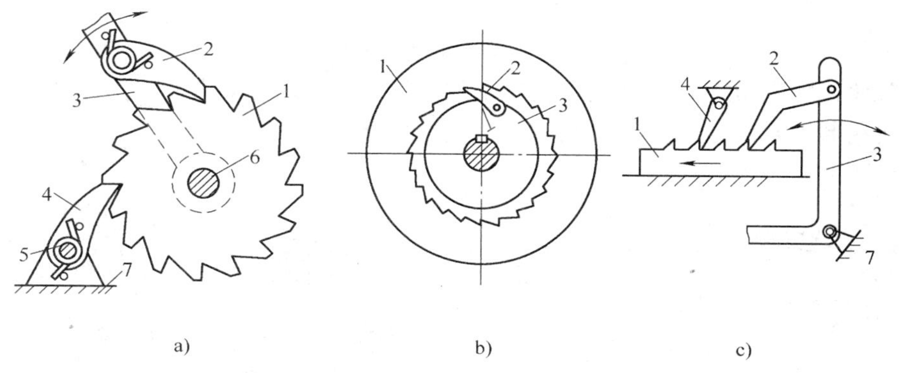

图 4-51 齿式棘轮机构

a）外啮合齿式棘轮机构 b）内啮合齿式棘轮机构 c）棘条机构

1—棘轮或棘条 2—驱动棘爪 3—摇杆 4—止回棘爪 5—扭簧 6—轴 7—机架

（1）齿式棘轮机构 棘轮机构由棘轮、摇杆、棘爪和机架及辅助装置组成，如图 4-51a 所示。棘轮 1 固连在轴 6 上；摇杆 3 空套在轴 6 上，可自由摆动。当摇杆作顺时针方向摆动时，与摇杆 3 通过回转副相连的驱动棘爪 2 将插入齿槽推动棘轮转过一定角度。当摇杆逆时针方向摆动时，棘爪 2 在棘轮的齿上滑过，同时止回棘爪 4 将阻止棘轮作逆时针方向转动，从而在摇杆做往复摆动时，实现棘轮的单向间歇转动。扭簧 5 的作用是使止回棘爪 4 与棘轮 1 始终保持接触。

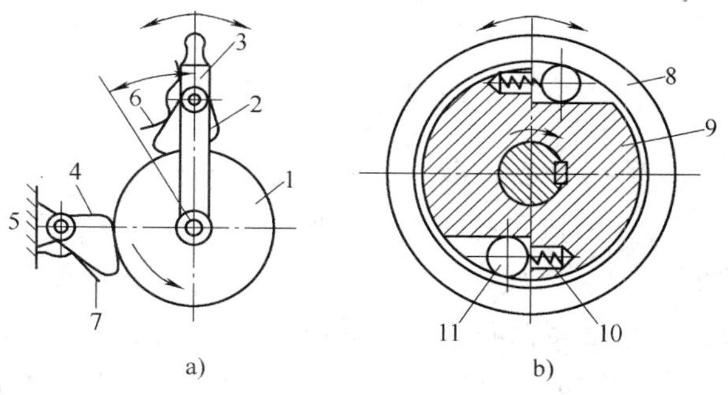

图 4-52 摩擦式棘轮机构

a）外摩擦式棘轮机构 b）内摩擦式棘轮机构

1—棘轮 2、4—棘爪 3—摇杆 5—机架

6、7、10—弹簧 8、9—构件 11—滚子

棘轮每个行程转角的大小可采用图 4-53 所示方式调节。在图 4-53a 中，棘轮机构的摇杆是一曲柄摇杆机构的摇杆，可通过改变曲柄长度、连杆长度及摇杆长度来改变棘轮机构摇杆的摆角，以达到调节棘轮转角的目的；在图 4-53b 中，棘轮上用遮板遮住了棘爪行程内的部分棘轮齿，使棘爪只能在遮板上滑过，而不能与这部分棘轮齿接触，从而减小了棘轮的转角。适当调整遮板的位置，即可调节棘轮的转角。

当棘轮半径趋于无穷大时，棘轮机构演化为图 4-51c 所示的棘条机构，原棘轮的单向间歇转动变为棘条的单向间歇移动。

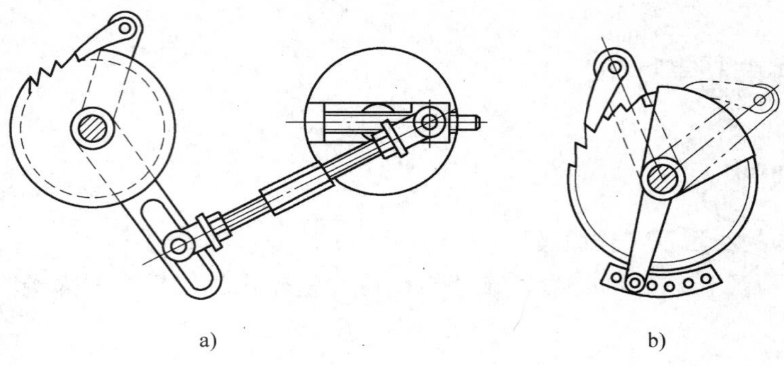

图 4-53　棘轮转角调节装置

齿式棘轮机构除图 4-51 所示的单向单动常见形式外，还有如图 4-54 所示的（单向）双动式棘轮机构和图 4-55 所示的可变向棘轮机构。

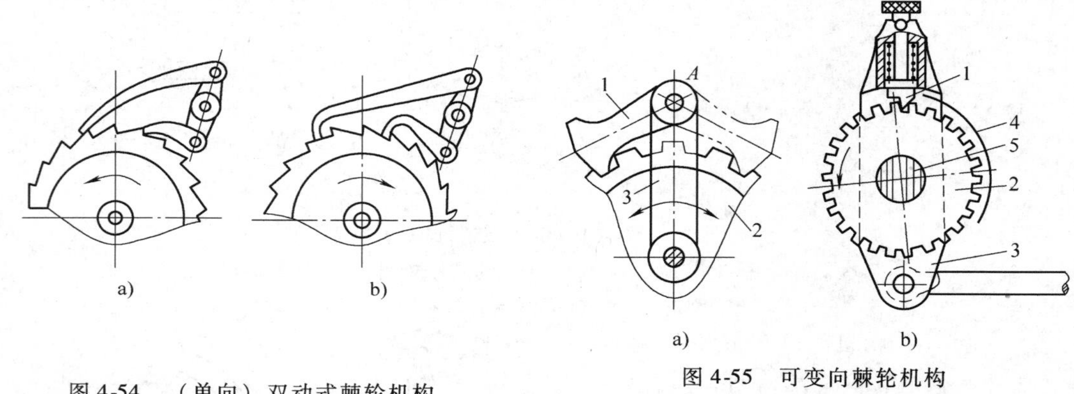

图 4-54　（单向）双动式棘轮机构

图 4-55　可变向棘轮机构
1—棘爪　2—棘轮　3—摇杆　4—遮板　5—丝杠

单向转动棘轮机构的棘轮齿形多为锯齿形；可变向棘轮机构棘轮齿形为对称梯形。

（2）摩擦式棘轮机构　图 4-52a 所示为结构上最简单的摩擦式棘轮机构。它由棘轮 1、棘爪 2、4、摇杆 3、机架 5、弹簧 6、7 及辅助装置等组成，其传动过程与齿式棘轮机构相似。但它是靠偏心楔块（棘爪）和棘轮之间的摩擦楔紧作用来工作的。

图 4-52b 所示为滚子摩擦棘轮机构。图中构件 8 若顺时针方向转动，由于弹簧 10 的推动使滚子 11 在摩擦力作用下楔紧在构件 8、9 之间的狭缝处，从而带动构件 9 一起转动；若构件 8 逆时针转动，滚子在摩擦力作用下回到构件 8、9 之间的宽缝处，构件 9 静止不动。

2. 棘轮机构的特点及应用

齿式棘轮机构结构简单、制造方便、运动可靠，容易实现小角度的间歇转动，转角调节方便。但棘轮开始和终止运动的瞬间有刚性冲击，运动平稳性较差。摇杆回程时棘爪在棘轮齿上滑行会引起噪声和磨损。故不适用于高速传动。

棘轮机构常用于各种机器的进给机构中，也可用作制动器和超越离合器。

在牛头刨床中采用了如图 4-55b 所示的可变向齿式棘轮机构。棘轮 2 与横向进给丝杠 5 固连，带动工作台间歇进给。拉起棘爪 1，并旋转 180°后再放下，可改变进给方向，转动遮板 4 可调节进给量。

图 4-56 所示为起重设备中的棘轮止动器，在吊起重物后，棘爪能防止与卷筒固连的棘

轮反转，可避免重物意外下落。

自行车后轮轴上采用了如图 4-51b 所示的内啮合齿式棘轮机构。其中，棘轮 1 的外圆周是后链轮，摇杆 3 是后轮轴，棘爪 2 与后轮轴 3 以回转副相连接。当链条使后链轮顺时针转动时，棘轮的棘齿通过棘爪带动后轮轴顺时针转动；当链条不动时，链轮停止转动，后轮轴仍可借助下滑力或惯性超越主动棘轮顺时针转动，此时，后轮轴上的棘爪 2 将沿内棘轮齿面滑过，自行车向前滑行。

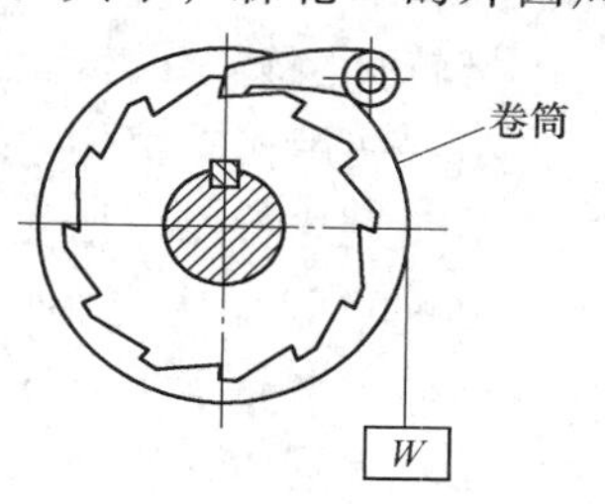

图 4-56　棘轮止动器

摩擦式棘轮机构与齿式棘轮机构相比，传递运动平稳而无噪声，从动转角随主动件摆角可作无级变化。但由于它是借助摩擦力来传递运动，难免会产生打滑，因此传动精度不高，传递的转矩也受摩擦力的限制。这种机构经常作为超越离合器，在各种机械中实现进给和传递运动。

4.4.2　槽轮机构

1. 槽轮机构的类型及工作原理

常用的槽轮机构有外槽轮机构和内槽轮机构两种形式，一般用于传递平行轴间的间歇运动，如图 4-57 所示。

图 4-58 所示为球面槽轮机构，用于传递两交错轴之间的间歇运动。

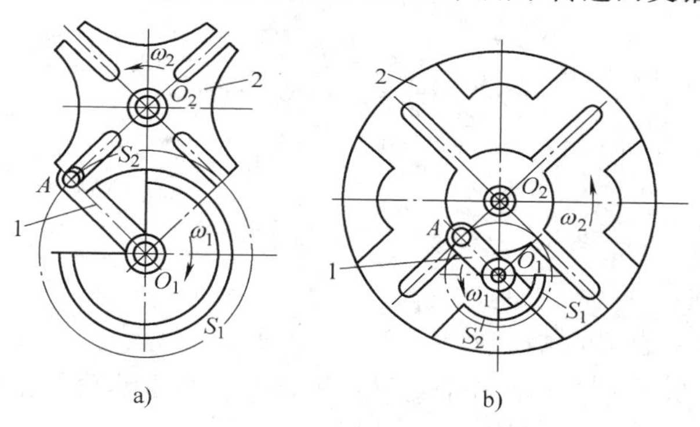

图 4-57　槽轮机构

a）外槽轮机构　b）内槽轮机构

1—拨盘　2—槽轮

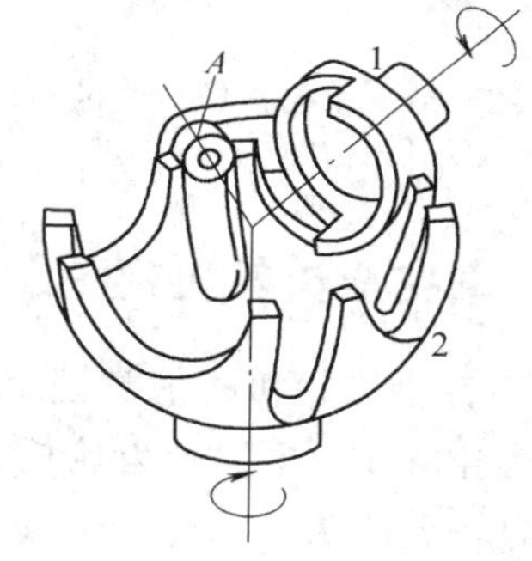

图 4-58　球面槽轮机构

1—拨盘　2—槽轮

槽轮机构主要由带有圆销的拨盘、开有径向槽的槽轮和机架组成。如图 4-57a 所示，当原动拨盘 1 作顺时针等速转动时，从动槽轮 2 作间歇运动。当拨盘 1 的圆销 A 未进入槽轮 2 的径向槽时，槽轮 2 由于其内凹的锁止弧 S_2 被拨盘 1 的外凸圆弧 S_1 锁住静止不动。图 4-57a 所示为圆销 A 开始进入槽轮 2 的径向槽的位置，锁止弧刚好被松开，槽轮 2 开始受圆销 A 驱动作逆时针转动。圆销 A 脱出径向槽的同时，槽轮 2 又因其另一内凹锁止弧被拨盘 1 的外凸圆弧锁住静止不动，直到圆销 A 进入槽轮 2 的另一径向槽时，两者将重复上述的运动循环。如图 4-57b 所示，内槽轮机构结构及工作原理与外槽轮机构相似，只是拨盘与槽轮同向转动。

拨盘上若安装两个以上圆销，称为多销槽轮机构。

2. 槽轮机构的特点及应用

槽轮机构的结构简单，工作可靠。槽轮在进入和退出啮合时比棘轮平稳，但仍然存在有限值的加速度突变，即存在柔性冲击。槽轮在转动过程中，其角速度和角加速度有较大的变化。槽轮的槽数 z 越少，变化就越大。所以槽数不宜选得过少，一般取 $z=4\sim8$。

槽轮每次转过的转角是不可调的。槽数受结构限制又不能过多，所以在转角太小的场合下，不宜使用槽轮机构。

基于上述特点，槽轮机构一般应用于转速较低、转角较大且不需调节的场合。

图 4-59 所示为电影放映机中的槽轮机构。为了适应人眼视觉暂留的特点，要求影片作间歇移动。槽轮 2 上有四个径向槽，当拨盘 1 每转一周，圆销 A 将拨动槽轮转过 1/4 周，影片移过一幅画面并作一定时间的停留。

图 4-60 所示为转塔车床的刀架转位机构。刀架（与槽轮 2 固连）的六个孔中装有六把刀具（图中未画出），故槽轮 2 上有六个径向槽。当拨盘 1 转动一周，圆销 A 将拨动槽轮转过 1/6 周，刀架也随着转过 60°，从而将下一工序的刀具转换到工作位置。

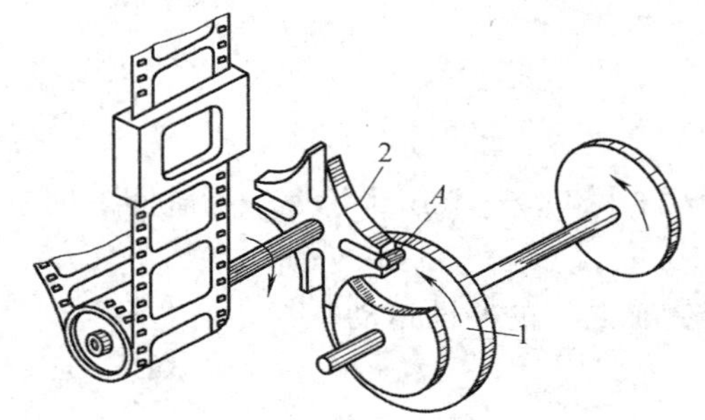

图 4-59　电影放映机中的槽轮机构

1—拨盘　2—槽轮

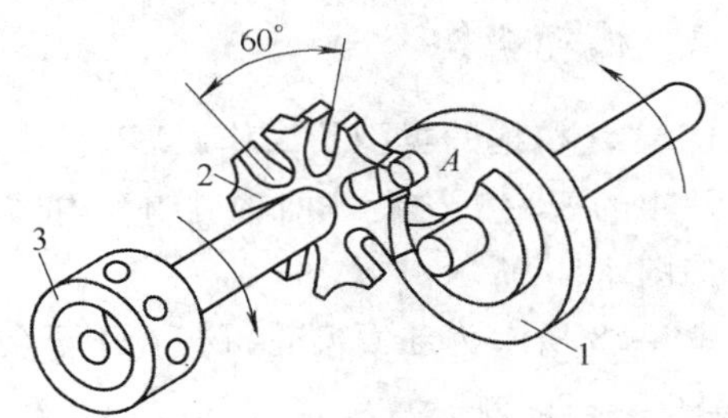

图 4-60　刀架转位机构

1—拨盘　2—槽轮　3—刀架

4.4.3　不完全齿轮机构

1. 不完全齿轮机构的类型及工作原理

按啮合情况，不完全齿轮机构分为外啮合和内啮合两种形式，如图 4-61 所示。不完全齿轮机构的主动轮 1 只有一个或几个齿，从动轮 2 上有若干轮齿及锁止弧。当主动轮 1 作连续转动时，从动轮 2 作间歇单向转动。

在图 4-61a 中，主动轮 1 逆时针转一周，从动轮 2 顺时针转四分之一周。当从动轮处于停歇位置时，从动轮的锁止弧 S_2 被主动轮的锁止弧 S_1 锁住，使从动轮停在确定的位置。

如图 4-61b 所示，内啮合不完全齿轮机构的工作原理与外啮合不完全齿轮机构相似，只是主、从动轮同向转动。

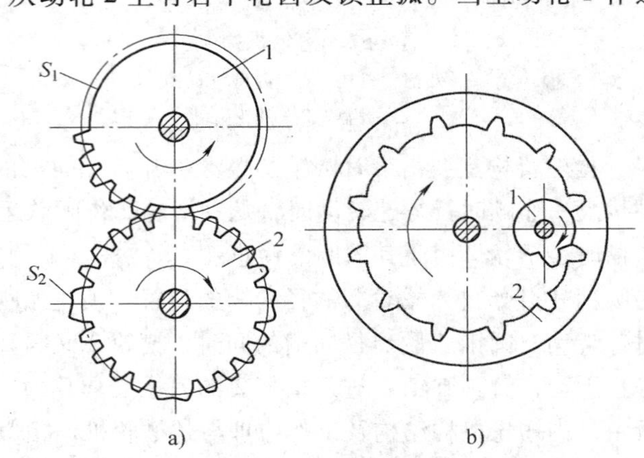

图 4-61　不完全齿轮机构

a）外啮合　b）内啮合

1—主动轮　2—从动轮

2. 不完全齿轮机构的特点及应用

不完全齿轮机构的功能与棘轮、槽轮机构相似，都是间歇运动机构，但又有其特点。从运动性能方面比较，棘轮每次转过的角度不大，通常不超过45°；槽轮转过的角度只能在$2\pi/z$内作有限的选择；而不完全齿轮机构的从动轮可以实现整周转动到多次停歇。只要适当地选取两齿轮齿数，从动轮可间歇地转过预期的运动角，因而适应性更广。从动力性能方面比较，棘轮机构存在较大冲击；槽轮机构在进入啮合和退出啮合时有柔性冲击，在运动中有较大的速度变化，易产生较大的惯性力；不完全齿轮机构在进入和退出啮合时有较大的冲击，而在运动过程中较平稳。

不完全齿轮机构一般适用于低速、轻载场合，如多工位自动或半自动机械工作台的间歇转位及某些间歇进给机构中。

4.4.4 凸轮式间歇运动机构

1. 凸轮式间歇运动机构的类型和工作原理

目前在工艺装备上应用较多的有两种凸轮式间歇运动机构。

（1）圆柱凸轮间歇运动机构　凸轮式间歇运动机构如图4-62a所示，主动构件1为一单槽圆柱凸轮，从动件2为端面带均布圆柱销的圆盘。两构件的轴线一般在空间交错成90°。当凸轮转动时，其沟槽驱动圆盘上的圆柱销，使圆盘作间歇转动。凸轮与圆盘的运动关系如图4-62b所示，圆柱凸轮直线部分使圆盘停歇，其曲线部分驱使圆盘转过相邻两柱销所夹的中心角$2\pi/z$。

（2）蜗杆凸轮间歇机构　蜗杆凸轮间歇机构如图4-63所示。主动构件为一形如弧面蜗杆的凸轮1，蜗杆多为单头。从动构件为一圆盘2，其圆柱面上带均布的圆柱销。两构件轴线一般在空间交错成90°。与上述圆柱凸轮间歇机构一样，当蜗杆凸轮转动时，推动圆盘作间歇转动。

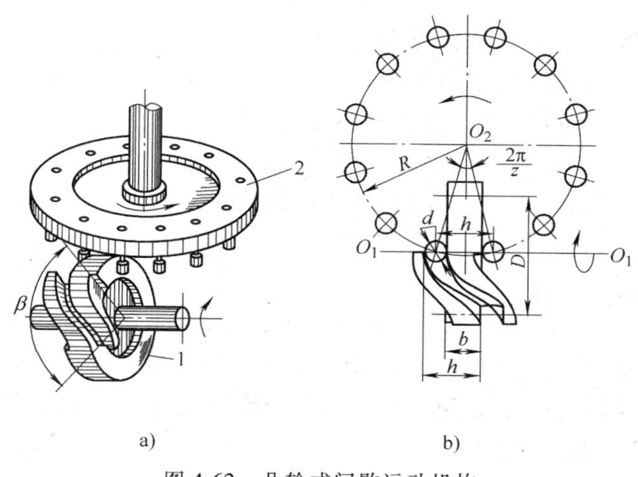

图4-62　凸轮式间歇运动机构

1—凸轮　2—圆盘

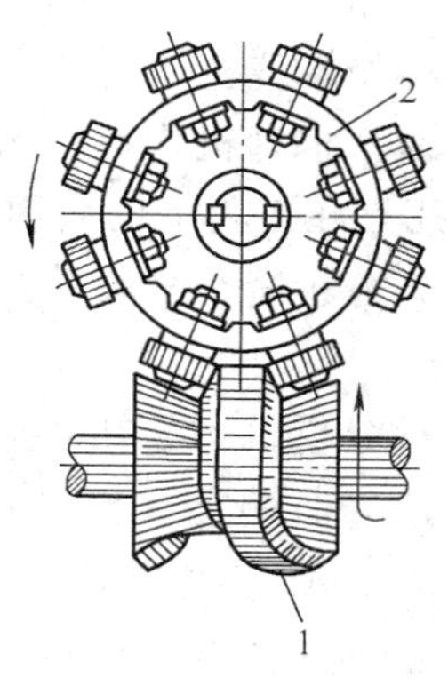

图4-63　蜗杆状凸轮间歇机构

1—凸轮　2—圆盘

2. 凸轮式间歇运动机构的特点及应用

凸轮式间歇运动机构的原动件是凸轮，只要选择适当的运动规律，便可以避免刚性冲击，甚至避免柔性冲击。因此凸轮式间歇运动机构可以在高速下平稳运转、低噪声地工作。与其他间歇运动机构相比较，这是凸轮式间歇运动机构的最大优点。但凸轮的加工比较复杂，加工精度要求高，装配调整也较严格。

凸轮式间歇运动机构常用于需要高速动作的自动、半自动机械中。如电动机硅钢片冲槽机的自动转位装置、拉链嵌齿机的间歇供料装置等。

思考与习题

1. 铰链四杆机构、曲柄滑块机构能实现哪些运动转换？

2. 曲柄滑块机构是如何由曲柄摇杆机构演化而来的？

3. 试根据图 4-64 所示四个铰链四杆机构各构件的尺寸，判定各属哪一类型铰链四杆机构。

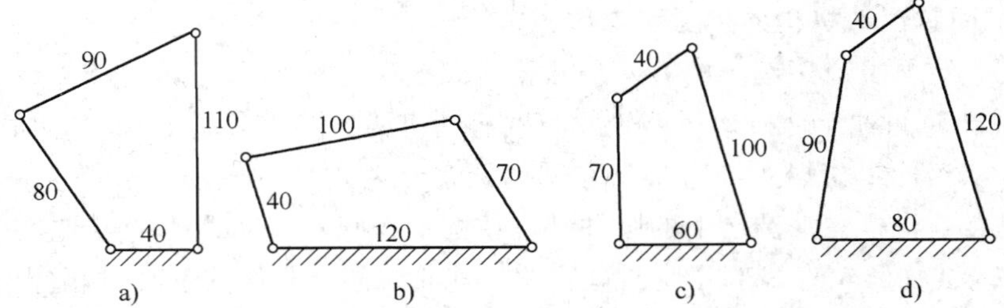

图 4-64　题 3 图

4. 在图 4-65 所示的铰链四杆机构中，已知 $l_{BC}=50\text{mm}$，$l_{CD}=35\text{mm}$，$l_{AD}=30\text{mm}$，取 AD 为机架。

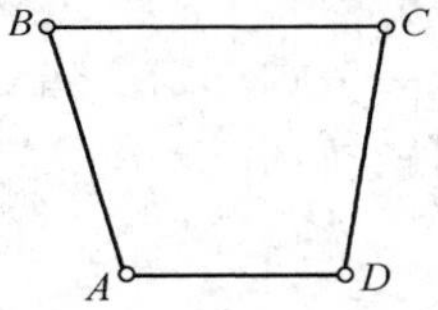

(1) 如果该机构能成为曲柄摇杆机构，AB 是曲柄，求 l_{AB} 的取值范围。

(2) 如果该机构能成为双曲柄机构，求 l_{AB} 的取值范围。

(3) 如果该机构能成为双摇杆机构，求 l_{AB} 的取值范围。

B　C　A　D

图 4-65　题 4 图

5. 曲柄摇杆机构在什么情况下有急回特性和死点？举例说明急回特性和死点在工程上的应用。

6. 试分析缝纫机脚踏驱动机构的死点位置。缝纫机脚踏驱动机构是否会出现运动不确定现象？

7. 试分析机构处在死点位置时的受力状况。

8. 已知曲柄摇杆机构各构件长度 $l_{AB}=80\text{mm}$，$l_{BC}=160\text{mm}$，$l_{CD}=280\text{mm}$，$l_{AD}=250\text{mm}$，AD 为机架，AB 为主动构件，试求（用图解法）：(1) 行程速比系数 K。(2) 最小传动角 γ_{min}。

9. 在一曲柄滑块机构中，已知滑块的行程速比系数 $K=1.4$，滑块行程 $H=50\text{mm}$，偏心距 $e=25\text{mm}$，如图 4-66 所示，试求曲柄长度 l_{AB} 和连杆长度 l_{BC}。

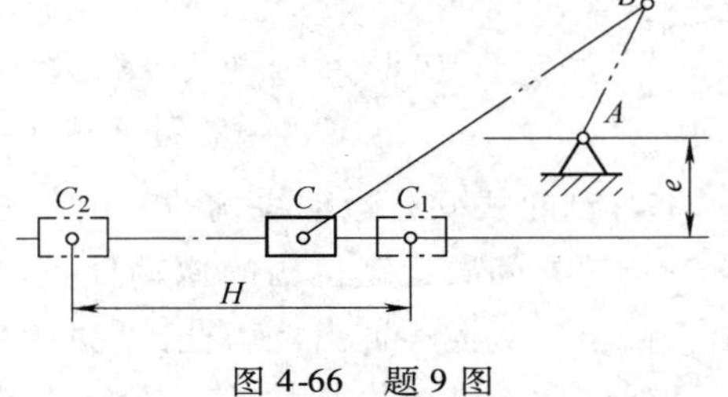

图 4-66　题 9 图

10. 图 4-67 所示为用四杆机构 $ABCD$ 控制的加热炉炉门的启闭机构。已知，炉门关闭时处于 B_1C_1 位置（竖直位置），开启时处于 B_2C_2 位置（水平位置）。炉门上两铰链中心距 $l_{BC}=200$，与机架连接的铰链 A、D 宜放置在 $y—y$ 轴线上；其他尺寸如图所示。试确定连架杆长度 l_{AB}、l_{CD}及机架长度 l_{AD}。

11. 偏心圆盘凸轮如图 4-68 所示，已知：$R=40$mm，$a=20$mm，$e=15$mm。试用图解法分别画出图 a、b 所示的凸轮机构从动件位移线图。

12. 已知从动件运动规律如下：$\Phi_t=180°$，$\Phi_S=30°$，$\Phi_h=120°$，$\Phi_S'=30°$，从动件在推程以等加速等减速上升，在回程以简谐运动下降，升程 $h=30$mm。试绘制从动件位移线图。

13. 已知摆动从动件运动规律如下：$\Phi_t=180°$，$\Phi_S=0°$，$\Phi_h=120°$，$\Phi_S'=60°$，从动件推程以简谐运动规律摆动，最大摆角 $\Psi_{max}=30°$，回程以等加速等减速运动规律返回原处。试绘制从动件角位移线图。

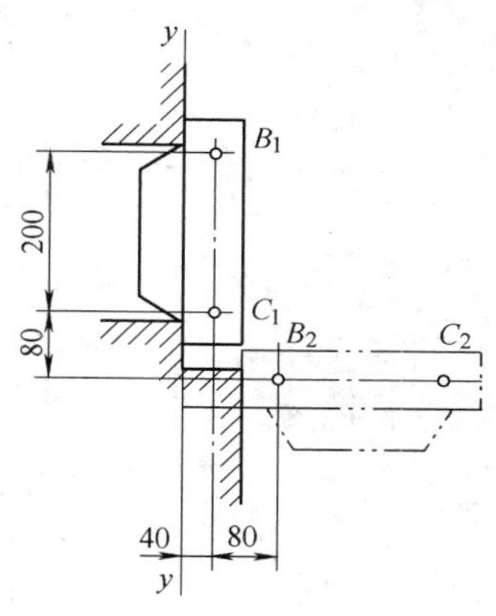

图 4-67　题 10 图

14. 设计偏置直动滚子从动件盘状凸轮机构。凸轮回转方向及从动件导路位置如图 4-69 所示。$e=10$mm，$r_b=40$mm，$r_T=10$mm，从动件运动规律同题 4-12。试绘制凸轮轮廓。

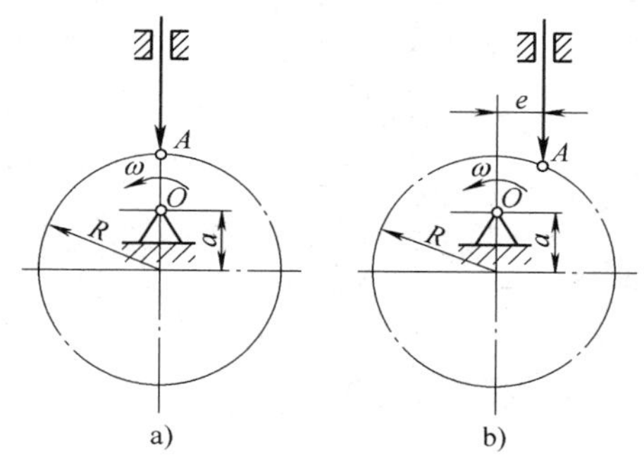

图 4-68　题 11 图

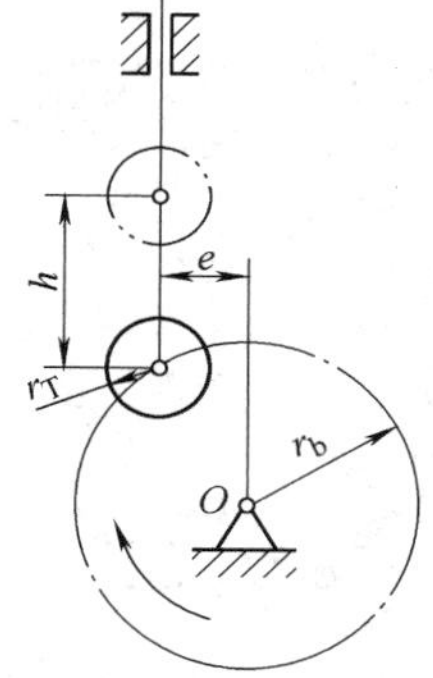

图 4-69　题 14 图

15. 试设计一对心平底直动从动件盘状凸轮机构。凸轮顺时针转动，$r_b=40$mm，从动件运动规律同 12 题，要求绘出凸轮轮廓，并决定从动件平底长度。

16. 设计一尖端摆动从动件盘状凸轮机构，凸轮回转方向及从动件初始位置如图 4-70 所示，$L_{OA}=75$mm，$L_{AB}=58$mm，$r_b=30$mm，从动件运动规律同 13 题。试绘制凸轮轮廓。

17. 根据牙型的不同，螺纹可分为哪几种？常用的传动螺纹有哪些？

18. 如何判别左旋螺纹和右旋螺纹？机械中经常使用的是哪一种螺纹？

19. 为什么多线螺纹多用于传动，普通螺纹主要用于连接？

20. 螺旋传动按功用可分为哪几类，试举例说明。

21. 差动位移螺旋传动和合成位移螺旋传动各能实现怎样的功能？其工作原理如何？试举例说明。

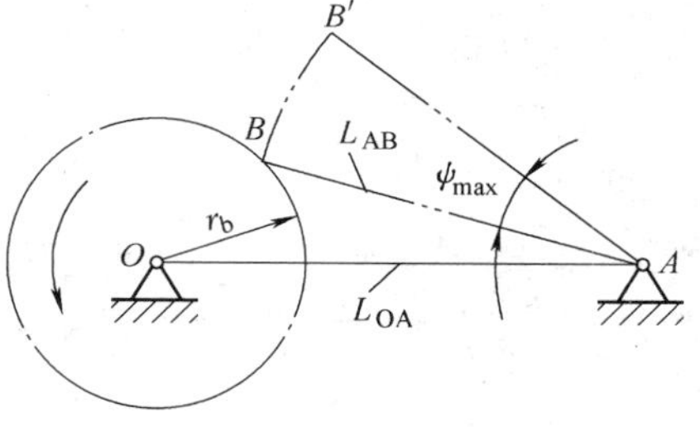

图 4-70　题 16 图

22. 为什么齿式棘轮机构的棘轮转角是有级变化的？其转角大小可以如何调节？

23. 试述四种间歇运动机构的运动特点。

第5章 机械零件工作能力分析基础

机械零件丧失预定功能或达不到预期要求的性能称为失效。由于工作条件不同的零件其功能和性能要求不同，故失效形式是多种多样的。常见的失效有：断裂或塑性变形、过量的变形、振动、失稳；工作表面的磨损和损伤、打滑或过热；连接松动；运动精度达不到要求等。

在一定的工作条件下，抵抗可能出现失效的能力称为机械零件的工作能力，它包括：强度、刚度、精度、耐磨性、稳定性和寿命等。例如，强度指零件在外力作用下抵抗破坏的能力，是零件必须首先满足的基本要求。刚度为零件在外力作用下抵抗变形的能力。稳定性是零件在压力作用下维持原有形态平衡的能力。本章主要分析机械零件在外力作用下产生拉伸、剪切与挤压、弯曲、扭转的基本变形和常见组合变形时的强度、刚度及稳定性问题，建立相应的工作能力判定条件即计算准则。

在机械和工程结构中，零件的几何形状是多种多样的，但最常见和最基本的一种是杆类零件，即长度远大于横截面尺寸的零件，如轴、立柱、梁等，并且大量的机械零件和结构可以简化为杆件。杆的几何形状可用其轴线（截面形心的连线）和垂直于轴线的横截面表示。本章分析的对象主要是轴线为直线且横截面一定的直杆。

5.1 零件轴向拉（压）变形时工作能力分析

5.1.1 轴向拉伸或压缩的概念

杆件受到外部沿轴线方向的拉力或压力（称轴向力）作用而沿轴向伸长或缩短，这种变形称为轴向拉压变形。产生轴向拉压变形的杆件称为拉压杆。如图5-1所示为简易起重机的拉杆 CD 产生拉伸变形；图5-2所示为螺纹夹具中的螺杆产生压缩变形；图5-3所示为气

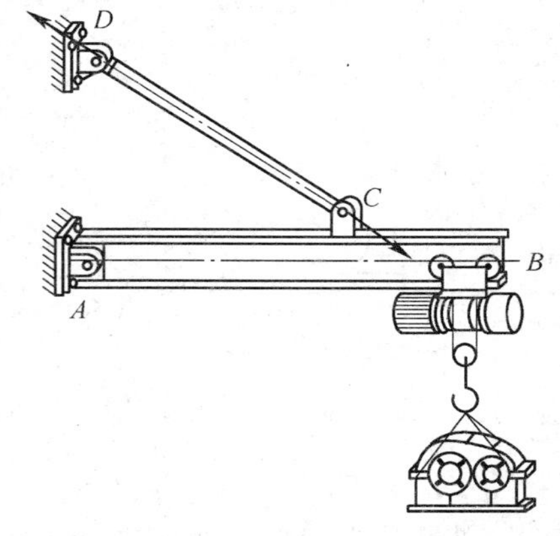

图5-1 简易起重机

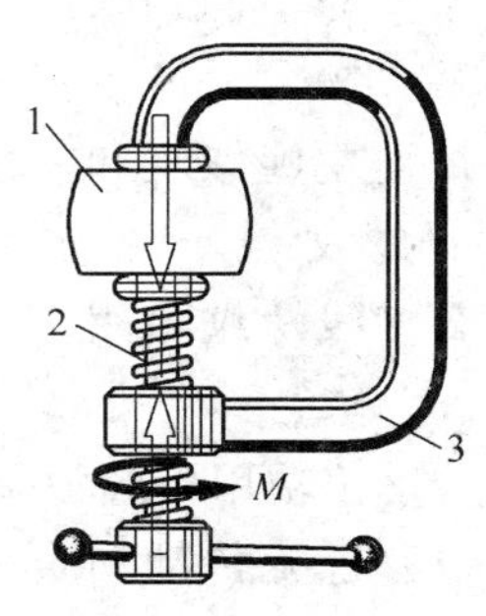

图5-2 螺纹夹具

1—工件 2—螺杆 3—支架

缸盖螺栓连接中的螺栓产生拉伸变形等。这些拉压杆的受力图和变形形式均可简化为图 5-4a、b 所示的情形。

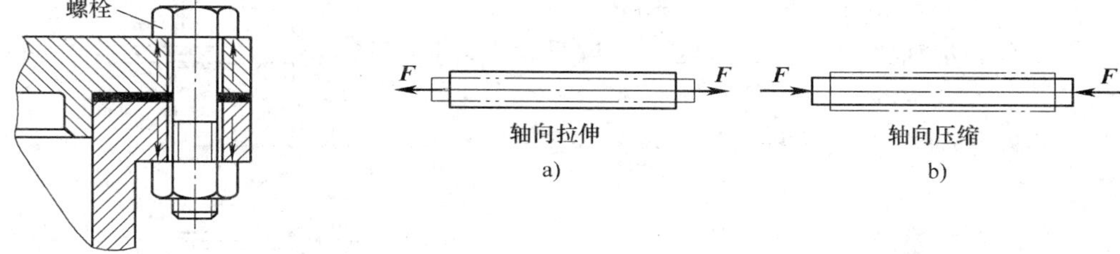

图 5-3　气缸盖的连接螺栓　　图 5-4　拉压杆的受力和变形简图

5.1.2　内力分析与应力分析

1. 轴力和轴力图

作用在杆件上的载荷和约束反力统称为外力。设一拉杆受外力 $\boldsymbol{F}_1$、$\boldsymbol{F}_2$ 的拉伸作用，如图 5-5 所示，若杆件在 $\boldsymbol{F}_1$、$\boldsymbol{F}_2$ 作用下平衡，则可假想用一平面 $m—m$ 截切杆件为两段，所取的任一段也应保持平衡。显然，在外力 $\boldsymbol{F}_1$ 作用下，左段的截面上必然受到右段作用的力 $\boldsymbol{F}_N$，称之为内力。由左段杆的平衡方程

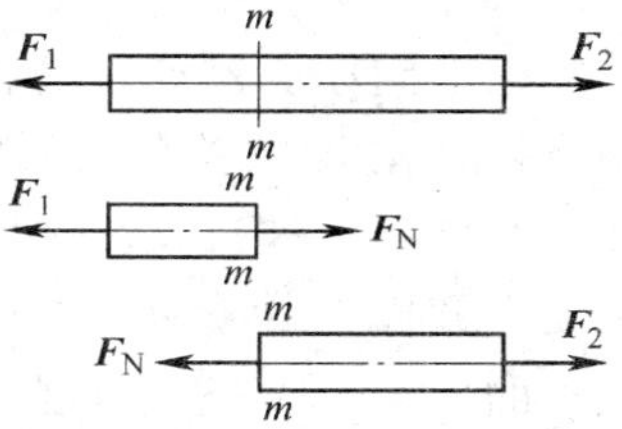

$$\sum F=0,\ F_N-F_1=0$$

求得

$$F_N=F_1$$

图 5-5　拉杆横截面上的内力

截面上的内力为分布力，这个分布力与外力 F_1 平衡，故其合力 F_N 与轴线重合，并称为轴力。这种假想截开杆件确定内力的方法称为截面法。

若将上述结果推广到左段轴上有多个轴向外力作用的情形，其结论为：截面 $m—m$ 上的轴力等于左段轴上所有轴向外力的代数和，即 $F_N=\Sigma F$。外力 $\boldsymbol{F}$ 指向离开该截面时取正；反之取负。

实际上轴力是由外力作用产生的杆件各部分之间的相互作用力，即截面左、右两侧的轴力互为作用力和反作用力（图 5-5）。为使取左、右段计算时轴力的符号一致，故规定轴力的正负号为：拉力取正，即轴力方向背离截面；压力取负，即轴力方向指向截面。

当杆件上沿轴线方向有两个以上的外力作用时，则每两个外力之间的横截面上的轴力不一定相同。为反映轴力随截面位置的变化情况，通常用平行于杆件轴线的坐标 x 表示横截面的位置，用垂直于杆轴线的坐标 $\boldsymbol{F}_N$ 表示对应截面上轴力的大小；轴力为正值绘在 x 轴的上方，轴力为负值绘在 x 轴的下方。这种轴力随横截面位置变化规律表示的图形，称为轴力图。在轴力图上，除要标明轴力的大小和单位外，还应标明轴力的正负号。

【例 5-1】 图 5-6a 为一双压铆机的活塞缸示意图。作用于活塞杆上的力分别为 $F=2.62\text{kN}$，$P_1=1.3\text{kN}$，$P_2=1.32\text{kN}$。试求活塞杆上各段横截面上的轴力，并作轴力图。

解　(1) 作活塞杆的受力图。活塞杆分别在 A、B、C 三处受轴向外力作用，如图 5-6b 所示。

(2) 求截面 1—1 和 2—2 的轴力。分别在每两个力之间取截面 1—1 和 2—2，并以所取截面的左段杆为分析对象，如图 5-6c、d 所示。则截面上的轴力等于截面左侧杆上所有轴向

外力的代数和，即

$$F_{N1} = -F = -2.62\text{kN}$$

$$F_{N2} = -F + P_1 = -1.32\text{kN}$$

负号表示轴力 F_{N1}、F_{N2} 为压力，与假设方向相反。

若取截面 2—2 右段杆为研究对象（图5-6e），得

$$F_{N2} = -P_2 = -1.32\text{kN}$$

与以截面 2—2 左段杆计算的结果相同。

（3）画轴力图，如图 5-6f 所示。

熟练之后，图 5-6c、d、e 截面图均可不画，直接在受力图下方画轴力图即可。

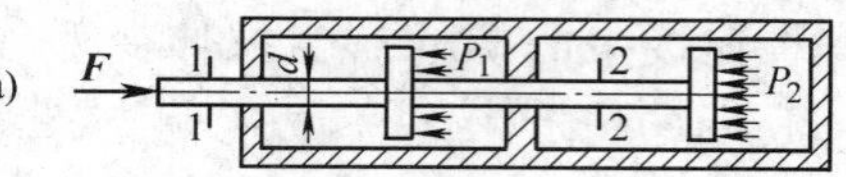

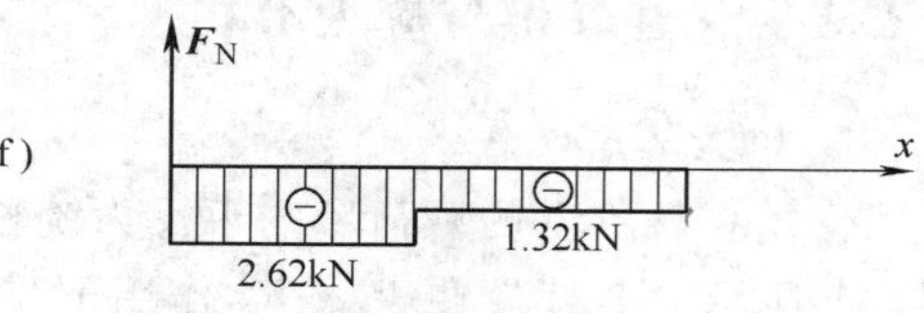

图 5-6　例 5-1 图

2. 拉压杆横截面上的正应力

只求出构件横截面上的内力，还不能解决构件的强度问题。例如，两根材料相同、粗细不同的直杆，在相同的拉力作用下，随着拉力的增加，细杆首先被拉断，这说明杆件的强度不仅与内力有关，而且与截面的尺寸有关，即与内力在横截面上分布的密集程度（简称集度）有关。内力在截面上某点处的分布集度，称为该点的应力，工程上常用应力来衡量构件受力的强弱程度。

对于拉压杆，横截面上分布的内力是垂直于横截面的轴力，则轴力在横截面上的分布集度称为正应力。实验结果表明，对于材料均匀连续的等截面直杆，轴力在横截面上的分布是均匀的，即横截面上各点处的正应力是相等的。其计算式为

$$\sigma = \frac{F_N}{A} \tag{5-1}$$

式中　A——横截面的面积。

正应力的正负号与轴力相对应，即拉应力为正，压应力为负。

在国际单位制中，应力的单位是 Pa，常用单位是 MPa。

$1\text{Pa} = 1\text{N/m}^2$，$1\text{kPa} = 10^3\text{Pa} = 1\text{kN/m}^2$，$1\text{MPa} = 10^6\text{Pa} = 1\text{N/mm}^2$，$1\text{GPa} = 10^9\text{Pa}$。

5.1.3　材料的力学性能

杆件在外力作用下发生变形，并随着外力的增加而增加，从而使所产生的内力随之增加，但对于特定的材料，其内力的增加超过一定限度时，杆件将发生失效。

材料承受外力作用时，在强度和变形方面表现出的特性称为材料的力学性能，这些性能是分析构件承载能力及选取材料的依据。材料的力学性能一般可以通过试验来测定。

常用材料可分为两大类，即以低碳钢为代表的塑性材料和以铸铁为代表的脆性材料，低碳钢和铸铁均在工程实际中广泛使用。

1. 低碳钢的力学性能

低碳钢的拉伸试验图如图 5-7a 所示，压缩试验图如图 5-7b 所示。纵坐标为应力 $\sigma = F/A$，即拉力（压力）F 除以试件横截面积 A；横坐标为应变 $\varepsilon = \Delta l/l$（详见本章后叙），即试

件工作段的伸长（缩短）量 Δl 除以该段原长 l。图 5-7 所示的 σ-ε 曲线称为应力应变曲线。

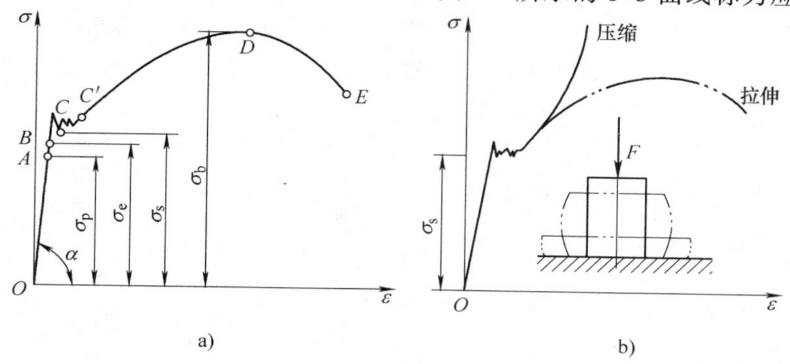

图 5-7　低碳钢的力学性能

低碳钢拉伸时的应力应变曲线依次大致分为弹性、屈服、强化和缩颈四个阶段。

（1）弹性阶段（OB 段）　材料受力后，变形随外力的增加而增加，若卸去外力，变形完全消失，即只产生弹性变形。点 B 对应的应力值 σ_e 称为材料的弹性极限。在此阶段中，OA 段为斜直线，即有 $\sigma \propto \varepsilon$，而 $\tan\alpha = \sigma/\varepsilon$，令 $E = \tan\alpha$，则有 $\sigma = E\varepsilon$（拉、压胡克定律，详见本章后叙），式中 E 称为材料的弹性模量。点 A 对应的应力值 σ_p 称为材料的比例极限，由于大部分材料的比例极限和弹性极限十分接近。所以将 σ_p 和 σ_e 统称为弹性极限。

（2）屈服阶段（BC'段）　此阶段的曲线为近于水平的锯齿形状线，出现应力变化很小、应变显著增大的现象，称为材料的屈服或流动。点 C 对应的应力值 σ_S 称为材料的屈服极限。材料屈服时构件不仅几乎丧失抵抗变形的能力，而且卸去外力后变形不能完全消失，即产生塑性变形，使构件不能正常工作。因此，屈服极限 σ_S 是衡量材料强度的重要指标。

（3）强化阶段（$C'D$ 段）　经过屈服阶段以后，材料抵抗变形的能力又有所恢复，应变随应力的增大而增加，这种现象称为材料的强化。最高点 D 对应的应力值 σ_b 是材料所能承受的最大应力，称为强度极限，也是衡量材料强度的重要指标。

（4）缩颈阶段（DE 段）　经过点 D 后，在试件的某一局部区域，其横截面急剧缩小，这种现象称为缩颈现象。由于缩颈部分横截面面积急剧减小，使试件继续伸长所需的拉力也随之迅速下降，直至试件被拉断。

由低碳钢压缩时的应力应变曲线（图 5-7b）可知，材料压缩时的力学性能只有在屈服极限内与拉伸时重合，所以低碳钢拉伸和压缩时的 E 值和 σ_S 值基本相同。屈服极限以后，产生明显的塑性变形，并随着压力的增加，越压越扁，故测不出其抗压强度。

2. 铸铁的力学性能

如图 5-8a 所示，铸铁拉伸时的应力应变曲线是一段微弯曲线（图 5-8 中的实

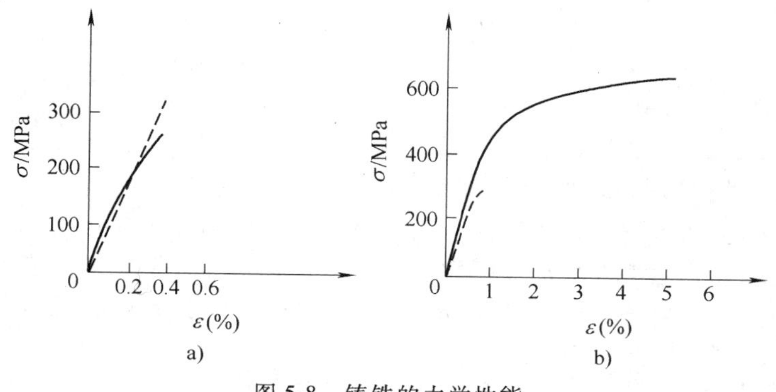

图 5-8　铸铁的力学性能

线)。铸铁在拉伸时，没有屈服和缩颈现象，断裂时应力、应变都很小。铸铁拉断时的最大应力，即为其抗拉强度 σ_b，这是衡量铸铁抗拉强度的唯一指标。图 5-8b 所示为铸铁压缩时的应力应变曲线（实线），与其拉伸时的应力应变曲线（虚线）相似，整个曲线无屈服极限，只有强度极限，并且铸铁抗压强度极限高于其抗拉强度极限约 2 ~ 4 倍。所以，铸铁宜用作受压构件。

综上所述，塑性材料和脆性材料的力学性能主要有如下区别：

1）塑性材料破坏时有较大的塑性变形，断裂前有明显的屈服现象；而脆性材料在变形很小时突然断裂，无屈服现象。

2）塑性材料拉伸时的比例极限、屈服极限和弹性模量与压缩时相同。由于塑性材料一般不允许达到屈服极限，所以抗拉和抗压时的能力相同。而脆性材料抗压能力远远大于抗拉能力。

工程上用来衡量材料塑性的指标有伸长率（A）和断面收缩率（Z）。

伸长率
$$A = \frac{l_1 - l_0}{l_0} \times 100\%$$

式中 l_1——试件拉断后工作段的长度；

l_0——原工作段长度。

断面收缩率

$$Z = \frac{A_0 - A_1}{A_0} \times 100\%$$

式中 A_0——试件原横截面面积；

A_1——试件断裂处的横截面面积。

A 和 Z 的数值越高，材料的塑性越大。一般 $A > 5\%$ 的材料称为塑性材料，如合金钢、铝合金、碳素钢和青铜等；$A < 5\%$ 的材料称为脆性材料，如灰铸铁、玻璃、陶瓷、混凝土和石料等。

几种材料的力学性能见表 5-1。

表 5-1 几种材料的力学性能

材料牌号或名称	屈服极限 σ_S/MPa	强度极限 σ_b/MPa	伸长率 A/%
Q235A	185 ~ 235	375 ~ 460	25 ~ 27
35	315	530	20
45	355	600	16
40Cr	785	980	9
灰口铸铁	—	98 ~ 390（受拉） 640 ~ 1300（受压）	—

3. 许用应力和安全因素

根据材料的力学性能，当塑性材料达到屈服极限 σ_S 和脆性材料达到强度极限 σ_b 时，材料就会发生塑性变形或断裂。工程上把材料丧失正常工作能力的应力称为危险应力或极限应力，用 σ°表示。对于塑性材料，$\sigma^\circ = \sigma_S$；对于脆性材料，$\sigma^\circ = \sigma_b$。构件工作时载荷引起的应力称为工作应力，即 $\sigma = \frac{F_N}{A}$。为保证构件安全工作，必须把构件的最大工作应力限制在极

限应力 σ°以内，也就是在考虑材料、加工、载荷及工作条件等实际情况的基础上，保证构件具有适当的强度储备，考虑了强度储备的极限应力称为材料的许用应力，用［σ］表示，则

$$\left.\begin{aligned}&\text{塑性材料的许用应力} \qquad [\sigma]=\frac{\sigma_S}{n_S}\\&\text{脆性材料的许用应力} \qquad [\sigma]=\frac{\sigma_b}{n_b}\end{aligned}\right\} \tag{5-2}$$

式中　n_S、n_b——分别为屈服极限和强度极限的安全因数。

安全因数的大小反映了强度储备的多少，直接影响构件的工作情况。过大的安全因数，使许用应力过小，即强度储备过多，材料的利用率太低，造成浪费，增加成本；若安全因数过小，材料接近极限应力，构件工作的安全性差。因此合理确定安全因数，才能合理解决构件的安全与经济这一矛盾。在实际应用中，安全因数可在机械工程手册中查得。对于一般机械，塑性材料的安全因数 $n_S=1.5\sim2.5$，脆性材料的安全因数 $n_b=2.0\sim3.5$（或更大）。

5.1.4　轴向拉（压）强度分析实例

为保证杆件安全工作，杆件应满足的拉（压）强度条件是：杆件横截面上的最大工作应力不得超过材料的许用应力，即

$$\sigma_{max}=\frac{F_N}{A}\leqslant[\sigma] \tag{5-3}$$

式中　F_N——产生最大应力危险截面上的轴向力；

A——产生最大应力危险截面的面积。

根据拉（压）强度条件，可以解决拉压杆三类强度计算问题：

1）强度校核。若已知杆件的尺寸、所受的载荷及材料的许用应力，即可用式（5-3）验算杆件是否满足拉（压）强度条件。

2）确定截面尺寸。若已知杆件所受的载荷和材料的许用应力，可将式（5-3）改写为

$$A\geqslant\frac{F_N}{[\sigma]} \tag{5-4}$$

由上式可确定拉压杆的截面尺寸。

3）确定许可载荷。若已知杆件的截面尺寸和许用应力，可将式（5-3）改写为

$$F_{Nmax}\leqslant A[\sigma] \tag{5-5}$$

由上式可求得杆件所能承受的最大轴力。再根据静力平衡条件进一步确定杆件所能承受的许可载荷。

在强度计算中，可能出现工作应力略大于材料许用应力的情况。当工作应力的超过部分不超出许用应力值的5%时，仍可认为构件满足强度要求。

【例5-2】 如图5-9a所示，某拉紧钢丝绳的张紧器所受的拉力为 $F=30\text{kN}$；拉杆和套筒的材料均为Q235A，屈服极限 $\sigma_S=235\text{MPa}$；拉杆螺纹M20的内径 $d_1=17.29\text{mm}$，其他尺寸如图5-9a所示。若不考虑螺纹连接段轴力的变化及拉杆端部 A 处的强度，试校核张紧器的强度。

解　（1）分析外力。分别取拉杆和套筒为分析对象，画出受力图如图5-9b、c所示。螺

纹副中的作用力用合力 F_R（或 F_R'、F_R''）代替，并分别作用于拉杆和套筒的 B 处和 C 处。

（2）分析内力。采用截面法求得拉杆和套筒上各横截面间的轴力 $F_N = F = 30\text{kN}$，分别画出它们的轴力图，如图 5-9d、e 所示。

（3）分析危险截面。由于拉杆和套筒上各横截面间的轴力处处相等，当 F_N 一定时，横截面积 A 越小，工作应力 σ 将越大。因此，面积最小的横截面是危险截面，危险截面上有最大工作应力为 σ_{max}。对于拉杆，面积最小的是螺纹牙根处的截面，其面积为

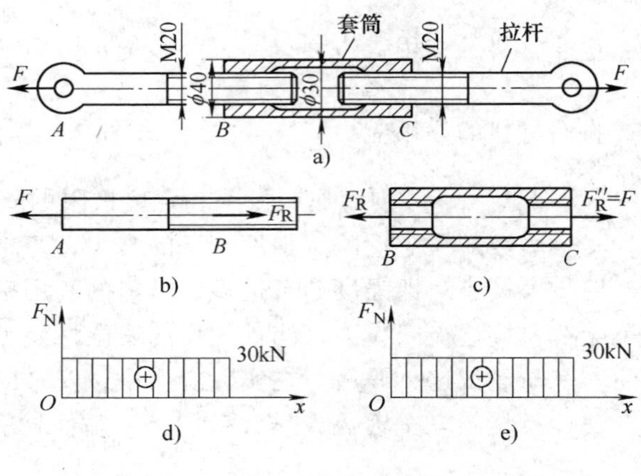

图 5-9 例 5-2 图

$$A_1 = \frac{\pi d_1^2}{4} = \frac{\pi \times 17.29^2}{4}\text{mm}^2 = 234.9\text{mm}^2$$

对于套筒，面积最小的是内径为 $\phi30\text{mm}$ 处的截面，其面积为

$$A_2 = \frac{\pi}{4}(40^2 - 30^2)\ \text{mm}^2 \approx 549.78\text{mm}^2$$

由于 $A_1 < A_2$，所以拉杆螺纹牙根处的横截面为危险截面。

（4）确定许用应力。因 Q235A 为塑性材料，其安全因数 $n_S = 1.5 \sim 2.5$，考虑钢丝绳的张紧器属较重要装置，而实际工作中载荷的变动以及材质的不均匀性等对其强度有影响，故取安全因数 $n_S = 1.8$，可得许用拉应力为

$$[\sigma] = \frac{\sigma_S}{n_S} = \frac{235}{1.8}\text{MPa} = 130.56\text{MPa}$$

（5）校核强度。由式（5-3）得

$$\sigma_{max} = \frac{F_N}{A_1} = \frac{30 \times 10^3}{234.9}\text{MPa} \approx 127.71\text{MPa} < [\sigma] = 130.56\text{MPa}$$

所以张紧器满足强度要求。

【例 5-3】 图 5-10a 所示为一钢木结构的起吊架示意图，AB 为木杆，其横截面面积 $A_1 = 10^4\text{mm}^2$，许用应力 $[\sigma]_1 = 7\text{MPa}$；BC 为钢杆，其横截面积 $A_2 = 600\text{mm}^2$，许用应力 $[\sigma]_2 = 160\text{MPa}$。试求最大允许载重 W。

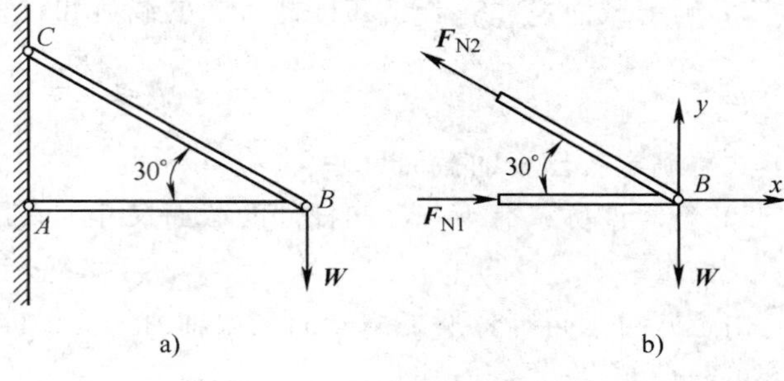

图 5-10 例 5-3 图

解 （1）受力分析。取铰链 B 为分析对象，设木杆 AB、钢杆 BC 所受轴力分别为 F_{N1}、F_{N2}，铰链 B 的受力图如图 5-10b 所示。

（2）求轴力。由铰链 B 的平衡条件可求得 AB、BC 两杆的轴力 F_{N1}、F_{N2} 与载荷 W 的关系，即

由 $$\sum F_y = 0,\ F_{N2}\sin30° - W = 0$$

得 $$F_{N2} = \frac{W}{\sin30°} = 2W$$

由
$$\sum F_x = 0,\ F_{N1} - F_{N2}\cos30° = 0$$
得
$$F_{N1} = F_{N2}\cos30° = 2W\frac{\sqrt{3}}{2} = \sqrt{3}W$$
（3）求最大允许载荷［W］。由式（5-5）的强度条件可得木杆的许用轴力为
$$F_{N1} \leqslant A_1 \cdot [\sigma]_1$$
即
$$\sqrt{3}W \leqslant 10^4 \times 7$$
得
$$W \leqslant 40415\text{N} = 40.4\text{kN}$$
钢杆的许用轴力为
$$F_{N2} \leqslant A_2 \cdot [\sigma]_2$$
即
$$2W \leqslant 600 \times 160$$
得
$$W \leqslant 48000\text{N} = 48\text{kN}$$
为保证结构安全，铰链 B 处可吊起的最大允许载荷应取 40.4kN 和 48kN 中的较小值，即
$$[W] = 40.4\text{kN}$$

5.1.5 轴向拉（压）变形简介

1. 变形与应变

试验表明，在轴向载荷作用下，杆件拉伸时，轴向尺寸增加，横向尺寸略有减小；杆件压缩时，则是轴向尺寸减小，横向尺寸略有加大。

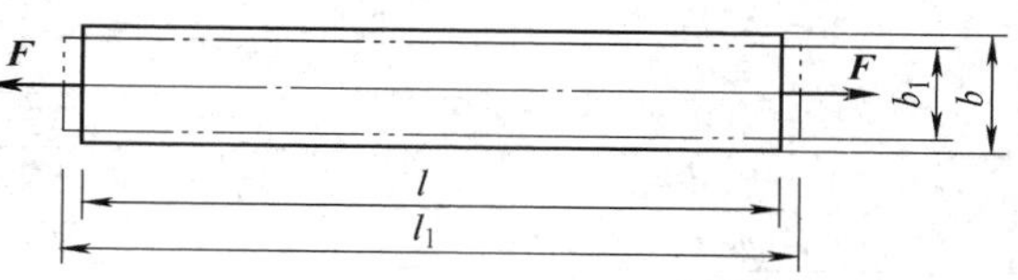

图 5-11 拉杆的变形

图 5-11 所示等直杆的原长为 l，横向尺寸为 b。在轴向拉力 $\boldsymbol{F}$ 作用下，纵向长度变为 l_1，横向尺寸变为 b_1。则

$$\left.\begin{aligned}&\text{杆的纵向绝对变形为} \quad \Delta l = l_1 - l\\&\text{杆的横向绝对变形为} \quad \Delta b = b_1 - b\end{aligned}\right\} \tag{5-6}$$

绝对变形只是表示构件的变形大小，而不表示其变形程度。故常以单位原长的变形来度量杆的变形程度，单位原长的变形称为线应变，即

$$\left.\begin{aligned}&\text{纵向线应变} \quad \varepsilon = \frac{\Delta l}{l} = \frac{l_1 - l}{l}\\&\text{横向线应变} \quad \varepsilon' = \frac{\Delta b}{b} = \frac{b_1 - b}{b}\end{aligned}\right\} \tag{5-7}$$

可见，线应变表示杆件的相对变形，其量纲为 1。拉伸时，$\Delta l > 0$，$\Delta b < 0$，因此 $\varepsilon > 0$，$\varepsilon' < 0$。压缩时反之。

2. 泊松比

试验表明，当应力不超过某一限度时，横向线应变 ε' 和纵向线应变 ε 之间存在比例关系，而且符号相反，即

$$\varepsilon' = -\mu\varepsilon \tag{5-8}$$

式中的 μ 称为泊松比。泊松比的量纲为 1，其值与材料有关，一般不超过 0.5，即纵向线应变 ε 总比横向线应变 ε' 大。

3. 胡克定律

试验表明，当杆的正应力 σ 不超过比例限度时，应力与应变成正比，材料服从胡克定

律，即

$$\sigma = E \cdot \varepsilon \text{ 或 } \varepsilon = \frac{\sigma}{E} \tag{5-9}$$

由于$\frac{F_N}{A} = \sigma$，$\frac{\Delta l}{l} = \varepsilon$，式（5-9）可写成

$$\Delta l = \frac{F_N l}{EA} \tag{5-10}$$

即杆的绝对变形 Δl 与轴力 F_N 及杆长 l 成正比，而与横截面面积 A 成反比。

式（5-10）是胡克定律的又一表达形式。其中，常数 E 是材料的弹性模量，同一种材料的 E 值为常数，其量纲与应力相同，常用单位是 GPa，即 10^9Pa。分母 EA 称为杆的抗拉（压）刚度，它表示杆件抵抗拉伸（压缩）变形能力的大小。在其他条件相同的情况下，抗拉（压）刚度 EA 越大的杆件，其变形越小；反之，其变形越大。

弹性模量 E 和泊松比 μ 都是材料的弹性常数，可由实验测定。几种常用材料的 E 和 μ 值见表 5-2。

表 5-2　几种常用材料的 E 值和 μ 值

材料名称	E/GPa	μ
碳素钢	196 ~ 216	0.24 ~ 0.28
合金钢	186 ~ 206	0.25 ~ 0.30
灰铸铁	78.5 ~ 157	0.23 ~ 0.27
铜及铜合金	72.6 ~ 128	0.31 ~ 0.42
铝合金	70 ~ 72	0.26 ~ 0.33

【例 5-4】　图 5-12 所示为气缸的缸体与缸盖用 M12 的螺栓连接，在装配时必须拧紧。已知，螺栓小径 $d = 10.1$mm，拧紧后在计算长度 $l = 80$mm 内产生的总伸长为 $\Delta l = 0.03$mm。螺栓材料的弹性模量 $E = 210$GPa。试计算螺栓杆横截面上的拉应力和螺栓连接拧紧时的预紧力。

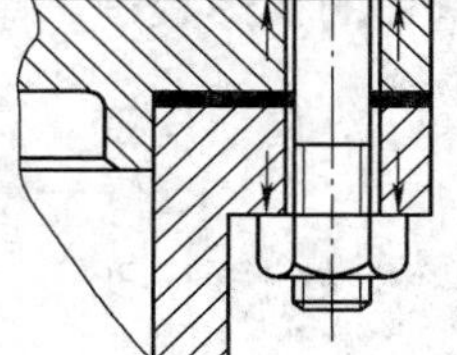

图 5-12　例 5-4 图

解　（1）求纵向线应变 ε。螺栓受预紧力的作用而被拉伸，其纵向线应变可由式（5-7）求得，即

$$\varepsilon = \frac{\Delta l}{l} = \frac{0.03}{80} = 0.000375$$

（2）求拉应力 σ。由胡克定律［式（5-9）］可求出螺栓杆横截面上的拉应力为

$$\sigma = E \cdot \varepsilon = 210 \times 10^3 \times 0.000375\text{MPa} = 78.75\text{MPa}$$

（3）求预紧力 F_0。螺栓连接拧紧时使螺栓受拉，使被连接件受压，因此可由螺栓杆横截面上产生与预紧力 F_0 等值的轴力，通过式（5-1）求得 F_0，即

$$\sigma = \frac{F_N}{A} = \frac{F_0}{A}$$

则

$$F_0 = A \cdot \sigma = \frac{\pi}{4} \times 10.1^2 \times 78.75\text{N} \approx 6310\text{N} = 6.31\text{kN}$$

5.1.6　压杆稳定性的概念

如前所述，对于一般的受压直杆，可能会认为只要满足压缩强度条件，就能保证压杆的

正常工作。事实上该结论仅适合短粗压杆，而细长压杆并非如此。实际上，当细长压杆所受的轴向压力远远不足压缩强度的许可值时，便已失去其原有的直线状态，突然变弯而丧失承载能力。

如图 5-13a 所示，在细长直杆两端作用有一对等值、反向的轴向压力 $\boldsymbol{F}$，杆件处于平衡状态。试验发现，若施加一个不大的横向干扰力，则杆件变弯（图 5-13b）。但是，当轴向压力 $\boldsymbol{F}$ 值小于某一数值 F_{cr}时，若撤去横向干扰力，压杆将恢复到原来的直线平衡状态（图 5-13c），这表明压杆原来直线状态的平衡是稳定平衡；当轴向压力 $\boldsymbol{F}$ 值达到某一数值 F_{cr}时，若撤去横向干扰力，压杆不能恢复到原来的直线平衡状态，仍处于微弯状态，如图 5-13d 所示，此时轴向压力 $\boldsymbol{F}$ 值若再有微小增加，就会立刻发生明显的弯曲变形，直至折断。这表明压杆原来直线状态的平衡是不稳定平衡。压杆这种不能保持其原有直线平衡状态而突然变弯的现象，称为压杆失稳。

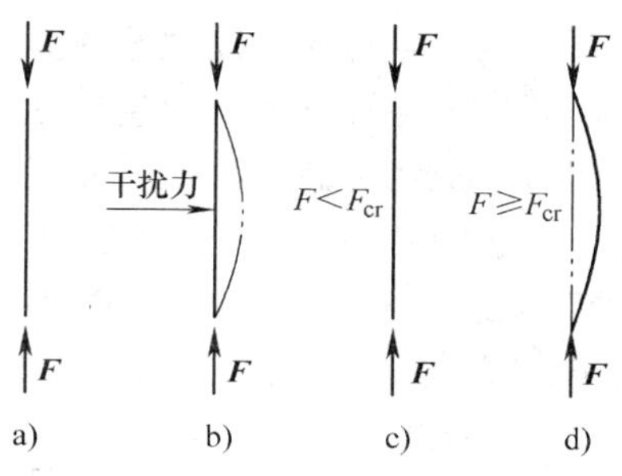

图 5-13　压杆的稳定性

由上述可知，压杆所受的轴向压力 $\boldsymbol{F}$ 值逐渐增加到极限值 F_{cr}时，压杆处于由稳定平衡到不稳定平衡的临界状态，则极限压力 $\boldsymbol{F}_{cr}$称为临界压力。临界压力 $\boldsymbol{F}_{cr}$的大小表示了压杆稳定性的强弱。临界压力 $\boldsymbol{F}_{cr}$越大，稳定性越强，压杆越不易失稳；临界压力 $\boldsymbol{F}_{cr}$越小，稳定性越弱，压杆越易失稳。

可见，对于压杆而言，短粗杆和细长杆的破坏性质是不同的，短粗杆是强度问题，而细长杆则是稳定性问题。机械设备中，细长压杆的使用也很普遍，如内燃机配气阀的顶杆（图 5-14a）、千斤顶的丝杠（图 5-14b）、液压缸的活塞杆、内燃机的连杆等，都存在稳定性问题。

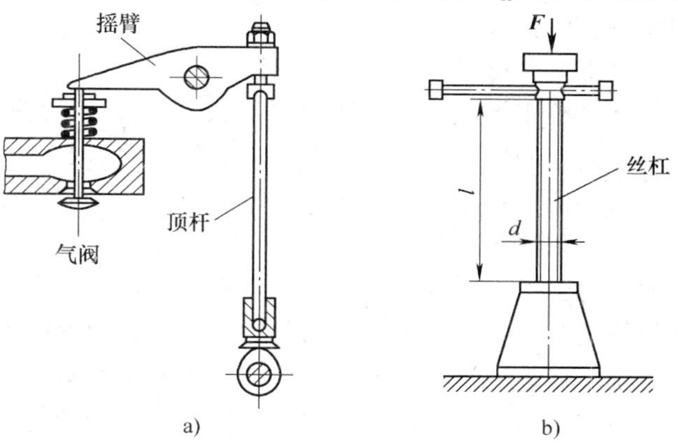

图 5-14　细长压杆的应用实例

在工程实际中，考虑细长压杆的稳定性问题是非常重要的。因为这类构件的失稳常发生在其强度破坏之前，并且通常是瞬间发生的，以至人们猝不及防，所以更具危险性。

解决压杆稳定问题的关键是提高临界压力 $\boldsymbol{F}_{cr}$，其值的计算可参阅相关资料。实际中通常通过加固端部约束、减小压杆长度以及采用合理的截面形状（图 5-15）等方法来提高压

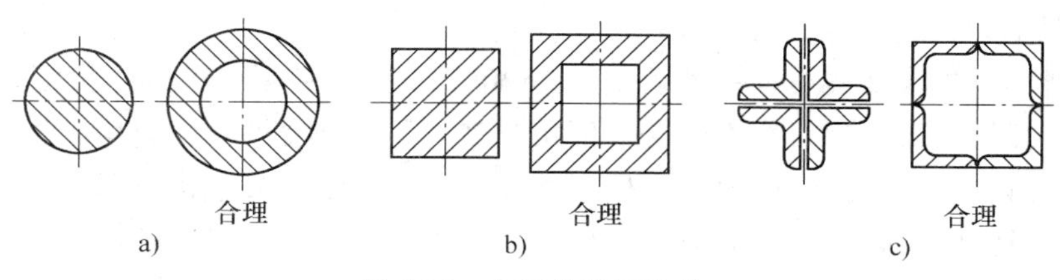

图 5-15　合理的截面形状

杆的稳定性。

5.1.7 应力集中的概念

对轴向拉伸或压缩的等截面直杆，其横截面上的应力是均匀分布的。但实验结果和理论分析表明，在杆件截面发生突然改变的局部区域内，如杆件上孔、槽、切口、螺纹、轴肩等处附近，应力将急剧增加，如图 5-16 所示。这种因截面突然改变而引起应力局部增高的现象，称为应力集中。离开该区域，应力迅速减小并趋于平均分布。截面改变越剧烈，应力集中越严重，局部区域出现的最大应力就越大。截面突变的局部区域的最大应力 σ_{max} 与平均应力 σ_m 的比值，称为应力集中系数，通常用 α 表示，即

$$\alpha=\frac{\sigma_{max}}{\sigma_m}$$

应力集中系数 α 表示了应力集中程度，α 越大，应力集中越严重。

为了减少应力集中程度，在截面发生突变的地方，应尽量缓和平滑，如在阶梯轴的轴肩处采用圆角过渡，以减缓轴肩处截面尺寸的突变；当杆件上必需开设孔、槽等结构时，应尽可能避免用带尖角的孔和槽等。

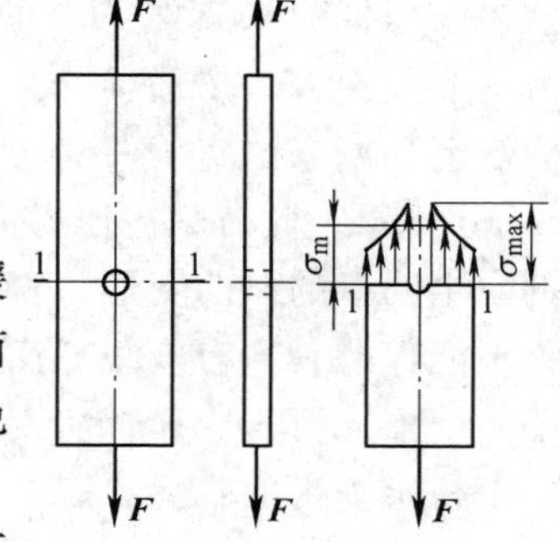

图 5-16　应力集中

静载荷作用时，应力集中对塑性材料和脆性材料的影响不同。

对于塑性材料，由于有屈服阶段，随着外力的增加，截面上的应力将随着屈服区域的增大而逐渐趋于平均，相继达到屈服极限 σ_s，从而限制了局部最大应力值 σ_{max}。因此，对塑性材料制作的零件，可以不考虑应力集中的影响。

对于脆性材料，因材料无屈服阶段，当外力增加时，局部最大应力 σ_{max} 将随之不断增大，直至到达抗拉强度 σ_b 时，孔和槽等边缘处产生裂纹，并很快扩展导致整个构件破坏。因此，对于组织均匀的脆性材料制作的零件，应力集中会使其承载能力大为降低。但对于如灰铸铁这类组织不均匀的脆性材料，由于其内部的不均匀性及缺陷，材料本身就有严重的应力集中，而截面尺寸的改变所引起应力集中，对零件承载能力的影响并不明显。

在交变应力或冲击载荷作用下的零件，无论是塑性材料还是脆性材料，应力集中往往是零件破坏的根源，对零件的强度都有严重影响。

5.2 零件剪切与挤压变形时工作能力分析

5.2.1 剪切与挤压的概念

1. 剪切的概念

杆件受到一对与其轴线方向垂直并且大小相等、方向相反、作用线相距很近的外力作用，在两外力间的截面沿外力作用方向发生相对错动，这种变形称为剪切。发生相对错动的截面称为剪切面。例如，剪板机剪切钢板（图 5-17）、铆钉连接（图 5-18）、螺栓连接（图 5-19）等的主要变形为剪切。前两例为只有一个剪切面的剪切，称为单剪；后一例为有两个剪切面的剪切，称为双剪。

由截面法可得剪切面上的内力，它也是分布内力的合力，称为剪力，用 $\boldsymbol{F}_{\mathrm{Q}}$ 表示（图 5-20c）。剪切面上分布剪力的集度称为切应力，用 τ 表示（图 5-20d）。

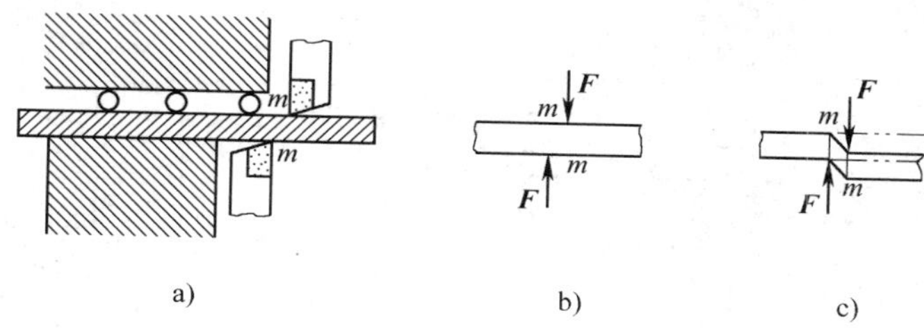

图 5-17 剪板机剪切钢板

2. 挤压的概念

机械中的连接件，如螺栓、键、销、铆钉等，在受剪切作用的同时，在连接件和被连接件接触面上互相压紧，产生局部压陷变形，甚至压溃破坏，这种现象称为挤压。零件上产生挤压变形的表面称为挤压面。挤压面上的压力称为挤压力，用 $\boldsymbol{F}_{\mathrm{jy}}$ 表示（图 5-21b）。在挤压面上由挤压力引起的应力，称为挤压应力，用 σ_{jy} 表示（图 5-21c）。挤压时，挤压应力只发生在构件接触的表面，一般分布不均匀。

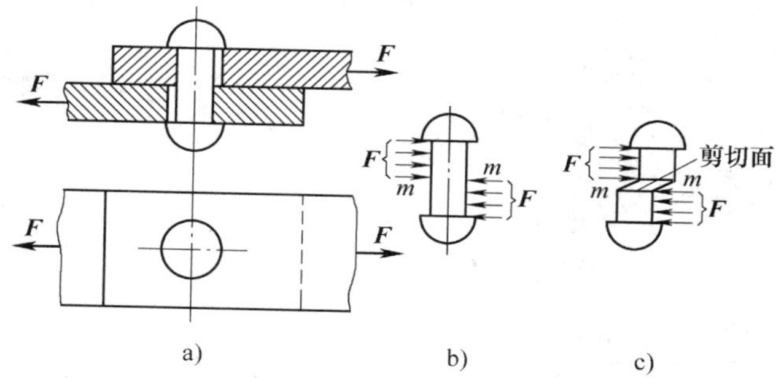

图 5-18 铆钉连接

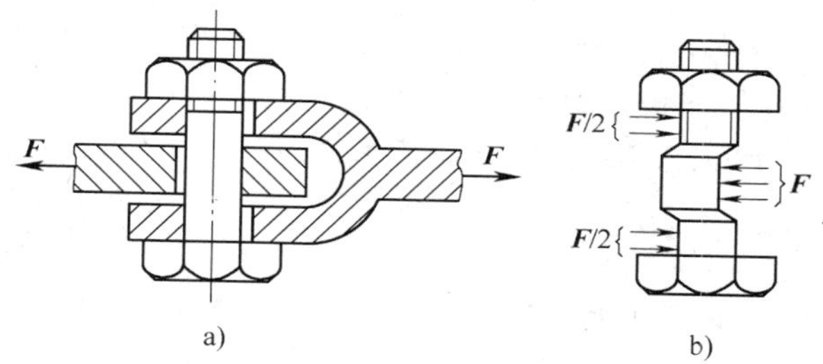

图 5-19 螺栓连接

5.2.2 剪切与挤压强度分析实例

1. 剪切与挤压的实用计算

切应力在剪切面上的分布和挤压应力在挤压面上的分布均较复杂。为便于计算，工程中通常采用近似的并能满足工程实际要求的实用计算。在这种实用计算中，假设切应力和挤压应力均匀分布，因此可分别计算切应力和挤压应力，即

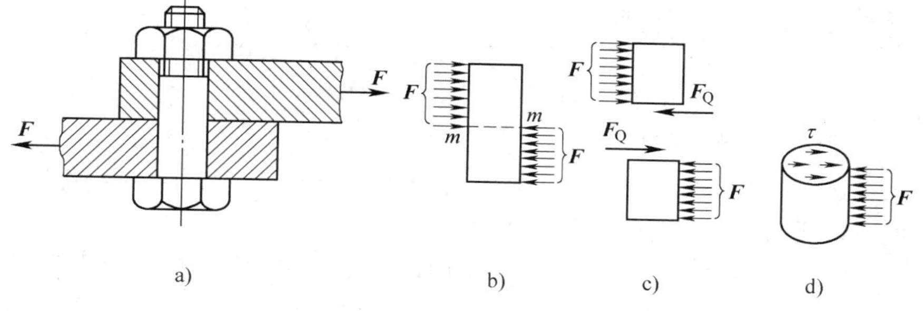

图 5-20 剪切的概念

切应力

$$\tau=\frac{F_{\mathrm{Q}}}{A} \tag{5-11}$$

式中 F_{Q}——剪切面上的剪力；

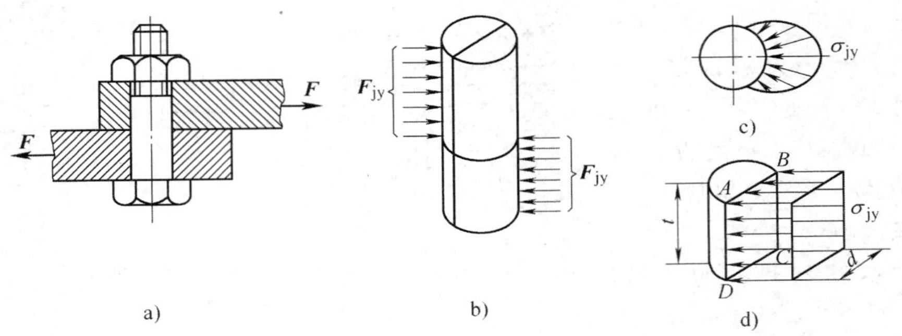

图 5-21　挤压的概念

A——剪切面面积。

挤压应力

$$\sigma_{jy}=\frac{F_{jy}}{A_{jy}} \tag{5-12}$$

式中　F_{jy}——挤压面上的挤压力；

A_{jy}——挤压面的计算面积。

当接触面为平面时，该计算面积就是实际接触面面积；而对于圆柱状连接件，接触面为半圆柱面，挤压面计算面积 A_{jy} 取半圆柱面在直径平面上的投影面积，如图 5-21d 所示矩形 $ABCD$ 的面积，即 $A_{jy}=t\cdot d$。

于是，可分别建立剪切和挤压强度条件，即

剪切强度条件
$$\tau=\frac{F_Q}{A}\leqslant[\tau] \tag{5-13}$$

即零件剪切面上的工作切应力 τ 不得超过材料的许用切应力 $[\tau]$。

挤压强度条件
$$\sigma_{jy}=\frac{F_{jy}}{A_{jy}}\leqslant[\sigma_{jy}] \tag{5-14}$$

即零件挤压面上的工作挤压应力 σ_{jy} 不得超过材料的许用挤压应力 $[\sigma_{jy}]$。

工程中常用材料的许用切应力 $[\tau]$ 和许用挤压应力 $[\sigma_{jy}]$，其值可查相关手册。一般情况下，可按下列经验公式近似确定

塑性材料　　$[\tau]=(0.6\sim0.8)[\sigma]$；$[\sigma_{jy}]=(1.7\sim2.0)[\sigma]$

脆性材料　　$[\tau]=(0.8\sim1.0)[\sigma]$；$[\sigma_{jy}]=(0.9\sim1.5)[\sigma]$

式中　$[\sigma]$——材料的许用拉应力。

应当注意，挤压应力是连接件和被连接件之间的相互作用。当两者材料不同时，应对其中许用挤压应力较低的材料进行挤压强度校核。

剪切与挤压强度条件同样可解决三类问题：①剪切与挤压强度校核；②确定截面尺寸；③确定许用载荷。

2. 剪切与挤压的计算实例

【例 5-5】 齿轮与轴用平键连接，如图 5-22a 所示。已知，轴的直径 $d=60\text{mm}$，所选键的尺寸 $b\times h\times l=18\times11\times90$（mm × mm × mm）；传递的转矩 $M=1\text{kN}\cdot\text{m}$；键的材料为 45 钢，许用切应力 $[\tau]=60\text{MPa}$，许用挤压应力 $[\sigma_{jy}]=100\text{MPa}$。试校核键的强度。

解　(1) 计算键所受的外力 F。以键和轴一起作为分析对象，其受力图如图 5-22b 所

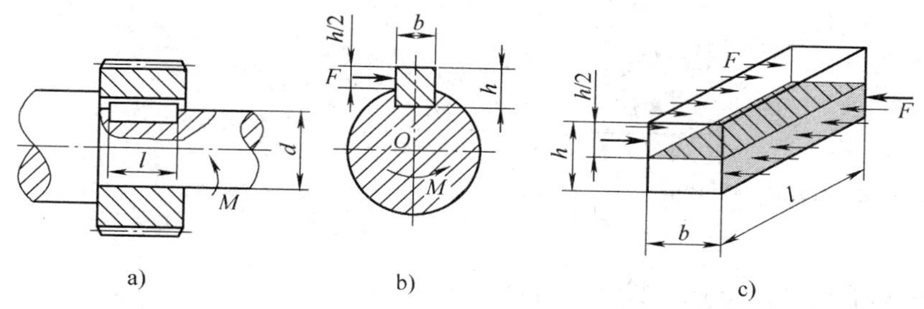

图 5-22　例 5-5 图

示。由对轴心 O 的力矩平衡方程

$$\sum M_O(F)=0,\ M-F\cdot\frac{d}{2}=0$$

可得

$$F=\frac{2M}{d}=\frac{2\times1\times10^3}{60}\text{kN}=33.3\text{kN}$$

（2）校核剪切强度。键的受力图如图 5-22c 所示。用截面法求得剪切面上的剪力为

$$F_Q=F=33.3\text{kN}$$

键的剪切面面积为

$$A=b\cdot l=18\text{mm}\times90\text{mm}=1620\text{mm}^2$$

按式（5-13）的剪切强度条件有

$$\tau=\frac{F_Q}{A}=\frac{33.3\times10^3}{1620}\text{MPa}=20.56\text{MPa}<60\text{MPa}$$

因计算结果数值小于许用切应力值，故键的剪切强度足够。

（3）校核挤压强度。由图 5-22c 可知，键工作表面的挤压力为

$$F_{jy}=F=33.3\text{kN}$$

挤压面的面积为

$$A_{jy}=\frac{h}{2}\cdot l=\frac{1}{2}\times11\text{mm}\times90\text{mm}=495\text{mm}^2$$

按式（5-14）的挤压强度条件有

$$\sigma_{jy}=\frac{F_{jy}}{A_{jy}}=\frac{33.3\times10^3}{495}=67.27\text{MPa}<100\text{MPa}$$

因计算结果数值小于许用挤压应力值，故键的挤压强度也足够。

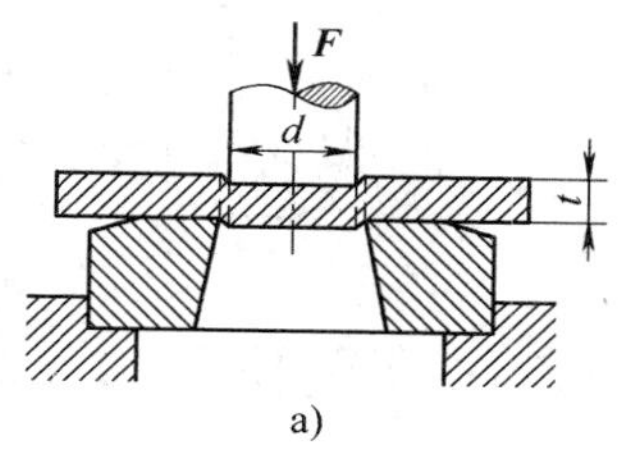

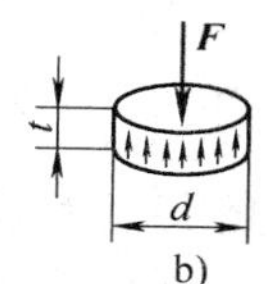

图 5-23　例 5-6 图

【例 5-6】　图 5-23a 所示为冲床冲剪钢板的示意图。冲床的最大冲剪力 $F=300\text{kN}$，将钢板冲出直径 $d=25\text{mm}$ 的孔，若钢板材料的剪切强度极限为 $\tau_b=360\text{MPa}$，试求所能冲剪钢板的最大厚度 t。

解　钢板剪切面是圆柱面（图 5-23b），其面积为

$$A=\pi d\cdot t$$

为使钢板冲出圆孔，钢板在最大冲剪力作用下所产生的切应力应大于其材料的剪切强度极限 τ_b，即

$$\tau = \frac{F}{\pi d \cdot t} > \tau_b$$

可得 $$t < \frac{F}{\pi d \cdot \tau_b} = \frac{300 \times 10^3}{\pi \times 25 \times 360}\text{mm} = 10.6\text{mm}$$

故取所能冲剪钢板的最大厚度为 10mm。

5.3 零件弯曲变形时工作能力分析

5.3.1 平面弯曲的概念

当杆件受到垂直于杆轴线的外力（称横向力）作用或受到位于轴线所在平面内的力偶作用时，其轴线由直线变为曲线，这种变形称为弯曲变形。以承受弯曲变形为主的杆件称为梁。例如，图 5-24 所示的桥式起重机的大梁；图 5-25 所示的火车轮轴；图 5-26 所示的固定在车床卡盘上的工件等。

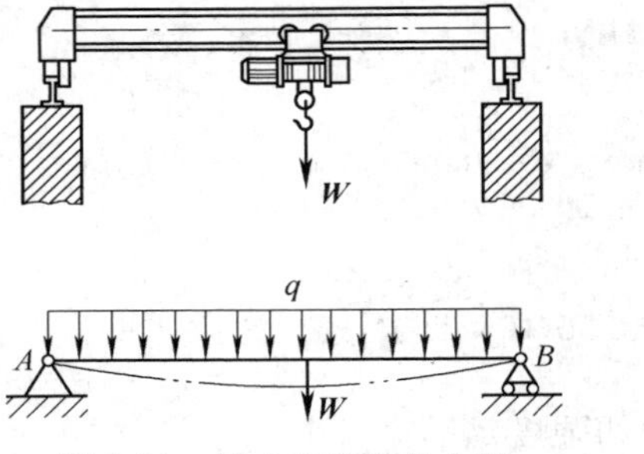

图 5-24 桥式起重机的大梁

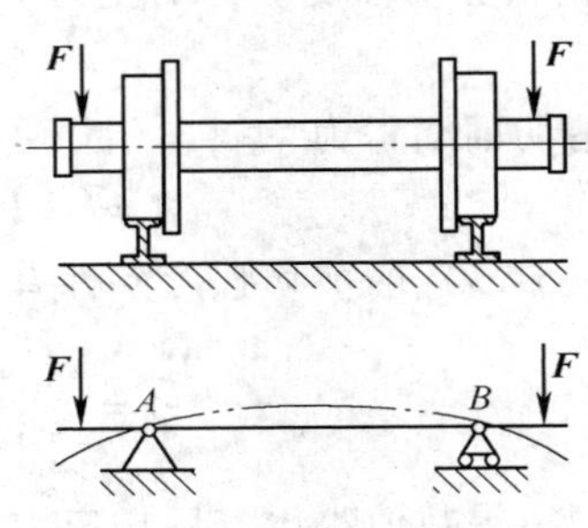

图 5-25 火车轮轴

工程上常见的梁，其横截面通常多有一纵向对称轴，该对称轴与梁的轴线 x 组成梁的纵向对称面（图 5-27）。所有外力、外力偶作用在梁的纵向对称面内，则梁的轴线在此平面内弯曲成一平面曲线，这种弯曲称为平面弯曲。

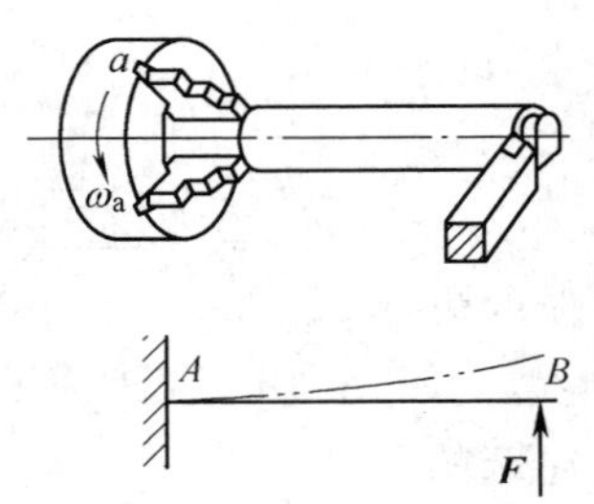

图 5-26 固定在车床卡盘上的工件

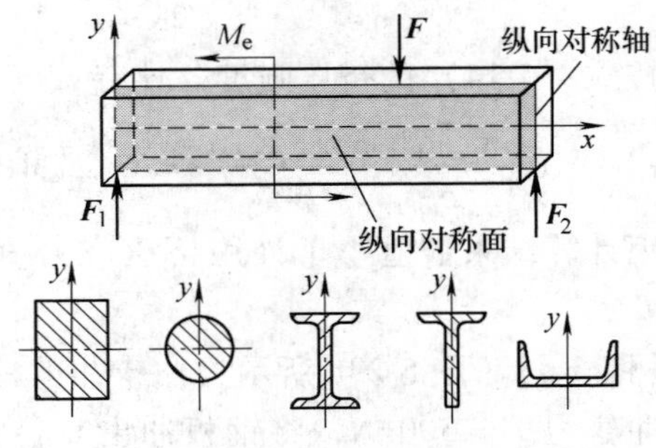

图 5-27 梁的平面弯曲

根据梁的支座形式的不同，工程实际中常见的梁分为三种。

（1）简支梁　梁的一端为固定铰链支座，另一端为活动铰链支座，其计算简图如图 5-24 所示。

（2）外伸梁　带有外伸端的简支梁，其计算简图如图 5-25 所示。

（3）悬臂梁　梁的一端为固定支座，另一端为自由端，其计算简图如图 5-26 所示。

5.3.2 内力分析与应力分析

1. 剪力、弯矩和弯矩图

梁在外力作用下，横截面上将有内力产生，其确定方法仍然是截面法。

例如，图 5-24 所示桥式起重机的大梁，设起吊重物处在梁的正中位置，不考虑梁的自重，为求得梁的任一截面上的内力，将其简化成图 5-28a 所示的简支梁。因梁在载荷 $\boldsymbol{F}$ 及支座反力 $\boldsymbol{F}_{A}$、$\boldsymbol{F}_{B}$ 作用下保持平衡（图 5-28b）,可求得支座反力 $F_{A}=F_{B}=F/2$。假想用截面 m—m 将梁截切为两段，所取的任意一段（如左段）也应保持平衡。左段上除了外力 $\boldsymbol{F}$、$\boldsymbol{F}_{A}$ 的作用外，左段的截面 m—m 上必受到右段的作用力，包括与截面相切的内力 $\boldsymbol{F}_{Q}$ 和作用于纵向对称面上的内力偶 $\boldsymbol{M}$，它们与外力 $\boldsymbol{F}$、$\boldsymbol{F}_{A}$ 平衡（图 5-28c）。内力 $\boldsymbol{F}_{Q}$ 称为剪力，内力偶 $\boldsymbol{M}$ 称为弯矩。由左段梁的平衡方程

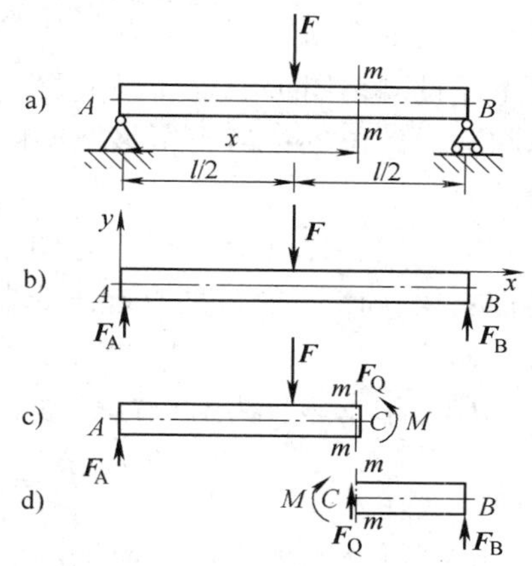

图 5-28　剪力和弯矩

$$\sum F_{y}=0 \qquad F_{A}-F-F_{Q}=0$$

$$\sum M_{C}(F)=0 \qquad -F_{A}x+F\left(x-\frac{l}{2}\right)+M=0$$

求得

$$F_{Q}=F_{A}-F=-\frac{F}{2}$$

$$M=F_{A}x-F\left(x-\frac{l}{2}\right) \text{（弯矩方程）}$$

将上述结果推广到一般情形，其结论是：截面上的剪力 $\boldsymbol{F}_{Q}$ 等于该截面一侧梁上所有外力的代数和；截面上的弯矩 M 等于该截面一侧梁上所有外力和外力偶对截面形心（C）的力矩代数和，其值一般将随所取截面的位置 x 的变化而变化，这一变化的关系式称为弯矩方程。

实例分析表明，一般情况下梁的横截面上产生两种内力，即剪力和弯矩。但通常梁的跨度较大，剪力对梁的强度和刚度影响很小，可忽略不计，只考虑弯矩对梁的作用。

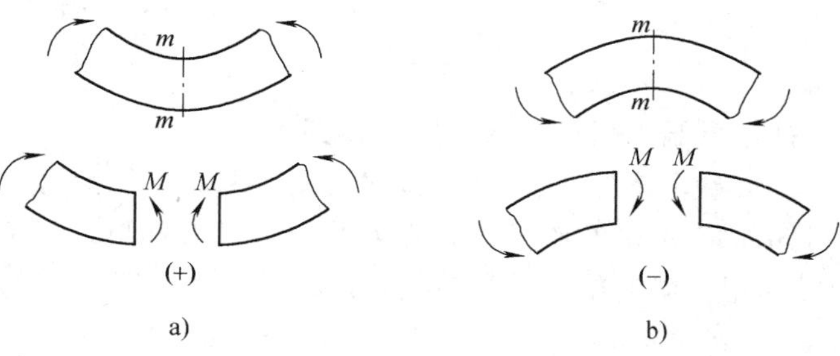

图 5-29　弯矩的符号规定

当取截面左、右两段梁来计算弯矩 M 时，其值相等，但方向相反（图 5-28d），为使这两种计算所得弯矩 M 的符号也一致，故将弯矩 M 的正负号与梁的变形联系起来，规定为：使梁在截面 m—m 处弯曲变形凹向上时，则该截面上的弯矩 M 为正值（图 5-29a）；反之，M 为负值（图 5-29b）。同样的，在弯矩计算中也可用这种方法来确定外力和外力偶的代数符号。

为了反映弯矩随截面位置的变化情况，并确定弯矩的最大值及其产生的位置，通常以梁

轴线方向的坐标 x 表示横截面的位置，用垂直于梁轴线的坐标 M 表示对应截面上弯矩的大小。正弯矩绘在 x 轴的上方，负弯矩绘在 x 轴的下方。这种表示弯矩随横截面位置变化规律的图形，称为弯矩图。在弯矩图上，除标明弯矩的大小和单位外，还应标明弯矩的正负号。

【例 5-7】 如图 5-30a 所示，桥式起重机横梁长 l，起吊重物处在图 a 所示位置，其重量为 W，并不计梁的自重。试画出图示位置横梁的弯矩图，并指出最大弯矩所在截面的位置；当小车移至梁的何处时，弯矩有最大值。

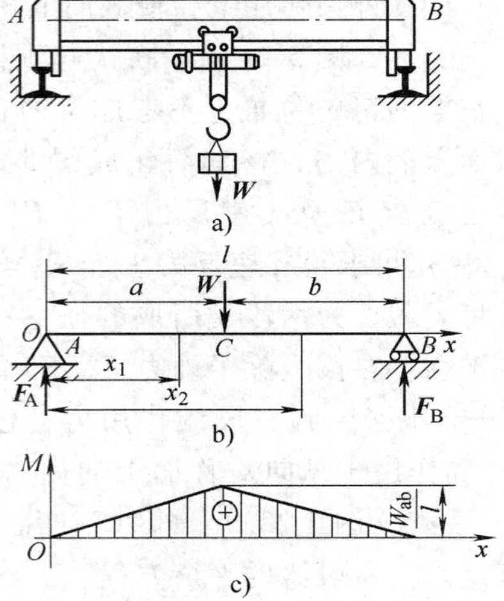

图 5-30 例 5-7 图

解 （1）绘计算简图。如图 5-30b 所示，横梁简化为简支梁，该梁在 C 处有起吊重量 W，在两端 A、B 处有支座反力 F_A、F_B，均为集中力。

（2）求支座反力。根据静力平衡方程求得

$$F_A=\frac{Wb}{l},\ F_B=\frac{Wa}{l}$$

（3）建立弯矩方程。由于弯矩 M 随横截面位置 x 的变化而变化，而且梁上受力状况不同的 AC 段和 BC 段，其弯矩 M 随 x 变化的规律将不同，故应分别建立这两段的弯矩方程。设 AC 段和 BC 段上任一截面位置分别用 x_1 和 x_2 表示（图 5-30b），并对截面左侧梁段建立弯矩方程，即

AC 段 $M(x_1)=F_Ax_1=\dfrac{Wb}{l}x_1\quad(0\leqslant x_1\leqslant a)$

BC 段 $M(x_2)=F_Ax_2-W(x_2-a)=\dfrac{Wa}{l}(l-x_2)\quad(a\leqslant x_2\leqslant l)$

（4）画弯矩图。由两段的弯矩方程可知，弯矩图为两条斜直线，其中

$$x_1=0,\ M_A=0$$

$$x_1=a\quad 或\quad x_2=a,\ M_C=\frac{Wab}{l}$$

$$x_2=l,\ M_B=0$$

据此可画出横梁的弯矩图，如图 5-30c 所示。

（5）确定弯矩的最大值。观察图 5-30c 并分析弯矩方程可知，集中力 W 作用的 C 点处截面有最大弯矩；当集中力 W 作用在梁的中点时，最大弯矩有最大值，即

$$a=b=l/2\ 时\quad M_C=M_{max}=Wl/4$$

【例 5-8】 如图 5-31a 所示，扳手长为 l，拧紧螺栓时，受力 F 作用。试画出扳手的弯矩图，并指出最大弯矩所在截面的位置。

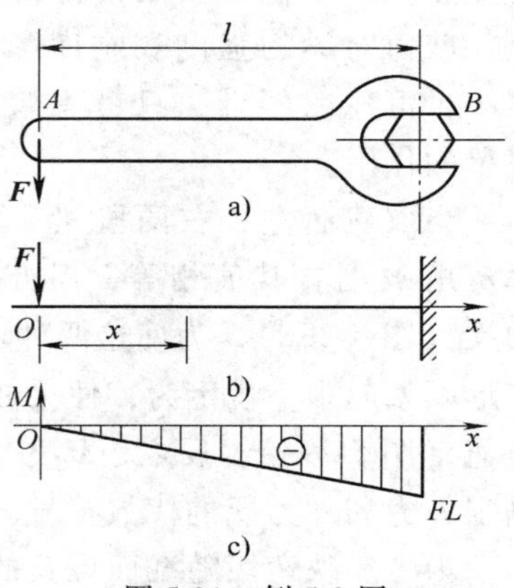

图 5-31 例 5-8 图

解 （1）绘计算简图。螺栓拧紧后，扳手 B 端可简化为固定端，因而扳手可简化为悬臂梁，如图 5-31b 所示。

（2）建立弯矩方程。扳手上任意一截面位置以 x 表示（图 5-31b），并对截面左侧段建立弯矩方程，即

$$M = -Fx \quad (0 \leqslant x \leqslant l)$$

(3) 画弯矩图。由弯矩方程可知，弯矩图为斜直线，其中

$$x = 0,\ M_A = 0;\ x = l,\ M_B = -Fl$$

据此可画出横梁的弯矩图，如图 5-31c 所示。由弯矩图可见，固定端 B 处的截面有最大弯矩，即

$$M_{max} = M_B = -Fl$$

【例 5-9】 桥式起重机钢梁的自重对其强度和刚度的影响往往不可忽略。若仅考虑横梁的自重(空载时)，则横梁简化为受均布载荷作用的简支梁，其载荷集度为 q，如图 5-32a 所示。试画出横梁的弯矩图，并确定弯矩的最大值。

解 (1) 求支座反力。根据静力平衡条件，并由载荷和结构的对称性，可知 A、B 两处的支座反力相等，即

$$F_A = F_B = \frac{1}{2}ql$$

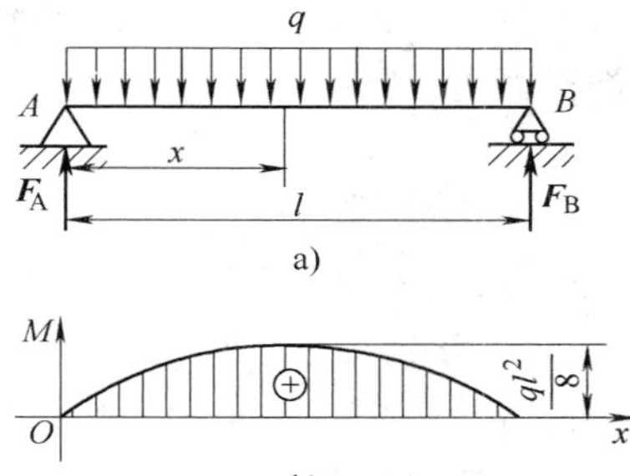

图 5-32 例 5-9 图

(2) 建立弯矩方程。横梁上任意一截面位置以 x 表示(图 5-32a)，并对截面左侧梁段建立弯矩方程，即

$$M = F_A x - qx \cdot \frac{x}{2} = \frac{1}{2}qlx - \frac{1}{2}qx^2 \quad (0 \leqslant x \leqslant l)$$

(3) 画弯矩图。由弯矩方程可知，弯矩图为二次抛物线，通常可通过三个 x 值来大致确定其形状，即

$$x = 0,\ M = 0;\ x = l/2,\ M = \frac{1}{8}ql^2;\ x = l,\ M = 0$$

弯矩图如图 5-32b 所示。由弯矩图可知，横梁在中点处的截面有最大弯矩。其值为

$$M_{max} = \frac{1}{8}ql^2$$

【例 5-10】 某变速机构的滑移齿轮，受拨叉的推力 $\boldsymbol{F}$ 作用，如图 5-33a 所示。不计摩擦及滑移齿轮的自重，滑移齿轮对轴的作用可视为一个集中力偶 M_e。轴在 M_e 作用下可简化为受集中力偶作用的简支梁(图 5-33b)。试画出轴的弯矩图，并指出最大弯矩所在截面的位置。

解 (1) 求支座反力。根据力偶的性质，支座反力 F_A、F_B 必形成一力偶与集中力偶 M_e 平衡，并由力偶平衡方程求得 F_A、F_B，即

$$\sum M = 0,\ F_A l - M_e = 0,\ F_A = F_B = \frac{M_e}{l}$$

(2) 建立弯矩方程。因 C 点处有集中力偶，故弯矩需分段考虑。

AC 段 $\quad M = -F_A x = -\frac{M_e}{l}x \quad (0 \leqslant x < a)$

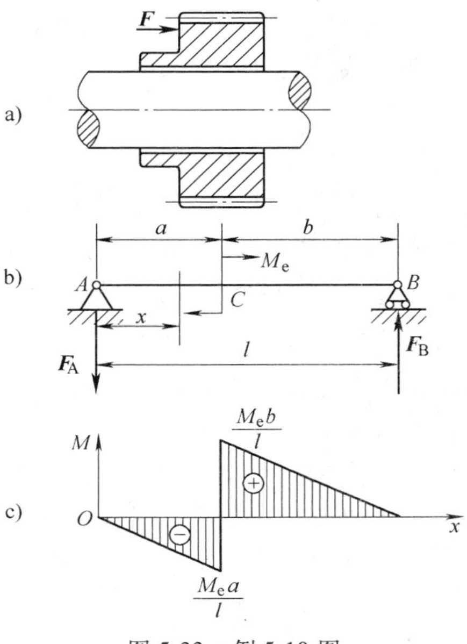

图 5-33 例 5-10 图

BC 段　　$M = F_B(l-x) = \frac{M_e}{l}(l-x) \quad (a < x \leqslant l)$

（3）画弯矩图。由弯矩方程知，截面 C 左右段轴的弯矩图均为斜直线，其中

AC 段　　$x=0$，$M_A = 0$

$x=a$，$M_{C左} = -\frac{M_e a}{l}$

BC 段　　$x=a$，$M_{C右} = \frac{M_e b}{l}$

$x=l$，$M=0$

弯矩图如图 5-33c 所示。由弯矩图可知，若 $b>a$，则最大弯矩发生在集中力偶作用处右侧横截面上，即

$$M_{max} = M_{C右} = \frac{M_e b}{l}$$

由上面各例可归纳出弯矩图变化规律如下：

1）一般情况下，梁的弯矩方程是 x 的连续函数，而且是分段的连续函数，即弯矩图上有转折点，转折点在集中力作用点、集中力偶处和均布载荷的始末端，因此，应根据外载荷的作用位置分段建立梁的弯矩方程，并画出弯矩图。

2）梁段上无均布载荷时，弯矩图一般为斜直线。梁段上有均布载荷时，弯矩图为二次抛物线，且载荷集度 q 向下时，弯矩图曲线凹向下；反之，凹向上。

3）集中力作用处弯矩图出现尖点，图线发生转折。

4）集中力偶处弯矩图发生突变，突变的数值与集中力偶矩相同，集中力偶顺时针方向时，弯矩图向上突变；反之向下突变。

利用上述结论，可简便快捷地绘制出梁的弯矩图。

2. 纯弯曲时的正应力

由前所述，确定梁的强度和刚度时通常可忽略剪力对梁的作用，也就是将梁视作纯弯曲，即横截面上只有弯矩而无剪力的作用。纯弯曲时梁的横截面上只有正应力，而不会有切应力。

通过梁的纯弯曲变形实验，可分析其横截面上正应力的分布规律。梁弯曲变形后，纵向纤维有伸长层，也有缩短层，说明横截面上有拉应力，也有压应力。在伸长层和缩短层之间有一层纤维弯曲而长度不变，这一层纵向纤维称为中性层，中性层与横截面的交线称为中性轴，它通过截面形心 C，如图 5-34a 所示。所有横截面仍保持平面，只是绕中性轴相对转动；横截面上中性轴的一侧受拉、另一侧受压，正应力分布规律是：横截

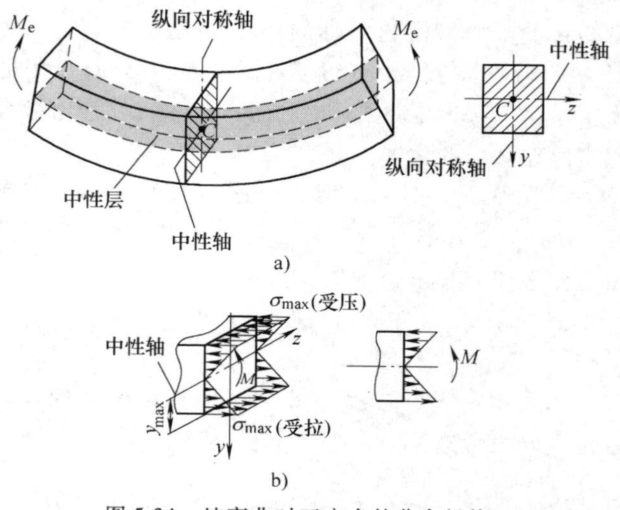

图 5-34　纯弯曲时正应力的分布规律

面上各点正应力的大小与该点到中性轴的距离成正比，中性轴上的正应力等于零，离中性轴最远点即上下边缘的正应力最大，如图 5-34b 所示。

经理论推导可得出梁的横截面上最大正应力 σ_{max}(MPa)的计算公式为

$$\sigma_{max}=\frac{My_{max}}{I_z} \tag{5-15}$$

式中 M——横截面上的弯矩(N·mm)；

y_{max}——横截面上离中性轴最远点到中性轴的距离(mm)；

I_z——横截面对中性轴 z 的惯性矩，是与横截面形状和尺寸有关的几何量(mm^4)。

为便于计算，令

$$W_z=\frac{I_z}{y_{max}} \tag{5-16}$$

则

$$\sigma_{max}=\frac{M}{W_z} \tag{5-17}$$

式中 W_z——梁的抗弯截面系数，也是与横截面形状和尺寸有关的几何量(mm^3)。

当弯矩 M 不变时，W_z 越大，σ_{max}越小，所以 W_z 是反映横截面抵抗弯曲破坏能力的几何量。常用截面的 I_z、W_z 计算公式见表 5-3。

表 5-3 常用截面的 $I_z(I_y)$、$W_z(W_y)$ 计算公式

截面图形	矩形（b × h）	圆形（d）	圆环（D, d，$\alpha=\frac{d}{D}$）
轴惯性矩	$I_z=\frac{bh^3}{12}$ $I_y=\frac{hb^3}{12}$	$I_z=I_y=\frac{\pi d^4}{64}$	$I_z=I_y=\frac{\pi D^4}{64}(1-\alpha^4)$
抗弯截面系数	$W_z=\frac{bh^2}{6}$ $W_y=\frac{hb^2}{6}$	$W_z=W_y=\frac{\pi d^3}{32}$	$W_z=W_y=\frac{\pi D^3}{32}(1-\alpha^4)$

常用型钢的 $I_z(I_y)$、$W_z(W_y)$值可从相关手册中查得。

【例 5-11】 图 5-35a 所示为一矩形截面简支梁。已知：$F=5\text{kN}$，$a=180\text{mm}$，$b=30\text{mm}$，$h=60\text{mm}$。试问当截面竖放或横放时，最大正应各为多少？哪种抗弯能力较强？

解 (1) 求支座反力

$$F_A=F_B=5\text{kN}$$

(2) 画弯矩图(图 5-35b)

$M_A=M_B=0$

$M_{max}=M_C=M_D=F_A\cdot a=5\times10^3\times180\text{N}\cdot\text{mm}=900\times10^3\text{N}\cdot\text{mm}$

(3) 求最大正应力

竖放时的最大正应力 σ_{max_1}

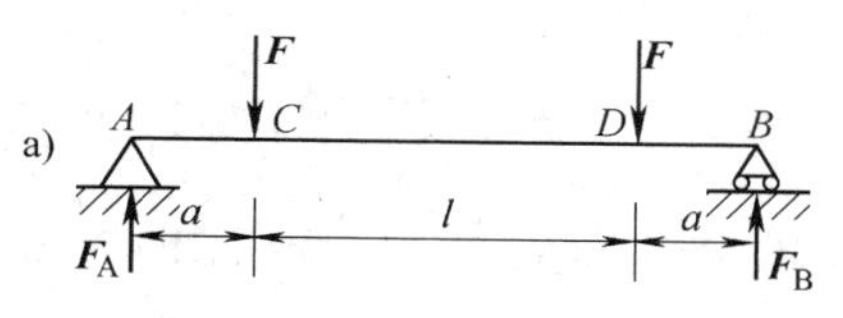

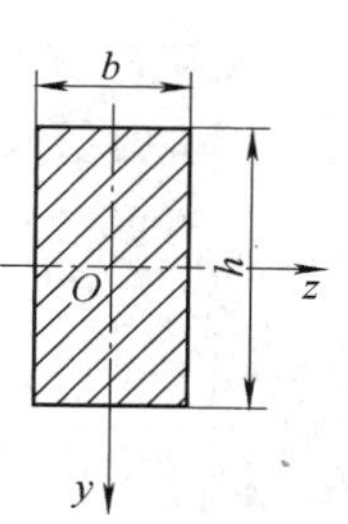

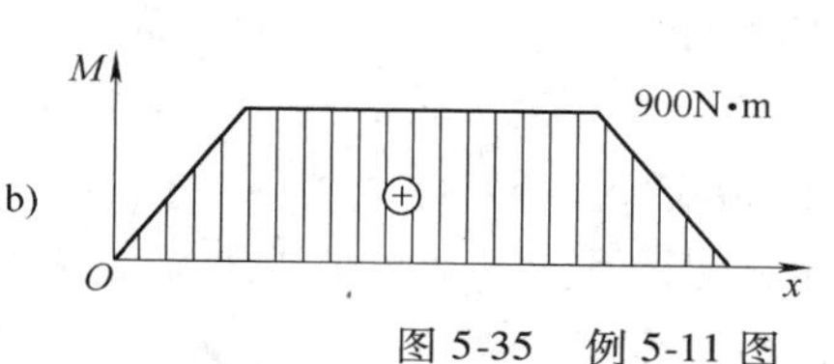

图 5-35 例 5-11 图

$$\sigma_{max_1}=\frac{M}{W_z}=\frac{M}{\frac{bh^2}{6}}=\frac{900\times10^3}{\frac{30\times60^2}{6}}\text{MPa}=50\text{MPa}$$

横放时的最大正应力 σ_{max_2}

$$\sigma_{max_2}=\frac{M}{W_z}=\frac{M}{\frac{hb^2}{6}}=\frac{900\times10^3}{\frac{60\times30^2}{6}}\text{MPa}=100\text{MPa}$$

计算结果表明，竖放时的 σ_{max_1} 小于横放时的 σ_{max_2}，可见截面竖放比横放的抗弯能力强。

5.3.3 梁的弯曲强度分析实例

对于等截面梁，最大正应力产生在最大弯矩作用的截面上，此截面称为危险截面。最大正应力发生在危险截面上离中性轴最远处，即截面对应边缘处，称为危险截面上的危险点。则梁的弯曲强度条件是，梁的最大弯曲正应力不超过材料的许用弯曲正应力，即

$$\sigma_{max}=\frac{M}{W_z}\leqslant[\sigma] \tag{5-18}$$

式中 $[\sigma]$——许用弯曲正应力。

对于抗拉强度与抗压强度相等的材料，$[\sigma]$采用材料的许用拉(压)应力；当材料的抗拉强度与抗压强度不相同，或横截面相对中性轴不对称时，应分别计算抗拉强度和抗压强度。

弯曲强度计算也可以解决三类问题：弯曲强度校核、确定截面尺寸和确定许可载荷。

【例 5-12】 一工字钢简支梁如图 5-36a 所示。已知：跨距 $l=6\text{m}$；载荷 $F_1=15\text{kN}$，$F_2=21\text{kN}$；钢材的许用弯曲应力$[\sigma]=170\text{MPa}$。试选择工字钢的型号。

解 (1) 求支座反力(图 5-36a)

$\sum M_D=0 \qquad F_A=17\text{kN}$

$\sum M_A=0 \qquad F_D=19\text{kN}$

(2) 画弯矩图(图 5-36b)

$M_A=M_D=0$

$M_B=F_A\cdot\frac{l}{3}=34\text{kN}\cdot\text{m}$

$M_{max}=M_C=F_D\cdot\frac{l}{3}=38\text{kN}\cdot\text{m}$

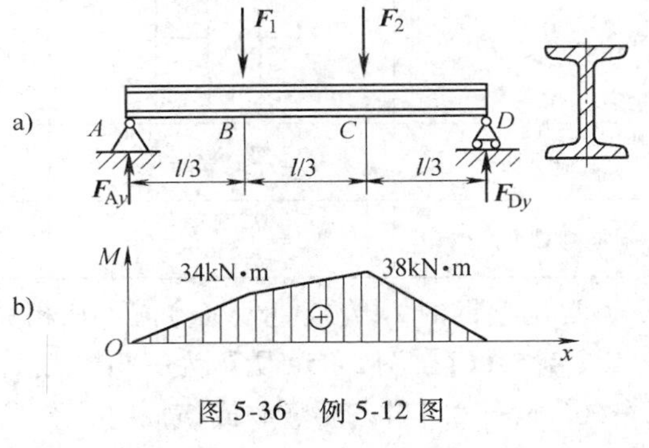

图 5-36 例 5-12 图

可知，横截面 C 为危险截面。

(3) 计算所需的抗弯截面系数为

$$W_z\geqslant\frac{M_{max}}{[\sigma]}=\frac{38\times10^6}{170}=223.5\times10^3\text{mm}^3=223.5\text{cm}^3$$

(4) 选择工字钢型号。由热轧工字钢(GB/T 706—2008)标准中查得型号为 20A 的工字钢 $W_z=237\text{cm}^3$，略大于计算值，故采用型号为 20A 的工字钢。

【例 5-13】 螺旋压板夹紧装置如图 5-37a 所示。已知：板长 $3a=150\text{mm}$，压板材料的许用弯曲应力$[\sigma]=140\text{MPa}$。当工件受到最大压力 $F=2.5\text{kN}$ 时，试校核压板的强度。

解 压板可简化为图 5-37b 所示的外伸梁。由梁的外伸部分 BC 可以直接求得截面 B 的弯矩，因此无需计算支座反力即可画出弯矩图。

（1）画弯矩图(图 5-37c)

$M_A = M_C = 0$

$M_{max} = M_B = F \cdot a = 2.5 \times 10^3 \times 0.05 \mathrm{N \cdot m}$
$= 125 \mathrm{N \cdot m}$

可知，横截面 B 为危险截面。

（2）校核压板的强度。根据表 5-3 所列矩形截面抗弯截面系数 W_z 的公式，可求得截面 B 的 W_z 为

$$W_z = \frac{30 \times 20^2}{6}\mathrm{mm}^3 - \frac{14 \times 20^2}{6}\mathrm{mm}^3 = 1067\mathrm{mm}^3$$

由式(5-18)的弯曲强度条件可得

$$\sigma_{max} = \frac{|M|_{max}}{W_z} = \frac{125}{1067 \times (10^{-3})^3} = 117 \times 10^6 \mathrm{Pa} = 117\mathrm{MPa}$$

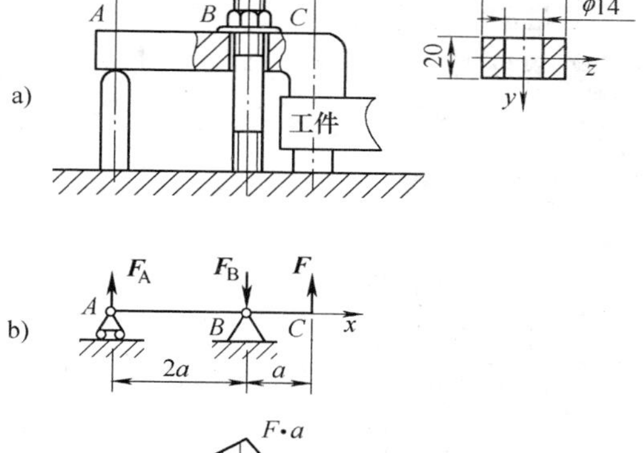

图 5-37　例 5-13 图

$$\sigma_{max} = 117\mathrm{MPa} < 140\mathrm{MPa}$$

因计算结果数值小于许用弯曲应力值，故压板满足强度要求。

5.3.4　弯曲刚度简介

工程上有一些梁，虽有足够的强度，但因变形过大而影响其正常工作。如图 5-24 所示的桥式起重机的大梁，在移动被吊物体时，过大的弯曲变形会使电葫芦爬坡困难，并引起振动。如图 5-38 所示的车床主轴，若产生过大的弯曲变形，将降低加工精度，影响齿轮啮合和轴承配合，并因接触不均匀造成齿轮、轴和轴承严重磨损，缩短寿命，产生噪声。因此，在许多情况下，必须将梁的弯曲变形限制在一定范围内，即梁应满足刚度条件。

如图 5-39 所示，悬臂梁 AB 受载后轴线由直线弯曲成一条光滑连续的平面曲线 AB'，曲线 AB'称为挠曲线。

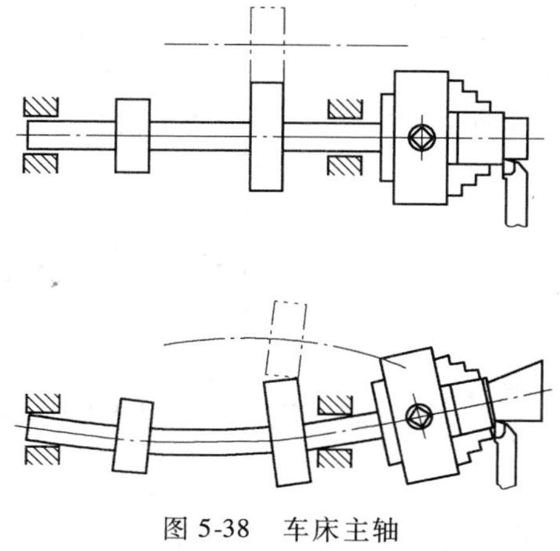

图 5-38　车床主轴

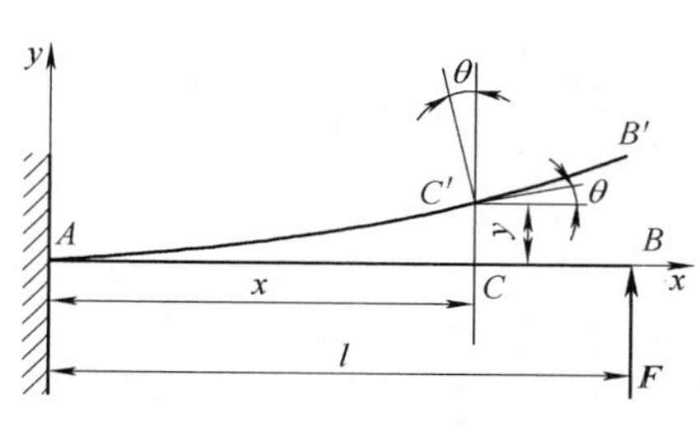

图 5-39　挠曲线

在轴线上任取一点 C(即截面形心)，弯曲变形后移到 C'。截面形心在垂直于原轴线方向的位移 y(mm)称为挠度。横截面相对于原来位置转过的角度 θ(rad)称为转角。截面形心

轴线方向位移很小，略去不计。梁的变形可用挠度 y 和转角 θ 来度量。

在图示的坐标系中，向上的挠度 y 为正，反之为负；逆时针转向的转角为正，反之为负。图 5-39 中挠度 y 和转角 θ 均为正。

对于弯曲变形后会影响正常工作的梁，应使其满足梁的刚度条件，即

$$\left.\begin{array}{l} y_{\max} \leqslant [y] \\ \theta_{\max} \leqslant [\theta] \end{array}\right\} \tag{5-19}$$

式中 $[y]$——许用挠度；

$[\theta]$——许用转角。

$[y]$和$[\theta]$的具体数值可查相关手册。

由于挠度 y 和转角 θ 是横截面位置 x 的函数，在进行刚度计算时关键是建立梁的挠曲线方程，从而求得梁上任一截面的挠度 y 和转角 θ。而实际计算时可由有关手册直接查得单个载荷作用下梁某些截面的挠度 y 和转角 θ 的计算公式，见表 5-4。对于梁在多个载荷作用下的变形，可分别计算单个载荷的变形，然后采用叠加法求得所有载荷作用时的总变形。

表 5-4 梁在简单载荷作用下的变形举例

序号	梁的简图	短截面转角	最大挠度
1		$\theta_A = -\theta_B = -\dfrac{Fl^2}{16EI}$	$y_{\max} = -\dfrac{Fl^3}{48EI}$
2		$\theta_A = -\dfrac{1}{2}\theta_B = \dfrac{Fal}{6EI}$ $\theta_B = -\dfrac{Fa}{6EI}(2l+3a)$	$y_C = -\dfrac{Fa^2}{3EI}(l+a)$
3		$\theta_A = -\theta_B = -\dfrac{ql^3}{24EI}$	$y_{\max} = -\dfrac{5ql^4}{384EI}$

由表 5-4 可知，在一定外力作用下，梁的挠度、转角都和材料的弹性模量 E 和截面惯性矩 I 的乘积 EI 成反比，该乘积越大，挠度和转角越小，故乘积 EI 称为梁的抗弯刚度。

【例 5-14】 桥式起重机大梁弯曲变形过大时，会造成电葫芦爬坡困难(图 5-40a)，故需对其进行刚度计算。已知大梁采用型号为 45A 的工字钢，跨度 $l=9\text{m}$，最大起吊重量 $W=60\text{kN}$(包括电葫芦重量)，弹性模量 $E=200\text{GPa}$，许用挠度$[y]=0.002l$，试校核大梁的刚度。

解 因钢梁重量大，应考虑梁的自重(是均布载荷)，由热轧工字钢(GB/T 706—2008)表中查得其集度 $q=80.42\times9.8=788\text{N/m}$，惯性矩 $I_z=32200\text{cm}^4$。当电葫芦

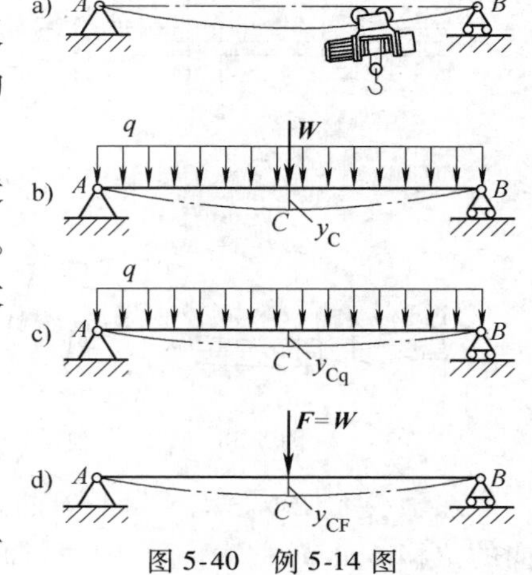

图 5-40 例 5-14 图

移到梁的中点处时，其挠度最大(图 5-40b)。

(1) 用叠加法求挠度。

梁在均布载荷 q 作用下的挠度 y_{Cq} 如图 5-40c 所示，由表 5-4 可得

$$y_{Cq}=\frac{5ql^4}{384EI_z}=-\frac{5\times788\times9^4}{384\times200\times10^9\times32200\times10^{-8}}\text{m}=-1\text{mm}$$

梁在集中力 $F(=W)$ 作用下的挠度 y_{CF} 如图 5-40d 所示，由表 5-4 可得

$$y_{CF}=-\frac{Fl^3}{48EI_z}=-\frac{60\times10^3\times9^3}{48\times200\times10^9\times32200\times10^{-8}}\text{m}=-14\text{mm}$$

梁的实际挠度 $\qquad y_C=y_{Cq}+y_{CF}=-15\text{mm}$

(2) 校核梁的刚度。

计算许用挠度 $\qquad [y]=0.002\times9000\text{mm}=18\text{mm}$

则 $\qquad |y_C|<[y]$

因实际挠度小于许用挠度，故梁的刚度足够。

5.3.5 提高零件弯曲强度和刚度的措施

提高零件的承载能力，使受力零件用尽可能少的材料，承受尽可能大的载荷，并安全可靠。其目的是在满足强度、刚度和稳定性的前提下，节省材料，降低零件的制造成本、结构紧凑、减轻重量，并使零件材料的作用得到充分发挥。

如前所述，影响梁弯曲强度的主要因素是弯曲正应力，由式(5-18)的弯曲强度条件可以看出，梁截面上的正应力与该截面上的弯矩成正比，与抗弯截面系数成反比。因此，为使最大工作应力 σ_{max} 尽可能小，在不改变所用材料的前提下，可通过降低最大弯矩 M_{max} 或增大抗弯截面系数 W_z 两个途径来实现。工程上常用的措施有以下 3 种。

1. 改善零件的受力状况

1) 合理布置梁的支座。图 5-41a 所示为均布载荷 q 作用下的简支梁。若将两端支座分别向内移动，则成为两端外伸梁，如图 5-41b 所示。最大弯矩 M_{max} 的计算结果表明，当支座向内移动 $0.2l$ 时(图 5-41b)，外伸梁的最大弯矩 M_{max} 仅为图 5-41a 所示简支梁的 1/5，即如按图 5-41b 布置支座，承载能力可增加 4 倍。如图 5-42 所示龙门吊车的主梁 AB，其支承点略向中间移动，就是通过合理布置支座位置，以减小 M_{max} 的工程实例。

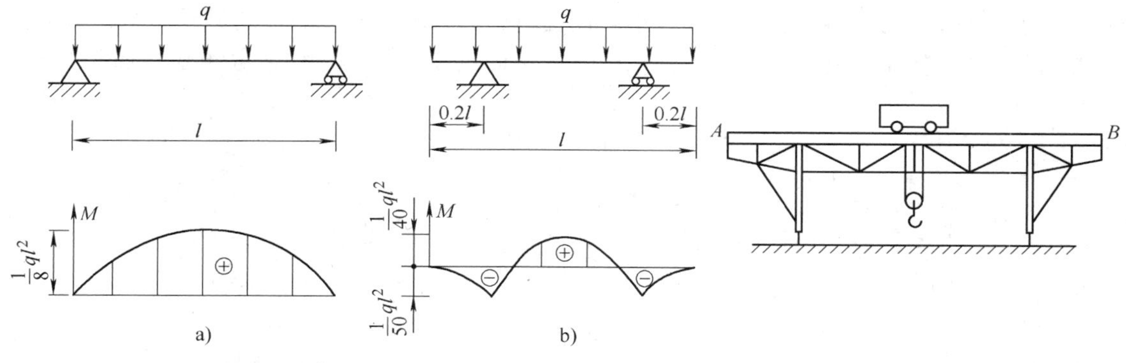

图 5-41 合理布置梁的支座

图 5-42 龙门吊车主梁的支座布置

2) 合理布置载荷。图 5-43a 所示的传动轴，齿轮位于跨距中点；若将齿轮尽量安装在

靠近轴承的位置，如图 5-43b 所示，则由计算表明，后者的最大弯矩 M_{max} 将小很多。

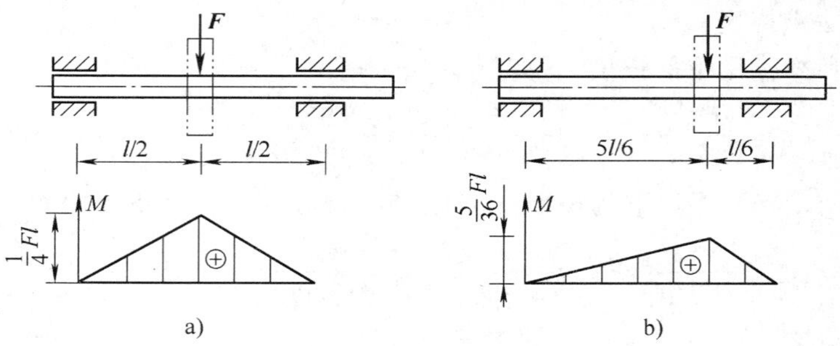

图 5-43　合理布置载荷

2. 合理选择截面形状

1）选择抗弯截面系数与截面面积的比值 W_z/A 较大的截面形状。如前所述，梁可能承受的最大弯矩 M_{max} 与抗弯截面系数 W_z 成正比，虽然如此，但截面面积 A 也将随之增大（即用料增多），故只有比值 W_z/A 越大时才越有利。因此，可用比值 W_z/A 来衡量截面形状的合理性与经济性。几种常用截面的比值 W_z/A 见表 5-5。由表 5-5 可知，工字钢或槽钢比矩形截面经济合理，矩形截面又比圆形截面经济合理。

表 5-5　几种常用截面的比值 W_z/A

截面形状	圆形	矩形	槽钢	工字钢
图形	y z d	y z h b	y z h	y z h
W_z/A	$0.125d$	$0.167h$	$(0.27\sim0.31)h$	$(0.27\sim0.31)h$

另一方面，对于一定截面面积（A），可选择抗弯截面系数 W_z 尽可能大从而使比值 W_z/A 较大的合理截面，如图 5-44 所示，对于相同矩形截面，竖放比横放的比值 W_z/A 大（图 5-44a）；环形截面比圆形截面的比值 W_z/A 大（图 5-44b）。实际上，上述截面形状的合理性也可从梁截面上的正应力分布规律来解释，即正应力在中性轴上为零，离中性轴越远，正应力越大。为了充分利用材料，就应尽量减小中性轴附近的材料，而使更多的材料分布在离中性轴较远的位置，从而形成工程结构中常用的空心截面以及工字形、槽形或箱形截面等“合理截面”构件。

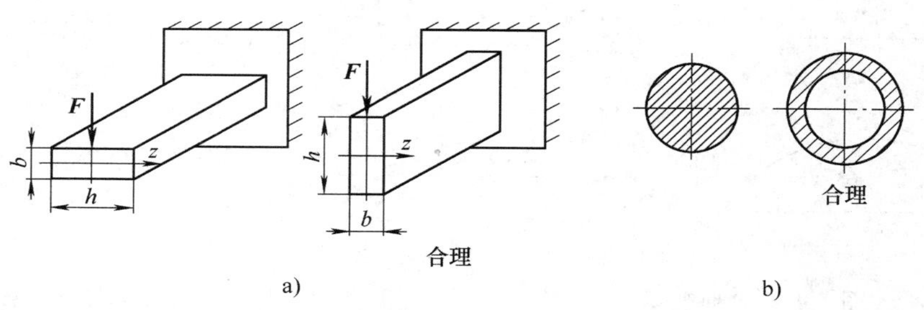

图 5-44　截面面积相同时 W_z/A 的比较

2）考虑不同材料的特性选择截面形状。对于抗拉和抗压强度相等的塑性材料（如碳钢），宜采用圆形、矩形、工字形等中性轴对称的截面，使截面上的最大拉应力和最大压应力同时达到材料的许用应力，从而使材料得以充分利用。对于抗拉强度低于抗压强度的脆塑性材料（铸铁），宜采用T形等中性轴偏于受拉一侧的截面，从而使最大拉应力比最大压应力小。

3. 采用变截面梁

如前所述，梁在各截面上的弯矩是随截面位置而变化的，在采用等截面梁时，只有在弯矩为最大值 M_{max} 的截面上，最大应力才有可能接近许用应力，其余各截面上应力较低，材料未得到充分利用。因此工程上常采用变截面梁，通过改变截面尺寸，使其抗弯截面系数随弯矩而变化，从而使梁的各横截面上的最大正应力都接近，形成近似的等强度梁（完全的等强度梁制作困难）。例如，摇臂钻床的摇臂（图5-45a）；机械设备中的阶梯轴（图5-45b）；汽车轮轴上的叠板弹簧（图5-45c）等。

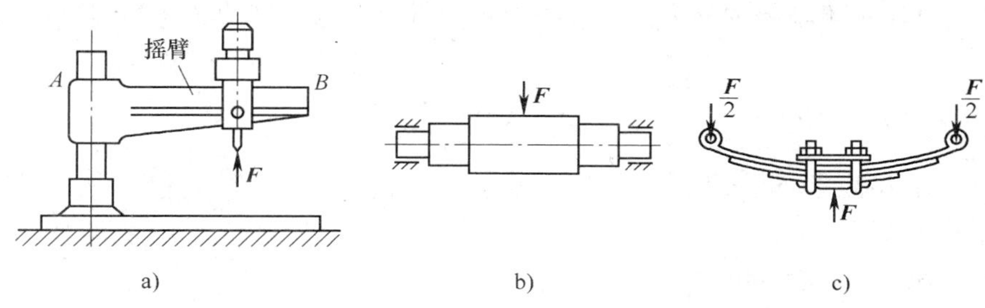

图5-45　变截面梁

上述改善零件受力状况和合理选择截面形状的措施，也能有效地提高梁的弯曲刚度。

5.4　零件扭转变形时工作能力分析

5.4.1　扭转的概念

杆件受到垂直于杆轴线的外力偶作用而发生横截面绕轴线相对转动的变形，这种变形称为扭转。以承受扭转变形为主的杆件称为轴，一般为圆轴。例如，图5-46所示汽车转向盘的操纵轴；图5-47所示的攻制内螺纹的丝锥；图5-48所示减速器的传动轴等。

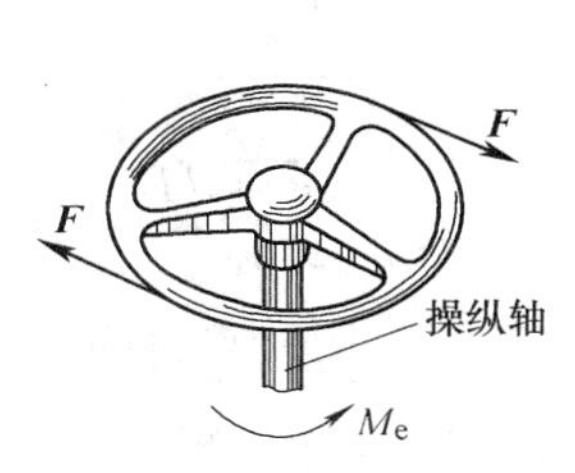

图5-46　汽车转向盘的操纵轴

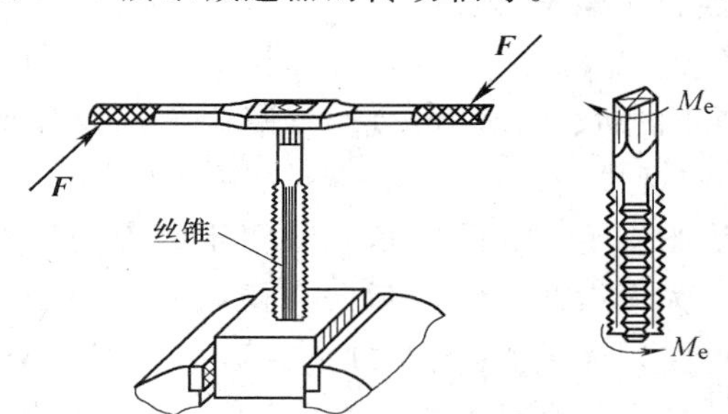

图5-47　攻制内螺纹的右旋丝锥

圆轴扭转时任意两横截面之间产生的相对转角 φ 称为扭转角（图5-49）。

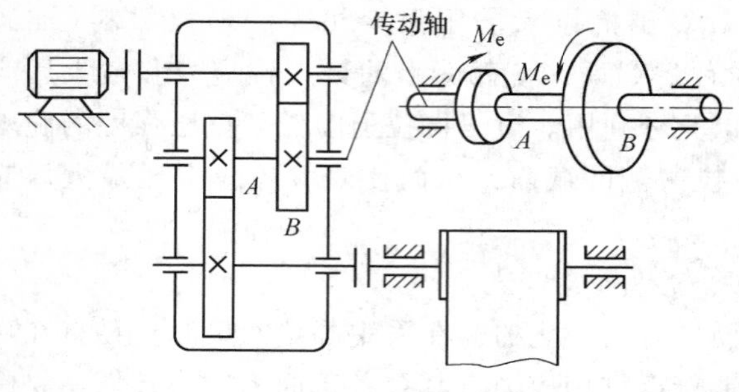

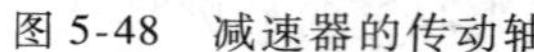
图 5-48　减速器的传动轴

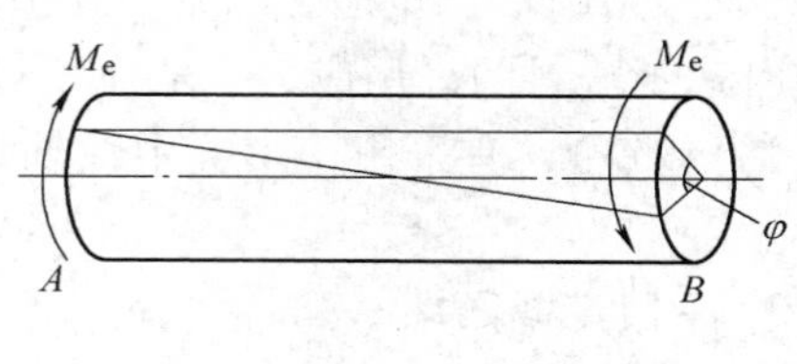

图 5-49　扭转变形

5.4.2　内力分析与应力分析

1. 外力偶矩的计算

工程中，对作用于轴上的外力偶，其力偶矩通常需要根据轴的转速和轴所传递的功率来计算，即

$$M_e = 9550\,\frac{P}{n} \tag{5-20}$$

式中　M_e——外力偶矩(N·m)；

P——功率(kW)；

n——轴的转速(r/min)。

2. 扭矩和扭矩图

若已知轴上作用的外力偶矩，则仍采用截面法分析其横截面上的内力。

设一圆轴在两端受到一对等值、反向的外力偶 M_e 作用产生扭转并保持平衡(图 5-50a)。假想用截面 $m—m$ 截切轴为两段，所取的任意一段(如左段)也应保持平衡，由于左端有外力偶作用，在左段的截面 $m—m$ 上必存在一个内力偶 M_n 与之平衡(图 5-50b)。该内力偶 M_n 称为扭矩。由左段轴的平衡方程

$$\Sigma M = 0 \qquad M_n - M_e = 0$$

求得

$$M_n = M_e$$

若将上述结果推广到一般情形，其结论是：截面上的扭矩等于该截面一侧轴段上所有外力偶矩的代数和，即 $M_n = \Sigma M_e$。

当取左、右两段来计算扭矩 M_n 时，其值相等，但方向相反(图 5-50c)，为使这两种计算所得扭矩 M_n 的符号一致，故规定扭矩 M_n 的正负号按右手螺旋法则确定：右手四指顺着扭矩的方向握住圆轴轴线，大拇指伸直时的指向与横截面的外法线方向一致时扭矩为正值(图 5-51)；反之为负值。外力偶矩 M_e 的符号确定与扭矩 M_n 相反，即：大拇指指向与横截面的外法线方向一致为负值，反之为正值。

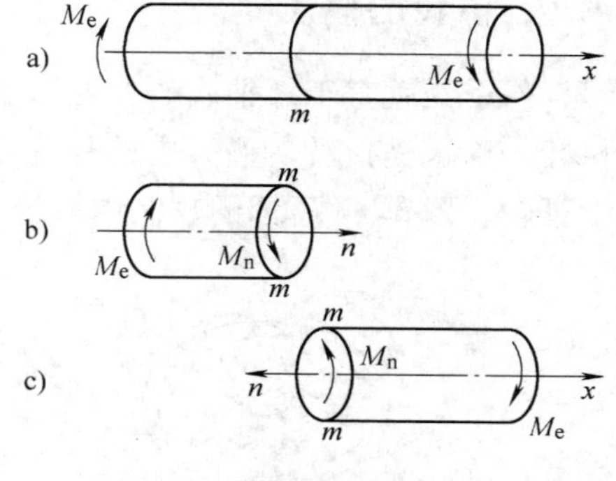

图 5-50　扭矩

当轴上有多个外力偶作用时，为了反映圆轴各横截面上的扭矩随截面位置变化的情况，通常以圆轴轴线方向的坐标 x 表示横截面的位置，垂直于圆轴轴线的坐标 M_n 表示对应截面

上扭矩的大小。同时规定正值扭矩绘在 x 轴的上方，负值扭矩绘在 x 轴的下方。这种表示扭矩随横截面位置变化规律的图形，称为扭矩图。在扭矩图上，除标明扭矩的大小和单位外，还应标明扭矩的正负号。

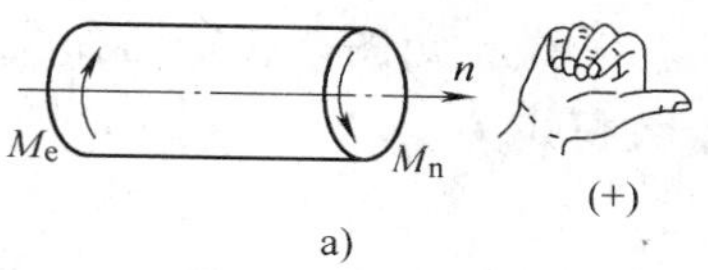

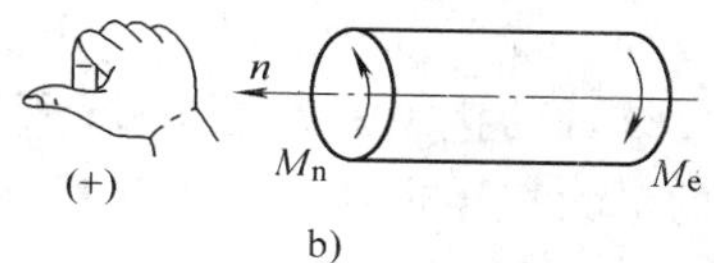

图 5-51　扭矩的符号规定

【例 5-15】 图 5-52a 所示为一齿轮轴。已知轴的转速 $n=300\mathrm{r/min}$，主动轮 A 输入功率 $P_A=50\mathrm{kW}$，从动轮 B 和 C 的输出功率 $P_B=20\mathrm{kW}$，$P_C=30\mathrm{kW}$（不计摩擦损失）。试画该齿轮轴的扭矩图。

若将主动轮 A 安置在轴的左端（图 5-52b），试比较两种安置方式哪一种更合理。

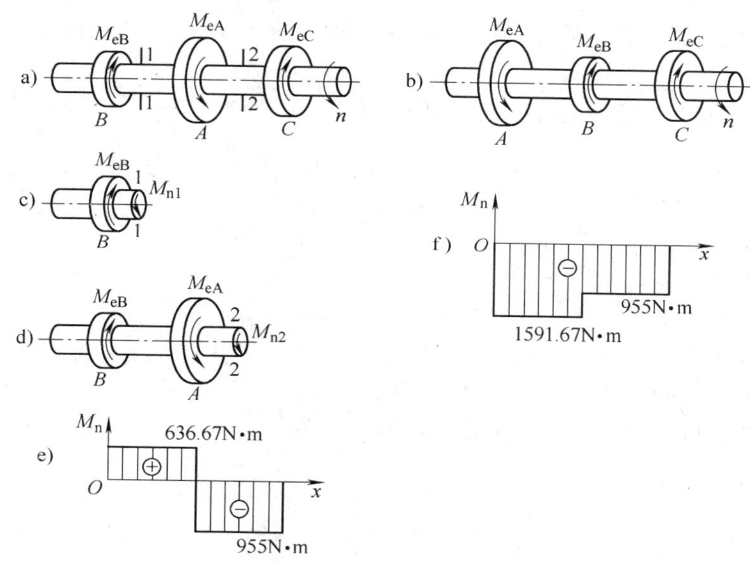

图 5-52　例 5-15 图

解　（1）计算外力偶矩 M_e。由式（5-20）得

$$M_{eA}=9550\frac{P_A}{n}=9550\times\frac{50}{300}\mathrm{N\cdot m}=1591.67\ \mathrm{N\cdot m}$$

$$M_{eB}=9550\frac{P_B}{n}=9550\times\frac{20}{300}\mathrm{N\cdot m}=636.67\ \mathrm{N\cdot m}$$

$$M_{eC}=9550\frac{P_C}{n}=9550\times\frac{30}{300}\mathrm{N\cdot m}=955\ \mathrm{N\cdot m}$$

主动力偶 M_{eA} 的方向和轴的转动方向一致；从动力偶 M_{eB}、M_{eC} 的方向与主动力偶 M_{eA} 的方向相反。

（2）计算各段的扭矩。根据外力偶矩的作用位置，将轴分为 AB、AC 两段，分别取截面 1—1 和截面 2—2（图 5-52c、d）。则轴的任意一截面上的扭矩应等于该截面一侧轴段上所有外力偶的代数和，则

AB 段内的扭矩　$M_{n1}=M_{eB}=636.67\mathrm{N\cdot m}$

AC 段内的扭矩　$M_{n2}=M_{eB}-M_{eA}=(636.67-1591.67)\mathrm{N\cdot m}=-955\mathrm{N\cdot m}$

（3）画扭矩图。扭矩图如图 5-52e 所示，由扭矩图可知，该齿轮轴的危险截面在 *AC* 段，其最大扭矩为

$$|M_{nmax}| = |M_{n2}| = 955\text{N}\cdot\text{m}$$

（4）比较合理性。当主动轮 *A* 安置在轴的左端时，轴上最大扭矩在 *AB* 段，其大小为

$$|M_{nmax}| = |M_{n1}| = |M_{eA}| = |-1591.67| = 1591.67\text{N}\cdot\text{m}$$

该轴的扭矩图如图 5-52f 所示。可见，传动轴上主动轮和从动轮的安装位置不同，轴所受的最大扭矩也就不同，显然，两者相比前者较合理。

3. 扭转时的切应力

实验结果和理论分析表明，圆轴扭转时，其横截面上只有切应力。切应力的分布规律是：各点的切应力与横截面半径方向垂直，其大小与该点到圆心的距离成正比，圆心处的切应力等于零，圆周上的切应力最大，如图 5-53 所示。图 5-53a 为实心轴截面；图 5-53b 为空心轴截面。

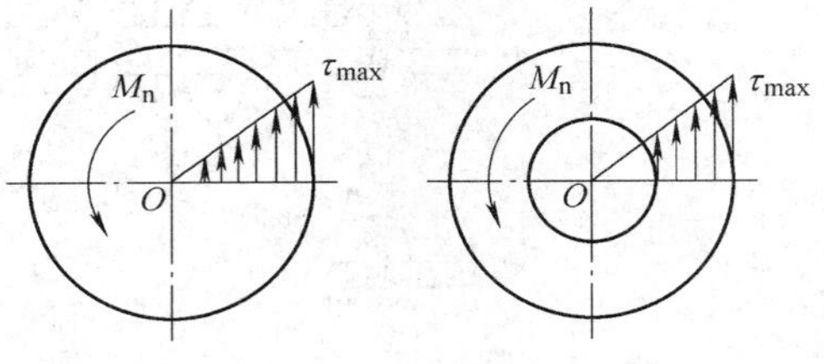

图 5-53 扭转时切应力的分布规律

a）实心轴截面 b）空心轴截面

经理论推导可得出圆轴横截面上最大切应力的计算公式为

$$\tau_{max} = \frac{M_n R}{I_p} \tag{5-21}$$

式中 τ_{max}——横截面上最大切应力（MPa）；

M_n——横截面上的扭矩（N·mm）；

R——圆轴半径（mm）；

I_p——横截面的极惯性矩，是与横截面形状和尺寸有关的几何量（mm^4）。

为便于计算，令

$$W_n = \frac{I_p}{R} \tag{5-22}$$

则

$$\tau_{max} = \frac{M_n}{W_n} \tag{5-23}$$

式中 W_n——轴的抗扭截面系数，也是与横截面形状和尺寸有关的几何量（mm^3）。

当扭矩 *M* 不变时，W_n 越大，τ_{max} 越小，所以抗扭截面系数 W_n 是反映横截面抵抗扭转破坏能力的一个几何量。常用截面的 I_p、W_n 计算公式见表 5-6。

表 5-6 常用截面的 I_p、W_n 计算公式

截面形状	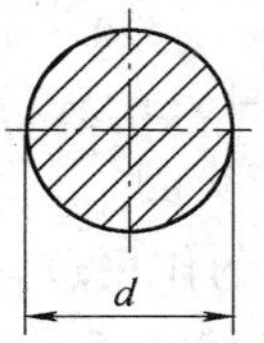 （实心圆截面，直径 d）	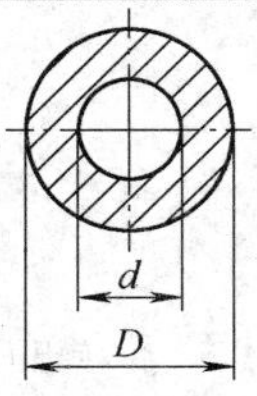 （空心圆截面，外径 D，内径 d）$\alpha = \frac{d}{D}$
极惯性矩	$I_p = \frac{\pi d^4}{32}$	$I_p = \frac{\pi D^4}{32}(1-\alpha^4)$
抗扭截面系数	$W_n = \frac{\pi d^3}{16}$	$W_n = \frac{\pi D^3}{16}(1-\alpha^4)$

5.4.3 轴的扭转强度分析实例

由前所述，圆轴受扭时最大切应力 τ_{max} 产生在危险截面的边缘各点处。则圆轴的扭转强度条件是：圆轴的最大扭转切应力不超过材料的许用扭转切应力，即

$$\tau_{max}=\frac{M_n}{W_n}\leqslant[\tau] \tag{5-24}$$

式中 $[\tau]$——许用扭转切应力，其值可查阅相关手册(MPa)。

一般情况下，可按下列经验公式近似确定

塑性材料 $[\tau]=(0.5\sim0.6)[\sigma]$

脆性材料 $[\tau]=(0.8\sim1.0)[\sigma]$

式中 $[\sigma]$——材料的许用拉应力(MPa)。

扭转强度计算可以解决扭转强度校核、确定截面尺寸和确定许可载荷的问题。

【例 5-16】 如图 5-54 所示为一汽车的传动轴 AB，由 45 号无缝钢管制成，大径 $D=90\text{mm}$，小径 $d=85\text{mm}$，传递的最大转矩 $M_{emax}=1500\text{N}\cdot\text{m}$，材料的许用切应力 $[\tau]=60\text{MPa}$。试求：(1) 强度是否足够？(2)在强度不变时改用相同材料的实心轴，轴径应为多大？(3)空心轴和实心轴重量比为多少？

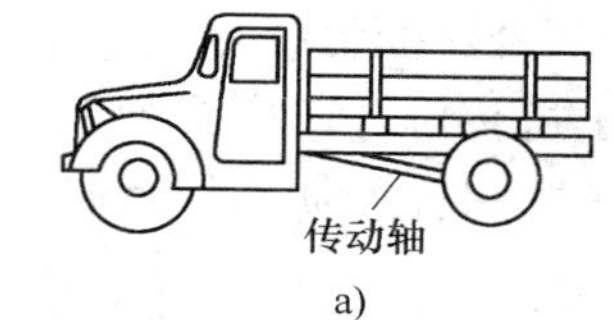

a)

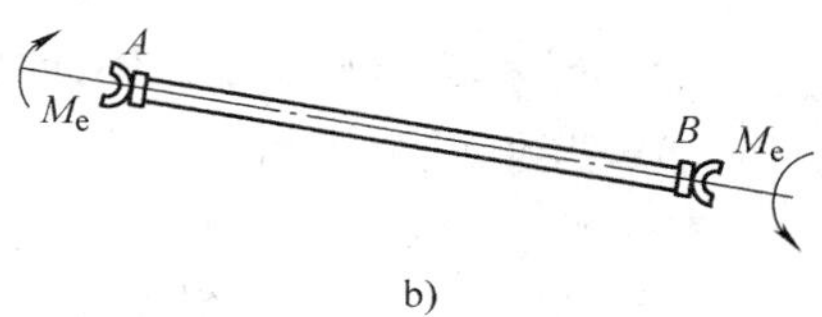

b)

图 5-54 例 5-16 图

解 (1) 计算空心轴的扭转强度。AB 传动轴各截面的扭矩 M_n 相同，其大小为

$$M_n=M_{emax}=1500\text{N}\cdot\text{m}$$

由表 5-6 中所列计算公式可求得抗扭截面系数 W_n 为

$$W_n=\frac{\pi D^3}{16}(1-\alpha^4)=\frac{\pi\times90^3}{16}(1-0.944^4)\text{mm}^3=29469\text{mm}^3$$

由式(5-24)中的扭转强度条件可得

$$\tau_{max}=\frac{M_n}{W_n}=\frac{1.5\times10^3\times10^3}{29469}\text{MPa}=50.9\text{MPa}\leqslant60\text{MPa}$$

因计算结果数值小于许用切应力数值，故 AB 传动轴的强度足够。

(2) 计算实心轴的直径。改用实心轴时，材料和扭矩相同，若要求强度不变，抗扭截面系数必定相等，即 $W_n=29469\text{mm}^3$，则实心轴的直径为

$$D_1=\sqrt[3]{\frac{16W_n}{\pi}}=\sqrt[3]{\frac{16\times29469}{\pi}}\text{mm}=53\text{mm}$$

(3) 求空心轴和实心轴重量之比。当它们的材料和长度都相同时，重量之比即是它们的横截面面积之比，设空心轴横截面面积为 A，实心轴横截面面积为 A_1，则

$$A=\frac{\pi}{4}(D^2-d^2),\quad A_1=\frac{\pi}{4}D_1^2$$

可得

$$\frac{A}{A_1}=\frac{(D^2-d^2)}{D_1^2}=0.31\times100\%=31\%$$

故空心轴的重量仅为实心轴重量的31%即可。

在条件相同的情况下，采用空心轴可以节省材料，减轻重量，提高承载能力，所以空心轴在汽车、航空器和船舶中采用较多。

5.4.4　扭转刚度简介

圆轴扭转时的变形用两横截面之间产生的相对转角 φ(即扭转角)来表示。对于长为 l，扭矩为 M_n 的等截面圆轴，扭转角 φ 为

$$\varphi=\frac{M_n l}{GI_p} \tag{5-25}$$

式中　G——材料的剪切弹性模量(MPa)，同一种材料的 G 值为常数。

GI_p 称为抗扭刚度，它表示圆轴抵抗扭转变形能力的大小，在其他条件一样的情况下，GI_p 越大的轴，变形越小，反之变形越大。

由于扭转角与轴的长度有关，为消除长度的影响，在对圆轴进行扭转刚度计算时，应限定单位长度扭转角 ψ 的最大值不得超过规定的允许值，即

$$\psi_{max}=\frac{M_n}{GI_p}\cdot\frac{180}{\pi}\leqslant[\psi] \tag{5-26}$$

式(5-26)称为圆轴的扭转刚度条件。$[\psi]$为许用扭转角(°/m)，其值可查阅相关手册。

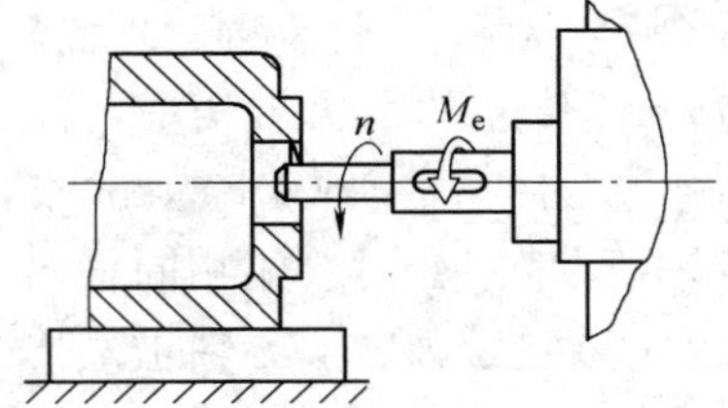

图 5-55　例 5-17 图

【例 5-17】 镗刀镗孔的示意图如图 5-55 所示。在刀杆端部装有镗刀，已知切削功率 $P=8$kW，刀杆转速 $n=60$r/min，刀杆直径 $d=50$mm，材料的许用切应力$[\tau]=60$MPa，剪切弹性模量 $G=80$GPa，刀杆的许用扭转角 $[\psi]=0.5$°/m，试校核该刀杆的扭转强度和刚度。

解　(1) 确定刀杆上的外力偶矩。

$$M_e=9550\frac{P}{n}=9550\times\frac{8}{60}\text{N}\cdot\text{m}=1273\text{N}\cdot\text{m}$$

截面上的扭矩为

$$M_n=M_e=1273\text{N}\cdot\text{m}$$

(2) 校核刀杆的强度。由式(5-24)可得

$$\tau_{max}=\frac{M_n}{W_n}=\frac{1273\times10^3}{\frac{\pi}{16}\times50^3}=51.9\text{MPa}<[\tau]$$

可见，该刀杆扭转强度满足要求。

(3) 校核刀杆的刚度。

$$\psi_{max}=\frac{M_n}{GI_p}\times\frac{180}{\pi}=\frac{1273\times10^3}{80\times10^3\times\frac{\pi}{32}\times50^4}\times\frac{180}{\pi}=1.48°/\text{m}>[\psi]$$

可见，该刀杆扭转刚度不够。不改变刀杆材料，可通过加大刀杆的直径来改善其刚度，其值应满足式(5-26)中扭转刚度条件，即

$$d \geqslant \sqrt[4]{\frac{180}{\pi^2} \times \frac{32M_n}{G[\psi]}} = \sqrt[4]{\frac{180}{\pi^2} \times \frac{32 \times 1273 \times 10^3}{80 \times 10^3 \times 0.5 \times 10^{-3}}}\text{mm} = 65.6\text{mm}$$

故轴径必须在65.6mm以上才满足刚度要求。

5.5 零件组合变形时工作能力分析

在工程实际中，由于机械结构所受载荷是复杂的，大多数机件往往会发生两种或两种以上的基本变形，则称这类变形为组合变形。

5.5.1 拉伸(压缩)与弯曲组合时强度分析实例

拉伸(压缩)与弯曲组合变形在工程上是常见的，通常是杆件同时受横向力和轴向力，例如，图5-56所示的传动齿轮中轮齿的变形；或是载荷与杆件轴线平行，但不通过杆件截面形心，例如，图5-57所示的厂房建筑中立柱的变形。

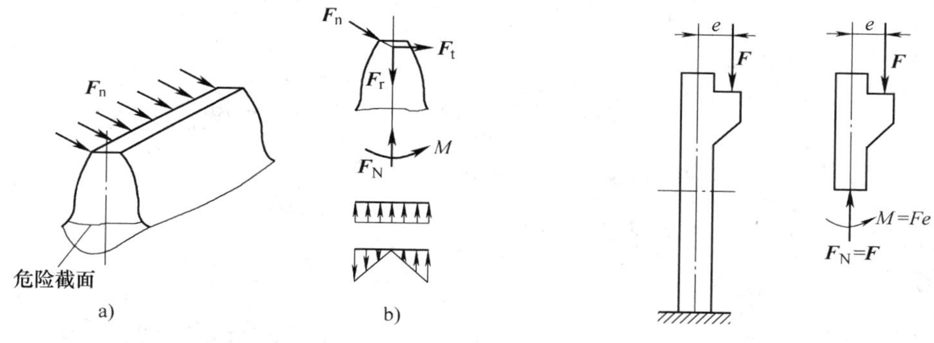

图5-56 轮齿的变形

图5-57 立柱的变形

这类组合变形可分解为拉伸(压缩)和弯曲两种基本变形，分别求出各自产生的正应力，然后进行代数叠加，可得到危险截面总应力。

【例5-18】 压力机的铸铁机身简图如图5-58a所示，立柱截面如图5-58b所示，其面积 $A = 1.5 \times 10^4\text{mm}^2$，对中性轴 z 的惯性矩 $I_z = 5.3 \times 10^7\text{mm}^4$；工作压力 $F = 50\text{kN}$，材料的许用拉应力 $[\sigma]_l = 40\text{MPa}$，许用压应力 $[\sigma]_y = 120\text{MPa}$。试校核该压力机立柱的强度。

解 (1) 外力分析。压力机的工作压力 F 与立柱的轴线平行，但偏离立柱的截面形心，立柱受偏心拉伸，偏心距为

$$e = 350\text{mm} + 75\text{mm} = 425\text{mm}$$

(2) 内力分析。将立柱沿 $m—m$ 截面切开，取上部为分析对象(图5-58c)。

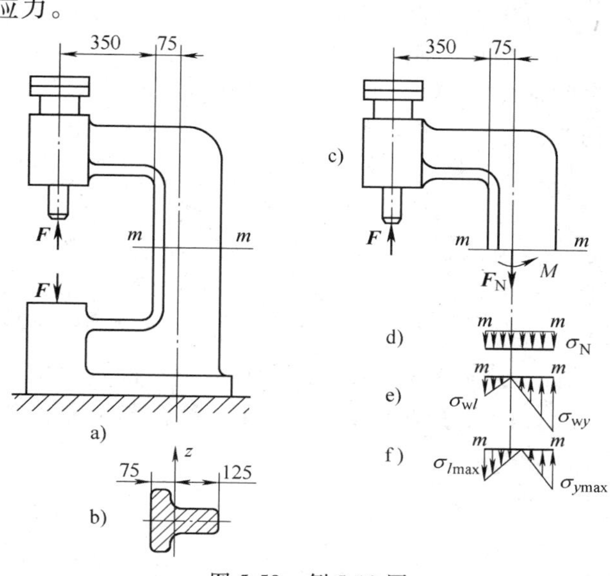

图5-58 例5-18图

截面 $m—m$ 上的内力有轴力 F_N 和弯矩 M，其值可分别根据平衡条件求得，即

$$F_N = F = 50\text{kN}$$

$$M = Fe = 50 \times 425\text{kN} \cdot \text{mm} = 21250\text{kN} \cdot \text{mm} = 21.25\text{kN} \cdot \text{m}$$

轴力 F_N、弯矩 M 方向如图所示。

(3) 应力分析。与轴力 F_N 对应的拉应力均匀分布(图 5-58d)，与弯矩 M 对应的弯曲应力的分布如图 5-58e 所示，中性轴 z 的左边为拉应力，右边为压应力。则截面左侧边缘点的拉应力和弯曲拉应力叠加后仍为拉应力；而右侧边缘点的拉应力和弯曲压应力叠加的结果是拉应力还是压应力，是由两者数值的大小所决定，但对于铸铁类脆性材料，由于受压能力远高于受拉能力，故通常使拉、压两种应力叠加后是压应力(图 5-58f)。

(4) 校核强度。危险点是中性轴 z 的左、右侧边缘点，应使危险点的总应力不超过许用应力，即

左侧边缘点的应力为

$$\sigma_{\text{lmax}} = \frac{F_N}{A} + \frac{M \cdot y_1}{I_z} = \frac{50 \times 10^3}{15 \times 10^3}\text{MPa} + \frac{21.25 \times 10^6 \times 75}{53 \times 10^6}\text{MPa} = 33.4\text{MPa} < 40$$

右侧边缘点的应力为

$$\sigma_{\text{ymax}} = \frac{F_N}{A} + \frac{M \cdot y_2}{I_z} = \frac{50 \times 10^3}{15 \times 10^3}\text{MPa} - \frac{21.25 \times 10^6 \times 125}{53 \times 10^6}\text{MPa} = -46.8\text{MPa} < 120$$

因计算结果数值小于许用应力数值，故立柱的强度足够。

5.5.2 弯扭组合时强度分析实例

机械中多数转轴在载荷作用下，同时产生弯曲变形和扭转变形，称为弯扭组合变形。

如图 5-59a 所示为一装有带轮的圆轴 AB，由电动机带动。设电动机从 D 端输入的外力偶为 M_e，带轮两边的拉力分别为 F_{T1}、F_{T2}。若将 F_{T1}、F_{T2} 平移至带轮轮心 C，则可得到一个合力 $F_T = F_{T1} + F_{T2}$ 和一个附加力偶 M_F，如图 5-59b 所示。显然，力 F_T 使轴产生弯曲变形，力偶 M_e 和 M_F 使轴产生扭转变形，故此轴产生弯扭组合变形。分别画出轴的弯矩图和扭矩图，如图 5-59c 所示。由图可见，中间截面 C 处内力最大，截面 C 通常是危险截面，其上正应力 σ 和切应力 τ 的分布如图 5-59d 所示。由于 σ 垂直于横截面，而 τ 沿着横截面，因此，不能通过两者代数叠加来求危险截面的总应力，而是运用有关强度理论推导出圆轴的弯扭组合强度条件(推导从略)，即

$$\sigma_d = \frac{\sqrt{M^2 + M_n^2}}{W_z} \leqslant [\sigma] \qquad (5\text{-}27)$$

式中 σ_d——当量应力，即圆轴在当量应力 σ_d 作用

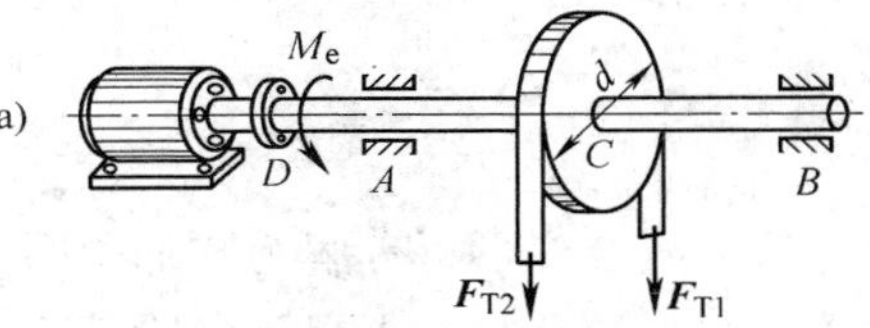

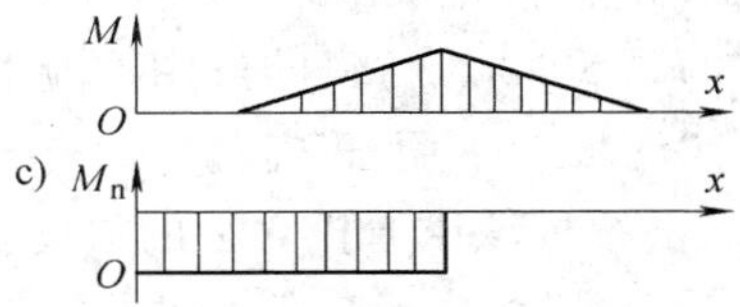

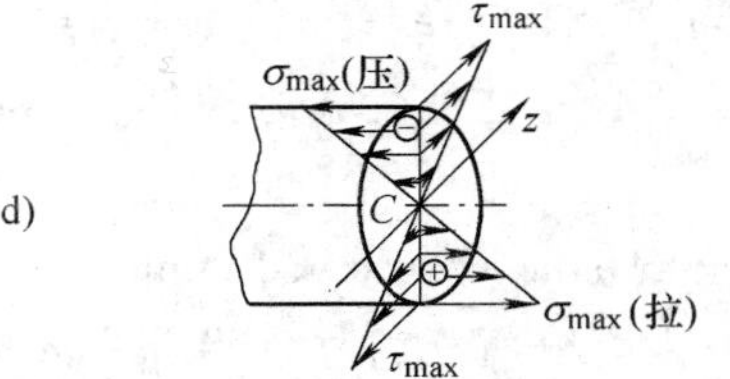

图 5-59 圆轴的弯扭组合变形

下的强度相当于正应力 σ 和切应力 τ 联合作用下的强度；

M、M_n——圆轴危险截面上的弯矩和扭矩；

W_z——圆轴危险截面上的抗弯截面系数；

$[\sigma]$——圆轴材料的许用应力(详见第 8 章)。

在按式(5-27)进行计算时，如果作用在轴上的横向力构成空间力系，这时可将每一个横向力分别向水平面和铅垂面分解，分别画出水平面内的弯矩图(M_H 图)和铅垂面内的弯矩图(M_V 图)；再进行合成，求得合成弯矩 M；并将合成弯矩的最大值代入式(5-27)中进行强度计算。合成弯矩 M 的计算公式为

$$M=\sqrt{M_H^2+M_V^2} \tag{5-28}$$

式中，M_H 和 M_V 分别为水平面内和铅垂面内的弯矩值。

【例 5-19】 如图 5-60a 所示为传动轴传递的功率 $P=7.5\text{kW}$，轴的转速 $n=100\text{r/min}$，轴的直径 $d=60\text{mm}$，各轴段长 $l=400\text{mm}$。轴上装有 C、D 两个带轮，C 轮上带的紧边和松边拉力分别为 F_1' 和 F_1''($F_1'>F_1''$)，其和 $F_1=4.2\text{kN}$，方向与水平面(xz 平面)的 z 轴平行；D 轮上带的紧边和松边拉力分别为 F_2' 和 F_2''，其和 $F_2=5.4\text{kN}$，方向与垂直面(xy 平面)的 y 轴平行。轴的材料许用应力 $[\sigma]=85\text{MPa}$，轮轴自重不计，试校核轴的强度。

解 (1) 分析轴所受的外力。带轮传递的转矩为

$$M_e=9500\times\frac{P}{n}=9550\times\frac{7.5}{100}\text{N}\cdot\text{m}$$

$$=716\text{N}\cdot\text{m}\approx 0.7\text{kN}\cdot\text{m}$$

将带轮两侧紧边和松边拉力分别向轮心简化，则轴在 C、D 两处分别有等值反向的外力偶 M_{eC}、M_{eD} 以及水平面、垂直面内的横向力 F_1、F_2，如图 5-60b 所示。两外力偶矩为

$$M_{eC}=M_{eD}=M_e=0.7\text{kN}\cdot\text{m}$$

在水平面内，F_1 的作用使 A、B 两处产生支座反力(图 5-60c)，其值为

$$F_{AH}=\frac{2}{3}F_1=2.8\text{kN},\quad F_{BH}=\frac{1}{3}F_1=1.4\text{kN}$$

在垂直面内，F_2 的作用使 A、B 两处产生支座反力(图 5-59d)，其值为

$$F_{AV}=\frac{1}{3}F_2=1.8\text{kN},\quad F_{BV}=\frac{2}{3}F_2=3.6\text{kN}$$

(2) 分析轴的内力。水平面内的弯矩图如图 5-60c 所示，其中

$$M_{HC}=F_{AH}\cdot l=1.12\text{kN}\cdot\text{m},$$

$$M_{HD}=F_{BH}\cdot l=0.56\text{kN}\cdot\text{m}$$

垂直面内的弯矩图如图 5-60d 所示，其中

$$M_{VC}=F_{AV}\cdot l=0.72\text{kN}\cdot\text{m},$$

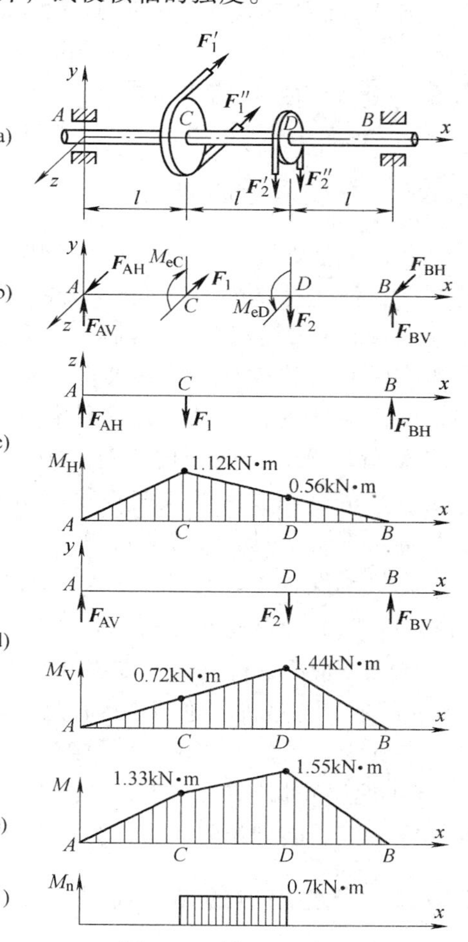

图 5-60 例 5-19 图

$$M_{VD} = F_{BV} \cdot l = 1.44\text{kN} \cdot \text{m}$$

由式(5-28)可求轴上 C、D 两处的合成弯矩，即

$$M_C = \sqrt{M_{HC}^2 + M_{VC}^2} = 1.33\text{kN} \cdot \text{m}$$

$$M_D = \sqrt{M_{HD}^2 + M_{VD}^2} = 1.55\text{kN} \cdot \text{m}$$

可见，在 D 处截面上有最大合成弯矩，其值为

$$M_{max} = M_D = 1.55\text{kN} \cdot \text{m}$$

画出合成弯矩图，如图 5-60e 所示。

轴在 CD 段产生扭矩，其值为

$$M_n = M_{eC} = 0.7\text{kN} \cdot \text{m}$$

画扭矩图如图 5-59f 所示。

(3) 校核轴的强度。由合成弯矩图(图 5-60e)和扭矩图(图 5-60f)可见，危险截面在 D 处从左侧靠近 D 点的位置上，由式(5-27)可求得 D 处危险截面的当量应力，即

$$\sigma_d = \frac{\sqrt{M_D^2 + M_n^2}}{W_z} = \frac{\sqrt{(1.55 \times 10^6)^2 + (0.7 \times 10^6)^2}}{\pi \times 60^3/32} = 80\text{MPa} < 85\text{MPa}$$

因计算结果数值小于许用应力数值，故此轴安全。

5.6 零件疲劳强度简介

5.6.1 交变应力的概念

在以上分析机械零件的强度、刚度问题时，均将外载荷的大小和方向看作是不随时间变化的，工程上把不随时间变化或随时间变化较缓慢的载荷称为静载荷。然而，大多数机械零件工作时所受的载荷是明显要随时间变化或者短时间内突变的，工程上称这种载荷为动载荷或变载荷。例如，锻压时气锤的锤杆和机座、高速旋转的砂轮、活塞式制冷压缩机的活塞和连杆等均承受不同形式的动载荷。

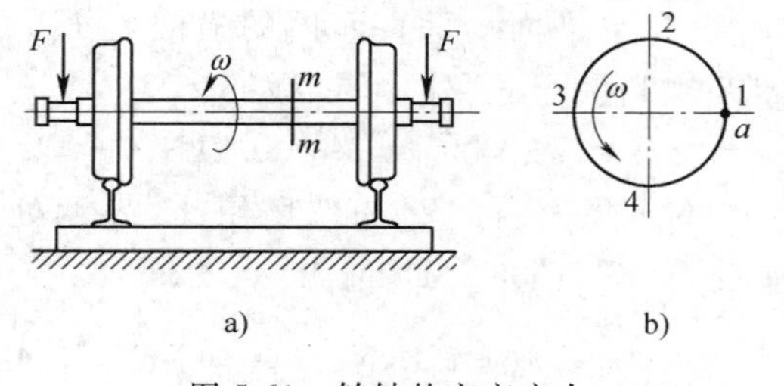

图 5-61　转轴的交变应力

在机械设备中，有些零件在工作时其内部的应力将随时间周期性变化，这种应力称为交变应力。零件在交变动载荷作用下工作将产生相应的交变应力，即使零件在静载荷作用下，也可能因其本身的转动而引起交变应力。如图 5-61a 所示为铁路机车轮轴，尽管运载时轮轴受静载荷作用，但由于轮轴的转动，任意横截面 m—m 上 a 点的弯曲正应力将随 a 点位置的改变而变化。如图 5-61b 所示，当 a 点处在位置 1(中性层)时，应力为零；a 点转到位置 2 时，为最大拉应力；转到位置 3(中性层)时，应力又为零；转到位置 4 时，为最大压应力；循环往复作周期性变化。

5.6.2 交变应力的循环特性

1. 交变应力的参数

应力随时间每重复变化一次，称为一个应力循环。交变应力的参数用以描述应力随时间变化的情况(图 5-62)。

(1) 最大应力与最小应力　即应力循环中的最大应力值 σ_{max} 和最小应力值 σ_{min}。

(2) 应力循环特征系数　即应力循环中的最小应力 σ_{min} 和最大应力 σ_{max} 的比值，一般以 r 表示。即

$$r=\frac{\sigma_{min}}{\sigma_{max}}$$

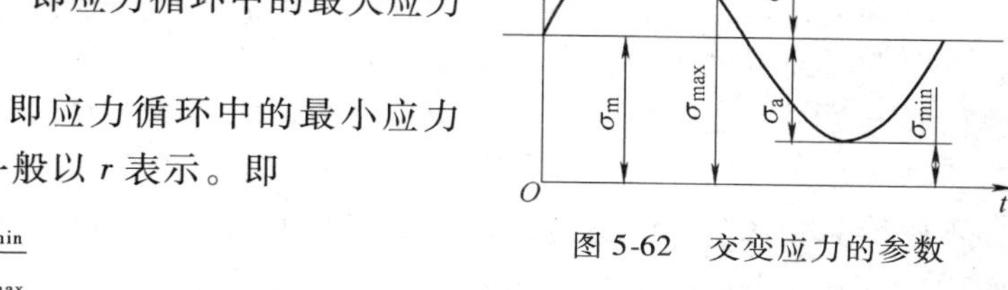

图 5-62　交变应力的参数

(3) 平均应力　即最大应力与最小应力的代数平均值，用 σ_m 表示，即

$$\sigma_m=\frac{\sigma_{max}+\sigma_{min}}{2}$$

(4) 应力幅　在平均应力的基础上，应力发生变化的幅度，称为应力幅，用 σ_a 表示，即

$$\sigma_a=\frac{\sigma_{max}-\sigma_{min}}{2}$$

2. 应力循环类型

应力循环根据不同的工作情况来分类。几种典型的交变应力类型见表 5-7 。

表 5-7　几种典型的交变应力类型

类型	应力循环图	应力特性	实例
对称循环应力		应力的大小和方向都随时间而变化，且最大应力与最小应力数值相等、方向相反	
非对称循环应力		应力的大小随时间而变化，但应力的方向不变	
脉动循环应力		只有应力的大小随时间变化而方向不变，且最小应力为零	
静应力		大小和方向都不随时间而变化或变化缓慢的应力	

5.6.3 疲劳破坏

实践表明，在交变应力作用下的零件，虽然其内部的最大应力远低于静载荷下的强度极限，甚至低于屈服极限，但由于经多次（几十万、几百万次）应力循环作用，即使静载荷下塑性很好的材料，也可能发生突然脆性断裂，而且断口处没有明显的塑性变形，这种现象称为疲劳破坏。

零件疲劳破坏的主要原因是，当交变应力的大小超过一定限度时，零件在应力多次的交替作用后，其薄弱处开始产生微小裂纹，随着应力循环次数增多，裂纹不断扩展，横截面受到一定程度的削弱，最后在裂纹的截面处发生突然脆裂而破坏。因此，在交变应力作用下，零件疲劳破坏的实质就是零件中裂纹的产生、扩展、直至脆性断裂的全部过程。

5.6.4 提高疲劳强度的措施

疲劳破坏通常是在零件工作过程中突然发生的，事先无明显征兆，因此极易造成严重事故。现代机器运转速度不断提高，80%以上的机械零件损坏属于疲劳破坏。因此，提高零件的疲劳强度尤为重要。由于疲劳裂纹通常从零件的表层和有应力集中的部位开始，所以，工程上常采取如下措施提高零件的疲劳强度。

1. 减缓应力集中

截面突变处的应力集中是产生并扩展裂纹的主要原因。因此，通过适当加大截面突变处的过渡圆角，尽量避免开孔、挖槽，使尺寸变化缓和等措施，有利于减缓应力集中。

2. 提高零件表面加工质量

在应力非均匀分布的情况下，疲劳裂纹大都从零件表面开始形成和扩展。零件表面粗加工的刀痕或损伤都会引起应力集中，特别是强度较高的合金钢对应力集中的影响尤为敏感。因此，适当降低零件表面表面粗糙度；避免零件表面机械损伤和化学腐蚀，都能有效地提高疲劳强度。

3. 提高零件表面强度

常采用表面热处理和化学处理，如利用高频感应淬火、表面渗碳、渗氮等提高表面强度，或采用表面滚压、喷丸等表面强化方法，以减少表面产生疲劳裂纹的机会达到提高疲劳强度的目的。

思考与习题

1. 阶梯杆 AC 在 C、B 两处分别承受轴向载荷 $F_1=50\text{kN}$，$F_2=140\text{kN}$，如图 5-63 所示。杆各段横截面面积 $A_1=500\text{mm}^2$，$A_2=1000\text{mm}^2$。试分别求 AB 与 BC 两段上的应力，并画轴力图。

2. 图 5-64 所示为铸造车间吊运浇包的双套吊钩，吊钩杆部横截面为矩形，$b=30\text{mm}$，$h=45\text{mm}$，杆部材料的许用应力$[\sigma]=50\text{MPa}$，浇包自重 8kN，最多能容 30kN 重的铁液，试校核吊杆的强度。

3. 钢质拉杆承受载荷 $F=20\text{kN}$，如图 5-65 所示。若材料的许用应力$[\sigma]=100\text{MPa}$，杆的横截面为矩形，而且 $b=2a$，试确定 a 与 b 的值。

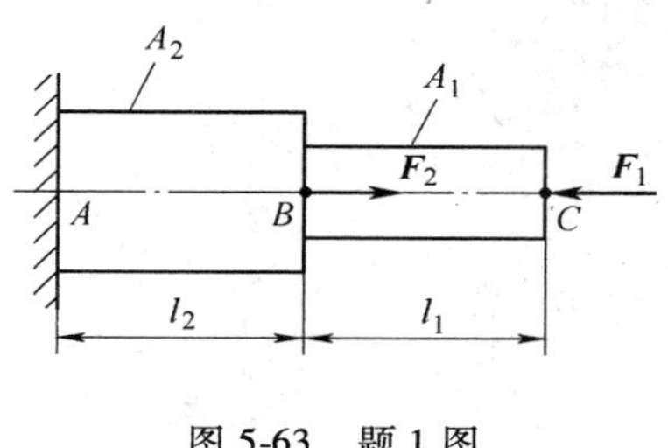

图 5-63　题 1 图

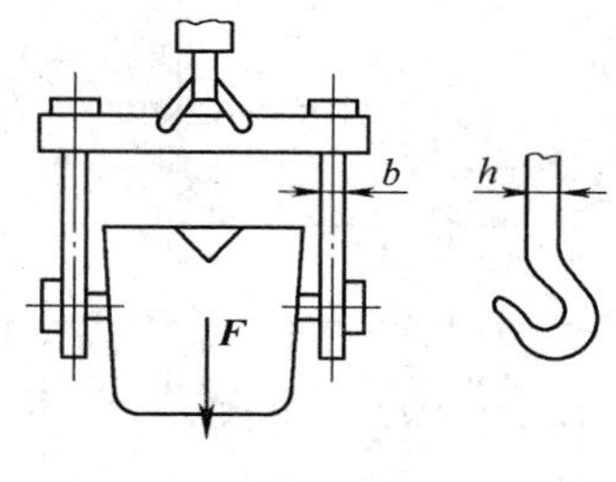

图 5-64　题 2 图

4. 图 5-66 所示吊钩由 Q275A 钢锻造而成，吊钩的螺纹为 M36，小径 $d_1=30.8\text{mm}$。Q275A 钢的屈服极限 $\sigma_s=265\text{MPa}$，规定安全因数 $n_s=5$，试确定吊钩的许可载荷 $\boldsymbol{F}$。

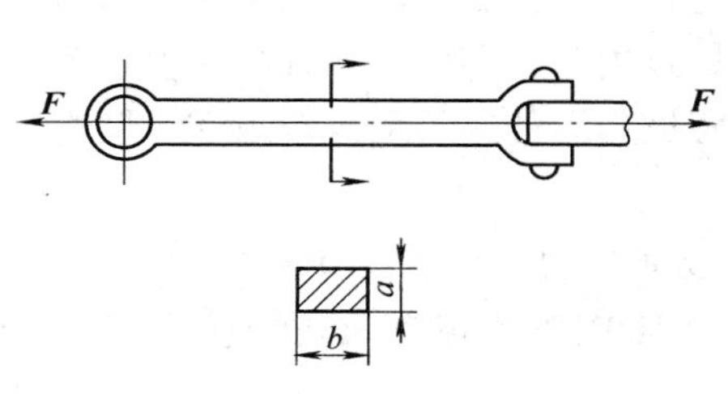

图 5-65　题 3 图

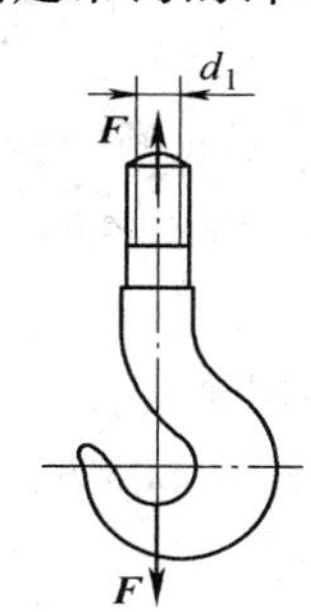

图 5-66　题 4 图

5. 气动夹具如图 5-67 所示。已知气缸内径 $D=140\text{mm}$，缸内气压 $p=0.6\text{MPa}$。活塞杆材料为 20 钢，$[\sigma]=80\text{MPa}$。试设计活塞杆的直径 d。

6. 一钢制连接螺栓，如图 5-68 所示。螺栓直径 $d=18\text{mm}$，在拧紧螺母时，其杆部原长 $l=126\text{mm}$，伸长 $\Delta l=0.15\text{mm}$，已知材料的弹性模量 $E=200\text{GPa}$，试计算螺栓横截面的应力和螺栓对钢板的压紧力 P。

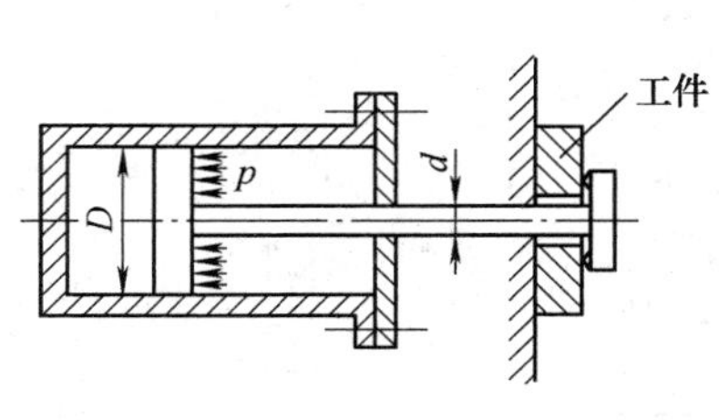

图 5-67　题 5 图

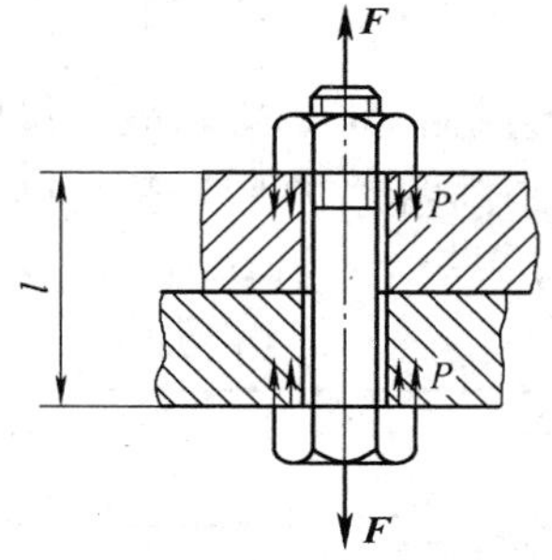

图 5-68　题 6 图

7. 在题 5-1 中，若杆长 $l_1=l_2=1000\text{mm}$，材料的弹性模量 $E=2\times10^5\text{MPa}$，试求杆 AC 的总变形。

8. 在图 5-69 所示的铰制孔用螺栓连接中，已知力 $F=15\text{kN}$，螺栓直径 $d=20\text{mm}$，求螺栓的切应力。

9. 冲孔装置简图如图 5-70 所示，已知钢板厚 $\delta=4\text{mm}$，冲头直径 $d=20\text{mm}$，冲孔时冲头的冲力 $F=80\text{kN}$，问在冲孔时钢板的切应力有多大？

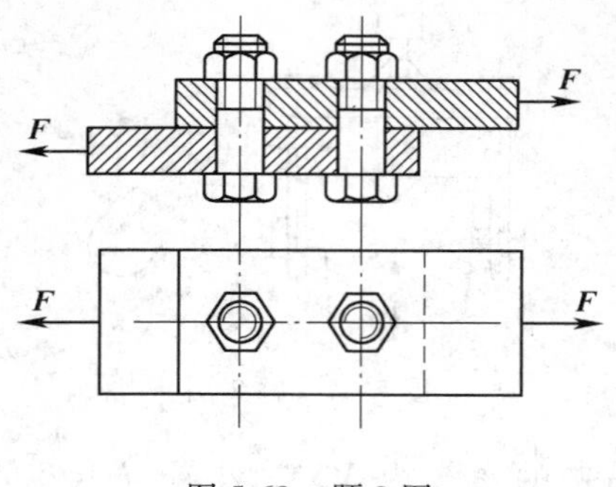

图 5-69　题 8 图

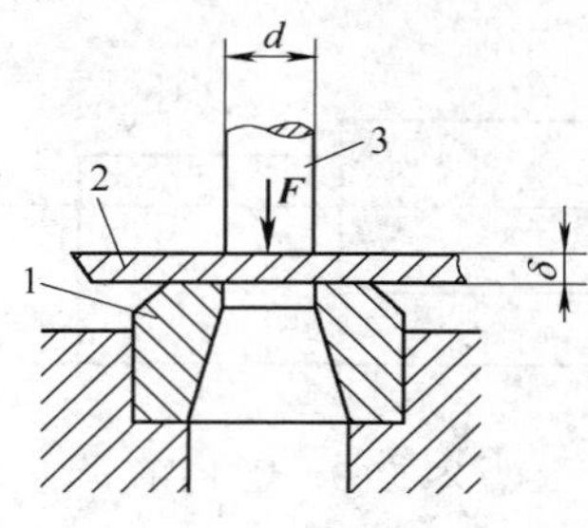

图 5-70　题 9 图

1—冲模　2—钢板　3—冲头

10. 图 5-71 所示为卧式车床进给箱的输出端和丝杠的套筒联轴器。联轴器左端内孔直径 $D=28\text{mm}$，用 $d=6\text{mm}$ 的圆锥销与轴相联，为了保证进给箱内零件和丝杠的安全，要求当超过一定转矩时销钉立即剪断，试按抗剪强度条件求圆锥销能传递的最大转矩 M。圆锥销材料的 $\tau_b=320\text{MPa}$。

11. 拖车挂钩用销连接(图 5-72)，已知挂钩连接部分的厚度 $\delta=15\text{mm}$，销的材料为 45 钢，许用切应力 $[\tau]=60\text{MPa}$，许用挤压应力 $[\sigma_{jy}]=180\text{MPa}$，拖车所受的拉力 $F=100\text{kN}$，试确定销的直径 d。

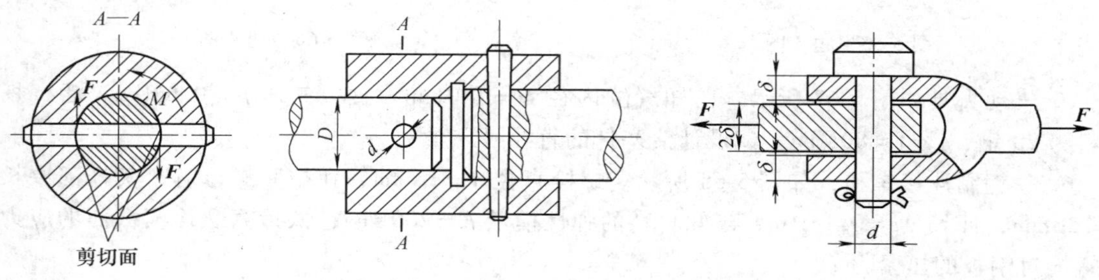

图 5-71　题 10 图

图 5-72　题 11 图

12. 试绘制图 5-73 所示简支梁的弯矩图。

13. 试绘制图 5-74 所示简支梁的弯矩图。

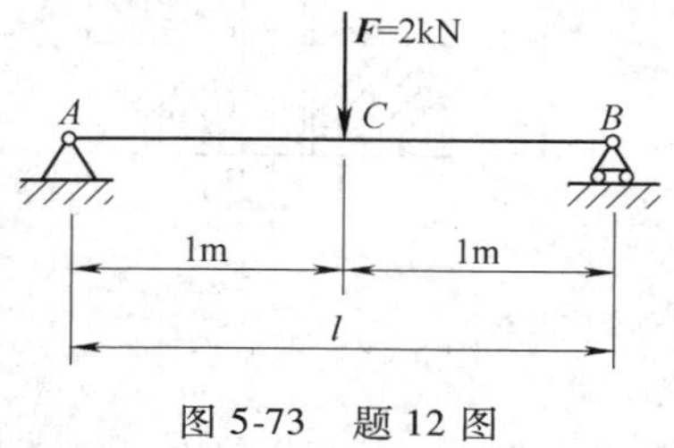

图 5-73　题 12 图

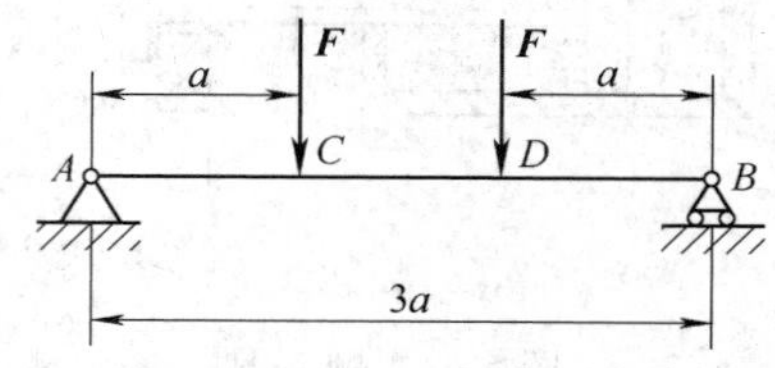

图 5-74　题 13 图

14. 齿轮轴 AB 的受力简图如图 5-75 所示，已知跨度 $l=0.45\text{m}$，载荷 $F=5\text{kN}$，材料的许用弯曲应力为 $[\sigma]=100\text{MPa}$，试按抗弯强度条件确定该齿轮轴的直径 d。

15. 简易悬臂吊如图 5-76 所示。已知梁的截面为工字形，长 $l=1\text{m}$，抗弯截面系数 $W_z=1.02\times10^5\text{mm}^3$，材料的许用弯曲应力 $[\sigma]=120\text{MPa}$。若最大起重力 $W=5\text{kN}$，试校核梁的强度。

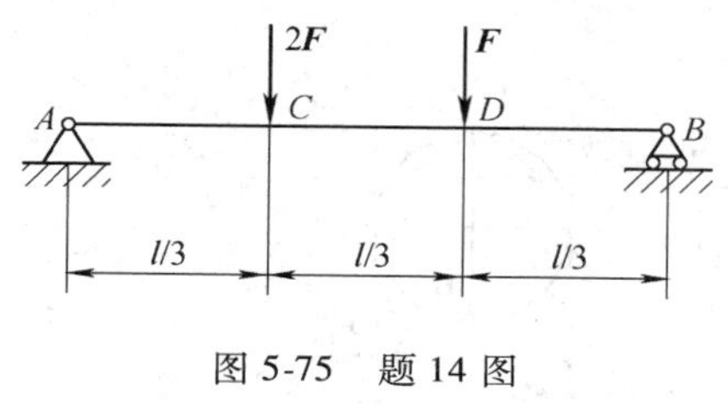

图 5-75　题 14 图

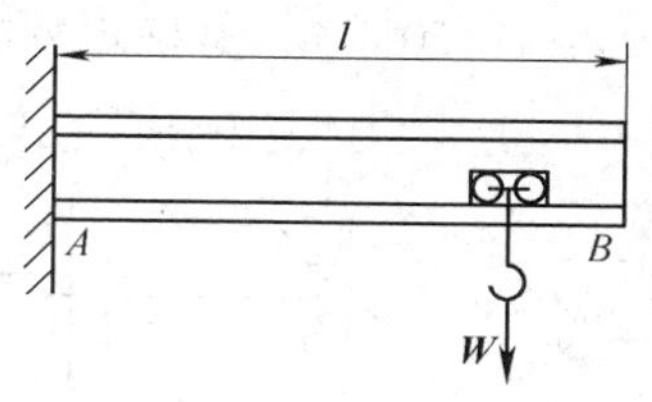

图 5-76　题 15 图

16. 一变截面圆轴如图 5-77 所示，AC 及 DB 段的直径为 $d_1=100\text{mm}$，CD 段直径 $d_2=120\text{mm}$，$F=20\text{kN}$。若已知许用弯曲应力$[\sigma]=65\text{MPa}$，试对该轴进行强度校核。

17. 简支梁承受载荷 $F=30\text{kN}$，如图 5-78 所示。若已知许用弯曲应力$[\sigma]=110\text{MPa}$，试选择一工字钢截面。若改用矩形截面，且矩形截面的高度 h 与宽度 b 之比 $h/b=2$，则需要的材料是工字钢的多少倍？

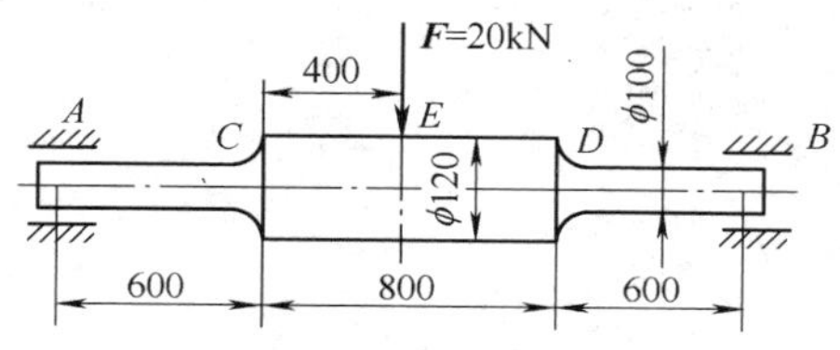

图 5-77　题 16 图

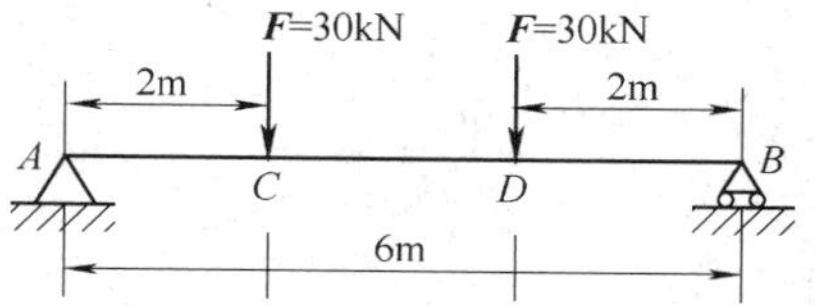

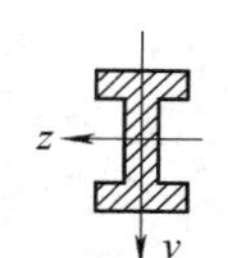

图 5-78　题 17 图

18. 试求图 5-79 所示梁外伸端 D 的挠度以及 A 处的转角。EI 为已知常数，$F_1=F_2=F$。

19. 一钢制阶梯形圆轴，如图 5-80 所示。AB 段为外径 $D_1=100\text{mm}$，内径 $d_1=80\text{mm}$ 的空心圆轴，BC 段为 $d_2=80\text{mm}$ 的实心圆轴。若材料许用切应力$[\tau]=100\text{MPa}$，试作该轴的扭矩图并校核其强度。

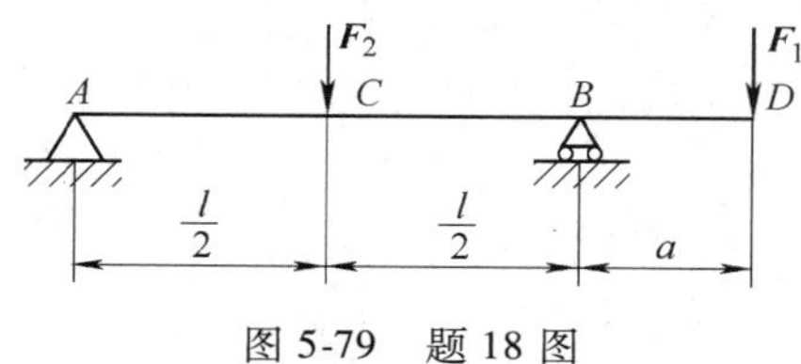

图 5-79　题 18 图

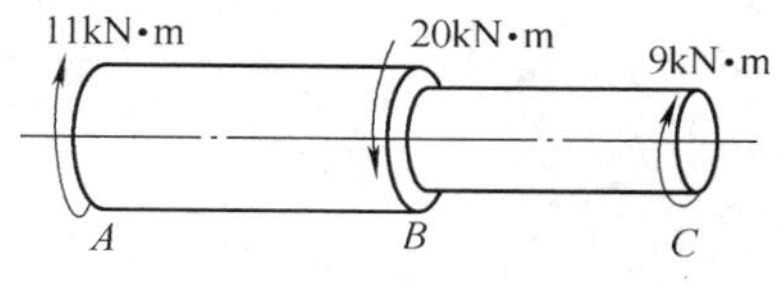

图 5-80　题 19 图

20. 机床齿轮减速箱中的二级齿轮如图 5-81 所示。轮 C 输入功率 $P_C=40\text{kW}$，轮 A、B 输出功率分别为 $P_A=23\text{kW}$，$P_B=17\text{kW}$，轴的转速 $n=1000\text{r/min}$，材料的剪切弹性模量 $G=80\text{GPa}$，许用切应力$[\tau]=40\text{MPa}$，许用扭转角$[\psi]=1°/\text{m}$，试确定轴的直径。

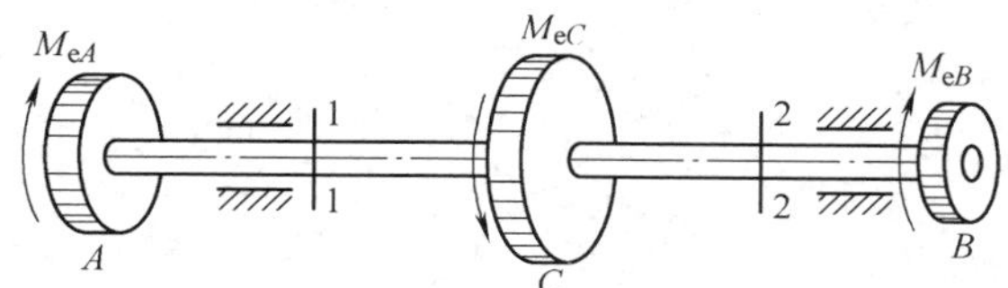

图 5-81　题 20 图

21. 长 1.6m 的轴 AB 用联轴器和电动机连接，如图 5-82 所示，在 AB 轴的中点 C 装有一自重为 $W=5\text{kN}$，直径 $D=1.2\text{m}$ 的带轮，带轮两边的拉力各为 $F_{T1}=6\text{kN}$ 和 $F_{T2}=3\text{kN}$。若轴

的许用应力[σ] = 50MPa，试确定轴的直径。

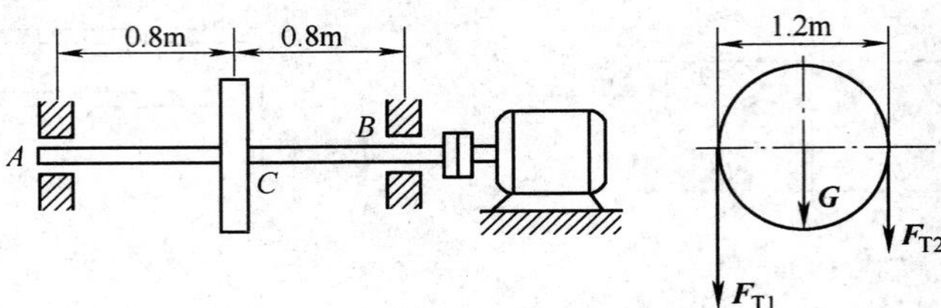

图 5-82　题 21 图

第 6 章　挠 性 传 动

挠性传动包括带传动和链传动等。它们都是通过挠性曳引元件，在两个或多个传动轮之间传递运动和动力，适合于中心距较大的场合。与其他传动相比，挠性传动可以减少零件数量，简化传动装置，降低机器成本。因此，挠性传动在机械传动装置中得到广泛应用。

6.1　带传动概述

6.1.1　带传动的类型、特点和应用

带传动由主动轮 1、从动轮 2 和张紧在两轮上的挠性传动带 3 所组成，如图 6-1 所示。

带传动的主要类型是摩擦型带传动。在这种带传动中，主动轮依靠带与带轮接触面间的摩擦力拖动从动轮一起回转，从而传递一定的运动和动力。此外，还有同步带传动，它是依靠带上的齿与带轮轮齿的相互啮合传递运动和动力的，属啮合型带传动（详见本章 6.5 节）。

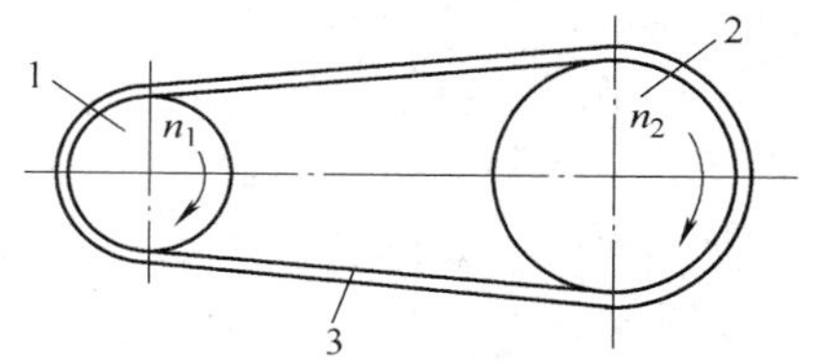

图 6-1　带传动简图
1—主动轮　2—从动轮　3—传动带

根据带的截面形状，常用的摩擦型带传动可分为平带传动、V 带传动、多楔带传动和圆带传动，其特点和应用见表 6-1，其中 V 带传动应用最广，本章将重点介绍。

表 6-1　摩擦型带传动主要类型及其特点和应用

类型	简　图	特　点	应　用
平带传动		平带横截面为扁平矩形，质量轻且挠曲性好。传动结构简单，带轮制造容易	传动中心距较大的场合应用较多。一般平带是有接头的橡胶布带，运转不平稳，不适于高速运转 在某些高速机械（如磨床、离心机等）中常用无接头的高速环形胶带、丝织带和锦纶编织带等
V 带传动		V 带的横截面为等腰梯形，其工作面为两侧面。在带对带轮的压紧力 Q 相同时，V 带传动产生的最大摩擦力约为平带传动的 3 倍，因此 V 带能传递较大的功率	允许的传动功率比较大、中心距较小、外廓尺寸小，且 V 带无接头，传动较平稳，故应用最广

（续）

类型	简　　图	特　　点	应　　用
多楔带传动		多楔带是平带基体上有若干纵向三角形楔的环形带，其工作面为楔面。它结合了平带柔软和V带摩擦力大的优点，并能克服多根V带传动受力不均的缺点	常用于传递功率较大且结构要求紧凑及速度较高的场合，特别是要求V带根数多和轮轴垂直地面的场合
圆带传动		圆带的横截面为圆形，结构简单，但传动功率很小	常用于低速轻载的机械，如缝纫机、真空吸尘器和磁带盘等机械的传动

摩擦型带传动的主要优点是：①适用于两轴中心距较大的传动；②传动带是弹性体，可缓冲、吸振，传动平稳、噪声小；③结构简单，制造、安装和维护方便，成本低廉；④过载时，带在带轮上打滑，可防止其他零件损坏，起安全保护作用。其主要缺点是：①传动外廓尺寸较大；②带在带轮上有弹性滑动，瞬时传动比不恒定，且传动效率低，带的寿命较短；③因需要张紧，对轴的压力大；④不适用于高温、易燃、易爆的场所。

由于上述特点，带传动多用于机械传动中要求传动平稳、传动比要求不严格、中心距较大、传递功率不大的高速级传动中。

6.1.2　V带及V带轮

1. V带的结构和标准

V带有普通V带、窄V带、齿形V带、联组V带、大楔角V带、宽V带等多种类型，如图6-2所示，其中普通V带应用最广。

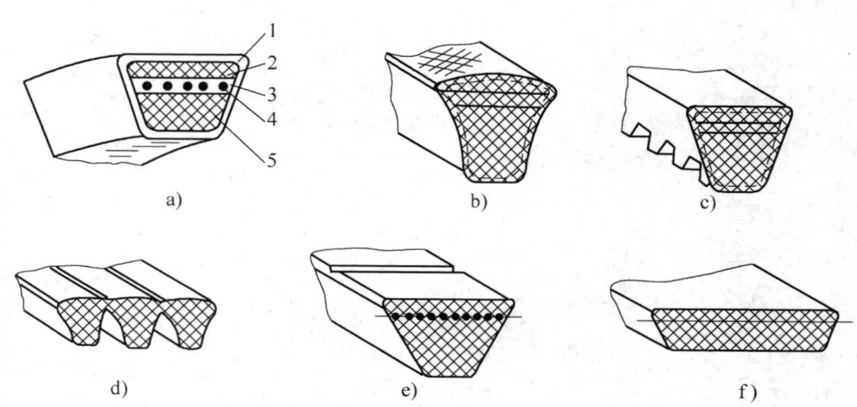

图6-2　V带的类型及结构

a）普通V带　b）窄V带　c）齿形V带　d）联组V带　e）大楔角V带　f）宽V带

1—胶帆布　2—顶胶　3—缓冲胶　4—芯绳　5—底胶

如图 6-2a 所示，普通 V 带是无接头的环形带，由胶帆布、顶胶、缓冲胶、芯绳、底胶组成。胶帆布是 V 带的保护层。顶胶和底胶均用弹性较好的橡胶制成，在胶带弯曲时分别承受拉伸和压缩作用。芯绳为抗拉体，是承受载荷的主体，为提高带的承载能力，目前普遍采用化学纤维作为抗拉体材料。

V 带工作时，顶胶层伸长，横向收缩；底胶层缩短，横向伸长；两者之间的中性层保持长度和宽度不变，称为节面，其宽度称为节宽 b_p，其长度称为基准长度 L_d。V 带横截面的高度 h 与节宽 b_p 的比（h/b_p）称为相对高度。普通 V 带的相对高度约为 0.7；窄 V 带的相对高度约为 0.9。

普通 V 带的带型分为 Y、Z、A、B、C、D、E 七种，其截面尺寸见表 6-2，基准长度系列见表 6-3。

表 6-2　普通 V 带截面尺寸及单位长度质量（摘自 GB/T 11544—1997）

V 带型号	Y	Z	A	B	C	D	E
节宽 b_p/mm	5.3	8.5	11.0	14.0	19.0	27.0	32.0
顶宽 b/mm	6.0	10.0	13.0	17.0	22.0	32.0	38.0
高度 h/mm	4.0	6.0	8.0	11.0	14.0	19.0	23.0
质量 q/(kg/m)	0.023	0.60	0.105	0.170	0.300	0.630	0.970
楔角 α/(°)	40						

注：超出表列范围时可查阅相关国家标准。

表 6-3　普通 V 带基准长度系列（摘自 GB/T 13575.1—2008）　　（单位：mm）

V 带型号							V 带型号						
Y	Z	A	B	C	D	E	Y	Z	A	B	C	D	E
基准长度 L_d							基准长度 L_d						
200	405	630	930	1565	2740	4660		1540	1750	2500	4600	9140	16800
224	475	700	1000	1760	3100	5040			1940	2700	5380	10700	
250	530	790	1100	1950	3330	5420			2050	2870	6100	12200	
280	625	890	1210	2195	3730	6100			2200	3200	6815	13700	
315	700	990	1370	2420	4080	6850			2300	3600	7600	15200	
355	780	1100	1560	2715	4620	7650			2480	4060	9100		
400	820	1250	1760	2880	5400	9150			2700	4430	10700		
450	1080	1430	1950	3080	6100	12230				4820			
500	1330	1550	2180	3520	6840	13750				5370			
	1420	1640	2300	4060	7620	15280				6070			

窄 V 带是用合成纤维绳或钢丝绳作抗拉体的新型 V 带。基准宽度窄 V 带的带型分为 SPZ、SPA、SPB、SPC 四种。与普通 V 带相比，当高度相同时，窄 V 带的宽度约小 30%，而承载能力可提高 1.5 ~2.5 倍，具有传动能力高、结构尺寸小、极限转速高、寿命长、节能等优点，应用日趋广泛。

V 带的标记通常压印在 V 带外表面上。

A 型普通 V 带、基准长度 $L_d = 1430\text{mm}$，标记为：

A　1430　GB/T 1171

SPA 型窄 V 带、基准长度 $L_d = 1250\text{mm}$，标记为：

SPA　1250　GB/T 11544

2. V 带轮的结构和材料

带轮常用材料为铸铁(如 HT150 或 HT200)，允许的最大圆周速度为 25m/s；速度更高或重要场合，可采用铸钢或钢板冲压后焊接；传递较小的功率时可用铸铝或塑料等作为材料，以减轻带轮的重量。

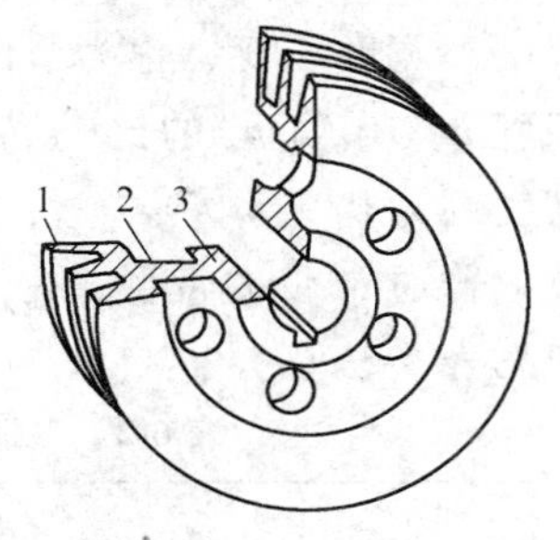

图 6-3　V 带轮

1—轮缘　2—轮辐　3—轮毂

带轮由轮缘、轮毂和轮辐三部分组成(图 6-3)。

表 6-4　普通 V 带轮槽截面尺寸(摘自 GB/T 13575.1—2008)　　(单位：mm)

		V 带型号	Y	Z	A	B	C	D	E
		基准宽度 b_d	5.3	8.5	11.0	14.0	19.0	27.0	32.0
		基准线上槽深 h_{amin}	1.6	2.0	2.75	3.5	4.8	8.1	9.6
		基准线下槽深 h_{fmin}	4.7	7.0	8.7	10.8	14.3	19.9	23.4
		槽间距 e	8 ±0.3	12 ±0.3	15 ±0.3	19 ±0.4	25.5 ±0.5	37 ±0.6	44.5 ±0.7
		槽边距 f_{min}	6	7	9	11.5	16	23	28
		外径 d_a	$d_a = d_d + 2h_a$						
轮槽角 φ	32°	基准直径 d_d	≤60						
	34°			≤80	≤118	≤190	≤315		
	36°		>60					≤475	≤600
	38°			>80	>118	>190	>315	>475	>600

轮缘上制有轮槽，普通 V 带轮槽截面尺寸见表 6-4，其中 b_d 表示带轮轮槽的基准宽度，与 V 带的截面宽度 b_p 相等，即 $b_d = b_p$。带轮上轮槽基准宽度所在圆称为基准圆，其直径 d_d 称为基准直径。

需要指出的是，各种型号的 V 带楔角 θ 均为 40°，但 V 带在带轮上弯曲时，由于截面变形使 θ 变小。当 V 带截面形状相同时，带轮直径越小，θ 变得越小。为保证带与带轮槽两侧工作面紧贴，标准规定 V 带轮轮槽角 $\varphi < \theta$，其值根据带轮基准直径 d_d 的大小分别为 32°、34°、36°、38°。

轮辐是轮缘与轮毂的连接部分。铸铁制 V 带轮的典型结构形式按轮辐结构分为实心式、腹板式、孔板式及椭圆轮辐式，如图 6-4 所示。

带轮结构形式的选择及其结构尺寸的确定可查阅相关机械工程手册。

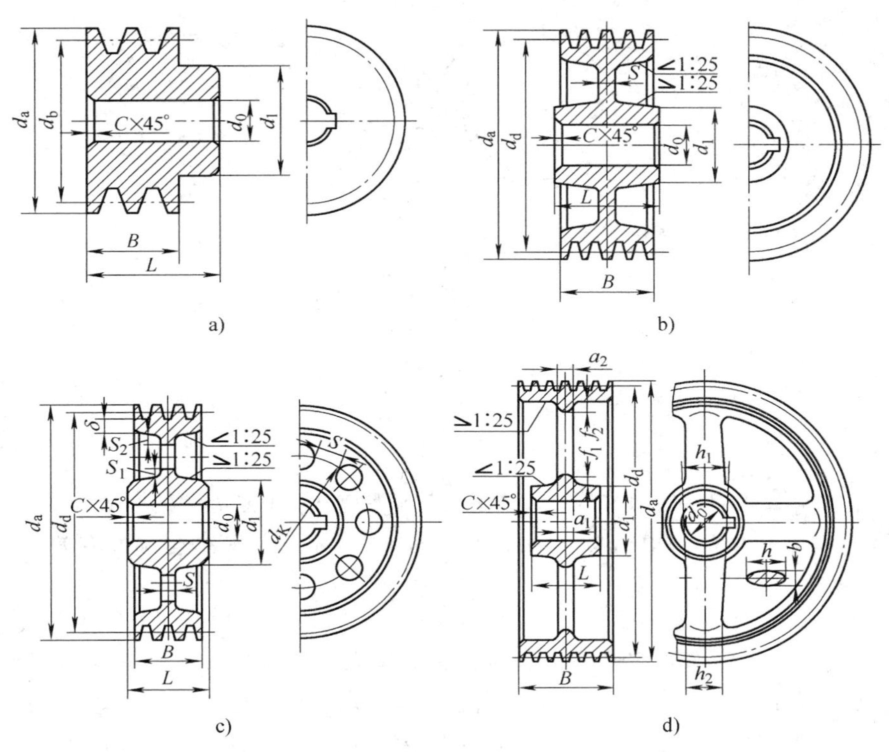

图 6-4 V 带轮的结构

a）实心式 b）腹板式 c）孔板式 d）椭圆轮辐式

6.2 带传动的失效分析

6.2.1 带传动的受力分析

安装带传动时，传动带以一定的预紧力 F_0 张紧在带轮上。未工作时，传动带两边的拉力均等于 F_0(图 6-5a)。工作时，如图 6-5b 所示，主动轮以转速 n_1 转动，带与带轮的接触面间便产生摩擦力 F_f。主动轮作用在带上的摩擦力 F_f 驱动带运动，带作用在从动轮上的摩擦力(图 6-5 中未示出)驱动从动轮以转速 n_2 转动。显然，从动轮对带的摩擦力 F_f 与带的运动方向相反。这时，带两边的拉力不再相等，即绕进主动轮的一边被拉紧，拉力由 F_0 增至 F_1，称为紧边。而另一边被放松，拉力由 F_0 减至 F_2，称为松边。通常认为带工作时的总长度不变，则紧边拉力的增量 $F_1 - F_0$ 应等于松边拉力的减少量 $F_0 - F_2$，即

$$F_1 + F_2 = 2F_0 \tag{6-1}$$

带两边的拉力差 $F_1 - F_2$ 称为带传动的有效拉力 F，此力等于带与带轮接触面上各点摩擦力的总和 F_f，即

$$F = F_1 - F_2 = F_f \tag{6-2}$$

综合上述二式，有

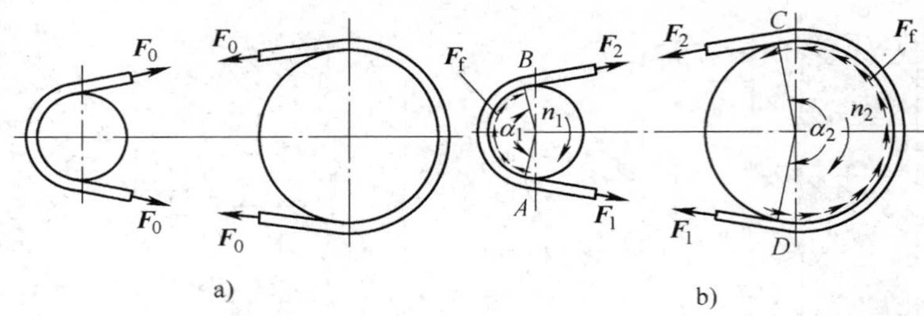

图 6-5　带传动的受力情况

$$\left.\begin{aligned} F_1 &= F_0 + \frac{F}{2} \\ F_2 &= F_0 - \frac{F}{2} \end{aligned}\right\} \tag{6-3}$$

可见，带两边的拉力 F_1 和 F_2 的大小取决于预紧力 F_0 和带传动的有效拉力 F。

设 P 为带传动传递的功率(kW)，v 为带传动速度(m/s)，则带传递的有效拉力为

$$F = \frac{1000P}{v} \tag{6-4}$$

式(6-4)表明，当传递的功率 P 一定时，有效拉力 F 与 v 成反比，通常将带传动置于机械传动系统的高速级，以减小有效拉力。当带速 v 一定，而传递的功率 P 增大时，有效拉力 F 相应增大。由式(6-2)可知，当 F 超过带与带轮接触面上摩擦力的极限值 F_{fmax} 时，带将沿轮面产生显著的相对滑动，这种现象称为打滑。此时，带磨损严重，从动轮转速急剧下降，带传动失效。因此，带与带轮间的极限摩擦力限制着带传动的传动能力。

由上述可知，带传动即将打滑时，带与带轮间的摩擦力达到极限值，即有效拉力达到最大值 F_{max}(N)，称为最大有效拉力。此时，紧边拉力 F_1 与松边拉力 F_2 之间的关系可用柔韧体摩擦的欧拉公式表示，即

$$F_1/F_2 = e^{f\alpha} \tag{6-5}$$

式中　f——摩擦因数(对于 V 带，用当量摩擦因数 f_v 代替 f)；

α——带轮包角(带与带轮接触处所对应的中心角)(rad)；

e——自然对数的底，e≈2.718。

将式(6-3)代入式(6-5)可得出带传动的最大有效拉力 F_{max} 为

$$F_{max} = 2F_0 \frac{e^{f\alpha} - 1}{e^{f\alpha} + 1} = 2F_0 \frac{1 - 1/e^{f\alpha}}{1 + 1/e^{f\alpha}} \tag{6-6}$$

带在正常传动情况下，必须使 $F < F_{max}$。式(6-6)表明，预紧力 F_0、包角 α、摩擦因数 f 越大，带传动的最大有效拉力 F_{max} 越大，带传动的承载能力也越高。但 F_0 过大时，将使带的磨损加剧，过快松弛，缩短带的工作寿命，且轴和轴承受力增加，故预紧力 F_0 的大小应适当。由于大带轮的包角 α_2 总大于小带轮包角 α_1，故带传动的最大有效拉力 F_{max} 与小带轮包角 α_1 有关，通常应使 $\alpha_1 \geqslant 120°$(最小为 90°)。摩擦因数 f 与带和带轮材料、接触表面状况、工作环境条件有关，f 越大，F_{max} 也越大。应注意，若通过将轮槽表面的表面粗糙度值增大来增大 f 值是不合理的。

6.2.2 带的应力分析

带传动工作时，带中的应力分为以下几种：

（1）拉应力　拉应力由带的拉力所产生，其值为

$$\left.\begin{aligned}\text{紧边的拉应力}\quad \sigma_1 &= F_1/A\\ \text{松边的拉应力}\quad \sigma_2 &= F_2/A\end{aligned}\right\}\qquad(6\text{-}7)$$

式中　A——带的截面面积(mm^2)。

σ_1 与 σ_2 不相等，带在绕过主动轮时，拉应力由 σ_1 逐渐降至 σ_2；带在绕过从动轮时，拉应力则由 σ_2 逐渐增加至 σ_1。

（2）弯曲应力　带绕过带轮时，因弯曲变形而产生弯曲应力 σ_w，由工程力学公式可得

$$\sigma_w \approx E\frac{h}{d_d}\qquad(6\text{-}8)$$

式中　E——带的弹性模量(MPa)；

h——带的横截面高度(mm)，其值参见表 6-2；

d_d——带轮的基准直径(mm)，普通 V 带轮 d_d 值参见表 6-5。

表 6-5　普通 V 带轮基准直径 d_d 系列及最小基准直径 d_{dmin}（摘自 GB/T 10412—2002）

（单位：mm）

带型	Y	Z	A	B	C	D	E
d_{dmin}	20	50	75	125	200	355	500
d_d 系列	20，22.4，25，28，31.5，35.5，40，45，50，56，63，71，75，80，85，90，95，100，106，112，118，125，132，140，150，160，170，180，200，212，224，236，250，265，280，300，315，335，355，375，400，425，450，475，500，530，560，600，630，670，710，750，800，900，1000，1060，1120，1250，1400，1500，1600，1800，1900，2000，2240，2500						

由式(6-8)可知，带绕在小带轮上时的弯曲应力 σ_{w1} 大于绕在大带轮上时的弯曲应力 σ_{w2}。为避免弯曲应力过大，带轮直径不能过小，普通 V 带轮的最小直径 d_{dmin} 见表 6-5。

（3）离心应力　当带绕过带轮时，随带轮轮缘作圆周运动，带本身的质量将产生离心力，由此而引起的离心应力 σ_c 存在于全部带长的各个截面上，其值由式(6-9)计算可得

$$\sigma_c = qv^2/A\qquad(6\text{-}9)$$

式中　q——每米带长的质量(kg/m)，参见表 6-2。

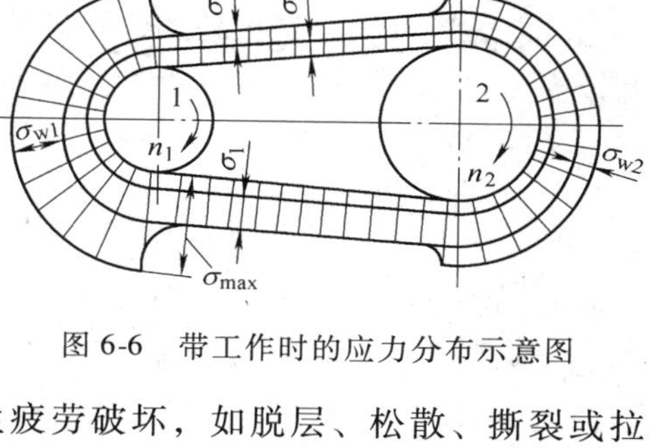

图 6-6 为带工作时的应力分布情况，由图可见，传动带各截面上的应力均随其运行位置作周期性变化，最大应力发生在紧边开始绕上小带轮处，其值为

$$\sigma_{max} \approx \sigma_1 + \sigma_{w1} + \sigma_c\qquad(6\text{-}10)$$

图 6-6　带工作时的应力分布示意图

当带的应力循环次数达到一定值时，带将发生疲劳破坏，如脱层、松散、撕裂或拉断等。

6.2.3 带传动的弹性滑动与传动比

带传动工作时，带受到拉力后将产生弹性变形。但由于紧边和松边的拉力不同，弹性变形也不同。如图 6-5b 所示，当带在主动轮上从紧边点 A 绕到松边点 B 的过程中，带所受拉力逐渐减小，带因弹性变形也逐渐减小而收缩，带的运动滞后于带轮，带速小于主动轮的圆周速度 v_1，此时，带与主动轮轮缘之间发生微量的相对滑动。同理，从动轮上也发生上述现象，不过情况相反，带的运动超前于从动轮，带速大于从动轮的圆周速度 v_2。上述现象称为弹性滑动。

由上所述，由于弹性滑动的存在，导致从动轮的圆周速度 v_2 低于主动轮的圆周速度 v_1，其降低程度用滑动率 ε 来表示。

$$\varepsilon = \frac{v_1 - v_2}{v_1} \times 100\%$$

考虑弹性滑动影响的传动比公式可表示为

$$i = \frac{n_1}{n_2} = \frac{d_{d2}}{d_{d1}(1 - \varepsilon)} \tag{6-11}$$

式中　n_1——小带轮的转速(r/min)；

n_2——大带轮的转速(r/min)；

d_{d1}——小带轮基准直径(mm)；

d_{d2}——大带轮基准直径(mm)；

ε——滑动率，$\varepsilon \approx 1\% \sim 2\%$，其值较小，在一般计算中可不予考虑。

在带传动中，弹性滑动是引起传动比不恒定的原因。此外它还会引起带的磨损和温度升高，降低了传动效率。弹性滑动和打滑是两个不同的概念。弹性滑动是因带两边的拉力差使带两边的弹性变形不等所引起，是带传动正常工作时不可避免的固有特性；而打滑是因过载而引起，是可以避免的。

6.3 普通 V 带传动的工作能力计算

6.3.1 工作能力计算准则

由前面分析可知，带传动的主要失效形式为过载打滑和疲劳破坏。因此，带传动的工作能力计算准则为：在保证不打滑的条件下，具有一定的疲劳强度和寿命。

由式(6-2)、(6-5)和(6-7)可推导出 V 带即将打滑时的最大有效拉力为

$$F_{max} = F_1\left(1 - \frac{1}{e^{f_v\alpha}}\right) = \sigma_1 A\left(1 - \frac{1}{e^{f_v\alpha}}\right) \tag{6-12}$$

由式(6-10)可知，为保证带传动具有足够的疲劳强度，应使

$$\sigma_{max} = \sigma_1 + \sigma_{w1} + \sigma_c \leqslant [\sigma]$$

或

$$\sigma_1 \leqslant [\sigma] - \sigma_{w1} - \sigma_c \tag{6-13}$$

式中　$[\sigma]$——带的许用应力(MPa)。

由式(6-4)、(6-12)和(6-13)可得，带传动既不打滑又有一定疲劳寿命时单根 V 带所能

传递的功率

$$P_1 = \frac{Av([\sigma] - \sigma_{w1} - \sigma_c)\left(1 - \frac{1}{e^{f_v\alpha}}\right)}{1000} \tag{6-14}$$

在载荷平稳、包角 $\alpha_1 = 180°(i=1)$、带长 L_d 为特定长度的条件下，由实验得到数据，并按式(6-14)确定的单根普通 V 带的基准额定功率 P_1，见表 6-6。

表 6-6 单根普通 V 带的基准额定功率 P_1(摘自 GB/T 13575.1—2008)(单位：kW)

带型	小带轮基准直径 d_{d1}/mm	小带轮转速 n_1/(r/mm)					
		400	700	800	950	1200	1450
A	75	0.26	0.40	0.45	0.51	0.60	0.68
	90	0.39	0.61	0.68	0.77	0.93	1.07
	100	0.47	0.74	0.83	0.95	1.14	1.32
	112	0.56	0.90	1.00	1.15	1.39	1.61
	125	0.67	1.07	1.19	1.37	1.66	1.92
	140	0.78	1.26	1.41	1.62	1.96	2.28
	160	0.94	1.51	1.69	1.95	2.36	2.73
	180	1.09	1.76	1.97	2.27	2.74	3.16
B	125	0.84	1.30	1.44	1.64	1.93	2.19
	140	1.05	1.64	1.82	2.08	2.47	2.82
	160	1.32	2.09	2.32	2.66	3.17	3.62
	180	1.59	2.53	2.81	3.22	3.85	4.39
	200	1.85	2.96	3.30	3.77	4.50	5.13
	224	2.17	3.47	3.86	4.42	5.26	5.97
	250	2.50	4.00	4.46	5.10	6.04	6.82
	280	2.89	4.61	5.13	5.85	6.90	7.76

当实际传动比 $i \neq 1$ 时，$d_{d2} > d_{d1}$，$\sigma_{w2} < \sigma_{w1}$，应力状况略有改善，传动能力有所提高，此时，额定功率的增量为 ΔP_1，单根普通 V 带的 ΔP_1 值见表 6-7。

表 6-7 单根普通 V 带额定功率的增量 ΔP_1(摘自 GB/T 13575.1—2008)(单位：kW)

带型	传动比 i	小带轮转速 n_1/(r/mm)					
		400	700	800	950	1200	1450
A	1.00～1.01	0.00	0.00	0.00	0.00	0.00	0.00
	1.02～1.04	0.01	0.01	0.01	0.01	0.02	0.02
	1.05～1.08	0.01	0.02	0.02	0.03	0.03	0.04
	1.09～1.12	0.02	0.03	0.03	0.04	0.05	0.06
	1.13～1.18	0.02	0.04	0.04	0.05	0.07	0.08
	1.19～1.24	0.03	0.05	0.05	0.06	0.08	0.09
	1.25～1.34	0.03	0.06	0.06	0.07	0.10	0.11
	1.35～1.51	0.04	0.07	0.08	0.08	0.11	0.13
	1.52～1.99	0.04	0.08	0.09	0.10	0.13	0.15
	≥2.00	0.05	0.09	0.10	0.11	0.15	0.17

（续）

带型	传动比 i	小带轮转速 n_1/(r/mm)					
		400	700	800	950	1200	1450
B	1.00~1.01	0.00	0.00	0.00	0.00	0.00	0.00
	1.02~1.04	0.01	0.02	0.03	0.03	0.04	0.05
	1.05~1.08	0.03	0.05	0.06	0.07	0.08	0.10
	1.09~1.12	0.04	0.07	0.08	0.10	0.13	0.15
	1.13~1.18	0.06	0.10	0.11	0.13	0.17	0.20
	1.19~1.24	0.07	0.12	0.14	0.17	0.21	0.25
	1.25~1.34	0.08	0.15	0.17	0.20	0.25	0.31
	1.35~1.51	0.10	0.17	0.20	0.23	0.30	0.36
	1.52~1.99	0.11	0.20	0.23	0.26	0.34	0.40
	≥2.00	0.13	0.22	0.25	0.30	0.38	0.46

6.3.2 工作能力计算方法和步骤

已知条件：传递功率 P；小带轮转速 n_1、传动比 i（或大带轮转速 n_2）；传动用途、载荷性质、原动机种类及工作制度。

普通 V 带传动工作能力计算方法和步骤见表 6-8。

表 6-8 计算方法和步骤（摘自 GB/T 13575.1—2008）

计算项目	计算公式和参数选择	说明
计算功率 P_d/kW	$P_d = K_A P$ K_A 值见表 6-9	P——传递的功率（kW） K_A——工作情况系数
选择带型	根据 P_d 和 n_1 查图 6-7 确定	n_1——小带轮转速（r/min）
传动比 i	$i=\dfrac{n_1}{n_2}=\dfrac{d_{d2}}{d_{d1}}$ 如计入滑动率： $i=\dfrac{n_1}{n_2}=\dfrac{d_{d2}}{d_{d1}(1-\varepsilon)}$ 通常 $\varepsilon=0.01\sim0.02$	n_2——大带轮转速（r/min） d_{d1}——小带轮基准直径（mm） d_{d2}——大带轮基准直径（mm） ε——弹性滑动率，对转速要求不高时，ε 可以忽略
小带轮基准直径 d_{d1}/ mm	根据带型由表 6-5 选取，$d_{d1} \geqslant d_{dmin}$	为提高 V 带的寿命，在结构允许时，宜选较大 d_{d1} 值
大带轮基准直径 d_{d2}/mm	$d_{d2}=id_{d1}(1-\varepsilon)$ 由表 6-5 选取	
验算带速 v/(m/s)	$v=\dfrac{\pi d_{d1} n_1}{60\times1000} \leqslant v_{max}$ 普通 V 带 $v_{max}=25\sim30$ 一般以 $v\approx20$m/s 为宜	$v>v_{max}$ 时，离心力过大，即应减小 d_{d1}；$v<$ 5m/s 时，所选 d_{d1} 过小，将使有效拉力 F 过大，即所需带的根数较多，导致结构增大、载荷分布不均
初定中心距 a_0/ mm	$0.7(d_{d1}+d_{d2}) \leqslant a_0 \leqslant 2(d_{d1}+d_{d2})$ 或根据结构要求确定	a_0 过大，带较长，速度较高时易引起带的颤动 a_0 过小，带较短，在一定速度下，单位时间内带绕过带轮次数较多，易疲劳；且引起包角减小，降低传动能力，故应使中心距有一定的尺寸保证

（续）

计算项目	计算公式和参数选择	说　明
所需基准长度 L_{d0}/mm	$L_{d0}=2a_0+\frac{\pi}{2}(d_{d1}+d_{d2})+\frac{(d_{d2}-d_{d1})^2}{4a_0}$ 由表 6-3 选取与 L_{d0} 相近的	L_d——普通 V 带基准长度(mm)
实际中心距 a/mm	$a=a_0+\frac{L_d-L_{d0}}{2}$ $a_{min}=a-(2b_d+0.009L_d)$ $a_{max}=a+0.02L_d$ b_d 由表 6-4 选取	a_{min}——安装时所需最小中心距(mm) a_{max}——补偿带伸长所需最大中心距(mm) b_d——V 带基准宽度(mm)
小带轮包角 α_1/(°)	$\alpha_1=180°-\frac{d_{d2}-d_{d1}}{a}\times 57.3°\geqslant 120°$ 最小不小于 90°	如 α_1 较小，应增大 a 或用张紧轮
单根 V 带额定功率 P_1/kW	根据带型、d_{d1} 和 n_1 由表 6-6 选取	P_1——$\alpha_1=180°(i=1)$、载荷平稳、特定基准长度的单根 V 带基准额定功率(kW)
额定功率增量 ΔP_1/kW	根据带型、n_1 和 i 由表 6-7 选取	ΔP_1——考虑 $i\neq 1$ 时额定功率的增量(kW)
V 带根数 z	$z=\frac{P_d}{(P_1+\Delta P_1)K_\alpha K_L}$ K_α 由表 6-10 选取 K_L 由表 6-11 选取	K_α——包角修正系数，考虑 $\alpha_1\neq 180°$时对传动能力的影响 K_L——带长修正系数，考虑带长不为特定长度时对传动能力的影响
单根 V 带的预紧力 F_0/N	$F_0=500\left(\frac{2.5}{K_\alpha}-1\right)\frac{P_d}{zv}+qv^2$ q 由表 6-2 选取	q——V 带单位长度质量(kg/m)
作用在轴上的力 F_r/N	$F_r=2F_0 z\sin\frac{\alpha_1}{2}$	

表 6-9　工作情况系数 K_A（摘自 GB/T 13575.1—2008）

工　况		K_A					
		空、轻载起动			重载起动		
		每天工作小时数/h					
		<10	10~16	>16	<10	10~16	>16
载荷变动微小	液体搅拌机、通风机和鼓风机(≤7.5kW)、离心式水泵和压缩机、轻负荷输送机	1.0	1.1	1.2	1.1	1.2	1.3
载荷变动小	带式运输机(不均匀负荷)、通风机(>7.5kW)、旋转式水泵和压缩机(非离心式)、发电机、金属切削机床、印刷机、旋转筛、锯木机和木工机械	1.1	1.2	1.3	1.2	1.3	1.4

（续）

工况		K_A					
		空、轻载起动			重载起动		
		每天工作小时数/h					
		<10	10~16	>16	<10	10~16	>16
载荷变动较大	制砖机、斗式提升机、往复式水泵和压缩机、起重机、磨粉机、冲剪机床、橡胶机械、振动筛、纺织机械、重载输送机	1.2	1.3	1.4	1.4	1.5	1.6
载荷变动很大	破碎机（旋转式、颚式等）、磨碎机（球磨、棒磨、管磨）	1.3	1.4	1.5	1.5	1.6	1.8

注：1. 空、轻载起动——电动机（交流起动、三角起动、直流并励），四缸以上的内燃机，装有离心式离合器、液力联轴器的动力机。

2. 重载起动——电动机（联机交流起动、直流复励或串励），四缸以下的内燃机。

3. 反复起动，正反转频繁，工作条件恶劣等场合，K_A 应乘以 1.2。

4. 增速传动时，K_A 应乘以下列系数：

$1/i$	<1.25	1.25~1.74	1.75~2.49	2.5~3.49	≥3.5
系数	1.00	1.05	1.11	1.18	1.25

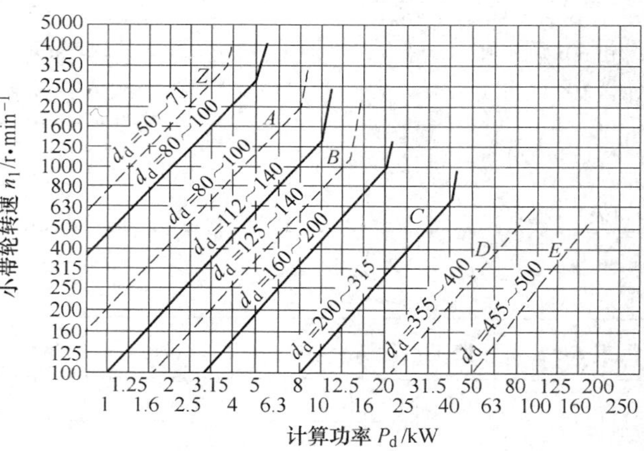

图 6-7　普通 V 带选型图

表 6-10　小带轮包角修正系数 K_α（摘自 GB/T 13575.1—2008）

小带轮包角 α_1(°)	K_α	小带轮包角 α_1(°)	K_α	小带轮包角 α_1(°)	K_α
180	1	145	0.91	110	0.78
175	0.99	140	0.89	105	0.76
170	0.98	135	0.88	100	0.74
165	0.96	130	0.86	95	0.72
160	0.95	125	0.84	90	0.69
155	0.93	120	0.82		
150	0.92	115	0.80		

表 6-11 普通 V 带带长修正系数 K_L（摘自 GB/T 13575.1—2008）

A 型		B 型		A 型		B 型	
基准长度 L_d/mm	K_L	基准长度 L_d/mm	K_L	基准长度 L_d/mm	K_L	基准长度 L_d/mm	K_L
630	0.81	930	0.83	1750	1.00	2500	1.03
700	0.83	1000	0.84	1940	1.02	2700	1.04
790	0.85	1100	0.86	2050	1.04	2870	1.05
890	0.87	1210	0.87	2200	1.06	3200	1.07
990	0.89	1370	0.90	2300	1.07	3600	1.09
1100	0.91	1560	0.92	2480	1.09	4060	1.13
1250	0.93	1760	0.94	2700	1.10	4430	1.15
1430	0.96	1950	0.97			4820	1.17
1550	0.98	2180	0.99			5370	1.20
1640	0.99	2300	1.01			6070	1.24

【例 6-1】 现有一只五槽 B 型 V 带轮，基准直径 $d_{d1}=140\text{mm}$ 和一台旧的电动机，额定功率 $P=7.5\text{kW}$，转速 $n_1=970\text{r/min}$。需用来改装一台混沙机，混沙机转速 n_2 约为 330r/min，要求中心距 a 约为 650mm，每天工作 16h。试分析计算该 V 带传动是否可用。

解 （1）计算功率 P_d。

依据每天工作 16h，综合工作条件和载荷情况，查表 6-9 取 $K_A=1.3$，则

$$P_d = K_A P = 1.3 \times 7.5\text{kW} = 9.75\text{kW}$$

（2）计算传动比 i。

$$i = \frac{n_1}{n_2} = \frac{970}{330} = 2.939$$

（3）确定从动轮基准直径 d_{d2}。

由表 6-8 选取 $\varepsilon=0.02$，则从动轮基准直径

$$d_{d2} = i d_{d1}(1-\varepsilon) = 2.939 \times 140(1-0.02)\text{mm} \approx 403\text{mm}$$

根据表 6-5，取 $d_{d2}=400\text{mm}$。

实际传动比

$$i = \frac{d_{d2}}{d_{d1}(1-\varepsilon)} = \frac{400}{140(1-0.02)} \approx 2.92$$

从动轮的实际转速

$$n_2 = \frac{n_1}{i} = \frac{970}{2.92}\text{r/min} \approx 332.2\text{r/mim}$$

从动轮转速符合要求。

（4）验算带速 v。

$$v=\frac{\pi d_{d1}n_1}{60\times1000}=\frac{\pi\times140\times970}{60\times1000}\text{m/s}=7.11\text{m/s}<v_{max}=25\sim30\text{m/s}$$

带的速度合适。

（5）确定普通 V 带所需的基准长度 L_{d0} 和传动中心距 a。根据要求，初步确定中心距 $a_0=650\text{mm}$。V 带所需的基准长度为

$$L_{d0}\approx2a_0+\frac{\pi}{2}(d_{d1}+d_{d2})+\frac{(d_{d2}-d_{d1})^2}{4a_0}$$

$$=\left[2\times650+\frac{\pi}{2}(140+400)+\frac{(400-140)^2}{4\times650}\right]\text{mm}\approx2174\text{mm}$$

由表 6-3 选取 $L_d=2180\text{mm}$。

实际中心距为

$$a\approx a_0+\frac{L_d-L_{d0}}{2}=\left(650+\frac{2180-2174}{2}\right)\text{mm}=653\text{mm}$$

由表 6-4 查得普通 V 带轮基准宽度 $b_d=14\text{mm}$，则

安装时所需最小中心距

$$a_{min}=a-(2b_d+0.009L_d)=[653-(2\times14+0.009\times2180)]\text{mm}=605\text{mm}$$

补偿带伸长所需最大中心距

$$a_{max}=a+0.02L_d=(653+0.02\times2180)\text{mm}=697\text{mm}$$

可满足中心距要求。

（6）验算小带轮包角 α_1。

$$\alpha_1=180°-\frac{d_{d2}-d_{d1}}{a}\times57.3°=180°-\frac{400-140}{653}\times57.3°\approx157.2°>120°$$

故主动轮上的包角合适。

（7）计算普通 V 带的根数 z。

根据 $d_{d1}=140\text{mm}$ 和 $n_1=970\text{r/min}$，由表 6-6 根据内插法得单根 B 型 V 带的基准额定功率 $P_1=2.11\text{kW}$；根据 $n_1=970\text{r/min}$ 和 $i=2.92$，由表 6-7 用内插法得 B 型 V 带额定功率的增量 $\Delta P_1=0.3\text{kW}$；根据 $\alpha=157.2°$，查表 6-10 用内插法得包角修正系数 $K_\alpha=0.94$；根据 $L_d=2180\text{mm}$，查表 6-11，得带长修正系数 $K_L=0.99$，则

$$z=\frac{P_d}{(P_1+\Delta P_1)K_\alpha K_L}=\frac{9.75}{(2.11+0.3)\times0.94\times0.99}=4.35$$

取 $z=5$，由以上分析计算可知，五槽 B 型 V 带传动可用。

6.4 V 带传动的张紧、使用与维护

6.4.1 张紧方法及预紧力 F_0 的控制

1. 张紧方法

传动带在工作一段时间后，会因为塑性变形和磨损而松弛，使预紧力 F_0 减小，传动能力下降。为保证带传动正常工作，必须及时张紧，常用的张紧方法及其特点见表 6-12。

表 6-12　带传动的张紧方法及其特点

张紧方法	定期张紧		自动张紧
调节中心距	通过调节螺钉来调整电动机位置，以实现张紧。用于水平传动或接近水平的传动	通过调节螺杆来调整摆动架位置，以实现张紧。用于垂直或接近垂直的传动	靠电动机与摆动架的自重实现张紧。多用于小功率传动
采用张紧轮	将张紧轮安装在带的松边内侧靠近大带轮处，不能逆转。常用于中心距不可调的场合		利用悬重法使张紧轮自动压在带松边外侧靠近小轮处。用于传动比大而中心距小的场合

2. 预紧力 F_0 的控制

在带传动中，预紧力 F_0 的控制方法是：在带与带轮切点跨距 t 的中点，加一垂直带边的载荷 G(图 6-8)，使每 100mm 跨长产生 1.6mm 挠度(即挠角为 1.8°)。G 值可由式(6-15)计算

$$\left.\begin{aligned} &\text{新装的 V 带} \quad G=\frac{1.5F_0+\Delta F_0}{16} \\ &\text{运转后的 V 带} \quad G=\frac{1.3F_0+\Delta F_0}{16} \\ &\text{最小极限值} \quad G_{\min}=\frac{F_0+\Delta F_0}{16} \end{aligned}\right\} \tag{6-15}$$

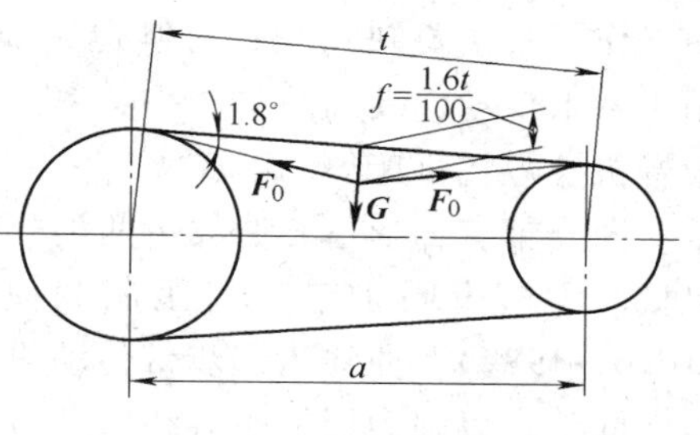

图 6-8　预紧力的控制

式中　ΔF_0——预紧力的修正值(N)，数值见表 6-13。

表 6-13　预紧力的修正值 ΔF_0(摘自 GB/T 13575.1—2008)　　(单位：N)

带型	Y	Z	A	B	C	D	E
ΔF_0	6	10	15	20	29.4	58.8	108

6.4.2 V带传动的使用与维护

1）为便于装拆无接头的环形V带，带轮应悬臂装于轴端；在水平或接近水平的同向传动中，一般应使带的紧边在下，松边在上，以便借助V带的自重加大带轮包角。

2）安装时两带轮轴线必须平行，轮槽应对正，以避免V带扭曲和磨损加剧。

3）安装时应缩小中心距，松开张紧轮，将V带套入槽中后再调整到合适的张紧程度。不要将带强行撬入，以免V带被损坏。

4）多根V带传动时，为避免受载不匀，应采用配组带。若其中一根带松弛或损坏，应全部同时更换，以免加速新V带破坏。可使用的旧V带经测量，实际长度相同的可组合使用。

5）V带应避免与酸、碱、油类等接触，也不宜在阳光下曝晒，以免老化变质。

6）带传动应装设防护罩，并保证通风良好和运转时带不擦碰防护罩。

6.5 其他带传动简介

6.5.1 同步带传动

图6-9所示为同步带传动，它综合了带传动和链传动的优点。同步带为工作面上带齿的环状带，以钢丝绳、玻璃纤维绳或合成纤维绳为抗拉层，基体分为氯丁橡胶和聚酯橡胶两种。工作时，带的凸齿与带轮外缘上的齿槽进行啮合传动，带与带轮间无相对滑动，能保证两轮圆周速度同步，故称同步带传动。

与V带传动相比，同步带传动的优点是：①工作时无滑动，传动比恒定；②传动效率高，可达0.98；③带的柔性好，故带轮直径可较小，结构紧凑；④带薄而轻，强度高，带速可达50m/s，传动比可达10，传递功率可达300kW；⑤几乎不需要张紧力，故压轴力小；⑥维护保养方便，能在高温、灰尘、积水及腐蚀介质中工作。其主要缺点是：对制造、安装要求高，且价格较高。常用于要求传动比准确的中、小功率传动，如电子计算机、放映机、录音机、数控机床等。

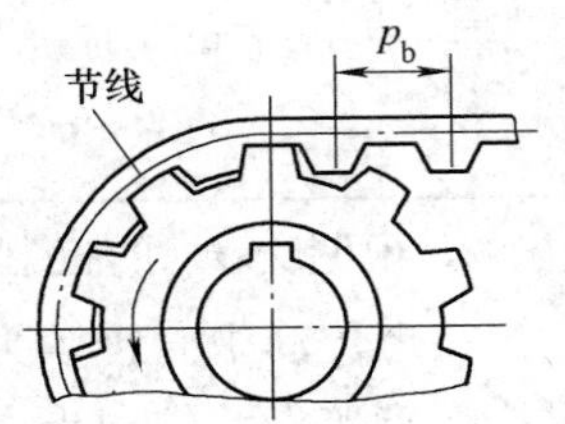

图6-9 同步带传动

同步带有梯形齿和曲线齿两类，前者主要用于各种中、小功率机械，后者主要用于重型机械。梯形齿同步带有齿距制和模数制两种。齿距制梯形齿同步带已有国家标准（GB 11616—1989）。曲线齿同步带传动只有行业标准，在机电工业中已较广泛的应用。

同步带以强力层的中心线为节线，并以节线长度 L_p 为公称长度。它的最基本参数是齿距 p_b（相邻两齿对称中心线间沿节线度量的距离）。同步带传动的分析计算主要是限制单位带宽上的拉力，具体计算方法可查阅相关资料。

6.5.2 高速带传动

带速 $v>30$m/s、高速轴转速 $n_1=10000\sim50000$r/min 的带传动属于高速带传动。这种传动主要用于增速传动，其增速比为2～4，有时可达8。常用于驱动高速机床、粉碎机、离心机等。

高速带采用质量轻、厚度薄而均匀、挠曲性好的环形平带，如锦纶编织带、薄型强力锦纶带、高速环形胶带等。高速带轮要求质量轻且分布对称均匀、运转时空气阻力小，常采用钢或铝合金制造，各个面均进行精加工，轮缘工作表面粗糙度 Ra 值不大于 3.2μm，并要求进行动平衡试验，以保证高速带传动运转平稳，传动可靠，并具有一定的寿命。

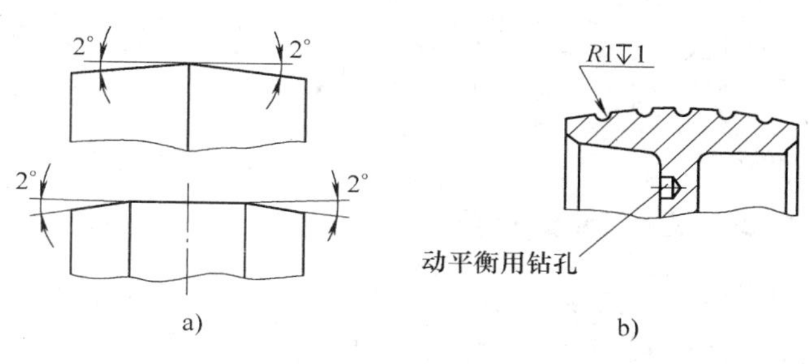

图 6-10　高速带轮轮缘

为防止带从轮上脱落，带轮轮缘应加工出凸度，制成鼓形面或双锥面(图 6-10a)。为防止运转时带与轮缘表面间形成空气层而降低摩擦因数，轮缘表面常开出环形槽(图 6-10b)。

6.6　链传动简介

链传动是具有中间挠性件的啮合传动，它兼有带传动和齿轮传动的一些特点。在机械传动中应用相当广泛，传动链的链速可达 40m/s，传动功率可达 3600kW，传动比可达 15。通常传动功率 $P \leqslant 100$kW，链速度 $v \leqslant 15$m/s，传动比 $i \leqslant 8$。

6.6.1　链传动的类型、特点和应用

链传动由主动轮 1、从动轮 2 和绕在两轮上的链条 3 组成，如图 6-11 所示。链传动是靠链条与链轮齿的啮合来传递运动和动力。

与带传动相比，链传动的主要优点是：①没有弹性滑动和打滑，能保证准确的平均传动比，传动效率较高；②能在低速、重载情况下工作；③在相同功率条件下，链传动结构较紧凑；④链条的张紧力小，作用在轴上的力也小；⑤链条由金属制成，能适应高温、多尘、油污、腐蚀等恶劣环境。其主要缺点是：①瞬时链速和瞬时传动比不恒定，传动平稳性较差，工作中有冲击和噪声，不宜用于变载和急速反转以及高速传动的场合；②只能传递平行轴之间的同向回转运动；③制造费用较高。

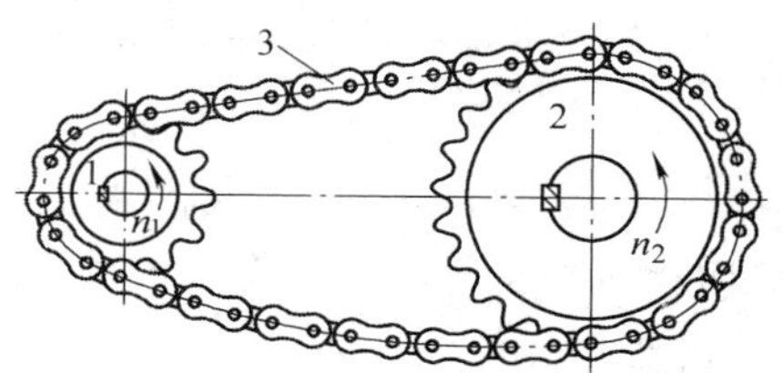

图 6-11　链传动简图
1—主动轮　2—从动轮　3—链条

链传动主要用在要求工作可靠，且两轴相距较远，以及其他不宜采用齿轮传动的场合。还可用于低速重载及极为恶劣的工作条件下。故广泛应用于农业、矿山、起重运输、冶金、建筑、石油、化工和各种车辆等的机械传动中。

按用途不同，链可分为传动链、输送链和起重链。输送链和起重链主要用在运输和起重机械中，一般机械传动中常用的是传动链。传动链有齿形链(图 6-12)和短节距精密滚子链(简称滚子链，图 6-13)。齿形链(GB/T 10855—2003)又称无声链，由成组齿形链板左右交错排列，并用铰链连接而

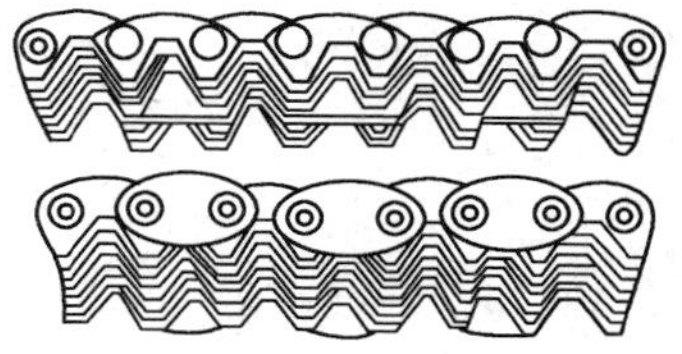

图 6-12　齿形链

成。它运转平稳，噪声小，承受冲击载荷的能力高。但结构复杂，质量大，价格高。常用于高速或运动精度和可靠性要求较高的传动装置中。而滚子链结构简单，成本较低，生产量大，从低速到较高速、从轻载到重载都适用，在传动链中占有主要地位。本章主要介绍滚子链传动。

6.6.2 滚子链及链轮

1. 滚子链的结构及标准

如图 6-13 所示，滚子链由内链板 1、外链板 2、销轴 3、套筒 4 和滚子 5 组成。其中，内链板与套筒、外链板与销轴分别用过盈配合固联。滚子和套筒、套筒与销轴分别采用间隙配合。当内外链板相对挠曲时，套筒可绕销轴自由转动。链条工作时，滚子与链轮齿廓形成滚动摩擦，以减少磨损。链板一般制成“∞”形，以减轻重量并使各截面抗拉强度接近相等。

相邻两滚子中心线的距离称为节距，用 p 表示(图 6-13)，它是链条的主要参数，节距越大，链条各零件的尺寸也越大，所能传递的功率也越大。

当传递大功率时，可采用双排链或多排链。用排距 p_t 表示相邻两排滚子中线间的距离(图 6-14)。为承载均匀，一般不超过 4 排。

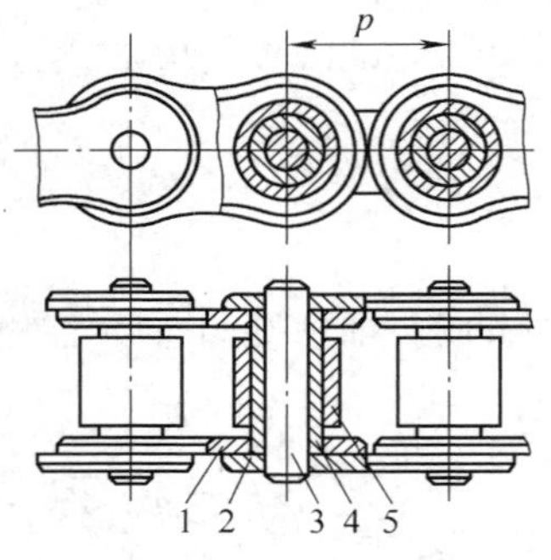

图 6-13 滚子链的结构
1—内链板 2—外链板 3—销轴 4—套筒 5—滚子

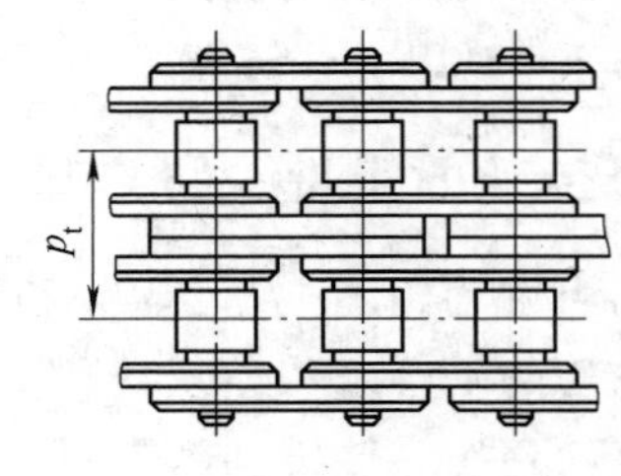

图 6-14 双排滚子链

链条长度以链节数表示。链节数最好为偶数，这样，将链联成环形时，正好是内外链板相接。大节距可用开口销锁紧，小节距可用弹簧夹锁紧，分别如图 6-15a、b 所示。若链节数为奇数，则接头处应采用链板弯曲的过渡链节(图 6-15c)。它工作时要承受附加弯矩作用，应尽量避免采用。

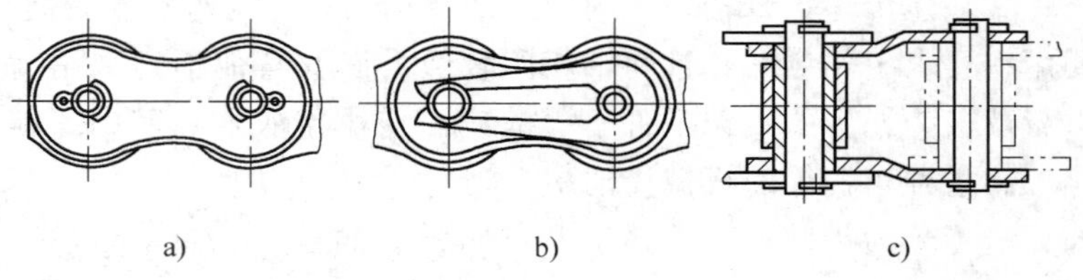

图 6-15 滚子链的接头形式

滚子链已标准化(GB/T 1243—2006)，有标准系列链条和重载系列链条。滚子链规格有 A、B 两大系列，我国主要使用 A 系列滚子链。表 6-14 列出了几种 A 系列滚子链的基本参数和主要尺寸，其中链号数乘以25.4/16即为节距p值(mm)。

表6-14　滚子链的基本参数和主要尺寸(摘自GB/T 1243—2006)

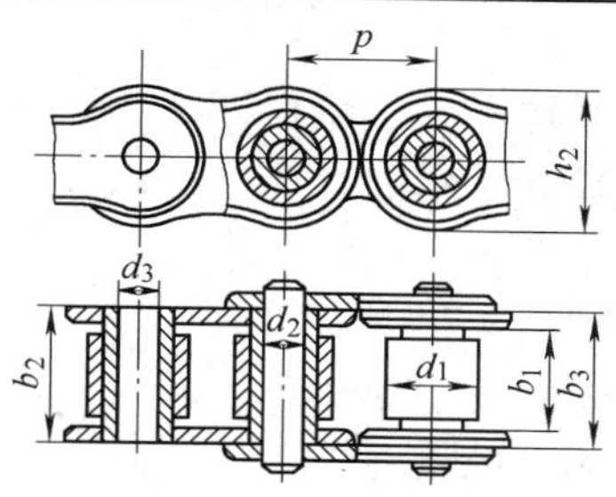

链号	节距 p	排距 p_t	滚子直径 d_{1max}	销轴直径 d_{2max}	套筒孔径 d_{3min}	内节内宽 b_{1min}	内节外宽 b_{2max}	外节内宽 b_{3min}	内链板高度 h_{2max}	单排抗拉强度 F_{umin}	单排每米质量 q
	mm									kN	kg/m
08A	12.70	14.38	7.92	3.98	4.00	7.85	11.17	11.23	12.07	13.9	0.60
10A	15.875	18.11	10.16	5.09	5.12	9.401	13.84	13.89	15.09	21.8	1.00
12A	19.05	22.78	11.91	5.96	5.98	2.57	17.75	17.81	18.10	31.3	1.50
16A	25.40	29.29	15.88	7.94	7.96	15.75	22.60	22.66	24.13	55.6	2.60
20A	31.75	35.76	19.05	9.54	9.56	18.90	27.45	27.51	30.17	87.0	3.80
24A	38.10	45.44	22.23	11.11	11.14	25.22	35.45	35.51	36.20	125.0	5.60
28A	44.45	48.87	25.40	12.71	12.74	25.22	37.18	37.24	42.23	170.0	7.50
32A	50.80	58.55	28.58	14.29	14.31	31.55	45.21	45.26	48.26	223.0	10.10
40A	63.50	71.55	39.68	19.85	19.87	37.85	54.88	54.94	60.33	347.0	16.10
48A	76.20	87.83	47.63	23.81	23.84	47.35	67.81	67.87	72.39	500.0	22.60

滚子链的标记方法为：标准链号-排数，例如：08A-1，16B-3。

2. 滚子链链轮

链轮齿形应保证链节能顺利地啮入和退出，啮合时接触良好，因磨损而节距增大时不易脱链，并便于加工。

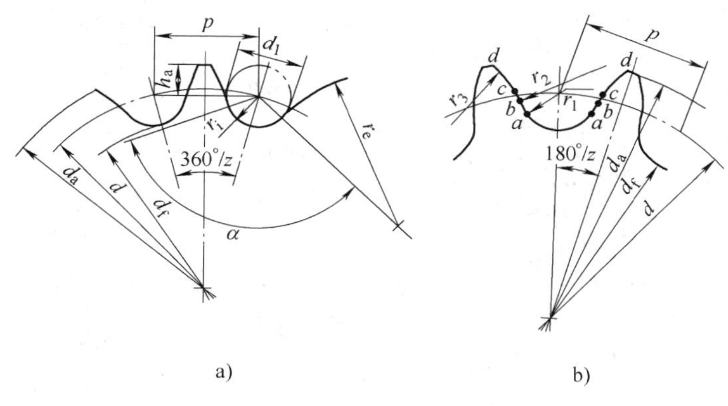

图6-16　滚子链链轮端面齿形

GB/T 1243—2006 中没有规定具体的链轮齿形，仅规定了滚子链链轮齿槽圆弧半径 r_e、齿沟圆弧半径 r_i 和齿沟角 α(图 6-16a)的最大值和最小值。凡在此极限范围以内的各种齿形均可采用。这样，不仅为不同使用要求时选择齿形参数留有较大的余地，也为研究发展更为理想的新齿形创造了条件，各种标准齿形的链轮之间也可以进行互换。图 6-16b 为滚子链链轮常用的端面齿形，由三圆弧 aa、ab、cd 和一直线 bc 组成。选用这种齿形并用相应标准刀具加工时，在链轮工作图上不必画出端面齿形，但为便于车削链轮毛坯，应绘出链轮的轴向齿形(图 6-17)，其尺寸见有关设计手册。链轮上被节距等分的圆称为分度圆，其直径用 d 表示(图 6-16)。若已知节距 p 和齿数 z，链轮主要尺寸的计算式为

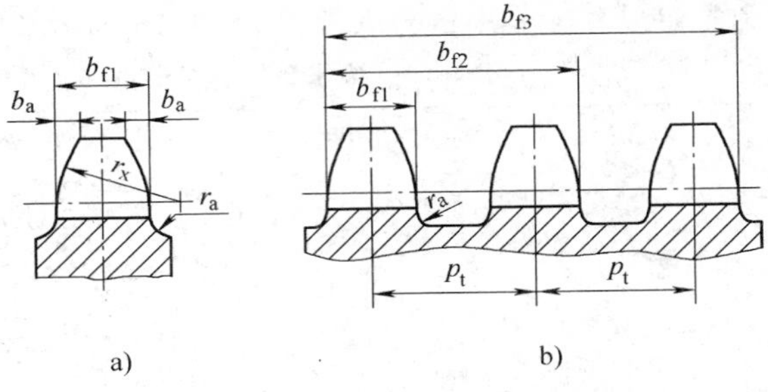

图 6-17　滚子链链轮轴向齿形

$$
\left.
\begin{aligned}
&\text{分度圆直径} \quad d = p/\sin\frac{180^\circ}{z} \\
&\text{齿顶圆直径} \quad d_a = p\left(0.54 + \cot\frac{180^\circ}{z}\right) \\
&\text{齿根圆直径} \quad d_f = d - d_1 \ (d_1 \text{为滚子直径})
\end{aligned}
\right\} \qquad (6\text{-}16)
$$

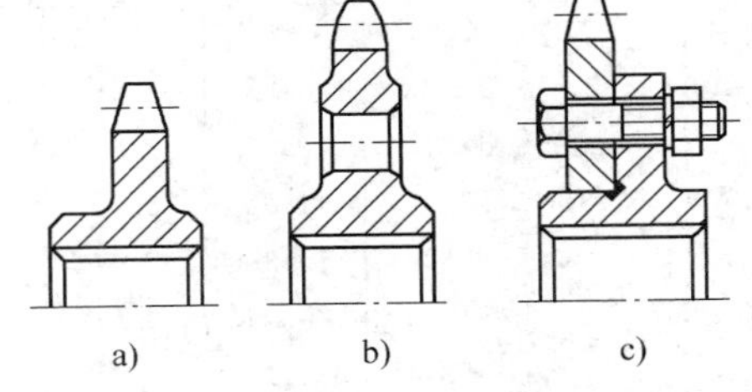

图 6-18　链轮的结构

a）整体式　b）腹板式　c）组合式

链轮常用的结构形式有整体式钢制小链轮、腹板式中等直径铸造链轮以及组合式大直径链轮，如图 6-18 所示。组合式链轮的齿圈磨损后可以更换。

链轮的材料应能保证轮齿有足够的强度和耐磨性。常用碳素钢、合金钢、灰铸铁等材料，小功率高速链轮也可用夹布胶木。齿面通常应热处理，使其达到一定硬度。由于小链轮啮合次数多，磨损和冲击也较严重，所用材料常优于大链轮。链轮常用材料及应用范围见表 6-15。

表 6-15　链轮常用材料及应用范围

材料	热处理	齿面硬度	应用范围
15、20	渗碳、淬火、回火	50～60HRC	$z \leqslant 25$，有冲击载荷的链轮
35	正火	160～200HBW	$z > 25$ 的主、从动链轮
45、50、45Mn、ZG310-570	淬火、回火	40～50HRC	无剧烈冲击振动和要求耐磨的主、从动链轮
15Cr、20Cr	渗碳、淬火、回火	55～60HRC	$z < 30$ 传递较大功率的重要链轮
40Cr、35SiMn、35CrMo	淬火、回火	40～50HRC	要求强度较高和耐磨损的重要链轮
Q235A、Q275A	焊接后退火	≈140HBW	中低速、功率不大的较大链轮
不低于 HT200 的灰铸铁	淬火、回火	260～280HBW	$z > 50$ 的从动链轮以及外形复杂或强度要求一般的链轮
夹布胶木	—	—	$P < 6$kW，速度较高，要求传动平稳、噪声小的链轮

6.6.3 链传动的运动特性

由于链传动是由刚性链节通过销轴铰接而成，当其绕在链轮上与链轮啮合时，形成折线，可看成是将链条绕在正多边形链轮上(图 6-19)。该正多边形的边长等于链条的节距 p，边数等于链轮齿数 z。链轮每转一圈，链条转过的长度为 zp，若设 v 为链条的速度(m/s)，则

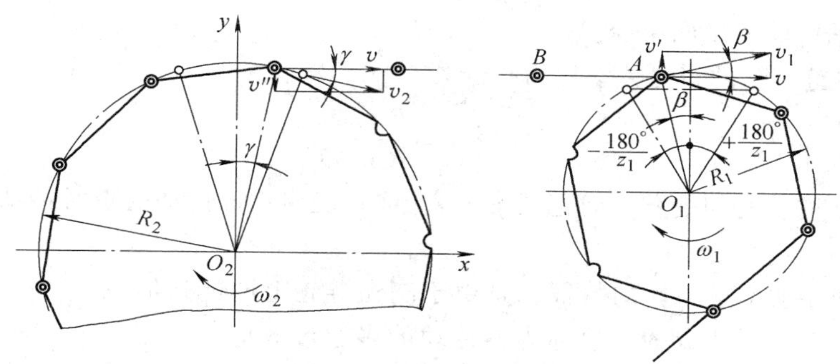

图 6-19 链传动的速度分析

$$v = \frac{z_1 n_1 p}{60 \times 1000} = \frac{z_2 n_2 p}{60 \times 1000} \tag{6-17}$$

式中 z_1、z_2——主、从动链轮的齿数；

n_1、n_2——主、从动轮的转速，r/min；

p——链节距(mm)。

由式(6-17)可得链传动的传动比 i 为

$$i_{12} = \frac{n_1}{n_2} = \frac{z_2}{z_1} \tag{6-18}$$

通常用式(6-17)、(6-18)来求链速度和传动比，但所得结果是平均值。实际上，即使主动轮的角速度 ω_1 为常数，其瞬时链速和瞬时传动比都是周期性变化的，这就是链传动运动不均匀的原因。

上述链传动的运动特性分析，如图 6-19 所示。为便于分析，设传动中紧边始终处于水平位置。链在传动时紧边的运动取决于其主动端销轴 A 的运动，当分度圆半径为 R_1 的主动链轮以角速度 ω_1 等速转动时，销轴 A 的轴心沿链轮分度圆作等速圆周运动，其圆周速度 $v_1 = R_1\omega_1$。v_1 可分解为链条向前运动的分速度 v 和上下横向运动的分速度 v'，其值分别为

$$\left.\begin{aligned} v &= v_1\cos\beta = R_1\omega_1\cos\beta \\ v' &= v_1\sin\beta = R_1\omega_1\sin\beta \end{aligned}\right\} \tag{6-19}$$

式中 β——销轴 A 的圆周速度方向与链条前进方向的夹角，也是铰链 A 在主动链轮上的位置角，由图 6-19 可知，β 的变化范围为 $-180°/z_1 \sim +180°/z_1$。

当 $\beta = 0°$时，$v = v_{max} = R_1\omega_1$，$v' = v_{min} = 0$

当 $\beta = \pm\frac{180°}{z_1}$时，$v = v_{min} = R_1\omega_1\cos\frac{180°}{z_1}$，$v' = v'_{max} = R_1\omega_1\sin\frac{180°}{z_1}$

可见，链条在传动过程中，每转过一个链节，链条前进的瞬时速度就周期性地变化一

次，同时，链条上下的横向运动也呈周期性变化。

同理，由于链节铰链销轴在从动轮上的位置角 γ 在 $-180°/z_2$ ~ $+180°/z_2$ 范围内变化，且链速度 v 不为常数，则从动链轮的角速度 ω_2 将随之变化，由图 6-19 可知，ω_2 可由下式确定

$$\omega_2 = \frac{v}{R_2\cos\gamma} = \frac{R_1\omega_1\cos\beta}{R_2\cos\gamma} \tag{6-20}$$

式中，R_2 为从动链轮分度圆半径。

由上式可得链传动的瞬时传动比为

$$i = \frac{\omega_1}{\omega_2} = \frac{R_2\cos\gamma}{R_1\cos\beta} \tag{6-21}$$

由于 β 和 γ 均随时间变化，且通常 $\beta \neq \gamma$，该式表明：链传动的瞬时传动比通常是不恒定的。

上述链传动运动不均匀性的特征，是由于绕在链轮上的链条形成了正多边形这一特点所造成的，故称为链传动的多边形效应，这是链传动的固有特性。它不仅导致链条和从动链轮上产生动载荷，而且在链条啮入链轮的瞬间，会引起链节与链轮轮齿以一定的相对速度发生啮合碰撞(图 6-20)，并产生附加动载荷。此外，链条周期性的横向运动导致链条产生颤动，这也是链传动产生动载荷的主要原因之一。可见，链传动不可避免地会产生动载荷，使传动不平稳。而且，链轮齿数 z 越少，节距 p 越大，转速 n 越高，多边形效应越明显，动载荷也就越大。

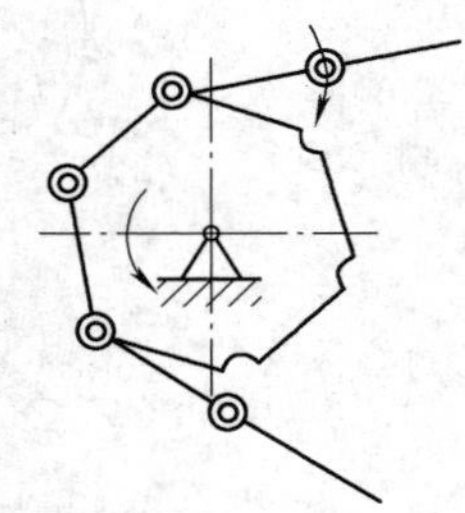

图 6-20　链节与链轮啮合时的冲击

6.6.4　滚子链传动的工作能力计算准则

1. 滚子链传动的受力分析

若不计传动中的动载荷，作用在链上的力有

(1) 有效圆周力 F　作用在链条的紧边上，其值为

$$F = \frac{1000P}{v} \tag{6-22}$$

式中　P——传递的功率(kW)；

v——链速度(m/s)。

(2) 离心拉力 F_c　是由链条随链轮转动时的离心力产生的拉力，它作用于整个链条上，其值为

$$F_c = qv^2 \tag{6-23}$$

式中　q——链条每米质量(表 6-14)(kg/m)。

(3) 悬垂拉力 F_f　由链条松边垂度引起的拉力，作用在整个链条上，其值与松边垂度及传动的布置方式有关(图 6-21)，在 F_f'和 F_f''中选用大者，其值为

$$\left.\begin{aligned} F_f' &= K_f qa \times 10^{-2} \\ F_f'' &= (K_f + \sin\alpha)qa \times 10^{-2} \end{aligned}\right\} \tag{6-24}$$

式中　a——链传动的中心距(mm)；

K_f——垂度系数，由图 6-21 选取，图中 f 为下垂度；

α——两轮中心连线与水平面的倾斜角。

设 F_1 为紧边工作拉力(N)，F_2 为松边工作拉力(N)，则

$$\left.\begin{aligned} F_1 &= F + F_c + F_f \\ F_2 &= F_c + F_f \end{aligned}\right\} \tag{6-25}$$

由此可见，链条在传动过程中，紧边和松边所受的拉力是不等的，链条上的每一个链节都承受着交变载荷。

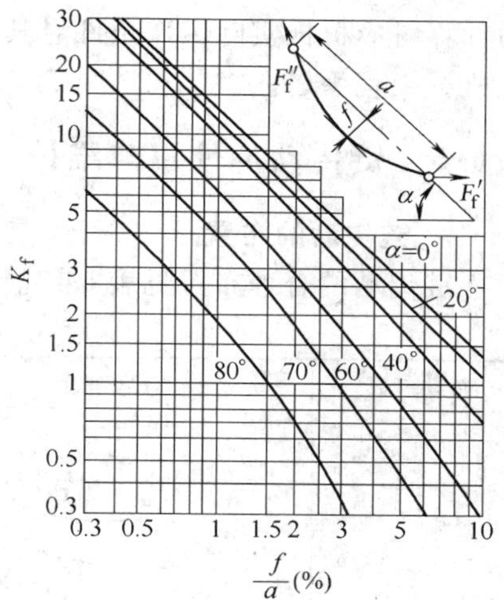

图 6-21　悬垂拉力的确定

2. 滚子链传动的失效形式

滚子链传动的失效通常是因链条的失效引起的，常见的失效形式见表 6-16。

表 6-16　滚子链传动常见失效形式

失效形式	发　生　原　因
疲劳破坏	链传动时循环往复地从松边到紧边运动，链条各元件经受交变应力作用，链条与链轮产生啮合冲击以及反复起动、制动或反转，引起冲击载荷。经过一定的循环次数，链板出现疲劳断裂；滚子、套筒和销轴发生冲击破断
铰链磨损	链条工作时，销轴与套筒间在承受较大压力下相对转动，并有相对滑动，导致铰链磨损，使链节增长，动载荷增加，引起脱链，甚至使销轴磨损削弱而断裂
铰链胶合	当润滑不良或链速过高时，在载荷作用下销轴与套筒工作表面间的油膜破坏而相互粘着，在相对转动中较弱的金属撕下形成沟纹，这种现象称为胶合。胶合在一定程度上限制了链轮的极限转速
静强度破断	在低速(v<0.6m/s)重载或短期过载时，链条将因静强度不足而被拉断

3. 滚子链的极限功率曲线

如上所述，链传动有多种失效形式，各种失效形式都在一定条件下限制它的承载能力。图 6-22 是通过实验作出的单排链的极限功率曲线。曲线 1 是润滑良好时磨损破坏限定的极限功率；曲线 2 是链板疲劳破坏限定的极限功率；曲线 3 是滚子、套筒冲击疲劳破坏限定的极限功率；曲线 4 是销轴与套筒胶合所限定的极限功率；曲线 5 是链传动的额定功率曲线，它应在各极限功率曲线范围内。若润滑不良或工作环境恶劣，磨损将很严重，其极限功率大幅度下降，如虚线 6 所示。这种情况下，链传动潜在的工作能力未发挥，应予以避免。

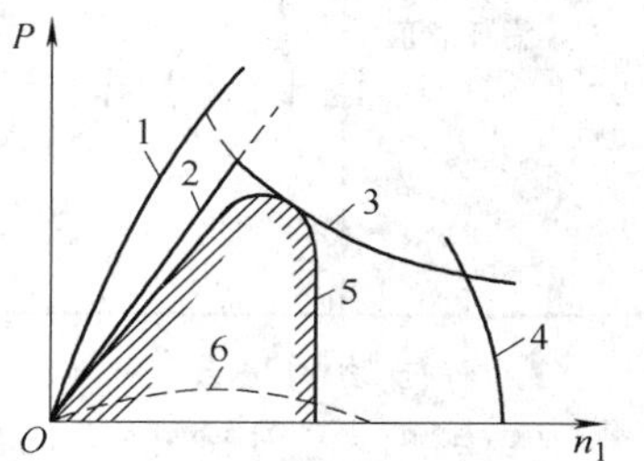

图 6-22　滚子链的极限功率曲线

4. 工作能力计算准则

对于一般链速度(v>0.6m/s)的链传动，工作能力计算准则是：采用额定功率来限制传递的功率(计算功率)。

由于链传动的额定功率是在特定实验条件下测定的(如图 6-22 中曲线 5)，因此工作能

力计算时应根据实际工作条件对其进行修正。有关链传动工作能力计算方法和步骤可参阅相关机械工程手册。

6.6.5 链传动的使用与维护

1. 链传动的布置

链传动的合理布置见表 6-17。

表 6-17 链传动的合理布置

传动参数	合理布置	说明
$i=2\sim3$ $a=(30\sim50)p$	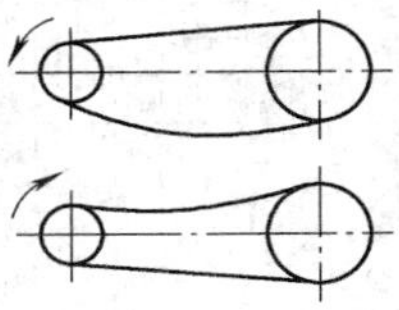	两轮中心连线最好成水平，或与水平面成 <60°倾角。松边在上面或在下面均可，但在下面较好
$i>2$ $a<30p$	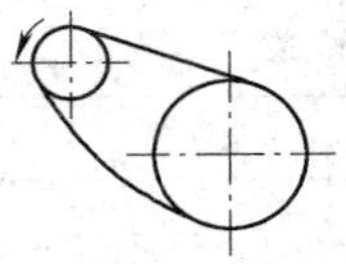	两轮轴线不在同一水平面时，松边应在下面，否则松边下垂量增大后，链条易与链轮卡死
$i<1.5$ $a>60p$	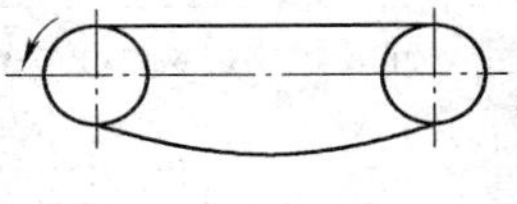	两轮轴线在同一水平面上时，松边应在下面，否则松边下垂量增大后，链条松边会与紧边相碰
i、a 为任意值	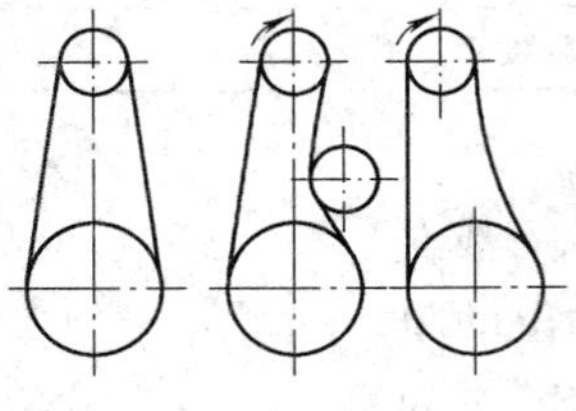 a) b) c)	当两轮中心连线成铅垂时，链的下垂量集中在下端(图 a)，将减少下链轮的有效啮合齿数，降低承载能力。措施有：①调中心距；②设张紧装置(图 b)；③上下轮左右错开(图 c)

2. 链传动的张紧

链传动应适当张紧，以避免链条松边垂度过大而产生啮合不良和振动过大。常用的张紧方法有：①调整中心距；②中心距不可调时，采用张紧装置或将磨损变长后的链条拆掉 1～2 个链节。图 6-23a、b 所示为利用张紧轮靠弹簧或挂重自动张紧的装置。张紧轮可以是链轮或带挡边的辊轮，一般布置在链条松边并根据需要确定其位置。图 6-23c 为利用托板靠螺旋定期张紧的装置，调节螺钉可采用细牙螺纹并带锁紧螺母，适合中心距较大的场合。

3. 链传动的润滑

良好的润滑可以缓和冲击、减小摩擦和磨损，延长链条的使用寿命，并发挥其传动能力。

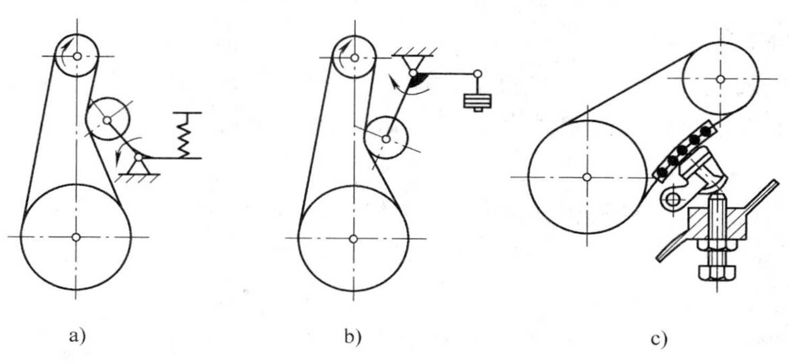

图 6-23 链传动的张紧

a) 弹簧调节 b) 挂重调节 c) 螺旋调节

润滑方式的选择见图 6-24。润滑方法和供油量见表 6-18。

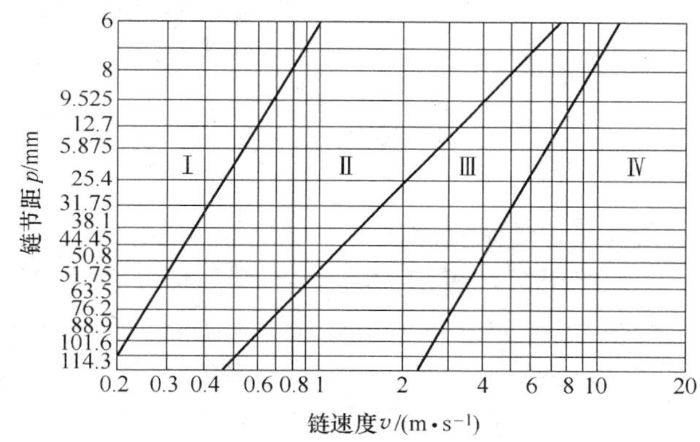

图 6-24 润滑方式的选择图

Ⅰ—人工定期润滑 Ⅱ—滴油润滑 Ⅲ—油浴或飞溅润滑 Ⅳ—压力喷油润滑

表 6-18 滚子链的润滑方法和供油量

润滑方式	润滑方法	供油量
人工润滑	用刷子或油壶定期在链条松边内、外链板间隙中注油	每班注油一次
滴油润滑	装有简单外壳，用滴油壶或滴油器在从动边的内外链板间隙处滴油	单排链，每分钟供油 5 ~ 20 滴，速度高时取大值
油浴供油	采用不漏油的外壳，使链条从油槽中通过	一般浸油深度为 6 ~ 12mm。链条浸入油面过深，搅油损失大，油易发热变质，浸入过浅则润滑不可靠
飞溅润滑	采用不漏油的外壳，在链轮侧边安装甩油盘，甩油盘圆周速度 $v > 3\text{m/s}$。当链条宽度大于 125mm 时，链轮两侧各装一个甩油盘	甩油盘浸油深度为 12 ~ 35mm
压力供油	采用不漏油的外壳，用油泵强制供油，喷油管口设在链条啮入处，循环油可起冷却作用	每个喷油口供油量可根据链条节距及链速大小查阅有关手册

4. 链传动的安装与维护

1）链传动安装时，两链轮的回转平面应在同一铅垂平面内，否则将引起脱链或不正常磨损。如图 6-25 所示，两链轮回转平面间夹角误差 $\Delta\theta \leqslant 0.006\text{rad}$；两链轮轮宽的中心平面轴向位移误差 $\Delta e \leqslant 0.002a$。

2）安装接头链节时，如用弹簧夹作为锁紧件，应使弹簧夹开口端背向链的运动方向，以免链运动时受到撞击而脱离。

3）应定期清洗滚子链，及时更换已损坏链节。若更换次数太多，应更换整根链条，以免新旧链节并用时加速链条跳动并损坏。

4）通常，链传动应装设防护罩封闭，既能防尘又能减轻噪声，并起安全防护作用。

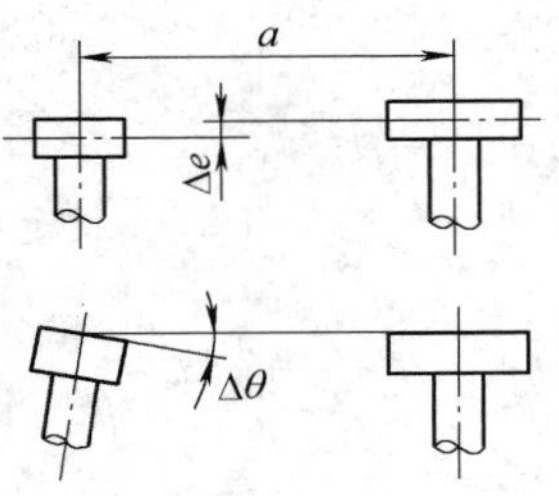

图 6-25　链传动的安装误差

5）链传动工作时如噪声过大，导致的原因可能是链轮不共面、松边垂度不合适、润滑不良、链罩或支承松动、链条或链轮磨损、链条振动等，应及时检查修理。

思考与习题

1. 带传动一般应放在机械传动系统的高速级还是低速级？

2. 某带式输送机传动系统中第一级用的 A 型普通 V 带传动。已知电动机型号为 Y112-4，额定功率 $P=4\text{kW}$，转速 $n_1=1440\text{r/min}$。要求传动比 $i\approx3.8$，中心距 $a\approx390\text{mm}$，一天运转时间 <10h。现选用基准直径 $d_{d1}=80\text{mm}$ 的小带轮，基准直径 $d_{d2}=300\text{mm}$ 的大带轮，三根基准长度 $L_d=1430\text{mm}$ 的 A 型普通 V 带。试分析计算该带传动选用是否合适。

3. 已知一普通 V 带传动，用 Y 系列三相异步电动机驱动，转速 $n_1=1460\text{r/min}$，$n_2=650\text{r/min}$，主动轮基准直径 $d_{d1}=125\text{mm}$，中心距 $a\approx800\text{mm}$，B 型带三根，载荷平稳，两班制工作。试求此 V 带传动所能传递的功率 P。

4. 链传动的布置形式，如图 6-26 所示。中心距 $a=(30\sim50)p$，传动比 $i=2\sim3$，小链轮为主动轮。它在图 6-26a、b 所示布置中，小链轮应按哪个方向回转较合理？两链轮中心连线成垂直布置时（图 6-26c）有什么缺点？应采取什么措施？

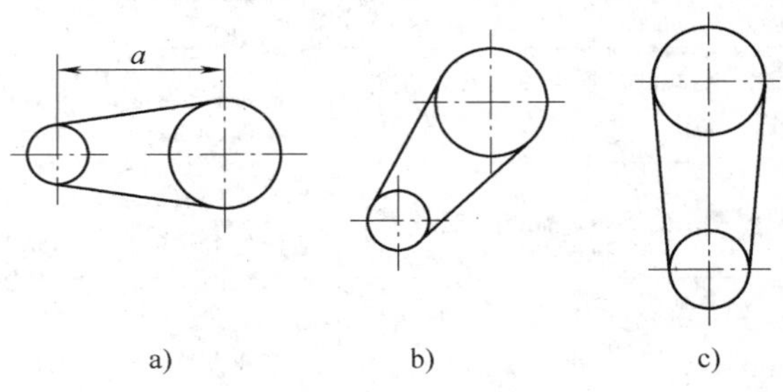

图 6-26　题 4 图

第7章 齿轮传动

7.1 概述

7.1.1 齿轮传动的特点及类型

齿轮传动用于传递任意轴间的运动和动力。与其他机械传动相比，它具有传动平稳、适用范围广、效率高、结构紧凑、工作可靠、寿命长等特点，是现代机械中应用最广泛的一种机械传动。但其制造和安装精度要求高、制造费用较大，而且不宜在两轴中心距很大的场合使用。

齿轮传动的常用类型、特点和应用见表7-1。

表7-1 齿轮传动的常用类型、特点和应用

分类	名称	图例	特点和应用
平行轴齿轮传动	外啮合直齿圆柱齿轮传动		轮齿与轴线平行且两轮均为外齿轮，两齿轮反向传动，工作时无轴向力，重合度小，传动平稳性较差，承载能力较低，多用于低速传动
	内啮合直齿圆柱齿轮传动		轮齿与轴线平行且两轮之一为内齿轮，两齿轮同向传动，工作时无轴向力，轴间距小，结构紧凑，传动效率高
	齿轮齿条传动		齿条相当于直径为无穷大的齿轮，可实现旋转运动与直线运动间的运动变换
	外啮合斜齿圆柱齿轮传动		两齿轮反向转动，轮齿与轴线成一夹角，工作时有轴向力，重合度较大，传动较平稳，承载能力较高，适合于速度较高、载荷较大且要求结构紧凑的场合
	外啮合人字齿圆柱齿轮传动		两齿轮反向转动，工作时轴向力相互抵消，承载能力强，适合于重载传动

（续）

分类	名称	图例	特点和应用
相交轴齿轮传动	直齿锥齿轮传动		两齿轮轴线垂直相交应用较多，轮齿沿圆锥母线排列，制造和安装简便，重合度小，传动平稳性较差，承载能力较低，比曲线齿锥齿轮轴向力小，适合于速度较低、载荷小而平稳的场合
	曲线齿锥齿轮传动		两齿轮轴线相交，轴向力较大，比直齿锥齿轮重合度大，传动平稳，承载能力高，适合于高速重载的场合，制造成本高
交错轴齿轮传动	交错轴斜齿圆柱齿轮传动		可实现空间任意交错轴间传动，两齿轮为点接触，相对滑动速度大，易磨损，传动效率低，适合低速轻载场合，通常仅用于仪表及载荷不大的辅助传动中
	蜗杆传动		两齿轮轴线一般垂直相错，传动比大，结构紧凑，传动平稳，无噪声，自锁性好，传动效率低，易发热

按照齿轮工作条件的不同，齿轮传动又可分为：

1）闭式齿轮传动：齿轮被密封在有润滑油的箱体内，能保证良好润滑，适宜于重要场合。

2）开式齿轮传动：齿轮暴露在外，不能保证良好润滑，通常用于不重要的场合。

7.1.2 齿轮传动的基本要求

齿轮传动类型很多，用途各异，但从传递运动和动力的要求出发，各种齿轮传动都必须解决两个基本问题：

（1）传动准确、平稳　即要求齿轮在传动过程中的瞬时传动比恒定不变，避免发生噪声、振动和冲击。这一要求与齿轮的齿廓形状、制造和安装精度等有关。

（2）承载能力强　即要求齿轮在传动过程中有足够的强度、刚度，能传递较大的动力，并在预定的使用期限内正常工作不失效。这一要求与齿轮的尺寸、材料和热处理工艺等有关。

7.2 渐开线直齿圆柱齿轮

7.2.1 渐开线齿廓及其啮合特性

1. 齿廓啮合的基本定律

一对齿轮是靠主动轮的齿廓依次推动从动轮的齿廓来传递运动和动力的。如前所述，齿轮在传动过程中要求瞬时传动比 $i_{12}=\omega_1/\omega_2$ 恒定不变（ω_1、ω_2 分别为主、从动轮的角速度），而齿廓曲线直接影响齿轮传动的瞬时传动比。

图 7-1 所示为主、从动轮的齿廓 E_1、E_2 在点 K 啮合（接触）的情形。过啮合点 K 作两齿廓的公法线 n—n，与两齿轮连心线 O_1O_2 交于点 C，再过点 O_1、O_2 分别作公法线 n—n 的垂线，得垂足 N_1、N_2。此时两轮在点 K 的速度分别为 $v_{k1}=\omega_1\ \overline{O_1K}$ 和 $v_{k2}=\omega_2\ \overline{O_2K}$，为避免两齿廓出现干涉或分离而不能正常传动，$v_{k1}$、$v_{k2}$ 在公法线 n—n 上的分量必须相等，即

$$v_{k1}\cos\alpha_{k1}=v_{k2}\cos\alpha_{k2}$$

也即

$$\frac{\omega_1}{\omega_2}=\frac{\overline{O_2K}\cos\alpha_{k2}}{\overline{O_1K}\cos\alpha_{k1}}$$

则两齿轮的传动比为

$$i_{12}=\frac{\omega_1}{\omega_2}=\frac{\overline{O_2K}\cos\alpha_{k2}}{\overline{O_1K}\cos\alpha_{k1}}=\frac{\overline{O_2N_2}}{\overline{O_1N_1}}$$

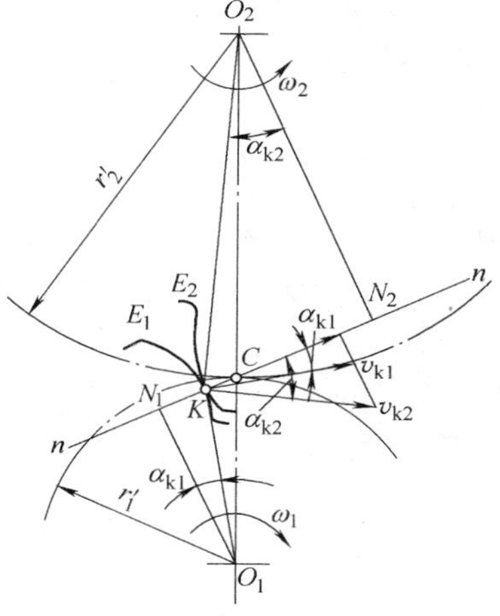

图 7-1　齿廓啮合基本定律

由 $\triangle O_1CN_1 \backsim \triangle O_2CN_2$ 可推得

$$i_{12}=\frac{\omega_1}{\omega_2}=\frac{\overline{O_2N_2}}{\overline{O_1N_1}}=\frac{\overline{O_2C}}{\overline{O_1C}} \tag{7-1}$$

式(7-1)表明：传动比 i_{12} 与连心线 O_1O_2 被齿廓接触点的公法线分得两线段长度成反比。这一关系称为齿廓啮合的基本定律。

由式(7-1)可知，若要求两轮传动比恒定不变，则应使 $\overline{O_2C}/\overline{O_1C}$ 为一常数。因连心线 O_1O_2 为定长，欲使 $\overline{O_2C}/\overline{O_1C}$ 为常数，则必须使点 C 在连心线 O_1O_2 上为一定点，即两齿廓不论在何处接触，过接触点的公法线都必须通过两轮连心线上的固定点 C。这就是保证齿轮瞬时传动比恒定时齿廓曲线必须满足的条件。

凡满足齿廓啮合基本定律的一对齿轮的齿廓称为共轭齿廓。由于渐开线齿廓易于制造，便于安装，且互换性好，是实际生产中应用最广的共轭齿廓。

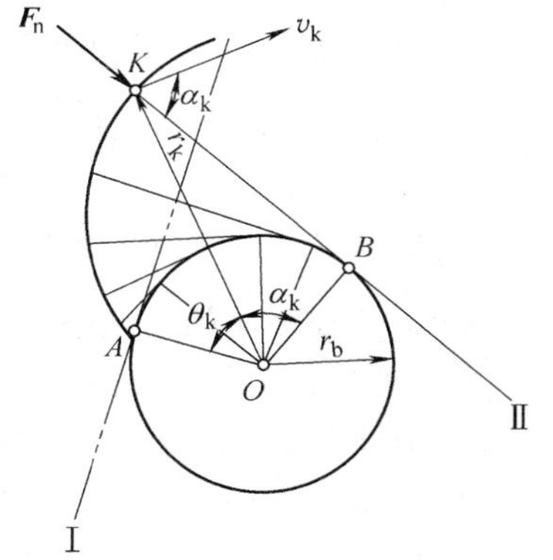

图 7-2　渐开线的形成

2. 渐开线的形成及其特性

如图 7-2 所示，当一直线沿半径为 r_b 的圆作纯滚动时，

此直线上任一点 K 的轨迹$\overset{\frown}{AK}$称为该圆的渐开线。这个圆称为基圆，该直线称为发生线。

由渐开线的形成过程可知，渐开线具有以下特性：

1）发生线沿基圆滚过的长度，等于基圆上被滚过的一段弧长，即$\overline{BK}=\overset{\frown}{AB}$。

2）当发生线在位置Ⅱ沿基圆作纯滚动时，切点 B 为渐开线在 K 点处的瞬时转动中心，因此，切于基圆的发生线 BK 为渐开线上 K 点的法线，线段$\overline{BK}$为其曲率半径，点 B 为其曲率中心，即渐开线上任一点的法线必与基圆相切。

3）渐开线的形状取决于基圆的大小(图 7-3)。基圆越大，渐开线越平直；当基圆趋于无穷大时，渐开线就变成一直线，渐开线齿轮变为齿条。

4）如图 7-2 所示，渐开线上任一点的压力角 α_k 是该点法向力 $\boldsymbol{F}_n$ 方向线与该点绕轮心 O 转动的速度 v_k 方向线之间所夹的锐角，由图中几何关系可推出

$$\cos\alpha_k = \frac{\overline{OB}}{\overline{OK}} = \frac{r_b}{r_k} \tag{7-2}$$

式中 r_b——基圆半径；

r_k——渐开线上任意点 K 的向径。

可见，渐开线上各点的压力角不等。向径 r_k 越大(即离轮心越远)的点，其压力角越大；渐开线在基圆上的压力角等于零。

5）渐开线的起始点在基圆上，故基圆内无渐开线。

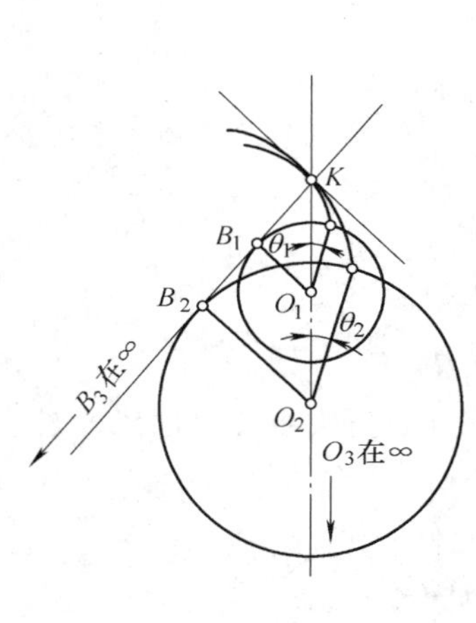

图 7-3 不同基圆的齿廓曲线

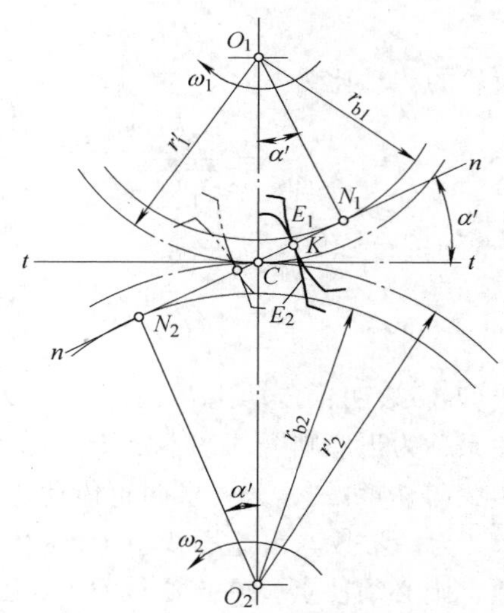

图 7-4 渐开线齿廓的啮合传动

3. 渐开线齿廓的啮合特性

(1) 传动比的恒定性　根据渐开线的特性 2)，齿廓啮合点 K 的公法线 $n—n$ 必同时与两基圆相切，切点为 N_1、N_2，即 N_1N_2 为两基圆的内公切线，如图 7-4 所示。齿轮在啮合过程中，由于两轮基圆的位置和大小都不变，在同一方向只有一条内公切线，因此，两齿廓无论在何位置接触，过接触点的公法线 N_1N_2 必为定直线，它与两轮连心线 O_1O_2 的交点 C 必为一固定点。由齿廓啮合基本定律(式(7-1))可知，两轮的传动比恒

为常数，即

$$i_{12}=\frac{\omega_1}{\omega_2}=\frac{\overline{O_2C}}{\overline{O_1C}}=常数 \tag{7-3}$$

可见，渐开线齿廓能够保证瞬时传动比恒定不变。渐开线齿廓啮合传动的这一特性可减少因从动轮的角速度变化而引起的动载荷、振动和噪声，提高传动精度和齿轮使用寿命。

（2）中心距的可分性　在图7-4中，分别以 O_1、O_2 为圆心，过固定点 C 作两个相切的圆，称为节圆，两轮节圆半径分别用 r_1'、r_2'表示，则由式(7-1)可知，啮合齿轮的传动比又可表示成

$$i_{12}=\frac{\omega_1}{\omega_2}=\frac{r_2'}{r_1'}=\frac{r_{b2}}{r_{b1}} \tag{7-4}$$

式中　r_{b1}、r_{b2}——轮1、轮2的基圆半径。

式(7-4)表明，渐开线齿轮的传动比不仅与两节圆半径成反比，而且取决于两基圆半径的大小。当一对齿轮制成后，其基圆半径就已确定，即使两轮安装的实际中心距与理论中心距稍有偏差，其传动比仍保持不变，这就是渐开线齿廓啮合传动的中心距可分性。这一特性在生产实际中极为重要。当齿轮不可避免地出现制造和安装误差时，或因使用日久由于轴承磨损导致中心距微小改变时，渐开线齿轮传动仍能保持传动比恒定不变和良好的传动性能。

由式(7-4)可知，$\omega_1 r_1'=\omega_2 r_2'$，即两轮在节点 C 处的圆周速度大小相等，方向相同。因此，两轮啮合传动的运动关系可视为两轮的节圆作纯滚动。

（3）传力的平稳性　如前所述，两渐开线齿廓不论在哪一点啮合，其啮合点的公法线均与两基圆的内公切线 N_1N_2 相重合，也为一定直线。因此，两齿廓啮合传动时，若不考虑齿廓间的摩擦力，则齿廓间的作用力是沿啮合点公法线方向的正压力，其方向始终不变。对于定转矩的传动，齿廓间作用力的大小和方向都始终不变，故传力稳定。这一特性对保证齿轮传动的平稳性是非常有利的。

在两齿廓的啮合过程中，由于啮合点始终沿着公法线移动，故其轨迹就是内公切线 N_1N_2，称为渐开线齿廓的啮合线。在图7-4中，过节点 C 作两节圆的公切线 t—t，它与啮合线 N_1N_2 所夹的锐角 α'恒定不变，称为啮合角。由图中几何关系可知，啮合角 α'等于渐开线在节圆上的压力角。

7.2.2　渐开线齿轮及基本参数和几何尺寸

1. 齿轮各部分名称

图7-5所示为直齿外齿轮、内齿轮及齿条的一部分，其上各部分名称、几何尺寸及符号见表7-2。

2. 齿轮的基本参数

（1）齿数 z　齿轮圆周上的轮齿总数。

（2）模数 m　齿轮分度圆周长 $\pi d=zp$，则分度圆直径可由 $d=pz/\pi$ 求出。但由于 π 为无理数，给设计、制造、检验及互换使用带来不便。故规定 $p/\pi=m$ 为标准值，称为模数 m(mm)。则分度圆直径为

$$d = mz \tag{7-5}$$

模数 m 是决定齿轮尺寸的一个基本参数。模数越大，轮齿越大，弯曲强度越高，其承载能力也越大。我国已经颁布齿轮模数的标准系列（表 7-3）。在计算齿轮尺寸时，模数 m 必须取标准值。

（3）压力角 α　由式(7-2)可知齿轮各圆上有不同的压力角，其大小影响齿轮传力性能及抗弯能力。分度圆上的压力角 α 为标准值，我国规定标准压力角 $\alpha = 20°$。有些国家也采用 14.5°、15°、25°等。

（4）齿顶高系数 h_a^* 和顶隙系数 c^*　为了以模数 m 表示齿轮的几何尺寸，规定齿顶高和齿根高分别为

$$\left.\begin{aligned} h_a &= h_a^* m \\ h_f &= h_a^* m + c = (h_a^* + c^*)m \end{aligned}\right\} \tag{7-6}$$

式中　h_a^*、c^*——齿顶高系数、顶隙系数。

两参数已标准化，其值分别为

正常齿制　　$h_a^* = 1$，$c^* = 0.25$

短齿制　　$h_a^* = 0.8$，$c^* = 0.3$

由式(7-6)可知，$c = h_f - h_a = c^* m$，是两啮合齿轮之一的齿顶圆与配对齿轮齿根圆之间的径向间隙，称为顶隙，用以保证两啮合齿轮传动时不至于卡死，并能储存润滑油。

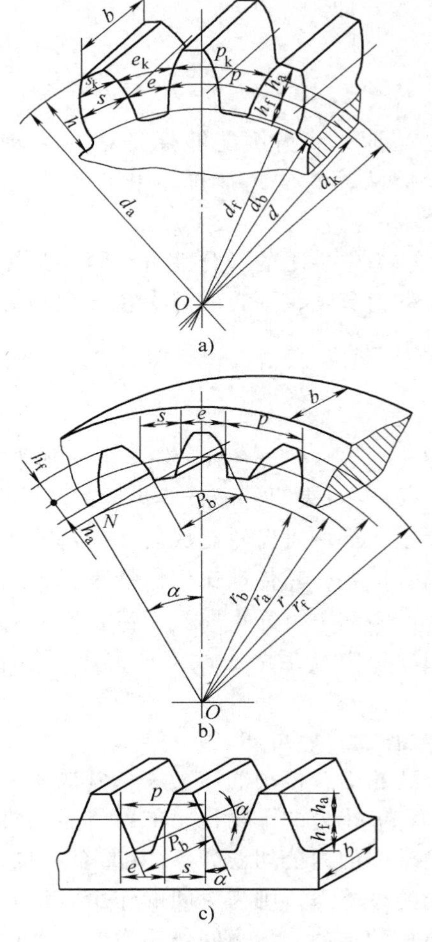

图 7-5　齿轮各部分名称及符号

a）直齿外齿轮　b）直齿内齿轮　c）齿条

表 7-2　齿轮各部分名称、几何尺寸及符号

名　称	含　义	几何尺寸	符号
齿顶圆	各齿顶所在的圆	直径（半径）	$d_a(r_a)$
齿根圆	各齿槽底部所在的圆		$d_f(r_f)$
分度圆	在齿顶圆和齿根圆之间的圆，是计算齿轮几何尺寸的基准圆		$d(r)$
基圆	发生渐开线的圆		$d_b(r_b)$
任意圆周上齿距	在直径为 d_k 的任意圆周上，相邻两齿同侧齿廓间弧长	弧长 $(p_k = s_k + e_k)$ $(p = s + e)$	p_k
任意圆周上齿厚	在直径为 d_k 的任意圆周上，一个轮齿两侧齿廓间弧长		s_k
任意圆周上齿槽宽	在直径为 d_k 的任意圆周上，一个齿槽两侧齿廓间弧长		e_k
齿距	分度圆上相邻两齿同侧齿廓间弧长		p
齿厚	分度圆上一个轮齿两侧齿廓间弧长		s
齿槽宽	分度圆上一个齿槽两侧齿廓间弧长		e

（续）

名　称	含　义	几何尺寸	符号
齿高	齿顶圆和齿根圆之间的径向距离	径向高度 ($h=h_a+h_f$)	h
齿顶高	分度圆至齿顶圆的径向距离		h_a
齿根高	分度圆至齿根圆的径向距离		h_f

表 7-3　标准模数系列（摘自 GB/T 1357—2008）　　（单位：mm）

第一系列	1，1.25，1.5，2，2.5，3，4，5，6，8，10，12，16，20，25，32，40，50
第二系列	1.125，1.375，1.75，2.25，2.75，3.5，4.5，5.5，(6.5)，7，9，11，14，18，22，28，36，45

注：1. 本表适用于渐开线圆柱齿轮。对斜齿轮则是指法向模数。

2. 选用模数时，应优先采用第一系列，其次是第二系列，括号内的模数值尽可能不采用。

3. 渐开线标准直齿圆柱齿轮的几何尺寸

模数 m、压力角 α、齿顶高系数 h_a^*、顶隙系数 c^* 均为标准值，且分度圆上齿厚 s 等于齿槽宽 e 的齿轮称为标准齿轮。表 7-4 为正常齿制标准直齿圆柱齿轮几何尺寸的计算公式。

表 7-4　标准直齿圆柱齿轮几何尺寸计算公式（正常齿制）

名　称		符 号	计　算　公　式
基本参数	模数	m	根据强度等使用条件，按表 7-3 选取标准值
	齿数	z	根据强度等使用条件选定
	分度圆压力角	α	$\alpha=20°$
几何尺寸	齿顶高	h_a	$h_a=m$
	齿根高	h_f	$h_f=1.25m$
	齿全高	h	$h=h_a+h_f=2.25m$
	顶隙	c	$c=0.25m$
	分度圆直径	d	$d=mz$
	齿顶圆直径	d_a	$d_a=d\pm 2h_a=m(z\pm 2)$
	齿根圆直径	d_f	$d_f=d\mp 2h_f=m(z\mp 2.5)$
	基圆直径	d_b	$d_b=mz\cos\alpha$
	齿距	p	$p=\pi m$
	齿厚	s	$s=\pi m/2$
	齿槽宽	e	$e=\pi m/2$
啮合计算	中心距	a	$a=(d_1\pm d_2)/2=m(z_1\pm z_2)/2$

注：表中"±"或"∓"符号处，上面符号用于外齿轮，下面符号用于内齿轮。

4. 径节制齿轮简介

上述以模数为基本参数进行几何尺寸计算的齿轮，称模数制齿轮。而许多国家（如美国、英国）设计制造的齿轮采用径节制。即以径节作为计算齿轮几何尺寸的基本参数。径节 P 是齿数 z 与分度圆直径 d 之比（1/in）。即

$$P=\frac{z}{d} \tag{7-7}$$

因 $m=d/z$，可见 m 与 P 互为倒数，又 1in = 25.4mm，则

$$m = \frac{25.4}{P} \tag{7-8}$$

例如，有一径节制齿轮，径节 $P = 8(1/\text{in})$，换算为模数，则 $m = (25.4/8)\text{mm} = 3.175\text{mm}$，即它约相当于模数为 3mm 的模数制齿轮。

7.3 渐开线标准直齿圆柱齿轮的啮合传动

1. 正确啮合条件

虽然渐开线齿廓能满足定传动比传动的要求，但这并不意味着任意两个渐开线齿轮都可以配对来实现正确啮合传动。

如图 7-6 所示，一对渐开线齿轮传动时，若有两对轮齿同时参与啮合，则两啮合点 a 和 b 都应在啮合线 N_1N_2 上。由图可见，线段 ab 同时是轮 1 和轮 2 上相邻同侧齿廓沿公法线的距离（称为法节），且有 $\overline{a_1b_1} = \overline{a_2b_2}$。否则将出现相邻两对齿廓在啮合线上分离或重叠现象，而无法正确啮合传动。

由渐开线的特性 1）可证得

$$\overline{a_1b_1} = p_{b1};\overline{a_2b_2} = p_{b2}$$

式中 p_{b1}、p_{b2}——两轮基圆上的齿距，称为基节。

因此，两齿轮正确啮合时，它们的基节相等，即

$$p_{b1} = p_{b2}$$

由 $p_b = \pi d_b / z$ 及式（7-2）可推得 $p_b = \pi m\cos\alpha$，故有

$$m_1\cos\alpha_1 = m_2\cos\alpha_2$$

由于两轮的模数和压力角均为标准值，若上式成立，则必须满足

$$\left.\begin{aligned} m_1 = m_2 = m \\ \alpha_1 = \alpha_2 = \alpha \end{aligned}\right\} \tag{7-9}$$

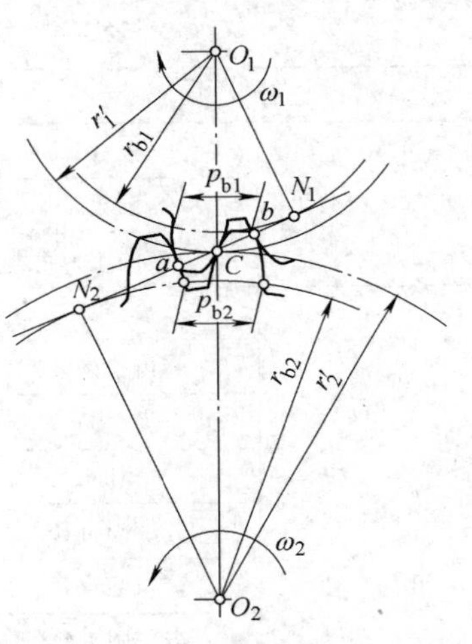

图 7-6 渐开线齿轮的正确啮合条件

上式表明，渐开线齿轮的正确啮合条件是：两轮的模数和压力角必须分别相等。于是，一对齿轮的传动比也可表示为

$$i_{12} = \frac{\omega_1}{\omega_2} = \frac{d_{b2}}{d_{b1}} = \frac{d_2}{d_1} = \frac{z_2}{z_1} \tag{7-10}$$

2. 连续传动条件

一对啮合齿轮实现定传动比连续传动，仅具备正确啮合条件是不够的。

如图 7-7a 所示为一对啮合传动的渐开线齿轮。开始啮合时，主动轮 1 齿根与从动轮 2 齿顶啮合于 B_2 点（B_2 为从动轮齿顶圆与啮合线 N_1N_2 的交点），随着啮合传动的进行，啮合点沿啮合线 N_1N_2 移动，直至主动轮齿顶与从动轮齿根啮合于 B_1 点（B_1 为主动轮齿顶圆与啮合线 N_1N_2 的交点），该对轮齿啮合终止。线段 $\overline{B_2B_1}$ 为啮合点的实际轨迹，称为实际啮合线；而 $\overline{N_1N_2}$ 为理论啮合线，N_1、N_2 为极限啮合点。

为实现定传动比连续传动，至少要求前一对轮齿在 B_1 点脱离啮合时，后一对轮齿已在 B_2 点进入啮合（图 7-7a、b），此时，实际啮合线 $\overline{B_2B_1}$ 不小于齿轮法节，即 $\overline{B_2B_1} \geqslant p_b$（因法节等于基节 p_b）。若 $\overline{B_2B_1} < p_b$，则前一对轮齿在点 B_1 脱离啮合时，后一对轮齿不能及时达到点

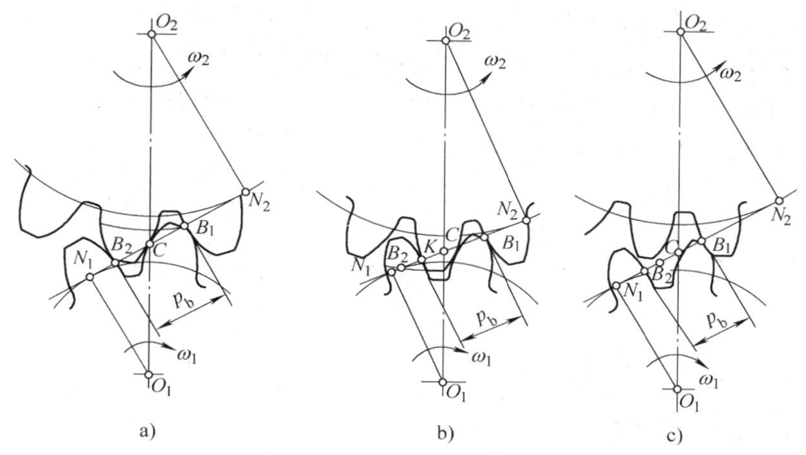

图 7-7　渐开线齿轮的连续传动条件

B_2 进入啮合，如图 7-7c 所示，啮合将发生中断而引起冲击，影响传动的平稳性。因此，渐开线齿轮连续传动的条件为

$$\varepsilon = \frac{\overline{B_1 B_2}}{p_b} \geqslant 1 \tag{7-11}$$

式中，ε 为齿轮传动的重合度。ε 越大，意味着两对轮齿同时啮合的时间越长，则传动越平稳，承载能力亦越大。对于标准齿轮，ε 的大小主要与齿轮的齿数有关，齿数越多，ε 越大，直齿圆柱齿轮传动的重合度 $\varepsilon < 2$。考虑齿轮的制造和安装等误差，应使 $\varepsilon > 1$。在一般机械制造中，一般取 $\varepsilon = 1.1 \sim 1.4$。

3. 正确安装条件

一对啮合传动的齿轮，理论上要求一齿轮节圆上的齿槽宽与另一齿轮节圆上的齿厚相等，即齿侧间隙(简称侧隙)等于零，以避免齿轮反向转动的空程和减少冲击。

如图 7-8 所示，若将一对渐开线标准直齿轮安装成两分度圆相切的状态，即各轮的节圆与分度圆重合，则有 $s_1 = e_1 = s_2 = e_2 = \pi m/2$，即能实现无侧隙啮合传动，这种无侧隙安装的中心距称为标准中心距，以 a 表示，即

$$a = r_1' + r_2' = r_1 + r_2 = \frac{m(z_1 + z_2)}{2} \tag{7-12}$$

一对标准齿轮按标准中心距安装时为正确安装。此时，侧隙为零，并具有标准顶隙；因节圆与分度圆重合，则啮合角与压力角相等。

在生产实际中，由于不可避免的齿轮制造、安装误差，并考虑轮齿受热膨胀及润滑需要，实际齿侧将有微小间隙，其值由制造公差加以控制，齿轮尺寸仍按无侧隙啮合来计算。

4. 齿轮齿条传动

（1）齿条的特点　齿条相当于直径无穷大的齿轮，其上各圆变成沿高度方向相互平行的直线，其中 $s = e$ 的直线是分度线(或中线)。因此，与齿轮相比，齿条的特点可归纳为：

1）齿廓任意高度上的齿距 p 均相等。

2）齿廓上各点的压力角 α 均相等，且与齿条的齿形角相等。

（2）齿轮齿条啮合特点　如图 7-9 所示，齿轮齿条啮合时相当于齿轮的节圆与齿条的节

线作纯滚动。标准安装时齿轮的分度圆与齿条的分度线相切。当齿条远离或靠近齿轮(非标准安装)时，尽管齿轮的分度圆不再与齿条分度线相切，即齿条分度线不与其节线重合，但啮合线 N_1N_2 及节点 C 的位置仍然不变。因此，齿轮齿条传动的啮合特点可归纳为：①齿轮与齿条的啮合角 α' 恒等于压力角 α。②齿轮的分度圆恒与其节圆重合；齿条的分度线只有在标准安装时才与其节线重合。

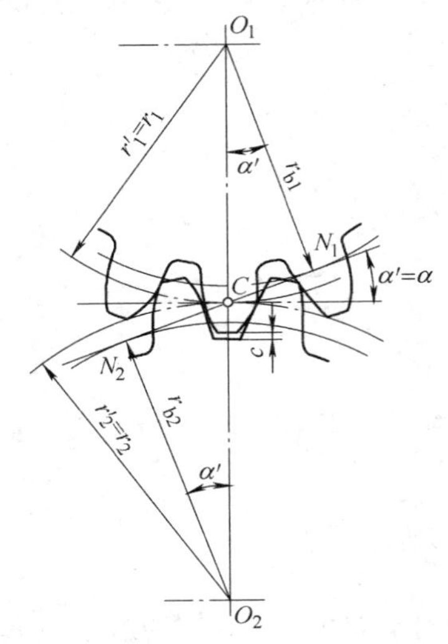

图 7-8　标准齿轮标准安装的尺寸

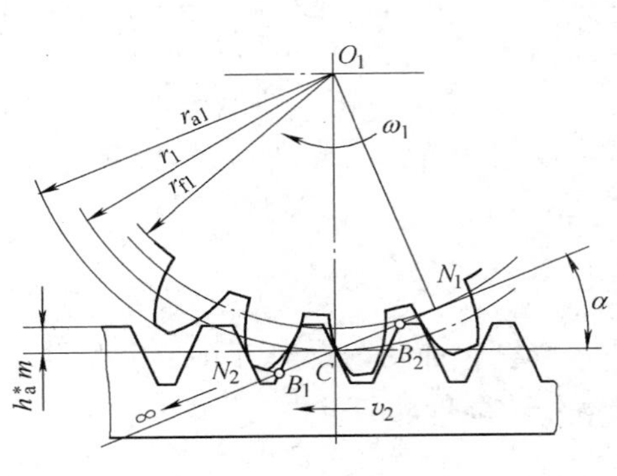

图 7-9　齿轮齿条传动

7.4　渐开线齿轮切齿原理及变位齿轮简介

7.4.1　轮齿切制原理与方法

齿轮的加工方法很多，如铸造、模锻、热轧及切制等等。其中最常用的是切制法，按其切制原理可分为仿形法和展成法两种。

1. 仿形法

图 7-10a 所示为用盘状铣刀在万能铣床上加工齿廓的情况。铣刀绕本身轴线旋转，同时齿坯沿其轴线方向移动，铣完一个齿槽后，齿坯退回到原位，用分度头将齿坯转过 360°/z，再铣下一个齿槽，直至加工出全部轮齿。加工大模数齿轮($m>20$mm)时，需用指状铣刀。

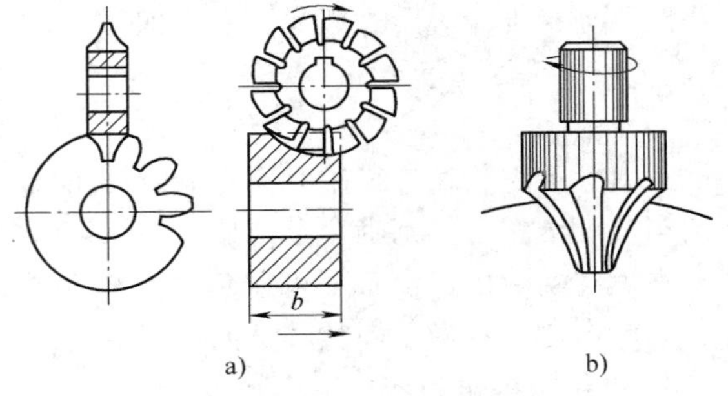

图 7-10　仿形法切齿

这种切齿方法简单，不需用专用机床。但加工不连续，生产率低；通常为近似齿形，精度差；所用刀具数量多。故仅适用于修配或单件生产以及精度要求不高的齿轮加工。

2. 展成法

这是齿轮加工中最常用的一种方法。它是利用一对齿轮(或齿轮齿条)互相啮合传动时，其共轭齿廓互为包络的原理来加工齿廓的。

（1）齿轮插刀插齿　如图 7-11a 所示为用齿轮插刀加工轮齿的情况。齿轮插刀的外形如同具有刀刃的外齿轮，当用齿数为 z_c 的齿轮插刀，去加工一个模数 m 和压力角 α 均与该齿轮插刀相同而齿数为 z 的齿轮时，将插刀和轮坯装在专用的插齿机床上，通过机床的传动系统使插刀与轮坯之间的相对运动主要为：

展成运动——齿轮插刀与轮坯以恒定的传动比 $i=\omega_c/\omega=z/z_c$ 回转，如同一对齿轮啮合传动一样。

切削运动——齿轮插刀沿着轮坯的齿宽方向作往复切削运动。

进给运动——齿轮插刀向轮坯中心移动，直至达到规定的中心距为止，以切出轮齿的高度。

让刀运动——轮坯的径向退刀运动，以免擦伤已加工齿面。

上述运动的结果使刀具的渐开线齿廓在轮坯上包络出与其相共轭的渐开线齿廓（图 7-11b）。

（2）齿条插刀插齿　图 7-12 所示为齿条插刀加工齿轮的情况。其切齿原理与用齿轮插刀加工齿轮的原理相同，只是展成运动如同齿轮与齿条的啮合传动，并且齿条刀具的移动速度 $v=r\omega=mz\omega/2$。

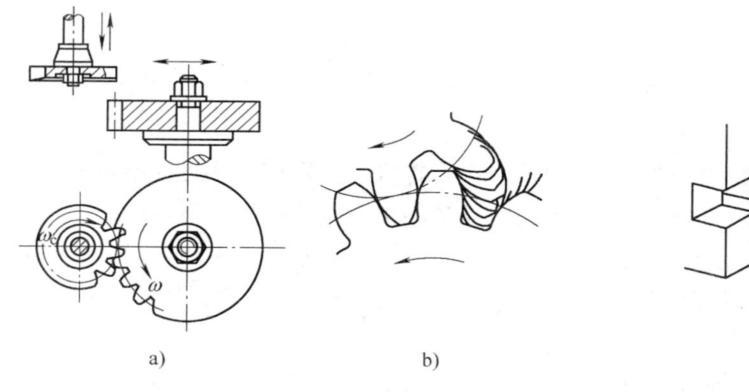

a)　b)

图 7-11　齿轮插刀插齿

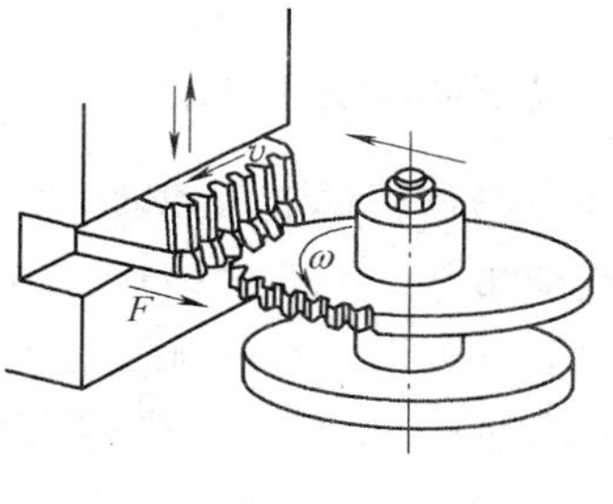

图 7-12　齿条插刀插齿

由加工过程可以看出，用齿轮插刀和齿条插刀插齿加工轮齿，切削是不连续的，生产率较低。目前更广泛地采用齿轮滚刀来加工轮齿，实现连续切削，提高生产率。

（3）齿轮滚刀滚齿　图 7-13 所示为齿轮滚刀加工直齿轮的情况。滚刀像具有梯形螺纹并开有刃口的螺杆（图 7-13a），其轴向剖面如同一齿条（图 7-13b）。当滚刀绕其轴线回转时，相当于无限长的齿条刀具在移动，故滚刀加工的展成运动实质上与齿条插

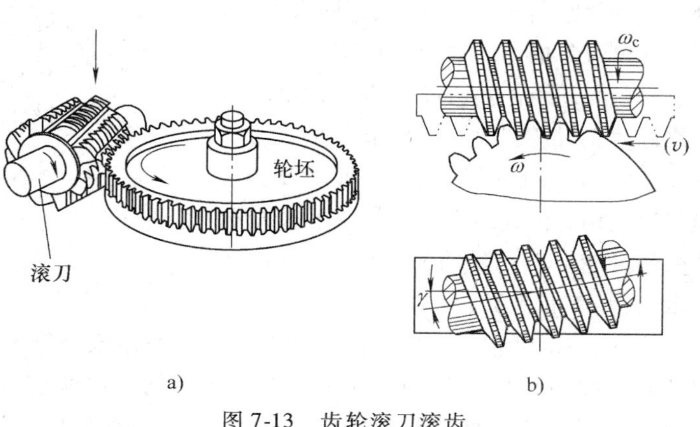

a)　b)

图 7-13　齿轮滚刀滚齿

刀加工相同，但能连续切削。同时，滚刀还需沿轮坯轴向移动，以便切出整个齿宽。滚刀安装时，其轴线与齿坯端面之间应有一个安装角 γ（等于滚刀的螺旋升角），以使滚刀螺旋线的方向与被切轮齿方向一致。

用展成法加工齿轮时，只要刀具的模数和压力角与被加工齿轮相同，就可以通过改变刀具与轮坯的传动比，用同一把刀具加工出不同齿数的齿轮，且精度及生产率较高。因此，在大批生产中多采用展成法。

7.4.2 根切现象和最少齿数

1. 根切现象

用展成法加工齿轮的齿廓时，如果齿轮的齿数太少，刀具顶线将超过啮合极限点 N，刀刃将会把被切齿轮根部的两侧渐开线齿廓切去一部分，这就是根切现象，如图 7-14 中的双点画线齿廓所示。根切不仅削弱轮齿的抗弯强度，影响其承载能力，而且会使一对轮齿的啮合过程缩短，重合度下降，影响传动平稳性。因此，应当避免根切。

2. 避免根切的最少齿数

用展成法加工标准齿轮时，避免根切的最少齿数可根据下式计算（公式推导从略）

$$z_{\min} = \frac{2h_a^*}{\sin^2\alpha} \tag{7-13}$$

当 $\alpha = 20°$，$h_a^* = 1$ 时，$z_{\min} = 17$。

7.4.3 变位齿轮的概念

用展成法加工标准齿轮时，齿数 $z < z_{\min}$ 的被加工齿轮将发生根切，这是标准齿轮存在的不足。为使齿数 $z < z_{\min}$ 的被加工齿轮不产生根切，通常采用变位齿轮。

如图 7-14 所示，双点画线表示用齿条插刀切制齿数 $z < z_{\min}$ 的标准齿轮而发生根切的情形，这时刀具的中线作为机床节线与轮坯分度圆相切对滚。如前所述，轮齿根切的根本原因是刀具的齿顶线超过了啮合极限 N 点。如果将刀具相对轮坯中心向外移动一段距离 xm，使其齿顶线不超过 N 点，即可避免根切。如刀具移至图中实线位置时，齿顶线正好通过 N 点，切出的齿轮刚好避免根切，此时机床节线是与刀具中线相距为 xm 的平行线。这种用改变刀具与轮坯相对位置的方法所加工的齿轮称作变位齿轮。刀具移动的距离 xm 称作变位量，x 为变位系数。

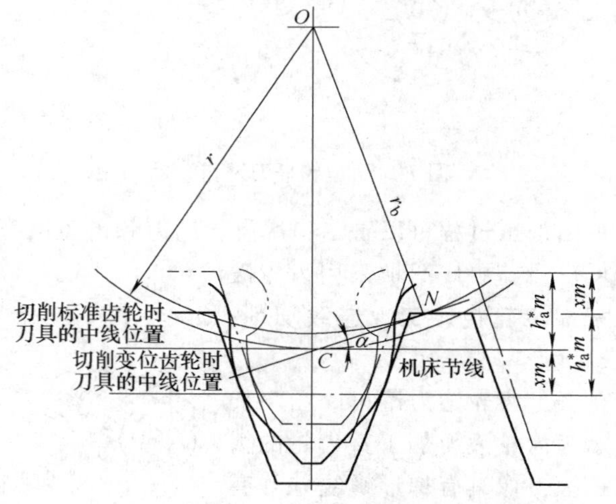

图 7-14 根切和变位齿轮

由于加工变位齿轮时与轮坯分度圆相切的机床节线不再是刀具的中线，因此，与标准齿轮比较，变位齿轮的某些尺寸参数发生了变化。这就使得变位齿轮的采用不仅可避免根切，还可改善齿轮的传动性能和提高齿轮传动的承载能力，实现非标准中心距的传动，修复因磨损而报废的标准齿轮等。况且加工变位齿轮的方法简便易行，无需更换刀具和设备。所以变位齿轮被广泛地采用。关于变位齿轮的分类、尺寸参数及应用等可参阅有关文献。

7.4.4　齿轮齿厚的检测项目

由于齿轮加工时无法准确测量弧齿厚，因此公法线长度和分度圆弦齿厚是齿轮检测中常用的齿厚测量项目。

1. 公法线长度

测量公法线长度测量方法简便，结果准确，在齿轮加工中应用较广。

齿轮上跨过一定齿数 k 所测得的渐开线齿廓间的法线距离，称为齿轮的公法线长度，常用游标卡尺或专用的公法线千分尺的两个卡脚卡住 k 个轮齿进行测量（斜齿轮沿法平面测量）。图 7-15 所示为卡住三个轮齿，并使两个卡脚与两条反向渐开线相切，则两切点连线 AB 之长即为两渐开线切点处的公法线长度 W_3。由图可知，$W_3=(3-1)p_b+s_b$，其中 p_b、s_b 分别为基圆齿距和基圆齿厚。

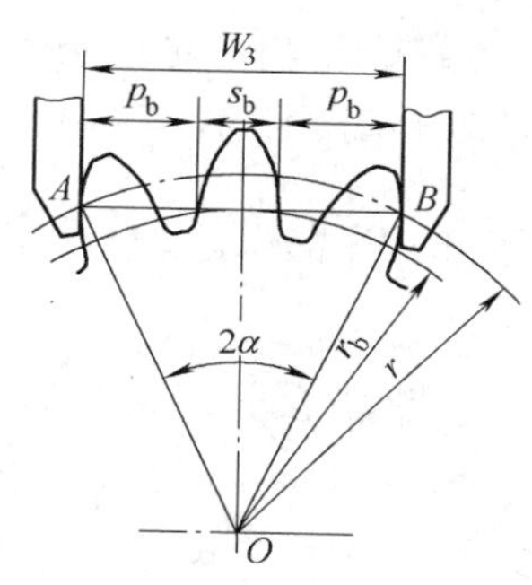

图 7-15　公法线长度测量

当跨齿数为 k 时，经推导可得公法线长度 W_k 的计算公式为

$$
\left.\begin{aligned}
&\text{公法线长度} && W_k = m_n[2.9521(k-0.5)+0.014z'] \\
&\text{跨齿数} && k = 0.111z' + 0.5 \quad (\text{若为直齿}, z'=z) \\
&\text{其中} && z' = z(\tan\alpha_t - \alpha_t)/0.0149 \\
& && \tan\alpha_t = \tan\alpha_n/\cos\beta (\text{参见本书 7.7.2})
\end{aligned}\right\} \qquad (7\text{-}14)
$$

式中　m_n——被测齿轮的法面模数（参见本书 7.7.2），若为直齿，$m_n=m$；

z——被测齿轮的齿数。

跨齿数 k 应圆整为整数。

W_k 与 k 值也可直接从《机械设计手册》中查得。

测量公法线长度时，卡尺的两个卡脚应切于渐开线齿廓的分度圆附近时才较准确。斜齿圆柱齿轮的公法线长度的测量方法可查阅《机械设计手册》等有关资料。

2. 分度圆弦齿厚

当齿轮的模数 $m>10\text{mm}$ 或为锥齿轮和蜗轮时，测量公法线长度将受量具的限制，很不方便，这时通常测量轮齿的分度圆弦齿厚。

如图 7-16 所示，分度圆上齿厚对应的弦长 AB 称分度圆弦齿厚，用 $\bar{s}$ 表示。并以齿顶为基准确定测量位置，即要确定齿顶到分度圆弦齿厚的径向距离，称为分度圆弦齿高，用 $\bar{h}$ 表示。标准齿轮分度圆弦齿厚和弦齿高的计算公式分别为：

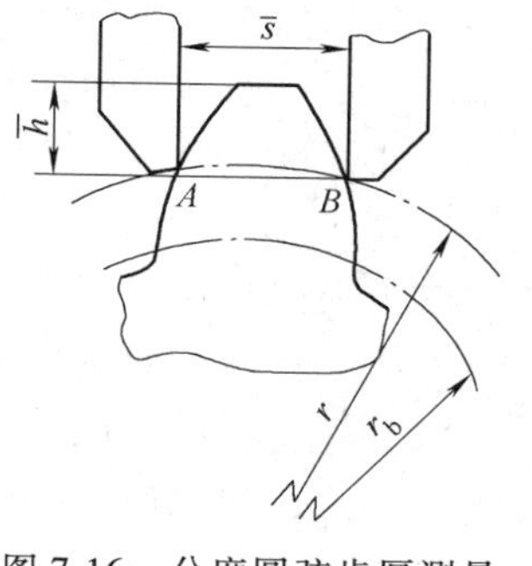

$$
\left.\begin{aligned}
&\text{分度圆弦齿厚} && \bar{s} = mz\sin\frac{90^\circ}{z} \\
&\text{分度圆弦齿高} && \bar{h} = m\left[1+\frac{z}{2}\left(1-\cos\frac{90^\circ}{z}\right)\right]
\end{aligned}\right\} \qquad (7\text{-}15)
$$

图 7-16　分度圆弦齿厚测量

由于 $\bar{s}$ 的测量是以齿顶圆为基准，因此齿坯外圆的加工精度对测

量结果有影响，在测量数据处理上要加以考虑。

7.5 齿轮传动的失效分析、计算准则和材料选择

7.5.1 主要失效形式

齿轮传动是由轮齿来传递运动和动力的，因此，齿轮传动的失效主要在轮齿上，其他部位(轮缘、轮辐、轮毂)很少失效。轮齿失效使齿轮丧失工作能力，故在使用期限内防止轮齿失效是齿轮工作能力分析的依据。轮齿常见的失效形式有五种，列于表7-5。

7.5.2 工作能力计算准则

针对不同的齿轮传动失效形式、计算准则也有所不同。在各国都已比较成熟和完善地制订了针对轮齿折断和齿面点蚀的两种计算方法和标准，对其他失效形式，目前尚无较成熟、完善和通用的计算方法。因此一般齿轮传动的计算准则为：

（1）闭式软齿面齿轮传动　主要失效是齿面点蚀，故按接触疲劳强度确定传动的尺寸，并校核齿根弯曲疲劳强度。

（2）闭式硬齿面齿轮传动　主要失效是轮齿折断，故按弯曲疲劳强度确定模数，并校核接触疲劳强度。

当轮齿表面硬度≤350HBW(即 HRC≤38)时，称为软齿面；当轮齿表面硬度>350HBW(即 HRC>38)时，称为硬齿面。

（3）开式齿轮传动　主要失效形式是齿面磨损，但往往又因轮齿磨薄后而发生折断，故目前多按齿根弯曲疲劳强度计算模数 m，然后将算得的模数 m 加大10%～15%，以考虑齿面磨损的影响。

7.5.3 齿轮材料的选择

齿轮常用材料有锻钢、铸钢、铸铁。在某些情况下也选用工程塑料等非金属材料。

1. 锻钢

锻钢具有强度高、韧性好、便于制造等特点，且可通过热处理或化学处理方法来改善材料的力学性能，除复杂形状和尺寸过大的齿轮外，一般用锻钢制造齿轮。常用的是碳的质量分数为0.15%～0.60%的非合金钢和合金钢。锻钢制造的齿轮又可分为两类，即

（1）软齿面齿轮(HBW≤350)　这类齿轮常用优质中碳钢和中碳合金钢制成，并经调质或正火处理。一对软齿面齿轮中，由于小轮轮齿受载循环次数多于大轮轮齿，且小轮齿根较薄，弯曲强度较低。因此，选择材料及热处理时，应使小轮齿面硬度比大轮齿面硬度高20～30HBW。

软齿面齿轮加工工艺过程简单，常用于一般用途、中小功率、对尺寸和重量无严格要求的单件或批量生产的机械中。

（2）硬齿面齿轮(HBW>350)　这类齿轮常用优质中碳钢或中碳合金钢制成，并经表面淬火处理。若用优质低碳钢或低碳合金钢制造，可经渗碳淬火处理。经热处理后，其齿面硬度一般为56～62HRC。

表 7-5 轮齿常见失效形式

失效形式	轮齿折断	轮齿表面损坏			
		点　蚀	磨　损	胶　合	塑性变形
起因及部位	轮齿受外载荷作用时，其根部产生的弯曲应力最大。同时，根部因尺寸急剧变化及加工刀痕将受应力集中影响，当轮齿重复受载时，在交变应力作用下，会造成根部疲劳断裂；轮齿受到短时过载或过大的冲击载荷时也会突然折断	轮齿表面受载后，微小接触面积上产生很大的接触应力。在载荷反复作用下，齿面变化的接触应力超过允许限度时，在齿面节线附近出现贝壳状凹坑剥落（麻点）	灰尘、砂粒、金属屑等杂质落入齿面上。两轮齿啮合受载、表面的相对滑动、杂质与齿面的搓挫作用引起整个齿面材料的脱落（磨料磨损）。由于靠近齿根和齿顶部位啮合时滑动速度较大，故轮齿根部和顶部磨损较严重	齿面相对运动速度高，压力大，局部温升过高，使润滑失效；或齿面不易形成油膜，润滑不良，都将致使两齿面金属直接接触而局部金属粘结，最后又撕裂形成沟痕	齿面较软的轮齿，载荷和摩擦力又都很大时，在啮合过程中，齿面的金属就容易沿着摩擦力的方向产生塑性流动，在主动轮齿面上形成凹沟，从动轮齿面上形成凸棱
简图	折断面	出现麻坑、剥落	磨损厚度	齿面出现沟痕	从动轮 主动轮
后果	轮齿折断后无法工作	齿廓表面失去准确的齿形、使传动不平稳，噪声、冲击增大以至无法工作			
场合	开式和闭式传动中	闭式传动中	主要发生在开式传动中和润滑油不洁的闭式传动中	高速重载或润滑不良的低速重载传动中	低速重载和起动、过载频繁的传动中
预防或改善措施	限制齿根截面上的弯曲应力；选择合适的热处理工艺以增加齿芯的韧性；采用合理的变位以增加齿厚；增大齿根圆角半径，消除齿根加工刀痕；对齿根进行表面强化处理（喷丸、辗压）	限制齿面接触应力；提高齿面硬度、降低齿面的表面粗糙度；采用粘度高的润滑油及适宜的添加剂	保持润滑油的洁净、提高润滑油粘度；注意装配时的清洁度；保持良好的密封条件；合理提高齿面硬度和减小齿面的表面粗糙度；开式传动应采用适当的防护装置	提高齿面硬度、降低表面粗糙度值；选用抗胶合性能好的齿轮副材料；选用抗胶合能力强的润滑油；减小模数、降低齿高，以减小齿面的相对滑动速度	适当提高齿面硬度和润滑油粘度，尽量避免频繁起动或过载

硬齿面齿轮需专用热处理设备和轮齿精加工设备，制造费用高，但接触强度较高，耐磨性也较好，能承受一定的冲击载荷。故常用于成批或大量生产的高速、重载或精密机械以及要求尺寸小、重量轻的传动中。

2. 铸钢

铸钢常用于不便锻造的大直径（$d>400\sim600$mm）或结构形状复杂的齿轮。铸钢的耐磨性及强度均较好，铸钢齿坯需正火处理，以消除残余应力和硬度不均匀现象。

上述几种钢的热处理中，调质后的齿轮可提高其力学性能和韧性。正火处理可以消除内应力、细化晶粒和改善切削性能。表面淬火和渗碳淬火，能提高轮齿的齿面硬度，使齿面接触强度高，耐磨性好，而芯部仍具有良好的韧性。

3. 铸铁

灰口铸铁有较好的减摩性和可加工性，且价格低廉，但其强度较低、抗冲击能力较差，故只适用于低速、轻载且无冲击的场合。铸铁齿轮对润滑要求较低，因此多用于开式传动中。

球墨铸铁的机械性能和抗冲击能力比灰口铸铁高。高强度的球墨铸铁可以代替铸钢，铸造大直径的齿轮坯。

4. 非金属材料

高速、轻载及精度要求不高的齿轮传动中，齿轮可用尼龙、夹布塑胶等非金属材料制作。齿轮的部分常用材料及其应用见表 7-6。

表 7-6 齿轮的部分常用材料及其应用

<table>
<tr><th colspan="2" rowspan="2">材 料</th><th rowspan="2">热处理方法</th><th colspan="2">硬 度</th><th rowspan="2">应 用</th></tr>
<tr><th>HBW</th><th>HRC</th></tr>
<tr><td rowspan="3">优质碳素结构钢</td><td rowspan="3">45</td><td>正火</td><td>162～217</td><td rowspan="2"></td><td rowspan="3">低速轻载齿轮（如通用机械中不重要的齿轮）；中、低速中载齿轮（如通用机械中次要的齿轮）；高速中载无剧烈冲击齿轮（如磨床传动砂轮轴的齿轮）</td></tr>
<tr><td>调质</td><td>217～255</td></tr>
<tr><td>表面淬火</td><td></td><td>40～50</td></tr>
<tr><td rowspan="6">合金结构钢</td><td rowspan="2">40Cr</td><td>调质</td><td>241～286</td><td></td><td>中速、中载且截面较大机床齿轮</td></tr>
<tr><td>表面淬火</td><td></td><td>48～55</td><td>中速、中载且带一定冲击的机床变速箱齿轮；高速重载并要求齿面硬度高的机床齿轮</td></tr>
<tr><td rowspan="2">35SiMn
42 SiMn</td><td>调质</td><td>217～286</td><td></td><td rowspan="2">可代替 40Cr</td></tr>
<tr><td>表面淬火</td><td></td><td>45～55</td></tr>
<tr><td>20Cr
20CrMnTi</td><td>渗碳淬火</td><td></td><td>56～62
齿芯 28～33</td><td>高速中、重载，承受冲击载荷的齿轮（如机床变速箱齿轮）</td></tr>
<tr><td>38CrMoA1A</td><td>渗氮</td><td>齿芯 229</td><td>>850HV</td><td>载荷平稳、润滑良好的精密耐磨齿轮</td></tr>
<tr><td rowspan="2">碳素铸钢</td><td>ZG310-570</td><td rowspan="3">正火</td><td>163～197</td><td rowspan="4"></td><td rowspan="4">重型机械中的低速齿轮、大型齿轮、形状复杂的齿轮</td></tr>
<tr><td>ZG340-640</td><td>179～207</td></tr>
<tr><td rowspan="2">合金铸钢</td><td rowspan="2">ZG35SiMn</td><td>163～217</td></tr>
<tr><td>调质</td><td>197～248</td></tr>
</table>

（续）

材料		热处理方法	硬度		应用
			HBW	HRC	
灰铸铁	HT250	人工时效	175～263		不受冲击的不重要齿轮；开式传动中的齿轮
	HT300		182～273		
球墨铸铁	QT500-7	正火	170～230		可代替铸钢
	QT600-3		190～270		
非金属	夹布塑胶		25～35		高速、轻载的齿轮

7.5.4 配对齿轮齿面硬度的组合及应用

一对配对齿轮中，大小齿轮可以都是软齿面或硬齿面，也可以是软齿面和硬齿面组合，配对齿轮齿面硬度的组合及应用见表 7-7。

表 7-7 配对齿轮齿面硬度的组合及应用

配对齿轮齿面类型	齿轮种类	小齿轮	大齿轮	两齿轮工作齿面硬度差	小齿轮	大齿轮	应用
均为软齿面（HBW≤350）	直齿	调质	正火 调质	20～30HBW	240～270HBW 260～290HBW	180～220HBW 220～240HBW	一般传动装置和重载中、低速固定式传动装置
	斜齿及人字齿	调质	正火 调质	40～50HBW	240～270HBW 270～300HBW	160～190HBW 200～230HBW	
软硬组合齿面（HBW_1≤350，HBW_2＞350）	斜齿及人字齿	表面淬火	调质	很大	45～50HRC	200～230HBW 230～260HBW	负载冲击和过载均不大的重载中、低速固定式传动装置
		渗碳	调质		56～62HRC	270～300HBW 300～330HBW	
均为硬齿面（HBW＞350）	直齿、斜齿及人字齿	表面淬火	表面淬火	大致相同	45～50HRC		传动尺寸受结构条件限制和承载能力要求较高的传动装置
		渗碳	渗碳		56～62HRC		

7.6 标准直齿圆柱齿轮传动的工作能力计算

7.6.1 轮齿的受力分析和计算载荷

1. 轮齿的受力分析

图 7-17a 所示为一对标准直齿圆柱齿轮传动。主动轮传递的转矩 T_1(N·mm)为

$$T_1 = 9.55 \times 10^6 \frac{P_1}{n_1} \tag{7-16}$$

式中 n_1——主动轮转速(r/min);

P_1——主动轮传递的功率(kW)。

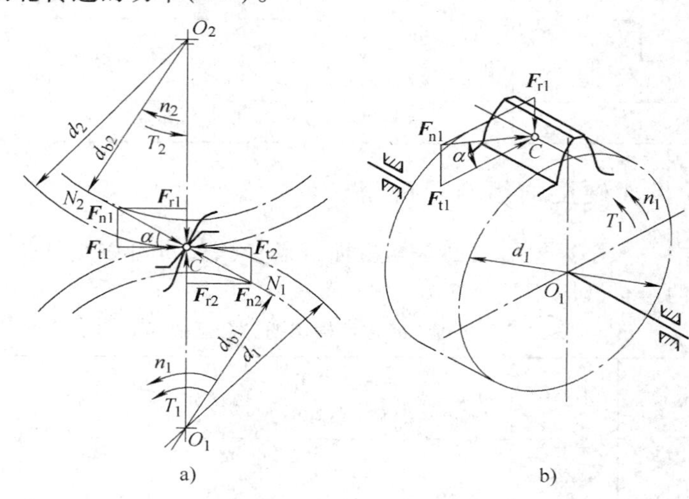

图 7-17　标准直齿圆柱齿轮传动轮齿受力分析

若不考虑齿面的摩擦力，则啮合轮齿间的作用力是沿啮合点公法线方向的法向力 F_{n1}，为方便计算，将 F_{n1} 在节点 C 处沿圆周方向和半径方向分解为两个相互垂直的分力，即圆周力 F_{t1} 和径向力 F_{r1}(图 7-17b)。根据作用与反作用原理，可确定从动轮轮齿上的圆周力 F_{t2} 和径向力 F_{r2}。各力的大小为

$$\left.\begin{aligned}
&\text{圆周力} \quad F_{t1} = F_{t2} = \frac{2T_1}{d_1} \\
&\text{径向力} \quad F_{r1} = F_{r2} = F_{t1} \cdot \tan\alpha \\
&\text{法向力} \quad F_{n1} = F_{n2} = \frac{F_{t1}}{\cos\alpha}
\end{aligned}\right\} \tag{7-17}$$

式中 d_1——主动轮分度圆直径(mm);

α——分度圆压力角，$\alpha = 20°$。

各力的方向是：圆周力 F_t 的方向在主动轮上与其转向相反；在从动轮上与其转向相同。径向力 F_r 的方向对两轮都是从啮合点指向各自的轮心。

2. 计算载荷

齿轮受力分析中计算出的法向力 F_n 称为名义载荷。在实际工作时，因各类原动机和工作机的工作特性不同，轮齿啮合时会产生程度不同的附加动载荷。同时，齿轮、轴、轴承的制造和安装误差以及受载后的弹性变形等会引起载荷分布不均，将使轮齿实际载荷增大。因此，通常在齿轮工作能力计算时引入载荷系数 K，用计算载荷 F_{nc} 代替名义载荷 F_n。计算载荷

$$F_{nc} = KF_n$$

其中，载荷系数 K 的值可查表 7-8。

表 7-8 载荷系数 K

工作特性	工作机器	原动机		
		电动机、汽轮机	多缸内燃机	单缸内燃机
均匀轻微冲击	均匀加料的运输机和加料机、轻型卷扬机、发电机、压缩机、机床辅助传动等	1～1.2	1.2～1.6	1.6～1.8
中等冲击	不均匀加料的运输机和加料机、重型卷扬机、球磨机、多缸往复式压缩机、机床主传动等	1.2～1.6	1.6～1.8	1.8～2.0
较大冲击	冲床、剪床、重型给水泵、钻机、轧机、破碎机、挖掘机、单缸往复式压缩机等	1.6～1.8	1.9～2.1	2.2～2.4

注：1. 直齿、圆周速度高、精度低、齿宽系数大、齿轮在两轴承间不对称布置，取大值。
2. 斜齿、圆周速度低、精度高、齿宽系数小、齿轮在两轴承间对称布置，取小值。

7.6.2 齿轮传动的强度计算

1. 齿面接触疲劳强度计算

齿面接触疲劳强度计算的目的是，限制齿面接触应力 σ_H，使其不超过许用值 $[\sigma_H]$，以避免出现点蚀失效。

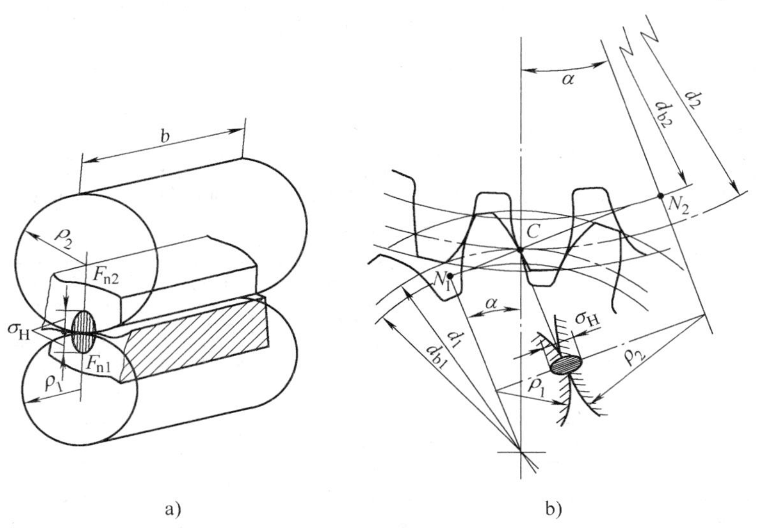

图 7-18 齿面接触应力计算简图

如图 7-18a 所示，一对啮合齿轮的轮齿，其齿廓在任一点的啮合都可以看成是两个圆柱体的接触。载荷 $\boldsymbol{F}_n$ 的作用将引起材料的弹性变形，使两圆柱体在较小区域内接触并产生较大的接触应力，在接触区的中线上有最大接触应力 σ_H。考虑节点附近为单对齿参与啮合，且相对速度较小（节点处为零），不易形成油膜，导致点蚀常发生在齿面上节线附近，故齿面接触疲劳强度一般按节点啮合时计算（图 7-18b）。因此，根据弹性力学的赫兹公式（略），可得标准直齿圆柱齿轮齿面接触疲劳强度计算式，即

校核公式
$$\sigma_H = 3.53 Z_E \sqrt{\frac{KT_1}{bd_1^2} \cdot \frac{u \pm 1}{u}} \leqslant [\sigma_H] \tag{7-18}$$

设计公式
$$d_1 \geqslant 2.32\sqrt[3]{\frac{KT_1}{\Psi_d}\cdot\frac{u\pm1}{u}\cdot\left(\frac{Z_E}{[\sigma_H]}\right)^2} \tag{7-19}$$

式中 u——齿数比，$u=z_2/z_1$（大轮与小轮齿数之比）；

b——轮齿宽度（mm）；

d_1——小齿轮分度圆直径（mm）；

Ψ_d——齿宽系数，$\Psi_d=b/d_1$（表 7-9）；

Z_E——材料的弹性系数（表 7-10）；

$[\sigma_H]$——齿轮材料许用接触应力（MPa），其值请查表 7-11；“+”号用于外啮合，“-”号用于内啮合；其他参数含义及单位如前所述。

应用上述公式时，应注意以下几点：

1）两轮的齿面接触应力 σ_{H1} 和 σ_{H2} 大小相同；而两轮材料的许用接触应力 $[\sigma_H]_1$ 和 $[\sigma_H]_2$ 不同，因此，将其中较小值代入公式进行计算。

2）当齿轮材料、传递转矩 T_1、齿宽 b、齿数比 u 确定后，齿面接触疲劳强度取决于小齿轮分度圆直径 d_1。

表 7-9 齿宽系数 Ψ_d 的推荐范围

支撑对齿轮的配置	工作齿面硬度	
	一对或一个齿轮：≤350HBW	一对齿轮：>350HBW
对称配置	0.8~1.4	0.4~0.9
非对称配置	0.6~1.2	0.3~0.6
悬臂配置	0.3~0.4	0.2~0.25

注：直齿圆柱齿轮取小值，斜齿轮取大值；载荷平稳、结构刚性较大时宜取大值，反之取小值。

表 7-10 材料的弹性系数 Z_E （单位：$\sqrt{\text{MPa}}$）

小齿轮材料	大齿轮材料			
	灰口铸铁	球墨铸铁	铸钢	锻钢
锻钢	162.0	181.4	188.9	189.8
铸钢	161.4	180.5	188	
球墨铸铁	156.6	173.9		
灰口铸铁	143.7			

注：为使大小齿轮强度趋于相近，表中只取小齿轮材料优于大齿轮材料的 Z_E 值。

表 7-11 许用接触应力 $[\sigma_H]$ 和许用弯曲应力 $[\sigma_F]$ （单位：MPa）

材 料	热处理	齿面硬度	$[\sigma_H]$	$[\sigma_F]$
优质碳素结构钢	正火、调质	162~255HBW	360+0.92x	260+0.38x
	表面淬火	40~50HRC	717+8.86x	320+5.00x
合金结构钢	调质	217~286HBW	373+1.31x	300+0.68x
	表面淬火	45~55HRC	717+8.86x	300+5.00x
	渗碳淬火	56~62HRC	1500	740
	渗氮	>850HV	1250	670
碳素铸钢	正火	163~207HBW	131+0.98x	99+0.50x

（续）

材　料	热处理	齿面硬度	$[\sigma_H]$	$[\sigma_F]$
合金铸钢	正火、调质	200～248HBW	$298+1.27x$	$257+0.58x$
灰口铸铁	人工时效	175～240HBW	$132+1.03x$	$12+0.40x$
球墨铸铁	正火	175～270HBW	$211+1.43x$	$190+0.56x$

注：1. 表中$[\sigma_H]$及$[\sigma_F]$的算式是按一般可靠度并根据 GB/T 3480—2008 应力区域图拟订的。

2. 当轮齿受双向弯曲时，应将式中的$[\sigma_F]$乘以 0.7。

3. 表中 x 数值为实际的齿面硬度值。

2. 齿根弯曲疲劳强度计算

齿根弯曲疲劳强度计算的目的是，限制齿根弯曲应力 σ_F，使其不超过许用值$[\sigma_F]$，以避免轮齿疲劳折断。

一对相啮合的齿轮，若不计摩擦力，其轮齿可看作受载荷 $\boldsymbol{F}_n$ 作用的悬臂梁，并假设载荷 $\boldsymbol{F}_n$ 全部由一对轮齿承担且作用于齿顶，如图 7-19a 所示。$\boldsymbol{F}_n$ 的作用情况如图 7-19b 所示，其在齿根危险截面（可用 30°切线法来确定）上除引起弯曲应力外，还将引起压应力和切应力，为简化计算仅考虑起主要作用的弯曲应力。因此，根据悬臂梁弯曲强度的计算方法，可得齿根弯曲疲劳强度计算式，即

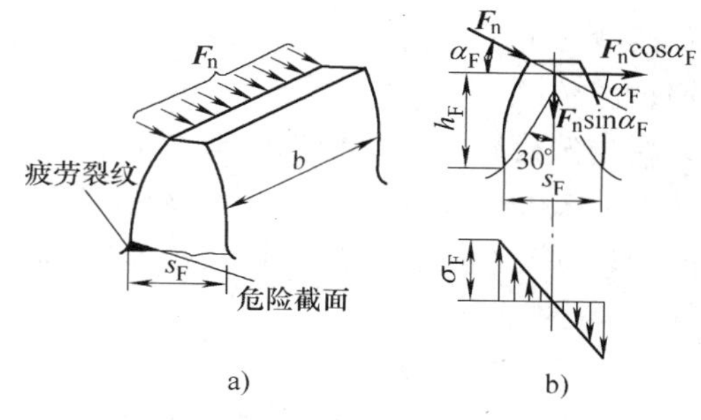

图 7-19　齿根弯曲应力

校核公式
$$\sigma_F = \frac{2KT_1}{bm^2 z_1} Y_{FS} \leqslant [\sigma_F] \tag{7-20}$$

设计公式
$$m \geqslant \sqrt[3]{\frac{2KT_1}{\Psi_d z_1^2} \cdot \frac{Y_{FS}}{[\sigma_F]}} \tag{7-21}$$

式中　m——齿轮的模数（mm）；

z_1——主动轮齿数；

Y_{FS}——复合齿形系数，反映轮齿形状和齿根处应力集中及压应力、切应力等对齿根弯曲应力的影响，对于标准齿轮，Y_{FS}仅取决于齿数，可查表 7-12；

$[\sigma_F]$——齿轮材料许用弯曲应力（MPa），其值可查表 7-11。

表 7-12　复合齿形系数 Y_{FS}

$z_1(z_v)$	17	18	19	20	21	22	23	24	25	26	27	28	29
Y_{FS}	4.514	4.452	4.389	4.340	4.306	4.270	4.237	4.187	4.166	4.147	4.112	4.106	4.099
$z_1(z_v)$	30	35	40	45	50	60	70	80	90	100	150	200	∞
Y_{FS}	4.095	4.043	4.008	3.948	3.944	3.944	3.920	3.929	3.916	3.902	3.916	3.954	4.058

应用上述公式时，应注意以下几点：

1）两齿轮的齿根弯曲应力会因齿数不等而不同；而两齿轮材料的许用弯曲应力一般也不同。因此，应取 $Y_{FS1}/[\sigma_F]_1$ 和 $Y_{FS2}/[\sigma_F]_2$ 中的较大者代入公式计算。

2）当齿轮材料、传递转矩 T_1、齿宽 b、齿数 z_1 确定后，齿根弯曲疲劳强度取决于齿轮

的模数。计算所得的模数 m 应按表 7-3 取标准值。

7.6.3 齿轮主要参数对齿轮传动的影响

1. 小齿轮齿数 z_1

若保持齿轮传动的中心距 a（或小轮分度圆直径 d_1）不变，增加齿数，可增大重合度，改善传动平稳性；可减小模数、降低齿高，从而减小了齿轮毛坯直径，减少了切削量，节省制造费用并使结构紧凑；还能减小滑动速度、减少磨损。因此，对于软齿面闭式传动，在满足齿根弯曲疲劳强度的前提下，宜采用较多齿数，一般取 $z_1=20\sim40$。对于硬齿面闭式传动及开式传动，为保证轮齿具有足够的弯曲疲劳强度并使结构紧凑，宜适当减少齿数，以便增大模数。一般取 $z_1=17\sim20$，允许轮齿有少量根切。

2. 模数 m

模数 m 的最小允许值应根据抗弯曲疲劳强度确定。在此前提下，宜取较小模数，以利于增加齿数。

在初选模数时，可依据经验公式估算。对于一般中、低速的齿轮传动，模数可按 $m=(0.007\sim0.02)a$ 取值。软齿面、载荷平稳时取小值；反之，取大值。为防止轮齿因过载而折断，传递动力的齿轮应保证模数 $m\geqslant2$mm，只有特殊情况下才允许 $m=1.5$mm。

3. 齿数比 u

当齿轮减速传动时 $u=i$；增速传动时 $u=1/i$。

过大的 u 值，使两轮的强度相差大，且使传动装置外廓尺寸过大。故通常取 $u\leqslant5\sim8$；当 $u>8$ 时，可采用多级传动。

一般齿轮传动，实际传动比 i（或 u）与理论值的允许误差 Δi 或 Δu 在 $\pm5\%$ 范围内。

4. 齿宽系数 $\varPsi_d$

齿宽系数 $\varPsi_d$ 越大，轮齿越宽，承载能力越强；使小轮分度圆直径 d_1 和模数 m 减小，从而缩小传动装置的径向尺寸和减小齿轮的圆周速度。但轮齿过宽，会使载荷沿齿向分布严重不均。一般机械的 $\varPsi_d$ 可由表 7-9 查得。

5. 齿宽 b

为了便于装配和补偿轴向尺寸的误差，确保齿轮的啮合齿宽，并节省材料，通常使小齿轮比大齿轮宽 5～10mm，但应以大齿轮的齿宽 b_2 作为工作齿宽 b，代入强度公式计算。

6. 圆周速度 v

齿轮圆周速度是指齿轮节圆上的线速度。由于齿轮传动的工作平稳性对圆周速度最敏感，因此齿轮精度等级（参见第 11 章）与圆周速度 v 有密切关系，见表 11-39。齿轮传动工作能力计算时，根据齿轮的用途、工作条件等确定了齿轮精度等级后，齿轮的实际圆周速度应符合表 11-39 中所给范围。

【例 7-1】 图 7-20 所示为手动绞车中的开式齿轮传动。已知传动比 $i=5$，手摇时施加于摇柄上的力 $F_h=200$N，摇柄长 $L=200$mm。试分析该齿轮传动的承载能力，并确定其主要几何尺寸。

解 （1）确定齿轮的材料及精度等级　由于是手动机械，载荷不大，且为开式传动，不易保证良好的润滑，尺寸也无严格限制，参照表 7-6，大、小齿轮材料均取 HT300，人工时效，硬度为 220HBW。

查表 11-39，可得齿轮传动精度等级为 9 级。

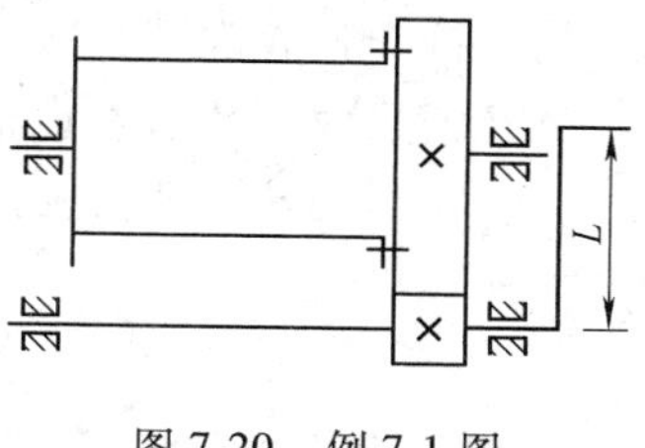

图 7-20　例 7-1 图

（2）确定计算准则，进行强度计算　由于开式传动常因齿面磨损而发生折断，所以按齿根弯曲疲劳强度计算，由式(7-21)求模数 m，即

$$m \geqslant \sqrt[3]{\frac{2KT_1}{\Psi_d z_1^2} \cdot \frac{Y_{FS}}{[\sigma_F]}}$$

1）小齿轮传递的转矩 T_1 为

$$T_1 = F_h \cdot L = 200 \times 200\text{N} \cdot \text{mm} = 40000\text{N} \cdot \text{mm}$$

2）选取载荷系数 K。虽然手动绞车为开式齿轮传动，工作条件恶劣，但因载荷不大，且速度小，参考表 7-8 取 $K = 1.2$。

3）选取齿宽系数 Ψ_d。齿轮相对于轴承非对称布置，两轮均为软齿面，并考虑直齿轮传动，查表 7-9，取 $\Psi_d = 0.8$。

4）确定齿数。由于为手动的齿轮传动，取 $z_1 = 17$，则大齿轮齿数 $z_2 = iz_1 = 5 \times 17 = 85$。

5）确定复合齿形系数 Y_{FS}。查表 7-12，得 $z_1 = 17$，$Y_{FS1} = 4.514$；$z_2 = 85$，$Y_{FS2} = 3.923$。

6）确定许用弯曲应力$[\sigma_F]$。根据齿轮材料 HT300 及硬度 220HBW，查表 7-11 得

$$[\sigma_F]_1 = [\sigma_F]_2 = (12 + 0.40x)\text{MPa} = 12 + 0.40 \times 220\text{MPa} = 100\text{MPa}$$

由于 $Y_{FS_1}/[\sigma_F]_1 = 4.514/100 > Y_{FS_2}/[\sigma_F]_2 = 3.923/100$，所以将 $Y_{FS_1}/[\sigma_F]_1$ 代入公式计算。可计算模数 m 为

$$m \geqslant \sqrt[3]{\frac{2KT_1}{\Psi_d z_1^2} \cdot \frac{Y_{FS}}{[\sigma_F]}} = \sqrt[3]{\frac{2 \times 1.2 \times 40000}{0.8 \times 17^2} \times \frac{4.514}{100}}\text{mm} = 2.66\text{mm}$$

对于开式传动，应将计算所得 m 加大 10% ~ 15%，即 $m = (1.1 \sim 1.15) \times 2.66\text{mm} = 2.93 \sim 3.06\text{mm}$，查表 7-3，取标准值 $m = 4\text{mm}$。

（3）计算传动的主要尺寸

1）分度圆直径

$$d_1 = mz_1 = 4 \times 17\text{mm} = 68\text{mm}$$

$$d_2 = mz_2 = 4 \times 85\text{mm} = 340\text{mm}$$

2）齿轮传动中心距

$$a = m(z_1 + z_2)/2 = 4 \times (17 + 85)/2\text{mm} = 204\text{mm}$$

3）齿宽　$b = \Psi_d \cdot d_1 = 0.8 \times 68\text{mm} = 54.4\text{mm}$

取 $b_1 = 60\text{mm}$，$b_2 = 55\text{mm}$。

【例 7-2】 某带式运输机上由电动机驱动的单级直齿圆柱齿轮减速器中的齿轮传动。已知小齿轮传递的功率 $P_1 = 7.4\text{kW}$，转速 $n_1 = 960\text{r/min}$，传动比 $i = 4.2$，单向转动。试分析该齿轮传动的工作能力，并确定其主要几何尺寸。

解　(1)选择材料及精度等级，考虑是普通减速器，无特殊的要求，故采用软齿面齿轮传动。由表 7-4，选大、小齿轮的材料和热处理方式为

小齿轮：45 钢，调质处理，硬度为 220HBW(比大齿轮高 20 ~ 30HBW)。

大齿轮：45 钢，正火处理，硬度为 190HBW。

查表 11-39，初取齿轮传动精度等级为 8 级。

（2）确定计算准则，该齿轮传动属于闭式软齿面，针对齿面点蚀，先按齿面接触疲劳强度计算几何尺寸，然后按齿根弯曲疲劳强度校核。

（3）按齿面接触疲劳强度计算　由式(7-19)可求小齿轮分度圆直径 d_1，即

$$d_1 \geqslant 2.32\sqrt[3]{\frac{KT_1}{\Psi_d}\cdot\frac{u+1}{u}\cdot\left(\frac{Z_E}{[\sigma_H]}\right)^2}$$

1）小齿轮传递的转矩 T_1 为

$$T_1 = 9.55\times10^6\frac{P_1}{n_1} = 9.55\times10^6\times\frac{7.4}{960}\text{N}\cdot\text{mm} = 73615\text{N}\cdot\text{mm}$$

2）选取载荷系数 K。按中等冲击，由表 7-8 可取 $K=1.4$。

3）选取齿宽系数 Ψ_d。齿轮相对于轴承对称布置，两轮均为软齿面，并考虑直齿轮传动，可查表 7-9，取 $\Psi_d=1$。

4）确定材料的弹性系数 Z_E。两轮均为钢制，可查表 7-10，得 $Z_E=189.8\sqrt{\text{MPa}}$。

5）确定许用接触应力$[\sigma_H]$。齿轮材料 45 钢，调质或正火，可查表 7-11 得

小齿轮：硬度为 220HBW

$$[\sigma_H]_1=(360+0.92x)\text{MPa}=(360+0.92\times220)\text{MPa}=562\text{MPa};$$

大齿轮：硬度为 190HBW

$$[\sigma_H]_2=(360+0.92x)\text{MPa}=(360+0.92\times190)\text{MPa}=535\text{MPa}。$$

取较小值$[\sigma_H]_2$和其他参数代入公式，可初算小齿轮分度圆直径 d_1 为

$$\begin{aligned}d_1 &\geqslant 2.32\sqrt[3]{\frac{KT_1}{\Psi_d}\cdot\frac{u+1}{u}\cdot\left(\frac{Z_E}{[\sigma_H]}\right)^2}\\&=2.32\sqrt[3]{\frac{1.4\times73615}{1}\times\frac{4.2+1}{4.2}\times\left(\frac{189.8}{535}\right)^2}\text{mm}=58.5\text{mm}\end{aligned}$$

（4）确定主要的几何参数。

1）中心距 a

$$a=\frac{d_{1\min}}{2}(1+i)=\frac{58.5}{2}(1+4.2)\text{mm}=152.1\text{mm}$$

考虑加工、测量的方便，圆整后取 $a=160\text{mm}$。

2）模数 m。由 $m=(0.007\sim0.02)a$ 可得

$$m=(0.007\sim0.02)a=(0.007\sim0.02)\times160\text{mm}=1.12\sim3.2\text{mm}$$

考虑传递动力齿轮，且为软齿面，由表 7-3，取标准模数 $m=2.5\text{mm}$。

3）齿数 z。满足 $a=160\text{mm}$ 的齿数和为

$$z_1+z_2=\frac{2a}{m}=\frac{2\times160}{2.5}=128$$

对于软齿面闭式传动，z_1 值一般在 20～40 之间，故取 $z_1=24$，则

$$z_2=128-z_1=104$$

4）齿数比。

$u=z_2/z_1=104/24=4.33=i'$（实际传动比），据此可验算传动比误差，即

$$\Delta i=\frac{i'-i}{i}=\frac{4.33-4.2}{4.2}\times100\%=3.2\%\ （允许在 \pm5\% 内）$$

5）其他几何尺寸

分度圆直径　$d_1 = mz_1 = 2.5 \times 24\text{mm} = 60\text{mm}$

$d_2 = mz_2 = 2.5 \times 104\text{mm} = 260\text{mm}$

齿顶圆直径　$d_{a1} = d_1 + 2m = 60 + 2 \times 2.5\text{mm} = 65\text{mm}$

$d_{a2} = d_2 + 2m = 260 + 2 \times 2.5\text{mm} = 265\text{mm}$

齿根圆直径　$d_{f1} = d_1 - 2.5m = 60 - 2.5 \times 2.5\text{mm} = 53.75\text{mm}$

$d_{f2} = d_2 - 2.5m = 260 - 2.5 \times 2.5\text{mm} = 253.75\text{mm}$

齿轮宽度　$b_2 = \Psi_d d_1 = 1 \times 60\text{mm} = 60\text{mm}$

$b_1 = b_2 + (5 \sim 10)\text{mm} = 65\text{mm}$

6）计算齿轮圆周速度 v

$$v = \frac{\pi n_1 d_1}{60 \times 1000} = \frac{3.14 \times 960 \times 60}{60 \times 1000}\text{m/s} = 3.02\text{m/s}$$

查表 11-39，选齿轮传动精度等级为 8 级合适。

（5）校核齿根弯曲疲劳强度　由式(7-20)可知，齿根弯曲疲劳强度的校核计算公式为

$$\sigma_F = \frac{2KT_1}{bm^2 z_1} Y_{FS} \leqslant [\sigma_F]$$

1）确定复合齿形系数 Y_{FS}。查表 7-12，得 $z_1 = 24$，$Y_{FS1} = 4.187$；$z_2 = 104$，$Y_{FS2} = 3.903$（由插值法确定）。

2）确定许用弯曲应力$[\sigma_F]$。齿轮材料 45 钢，调质或正火，据此查表 7-8 得

小齿轮：硬度为 220HBW，$[\sigma_F]_1 = (260 + 0.38x)\text{MPa} = (260 + 0.38 \times 220)\text{MPa} = 343.6\text{MPa}$

大齿轮：硬度为 190HBW，$[\sigma_F]_2 = (260 + 0.38x)\text{MPa} = (260 + 0.38 \times 190)\text{MPa} = 332.2\text{MPa}$

3）校核计算

$$\sigma_{F1} = \frac{2KT_1}{bm^2 z_1} \cdot Y_{FS1} = \left(\frac{2 \times 1.4 \times 73615}{60 \times 2.5^2 \times 24} \times 4.187\right)\text{MPa} \approx 95.9\text{MPa} < [\sigma_F]_1 = 343.6\text{MPa}$$

$$\sigma_{F2} = \sigma_{F1} \cdot \frac{Y_{FS2}}{Y_{FS1}} = \left(95.9 \times \frac{3.903}{4.187}\right)\text{MPa} \approx 89.4\text{MPa} < [\sigma_F]_2 = 332.2\text{MPa}$$

齿根弯曲强度足够。

7.7　标准斜齿圆柱齿轮传动及工作能力计算

7.7.1　斜齿圆柱齿轮传动的特点

1. 齿廓曲面的形成

如图 7-21a 所示，直齿圆柱齿轮有一定的宽度，因此，直齿轮的齿廓曲面是发生面 S 沿基圆柱作纯滚动时，其上一条平行于基圆柱轴线的直线 KK 在空间形成的渐开面。而斜齿圆柱齿轮的齿廓曲面是当发生面 S 沿基圆柱作纯滚动时，其上一条与基圆柱轴线成 β_b 角的直线 KK 在空间形成的螺旋渐开面，如图 7-21b 所示。显然，斜齿轮端面上的齿廓曲线仍是渐

开线。

2. 传动特点

一对直齿轮啮合时，两轮齿接触线为平行于轴线的直线(图 7-22a)，因此两轮齿将沿整个齿宽同时进入或脱离啮合，容易引起冲击、振动和噪声，从而影响传动的平稳性，不适用于高速传动。

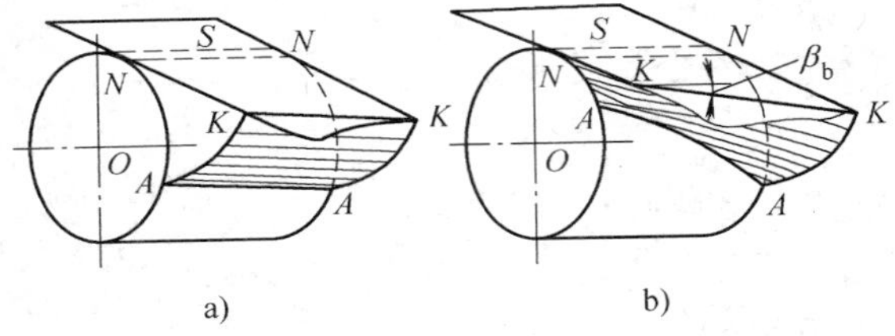

图 7-21 齿廓曲面的形成

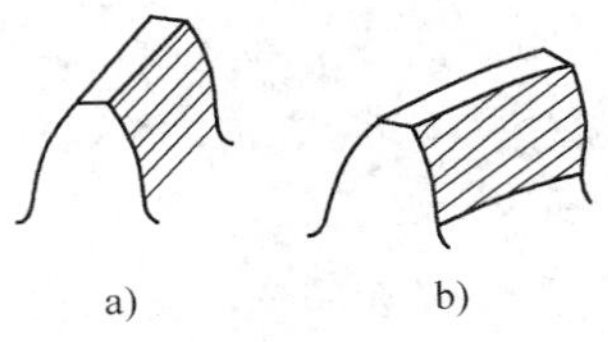

图 7-22 接触线的比较

与直齿轮不同的是，斜齿轮齿廓间的接触线是与轴线相交成 β_b 的斜直线(图 7-22b)，在啮合过程中两轮齿由一端进入啮合，逐渐地过渡到另一端脱离，即接触线由零逐渐增长，后又逐渐缩短到脱离啮合。这就使得同时参与啮合的轮齿对数较多，重合度较大；单位接触线长度上的载荷较小。因此，与直齿轮比较，斜齿轮传动减小了冲击、振动和噪声，改善了传动的平稳性，并提高了承载能力。在高速、大功率传动中应用十分广泛。

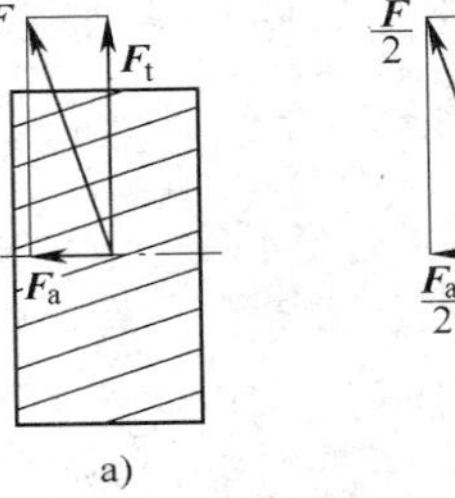

图 7-23 斜齿轮的轴向力

a)斜齿轮 b)人字齿轮

但是，由于斜齿轮的齿面接触线倾斜于轴线，故在传动中会产生一个轴向分力(图 7-23a)。因此支承结构较复杂，且磨损加大，降低传动效率。为消除轴向力的影响，可采用人字齿轮(图 7-23b)，使两边的轴向力互相抵消。但人字齿轮制造较困难，成本高，故主要用于重型机械。

7.7.2 斜齿圆柱齿轮的基本参数和几何尺寸

1. 基本参数

尽管斜齿轮在端面上仍为渐开线齿形，但是，斜齿轮的轮齿为螺旋形，在垂直于螺旋线方向的法面上，其齿形与端面不同，因此，斜齿轮有法面参数和端面参数之分。其中，规定法面参数为标准值，以便选择刀具，而端面参数用于几何尺寸计算。

(1) 螺旋角 β 斜齿轮齿廓曲面与其分度圆柱面的交线为螺旋线，该螺旋线的切线与齿轮轴线的夹角 β 称为螺旋角。若将斜齿轮的分度圆柱面展开成平面，则螺旋角 β 如图 7-24 所示。

螺旋角用来表示轮齿的倾斜程度。螺旋角 β 越大，则传动平稳性越好，但轴向力也越大，一般取 $\beta=8°\sim15°$，人字齿可达 $25°\sim40°$。

根据螺旋线的方向，斜齿轮可分为左旋和右旋，如图 7-25 所示。

(2) 法面模数 m_n 与端面模数 m_t 在图 7-24 所示斜齿圆柱齿轮分度圆柱面的展开图中，由几何关系可知

$$p_n = p_t \cdot \cos\beta$$

式中　p_n、p_t——法向齿距和端面齿距(mm)。

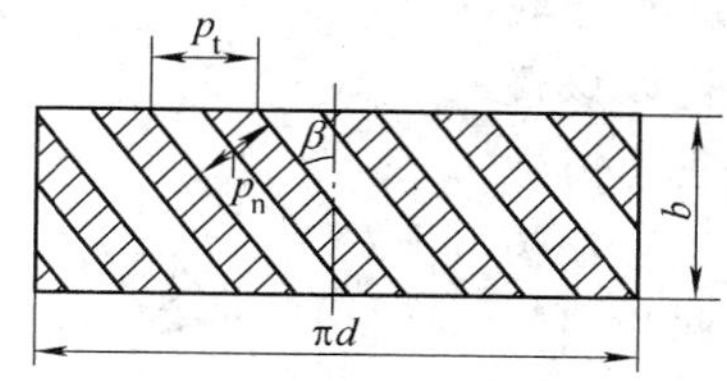

图 7-24　斜齿轮的展开图

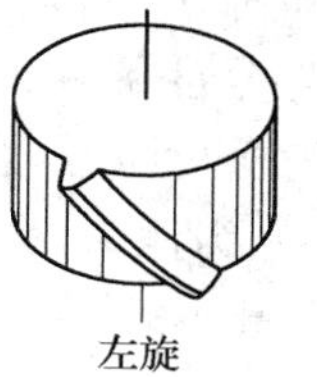

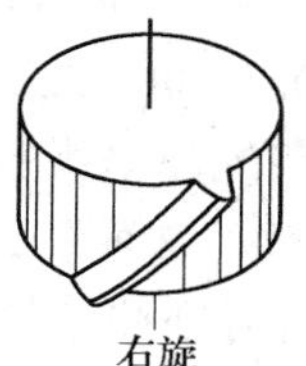

图 7-25　斜齿轮的旋向

由于法面模数 $m_n = p_n/\pi$，端面模数 $m_t = p_t/\pi$，则由上式可得

$$m_n = m_t \cdot \cos\beta \tag{7-22}$$

式中　m_n——法面模数，可由表 7-3 中选取标准值。

(3) 法面压力角 α_n 与端面压力角 α_t　法向压力角 α_n 和端面压力角 α_t 关系为(推导从略)

$$\tan\alpha_n = \tan\alpha_t \cdot \cos\beta \tag{7-23}$$

式中　α_n——法面压力角，$\alpha_n = 20°$，为标准值。

(4) 齿顶高系数 h_{an}^* 和顶隙系数 c_n^*　斜齿轮的齿顶高和齿根高，在法面和端面上相同，故其计算方法与直齿轮相同。其中法面上的齿顶高系数 h_{an}^* 和顶隙系数 c_n^* 为标准值，并与直齿轮规定的标准值相同。

可见，用铣刀或滚刀切制斜齿轮时，采用切削直齿轮的刀具沿螺旋齿槽方向进行切削，便可得到所需的斜齿轮。

2. 几何尺寸计算

因一对斜齿轮传动在端面上相当于一对直齿轮传动，故可将直齿轮的几何尺寸计算公式用于斜齿轮的计算，其计算公式列于表 7-13。

表 7-13　外啮合标准斜齿圆柱齿轮几何尺寸计算公式(正常齿制)

名　称		符号	计算公式
基本参数	模数	m_n	根据强度等使用条件，按表 7-1 选取标准值
	齿数	z	根据强度等使用条件选定
	螺旋角	β	常取 $\beta = 8° \sim 15°$
	分度圆压力角	α_n	$\alpha_n = 20°$
几何尺寸	齿顶高	h_a	$h_a = m_n$
	齿根高	h_f	$h_f = 1.25m_n$
	齿全高	h	$h = 2.25m_n$
	顶隙	c	$c = 0.25m_n$
	分度圆直径	d	$d = m_t z = m_n z/\cos\beta$
	齿顶圆直径	d_a	$d_a = d + 2h_a = m_n(z/\cos\beta + 2)$
	齿根圆直径	d_f	$d_f = d - 2h_f = m_n(z/\cos\beta - 2.5)$
	基圆直径	d_b	$d_b = d\cos\alpha$
啮合计算	中心距	a	$a = (d_1 + d_2)/2 = m_n(z_1 + z_2)/2\cos\beta$

3. 当量齿数

如图 7-26 所示，过斜齿圆柱齿轮分度圆柱上的一点 C 作轮齿的法面 n—n，此法面与分度圆柱的交线为一椭圆，若以该椭圆在 C 点的曲率半径 ρ 为分度圆半径，并取斜齿轮的法面模数 m_n 为模数、法面压力角 α_n 为压力角，作一直齿圆柱齿轮，该齿轮即为斜齿圆柱齿轮的当量齿轮，当量齿轮的齿数 z_v 称为当量齿数，其计算式为

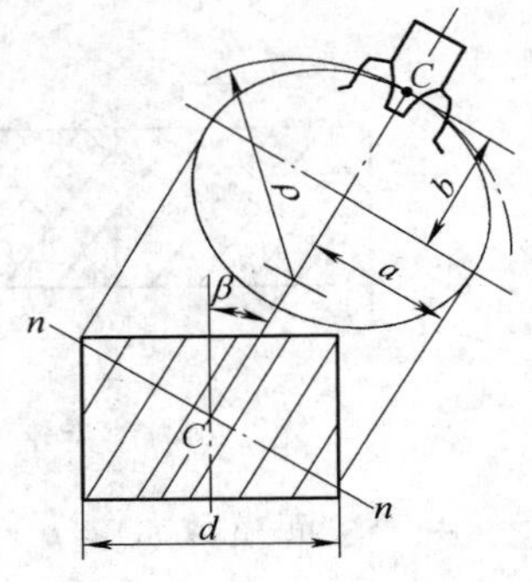

图 7-26　斜齿轮的当量齿轮

$$z_v = \frac{z}{\cos^3\beta} \tag{7-24}$$

式中　z——斜齿圆柱齿轮的实际齿数；

β——螺旋角。

当量齿数 z_v 用于：①选取齿轮铣刀的刀号；②计算斜齿轮的强度；③确定斜齿轮不发生根切的最少齿数 $z_{min} = z_{vmin} \cdot \cos^3\beta = 17\cos^3\beta$，可见，斜齿轮不发生根切的最少齿数比直齿轮少，故结构更紧凑。

7.7.3　斜齿圆柱齿轮的啮合传动

1. 正确啮合条件

一对斜齿圆柱齿轮的正确啮合条件，除保证两轮的模数和压力角分别相等外，两轮的螺旋角还必须匹配。即

$$\left.\begin{aligned} m_{n1} &= m_{n2} = m_n \\ \alpha_{n1} &= \alpha_{n2} = \alpha_n \\ \beta_1 &= \pm\beta_2 (\text{内啮合取“+”；外啮合取“-”}) \end{aligned}\right\} \tag{7-25}$$

2. 重合度

对于斜齿圆柱齿轮传动，其重合度受到螺旋角 β 的影响，其值按下式计算

$$\varepsilon = \varepsilon_\alpha + \varepsilon_\beta$$

式中　ε_α——端面重合度，是与斜齿轮端面齿廓相同的直齿轮传动的重合度；

ε_β——纵向重合度，$\varepsilon_\beta = b\tan\beta/(\pi m_t)$。

由此可见，斜齿圆柱齿轮传动的重合度 ε 随齿宽 b 和螺旋角 β 的增大而增大，其值可比直齿轮传动大得多。这是斜齿轮传动平稳、承载能力较高的主要原因之一。

7.7.4　斜齿圆柱齿轮传动的强度计算

斜齿圆柱齿轮传动的强度计算方法是在直齿轮强度计算方法的基础上拟订的。但计算公式的推导是按法面受力情况和当量齿轮的参数来处理的。并且应考虑斜齿轮啮合时齿面接触线的倾斜、重合度增大及载荷作用位置的变化等因素的影响，使接触应力和弯曲应力相对于直齿轮均有所降低。

1. 轮齿的受力分析

图 7-27 所示为斜齿圆柱齿轮传动中的主动轮轮齿受力情况。若忽略摩擦力，齿廓间的法向力 $\boldsymbol{F}_n$ 应在法平面内沿轮齿齿廓的法向作用，$\boldsymbol{F}_{n1}$ 可分解为三个相互垂直的分力，即圆周力 $\boldsymbol{F}_{t1}$、径向力 $\boldsymbol{F}_{r1}$ 和平行于轴线的轴向力 $\boldsymbol{F}_{a1}$；根据作用与反作用原理，可确定从动轮轮齿

上的圆周力 $\boldsymbol{F}_{t2}$、径向力 $\boldsymbol{F}_{r2}$ 和轴向力 $\boldsymbol{F}_{a2}$。各力的大小为

$$\left.\begin{aligned}
&\text{圆周力} \quad F_{t1} = F_{t2} = \frac{2T_1}{d_1}\\
&\text{径向力} \quad F_{r1} = F_{r2} = \frac{F_{t1} \cdot \tan\alpha_n}{\cos\beta}\\
&\text{轴向力} \quad F_{a1} = F_{a2} = F_{t1} \cdot \tan\beta\\
&\text{法向力} \quad F_{n1} = F_{n2} = \frac{F_{t1}}{\cos\beta \cdot \cos\alpha_n}
\end{aligned}\right\} \tag{7-26}$$

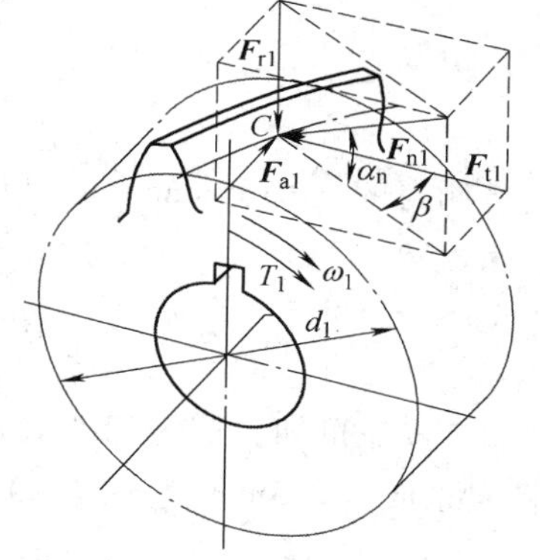

图 7-27　斜齿圆柱齿轮传动受力分析

式中各符号的意义同前。

各力的方向是：圆周力 $\boldsymbol{F}_t$ 和径向力 $\boldsymbol{F}_r$ 的方向判断同直齿圆柱齿轮；轴向力 $\boldsymbol{F}_a$ 的方向对主动轮可用左、右手法则判定，即若为右(左)旋，则用右(左)手，四指弯曲方向表示主动轮的转向，则大拇指伸直指向为主动轮轴向力 $\boldsymbol{F}_{a1}$ 的方向；而从动轮轴向力 $\boldsymbol{F}_{a2}$ 与主动轮轴向力 $\boldsymbol{F}_{a1}$ 方向相反。

2. 齿面接触疲劳强度计算

校核公式
$$\sigma_H = 3.22 Z_E \sqrt{\frac{KT_1}{bd_1^2} \cdot \frac{u \pm 1}{u}} \leqslant [\sigma_H] \tag{7-27}$$

设计公式
$$d_1 \geqslant 2.18 \sqrt[3]{\frac{KT_1}{\Psi_d} \cdot \frac{u \pm 1}{u} \cdot \left(\frac{Z_E}{[\sigma_H]}\right)^2} \tag{7-28}$$

式中，各参数的含义、单位及选取方法同直齿圆柱齿轮传动。

3. 齿根弯曲疲劳强度计算

校核公式
$$\sigma_F = \frac{1.56KT_1}{bm_n^2 z_1} Y_{FS} \leqslant [\sigma_F] \tag{7-29}$$

设计公式
$$m_n \geqslant \sqrt[3]{\frac{1.56KT_1}{\Psi_d z_1^2} \cdot \frac{Y_{FS}}{[\sigma_F]}} \tag{7-30}$$

式中　m_n——法面模数；

Y_{FS}——斜齿轮的复合齿形系数，仍由表 7-12 根据斜齿轮的当量齿数 z_v 查得。

其余参数的含义、单位及选取方法同直齿圆柱齿轮传动。计算时应取 $Y_{FS}/[\sigma_F]$ 的较大者代入公式。

【例 7-3】　若例 7-2 中实际所用减速器是中心距为 150mm 的单级斜齿圆柱齿轮传动。工作条件、所选用的齿轮材料、热处理方式、精度等级等均不变。现测得齿轮的齿宽 $b=60\text{mm}$；小齿轮齿数 $z_1=23$、齿顶圆直径 $d_{a1}=63.96\text{mm}$；大齿轮齿数 $z_2=94$。试分析并计算该齿轮传动的主要参数和工作能力。

解　该齿轮传动为闭式传动，故需根据齿轮传动的主要参数分别进行接触疲劳强度校核和齿根弯曲疲劳强度校核。

（1）分析齿轮传动的主要参数

1）法面模数 m_n 和螺旋角 β。由表 7-13 公式可得如下关系式

$$\left.\begin{aligned} d_{a1} &= m_n\left(\frac{z_1}{\cos\beta}+2\right) \\ a &= \frac{m_n}{2\cos\beta}(z_1+z_2) \end{aligned}\right\} \tag{a}$$

将测得的 $a=150\text{mm}$，$z_1=23$，$z_2=94$，$d_{a1}=63.96\text{mm}$ 代入式(a)，并联立求解得斜齿轮的法面模数 m_n 为

$$m_n=\frac{d_{a1}}{2}-\frac{z_1 a}{z_1+z_2}=\frac{63.96}{2}\text{mm}-\frac{23\times150}{23+94}\text{mm}=2.493\text{mm}$$

查表 7-3 可知，应为标准值 $m_n=2.5\text{mm}$。该法面模数 $m_n>2$，符合传递动力的齿轮模数要求。将 $m_n=2.5\text{mm}$ 代入式(a)，可进一步求得螺旋角 β，即

$$\beta=\arccos\frac{m_n(z_1+z_2)}{2a}=\arccos\frac{2.5\times(23+94)}{2\times150}=12°50'18''$$

螺旋角 β 为 8°～15°较合适。

2）齿数比。$u=z_2/z_1=94/23=4.09=i'$

验算传动比误差

$$\Delta i=\frac{i'-i}{i}=\frac{4.09-4.2}{4.2}\times100\%=-2.62\%\ \text{（允许在 ±5\% 内）}$$

3）其他主要几何尺寸。由表 7-13 公式可得

分度圆直径 $$d_1=\frac{m_n z_1}{\cos\beta}=\frac{2.5\times23}{\cos12°50'18''}\text{mm}=58.97\text{mm}$$

$$d_2=\frac{m_n z_2}{\cos\beta}=\frac{2.5\times94}{\cos12°50'18''}\text{mm}=241.03\text{mm}$$

齿顶圆直径 $$d_{a1}=d_1+2m_n=(58.97+2\times2.5)\text{mm}=63.97\text{mm}$$

$$d_{a2}=d_2+2m_n=(241.03+2\times2.5)\text{mm}=246.03\text{mm}$$

齿根圆直径 $$d_{f1}=d_1-2.5m_n=(58.97-2.5\times2.5)\text{mm}=52.72\text{mm}$$

$$d_{f2}=d_2-2.5m_n=(241.03-2.5\times2.5)\text{mm}=234.78\text{mm}$$

4）齿轮圆周速度 v

$$v=\frac{\pi n_1 d_1}{60\times1000}=\frac{3.14\times960\times58.97}{60\times1000}\text{m/s}=2.96\text{m/s}$$

查表 11-39，选齿轮传动精度等级为 8 级合宜。

(2) 校核齿面接触疲劳强度　由式(7-27)可知，齿面接触疲劳的校核计算公式为

$$\sigma_H=3.22Z_E\sqrt{\frac{KT_1}{bd_1^2}\cdot\frac{u+1}{u}}\leqslant[\sigma_H]$$

1）载荷系数 K。查表 7-8，斜齿轮取较小值，故取 $K=1.2$。

2）转矩 T_1、材料的弹性系数 Z_E、许用接触应力 $[\sigma_H]$ 各参数同例 7-2，并取 $[\sigma_H]_1$ 和 $[\sigma_H]_2$ 中较小值 $[\sigma_H]_2$ 进行计算。

3）校核计算

$$\sigma_H=3.22Z_E\sqrt{\frac{KT_1}{bd_1^2}\cdot\frac{u+1}{u}}=3.22\times189.8\times\sqrt{\frac{1.2\times73615}{60\times58.97^2}\times\frac{4.09+1}{4.09}}\text{MPa}$$

$$\approx 443.6\text{MPa} \leqslant [\sigma_H]_2 = 535\text{MPa}$$

齿面接触强度可靠。

(3) 校核齿根弯曲疲劳强度　由式(7-29)可知，齿根弯曲疲劳强度的校核计算公式为

$$\sigma_F = \frac{1.56KT_1}{bm_n^2 z_1} Y_{FS} \leqslant [\sigma_F]$$

1) 复合齿形系数 Y_{FS}。由式(7-24)可得斜齿轮当量齿数为

$$Z_{v1} = \frac{z_1}{\cos^3\beta} = \frac{23}{\cos^3 12°50'18''} = 24.8$$

$$Z_{v2} = \frac{z_2}{\cos^3\beta} = \frac{94}{\cos^3 12°50'18''} = 101.4$$

根据 Z_{v1}、Z_{v2} 查表 7-9，得 $Y_{FS1} = 4.170$；$Y_{FS2} = 3.902$。

2) 许用弯曲应力 $[\sigma_F]_1$、$[\sigma_F]_2$ 同例 7-2。

3) 校核计算

$$\sigma_{F1} = \frac{1.56KT_1}{bm_n^2 z_1} Y_{FS1} = \frac{1.56 \times 1.2 \times 73615}{60 \times 2.5^2 \times 23} \times 4.170\text{MPa} \approx 66.63\text{MPa} < [\sigma_F]_1 = 343.6\text{MPa}$$

$$\sigma_{F2} = \sigma_{F1} \times \frac{Y_{FS2}}{Y_{FS1}} = 66.63 \times \frac{3.902}{4.170}\text{MPa} \approx 62.35\text{MPa} < [\sigma_F]_2 = 332.2\text{MPa}$$

齿根弯曲强度足够。

7.8　直齿锥齿轮传动简介

锥齿轮用于两相交轴间的传动，最常用的是两轮轴线夹角(轴交角)$\Sigma = 90°$的标准直齿锥齿轮传动。由于轮齿分布在圆锥面上，其齿形从大端到小端逐渐缩小。与圆柱齿轮相似，有分度圆锥、齿顶圆锥、齿根圆锥和基圆锥，一对相啮合的锥齿轮还有节圆锥。对于标准锥齿轮传动，节圆锥和分度圆锥重合。

7.8.1　直齿锥齿轮的齿廓和当量齿数

1. 齿廓曲面的形成

如图 7-28a 所示，一圆形发生面 S 与基圆锥相切(切线 OP 既是基圆锥的母线，又是圆平面 S 的半径)，当圆平面 S 在基圆锥上作纯滚动时，其上过圆心 O(即锥顶)的一条直线$\overline{OK}$在空间的轨迹即为球面渐开线齿廓曲面，而该直线上任一点 K 在空间的轨迹即为球面渐开线齿廓(图 7-28b)。

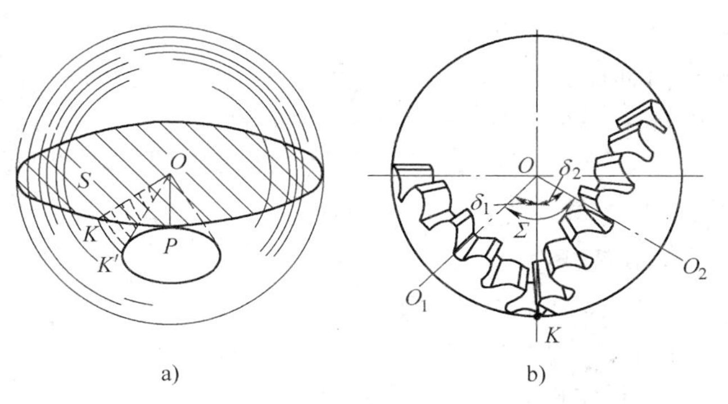

图 7-28　锥齿轮齿廓曲面形成

2. 背锥与当量齿数

按上述原理形成的球面渐开线是锥齿轮理论上的齿廓曲线，但无法展成平面，给锥齿轮的设计、制造及刀

具的生产带来很多困难。为便于工程上应用，常用一个当量直齿圆柱齿轮的齿形来近似表达直齿锥齿轮的齿形。如图 7-29 所示，作圆锥面 O_1AB、O_2AC 分别与两轮分度圆锥面 OAB、OAC 共轴，其母线 O_1A 或 O_2A 与相应的分度圆锥母线 OA 在锥齿轮大端分度圆处垂直相交，则所作圆锥面 O_1AB、O_2AC 称为背锥。将锥齿轮大端的球面渐开线齿形投影到背锥面上，即得锥齿轮大端的近似齿形。

将背锥展开为两个扇形齿轮并补足为完整的直齿圆柱齿轮，则称其为锥齿轮的当量齿轮，其齿数 z_{v1} 和 z_{v2} 称为当量齿数。当量齿轮的模数和压力角分别等于锥齿轮大端的模数和压力角。锥齿轮的当量齿数 z_{v1} 和 z_{v2} 与实际齿数 z_1 和 z_2 的关系（推导从略）为

$$\left.\begin{aligned} z_{v1} &= \frac{z_1}{\cos\delta_1} \\ z_{v2} &= \frac{z_2}{\cos\delta_2} \end{aligned}\right\} \tag{7-31}$$

式中　δ_1、δ_2——两锥齿轮的分度圆锥角。

与斜齿圆柱齿轮一样，锥齿轮的当量齿数除作为选取加工刀具和计算强度的依据外，还可分析锥齿轮不发生根切的最少齿数 $z_{min} = z_{vmin} \cdot \cos\delta = 17\cos\delta$。请注意，当量齿数大于实际齿数，即 $z_{v1} > z_1$、$z_{v2} > z_2$，且不一定为整数。

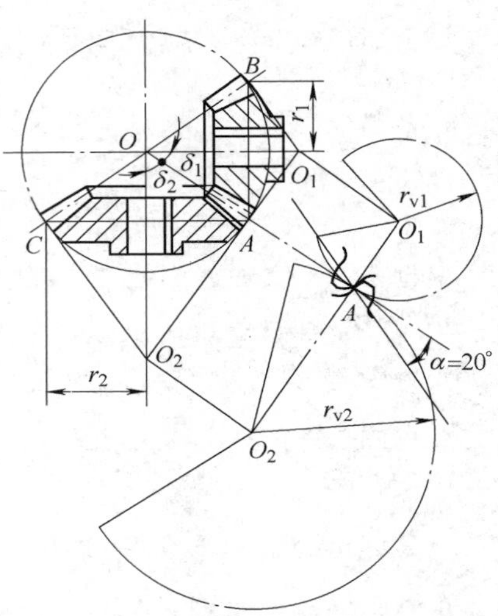

图 7-29　锥齿轮的背锥

上述表明，一对直齿锥齿轮的啮合，相当于一对当量直齿圆柱齿轮的啮合（图 7-29）。故锥齿轮的正确啮合条件、连续传动条件和重合度计算等也均可利用当量齿轮转化为直齿圆柱齿轮传动求得。

7.8.2　直齿锥齿轮的基本参数和几何尺寸

1. 基本参数

直齿锥齿轮大端的尺寸最大，为便于测量和计算（相对误差较小），同时也便于估计传动装置的外形尺寸，通常取大端的参数为标准值，即大端模数为标准值（GB 12368—1990）；大端的压力角为标准值，$\alpha = 20°$；对于正常齿制，齿顶高系数 $h_a^* = 1$，顶隙系数 $c^* = 0.2$。

2. 正确啮合条件

一对直齿锥齿轮的正确啮合条件为：两轮的大端模数和压力角分别相等。

3. 几何尺寸计算

图 7-30 所示为一对轴交角 Σ =

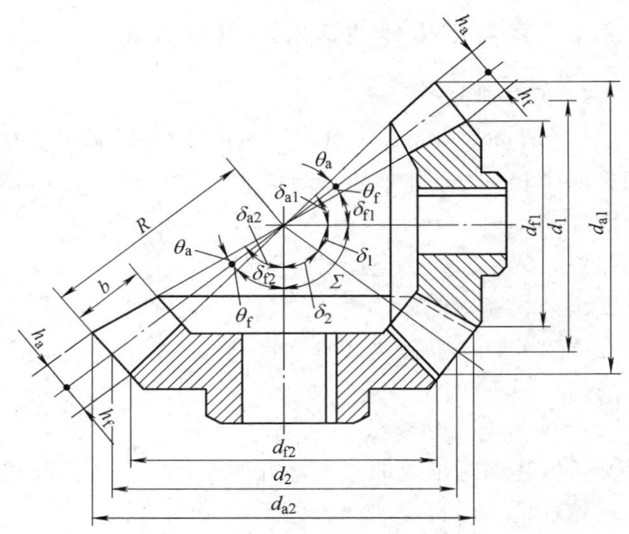

图 7-30　Σ = 90°的标准直齿锥齿轮传动

90°的标准直齿锥齿轮传动，其各部分尺寸计算公式列于表 7-14。

表 7-14　标准直齿锥齿轮的几何尺寸计算公式（$\Sigma=90°$、正常齿制）

名　　称		符号	计算公式
基本参数	传动比	i	$i=z_2/z_1=\cot\delta_1=\tan\delta_2$
	齿数	z	应使 $z=z_v\cdot\cos\delta\geqslant z_{min}$（避免根切）
	模数	m	根据强度等使用条件，由 GB 12368—1990 选取
	分度圆压力角	α	$\alpha=20°$
几何尺寸	齿顶高	h_a	$h_a=m$
	齿根高	h_f	$h_f=1.2m$
	顶隙	c	$c=0.2m$
	分度圆锥角	δ	$\tan\delta_2=\cot\delta_1=z_2/z_1$；$\delta_1+\delta_2=90°$
	分度圆直径	d	$d=mz$
	齿顶圆直径	d_a	$d_a=d+2m\cos\delta$
	齿根圆直径	d_f	$d_f=d-2.4m\cos\delta$
	外锥距	R	$R=\dfrac{mz}{2\sin\delta}$或 $R=\dfrac{m}{2}\sqrt{z_1^2+z_2^2}$
	齿宽	b	$b\leqslant R/3$（取整）
	齿顶角	θ_a	$\theta_a=\arctan\dfrac{h_a}{R}$
	齿根角	θ_f	$\theta_f=\arctan\dfrac{h_f}{R}$
	顶圆锥角	δ_a	$\delta_a=\delta+\theta_a$
	根圆锥角	δ_f	$\delta_f=\delta-\theta_f$

7.8.3　直齿锥齿轮传动的受力分析

图 7-31 所示为直齿锥齿轮传动中的主动轮轮齿受力情况。为简化计算，通常将法向力 $\boldsymbol{F}_{n1}$ 简化为集中作用在分度圆锥的平均直径 d_{m1} 处，且不计摩擦。则 $\boldsymbol{F}_{n1}$ 也可分解为圆周力 $\boldsymbol{F}_{t1}$、径向力 $\boldsymbol{F}_{r1}$ 和轴向力 $\boldsymbol{F}_{a1}$；根据作用与反作用原理，可确定从动轮轮齿上的圆周力 $\boldsymbol{F}_{t2}$、径向力 $\boldsymbol{F}_{r2}$ 和轴向力 $\boldsymbol{F}_{a2}$。则各力的大小为

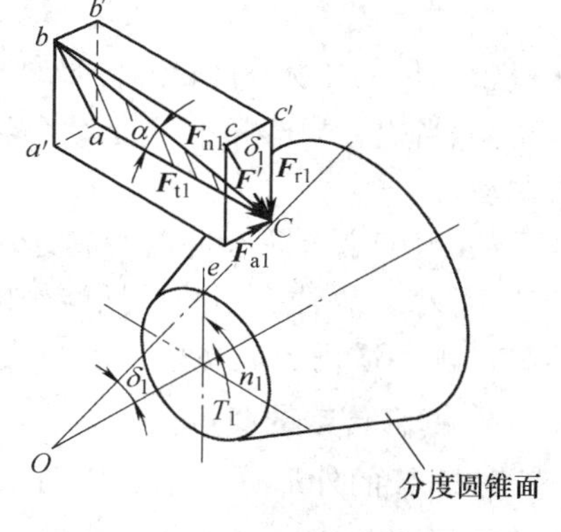

图 7-31　直齿锥齿轮传动的受力分析

$$\left.\begin{aligned}F_{t1}&=F_{t2}=\frac{2T_1}{d_{m1}}\\F_{r1}&=F_{a2}=F_{t1}\cdot\tan\alpha\cos\delta_1\\F_{a1}&=F_{r2}=F_{t1}\cdot\tan\alpha\sin\delta_1\end{aligned}\right\}\qquad(7\text{-}32)$$

式中　d_{m1}——小齿轮平均分度圆直径（mm），$d_{m1}=d_1(1-0.5b/R)$；

其他各符号的意义同前。

各力方向为：圆周力 $\boldsymbol{F}_t$ 和径向力 $\boldsymbol{F}_r$ 的方向判断同圆柱齿轮；轴向力 $\boldsymbol{F}_a$ 的方向对两个齿轮都是从啮合点沿各自轴线指向大端。

在锥齿轮的强度计算时，为简化分析，可近似地认为锥齿轮的强度与齿宽中点处的当量

直齿圆柱齿轮相同。因此，将当量齿轮的参数代入圆柱齿轮强度公式，可导出轴交角为 90°的直齿锥齿轮的强度公式。有关内容参见相关机械设计手册。

7.9 蜗杆传动简介

蜗杆传动由蜗杆 1 和蜗轮 2 组成，如图 7-32 所示。常用于交错轴 $\Sigma=90°$的两轴间传递运动和动力。一般蜗杆为主动件，用作减速运动。蜗杆传动广泛应用于机床、汽车、矿山及冶金机械、起重运输机械等。

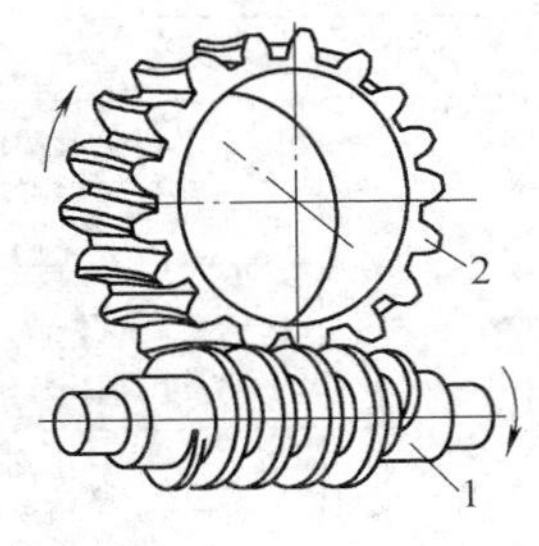

图 7-32 蜗杆传动

7.9.1 蜗杆传动的特点及类型

1. 蜗杆蜗轮的形成

蜗杆蜗轮如同两交错轴斜齿圆柱齿轮，其中蜗杆如同齿数少、直径较小并具有完整螺旋齿的宽斜齿轮；蜗轮则如同齿数较多的斜齿轮，为改善接触情况，将蜗轮圆柱表面的直母线改为圆弧形，可部分地包住蜗杆(图 7-32)。

蜗杆形如螺杆，有单头和多头、左旋和右旋之分，一般常用右旋。当蜗杆与蜗轮轴线垂直交错时，为使两轮齿向一致，蜗杆和蜗轮的螺旋旋向必须相同，而且蜗杆导程角 γ(相当于螺杆的螺纹升角)和蜗轮螺旋角 β_2 的大小必须相等，即 $\gamma=\beta_2$，如图 7-33 所示。

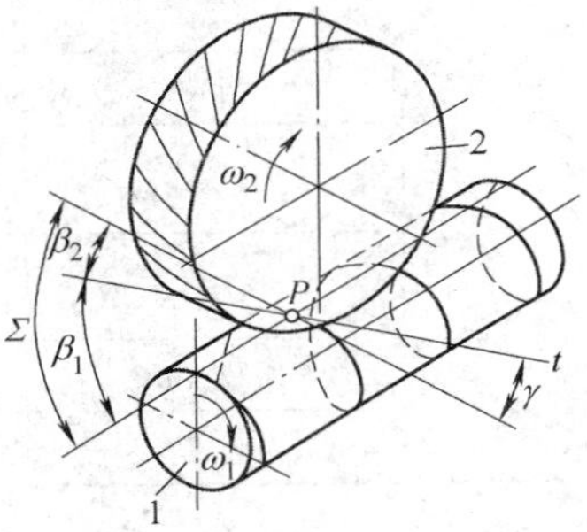

图 7-33 蜗杆蜗轮的形成

2. 蜗杆传动的特点

1）由于蜗杆的轮齿是连续不断的螺旋齿，故蜗杆传动的振动、冲击、噪声均很小，工作较平稳。

2）由于蜗杆齿数 z_1(头数)很少或为 1，故能以单级传动获得较大传动比大(动力传动时通常 $i=10\sim80$，分度传动时 i 可达 1000)，结构紧凑。

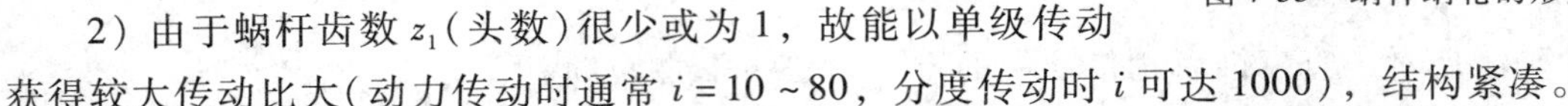

3）当蜗杆导程角 γ 小于啮合轮齿间的当量摩擦角 φ_v 时，可实现自锁，此时只能以蜗杆为主动件。

4）由于啮合轮齿间的滑动速度较大，使得摩擦及发热损耗较大，传动效率低(一般约为 0.7～0.9)，故常采用减磨性能好的有色金属(如青铜)来制造蜗轮齿圈。因此，蜗杆传动成本高，且不适用于大功率传动和长期连续工作的场合。

3. 蜗杆传动的类型

按蜗杆的外形分，蜗杆传动常用类型有圆柱蜗杆传动、环面蜗杆传动(图 7-34)。

根据蜗杆的螺旋面的形状，圆柱蜗杆可分为阿基米德蜗杆、渐开线蜗杆及延伸渐开线蜗杆三种。由于阿基米德蜗杆(即普通圆柱蜗杆)容易制造而广泛应用，本节仅介绍这种蜗杆传动。

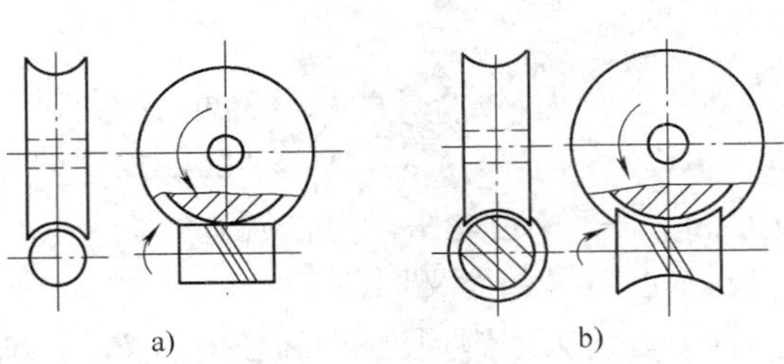

图 7-34 蜗杆传动的类型

a）圆柱蜗杆传动 b）环面蜗杆传动

7.9.2 蜗杆传动的基本参数和几何尺寸

1. 主要参数

(1) 模数 m 和压力角 α　如图 7-35 所示，通过蜗杆轴线并垂直于蜗轮轴线的平面，称为中间平面。在该平面内蜗杆与蜗轮的啮合相当于齿条与齿轮啮合，其模数 m 和压力角 α 均为规定标准值，模数 m 的标准值见表 7-15，压力角 $\alpha=20°$。

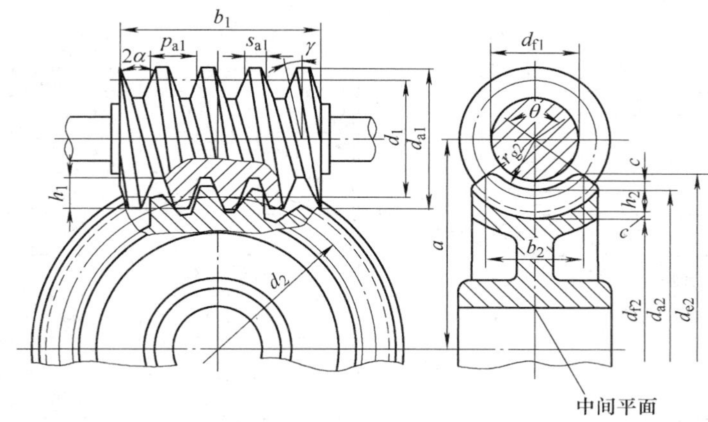

图 7-35　蜗杆传动中间平面齿形和几何尺寸

蜗杆传动的正确啮合条件为

$$\left.\begin{aligned} m_{a1} &= m_{t2} = m \\ \alpha_{a1} &= \alpha_{t2} = \alpha \\ \gamma &= \beta_2(\text{与 } \beta_1 \text{ 旋向一致}) \end{aligned}\right\} \qquad (7\text{-}33)$$

式中　m_{a1}、m_{t2}——蜗杆的轴向模数和蜗轮的端面模数(mm)；

α_{a1}、α_{t2}——蜗杆的轴向压力角、蜗轮的端面压力角。

(2) 蜗杆分度圆直径 d_1　为保证蜗杆与配对蜗轮的正确啮合，常用与蜗杆直径及齿形参数基本相同的蜗轮滚刀来加工与其配对的蜗轮。为了减少刀具型号并使之标准化，对蜗杆分度圆直径 d_1 制定了标准系列，其值与模数匹配，并把比值 $q=d_1/m$ 称为蜗杆直径系数，参见表 7-15。

(3) 蜗杆的导程角 γ　如图 7-36 所示，蜗杆导程角为

$$\tan\gamma = \frac{z_1 p_{a1}}{\pi d_1} = \frac{z_1 m}{d_1} = \frac{z_1 m}{mq} = \frac{z_1}{q} \qquad (7\text{-}34)$$

式中　z_1——蜗杆头数；

p_{a1}——蜗杆轴向齿距(mm)；

q——蜗杆直径系数。

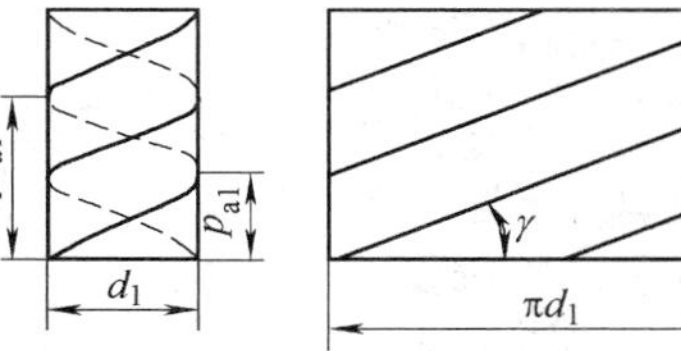

图 7-36　蜗杆导程角

蜗杆导程角大时，传动效率高，但过大时蜗杆制造困难，所以要求传动效率高时常取 $\gamma=15°\sim30°$，此时应采用多头蜗杆。若蜗杆传动要求反向传动具有自锁性能时，常取 $\gamma\leqslant 3°30'$ 的单头蜗杆，此时传动效率很低。

表 7-15　圆柱蜗杆传动的 m 和 d_1 的常用匹配值(摘自 GB 10085—1988)

模数 m/mm	分度圆直径 d_1/mm	直径系数 q	蜗杆头数 z_1	模数 m/mm	分度圆直径 d_1/mm	直径系数 q	蜗杆头数 z_1
1	18	18.000	1(自锁)	6.3	63	10.000	1，2，4，6
1.25	20	16.000	1		112	17.778	1(自锁)
	22.4	17.920	1(自锁)	8	80	10.000	1，2，4，6
1.6	20	12.500	1，2，4		140	17.500	1(自锁)
	28	17.500	1(自锁)	10	90	9.000	1，2，4，6
2	22.4	11.200	1，2，4，6		160	16.000	1(自锁)
	35.5	17.750	1(自锁)	12.5	112	8.960	1，2，4
2.5	28	11.200	1，2，4，6		200	16.000	1(自锁)
	45	18.000	1(自锁)	16	140	8.750	1，2，4
3.15	35.5	11.270	1，2，4，6		250	15.625	1(自锁)
	56	17.778	1(自锁)	20	160	8.000	1，2，4
4	40	10.000	1，2，4，6		315	15.750	1(自锁)
	71	17.750	1(自锁)	25	200	8.000	1，2，4
5	50	10.000	1，2，4，6		400	16.000	1(自锁)
	90	18.000	1(自锁)				

注：1. 本表所列 m 和 d_1 数值均为 GB 10085—1988 中优先选用值。

2. 表中同一模数有两个 d_1 值，当选取大者时，蜗杆导程角 $\gamma \leqslant 3°30'$，有较好的自锁性。

(4) 传动比 i、蜗杆头数 z_1 和蜗轮齿数 z_2　通常蜗杆为主动件，蜗杆与蜗轮的传动比为

$$i_{12} = \frac{n_1}{n_2} = \frac{z_2}{z_1} \tag{7-35}$$

式中　n_1、n_2——蜗杆和蜗轮的转速(r/min)；

z_1、z_2——蜗杆头数和蜗轮齿数。

一般圆柱蜗杆传动减速装置推荐传动比范围 $i=8\sim80$，传递功率较大时 $i\leqslant30$。传动比的公称值为：5、7.5、10、12.5、15、20、25、30、40、50、60、70、80。其中，10、20、40、80 为基本传动比，是优先选用值。

蜗杆头数 z_1 主要是根据传动比和效率来选定的，一般推荐 $z_1=1$、2、4、6。自锁蜗杆传动或分度机构因要求自锁或大传动比，多采用单头蜗杆，即 $z_1=1$；而传力蜗杆传动传递功率大，为提高传动效率，可取 $z_1=2\sim6$，为便于分度，常取偶数。

蜗轮齿数 $z_2=iz_1$，在动力传动中，为了增加同时啮合齿对数，以使传动平稳，也为了避免根切，通常使 $z_{2\min}\geqslant28$，一般取 $z_2=29\sim83$。z_2 过多会导致模数过小使齿根弯曲疲劳强度不足或使蜗轮直径过大，导致蜗杆过长而刚度不足。故蜗杆头数 z_1 和蜗轮齿数 z_2 的匹配值见表 7-16。

表 7-16　蜗杆头数 z_1 和蜗轮齿数 z_2 的匹配(摘自 GB 10085—1988)

蜗杆头数 z_1	1	2	4	6
蜗轮齿数 z_2	29 ~ 83	29 ~ 63	29 ~ 63	29、31
传动比 i	29 ~ 83	14.5 ~ 31.5	7.25 ~ 15.75	4.83、5.17

2. 蜗杆传动的几何尺寸计算

标准圆柱蜗杆传动的基本几何尺寸计算公式见表7-17，其他几何尺寸计算公式可查阅机械设计手册。

表7-17　标准圆柱蜗杆传动的基本几何尺寸计算公式（正常齿制）

名　　称	计算公式	
	蜗　　杆	蜗　　轮
分度圆直径	$d_1 = mq$	$d_2 = mz_2$
齿顶高	$h_{a1} = m$	$h_{a2} = m$
齿根高	$h_{f1} = 1.2m$	$h_{f2} = 1.2m$
蜗杆齿顶圆直径、蜗轮喉圆直径	$d_{a1} = m(q+2)$	$d_{a2} = m(z_2+2)$
齿根圆直径	$d_{f1} = m(q-2.4)$	$d_{f2} = m(z_2-2.4)$
蜗杆轴向齿距、蜗轮端面齿距	$p_{a1} = p_{t2} = \pi m$	
蜗杆导程角、蜗轮螺旋角	$\gamma = \beta = \arctan(mz_1/d_1)$	
顶隙	$c = 0.2m$	
中心距	$a = 0.5(d_1+d_2) = 0.5m(q+z_2)$（$a$ 为标准值，见 GB 10085—1988）	

7.9.3　蜗杆传动工作能力计算准则

1. 蜗杆传动的受力分析

图7-37所示是以右旋蜗杆为主动件，并按图示方向回转时蜗杆、蜗轮的受力情况。与斜齿轮传动相同，将齿面上的法向力 $\boldsymbol{F}_n$ 分解为圆周力 $\boldsymbol{F}_t$、径向力 $\boldsymbol{F}_r$ 和轴向力 $\boldsymbol{F}_a$（图7-37a）。根据作用与反作用原理，可分别确定蜗杆和蜗轮轮齿上的各力，如图7-37b所示。其中，$\boldsymbol{F}_{t1}$ 与 $\boldsymbol{F}_{a2}$、$\boldsymbol{F}_{a1}$ 与 $\boldsymbol{F}_{t2}$、$\boldsymbol{F}_{r1}$ 与 $\boldsymbol{F}_{r2}$ 分别为作用力与反作用力。各力的大小为

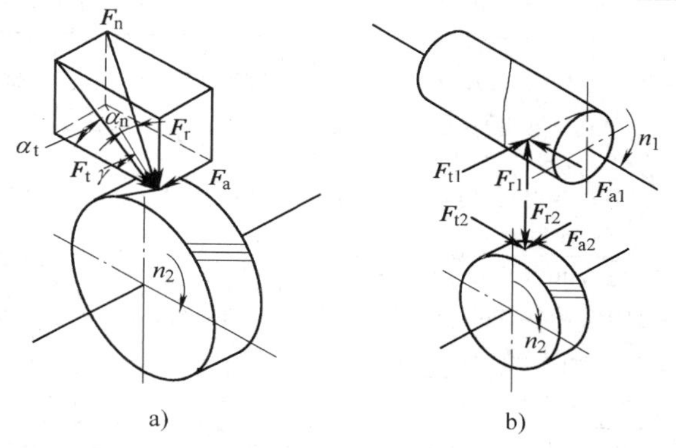

图7-37　蜗杆传动的受力分析

$$\left.\begin{aligned}F_{t1} &= F_{a2} = \frac{2T_1}{d_1}\\ F_{a1} &= F_{t2} = \frac{2T_2}{d_2}\\ F_{r1} &= F_{r2} = F_{t1}\tan\alpha\end{aligned}\right\}\tag{7-36}$$

式中　T_1、T_2——蜗杆、蜗轮的转矩（N·mm）；

η——蜗杆传动效率，$T_2 = T_1 i\eta$；

d_1、d_2——蜗杆、蜗轮分度圆直径（mm）；

α——分度圆压力角，$\alpha = 20°$。

蜗杆上各力的方向判断均同斜齿圆柱齿轮传动中的主动轮，蜗轮上各力的方向由作用力与反作用力关系确定。

2. 失效形式和计算准则

（1）失效形式　蜗杆传动的失效形式与齿轮传动相同，常发生胶合、磨损、疲劳点蚀和轮齿折断等。与齿轮传动比较，由于蜗杆传动齿面间滑动速度较大，功率损耗大和发热量大，在润滑和散热不良时，胶合和磨损为主要失效形式。

（2）计算准则　由于目前对胶合与磨损的计算还缺乏可靠的方法和数据，因此，仍根据齿轮传动的强度计算方法，对于闭式蜗杆传动，计算齿面接触疲劳强度和齿根弯曲疲劳强度，并作热平衡验算；对开式蜗杆传动，只计算齿根弯曲疲劳强度。

由于蜗轮无论是材料的强度或是结构方面均较蜗杆弱，故失效多发生在蜗轮轮齿上，所以只需对蜗轮作强度计算。蜗杆传动工作能力计算方法和步骤见机械设计手册。

7.9.4　蜗杆和蜗轮的材料

由蜗杆传动的失效分析可知，蜗杆和蜗轮的材料除应具有足够的强度外，更要有良好的减摩、耐磨和抗胶合性。

（1）蜗杆材料　蜗杆常用碳素钢或合金钢制造，蜗杆齿面经热处理获得较高的硬度，并经磨削或抛光获得较低的表面粗糙度值，以增加耐磨性。蜗杆常用材料见表7-18。

表7-18　蜗杆常用材料

材料牌号	热处理	齿面硬度	表面粗糙度 $Ra/\mu m$	应用范围
20、15Cr、20Cr、20CrNi、20MnVB、20Cr MnVB、20CrMnTi、20CrMnMo	渗碳淬火	56～62HRC	1.6～0.8（磨削）	用于高速重载传动
45、40Cr、40CrNi、35SiMn、42SiMn、35CrMo、37SiMn2MoV、38SiMnMo	表面淬火	45～55HRC	1.6～0.8（磨削）	
45	调质处理	217～255 HBW	6.3	用于低速轻载传动

（2）蜗轮材料　蜗轮常用材料为铸造锡青铜、铸造铝铁青铜和灰铸铁等。主要依据齿面间相对滑动速度来确定。相对滑动速度 v_s 的计算式为

$$v_s = \frac{\pi\ d_1 n_1}{60 \times 1000\cos\gamma} \tag{7-37}$$

式中各参数的含义和单位同前。

蜗轮常用材料见表7-19。

表7-19　蜗轮常用材料

材料名称	材料牌号	滑动速度 v_s	特点	应用
铸锡青铜	ZCuSn10Pb1、ZCuSn5Pb5Zn5	5～15 m/s	抗胶合能力强，但抗拉强度较低（R_m < 300MPa），价格较贵	用于滑动速度较大及长期连续工作处
铸铝铁青铜	ZCuAl10Fe3、ZCuAl10Fe3Mn2	≤8 m/s	抗胶合能力较差，但抗拉强度较高（R_m > 300MPa），与其相配的蜗杆必须经表面硬化处理，价格低廉	用于中等滑动速度的场合
铸锰黄铜	ZCuSn38Mn2Pb2			

（续）

材料名称	材料牌号	滑动速度 v_s	特点	应用
灰铸铁	HT150、HT300	<2 m/s	机械强度低，冲击韧度差，但加工容易，且价格低廉	用于低速、轻载传动

7.9.5 蜗杆传动的润滑与散热

（1）润滑　当蜗杆传动的润滑不良时，其传动效率显著降低，并且会带来急剧的磨损，甚至产生胶合破坏，故需选用黏度高的矿物油进行良好润滑，并采用合适的润滑方式。

由于蜗杆传动的工作特点是相对滑动速度大，导致油膜形成困难，故润滑油可根据相对滑动速度 v_s 来选择。蜗杆传动常用润滑油牌号及润滑方式见表7-20。

表7-20　常用润滑油牌号及润滑方式

滑动速度 v_s/（m/s）	≤1.5	>1.5~3.5	>3.5~10	>10
所用润滑油的黏度牌号	680	460	320	220
润滑方式	油池润滑		油池或喷油润滑	喷油润滑

（2）散热　由于蜗杆传动效率较低，发热量大，在闭式传动中，如果散热条件不好，润滑油温升高会引起润滑油稀释，油膜遭到破坏而润滑失效，导致加剧磨损甚至发生胶合。因此，对于连续运转的闭式蜗杆传动，常需要计算润滑油的工作温度 t。如果工作温度 t 超过75~85°C（最高不超过95°C），可采用下列冷却措施：①在箱体外表面加散热片以增加散热面积；②在蜗杆轴端安装风扇，加速空气流通，提高散热率（图7-38a）；③在油池中安装蛇形水管，用循环水冷却（图7-38b）；④采用压力喷油润滑（图7-38c）。

润滑油工作温度 t 的计算公式见机械设计手册。

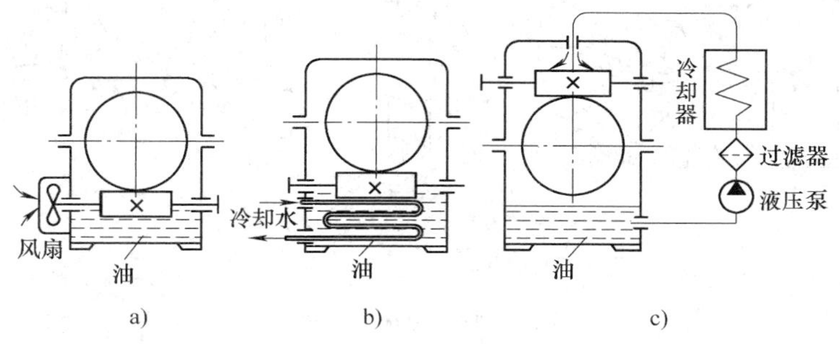

图7-38　蜗杆传动的冷却措施

7.10 齿轮的结构和齿轮传动的使用与维护

7.10.1 齿轮的结构

一个完整的齿轮零件，除轮齿以外，还必须有轮缘、轮辐及轮毂等部分。齿轮结构与其尺寸、材料、毛坯类型、制造方式和生产批量均有关。通常根据齿轮直径大小，选择合理的结构，然后再由经验公式确定有关尺寸。

1. 圆柱齿轮和锥齿轮的结构

（1）齿轮轴　对于直径很小的钢齿轮，如果圆柱齿轮从齿根圆到键槽顶部的距离 $x \leq 2.5m_t$（m_t 为端面模数），锥齿轮从小端齿根圆到键槽顶部的距离 $x < 1.6m$（m 为大端模数）（见图 7-39），应将齿轮与轴制成整体，称为齿轮轴，如图 7-40 所示。齿轮轴的刚性大，但轴和齿轮用同一种材料，可能会造成材料浪费或不便于加工。故当 $x > 2.5m_t$，或 $x > 1.6m$ 时，应将齿轮与轴分开制造。

（2）实体式齿轮　当齿顶圆直径 $d_a \leq 200$mm 时，可采用实体式结构，如图 7-39 所示。这种齿轮常用锻钢制造。

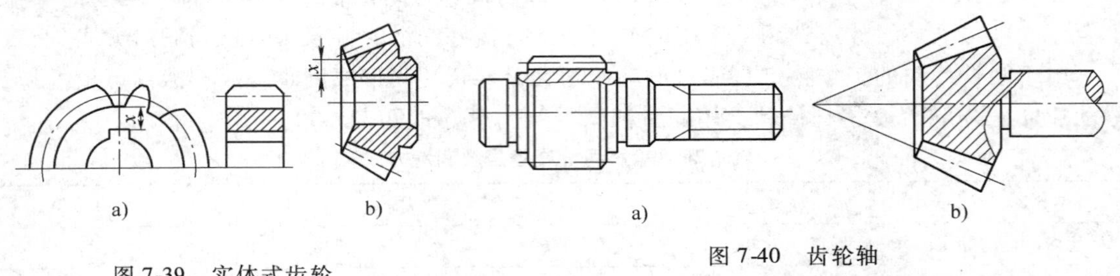

图 7-39　实体式齿轮

图 7-40　齿轮轴
a）圆柱齿轮轴　b）锥齿轮轴

（3）腹板式齿轮　当齿顶圆直径 $d_a = 200 \sim 500$mm 时，可采用腹板式结构，以减轻重量，减少材料，如图 7-41 所示。这种齿轮常用锻钢制造，对于不重要的齿轮也可采用铸造毛坯。锥齿轮齿顶圆直径 $d_a > 300$mm 时，可铸造成带加强肋的腹板式锥齿轮，如图 7-42 所示。

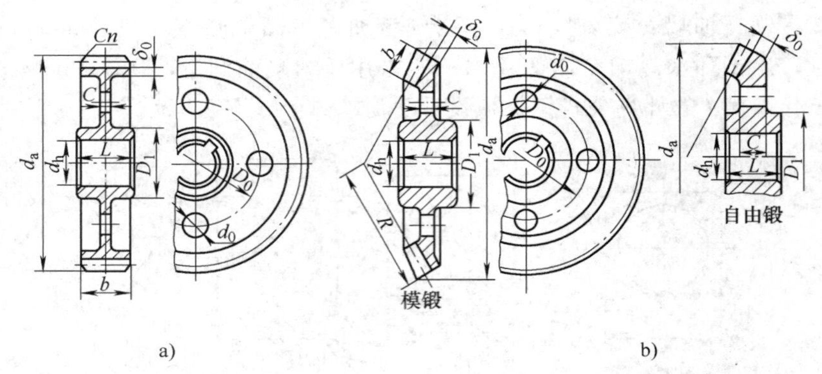

图 7-41　腹板式齿轮

（4）轮辐式齿轮　对于圆柱齿轮，当齿顶圆直径 $d_a > 500$mm 时，可采用轮辐式结构，如图 7-43 所示。这种齿轮由于锻造困难，常用铸钢或铸铁制造。

（5）组合式齿轮　对于圆柱齿轮，当齿顶圆直径 $d_a > 600$mm 时，为节约贵重优质钢材，可采用组合式结构。例如，将贵重金属材料制作的齿圈与铸钢或铸铁制作的轮芯以过盈配合镶套在一起，并在两者的接缝处加装紧定螺钉固定，即称为镶圈齿轮，如图 7-44a 所示。对于大型齿轮，也可以采用焊接的方法制造毛坯，称为焊接齿轮，如图 7-44b 所示。

对于上述各种结构的齿轮，其各部分尺寸（图中用符号表示）计算的经验公式可从机械设计手册查得。

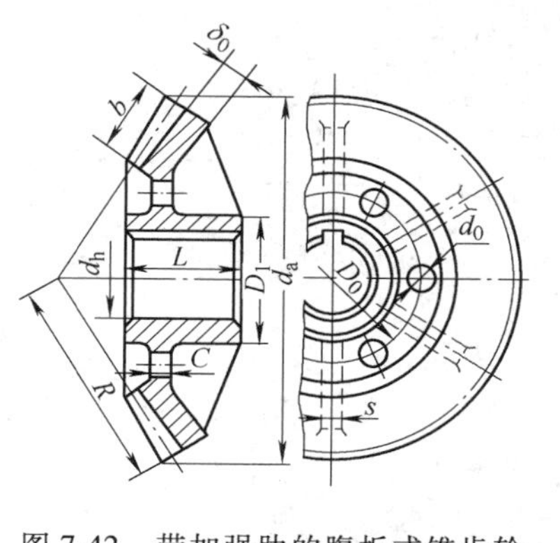

图 7-42　带加强肋的腹板式锥齿轮

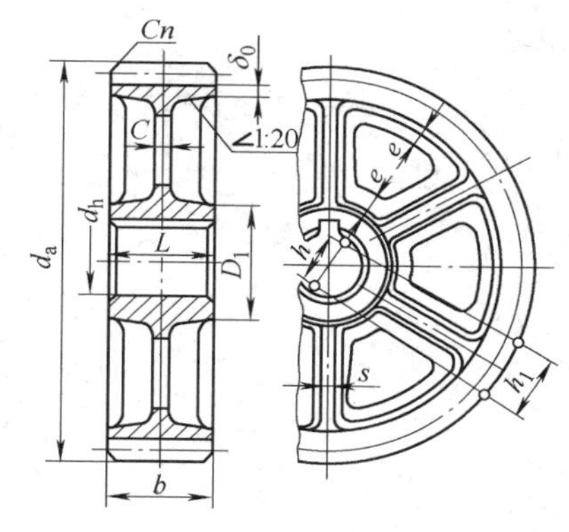

图 7-43　轮辐式齿轮

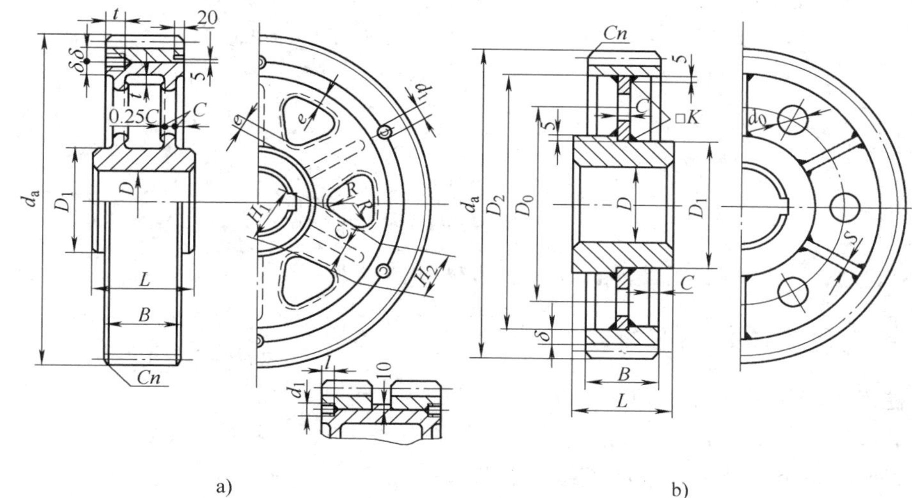

a)　　b)

图 7-44　组合式齿轮

a）镶圈齿轮　b）焊接齿轮

2. 蜗杆、蜗轮的结构

蜗杆大多因直径较小，常与轴做成一体的，称为蜗杆轴，其常见结构如图 7-44 所示。图 7-45a 所示为铣制蜗杆，由于齿根圆直径 d_{f1} 小于相邻轴段直径 d，所以只能在轴上直接铣出螺旋部分，铣制蜗杆无退刀槽，其刚度较强。图 7-45b 所示为车制蜗杆，为方便车削蜗杆螺旋部分时退刀，留有退刀槽，且要求相邻轴段直径 $d = d_{f1}$ − （2 ~ 4） mm，因此，削弱了蜗杆的刚度。

蜗轮的结构如图 7-46 所示。对于铸铁蜗轮和直径小于 100 mm 青铜蜗轮，多采用整体式结构（图 7-46a）。对于尺寸大的青铜蜗轮，为了节省贵重金属，多采用青铜齿圈与铸铁或铸钢轮芯的组合式结构。图 7-46b 所示为轮箍式蜗轮，此种蜗轮是用过盈配合将齿圈装配在铸铁轮芯上，为防止齿圈和轮芯因发热而松动，在接缝处用 4 ~ 6 个紧定螺钉固定，以增强连接的可靠性，螺钉孔中心要偏向铸铁 2 ~ 3 mm。图 7-46c 所示为螺栓连接式蜗轮，齿圈和轮芯用铰制孔用螺栓连接，齿圈和轮芯螺栓孔要同时铰制。这种结构拆装比较方便，多用于尺寸较大或易于磨损的场合。图 7-46d 所示为镶铸式蜗轮，青铜轮缘镶铸在铸铁轮芯上，并在轮芯上预制出凸键，以防滑动。

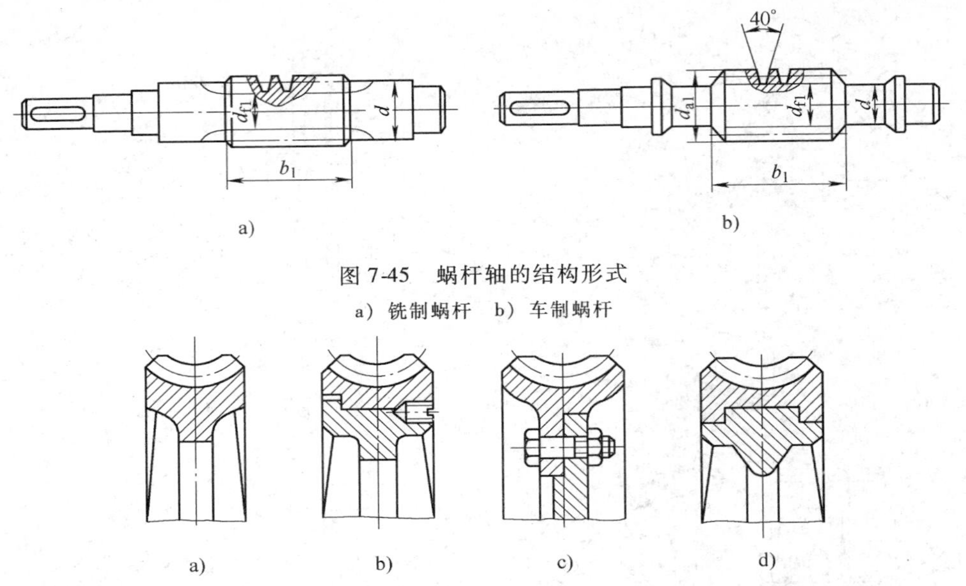

图 7-45　蜗杆轴的结构形式

a）铣制蜗杆　b）车制蜗杆

图 7-46　蜗轮的结构形式

a）整体式　b）轮箍式　c）螺栓连接式　d）镶铸式

确定蜗轮各部分尺寸的经验公式也可从机械设计手册查得。

7.10.2　齿轮传动的使用与维护

1. 圆柱齿轮和锥齿轮传动使用与维护

（1）正常润滑　如前所述，轮齿表面上除节点外，其他各啮合点处均有相对滑动。而润滑能减少磨损；润滑油可减小摩擦因数，提高传动效率，并冷却齿轮，避免形成齿面烧伤或胶合；油膜能够缓冲吸振、降低冲击和噪声。因此保证良好的润滑条件，是日常维护中一项非常重要的工作，而润滑方式将直接影响齿轮传动装置的润滑效果。

对于开式及半开式齿轮传动，或速度较低的闭式齿轮传动，通常采用人工定期加注润滑油，低速可用润滑脂。

对于常用闭式齿轮传动，其润滑方式主要有油浴润滑和喷油润滑。

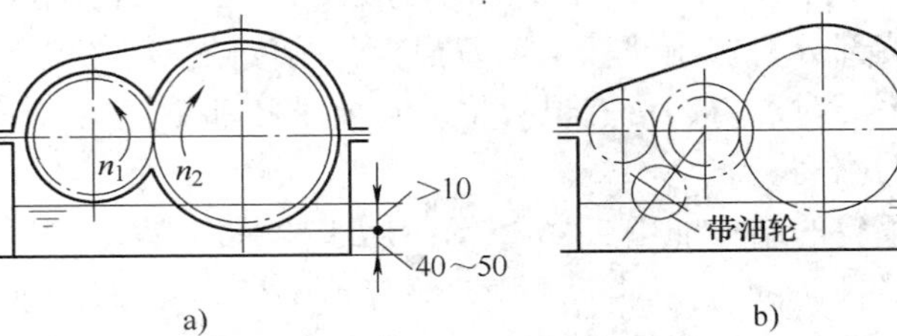

图 7-47　油浴润滑

1）当齿轮节圆圆周速度 $v \leqslant 15\text{m/s}$ 时，采用油浴润滑。即将大齿轮浸入油池中进行润滑（图 7-47a），圆柱齿轮浸入油的深度宜超过一个齿高，但不应小于10mm；锥齿轮应浸入全齿宽，至少浸入齿宽一半。浸入过深则会增大齿轮运动阻力并使油温升高。对多级齿轮传动，若高速级大齿轮无法达到要求的浸油深度时，可在其下边装上带油轮（图 7-47b）。浸油齿轮可将油甩到齿轮箱壁上，有利于散热。

浸油润滑中的油池应保持一定深度，一般大齿轮的齿顶圆到油池底面的距离不应小于40～50mm，以避免大齿轮的转动激起沉积在箱底的杂质，导致齿面磨损加剧。

2）当齿轮节圆圆周速度 $v>15\mathrm{m/s}$ 时，采用喷油润滑。即用油泵将具有一定压力的润滑油经喷油嘴直接喷到轮齿的啮合区（图7-48），可避免润滑油被离心力甩掉以及齿轮搅油剧烈，造成功率损耗太大，并可对循环的润滑油进行中间冷却和过滤。

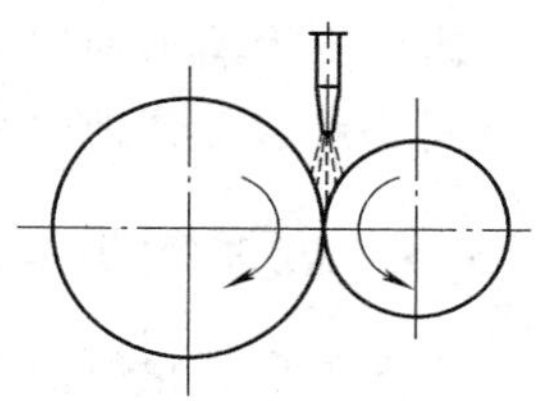

图 7-48　喷油润滑

（2）正确维护　齿轮传动的日常维护直接影响其使用寿命，主要有以下几点。

1）在安装齿轮时，要保证两轴线的平行度和中心距正确，并保证规定的齿侧间隙。使用一对新齿轮时，先作跑合运转，即在空载及逐步加载至额定载荷的方式下，运转十几小时至几十小时，然后清洗箱体及其他零件，换新润滑油。

2）装配时齿面接触情况可采用涂色法检查，若色迹处于齿宽中部，且接触面积较大，说明装配良好。若接触面积过小或接触部位不合理，都会使载荷分布不均。通常可通过调整轴承座位置以及修理齿面等方法解决。

3）使用齿轮传动时，应防止灰尘、异物进入啮合处，防止酸碱侵入传动装置内部。对于开式齿轮传动，应装防护罩，以免灰尘、切屑等杂物侵入后加速齿面磨损，同时保护人身安全。

4）注意监视齿轮传动的工作状况，如有异常响声、振动或箱体过热现象等，往往是齿形损坏及轮齿断裂或胶合的先兆。对于异常现象，应及时加以解决。对高速、重载或重要场合的齿轮传动，常采用自动监测装置，对齿轮运行状态的信息搜集处理、故障诊断及报警等，确保齿轮传动的安全、可靠。

齿轮传动使用中不得超载超速，以避免断齿。若采用安全联轴器、摩擦离合器等过载保护装置时，应注意保持其灵敏度。

5）经常检查润滑系统的状况，如润滑油量、供油状况、润滑油质量等，按规定润滑方式定期更换或补充规定牌号的润滑油。对非人工润滑方式，要经常检查油路是否畅通，润滑机构是否灵活。

2. 蜗杆传动的使用与维护

1）蜗杆传动安装后，应仔细调整蜗轮的轴向位置，否则会影响正确啮合，并在短时间内导致齿面严重磨损。对于单向运转的蜗杆传动，可通过调整蜗轮的位置，使蜗杆和蜗轮在偏于啮出一侧接触，有利于在啮入处构成油楔并形成油膜润滑。调整好后，须固定蜗轮的轴向位置。

2）蜗杆传动装配后，须经跑合，以使齿面接触良好。跑合时若发现蜗杆齿面上粘有青铜，应立即停车，用细砂纸打去，再继续跑合。跑合后，应把蜗轮相对于蜗杆的轴向位置打上印记，便于以后装拆时配对和调整到原位。新机试车时，应注意观察齿面啮合、轴承密封及温升等情况。

3）蜗杆减速装置每运转 2000～4000h 应更换润滑油，换油时应更换原牌号油，避免不同牌号的油混用，并且在换油时应对箱体内部采用原牌号油冲刷、清洗。

7.11　轮系

由一对齿轮组成的机构是齿轮传动的最简单形式。但在实际机械中，为了将输入轴的一种转速变换为输出轴的多种转速，或为了获得大的传动比等，常采用一系列互相啮合的齿轮来达到此要求。这种由一系列齿轮组成的传动系统称为齿轮系，简称轮系。

7.11.1 轮系的类型

通常根据齿轮系运动时齿轮轴线的位置是否固定，将轮系分为定轴轮系和周转轮系两种基本类型。

如图 7-49 所示，轮系在传动时，所有齿轮轴线的位置都是固定不变的，这种轮系称为定轴轮系。

如图 7-50 所示，轮系在传动时，齿轮 2 的轴线围绕齿轮 1 的轴线转动。这种至少有一个齿轮轴线位置不固定而是绕其他齿轮轴线转动的轮系，称为周转轮系。

在实际的机械传动中，经常将上述基本的定轴轮系和周转轮系或将几个基本的周转轮系组合在一起使用，并称之为复合轮系。

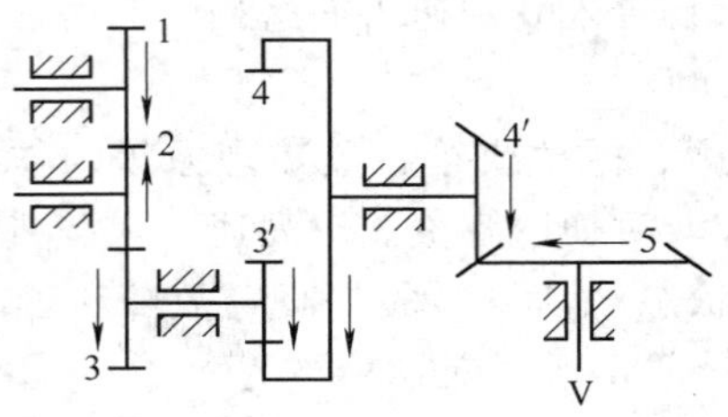

图 7-49　定轴轮系

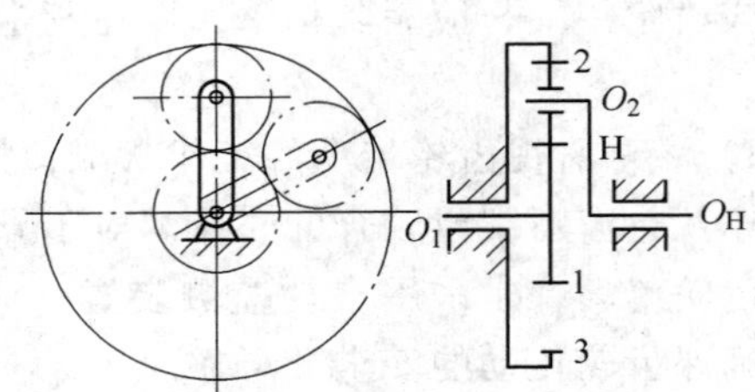

图 7-50　周转轮系

7.11.2 定轴轮系的传动比计算

轮系中首轮 1 与末轮 K 的角速度或转速之比称轮系的传动比，用 i_{1K} 表示。即

$$i_{1K}=\frac{\omega_1}{\omega_K}=\frac{n_1}{n_K}$$

轮系传动比的计算，主要是确定其转速的大小及首末两轮的转向关系。

1. 平面定轴轮系

平面定轴轮系中各齿轮的轴线均相互平行（图 7-52）。如前所述，一对圆柱齿轮传动的传动比大小为

$$i_{12}=\frac{\omega_1}{\omega_2}=\frac{n_1}{n_2}=\frac{z_2}{z_1}$$

齿轮传动的转向关系可用正负号表示或画箭头表示。一对外啮合齿轮传动时，两轮转向相反，i_{12}取负号或箭头指向相反（图 7-51a）；一对内啮合齿轮传动时，两轮转向相同，i_{12}取正号或箭头指向相同（图 7-51b）。

在如图 7-52 所示的平面定轴轮系中，设首轮为 1，末轮为 5，各轮的角速度和齿数分别用 ω_1、ω_2、ω_3、ω_4、ω_5 和 z_1、z_2、z_3、$z_{3'}$、z_4、$z_{4'}$、z_5 表示，轮系中各对齿轮的传动比计算分别为

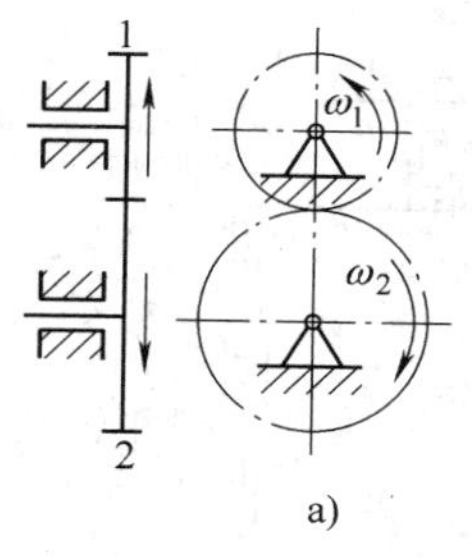

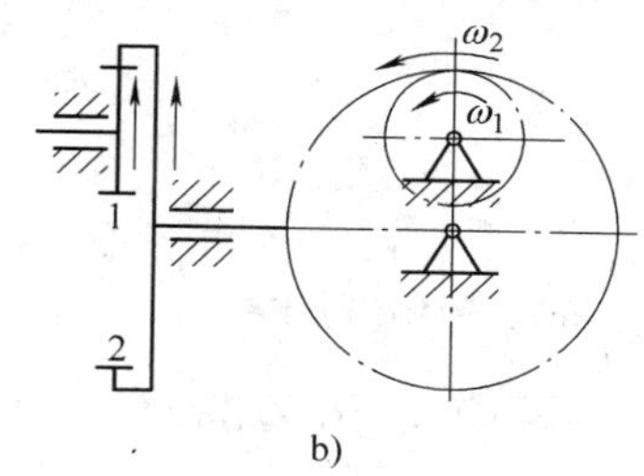

图 7-51　齿轮传动的转向关系

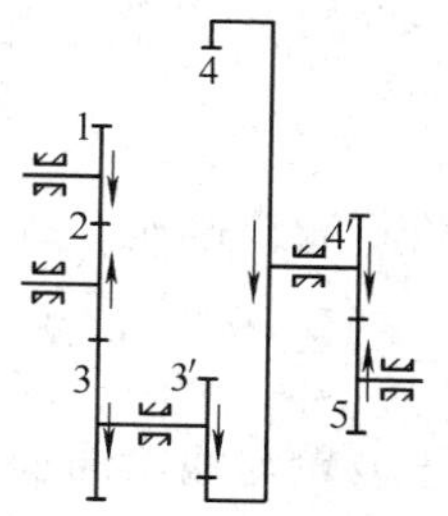

图 7-52　平面定轴轮系

$$i_{12}=\frac{\omega_1}{\omega_2}=-\frac{z_2}{z_1}$$

$$i_{23}=\frac{\omega_2}{\omega_3}=-\frac{z_3}{z_2}$$

$$i_{3'4}=\frac{\omega_{3'}}{\omega_4}=\frac{z_4}{z_{3'}}$$

$$i_{4'5}=\frac{\omega_{4'}}{\omega_5}=-\frac{z_5}{z_{4'}}$$

将以上各式等号两边分别对应相乘，可得

$$i_{12}i_{23}i_{3'4}i_{4'5}=\frac{\omega_1}{\omega_2}\frac{\omega_2}{\omega_3}\frac{\omega_{3'}}{\omega_4}\frac{\omega_{4'}}{\omega_5}=(-1)^3\frac{z_2}{z_1}\frac{z_3}{z_2}\frac{z_4}{z_{3'}}\frac{z_5}{z_{4'}}$$

因 $\omega_3=\omega_{3'}$，$\omega_4=\omega_{4'}$，故

$$i_{15}=\frac{\omega_1}{\omega_5}=(-1)^3\frac{z_3}{z_1}\frac{z_4}{z_{3'}}\frac{z_5}{z_{4'}}$$

上述各式表明，定轴轮系传动比为各对齿轮传动比的连乘积，其大小为所有从动轮齿数的连乘积与所有主动轮齿数的连乘积之比，其正负号取决于轮系中外啮合齿轮的对数。当外啮合齿轮的对数为偶数时，得到“+”号；外啮合齿轮的对数为奇数时，得到“-”号。

另外，由上面传动比计算可见，式中不含齿轮 2 的齿数 z_2，这是因为齿轮 2 既是主动轮，又是从动轮，故在等式右边分子分母中消去 z_2。这说明齿轮 2 的齿数不影响轮系传动比的大小，但其引入则改变轮系的转向，这种齿轮称为惰轮。

以上结果可推广到一般情况，即平面定轴轮系传动比的一般表达式为

$$i_{1K}=\frac{\omega_1}{\omega_K}=\frac{n_1}{n_K}=(-1)^m\frac{\text{轮系中所有从动轮齿数的连乘积}}{\text{轮系中所有主动轮齿数的连乘积}} \tag{7-38}$$

式中　m——外啮合圆柱齿轮的对数。

2. 空间定轴轮系

空间定轴轮系中各齿轮的轴线并不都相互平行。如图 7-53 所示卷扬机的传动系统为一空间定轴轮系，其传动比的大小仍可用平面定轴轮系的表达式计算，但转向不能用 $(-1)^m$ 来判断，需在运动简图上用箭头标明各轮的转向。

【例 7-4】　图 7-53 所示为卷扬机的传动系统，其末端为蜗杆传动。其中，已知 $z_1=18$，$z_2=36$，$z_3=20$，$z_4=40$，$z_5=2$，$z_6=50$。若 $n_1=1000\text{r/min}$，鼓轮直径 $D=200\text{mm}$，试求蜗轮 6 的转速 n_6 和重量为 W 的重物的提升速度，并确定提升重物时齿轮 1 的转向。

解 由式（7-38）可计算轮系传动比大小，即

$$i_{16}=\frac{n_1}{n_6}=\frac{z_2z_4z_6}{z_1z_3z_5}$$

可得蜗轮 6 的转速 n_6 为

$$n_6=n_1\frac{z_1z_3z_5}{z_2z_4z_6}=1000\times\frac{18\times20\times2}{36\times40\times50}\text{r/min}=10\text{r/min}$$

由于鼓轮与蜗轮同轴，所以鼓轮的转速也是 10r/min。重物 W 的提升速度为鼓轮的圆周速度，即

$$v=\pi Dn_6=3.14\times200\times10\text{mm/min}=6280\text{mm/min}=6.28\text{m/min}$$

提升重物时齿轮 1 的转向如图 7-53 中箭头所示。

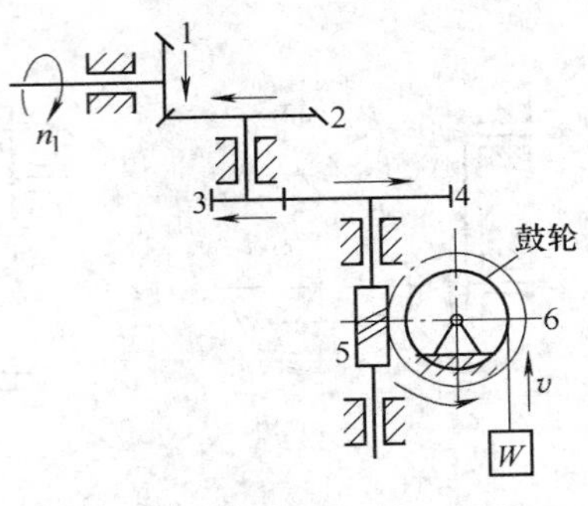

图 7-53 卷扬机传动系统

7.11.3 周转轮系的传动比计算

图 7-54a 所示的周转轮系中，齿轮 1、3 及构件 H 分别绕位置固定且相互重合的轴线 O_1、O_3 及 O_H 转动，齿轮 2 活套在构件 H 的小轴上，一方面绕自身的轴线 O_2 回转（自转），同时又随构件 H 绕轴线 O_H 回转（公转），其运动如同天上行星的运动，故称为行星轮。支承行星轮的构件 H 称为行星架，绕固定轴线回转的齿轮 1、3 称为中心轮。一个基本的周转轮系就是由一个行星架、若干行星轮和不超过二个与行星轮啮合的中心轮组成。其传动关系可表示为

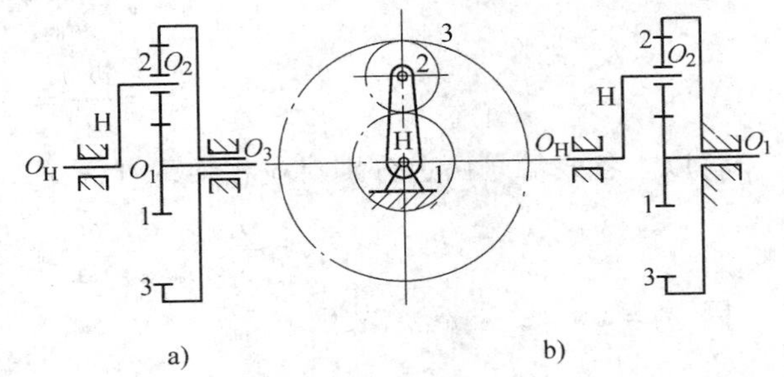

图 7-54 周转轮系的类型

a) 差动轮系 b) 行星轮系

中心轮→行星轮→中心轮

↑ (虚线)

行星架

其中“↑”表示行星架支承行星轮并带着它公转。

在图 7-54a 所示的周转轮系中，两个中心轮都能转动，轮系的自由度为 2，即有二个独立运动，称之为差动轮系；若固定其中一个中心轮，如图 7-54b 所示，则轮系的自由度为 1，即只有一个独立运动，称之为行星轮系。

在周转轮系中，由于行星轮的运动是兼有自转和公转的复杂运动，因此其传动比不能直接运用定轴轮系传动比公式计算。但若假想将轮系中的行星架相对固定，则周转轮系将转化为定轴轮系，称之为转化轮系，借助该转化轮系，便可利用定轴轮系的传动比公式计算周转轮系的传动比。

在图 7-54a 中，设 ω_1、ω_3、ω_2、ω_H 分别为中心轮 1 和 3、行星轮 2、行星架 H 的角速度。根据相对运动原理，给整个周转轮系加一个与行星架的角速度大小相等、方向相反的角速度（$-\omega_H$），并不改变轮系中任意两构件之间的相对运动关系，但行星架便成为“静止”

的机架，原周转轮系就转化成定轴轮系，在这个转化轮系中各构件的角速度见表 7-21。

表 7-21　转化轮系中各构件的角速度

构件	周转轮系中各构件的角速度	转化轮系中各构件的角速度
1	ω_1	$\omega_1^H=\omega_1-\omega_H$
2	ω_2	$\omega_2^H=\omega_2-\omega_H$
3	ω_3	$\omega_3^H=\omega_3-\omega_H$
H	ω_H	$\omega_H^H=\omega_H-\omega_H=0$

由于转化轮系相当于定轴轮系，故其传动比 i_{13}^H 可由定轴轮系的传动比计算公式求得，即

$$i_{13}^H=\frac{\omega_1^H}{\omega_3^H}=\frac{\omega_1-\omega_H}{\omega_3-\omega_H}=(-1)^1\frac{z_3}{z_1}$$

由此可推广至一般情况，转化轮系传动比的一般表达式为

$$i_{1K}^H=\frac{\omega_1^H}{\omega_K^H}=\frac{\omega_1-\omega_H}{\omega_K-\omega_H}=(-1)^m\frac{\text{从 1 到 }K\text{ 所有从动轮齿数的连乘积}}{\text{从 1 到 }K\text{ 所有主动轮齿数的连乘积}} \tag{7-39}$$

借助上式可计算出周转轮系的传动比，但要注意以下几点：

1）式（7-39）只适用于圆柱齿轮所组成的周转轮系。

2）式（7-39）中 $i_{1k}^H\neq i_{1k}$。i_{1k}^H代表转化轮系中的角速度比（ω_1^H/ω_k^H），其大小及符号按定轴轮系传动比计算方法确定；而 i_{1k}是原周转轮系中 1、K 两轮的绝对（相对于机架）角速度比，其值须借助 i_{1k}^H才能求得。

3）将 ω_1、ω_K 和 ω_H 中两个已知量代入式中求解第三个量时，应将其本身表示转向的正负号同时代入，即在假定某一转向的角速度为“+”号后，相反转向的角速度必须代入“-”号。

4）若轮系中有锥齿轮或蜗杆传动，仍可利用式（7-39）来计算该轮系中轴线相互平行的两构件之间的传动比大小，但转向不能用 $(-1)^m$来判别，必须在转化轮系中用画箭头（虚线箭头）的方法来确定。

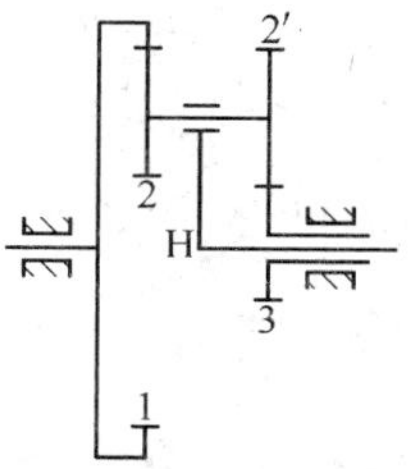

图 7-55　例 7-5 图

【例 7-5】　图 7-55 所示为差动轮系，已知 $z_1=80$，$z_2=25$，$z_2'=35$，$z_3=20$，$n_1=50\text{r/min}$，$n_3=200\text{r/min}$，两者转向相反。求 n_H。

解　由式（7-39）可得转化轮系传动比为

$$i_{13}^H=\frac{n_1-n_H}{n_3-n_H}=(-1)^1\frac{z_2z_3}{z_1z_{2'}}$$

由于 n_1 与 n_3 转向相反，假设 n_1 为正值，则 n_3 为负值；反之也可。则

$$\frac{50\text{r/min}-n_H}{-200\text{r/min}-n_H}=-\frac{25\times20}{80\times35}=-\frac{5}{28}$$

求得，$n_H=12.12\ \text{r/min}$。

由计算结果可知 n_H 为正值，而前面已假设 n_1 为正值，这说明行星架 H 的转向与轮 1 相同，与轮 3 相反。

【例 7-6】　图 7-56 所示为锥齿轮组成的行星轮系。已知 $z_1=25$，$z_2=21$，$z_{2'}=32$，$z_3=41$，$n_1=960\text{r/min}$，求行星架 H 的转速 n_H。

解　该行星轮系虽为锥齿轮所组成，但仍可运用式（7-39）来计算轮系中轴线互相平行

的两构件间的传动比大小。其转化轮系传动比为

$$i_{13}^{H}=\frac{n_1-n_H}{n_3-n_H}=-\frac{z_2z_3}{z_1z_{2'}}$$

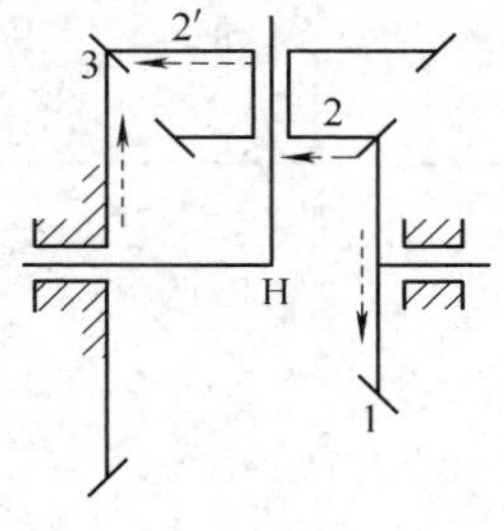

图 7-56　例 7-6 图

式中，等式右边的“-”号表示转化轮系中首末两轮的转向相反，它是根据在转化轮系中用虚线画箭头的方法来确定的。必须指出，图中虚线箭头方向，并不代表齿轮的真实转向，仅代表转化轮系中齿轮的转向。

因 $n_3=0$，并假设 n_1 为正值，则由上式可得

$$\frac{960\text{r/min}-n_H}{0-n_H}=-\frac{21\times41}{25\times32}$$

解得，$n_H=462.37\text{ r/min}$

计算结果为正值，表明行星架 H 的转向与齿轮 1 相同。

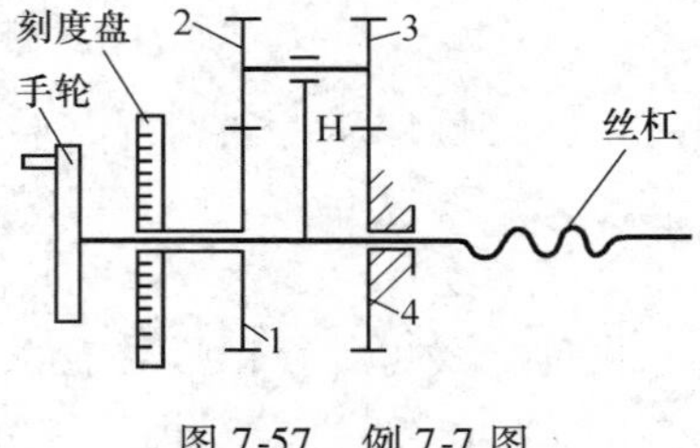

图 7-57　例 7-7 图

【例 7-7】　某花键磨床读数机构为图 7-57 所示的行星轮系，由刻度盘转过的格数可显示手轮（即丝杠）的转速。已知 $z_1=60$，$z_2=20$，$z_3=20$，$z_4=59$。试计算手轮与刻度盘的传动比。

解　该读数机构的手轮即为行星轮系中的行星架 H，刻度盘即为齿轮 1，所以手轮与刻度盘的传动比即为 i_{H1}。由式（7-39）有

$$i_{14}^{H}=\frac{n_1-n_H}{n_4-n_H}=(-1)^2\frac{z_2z_4}{z_1z_3}$$

因齿轮 4 固定，所以 $n_4=0$。则由上式可得

$$i_{1H}=1-\frac{z_2z_4}{z_1z_3}=1-\frac{20\times59}{60\times20}=\frac{1}{60}$$

由此可得

$$i_{H1}=\frac{1}{i_{1H}}=60$$

可知，手轮转 1 圈，刻度盘转 1/60 圈；手轮与刻度盘同向转动。

7.11.4　复合轮系的传动比计算

计算复合轮系传动比，须将各个基本的定轴轮系和周转轮系正确区分开来，然后分别列出计算这些轮系传动比的方程式，最后联立方程式求解。

区分轮系的方法和步骤是：首先找出轴线位置不固定的行星轮，支撑行星轮的便是行星架，与行星轮相啮合且轴线位置固定的齿轮即为中心轮。这些行星轮、行星架、中心轮便组成为基本周转轮系（注意，一个行星架对应一个基本周转轮系）。区分出各个基本周转轮系后，剩下的一系列相互啮合且轴线位置固定的齿轮，便是定轴轮系。

【例 7-8】　图 7-58 所示为电动卷扬机减速器。已知 $z_1=24$，$z_2=33$，$z_{2'}=21$，$z_3=78$，$z_{3'}=18$，$z_4=30$，$z_5=78$。试求传动比 i_{15}；若电动机转速 $n_1=1450\text{ r/min}$，求卷筒转速 n_5。

解　在该轮系中，双联齿轮 2—2′绕本身轴线转动的同时，又随内齿轮 5（卷筒）绕位置固定的轴线转动，故双联齿轮 2—2′为行星轮；支撑它运动的卷筒就是行星架 H；与行星

轮相啮合的齿轮 1 和 3 为中心轮。这两个中心轮都不固定，所以齿轮 1、2—2′、3 和行星架 H 组成一差动轮系。剩下的齿轮 3′、4、5 组成一定轴轮系。二者组合在一起便构成一个复合轮系。

在定轴轮系 3′—4—5 中，传动比为

$$i_{3'5}=\frac{n_{3'}}{n_5}=-\frac{z_5}{z_{3'}}=-\frac{78}{18} \tag{a}$$

在差动轮系 1—2—2′—3—H 中，转化轮系传动比为

$$i_{13}^{\mathrm{H}}=\frac{n_1-n_{\mathrm{H}}}{n_3-n_{\mathrm{H}}}=-\frac{z_2z_3}{z_1z_{2'}}=-\frac{33\times78}{24\times21} \tag{b}$$

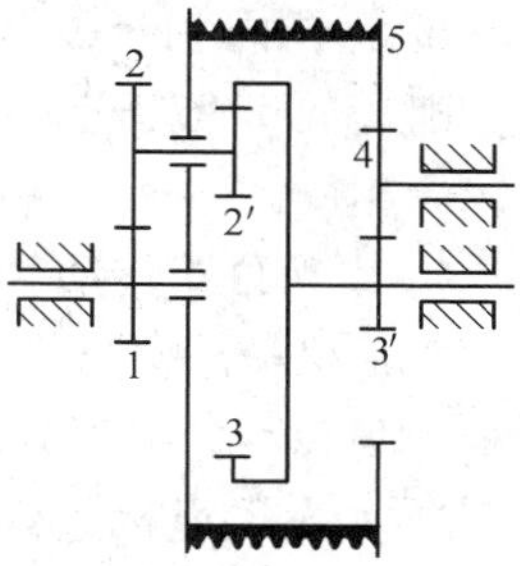

图 7-58 例 7-8 图

由 $n_{3'}=n_3$，$n_{\mathrm{H}}=n_5$，并解式（a）得

$$n_3=-\frac{13}{3}n_5$$

代入式（b）得

$$\frac{n_1-n_5}{-\frac{13}{3}n_5-n_5}=-\frac{33\times78}{24\times21}$$

可解得

$$i_{15}=\frac{n_1}{n_5}=28.24$$

将电动机转速 $n_1=1450$ r/min 代入上式，解得

$$n_5=\frac{n_1}{i_{15}}=\frac{1450}{28.24}\mathrm{r/min}=51.35\mathrm{r/min}$$

所求 n_5 为正值，说明卷筒转向与电动机轴转向相同。

7.11.5 轮系的功用简介

在实际机械传动中，轮系得到广泛应用，其主要功用归纳为如下几点。

1. 实现较远距离的传动

当两轴间的距离 a 较大但又必须采用齿轮传动时，采用轮系可缩小空间，节约材料，减轻重量，并方便制造和安装。图 7-59 所示为相同传动比时采用一对齿轮传动（双点画线）与采用定轴轮系传动两种方案的比较。

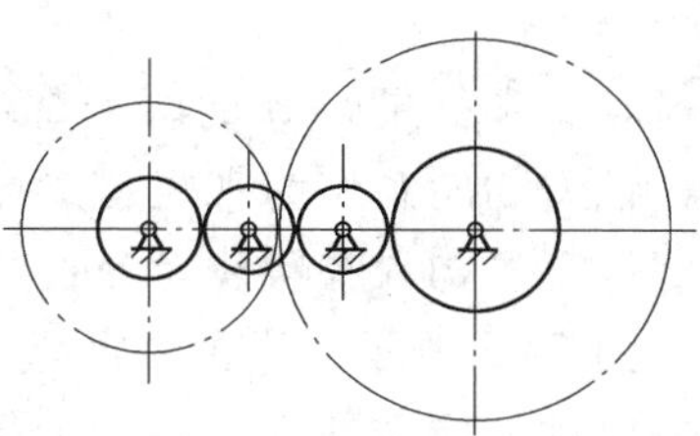

图 7-59 相距较远的两轴间的传动

2. 获得大的传动比

图 7-57 所示的行星轮系中，若使 $z_1=100$，$z_2=101$，$z_3=100$，$z_4=99$ 时，其传动比 i_{H1} 可高达 10000。可见，这种少齿差的行星轮系可以获得较大的传动比。

3. 实现变速、换向的传动

当主动轴转速或转向不变时，利用轮系可使从动轴获得多种转速或改换转向。如汽车、机床等都采用变速箱实现变速或换向传动。图 7-60 所示是车床走刀丝杠的三星轮换向机构。相啮合的齿轮 2 和 3 空套在三角形构件 H 的两根轴上。若通过手柄使构件 H 绕轮 4 的轴转至图 7-60a 所示位置，则主动轮 1 的转动经齿轮 2 和 3 传给从动轮 4，此时，从动轮 4 与主

动轮 1 的转向相反；当构件 H 转至图 7-60b 所示位置时，则齿轮 2 处于空转状态，这时从动轮 4 与主动轮 1 的转向相同。

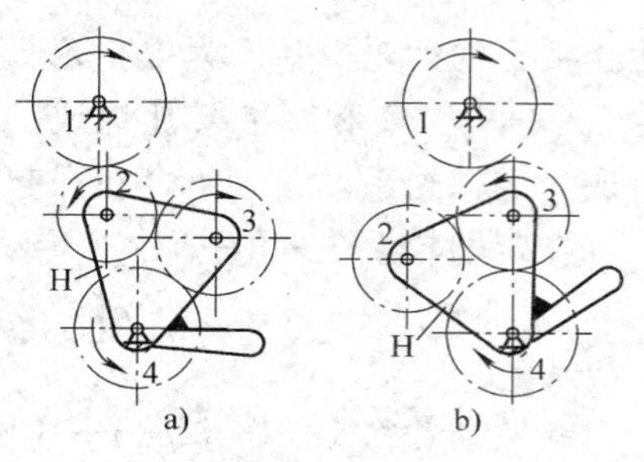

图 7-60　三星轮换向机构

4. 实现分路传动

实际机械中，常采用轮系使一根主动轴带动几根从动轴一起转动，实现分路传动，以减少原动机数量。图 7-61 所示为滚齿机工作台传动系统。运动从 I 轴输入，一条路线由 1→2 传到滚刀 A；另一条路线由 3→4－5→6→7→8→9 传到轮坯 B。

5. 实现运动的合成和分解

利用差动轮系可以把两个独立运动合成为一个运动，或者将一个运动按确定的关系分解为两个运动。

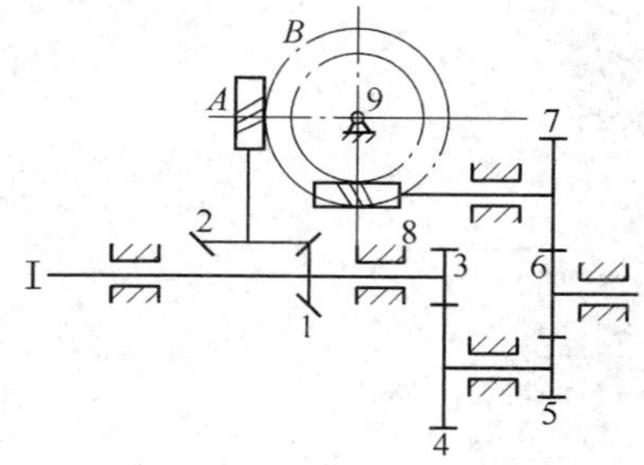

图 7-61　滚齿机工作台传动系统

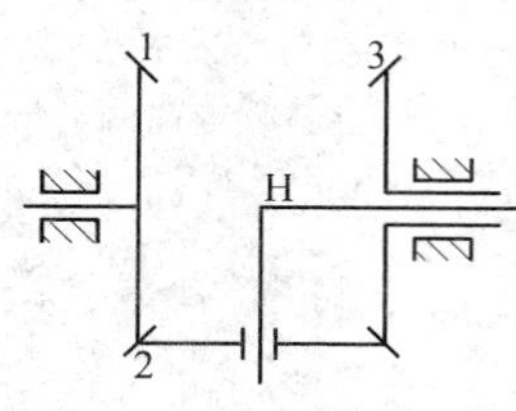

图 7-62　滚齿机中的差动轮系

在图 7-62 所示滚齿机的差动轮系中，分齿运动由齿轮 1 传入，附加运动由行星架 H 传入，合成运动由齿轮 3 传出，使滚齿机工作台得到需要的转速。若 $z_1 = z_3$，则有

$$i_{13}^{H} = \frac{n_1 - n_H}{n_3 - n_H} = -\frac{z_3}{z_1} = -1$$

可得

$$n_3 = 2n_H - n_1$$

即齿轮 1 和行星架 H 的两个输入转速 n_1、n_H，经差动轮系合为齿轮 3 的转速 n_3。

该差动轮系作为加（减）法机构，广泛应用于机床、计算机构和补偿装置等。

图 7-63 所示为汽车后桥差速器。该轮系将汽车发动机驱动的原动件 5 的转速分解为按一定关系变化的左右轮转速 n_1 及 n_3。

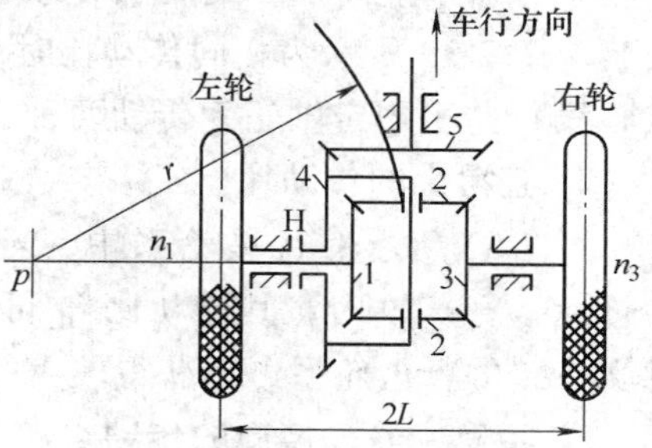

图中构件 1—2—3—4 组成差动轮系，且 $z_1 = z_3$，则

图 7-63　汽车后轿差速器

$$i_{13}^{4} = \frac{n_1 - n_4}{n_3 - n_4} = -\frac{z_3}{z_1} = -1$$

可得

$$n_4 = \frac{n_1 + n_3}{2} \tag{a}$$

当汽车直线行驶时，$n_1=n_3=n_4$。这时，差速器实际起了联轴器的作用。

当汽车绕点 P 左转弯时，由于弯道内外侧半径不等，右轮比左轮滚过的弧线长，所以要求右轮比左轮转得快，两车轮转速与两车轮到弯道中心 P 的距离成正比，即

$$\frac{n_1}{n_3}=\frac{r-L}{r+L} \tag{b}$$

联立（a）、（b）可得

$$n_1=\frac{r-L}{r}n_4 \qquad n_3=\frac{r+L}{r}n_4$$

即该差动轮系可将输入的转速 n_4 分解为左、右轮的转速 n_1、n_3。

思考与习题

1. 有一个正常齿制标准直齿圆柱齿轮，测得其齿顶圆直径 $d_a=156\text{mm}$，齿数 $z=50$。求其模数。

2. 有一个标准渐开线直齿圆柱齿轮，测得其齿顶圆直径 $d_a=53.2\text{mm}$，齿数 $z=25$，试问该齿轮属哪一种齿制的齿轮？

3. 已知一对标准直齿圆柱齿轮传动，其传动比 $i_{12}=3$，主动轮转速 $n_1=600\text{r/min}$，中心距 $a=168\text{mm}$，模数 $m=4\text{mm}$。试求从动轮转速、齿数 z_1 和 z_2 各为多少？

4. 某传动装置中，有一对正常齿制标准直齿圆柱齿轮传动。小齿轮的齿数 $z_1=24$、齿顶圆直径 $d_{a1}=78\text{mm}$，中心距 $a=135\text{mm}$。试求这对齿轮的模数、大齿轮的齿数和主要几何尺寸，并求这对齿轮的传动比。

5. 两个正常齿制标准直齿圆柱齿轮，已测得齿数 $z_1=26$，小齿轮齿顶圆直径 $d_{a1}=120\text{mm}$，大齿轮全齿高 $h=11.25\text{mm}$，试判断这两个齿轮能否正确啮合传动。

6. 现有一正常齿制标准直齿圆柱齿轮，已知 $m=2\text{mm}$，$z=42$，求跨齿数 K，公法线长度 W，分度圆弦齿厚$\bar{s}$和弦齿高$\bar{h}$。

7. 图 7-64 所示为一台轻型电动绞车。由电动机驱动，其传动装置由单级减速器及开式标准直齿圆柱齿轮传动组成。已知开式传动的小齿轮齿数 $z_1=19$，模数 $m=4\text{mm}$，齿宽 $b_1=45\text{mm}$，转速 $n_1=180\text{r/min}$，材料为 45 钢，调质 210HBW；大齿轮齿数 $z_2=76$，齿宽 $b_2=40\text{mm}$，材料为 45 钢，正火 180HBW。试求开式齿轮传动允许传递的功率。

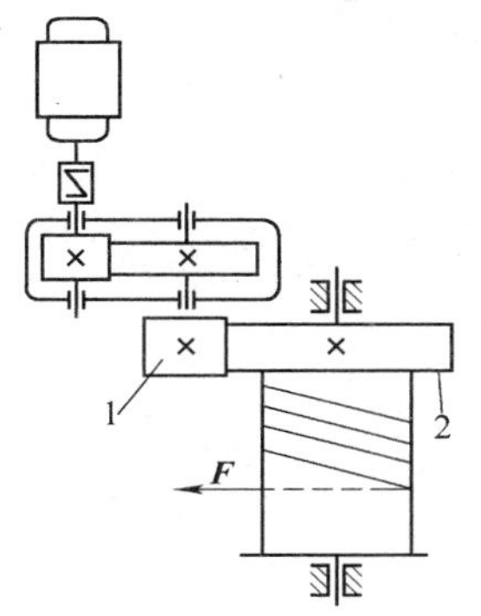

图 7-64　题 7 图

8. 某机器的闭式直齿圆柱齿轮传动中，传递功率 $P=4\text{kW}$、转速 $n_1=720\text{r/min}$、模数 $m=4\text{mm}$、齿数 $z_1=25$、$z_2=73$、齿宽 $b_1=80\text{mm}$、$b_2=75\text{mm}$，小齿轮材料为 45 钢，调质 210HBW，大齿轮材料为 ZG310－570 正火 180HBW，用电动机驱动，单向转动，载荷有中等冲击。试问这对齿轮传动能否满足强度要求而安全地工作。

9. 铣床中的一标准直齿圆柱齿轮传动，已知：传递功率 $P=7.5\ \text{kW}$、小齿轮转速 $n_1=1450\text{r/min}$、传动比 $i=2.08$，单向转动。建议齿轮材料，小齿轮选用 40Cr，调质处理，260HBW；大齿轮选用 45 钢，调质处理，230HBW。试分析该齿轮传动的工作能力，并确定

其主要几何参数。

10. 在技术革新中，拟在一个中心距 $a=220\text{mm}$ 的旧齿轮箱内，配上一对标准斜齿圆柱齿轮传动，其齿数 $z_1=27$，$z_2=60$，法向模数 $m_n=5\text{mm}$。试求这对斜齿圆柱齿轮螺旋角 β、分度圆直径、齿顶圆直径。

11. 一对标准斜齿圆柱齿轮传动，已知 $z_1=27$，$z_2=60$，$m_n=4\text{mm}$，$\beta=15°$。试求：(1) 两轮分度圆直径 d、齿顶圆直径 d_a、标准中心距 a；(2) 将求得的标准中心距 a 圆整为整数时，其 β 角应为多少？此时两轮分度圆直径又应为多少？

12. 图 7-65 所示斜齿圆柱齿轮减速器。

(1) 已知主动轮 1 的螺旋角旋向及转向，为使轮 2 和轮 3 在中间轴上产生的轴向力最小，试确定轮 2、3、4 的螺旋角旋向和各轮产生的轴向力方向。

(2) 已知 $m_{n2}=3\text{mm}$，$z_2=57$，$\beta_2=18°$，$m_{n3}=4\text{mm}$，$z_3=20$，试求 β_3 为多少时，才能使中间轴上两齿轮产生的轴向力互相抵消？

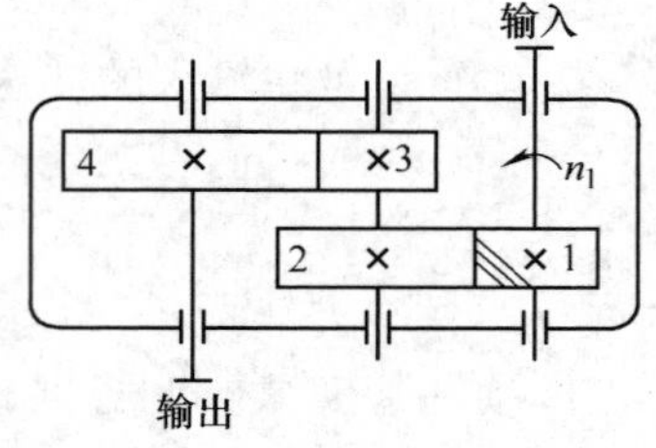

图 7-65　题 12 图

13. 图 7-66 所示的蜗杆传动，已知蜗杆的螺旋线旋向和旋转方向，试求：(1) 蜗轮转向；(2) 标出啮合点处作用于蜗杆和蜗轮上的三个分力方向。

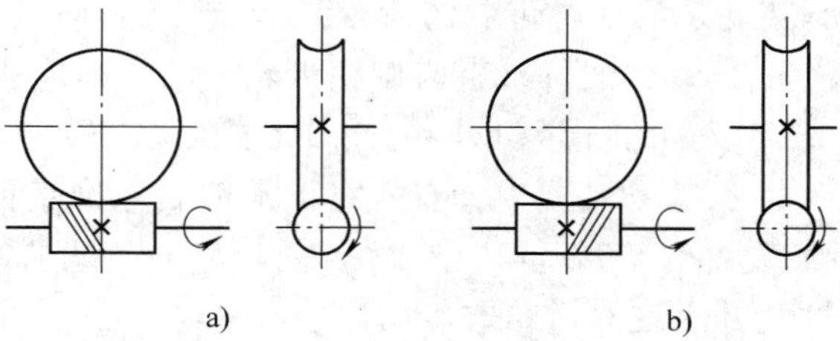

图 7-66　题 13 图

14. 图 7-67 所示为滚齿机滚刀与工件间的传动简图。已知各轮齿数为：$z_1=35$，$z_2=10$，$z_3=30$，$z_4=70$，$z_5=40$，$z_6=90$，$z_7=1$，$z_8=84$。求毛坯轴回转一转时滚刀轴的转数。

15. 在图 7-68 所示轮系中，已知蜗杆（右旋）转速 $n_1=900\text{r/min}$（顺时针），$z_1=2$，$z_2=60$，$z_{2'}=20$，$z_3=24$，$z_{3'}=20$，$z_4=24$，$z_{4'}=30$，$z_5=35$，$z_{5'}=28$，$z_6=135$，求 n_6 的大小

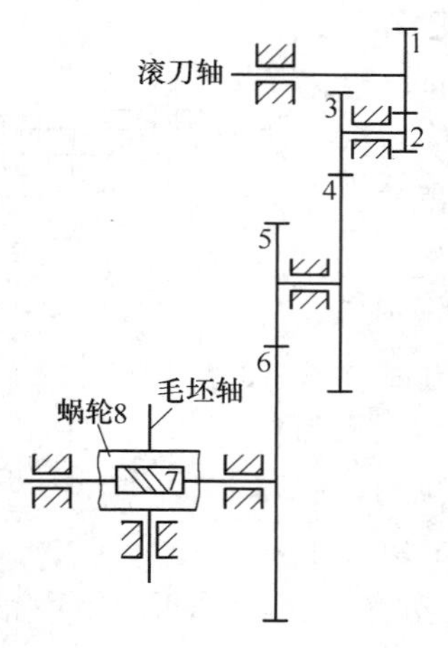

图 7-67　题 14 图

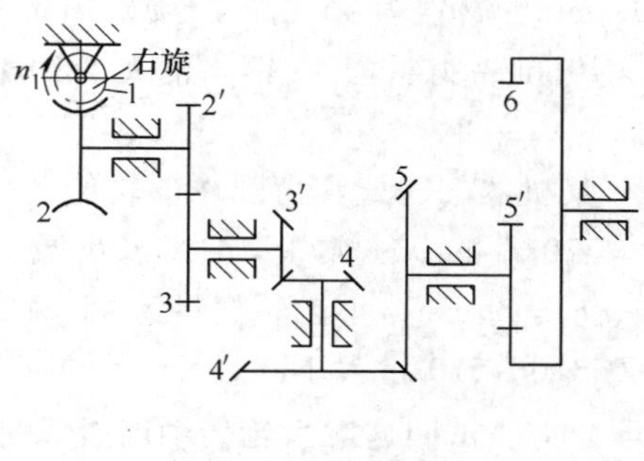

图 7-68　题 15 图

和方向。

16. 在图 7-69 所示的行星轮系中，各轮的齿数为：$z_1=27$，$z_2=17$，$z_3=61$。已知 $n_1=6000\text{r/min}$，求传动比 i_{1H}和行星架 H 的转速 n_H。

17. 在图 7-70 所示的差动轮系中，各轮的齿数为：$z_1=16$，$z_2=26$，$z_3=64$。轮 1 和轮 3 的转向相同，转速大小分别为 $n_1=1\text{r/min}$，$n_3=4\text{r/min}$，试求 n_H 和 i_{1H}。

18. 在图 7-71 所示的轮系中，各轮齿数为 $z_1=20$，$z_2=30$，$z_3=20$，$z_4=30$，$z_5=80$。轮 1 的转速 $n_1=300\text{r/min}$，试求行星架 H 的转速 n_H。

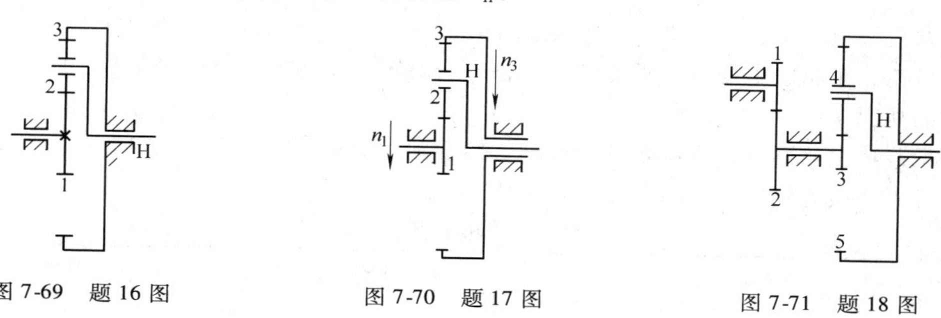

图 7-69　题 16 图　　图 7-70　题 17 图　　图 7-71　题 18 图

第 8 章　轴

8.1　轴的功用及分类

轴是机械设备中受轴承支承的重要零件之一。它直接支承旋转零件，并能传递运动和动力。如齿轮、车轮、电动机转子、铣刀等各种作旋转运动的零件，都必须装在轴上，才能实现它们的功能。

按承载情况的不同，可将轴分为转轴、传动轴和心轴三类。心轴又可分为固定心轴和转动心轴两种。其实例、受力简图和特点见表 8-1。

表 8-1　按承载情况分类

分类		实例简图	受力简图	特点
心轴	转动心轴	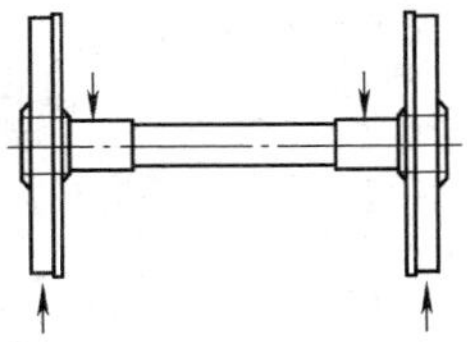 铁路机车轮轴	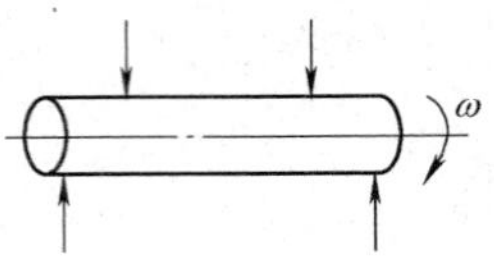	轴只受弯矩不受转矩。转动心轴受变应力，固定心轴受静应力
	固定心轴	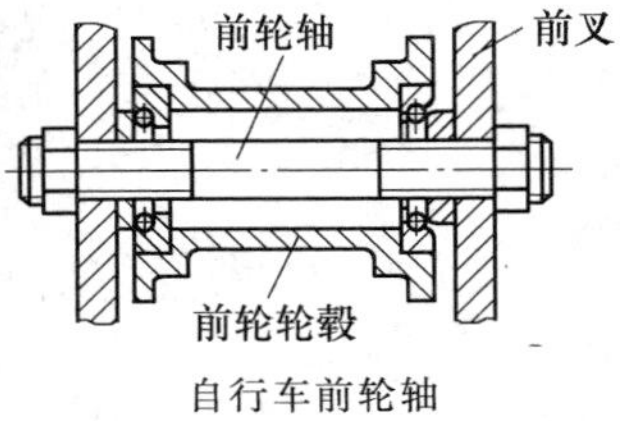 前轮轴 前叉 前轮轮毂 自行车前轮轴	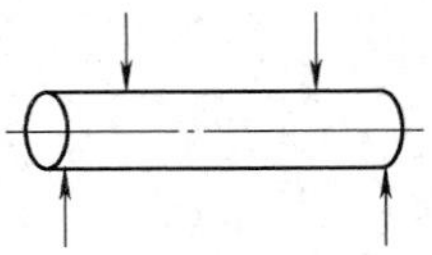	
转轴		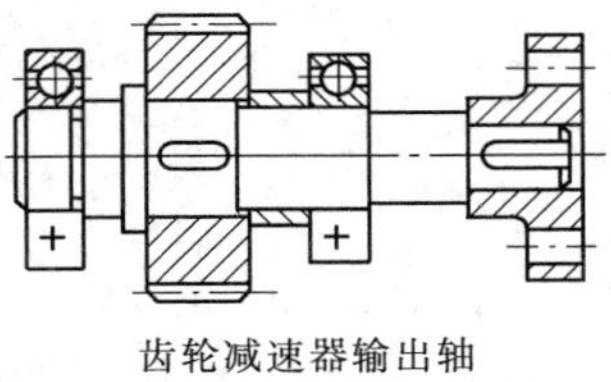 齿轮减速器输出轴	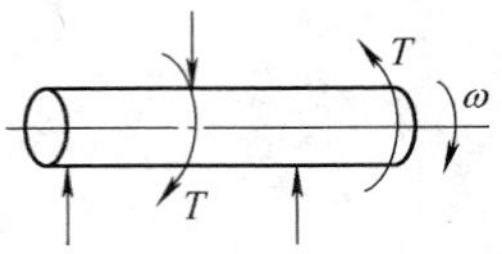	轴同时承受转矩和弯矩
传动轴		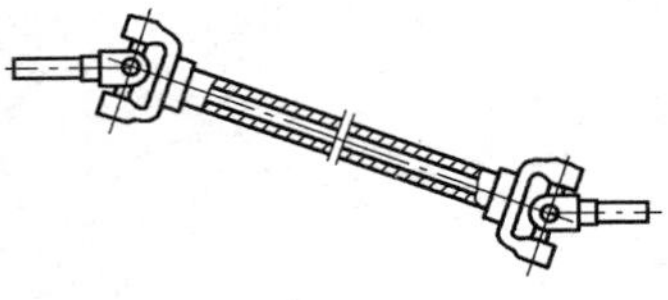 汽车传动轴	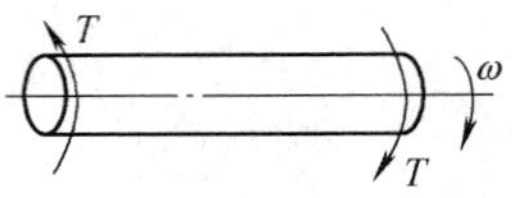	轴主要受转矩，不受弯矩或弯矩很小

按几何轴线形状的不同，可将轴分为直轴、曲轴和钢丝软轴。其中，曲轴（图 8-1）常用于做往复运动的机械（如曲柄压力机、内燃机等）中，以实现运动方式的转换；钢丝软轴（图 8-2）是由多层钢丝密集缠绕而成，可把转矩和旋转运动灵活地传到任何位置，且具

有缓冲作用，常用于受连续振动的场合（如混凝土振动器等设备中），但这类轴结构刚度较低。

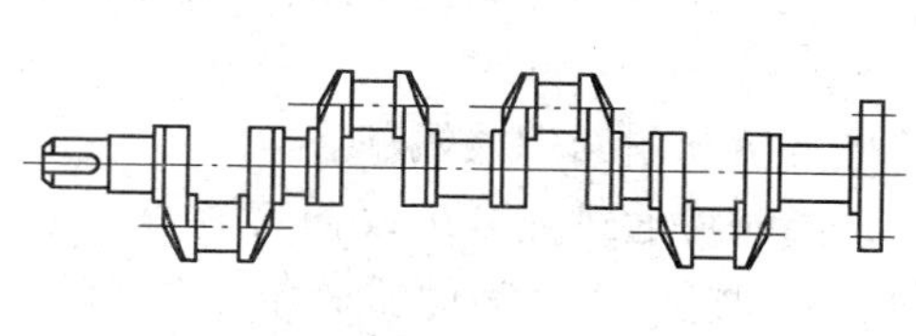

图 8-1 曲轴图

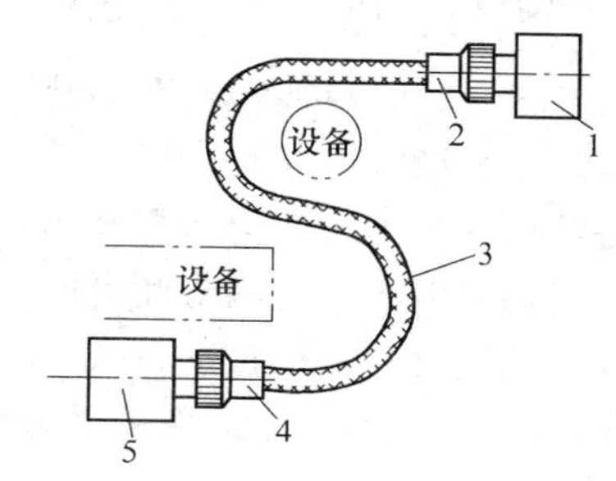

图 8-2 钢丝软轴

1—被驱动装置 2、4—接头

3—钢丝软轴（外层为护套） 5—动力源

按结构形状的不同，可将轴分为光轴、阶梯轴、实心轴、空心轴等。直径不变的光轴（见表 8-1 中的传动轴），在农业机械、纺织机械中较为常用。在一般机械中，为便于轴上零件的装拆、定位与紧固，通常采用各段直径不同的阶梯轴（见表 8-1 中的转轴）。直轴一般做成实心轴。为减轻重量或满足使用上的需要（如需在轴中放置其他零件或输送润滑油），可采用空心轴（见表 8-1 中的汽车传动轴）。本章只讨论机器中较为常见的实心阶梯轴。

8.2 轴的失效形式、计算准则和材料选择

8.2.1 主要失效形式

轴的主要失效形式可归纳为如下几方面。

（1）疲劳断裂 轴工作时大多受变应力作用，当应力值和循环次数超过极限时，将发生疲劳断裂。这是轴失效的最主要形式。

（2）塑性变形或脆性断裂 当轴的静强度不足时，若受到振动、冲击，会因瞬时过载而失效。对于钢制的轴，最大工作应力超过材料的屈服极限时，轴将产生塑性变形；对于铸铁制的轴，最大工作应力超过材料的强度极限时，轴将发生脆性断裂。

（3）弹性变形过大 轴的刚度不足时，将产生过大的弯曲变形或扭转变形，影响轴的正常工作。

（4）剧烈振动（共振） 在高转速下工作的轴，可能会发生共振或振幅过大而失效。

（5）其他失效形式 如轴颈过度磨损、胶合、失圆等。

8.2.2 工作能力计算准则

针对轴的主要失效形式，其工作能力计算准则如下。

对于一般机械传动中的轴，在根据工作要求选用适宜的材料，合理确定轴的结构形式和尺寸之后，只需进行强度计算。对于工作时不允许有过大弹性变形的轴（如机床主轴、大跨度蜗杆轴），还需要进行刚度计算；对于高转速轴（如汽轮机主轴、高速磨床主轴），为

防止发生共振而破坏，还需要进行振动稳定性分析。

8.2.3 轴的材料选择

轴的材料应具有足够的强度、刚度、耐磨性、韧性、耐蚀性、较小的应力集中敏感性、良好的加工性和经济性等。

轴的常用材料为碳素钢和合金钢。钢制轴的毛坯常用轧制圆钢或锻件。

碳素钢对应力集中的敏感性较低，价格也较低，同时可通过热处理改善其力学性能。对较重要或受载较大的轴，宜选 30 钢、35 钢、40 钢、45 钢和 50 钢等优质碳素结构钢，其中最常用的是 45 钢。对不太重要或受力较小的轴，可选 Q235A 等普通碳素结构钢，且无需进行热处理。

合金钢具有较好的力学性能和淬火性能，但价格较贵，常用于高速、重载的重要轴，或有特殊要求的轴。如要求尺寸小且强度高，要求耐磨损、耐高温、耐低温、耐腐蚀等。此外，合金钢对应力集中的敏感性较高，采用合金钢的轴应尽可能从结构上避免或减小应力集中，并减小其表面粗糙度值。应指出的是，在一般工作温度下（低于 200°C），各种碳素钢和合金钢的弹性模量均相差不多，故用合金钢代替碳素钢来提高轴的刚度效果甚微。

形状复杂的轴，如凸轮轴、曲轴，可采用球墨铸铁或高强度铸铁，其成本低廉，吸振性较好，对应力集中的敏感性较低，且切削性好。但铸铁的韧性较差，且铸造轴的品质不易控制，可靠性较差。

轴的部分常用材料、力学性能及许用弯曲应力见表 8-2。

表 8-2 轴的部分常用材料、力学性能及许用弯曲应力

材料牌号	热处理	毛坯直径 d/mm	硬度（HBW）	强度极限 σ_b	屈服极限 σ_S	弯曲疲劳极限 σ_{-1}	许用弯曲应力 $[\sigma_{-1}]$	应用说明
				σ/MPa				
Q235A	热轧或锻后空冷	≤100		400～420	225	170	40	用于不重要或受载荷不大的轴
		>100～250		375～390	215			
35	正火回火	≤100	149～187	520	270	210	45	用于有一定强度和加工塑性要求的轴
		>100～300	143～187	500	260	205		
	调质	≤100	156～207	560	300	230	50	
		>100～300		540	280	220		
45	正火回火	≤100	170～217	600	295	260	55	用于较重要的轴，应用最为广泛
		>100～300	162～217	580	286	240		
		>300～500	162～217	560	275	235		
	调质	≤200	217～255	650	355	270	60	
40Cr	调质	≤100	241～286	750	550	350	70	用于载荷较大且无很大冲击的重要轴
		>100～300	229～269	700	500	320		
		>300～500	229～269	650	450	295		
35SiMn（42SiMn）	调质	≤100	229～286	800	520	355	70	性能接近于 40Cr，用于中、小型轴
		>100～300	219～269	750	450	320		
		>300～400	217～255	700	400	295		

（续）

材料牌号	热处理	毛坯直径 d/mm	硬度（HBW）	强度极限 σ_b	屈服极限 σ_S	弯曲疲劳极限 σ_{-1}	许用弯曲应力 $[\sigma_{-1}]$	应用说明
				σ/MPa				
40MnB	调质	≤200	241 ~ 286	750	500	335	70	性能接近 40Cr，用于重要的轴
35CrMo	调质	≤100 >100 ~ 300 >300 ~ 500	207 ~ 269	750 700 650	550 500 450	350 320 295	70	用于承受重载荷的轴
20Cr	渗碳 淬火 回火	≤60	表面 56 ~ 62 HRC	650	400	280	60	用于要求强度、韧性及耐磨性均较好的轴，如齿轮轴、蜗杆轴
1Cr18Ni9Ti	淬火	≤60 >60 ~ 100 >100 ~ 200	≤192	550 540 500	220 200 200	205 195 185	45	用于高、低温及腐蚀条件下工作的轴
QT400-15			156 ~ 197	400	300	145		用于制造结构形状复杂的轴
QT500-7			187 ~ 255	500	380	180		

8.3 轴的结构分析

轴的结构取决于轴的工作要求，包括轴上零件的类型、尺寸、布置和固定方式等，同时，也会受到轴的毛坯、制造和装配工艺、安装和运输等因素的影响。轴的结构形状和尺寸合理性分析主要考虑以下几方面。

1）轴上零件定位准确、固定可靠、装拆方便。

2）轴应具有良好的制造和装配工艺性。

3）轴的应力集中小、受力合理，以提高轴的强度。

4）从结构上考虑减小轴的变形，以保证轴的刚度。

5）有利于节约材料和减轻重量。

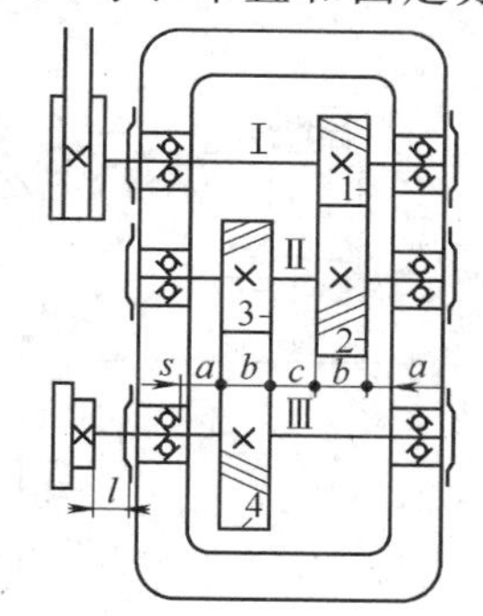

图 8-3　二级圆柱齿轮减速器的简图

$s=5\sim15\text{mm}$　$a\geqslant10\text{mm}$　$c=5\sim20\text{mm}$

l 根据轴承端盖和联轴器的装拆要求确定

下面以二级圆柱齿轮减速器的输出轴为例，说明轴的结构分析中所涉及的问题。

图 8-3 所示为减速器的简图，图中给出了减速器主要零件的相互位置关系。s 为滚动轴承内侧距箱体内壁的距离；a 为齿轮距箱体内壁的距离；c 为两齿轮之间的距离；l 为联轴器与轴承端盖的距离。

8.3.1 轴上零件的装配方案（图 8-4、表 8-3）

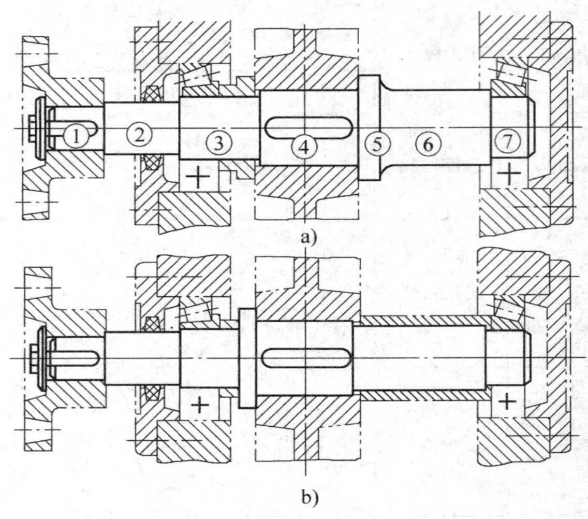

图 8-4 输出轴的两种装配方案

表 8-3 轴上零件轴向定位与固定的常用方法及其特点

轴向固定方法及结构简图		特点
轴肩及轴环	轴肩　轴环	结构简单，固定可靠。能承受较大轴向力。广泛应用于各种轴上零件的固定 为保证零件紧靠定位面，应使 $r<C$ 或 $r<R$，r 取值见表 8-4。若为非定位轴肩，r 取值见表 8-5 为保证定位可靠，定位轴肩高度 $h>R$（或 C），通常取 $h=(0.07\sim0.1)\ d$ 与滚动轴承配合处（轴颈）的 r、h 值见轴承标准 采用轴环可减轻轴的重量，其宽度 $b\approx1.4h$
弹性挡圈		大多与轴肩联合使用。其结构简单紧凑，拆装方便，但只能承受较小的轴向力，且可靠性差，也因需在轴上开环形槽而削弱了轴的强度。常用于固定滚动轴承 结构尺寸见 GB/T 894.1—1986
套筒		结构简单，固定可靠，可承受较大的轴向力。轴上不需开槽、钻孔和切制螺纹，因而不影响轴的强度。为避免增加套筒的质量和材料用量，一般用于零件间距较小的场合；且因套筒与轴的配合较松，不适用于转速很高的场合
圆螺母与止动垫圈	双圆螺母　圆螺母与止动垫圈	固定可靠、装拆方便，可承受较大的轴向力，也可承受剧烈振动和冲击载荷。由于螺纹会引起应力集中，使轴的疲劳强度降低，故一般采用细牙螺纹或固定轴端零件。当零件间距较大时，也可用圆螺母代替套筒以减小结构重量。使用时应采用双螺母或止动垫圈，以防松脱 圆螺母和止动垫圈的结构尺寸见 GB/T 810—1988、GB/T 812—1988 及 GB/T 858—1988

（续）

轴向固定方法及结构简图		特点
紧定螺钉与锁紧挡圈	锁紧挡圈	结构简单，零件位置可调，但不能承受大的轴向力，为防止螺钉松动，可加锁紧挡圈。适合于载荷很小、转速很低或仅为防止偶然轴向滑移的场合。同时可起周向固定作用。常用于光轴上零件的固定 紧定螺钉结构尺寸见 GB/T 71—1985，锁紧挡圈结构尺寸见 GB/T 884—1986
圆锥面与轴端挡圈		能消除轴与轮毂间的径向间隙，装拆方便，可兼做周向固定。适合于承受冲击载荷和同心度要求较高的轴端零件，且常与轴端挡圈联合使用，实现双向轴向固定。为防止挡圈转动，应采用止动垫片等防松措施 圆锥形轴伸尺寸见 GB/T 1570—2005 轴端挡圈结构尺寸见 GB/T 891—1986、GB/T 892—1986

表 8-4　轴肩配合表面过渡圆角半径 r 和零件倒角尺寸 C（摘自 GB/T 6403.4—2008）

（单位：mm）

轴的直径	>10～18	>18～30	>30～50	>50～80	>80～120
r、C	0.8	1.0	1.6	2.0	2.5

表 8-5　轴肩自由表面过渡圆角半径 r　（单位：mm）

r D d	$D-d$	2	5	8	10	15	20	25	30	35	40
	r	1	2	3	4	5	8	10	12	12	16
	$D-d$	50	55	65	75	90	100	130	140	170	180
	r	16	20	20	25	25	30	30	40	40	50

注：当尺寸（$D-d$）是表中两邻数值的中值时，应按较小尺寸选取 r，例如，$D-d=98$，则按 90 选 $r=25$。

8.3.2　轴上零件的定位与固定

轴上零件的位置通常是由轴上定位结构来保证的，定位准确是对定位结构的基本要求。同时，为防止轴上零件受到工作载荷时相对于轴发生沿轴向或周向的相对运动，还需要有固定轴上零件的措施，即轴上零件需进行轴向和周向固定，以保证其准确的工作位置。

轴上零件轴向定位与固定的常用方法及其特点见表 8-3。

轴上零件周向定位与固定可采用键、花键、销、过盈配合及成形连接等方式，其结构、特点、应用及尺寸计算见第 10 章。

8.3.3　各轴段的直径和长度

1. 各轴段的直径

确定轴的直径时，往往不知道支反力的作用点，不能确定弯矩的大小和分布情况，故不能按轴所受的实际载荷来确定直径。但轴所受的转矩是能够求得的。因此，轴上受扭段的最小直径 d_{min} 可按轴所传递的转矩，由（式 8-2）初步估算，也可凭经验或用类比法初估。然后再按轴上零件的装配方案和定位要求，从 d_{min}处起逐一确定各段直径。确定各轴段的直径时应注意下列几点。

1）轴上装配标准件的轴段（图 8-4a 中①、③、⑦），其直径必须符合标准件的标准直径系列值。

2）与一般零件（如齿轮、带轮等）相配合的轴段（图 8-4a 中④），其直径应与相配合的零件毂孔直径相一致，并采用标准尺寸（GB/T 2822—2005）。而不与零件相配合的轴段（图 8-4a 中⑤、⑥），其直径可不取标准尺寸。

3）起定位作用的轴肩称为定位轴肩（图 8-4a 中①与②、④与⑤、⑥与⑦之间的轴肩），定位轴肩高度应符合表 8-3 给定的原则。为便于轴上零件安装而设置的非定位轴肩（图 8-4a 中②与③、③与④、⑤与⑥之间的轴肩），其高度一般为 1～3mm。

2. 各轴段的长度

轴的各段长度应满足如下要求。

1）应尽可能使结构紧凑，同时还要保证零件所需的装配或调整空间（图 8-3 中的 l 值应根据轴承端盖和联轴器的装拆要求确定）。

2）轴的各段长度主要由各零件与轴配合部分的轴向尺寸和各零件在箱体中的相对位置尺寸（图 8-3 中 s、a、c、l）等确定。

3）为保证传动件轴向固定可靠，轴与传动件轮毂相配部分（图 8-4a 中①、④）的长度，一般应比轮毂长度短 2～3mm。

8.3.4 轴的结构工艺性

轴的结构工艺性主要体现在装配工艺性和加工工艺性。可以从以下几方面来改善轴的结构工艺性。

1）为便于装配，大多采用阶梯轴，但轴的阶梯应尽可能少，以减少加工工时和节约材料。

2）对需要车螺纹或磨削的轴段，应分别设螺纹退刀槽（GB/T 3—1997）和砂轮越程槽（GB/T 6403.5—2008），如图 8-5 所示，以保证加工完整。

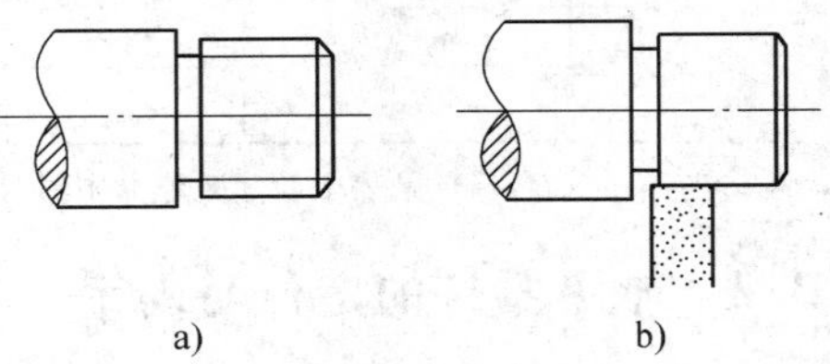

图 8-5 螺纹退刀槽和砂轮越程槽
a）螺纹退刀槽 b）砂轮越程槽

3）轴上不同轴段的键槽应沿轴的同一母线布置（图 8-4a），以减少加工时的装夹次数。

4）如要求轴的各轴段具有较高的同轴度，可在轴的两端开设中心孔（GB/T 145—2001）。

5）为便于轴上零件的装配和去除毛刺，轴及轴肩端部一般均应制出 $C\times45°$倒角（倒角尺寸 C 值见表 8-4）。过盈配合轴段的装入端常加工出导向倒角（图 8-6a），其尺寸见表 8-6。有时也可采用图 8-6b 的形式。

表 8-6 过盈配合轴段导向倒角尺寸

D	≤10	>10～18	>18～30	>30～50	>50～80	>80～120	>120～180	>180～260
a	1	1.5	2	3	5	5	8	10
α	30°				10°			

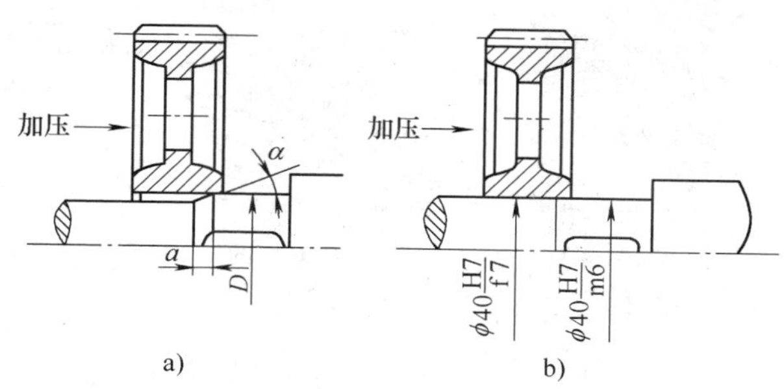

图 8-6　便于轴上零件装配的导向倒角

6）轴上各过渡圆角、倒角、键槽、越程槽、退刀槽及中心孔等尺寸应尽可能分别相同，以便于加工和检验。

8.3.5　提高轴的强度和刚度的常用措施

（1）合理布置轴上零件，减小轴上的载荷　如按图 8-7a 所示布置，轴所受最大转矩为 T_1+T_2，如改为图 8-7b 的布置方案，则轴所受最大转矩仅为 T_1（$T_1>T_2$）。故后者较为合理。

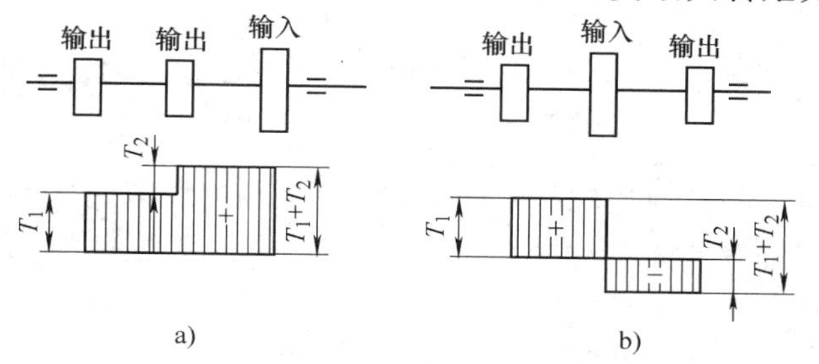

图 8-7　轴上零件的两种布置方案

（2）改进轴上零件的结构，减小轴的载荷　如图 8-8a 中轮毂较长，轴的弯矩较大，若将轮毂改成如图 8-8b 所示的结构，不仅可以减小轴的弯矩，提高轴的强度和刚度，而且能得到良好的轴孔配合。

又如图 8-9 所示起重卷筒的两种方案中，图 8-9a 所示的结构是大齿轮和卷筒联成一体，转矩经大齿轮直接传给卷筒，这样，卷筒轴只受弯矩而不传递转矩，起重同样载荷 W 时，轴的直径可小于图 8-9b 结构中轴的直径，故图 8-9a 所示结构较为合理。

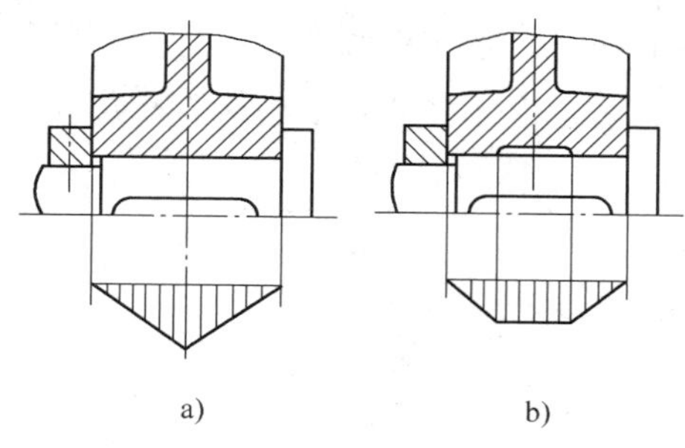

图 8-8　轮毂的两种结构方案

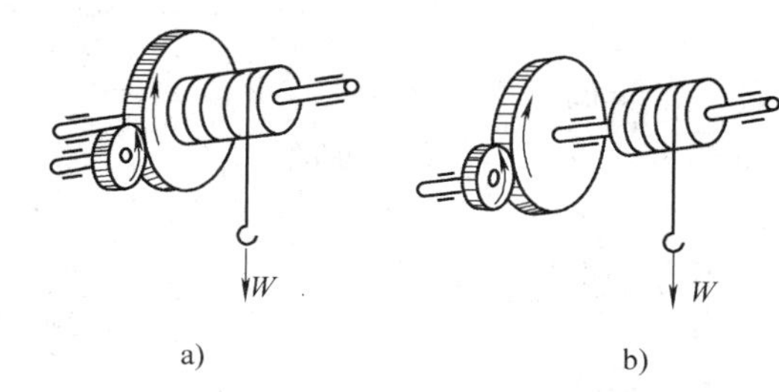

图 8-9　起重卷筒的两种结构方案

（3）改进轴的结构，减小应力集中　零件截面尺寸发生突然变化的部位，都会引起应力集中，为减小应力集中，对阶梯轴来说，相邻轴段直径不宜相差太大，在截面尺寸变化处宜采用较大的过渡圆角，若圆角半径受到限制（如靠轴肩定位的滚动轴承内圈圆角较小），可以改用凹切圆角、过渡肩环、减载槽等结构（图 8-10）。

当轴与轮毂为过盈配合时，配合边缘处会产生较大的应力集中（图 8-11a）。为减小应

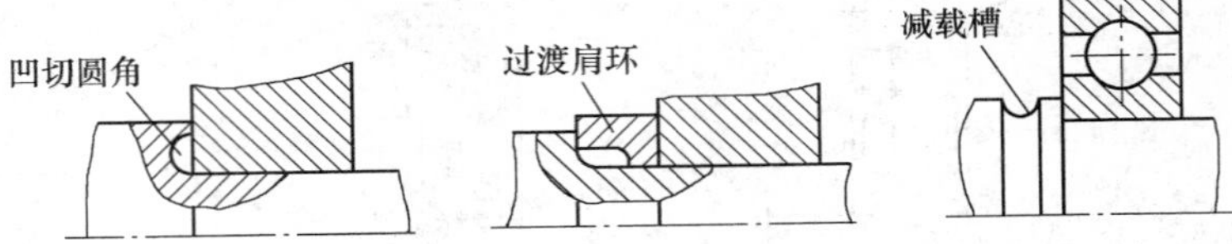

图 8-10　减小圆角应力集中的结构

力集中，可在轮毂上或轴上开卸载槽（图 8-11b、c），或者加大配合部分直径（图 8-11d）。

另外，要尽量避免在轴上（特别是应力大的部位）开横孔、凹槽或切口。

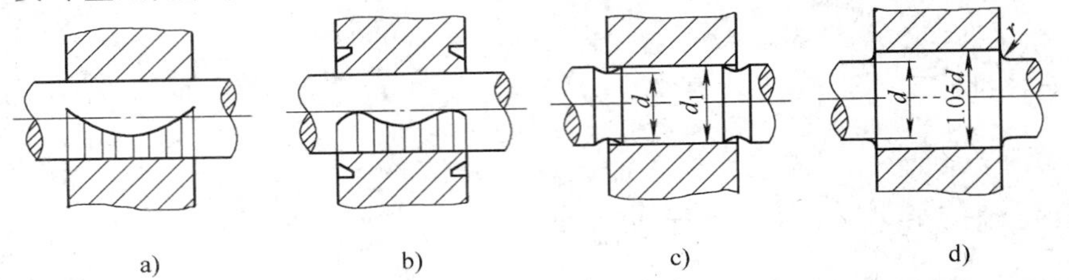

图 8-11　减小过盈配合边缘处应力集中的结构

a）过盈配合应力集中　b）轮毂上开卸载槽　c）轴上开卸载槽　d）增大配合处直径

d_1 =（1.06～1.08）d　r >（0.1～0.2）d

（4）改进轴的表面质量，提高轴的疲劳强度　表面粗糙度和表面强化处理方法对轴的疲劳强度有较大的影响。减小轴的表面粗糙度值，尤其是对应力集中非常敏感的优质高强度合金钢，能发挥其抗疲劳性能。常采用表面强化（如辗压、喷丸、碳氮共渗、渗氮、高频或火焰表面淬火等）的方法，来提高轴的承载能力。

8.4　轴的工作能力计算

8.4.1　抗扭强度计算

抗扭强度计算主要用于：①仅承受转矩或主要承受转矩作用的传动轴的直径计算，计算时可通过适当降低许用扭转切应力来考虑弯矩的影响；②对同时承受弯矩及转矩作用的转轴的直径作初步计算，以便确定轴结构。

设 T 为轴传递的转矩（N·mm），则轴的抗扭强度条件为

$$\tau_T = \frac{T}{W_n} \approx \frac{9.55\times10^6}{0.2d^3}\frac{P}{n} \leqslant [\tau_T] \qquad (8\text{-}1)$$

式中　τ_T——轴的扭转切应力（MPa）；

W_n——轴的抗扭截面系数（mm^3）；

n——轴的转速（r/min）；

P——轴传递的功率（kW）；

d——轴的直径（mm）；

$[\tau_T]$——许用扭转切应力（MPa）。

由上式可得轴的直径

$$d \geqslant \sqrt[3]{\frac{9.55\times10^6 P}{0.2\,[\tau_T]\,n}} = A\sqrt[3]{\frac{P}{n}} \tag{8-2}$$

式中，$A=\sqrt[3]{9.55\times10^6/(0.2\,[\tau_T])}$。表 8-7 是几种常用轴材料的 $[\tau_T]$ 和 A 值。当轴上开有键槽时，应增大轴径的计算值，以考虑键槽对轴强度的削弱，参见表 8-8。

表 8-7　轴的几种常用材料的 $[\tau_T]$ 及 A 值

轴的材料	Q235A，20	35，1Cr18Ni9Ti	45	40Cr，35SiMn，40MnB
$[\tau_T]$ /MPa	15 ~ 25	20 ~ 35	25 ~ 45	35 ~ 55
A	149 ~ 126	135 ~ 112	126 ~ 103	112 ~ 97

注：1. 表中 $[\tau_T]$ 值是考虑了弯矩影响而降低了的许用扭转切应力。

2. 在下述情况时，$[\tau_T]$ 取较大值，A 取较小值：当弯矩较小或只受转矩作用、载荷较平稳、无轴向载荷或只有较小的轴向载荷、减速器的低速轴、轴只作单向旋转；反之，$[\tau_T]$ 取较小值，A 取较大值。

表 8-8　轴上有键槽时轴径的增大值

轴的直径 d/mm	<30	30 ~ 100	>100
有一个键槽时的增大值/%	7	5	3
有两个相隔 180°键槽时的增大值/%	15	10	7

8.4.2　弯扭合成强度计算

对于同时承受弯矩和转矩的轴，结构确定后，轴上零件相对于轴的位置便已确定。即支点位置及轴上所受载荷的大小、方向和作用点已定，这样就可求出支承反力，画出弯矩图和转矩图，从而按弯扭合成进行强度校核。

计算时，将轴上传动件传至轴的载荷简化为集中力，集中力的作用点取为传动件轮缘宽度的中点，如图 8-12 所示。轴上转矩则从传动件轮毂宽度的中点算起。轴的支承一般看作铰链支座，支承反力的作用点可根据轴承的类型和布置方式按图 8-13 确定，图中 a 的数值可查相关滚动轴承的标准。

这里仍以图 8-3 所示减速器为例，介绍弯扭合成强度计算的一般方法和步骤。如图 8-14 所示。一般计算顺序如下。

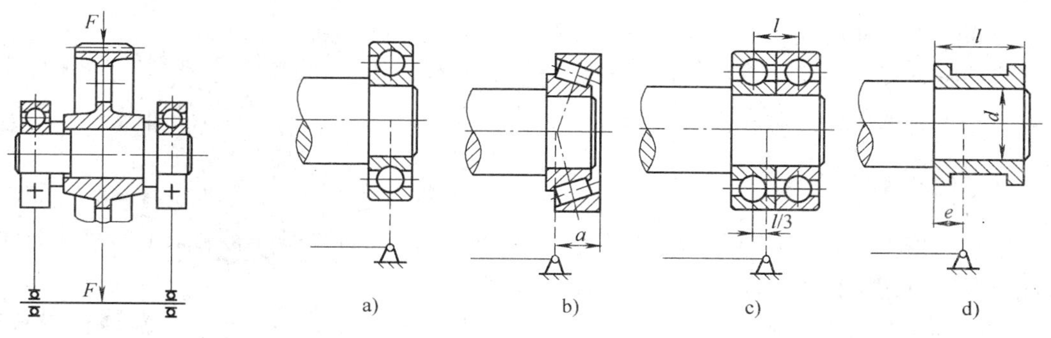

图 8-12　轴上载荷的简化

图 8-13　轴上支承点的位置

a）向心轴承　b）向心推力轴承　c）并列向心轴承　d）滑动轴承

当 $l/d\leqslant1$ 时，$e=0.5l$　当 $l/d>1$ 时，$e=0.5d$，但 $e>0.25l$　对调心轴承：$e=0.5l$

1）作出轴的计算简图，即将轴上受力零件的载荷分解为水平面和垂直面中的分力（如图中斜齿轮上的 F_t、F_r、F_a），并显示出水平面内及垂直面内的支承反力（图 8-14a）。

2）分别作出垂直面内和水平面内的受力图，并求出这两个面内的支反力（图 8-14b）。

3）分别作出水平面内的弯矩（M_H）图与垂直面内的弯矩（M_V）图（图 8-14c）。

4）计算合成弯矩 $M = \sqrt{M_H^2 + M_V^2}$，作出合成弯矩图（图 8-14d）。

5）作出转矩（T）图（图 8-14e）。

6）按强度理论求出当量弯矩 $M_d = \sqrt{M^2 + (\alpha T)^2}$，并作出当量弯矩图（图 8-14f）。

考虑到转轴上由弯矩产生的弯曲应力是对称循环变应力，而转矩产生的扭转剪应力则往往不是对称循环应力，故在求当量弯矩 M_d 时引入校正系数 α。对于不变的转矩，$\alpha \approx 0.3$；对于脉动循环转矩，$\alpha \approx 0.6$；对于对称循环转矩，$\alpha = 1$。若转矩变化规律不清，一般按脉动循环处理。

7）校核轴的强度，危险截面应满足以下强度条件

$$\sigma_d = \frac{M_d}{W_z} = \frac{\sqrt{M^2 + (\alpha T)^2}}{W_z} \leqslant [\sigma_{-1}] \qquad (8\text{-}3)$$

式中 σ_d——轴的当量弯曲应力（MPa）；

W_z——轴的抗弯截面系数（mm^3），对于直径为 d 的实心圆轴，$W_z \approx 0.1d^3$；

$[\sigma_{-1}]$——轴的许用弯曲应力（MPa），其值按表 8-2 选用。

当计算只承受弯矩的心轴时，可利用公式（8-3），但此时 $T = 0$。

对于一般用途的轴，按上述方法计算已足够可靠。对于重要的轴，尚需用安全系数法作进一步的强度校核，其计算方法可查阅相关文献。

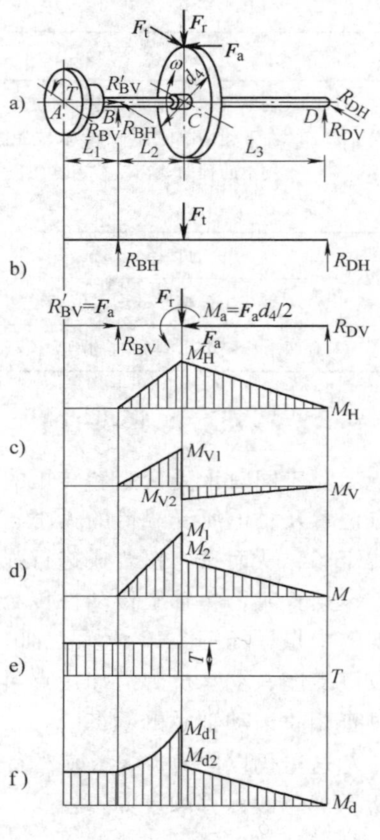

图 8-14 轴的载荷分析图

8.4.3 轴的刚度计算

轴的刚度不足，在载荷作用下会产生过大的扭转和弯曲变形，影响轴上零件正常工作。因此，对于有刚度要求的轴，必须进行刚度计算。

轴的刚度包括弯曲刚度和扭转刚度，前者以挠度 y 或偏转角 θ 度量，后者以扭转角 Ψ 来度量。轴的刚度计算就是求出轴受载时的变形量，并使其控制在允许的范围内，即

$$y \leqslant [y] \quad \theta \leqslant [\theta] \quad \Psi \leqslant [\Psi] \qquad (8\text{-}4)$$

式中，y、θ、Ψ 可按第 5 章中介绍的方法计算。其许用值见表 8-9。

表 8-9　轴的许用挠度 [y]、许用偏转角 [θ] 和许用扭转角 [Ψ]

变形种类	适用场合	许用值	变形种类	适用场合	许用值
[y] /mm	一般用途的轴	(0.0003～0.0005) L	[θ] /rad	滑动轴承	≤0.001
	刚度要求较高的轴	≤0.0002L		深沟球轴承	≤0.005
	感应电动机轴	≤0.1δ		调心球轴承	≤0.05
	安装齿轮的轴	(0.01～0.03) m_n		圆柱滚子轴承	≤0.0025
	安装蜗轮的轴	(0.02～0.05) m_t		圆锥滚子轴承	≤0.0016
	L——支承间跨距 δ——电动机定子与转子间的间隙 m_n——齿轮法面模数 m_t——蜗轮端面模数			安装齿轮处的截面	≤0.001～0.002
			[Ψ]	精密传动	(0.25～0.5)°/m
				一般传动	(0.5～1)°/m
				精密要求不高的传动	>1°/m

8.4.4　轴的振动稳定性概念

轴是弹性体，当其回转时，一方面由于本身的重量和弹性产生自然振动；另一方面由于轴和轴上零件的材料组织不均匀，或制造有误差，或对中不良等原因造成轴系重心偏移，导致回转时产生以离心力为表征的周期性干扰外力，从而引起轴的强迫振动。当轴的强迫振动频率与自振频率相同或接近时，其运转将出现不稳定状态，并发生显著而反复的弯曲变形，这种现象称为轴的共振。共振会影响机器的正常工作，严重时会造成轴系和整台机器的破坏。共振时轴的转速称为轴的临界转速，如果轴的转速继续提高，超过临界转速，振动就会减弱。因此，对于重要的轴和高速轴，以及跨度较大而刚性较小和外伸端较长的轴，应计算其临界转速 n_c，使其工作转速 n 避开其临界转速 n_c。

上述由离心力产生的弯曲变形所引起的振动称为横向振动，它是轴在工作转速范围内最容易发生的一种振动。除此之外，还有扭转振动和纵向振动，计算时常予以忽略。

同类型振动的临界转速有许多个，最低的称为一阶临界转速，其余依次为二阶、三阶临界转速等。工作转速 n 低于一阶临界转速的轴称为刚性轴，超过一阶临界转速的轴为挠性轴。对于刚性轴，应使 $n\leqslant(0.75\sim0.8)n_{c1}$；对于挠性轴，应使 $1.4n_{c1}\leqslant n\leqslant0.7n_{c2}$，其中 n_{c1}、n_{c2}分别为轴的一阶、二阶临界转速。若轴的工作转速很高，还应避开相应的高阶临界转速。满足上述条件的轴都具有振动稳定性。临界转速的计算方法可参阅有关文献。

8.5　轴的使用与维护

轴是最容易损坏的零件之一，其失效将危及整台机器，故应注意轴的使用与维护。

1. 轴的使用

1）轴在使用前，应注意轴上零件的安装质量，轴和轴上零件的固联应可靠，轴和轴上有相对运动的零件的间隙应适当；轴颈润滑应符合要求，避免非正常磨损。

2）轴在使用中，不要突加、突减负载或超载，尤其是使用已久的轴更应注意，以防轴疲劳断裂和过大的弯曲变形。

3）在机器大修和中修时，常应检验轴有无裂纹、弯曲、扭曲及轴颈磨损等，如不合要求，应及时修复或更换。

2. 轴的修复

轴断裂后，难以修复，一般予以更换。轴的主要修复内容如下。

（1）轴颈磨损　轴颈因磨损会失去正确的几何形状和尺寸。当轴颈磨损在0.4mm以下时，先用机加工法恢复轴的正确几何形状，然后用镀铬、镀铁或喷涂等方法修复。磨损较大时，可用堆焊法或镶套法修复。堆焊后需机加工并热处理退火。镶套时可先用机加工方法使轴恢复正确的几何形状误差，然后按轴颈实际尺寸选配新轴套，镶配时套与轴为过盈配合。

（2）圆角　圆角的磨伤可用细锉或车削、磨削修复。圆角磨损很大时，需进行堆焊，然后退火并车削到原尺寸。

（3）螺纹　当轴表面上的螺纹碰伤，螺母不能拧入时，可用圆板牙或车削修整。当螺纹滑牙或掉牙时，可先车削掉全部螺纹，然后进行堆焊，再用车削法修复。

（4）键槽　当键槽只有小凹痕、毛刺和轻微磨损时，可用细锉、磨石或刮刀等进行修整。当键槽磨损较大时，可扩大键槽，或将键槽焊堵，并在其他位置重铣键槽。

（5）花键槽　键齿磨损不大时，先将花键部分退火，进行局部加热，然后用錾子对准键齿顶中间，手锤敲击，并沿键长移动，使键宽增加，花键被挤压而劈成的槽用电焊焊补，最后进行机加工和热处理。键齿磨损较大时，可用堆焊修复磨损的齿侧，再铣出花键。

（6）裂纹　轴出现裂纹后将有断裂的危险。对轻载且不重要的轴，可采用焊补或粘接修复。对裂纹较深且重载而重要的轴，应予以调换。

（7）弯曲变形　轴的弯曲量小于长度的8/1000时，可用冷压校正。对于要求高、需精确校正的轴，或弯曲量较大的轴，则用局部火焰加热校正。

【例8-1】　某输送装置运转平稳，工作转矩变化很小，试确定其减速装置中二级圆柱齿轮减速器输出轴的结构尺寸（图8-3），并分析其工作能力。电动机与减速器输入轴间用普通V带传动，减速器输出轴通过联轴器与工作机连接，输出轴为单向旋转（从装有半联轴器的一端看为顺时针转）。已知电动机功率 $P=11\text{kW}$，转速 $n=2930\text{r/min}$，V带传动比 $i_{带}=2$。各级齿轮传动参数见表8-10。

表8-10　各级齿轮传动参数

齿轮序号	齿数 z	法向模数 m_n/mm	端面模数 m_t/mm	齿宽 b/mm	螺旋角 β	旋向	分度圆直径 d/mm
1	22	3.5	3.598	80	13°24′12″	右旋	79.16
2	75			75		左旋	269.85
3	23	4	4.082	85	11°28′42″	左旋	93.87
4	95			80		右旋	387.79

解　（1）选择轴的材料，确定许用应力。选择轴的材料为45钢。正火处理，由表8-2查得 $[\sigma_{-1}]=55\text{MPa}$。

（2）求输出轴上的功率 P_3、转速 n_3 和转矩 T_3。若取V带传动的效率 $\eta_{带}=0.95$；每对齿轮传动的效率（包括轴承效率）$\eta_{齿}=0.96$，则

$$P_3=P\cdot\eta_{带}\cdot\eta_{齿}^2=11\times0.95\times0.96^2\text{kW}=9.63\text{kW}$$

$$n_3=n\cdot\frac{1}{i_{带}\cdot i_{齿}}=2930\times\frac{1}{2}\times\frac{22}{75}\times\frac{23}{95}\text{r/min}=104\text{r/min}$$

$$T_3 = 9.55 \times 10^6 \frac{P_3}{n_3} = 9.55 \times 10^6 \times \frac{9.63}{104} \text{N} \cdot \text{m} = 884293 \text{N} \cdot \text{mm}$$

（3）求作用在齿轮 4 上的力。齿轮 4 的受力情况如图 8-14a 所示，则

$$F_t = \frac{2T_3}{d_4} = \frac{2 \times 884293}{387.79} \text{N} \approx 4561 \text{N}$$

$$F_r = F_t \frac{\tan\alpha_n}{\cos\beta_4} = \frac{4561 \times \tan 20°}{\cos 11°28'42''} \text{N} \approx 1694 \text{N}$$

$$F_a = F_t \tan\beta_4 = 4561 \times \tan 11°28'42'' \approx 926 \text{N}$$

圆周力 F_t、径向力 F_r 及轴向力 F_a 的方向如图 8-14a 所示。

（4）估算轴的最小直径，选取联轴器的型号。根据表 8-7，取 $A = 103$，并由式（8-2）得

$$d \geqslant A \sqrt[3]{\frac{P_3}{n_3}} = 103 \times \sqrt[3]{\frac{9.63}{104}} \text{mm} = 46.6 \text{mm}$$

输出轴的最小直径 $d_{\min}$ 显然是安装联轴器处轴的直径（参见图 8-15）。考虑轴上有一键槽，依据表 8-8 将轴径增大 5%，即 $d_{\min} = 46.6 \times 1.05 \approx 48.93 \text{mm}$。

为使 $d_{\min}$ 与联轴器孔径相配，需同时选联轴器型号（详见第 10 章），考虑补偿两轴间可能的相对偏移，选择弹性柱销联轴器，其计算转矩 $T_c = K \cdot T_3$，查表 10-4，考虑工作转矩变化很小，故取 $K = 1.4$，则

$$T_c = K \cdot T_3 = 1.4 \times 884293 \text{N} \cdot \text{mm} = 1238010 \text{N} \cdot \text{mm}$$

按照计算转矩 T_c 应小于联轴器的公称转矩 T_n 的条件，查标准 GB/T 5014—2003，选用 LX4 型弹性柱销联轴器，其公称转矩 $T_n = 2500000 \text{N} \cdot \text{mm}$，半联轴器的孔径选取 50mm，半联轴器的长度为 112mm，与轴配合的毂孔长度为 84mm。故取输出轴的最小直径 $d_{\min} = 50\text{mm}$。

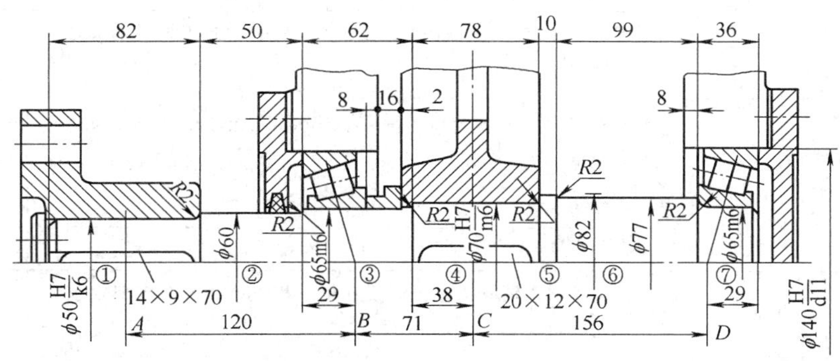

图 8-15 减速器输出轴的结构及装配

（5）确定轴的结构

1）拟定轴上零件的装配方案。本题的装配方案，已在前面分析比较过，现选用图 8-4a 所示的装配方案，轴的结构及装配，如图 8-15 所示。

2）根据轴向定位要求确定各轴段的直径和长度。具体步骤见表 8-11。

表 8-11　确定各轴段直径和长度的具体步骤

轴段	结构尺寸	依据	结果
联轴器位于图 8-15①处	直径 d_1	与所选联轴器毂孔径一致	$d_1=50\text{mm}$
	长度 l_1	为保证轴端挡圈只压在半联轴器上而不压在轴的端面上，l_1 应比所选联轴器毂孔长度短 2～3mm	$l_1=82\text{mm}$
左端轴承端盖位于图 8-15②处	直径 d_2	联轴器右端采用轴肩定位，按 $d_1=50\text{mm}$，轴肩高度 $h=(0.07\sim0.1)\ d_1=3.5\sim5\text{mm}$，取 $h=5\text{mm}$，则 $d_2=d_1+2\times5=50+2\times5$	$d_2=60\text{mm}$
	长度 l_2	由减速器及轴承端盖的结构确定轴承端盖的总宽度为 20mm，为便于轴承端盖的装拆及对轴承添加润滑脂，取端盖的外端面与半联轴器右端面的距离为 30mm，故 $l_2=20+30$	$l_2=50\text{mm}$
左端轴承位于图 8-15③处	直径 d_3	d_3 应与所选轴承内径一致。因轴承同时承受径向力和轴向力，故选用单列圆锥滚子轴承（详见第 9 章），为便于左端轴承从左端装拆，轴承内径应稍大于 d_2，并符合滚动轴承标准（GB/T 297—1994），初定轴承型号为 30313，其尺寸 $d\times D\times T=65\times140\times36$，即 $d_3=d=65\text{mm}$	$d_3=65\text{mm}$
	长度 l_3	取齿轮左端距箱体内壁之距离 $a=16\text{mm}$；考虑箱体铸造误差，取滚动轴承与箱体内壁的距离 $s=8\text{mm}$；为使齿轮定位可靠，齿轮毂孔宽度比与其配合的轴段长度大 2mm；已知滚动轴承宽 $T=36\text{mm}$，故 $l_3=T+s+a+236+8+16+2$	$l_3=62\text{mm}$
右端轴承位于图 8-15⑦处	直径 d_7	两端轴承相同，$d_7=d_3=65\ \text{mm}$	$d_7=65\text{mm}$
	长度 l_7	取轴承宽度，即 $l_7=T$	$l_7=36\text{mm}$
齿轮位于图 8-15④处	直径 d_4	考虑齿轮从左端装入，齿轮孔径应稍大于轴承处轴段直径 d_3，并取标准系列值（GB/T 2822—2005）	$d_4=70\text{mm}$
	长度 l_4	根据轴段长度比齿轮轮毂宽度小 2～3mm，而齿轮轮毂宽 $b=80\text{mm}$，故取 $l_4=80-2$	$l_4=78\text{mm}$
轴环位于图 8-15⑤处	直径 d_5	齿轮右端采用轴环定位，按 $d_4=70\text{mm}$，轴环处轴肩高度 $h=(0.07\sim0.1)\ d_4=(4.9\sim7)\ \text{mm}$，取 $h=6\text{mm}$，则 $d_5=d_4+2\times6=70+2\times6$	$d_5=82\text{mm}$
	长度 l_5	由轴环宽度 $b\approx1.4h=1.4\times6=8.4\text{mm}$，取 $b=10\text{mm}=l_5$	$l_5=10\text{mm}$
右端轴承至轴环位于图 8-15⑥处	直径 d_6	右端轴承采用轴肩定位，由滚动轴承标准查得 30313 型轴承的定位轴肩处直径 $d_6=77\text{mm}$	$d_6=77\text{mm}$
	长度 l_6	取右端轴承距箱体内壁的距离 $s=8\text{mm}$；高速级大齿轮宽度 $b=75\text{mm}$，并取其距箱体内壁的距离 $a=16\text{mm}$，距低速级大齿轮右端的距离 $c=10\text{mm}$，故 $l_6=s+a+b+c-l_5=8+16+75+10-10$	$l_6=99\text{mm}$

3）轴上零部件的周向定位与固定。齿轮、半联轴器与轴的周向固定均采用 A 型普通平键连接（参见第 10 章）。齿轮处采用“GB/T1096 键 $20\times12\times70$”（详见第 11 章）。为保证

齿轮与轴配合有良好的对中性，选择齿轮轮毂与轴的配合为 H7/m6。联轴器处采用“GB/T1096　键 14×9×70”，半联轴器与轴的配合为 H7/k6。

滚动轴承与轴的周向固定是借过渡配合来保证的，此处滚动轴承内圈与轴的配合采用基孔制，轴的直径尺寸公差为 m6。

上述轴与齿轮、联轴器、滚动轴承配合种类的选用参见第 11 章。

4）确定轴上过渡圆角和倒角尺寸。依据表 8-4、表 8-5 以及轴承标准，并考虑各处过渡圆角或倒角尺寸尽量一致，确定该轴上各处过渡圆角半径如图 8-15 所示；轴端倒角为 $C2$。

（6）求轴上载荷

1）定跨距。在确定轴承支点位置时，应从轴承标准中查取 a 值（参看图 8-14），对于 30313 型圆锥滚子轴承，查得 $a=29\text{mm}$。因此，作为简支梁的轴，其支承跨距

$$L_2+L_3=[(62+38-29)+(40+10+99+36-29)]\text{ mm}$$
$$=(71+156)\text{ mm}=227\text{mm}\ (L_2、L_3 见图 8\text{-}14a)。$$

2）作轴的计算简图并求轴的支反力。根据轴的结构（图 8-15），作出轴的计算简图（图 8-14a）。

水平面的支承反力（图 8-14b）

$$R_{BH}=\frac{F_t\times L_3}{L_2+L_3}=\frac{4561\times156}{227}\text{N}=3134\text{N}$$

$$R_{DH}=F_t-R_{BH}=(4561-3134)\text{ N}=1427\text{N}$$

垂直面的支反力（图 8-14b）

$$R_{BV}=\frac{F_a\cdot d_4/2+F_r\cdot L_3}{L_2+L_3}=\frac{926\times387.79/2+1694\times156}{227}\text{N}=1955\text{N}$$

$$R_{DV}=F_r-R_{BV}=(1694-1955)\text{ N}=-261\text{N}$$

3）作弯矩图及转矩图

水平面弯矩图如图 8-14c 所示

$$M_H=R_{BH}\times L_2=3134\times71\text{N}\cdot\text{mm}=222514\text{N}\cdot\text{mm}$$

垂直面弯矩图如图 8-14c 所示

$$M_{V1}=R_{BV}\times L_2=1955\times71\text{N}\cdot\text{mm}=138805\text{N}\cdot\text{mm}$$

$$M_{V2}=R_{DV}\times L_3=-261\times156\text{N}\cdot\text{mm}=-40716\text{N}\cdot\text{mm}$$

合成弯矩图如图 8-14d 所示

$$M_1=\sqrt{M_{V1}^2+M_H^2}=\sqrt{138805^2+222514^2}\text{N}\cdot\text{mm}=262258\text{N}\cdot\text{mm}$$

$$M_2=\sqrt{M_{V2}^2+M_H^2}=\sqrt{40716^2+222514^2}\text{N}\cdot\text{mm}=226209\text{N}\cdot\text{mm}$$

转矩图如图 8-14e 所示

$$T=884293\text{N}\cdot\text{mm}$$

当量弯矩图如图 8-14f 所示

$$M_{d1}=\sqrt{M_1^2+(\alpha T)^2}=\sqrt{262258^2+(0.6\times884293)^2}\text{N}\cdot\text{mm}=591853\text{N}\cdot\text{mm}$$

$$M_{d2}=M_2=226209\text{N}\cdot\text{mm}$$

（7）按弯扭合成应力校核轴的强度　由轴的结构简图及当量弯矩图可知截面 C 处当量弯矩最大，是轴的危险截面。进行校核时，通常只校核轴上承受最大当量弯矩的截面的强

度，则由式（11-3）可得

$$\sigma_d = \frac{M_{d1}}{W_z} = \frac{591853}{0.1 \times 71^3}\text{MPa} \approx 16.54\text{MPa}$$

前面已查得 $[\sigma_{-1}] = 55\text{MPa}$。因此 $\sigma_d < [\sigma_{-1}]$，故安全。

（8）绘制轴的工作图（详见 11 章，图 11-15）。

思考与习题

1. 试分析图 8-16 所示起重机中Ⅰ～Ⅴ各轴分别属于传动轴、心轴还是转轴。

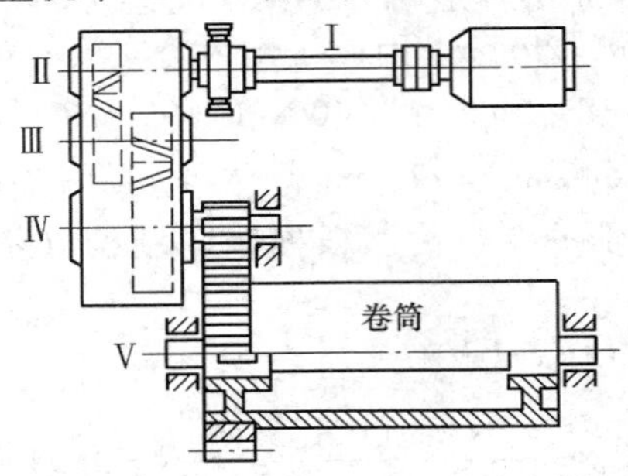

图 8-16　题 1 图

2. 在轴的材料中，哪种应用最普遍？为什么？

3. 图 8-17 所示为某减速器输出轴的结构图，试指出其错误，并画出改正图。

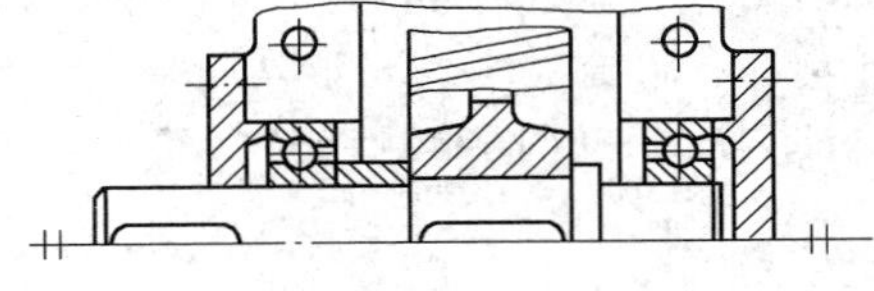

图 8-17　题 3 图

4. 图 8-18 所示为某减速器输出轴的结构简图（从装有半联轴器的一端看为顺时针转）。已知斜齿圆柱齿轮的圆周力 $F_t = 7375\text{N}$，径向力 $F_r = 2720\text{N}$，轴向力 $F_a = 1217\text{N}$，齿轮分度圆直径 $d = 400\text{mm}$，轴的材料为 45 钢，调质处理，硬度为 217～255HBW。试校核该轴的强度。

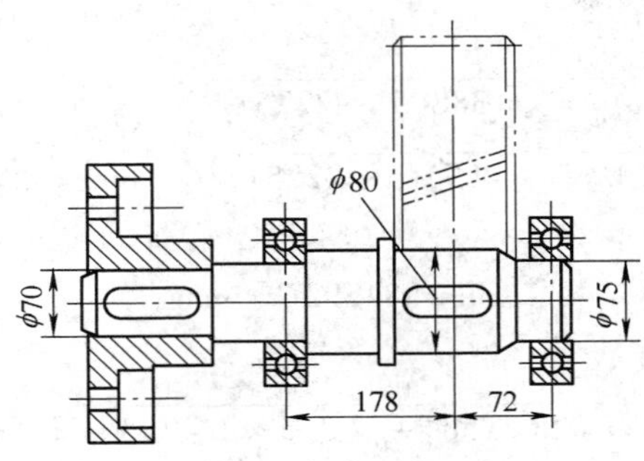

图 8-18　题 4 图

5. 试确定图 8-19 所示的单级斜齿圆柱齿轮减速器从动轴（Ⅱ轴）的结构尺寸，并分析其工作能力。已知电动机额定功率 $P=4\mathrm{kW}$，转速 $n_1=750\mathrm{r/min}$，从动轴转速 $n_2=130\mathrm{r/min}$；大齿轮分度圆直径 $d_2=300\mathrm{mm}$，齿宽 $B_2=90\mathrm{mm}$，螺旋角 $\beta=12°$，法向压力角 $\alpha_n=20°$。

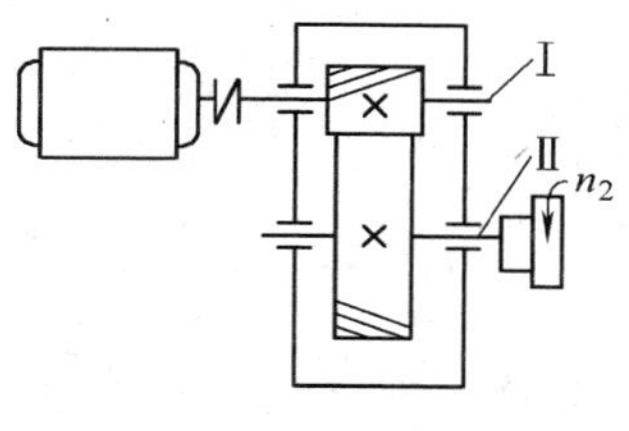

图 8-19　题 5 图

第9章　轴　　承

9.1　概述

轴承是用来支承轴或轴上旋转零件的部件，其功用是保持轴的旋转精度、减小摩擦和磨损。轴承按其工作时摩擦性质的不同可分为滑动摩擦轴承（简称滑动轴承）和滚动摩擦轴承（简称滚动轴承）两大类。

滚动轴承是专业化生产的标准件。与滑动轴承相比，它具有摩擦阻力小、起动灵活、工作稳定、效率高等优点，其选用、润滑、密封、维护、更换都很方便。且能在较广泛的载荷、转速和工作温度范围内工作。因此，滚动轴承得到非常广泛的应用。但滚动轴承抗冲击能力较差，高速、重载下寿命较低，且易出现振动、噪声；径向外廓尺寸较大；小批量生产特殊的滚动轴承时成本较高。

与滚动轴承相比，普通滑动轴承结构简单、易于制造、装拆方便、成本低；承载能力大、良好的耐冲击性和吸振性；工作平稳、回转精度高。在高速、高精度、重载、径向尺寸受限或结构要求剖分等场合下滑动轴承更显示出它的优异性能。因此，在内燃机、蒸汽机、机床以及重型机械中多采用滑动轴承。此外，在低速而带有冲击的机器中，如球磨机、滚筒清砂机、破碎机等机械中也常采用滑动轴承。但滑动轴承一般情况下摩擦损耗大，润滑和维护要求较高，且轴向尺寸较大。

9.2　滚动轴承的类型、代号及选用

9.2.1　滚动轴承的基本结构

滚动轴承的基本结构，如图9-1所示，主要由内圈1、外圈2、滚动体3和保持架4组成，内、外圈统称为套圈。内圈通常装配在轴颈上，并与轴一起转动；外圈通常装配在轴承座孔内起支撑作用。但在某些场合也可以外圈转动、内圈固定，或内、外圈同时转动。内、外圈上有滚道，当内、外圈相对旋转时，滚动体将沿着滚道滚动。轴承内、外圈上的滚道，有限制滚动体侧向位移的作用。保持架的作用是把滚动体均匀地隔开，以减小滚动体的摩擦和磨损。在特殊情况下，可以无内圈或外圈，滚动体直接沿着轴或轴承座（或机座）上的滚道滚动。滚动体有多种形式，以满足对滚动轴承的不同性能要求，常见的滚动体形状如图9-2所示。

滚动体与内、外圈是点、线接触，接触应力很大。因此，滚动体及内、外圈材料均应具有高的硬度和接触疲劳强度，良好的耐磨性和冲击韧性，主要采用高碳铬轴承钢制造，如GCr15，热处理后硬度可达61～65HRC，工作表面经磨削、抛光。保持架有冲压式和实体式二种，如图9-1a、b所示。冲压保持架一般用低碳钢板冲压制成，它与滚动体间有较大的间隙。实体保持架常用铜合金、铝合金或塑料经切削加工制成，有较好的定心作用。

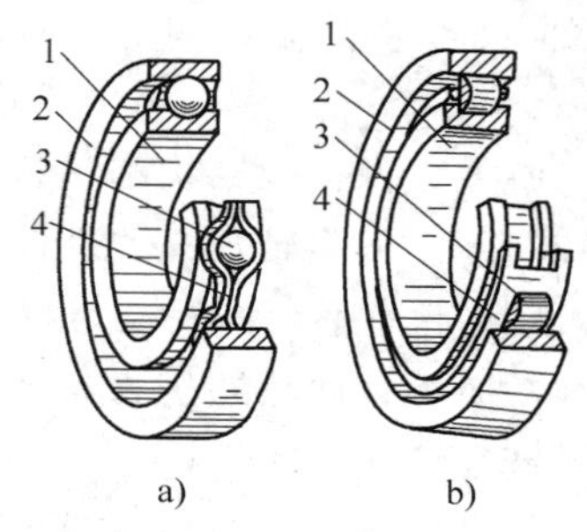

图 9-1　滚动轴承的基本结构

a）冲压保持架　b）实体保持架

1—内圈　2—外圈　3—滚动体　4—保持架

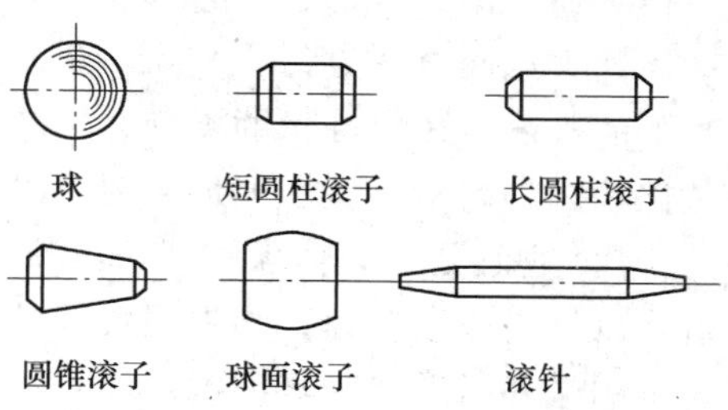

图 9-2　常用滚动体

滚动轴承已标准化，由轴承厂大批生产，使用者只需熟悉标准，正确选用。

9.2.2　滚动轴承的结构特性及分类

1. 结构特性

（1）公称接触角　滚动体与外圈接触处的法线与轴承的径向平面（垂直于轴承轴心线的平面）之间的夹角 α 称为公称接触角，如图 9-3 所示。公称接触角 α 越大，轴承承受轴向载荷的能力也越大。公称接触角是滚动轴承的一个重要参数，滚动轴承的分类以及受力分析都与公称接触角有关。

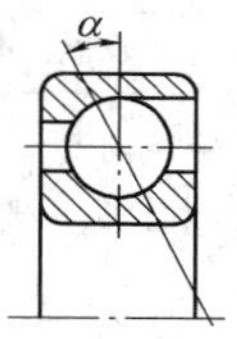

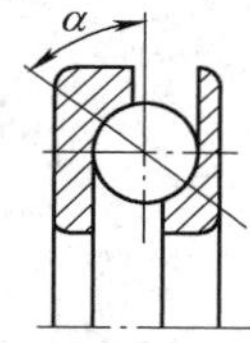

图 9-3　公称接触角

（2）角偏差　轴承由于安装误差或轴的变形等都会引起内、外圈轴线发生相对偏斜，此偏斜角 θ 称为角偏差，如图 9-4 所示。角偏差 θ 过大，会使轴承工作条件恶化，导致轴承过早失效或无法正常工作。各类轴承的允许角偏差见表 9-2。

（3）游隙　滚动轴承的游隙是指轴承的内、外圈与滚动体之间的间隙量。滚动轴承的游隙分为径向游隙和轴向游隙。即在不承受任何外载荷情况下，将内圈或外圈中一个套圈固定，另一个套圈分别沿径向和轴向从一端位置移到相反一端位置的移动量，如图 9-5 所示。

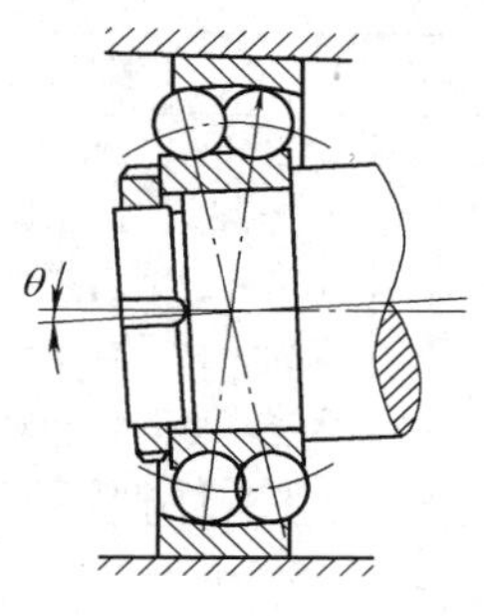

图 9-4　自动调心轴承的角偏位

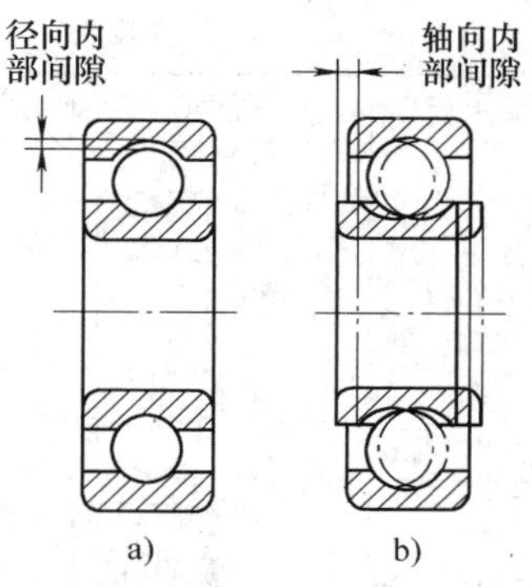

图 9-5　滚动轴承的游隙

（4）极限转速　滚动轴承的极限转速是指在一定的载荷及润滑条件下，轴承所允许的最高工作转速，用 $n_{\lim}$ 表示。滚动轴承转速过高会使摩擦面间产生高温，润滑失效，从而导致滚动体回火或胶合失效。

轴承的极限转速与轴承的类型、尺寸、载荷、精度、游隙、保持架结构和材料、润滑及冷却条件等多种因素有关，但最主要取决于轴承允许运转温度。各类轴承高速性能的比较见表 9-2，具体数值见有关轴承样本。当轴承样本中给出的极限转速不能满足要求时，可采取一些措施以提高极限转速，如提高轴承的精度，选用较大的游隙，改用特殊材料及结构的保持架，采用循环润滑、油雾润滑或喷射润滑或设置冷却系统等。

2. 轴承分类

滚动轴承的类型繁多，有多种分类方法，例如：

1）按滚动体的形状，可分为球轴承和滚子轴承。

2）按自动调心性能，可分为自动调心轴承和非自动调心轴承。

3）按所能承受载荷的方向，可分为向心轴承和推力轴承（表 9-1）。

表 9-1　滚动轴承按承载方向及公称接触角分类

轴承类型	向心轴承		推力轴承	
	径向接触轴承	角接触向心轴承	接触推力角轴承	轴向接触轴承
承载方向	主要承受径向载荷		主要承受轴向载荷	
	只能承受径向载荷或承受较小的轴向载荷	能同时承受径向载荷和轴向载荷	能同时承受径向载荷和轴向载荷	只能承受轴向载荷
公称接触角	$\alpha=0°$	$0°<\alpha\leqslant45°$	$45°<\alpha<90°$	$\alpha=90°$
图例				

9.2.3　滚动轴承的类型

常用滚动轴承的类型、特性及应用见表 9-2。

表 9-2　常用滚动轴承类型、特性及应用

轴承名称、类型代号	结构简图、承载方向	高速性能	允许角偏差	主要特性及应用
调心球轴承 1	GB/T 281—1994	中	3°	主要承受径向载荷，也可同时承受少量双向轴向载荷，不适用于承受纯轴向载荷。外圈滚道为球面，具有自动调心性能。适用于多支点轴、弯曲刚度小的轴以及难于精确对中的支承
调心滚子轴承 2	GB/T 288—1994	中	1°～2.5°	特性与调心球轴承相同，但具有较大承载能力，适合在重载或振动载荷下工作

（续）

轴承名称、类型代号		结构简图、承载方向	高速性能	允许角偏差	主要特性及应用
圆锥滚子轴承 3		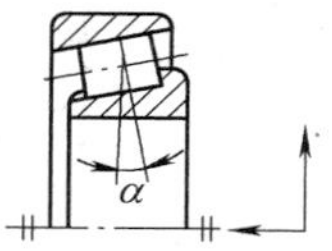 GB/T 297—1994	良	2′	能承受较大的径向载荷和单向的轴向载荷，内、外圈可分离，装拆方便，可以调整轴承的径向和轴向游隙，通常成对使用，对称安装。适用于转速不太高、轴的刚性较好的场合
推力球轴承 5	单向	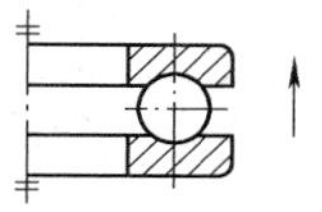 GB/T 28679—2012	差	不允许	只能承受轴向载荷，且作用线必须与轴线相重合，单列承受单向推力，双列承受双向推力 高速情况下，因滚动体离心力大，球与保持架摩擦发热严重，寿命较短。可用于轴向载荷大，转速不高的场合
	双向	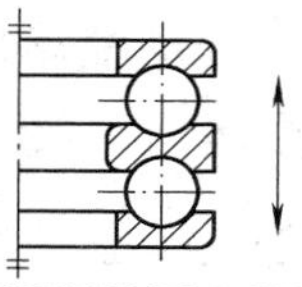 GB/T 28679—2012			
深沟球轴承 6		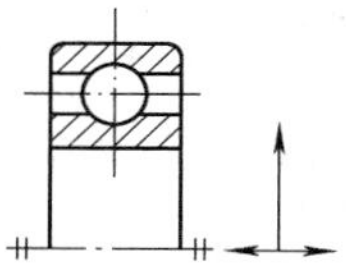 GB/T 276—1994	优	8′~16′	主要用于承受径向载荷，也可承受少量双向的轴向载荷。摩擦阻力小，极限转速高，结构简单，价格便宜，应用最广。但承受冲击载荷能力差。适用于高速场合，高速低载时可代替推力球轴承
角接触球轴承 7		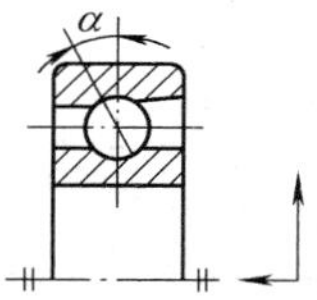 GB/T 292—2007	优	2′	能同时承受径向与单向轴向载荷，也可承受纯轴向载荷，接触角越大，轴向承载能力也越大。通常成对使用，对称安装。适用于高速、高精度场合以及支承刚性较大且跨距不大的轴
圆柱滚子轴承	外圈无挡边 N	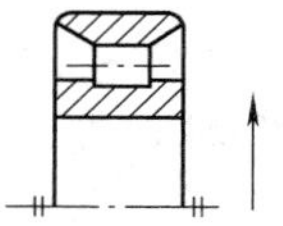 GB/T 283—2007	优	2′	只能承受径向载荷，且因线接触，径向承载能力高。但只能用于刚性较大、对中良好的轴。内圈、外圈可分离，安装、拆卸方便，尤其是当要求内、外圈与轴、轴承座孔都是过盈配合时更突显其优点
	内圈无挡边 NU	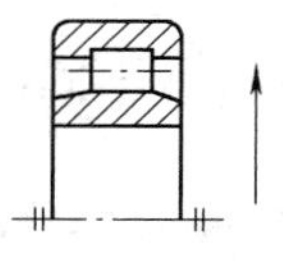 GB/T 283—2007			

（续）

轴承名称、类型代号	结构简图、承载方向	高速性能	允许角偏差	主要特性及应用
滚针轴承 NA	GB/T 5801—2006	良	不允许	只能承受径向载荷，且径向承载能力高，在同样内径条件下，与其他类型轴承相比，径向结构紧凑，内圈、外圈可分离，工作时允许内、外圈有少量轴向移动。常用于转速较低而径向尺寸受限制的场合

9.2.4 滚动轴承代号

根据国家标准 GB/T 272—1993 对轴承代号表示方法的规定，滚动轴承代号由基本代号、前置代号和后置代号三部分组成，用字母和数字等表示。滚动轴承代号的构成见表 9-3。前置代号和后置代号是基本代号的补充，无需作说明时，可部分或全部省略。

表 9-3 滚动轴承代号的构成

前置代号	基本代号			后置代号（组）							
	1	2 3	4 5	1	2	3	4	5	6	7	8
成套轴承分部件	类型	尺寸系列	轴承内径	内部结构	密封与防尘套圈变型	保持架及其材料	特殊轴承材料	公差等级	游隙	配置	其他

注：1. 表中数字表示代号自左向右的位置序数。

2. 表中基本代号的构成滚针轴承除外，见 GB/T 272—1993。

1. 基本代号

滚动轴承的基本代号用来表明轴承类型、宽度系列、直径系列和内径，一般最多为五位数。

（1）类型代号　滚动轴承类型代号用数字或大写的拉丁字母表示。例如，6 表示类型名称为深沟球轴承；NU 表示类型名称为内圈无挡边圆柱滚子轴承（表 9-2）。

（2）尺寸系列代号　轴承尺寸系列代号由宽度（用于向心轴承）或高度（用于推力轴承）和直径系列代号组成（表 9-4）。

宽度（高度）系列代号用以区分具有相同的内、外径而宽度（高度）不同的同类型轴承。

直径系列代号用以区分具有相同内径，但由于滚动体尺寸不同而外径和宽度不同的同类型轴承。

（3）内径代号　基本代号中左起 4、5 位数字为内径代号，用以表示轴承公称内径 d，见表 9-5。

表 9-4 轴承尺寸系列代号

直径系列代号		向心轴承								推力轴承			
		宽度系列代号								高度系列代号			
		宽度尺寸依次向右递增								高度尺寸依次向右递增			
		8	0	1	2	3	4	5	6	7	9	1	2
		尺寸系列代号											
外径尺寸依次向下递增	7	—	—	17	—	37	—	—	—	—	—	—	—
	8	—	08	18	28	38	48	58	68	—	—	—	—
	9	—	09	19	29	39	49	59	69	—	—	—	—
	0	—	00	10	20	30	40	50	60	70	90	10	—
	1	—	01	11	21	31	41	51	61	71	91	11	—
	2	82	02	12	22	32	42	52	62	72	92	12	22
	3	83	03	13	23	33	—	—	—	73	93	13	23
	4	—	04	—	24	—	—	—	—	74	94	14	24
	5	—	—	—	—	—	—	—	—	—	95	—	—

表 9-5 轴承的内径代号

轴承公称内径/mm		内径代号	示例
10 ~ 17	10 12 15 17	00 01 02 03	深沟球轴承：6200 内径 $d=10$mm
20 ~ 480（22、28、32 除外）		公称内径除以 5 的商数，商数为一位数时需在商数左边加“0”，如 08	调心滚子轴承：23209 内径 $d=45$mm
≥500 及 22，28，32		用公称毫米数直接表示，但在与尺寸系列之间用“/”分开	调心滚子轴承：230/500 内径 $d=500$mm 深沟球轴承：62/22 内径 $d=22$mm

注：轴承公称内径 $d<10$mm 时，可查轴承标准 GB/T 272—1993。

2. 前置代号

前置代号是用字母来表示轴承分部件，如 K 表示轴承的滚子和保持架组件；L 表示可分离轴承的套圈等。

3. 后置代号

后置代号用大写拉丁字母或大写拉丁字母加数字表示，用以说明轴承的内部结构、密封和防尘圈形状、材料、公差等级等，代号及其含义随技术内容不同而异。常用的几个代号如下。

（1）内部结构代号　表示同一类型轴承的不同内部结构，用紧跟在基本代号后面的字母表示。如 C、AC、B 分别表示公称接触角 $\alpha=15°$、$25°$、$40°$的角接触球轴承。

（2）公差等级代号　轴承的公差等级分为 6 个级别见表 9-6，精度等级从左至右由低到高，0 级为普通级，应用最广，在轴承代号中无需标注。

表 9-6　公差等级代号

公差等级	0 级	6 级	6x 级	5 级	4 级	2 级
代号	/P0	/P6	/P6x	/P5	/P4	/P2

（3）游隙代号　常用轴承的径向游隙为 1、2、0、3、4、5 共六个组，游隙依次增大，0 组游隙是常用组别，在轴承代号中不标注。其余代号分别为/C1、/C2、/C3、/C4、/C5。

【例 9-1】　解释轴承代号 7210AC、NU2208/P6、33215/P64 的含义。

解　（1）7210AC——角接触球轴承，轴承内径 $d = 10 \times 5\text{mm} = 50\text{mm}$，宽度系列 0（省略），直径系列 2，公称接触角 $\alpha = 25°$，0 级公差，0 组游隙。

（2）NU2208/P6——内圈无挡边圆柱滚子轴承，轴承内径 $d = 8 \times 5\text{mm} = 40\text{mm}$，宽度系列 2，直径系列 2，6 级公差，0 组游隙。

（3）33215/P64——圆锥滚子轴承，轴承内径 $d = 15 \times 5\text{mm} = 75\text{mm}$，宽度系列 3，直径系列 2，6 级公差，4 组游隙（公差等级代号与游隙代号需同时表示时，可简化为公差等级代号加上游隙组号的组合表示）。

9.2.5　滚动轴承的选择

选用滚动轴承时，首先是确定所选滚动轴承的类型。各类滚动轴承有不同的特性，因此选择滚动轴承类型时，一般应考虑下列因素。

1. 载荷性质、大小和方向

1）在基本外形尺寸相同的情况下，滚子轴承的承载能力和抗冲击能力为球轴承 1.5 ~ 3 倍。故中、重载荷以及有振动和冲击时应选用滚子轴承；小、中载荷且无振动和冲击时应选用球轴承。

2）受纯径向载荷时，可选用深沟球轴承、圆柱滚子轴承及滚针轴承，也可考虑选用调心球轴承、调心滚子轴承。

3）受纯轴向载荷时，应选用推力轴承。

4）同时承受径向载荷与轴向载荷时，一般选用角接触球轴承及圆锥滚子轴承。若径向载荷很大而轴向载荷很小，也可以用深沟球轴承，若轴向载荷很大而径向载荷较小，可选用向心轴承和推力轴承联合使用，以分别承受径向和轴向载荷。

2. 自动调心性能的要求

轴的中心线与轴承座孔中心线有角度误差、同轴度误差（制造与安装造成误差）或轴本身的变形大，以及多支点轴，均要求轴承调心性能好，应选用调心球轴承或调心滚子轴承。

3. 轴承的转速

在一般情况下，转速的高低对轴承类型的选择影响较小，只有当转速较高时，才会对轴承类型的选择造成比较显著的影响。根据轴承转速选择轴承类型时，可参考下面几点。

1）球轴承的极限转速高于滚子轴承，高速时应优先选用球轴承。

2）在同类型轴承中，不同尺寸系列的轴承其极限转速各不相同。在内径相同的条件下，轴承外径越小则滚动体越轻小，运转时滚动体作用在外圈上的离心惯性力也就越小，故在高速时，宜选用超轻、特轻系列的轴承。

3）保持架的材料与结构对轴承转速影响很大，实体保持架比冲压保持架允许更高一些的转速。

4）推力轴承极限转速均很低，当工作转速较高时，若轴向载荷不很大，可采用角接触球轴承或深沟球轴承来承受纯轴向载荷。

4. 轴承允许的空间

轴承内径是根据与之配合的轴颈尺寸而定的，但其外径、宽度随轴承类型、直径系列及宽度（高度）系列的不同而不同。当需减小轴承径向尺寸时，可选择适当的直径系列来满足要求，必要时可选用滚针轴承。

5. 轴承的安装和拆卸

整体式轴承座或频繁拆卸时，应优先选用内、外圈可分离的轴承，如圆柱滚子轴承、滚针轴承、圆锥滚子轴承等。当轴承装在长轴上时，为装拆方便，可选用带锥孔或紧定套的轴承。

6. 经济性

球轴承比滚子轴承价廉，所以只要能满足基本要求，应优先选用球轴承。同型号不同公差等级轴承的差价悬殊，所以选用高精度轴承必须慎重。

9.3 滚动轴承的失效形式和选择计算

9.3.1 失效形式和计算准则

1. 失效形式

滚动轴承的失效形式主要有以下两种。

（1）疲劳点蚀　以向心轴承为例，当轴承受纯径向载荷 F_r 作用时，其载荷分布情况，如图 9-6 所示。工作时，上半圈各滚动体不承受载荷，下半圈各滚动体则分别承受大小不等的载荷，处于 F_r 作用线上的滚动体承载最大（Q_{max}），而离开 F_r 作用线的各滚动体的承载依次减小。随着滚动体相对内圈（或外圈）不断地转动，滚动体与内、外圈滚道接触表面受变应力，可近似看作是脉动循环。经一定循环次数后，内、外圈滚道及滚动体表层产生疲劳裂纹，继而导致表面上发生金属剥落的疲劳点蚀现象。疲劳点蚀发生后，运转中会引起噪声和振动，发热严重，最后导致失效。

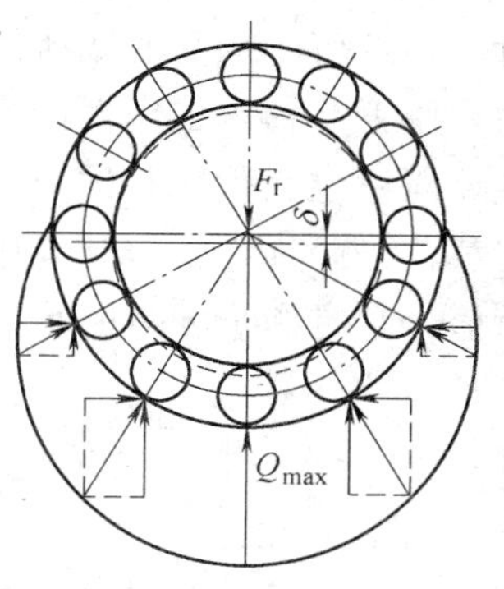

图 9-6　径向载荷的分布

（2）塑性变形　当轴承转速很低或间歇摆动时，一般不会产生疲劳损坏。但在很大的静载荷或冲击载荷作用下，会使轴承滚道和滚动体接触处的局部应力超过材料的屈服极限，以致出现表面塑性变形即形成凹坑，从而使轴承在运转时产生剧烈振动和噪声，以致不能正常工作。

此外，由于使用维护和保养不当或密封润滑不良等因素，也能引起轴承早期磨损，胶合，内、外圈和保持架破损等不正常失效现象。

2. 工作能力计算准则

1）对于润滑密封良好，工作转速较高而又长期运转的滚动轴承，为防止疲劳点蚀破坏，应进行寿命计算，并作静强度校核。

2）对于不转动或间歇摆动或低转速（$n \leqslant 10$r/min）的轴承，为防止产生过大的塑性变形，应进行静强度计算，并校核寿命。

3）对于高速轴承，由于发热大，常产生过度磨损和烧伤，因此，除计算寿命外，还应校核其极限转速。

9.3.2 滚动轴承的寿命计算

1. 寿命和基本额定寿命

在安装、维护和润滑正常的情况下，绝大多数轴承均因疲劳点蚀而报废。轴承中任一滚动体或内外圈滚道上出现疲劳点蚀前运转的总转数（或一定转速下的工作小时数）称为该轴承的寿命。对同一批生产的同一型号的轴承，由于材料的不均匀和工艺过程中存在着差异等原因，即使在完全相同的条件下工作，寿命也不一样，有的甚至相差几十倍。因此，对一个具体的轴承来说，很难预知其确切的寿命。但对一批同样的轴承进行疲劳试验，可得轴承疲劳破坏的百分数（破坏率）与总转数 L（寿命）之间的稳定关系，如图 9-7 所示。由图可知，随着运转次数的增加，轴承疲劳破坏的百分数增大。

同样一批轴承在相同条件下运转，其中 10% 的轴承发生疲劳破坏时能够达到的寿命称为基本额定寿命，用 L_{10}（10^6r）来表示。换言之，在一批轴承达到基本额定寿命时，已有 10% 的轴承疲劳破坏，而剩下 90% 的轴承，则可以达到或超过这一寿命。故对单个轴承来讲，能够达到此寿命的概率为 90%，即可靠度为 90%。

2. 基本额定动载荷

实验表明，L_{10}随载荷大小变化，如图 9-8 所示。其中轴承的基本额定寿命恰好为 10^6r 时，轴承所能承受的载荷值称为轴承的基本额定动载荷，用 C 表示，即在基本额定动载荷 C 的作用下，轴承工作寿命为 10^6r 的破坏率为 10%。基本额定动载荷，对向心轴承，指的是纯径向稳定载荷，并称为径向基本额定动载荷，用 C_r 表示。对推力轴承，指的是纯轴向稳定载荷，并称为轴向基本额定动载荷，以 C_a 表示。不同型号的轴承有不同的基本额定动载荷值，它是衡量轴承的承载能力的主要指标。C_r、C_a 值均可在滚动轴承标准中查得。

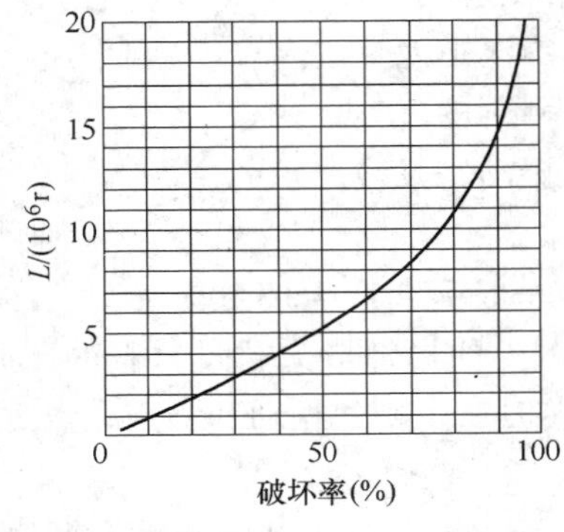

图 9-7 轴承寿命分布曲线

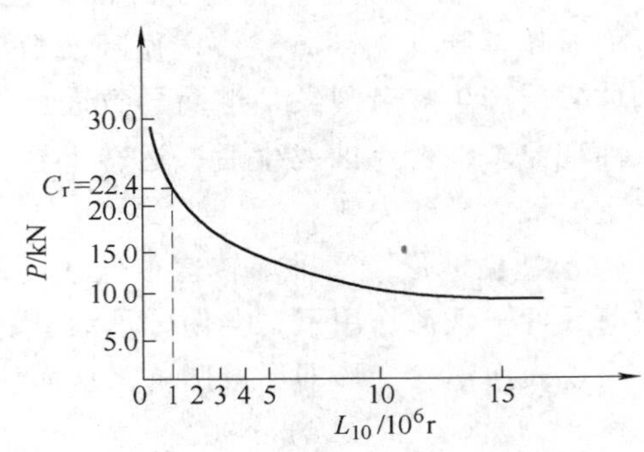

图 9-8 轴承的载荷-寿命曲线

3. 滚动轴承寿命计算公式

图 9-8 所示为经大量实验得到 6305 轴承的载荷-寿命曲线。该曲线表示这类轴承的载荷 P 与基本额定寿命 L_{10}之间的关系。曲线上对应寿命 $L_{10}=1$ 的载荷（22.4kN），即为 6305 轴承的径向基本额定动载荷 C_r。其他型号的轴承也有类似的载荷-寿命曲线，此曲线用公式表示为

$$L_{10}=\left(\frac{C}{P}\right)^{\varepsilon} \tag{9-1}$$

式中　ε——寿命指数，对于球轴承 $\varepsilon=3$，对于滚子轴承 $\varepsilon=10/3$。

实际计算时，基本额定寿命用小时数 L_h（h）表示比较方便。若轴承转速为 n（r/min），则式（9-1）可改写为

$$L_h=\frac{10^6}{60n}\left(\frac{C}{P}\right)^{\varepsilon} \tag{9-2a}$$

如果载荷 P 和转速 n 为已知，预期寿命 L_h'(h) 又已取定，则所需轴承应具有的基本额定动载荷的计算值 C'，可根据式（9-2a）得出

$$C'=P\sqrt[\varepsilon]{\frac{60nL_h'}{10^6}} \tag{9-3a}$$

在滚动轴承标准中所列出的基本额定动载荷 C 值，仅适用于一般工作温度。若轴承在工作温度高于 120℃时工作，基本额定动载荷 C 值有所下降，故引入温度系数 f_t 对 C 值给予修正，其值可查表 9-7。

因此式（9-2a）、式（9-3a）可写为

$$L_h=\frac{10^6}{60n}\left(\frac{f_tC}{P}\right)^{\varepsilon} \tag{9-2b}$$

$$C'=\frac{P}{f_t}\sqrt[\varepsilon]{\frac{60nL_h'}{10^6}} \tag{9-3b}$$

表 9-7　温度系数 f_t

轴承工作温度/℃	≤120	125	150	175	200	225	250	300	350
温度系数 f_t	1.00	0.95	0.90	0.85	0.80	0.75	0.70	0.60	0.50

以上两式是常用轴承寿命的计算式，由此可确定轴承的寿命或型号。疲劳寿命校核计算应满足的条件为 $L_h \geqslant L_h'$，即所选轴承的基本额定动载荷 C 值应大于或等于计算值 C'。

表 9-8 中给出了某些机器上轴承的预期寿命推荐值，可供选用轴承时参考。

表 9-8　轴承预期寿命 L_h' 推荐值

使用条件	机械类型举例	预期寿命 L_h'/h
不经常使用的仪器或设备	闸门开闭装置等	300～3000
间断使用的机械，中断使用不致引起严重后果	手动机械、自动送料机、农业机械、装配吊车等	3000～8000
间断使用的机械，中断使用会引起严重后果	升降机、带式运输机、吊车、发电站辅助设备等	8000～12000
每天工作 8h 的机械，但经常不是满载荷使用	电机、一般齿轮传动装置、压碎机、起重机、一般机械等	12000～25000

（续）

使用条件	机械类型举例	预期寿命 L_h'/h
每天工作8h的机械，满载荷使用	印刷机械、机床、木工加工机械、离心机、鼓风机等	20000～30000
连续工作的机械	矿山升降机、纺织机械、泵、空气压缩机、轧机齿轮装置等	40000～50000
24h连续工作的机械，中断使用会引起严重后果	电站主要设备、矿用通风机、给水装置、船舶螺旋桨轴等	≈100000

4. 滚动轴承的当量动载荷

如前所述，滚动轴承的基本额定动载荷是在一定的载荷条件下确定的，即向心轴承仅承受纯径向载荷 F_r，推力轴承仅承受纯轴向载荷 F_a，轴承寿命计算所用的载荷 P 即为 F_r 或 F_a。但对于承受径向载荷 F_r 和轴向载荷 F_a 联合作用的轴承（如深沟球轴承、调心球轴承、角接触球轴承、圆锥滚子轴承等），则寿命计算所用的载荷 P 不能直接利用 F_r 或 F_a，而应为当量载荷，它是将实际载荷转换为与确定基本额定动载荷的载荷条件相一致的假想载荷，在它的作用下，轴承寿命与实际载荷联合作用下的寿命相当。其计算式为

$$P=f_p\ (XF_r+YF_a) \tag{9-4}$$

式中 f_p——载荷系数，考虑工作中的冲击和振动对轴承寿命的影响时，其值查表9-9。

X、Y——径向、轴向载荷系数，其值可分为按 $F_a/F_r>e$ 或 $F_a/F_r\leqslant e$ 两种情况查表9-10。表中，参数 e 反映了轴向载荷对轴承承载能力的影响，其值与轴承类型及相对轴向载荷 F_a/C_{0r} 有关（C_{0r} 称为径向基本额定静载荷）。

对于只能承受纯径向载荷的向心轴承（如滚针轴承）

$$P=f_pF_r \tag{9-5}$$

对于只能承受纯轴向载荷的推力轴承（推力球轴承）

$$P=f_pF_a \tag{9-6}$$

表9-9 载荷系数 f_p

载荷性质	f_p	举例
无冲击或轻微冲击	1.0～1.2	电动机、汽轮机、通风机、水泵等
中等冲击或中等惯性力	1.2～1.8	车辆、动力机械、起重机、造纸机、冶金机械、卷扬机、机床、传动装置等
强大冲击	1.8～3.0	破碎机、轧钢机、石油钻机、振动筛等

5. 角接触球轴承及圆锥滚子轴承的轴向载荷的计算

如前所述，角接触球轴承及圆锥滚子轴承的结构特点是在滚动体与滚道接触处存在着公称接触角 α，因此，按式（9-4）计算当量动载荷 P 时，其中的轴向载荷 F_a 并不完全由作用于轴上的轴向工作载荷 F_A 产生，而应根据轴上所有轴向力的平衡条件求得。

（1）载荷作用中心　如图9-9所示，角接触球轴承和圆锥滚子轴承受径向载荷 F_r 作用时，其载荷作用中心为 O，它是各滚动体的法向反力与轴承轴心线的交点，即为支承反力作用点。点 O 到轴承外圈宽边端面的距离为 a，其数值可由轴承手册查出。为简化计算，常以轴承宽度中点作为支承反力作用点。

表 9-10 径向系数 X 和轴向系数 Y

轴承类型		$\frac{F_a}{C_{0r}}$	单列轴承				e
			$F_a/F_r \leq e$		$F_a/F_r > e$		
			X	Y	X	Y	
深沟球轴承		0.014				2.30	0.19
		0.029				1.99	0.22
		0.056				1.71	0.26
		0.084				1.55	0.28
		0.11	1	0	0.56	1.45	0.30
		0.17				1.31	0.34
		0.29				1.15	0.38
		0.43				1.04	0.42
		0.57				1.00	0.44
角接触球轴承	$\alpha=15°$	0.015				1.47	0.38
		0.029				1.40	0.40
		0.058				1.30	0.43
		0.087				1.23	0.46
		0.12	1	0	0.44	1.19	0.47
		0.17				1.12	0.50
		0.29				1.02	0.55
		0.44				1.00	0.56
		0.58				1.00	0.56
	$\alpha=25°$	—	1	0	0.41	0.87	0.68
	$\alpha=40°$	—	—	—	0.35	0.57	1.14
调心球轴承		—	1	0	0.40	GB/T 281—1994	
调心滚子轴承		—	GB/T 288—1994				
圆锥滚子轴承		—	1	0	0.40	见 GB/T 297—1994	

（2）内部轴向力　如图 9-9 所示，当轴承受径向载荷 F_r 时，作用在承载区内第 i 个滚动体上的法向反力为 Q_i，可分解为径向分力 R_i 和轴向分力 S_i。各滚动体上所受的轴向分力之和即为轴承的内部轴向力 S，S 的方向总是沿轴向由外圈的宽边端面指向窄边端面，即迫使轴承内圈从外圈脱离的方向，其大小可按表 9-11 中的公式计算。

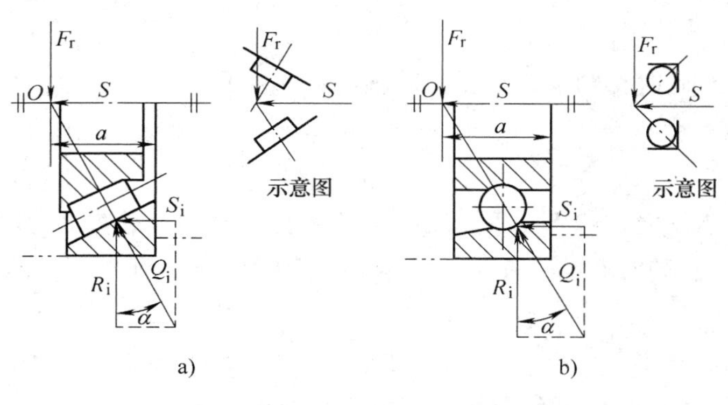

图 9-9 径向载荷产生的内部轴向力

表 9-11　角接触球轴承、圆锥滚子轴承的内部轴向力 S

角接触球轴承			圆锥滚子轴承
70000C（$\alpha=15°$）	70000AC（$\alpha=25°$）	70000B（$\alpha=40°$）	
$S=eF_r$	$S=0.68F_r$	$S=1.14F_r$	$S=F_r/(2Y)$

注：Y 是 $F_a/F_r>e$ 时的轴向系数。

这两类轴承通常成对使用，对称安装，以免轴承工作时产生轴向窜动。图 9-10 所示为成对使用的角接触球轴承的两种安装方式及轴向载荷分析，图 9-10a 所示为两轴承外圈窄边相对（面对面），称为正装，它使支承跨距缩短；图 9-10b 所示为两轴承外圈宽边相对（背靠背），称为反装，它使支承跨距加大。

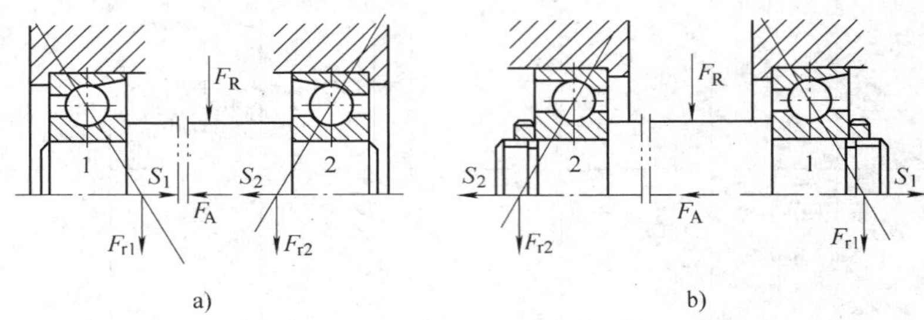

图 9-10　角接触球轴承的两种安装方式及轴向载荷分析

a）正装　b）反装

（3）轴向载荷的计算　图 9-10a 中，F_{r1}、F_{r2} 分别为轴承 1、2 承受的径向载荷；F_A 为作用在轴心线上的轴向外载荷，F_R 为作用于轴上的径向外载荷。S_1、S_2 分别为轴承 1、2 的内部轴向力，其方向随安装方式的不同而不同。在计算轴承 1、2 的轴向载荷 F_{a1}、F_{a2} 时必须同时考虑 F_A 和 S_1、S_2 的影响。下面先以图 9-10a 的情况进行分析：取轴与其相配合的轴承内圈为分离体，当达到轴向平衡时，应满足

$$F_A+S_2=S_1$$

若 $F_A+S_2>S_1$，轴将有向左移动的趋势，由于轴承 1 左端已固定，轴承并没有向左移动，此时轴承 1 被"压紧"，轴承 2 被"放松"。为了保持平衡，左端零件将给轴承 1 一个附加轴向反力 S_1'，这时轴承 1 的总轴向力为 S_1+S_1'，再根据系统的力平衡条件可知 $S_1+S_1'=F_A+S_2$，因此

$$F_{a1}=S_1+S_1'=F_A+S_2$$

此时，轴承 2 只受内部轴向力 S_2，即

$$\left.\begin{aligned}F_{a1}&=S_2+F_A\\F_{a2}&=S_2\end{aligned}\right\}\tag{9-7}$$

反之，若 $F_A+S_2<S_1$，轴将有向右移动的趋势，此时轴承 2 被"压紧"，轴承 1 被"放松"。同时右端零件将给轴承 2 一个附加轴向反力 S_2'，同理得

$$\left.\begin{aligned}F_{a2}&=S_1-F_A\\F_{a1}&=S_1\end{aligned}\right\}\tag{9-8}$$

图 9-10b 的情况读者可自行分析求得 F_{a1} 和 F_{a2}。

综上分析，计算角接触球轴承、圆锥滚子轴承轴向载荷的步骤和方法如下。

1）确定轴承内部轴向力 S_1、S_2 的方向和大小。

2）根据 F_A、S_1、S_2 判断轴的移动趋势，找出被“压紧”轴承和被“放松”的轴承。

3）被“压紧”轴承的轴向载荷等于除本身内部轴向力外其余各轴向力的代数和；被“放松”轴承的轴向载荷就等于自身的内部轴向力。

求得 F_{a1}、F_{a2}后，就可按式（9-4）分别计算出两个轴承的当量动载荷 P_1 和 P_2。

9.3.3 滚动轴承的静强度计算

对于在工作载荷作用下基本上不旋转（如起重吊钩上用的推力轴承）或缓慢摆动及转速极低的轴承，为防止滚动体与滚道接触处产生过大的塑性变形，以保证轴承轻快、平稳工作，应对滚动轴承进行静强度计算。

滚动轴承受载后，在承载区内受力最大的滚动体与滚道接触处的接触应力达到一定值（如调心球轴承为4600MPa；其他球轴承为4200MPa；滚子轴承为4000MPa）的静载荷，称为基本额定静载荷，以 C_0（C_{0r}或 C_{0a}）表示，其值可查轴承手册。实践表明，轴承在不超过该载荷下能正常工作。因此，基本额定静载荷是轴承静强度的计算依据。

轴承在工作时，如果同时承受径向载荷和轴向载荷，则应按当量静载荷 P_0 进行计算，P_0 与实际载荷的关系为

$$P_0 = X_0 F_r + Y_0 F_a \tag{9-9}$$

式中 P_0——当量静载荷（N）；

F_r——轴承的径向载荷（N）；

F_a——轴承的轴向载荷（N）；

X_0——静径向载荷系数；

Y_0——静轴向载荷系数，X_0、Y_0 的值可查轴承手册。

滚动轴承静强度校核公式为

$$C_0\ (C_{0r}\text{或}\ C_{0a}) \geq S_0 P_0 \tag{9-10}$$

式中 S_0——静强度安全系数，其值查表9-12。

表 9-12 静强度安全系数 S_0

载荷性质和使用要求	S_0
对有大的冲击载荷或对旋转精度及运转平稳性要求较高	1.2～2.5
正常使用	0.8～1.2
对没有冲击载荷和振动或旋转精度及运转平稳性要求较低	0.5～0.8

【例 9-2】 齿轮减速器的高速轴，用一对深沟球轴承作为支承，转速 $n=3000\text{r/min}$，轴承径向载荷 $F_r=4800\text{N}$，轴向载荷 $F_a=2500\text{N}$，有轻微冲击，工作温度不超过100℃。轴径 $d \geq 70\text{mm}$，要求轴承寿命 $L_h' \geq 5000\text{h}$，试选定轴承型号。

解 深沟球轴承的寿命指数 $\varepsilon=3$。由于轴承型号未定，C_{0r}、e、X、Y 的值都无法确定，必须进行试算。试算时可先按轴颈直径选定一至二个型号进行核验，先定 6314、6414 两种轴承进行试算，由轴承标准查得轴承有关数据如下表（D 是轴承套圈外径，B 是轴承内圈宽度）。

方案	轴承型号	基本额定动载荷 C_r/N	基本额定静载荷 C_{0r}/N	D/mm	B/mm	极限转速 n/（r/min）
1	6214	60800	45000	125	24	4800
2	6314	105000	68000	150	35	4300

计算步骤见下表。

计算项目	计算依据	单位	计算	
			方案 1	方案 2
F_a/C_{0r}值	查表 9-10 方案 2 中 e、Y 值由内插法确定		0.056	0.037
e			0.26	0.23
F_a/F_r			$0.52>e$	$0.52>e$
X、Y			$X=0.56$ $Y=1.71$	$X=0.56$ $Y=1.91$
载荷系数 f_p	查表 9-9		1.2	1.2
温度系数 f_t	查表 9-7		1.00	1.00
当量动载荷 P	$P=f_P\ (XF_r+YF_a)$	N	8355.6	8955.6
基本额定动载荷计算值 C'	$C'=\frac{P}{f_t}\sqrt[\varepsilon]{\frac{60nL_h'}{10^6}}$	N	$80672>C_r$	$86465<C_r$

结论：6314 型深沟球轴承可以满足要求。

【例 9-3】 某工程机械传动中轴承配置形式如图 9-11 所示。已知：轴向外载荷 $F_A=2000\text{N}$，轴承径向载荷 $F_{r1}=4000\text{N}$，$F_{r2}=5000\text{N}$，转速 $n=1500\text{r/min}$，中等冲击，工作温度不超过 100℃，要求轴承预期寿命 $L_h'=5000\text{h}$。问采用 30311 轴承是否合适？

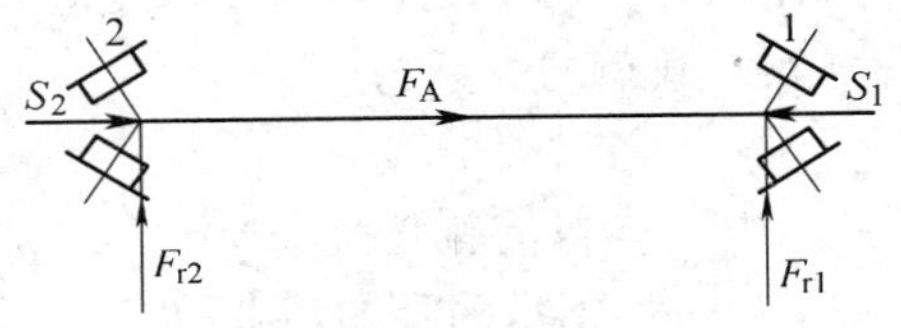

图 9-11 例 9-3 图

解 （1）计算轴承所受轴向载荷 F_a。查表 9-10 知，由 GB/T 297—1994 查出 30311 轴承 $Y=1.7$，$e=0.35$，$C_r=152000\text{N}$；查表 9-11 可求得

$$S_1=\frac{F_{r1}}{2Y}=\frac{4000}{2\times1.7}\text{N}=1176.5\text{N}$$

$$S_2=\frac{F_{r2}}{2Y}=\frac{5000}{2\times1.7}\text{N}=1470.6\text{N}$$

因 $S_2+F_A=(1470.6+2000)\ \text{N}=3470.6\text{N}>S_1=1176.5\ \text{N}$，可知轴有向右移动的趋势，使轴承 1 “压紧”，轴承 2 “放松”，故

$$F_{a1}=S_2+F_A=1470.6\text{N}+2000\text{N}=3470.6\text{N}$$

$$F_{a2}=S_2=1470.6\text{N}$$

（2）计算当量动载荷 P

轴承 1 $\frac{F_{a1}}{F_{r1}}=\frac{3470.6}{4000}=0.8677>0.35$；由表 9-10 查得 $X=0.40$，已知 $Y=1.7$。载荷中等冲击，查表 9-9 取 $f_p=1.6$，则

$$P_1=f_p\ (XF_{r1}+YF_{a1})\ =1.6\ (0.40\times4000+1.7\times3470.6)\ \text{N}=12000\text{N}$$

轴承 2 $\frac{F_{a2}}{F_{r2}}=\frac{1470.6}{5000}=0.294<0.35$；由表 9-10 查得 $X=1$，$Y=0$，则

$$P_2=f_p\ (XF_{r2}+YF_{a2})\ =1.6\ (1\times5000+0\times1470.6)\ \text{N}=8000\text{N}$$

（3）验算基本额定动载荷 C。按公式（9-3b）计算所需的基本额定动载荷。查表 9-7 取

$f_t = 1.00$，因为是滚子轴承，$\varepsilon = 10/3$，又因为 $P_1 > P_2$，所以按 P_1 计算

$$C' = \frac{12000}{1.0}\sqrt[\frac{10}{3}]{\frac{60 \times 1500 \times 5000}{10^6}}\mathrm{N} = 75014\mathrm{N} < 152000\mathrm{N}$$

结论：采用一对 30311 圆锥滚子轴承寿命足够。

9.4 轴承装置的结构分析

轴和轴上传动零件一般均有两个以上的轴承支承。轴承、轴及轴上零件总称为轴系。为了保证整个轴系正常工作，除了合理地选择轴承类型和尺寸外，还应合理确定轴承装置的结构，它包括轴系支承结构、固定、游隙、配合、预紧、润滑、密封等。

9.4.1 轴系支承结构形式

为保证轴系相对机座有确定的位置，轴系必须轴向固定。当轴工作时，既要能传递轴向力而不发生轴向窜动，又要保证轴承不致因轴受热膨胀而卡住。轴系常用的支承结构有两种。

1. 两端固定式支承结构

如图 9-12 所示，轴的两端支承对称布置，轴系支承的固定是利用轴肩或套筒顶住两轴承的内圈，并用轴承盖从两端顶住两轴承的外圈实现的。每个支承都能限制轴的单向移动，两个支承合起来限制了轴的双向移动，故称为两端固定式支承。考虑轴工作时有少量热膨胀，对于深沟球轴承，安装时，在一端轴承与轴承盖间留出 $c = 0.2 \sim 0.4\mathrm{mm}$ 间隙；对于正装的角接触球轴承（或圆锥滚子轴承），由轴承游隙补偿轴的热膨胀。间隙 c 或轴承游隙可用垫片或调节螺钉调整。

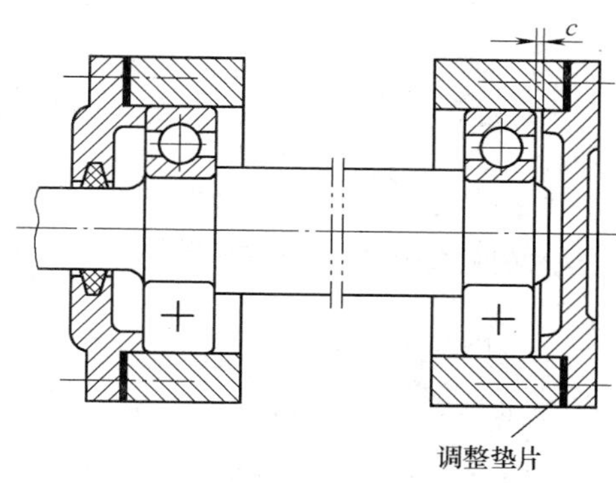

图 9-12　两端固定式支承结构

两端固定式支承结构简单，装拆方便，适用于温升不高的短轴（跨距 $L \leqslant 350\mathrm{mm}$）。

2. 固定—游动式支承结构

轴较长或工作时热伸长量较大时，为补偿较大的热膨胀，应采用一支承固定，另一支承游动的结构型式，称为固定-游动式支承，如图 9-13 所示。这种结构中，固定一端（图中左端）轴承的内外圈应双向都固定。游动端若使用内外圈不可分离型轴承，只需双向固定内圈（图 9-13a）；若使用内外圈可分离型轴承，则内外圈均应双向固定（图 9-13b）。当轴向力较大时，固定端可用成对的角接触向心轴承。

9.4.2 轴承的定位与固定

轴承在轴上常用轴肩或套筒作轴向定位。轴承内圈在轴上的轴向固定，可按轴向载荷大小选用圆螺母、轴用弹性挡圈、轴端挡圈等固定，如图 9-14 所示。轴承外圈在轴承座孔中，常用轴承盖（图 9-14）、座孔凸肩（图 9-14a）、孔用弹性挡圈（图 9-14b）、套杯端面（图 9-14c）等作轴向固定。

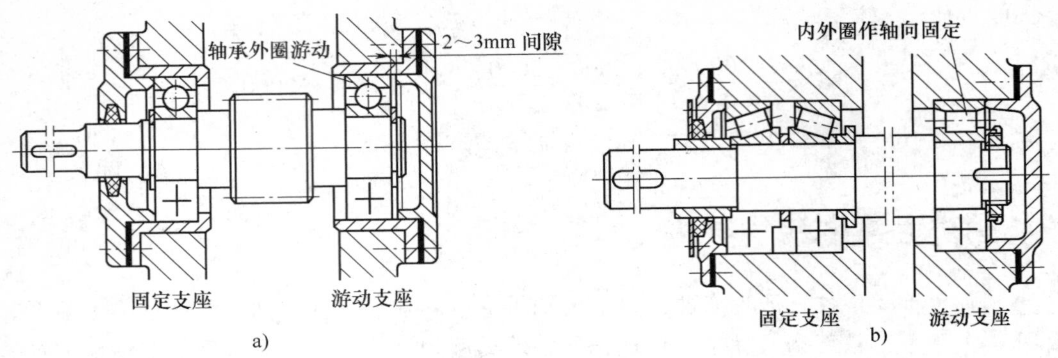

图 9-13　固定—游动式支承

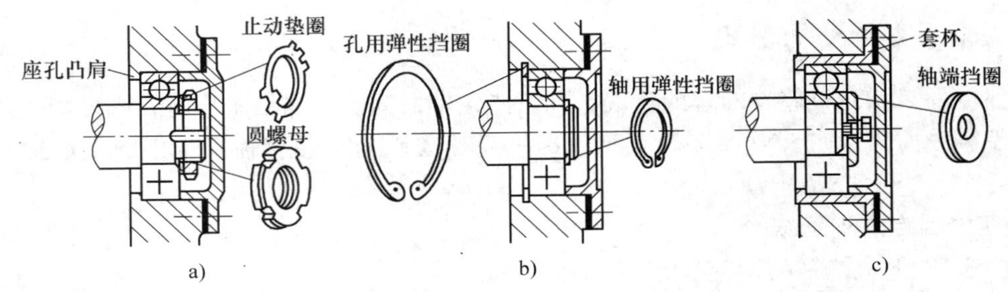

图 9-14　轴承的轴向固定

a）圆螺母固定　b）轴用弹性挡圈固定　c）轴端挡圈固定

轴承的内圈与轴颈、外圈与轴承座孔是利用过盈配合或过渡配合作周向相对固定，配合种类的具体选用详见本教材第 11 章。

9.4.3　轴系的调整

1. 轴承游隙的调整

轴承装配时，一般要留有适当游隙，以补偿轴的热变形，确保轴承的正常运转，常用的调整方法有：

（1）调整垫片　如图 9-15a 所示结构是靠加减轴承盖与机座之间调整垫片的厚度来调整轴承游隙。

（2）调整螺钉　如图 9-15b 所示结构是利用螺钉 1，通过轴承外圈压盖 3 的移动来调整轴承游隙，螺母 2 用来锁紧螺钉 1 以防止松动。

2. 轴系轴向位置的调整

对工作中有准确轴向位置要求的传动零件，需通过调整轴系轴向位置予以保证。如锥齿轮传动，要求两个节锥顶点相重合，才能保证正确啮合。如图 9-16 所示为锥齿轮轴系位置的调整装置。垫片 1 用来调整锥齿轮轴的轴向位置，而垫片 2 则用来调整轴承间隙。

3. 轴承的预紧

对某些内部游隙可调的轴承，在安装时给予一定的轴向作用力（预紧力），使内、外圈产生相对位移，在套圈和滚动体接触处产生弹性预紧变形，以保持内、外圈处于压紧状态，这种方法称为轴承的预紧。预紧的目的是消除内部游隙，增加轴承的刚度，提高轴承的定位精度和旋转精度，减小轴承的振动和噪声。预紧力可以利用金属垫片或磨窄套圈等方法获

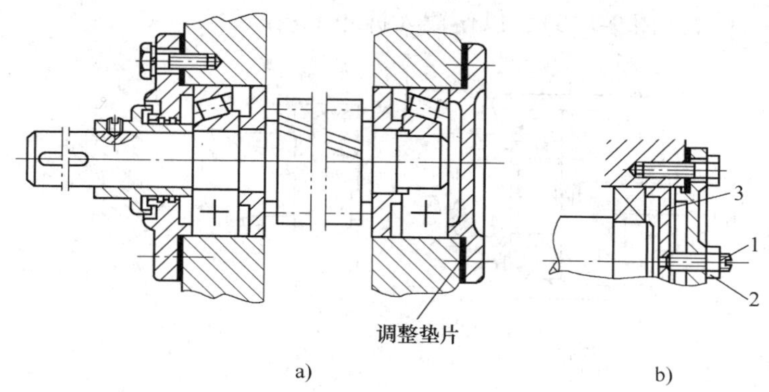

图 9-15　轴承游隙的调整

1—螺钉　2—螺母　3—压盖

得，如图 9-17 所示。

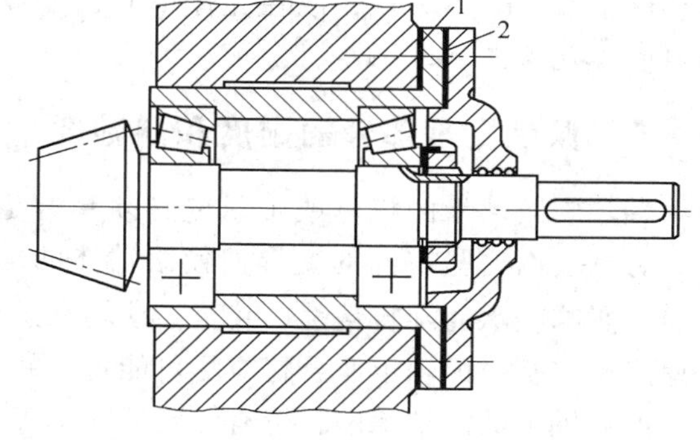

图 9-16　轴向位置的调整

1、2—垫片

9.4.4　轴承的装拆

确定轴承装置结构时，必须考虑轴承装拆方便，以保证在装拆过程中不致损伤轴承和其他零件。

轴承内圈与轴、轴承外圈与座孔通常配合较紧，安装时为了不损伤轴承和其他零件，应先加套筒，再用压力机或软锤子（较小轴承）在内圈或外圈上加力，将轴承压套在轴颈上或压入座孔内，如图 9-18 所示。对于过盈量较大的中、小型轴承，为了安装方便，常用热油或热蒸气将轴承预热，不必采用压力机即可将轴承热装在轴颈上，轴承加热温度不超过 125℃。装有防尘罩或密封件的轴承，由于采用润滑脂填充或密封材料，加热温度不应超过 80℃。

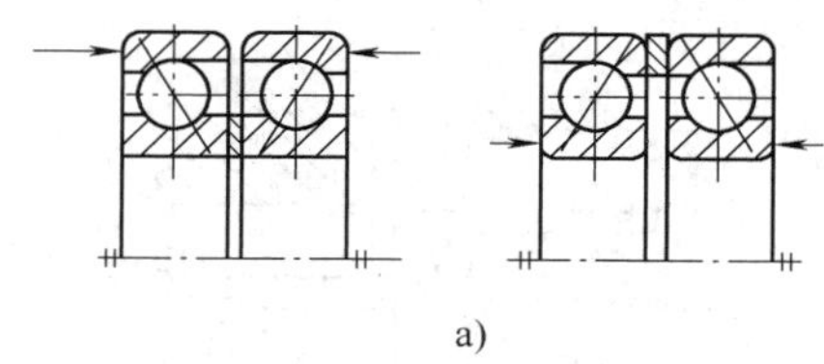
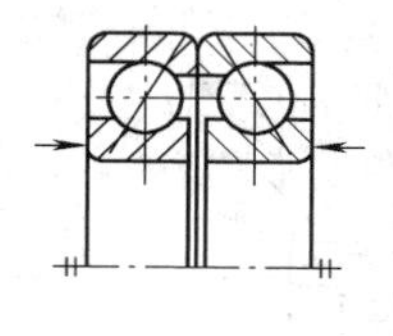
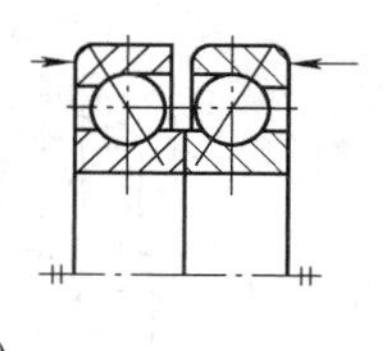

图 9-17　轴承预紧

a）垫片预紧　b）磨窄套圈预紧

如图 9-19 所示，拆卸轴承须用专用的拆卸工具，通过向内圈施力将轴承拆下，为此内圈在轴肩处应露出足够的高度。若轴肩高度大于轴承内圈外径时，就难以放置拆卸工具的钩头（图 9-19a），此

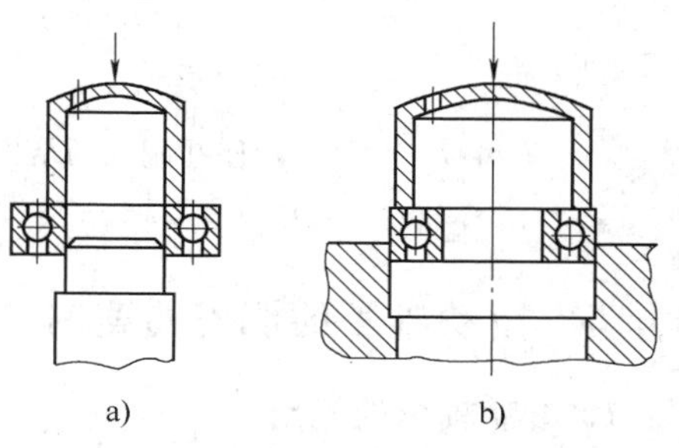

图 9-18　压力安装轴承

a）压装内圈　b）压装外圈

时，可以在轴肩上开槽（图 9-19b），以便放入拆卸工具的钩头。

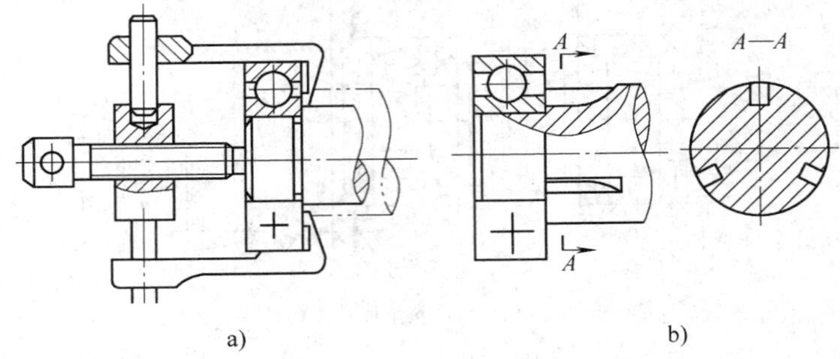

图 9-19　便于轴承内圈拆卸的结构

如图 9-20 所示，对外圈拆卸要求也如此，应留出拆卸高度 h（图 9-20a），或在壳体上制出能放置拆卸螺钉的螺孔（图 9-20b）。

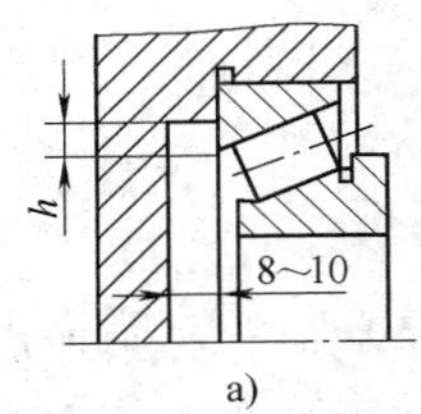

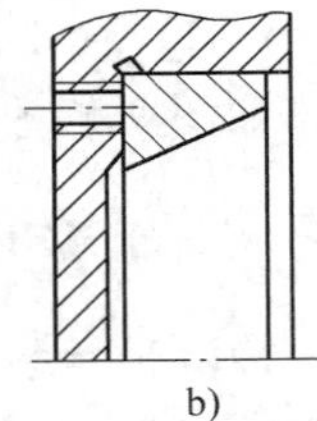

图 9-20　便于轴承外圈拆卸的结构

9.4.5　保证支承部分的刚度和同轴度

轴和安装轴承的机体或轴承座必须具有足够的刚度，否则会因这些零件的变形而使滚动体的运动受到阻碍，影响轴承的旋转精度，甚至会使轴承过早损坏。安装轴承的机体和轴承座孔应有足够的厚度。壁板上的轴承座悬臂应尽可能短，并用加强肋来增强支承部位的刚性（图 9-21）。

同一轴上的两轴承座孔应有一定的同轴度，以免轴承内外圈间产生过大的偏斜。为此，尽可能采用整体结构的座体，并把安装轴承的两个孔一次镗出；若两轴承孔直径不同，可在直径较小的轴承处加衬套（图 9-22），以使两轴承孔直径相同，能一次镗出。

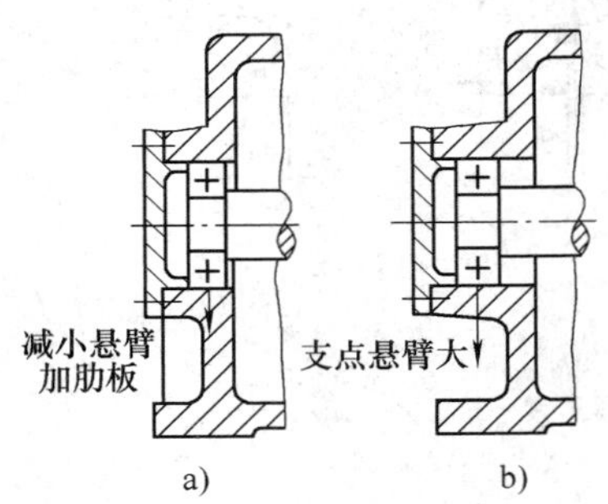

图 9-21　增强轴承座孔刚性的结构

a）合理　b）不合理

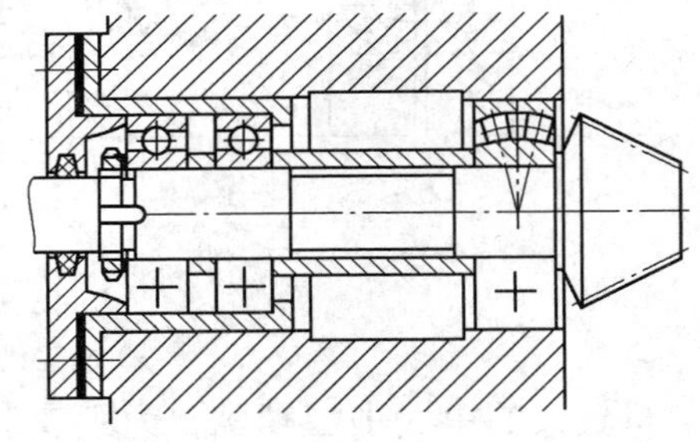

图 9-22　采用衬套的轴承座孔

9.4.6　滚动轴承的润滑与密封

1. 滚动轴承的润滑

滚动轴承的润滑不仅能降低摩擦阻力、减小磨损，还能起到散热、吸收振动、防止生锈等作用。

滚动轴承常用的润滑剂主要有润滑脂和润滑油两种。一般而言温度高、载荷大、转速低时选用黏度高的润滑剂；反之，应选用黏度低的润滑剂。润滑方式的选择与轴承速度有关，可根据衡量滚动轴承线速度的速度因素 dn 值（d 为轴承内径，mm；n 为轴承转速，r/min）确定，如表 9-13 所示。

表 9-13　各种润滑方式下轴承的 dn 值　（单位：mm · r/min）

轴承	脂润滑	润滑油			
		油浴	滴油	循环油	喷雾
深沟球轴承	160000	250000	400000	600000	>600000
调心球轴承	160000	250000	400000	—	—
角接触球轴承	160000	250000	400000	600000	>600000
圆柱滚子轴承	120000	250000	400000	600000	—
圆锥滚子轴承	100000	160000	230000	300000	—
调心滚子轴承	80000	120000	—	250000	—
推力球轴承	40000	60000	12000	150000	—

润滑脂用于 dn 值较小的场合。润滑脂因不易流失，便于密封和维护，且一次充填润滑脂可运转较长时间。滚动轴承中润滑脂的加入量一般应是轴承内部有效空间的 1/3 ~ 2/3，过多会引起轴承发热。

对于 dn 值较大的滚动轴承应采用润滑油润滑。润滑油比润滑脂的摩擦阻力小，散热效果好。常用润滑方式有油浴润滑、飞溅润滑、循环润滑和喷油润滑等。油浴润滑多用于低、中速轴承，油面高度不应超过最低滚动体的中心。飞溅润滑广泛用于机床齿轮箱等闭式传动中，这种润滑方式是利用转动的齿轮、叶片或甩油环将油溅向轴承壳体，再经油道流入轴承。对于在高速高温下工作的轴承，应采用循环润滑、喷雾润滑或喷射润滑等方式，其润滑和散热效果都较好。

2. 滚动轴承的密封

密封是为了防止外界的灰尘、水分等侵入轴承，并阻止润滑剂的漏失。常用的密封装置有两类：接触式密封和非接触式密封。

接触式密封是通过置入轴承盖内的密封圈与转动轴表面的直接接触而起密封作用。这种方式必须有一定贴合压力使密封圈贴附滑动面，以至摩擦、磨损大、温升较高，仅适用于低速。当轴颈的圆周速度较高时，接触式密封圈易老化、磨损，使用寿命大大降低，此时宜采用非接触式密封。滚动轴承常用的密封形式及其特点见表 9-14。

表 9-14　滚动轴承常用的密封形式及其特点

密封形式		简图	特点及应用
接触式密封	毡圈密封		在轴承端盖的梯形断面槽内填充毛毡圈，使其与轴在接触处压紧达到密封 适用于工作环境比较干净的脂润滑轴承密封，一般接触处的圆周速度 $v \leqslant 4 \sim 5$m/s，工作温度 ≤90℃。如果轴表面经过抛光，毛毡质量较好，圆周速度 v 可允许达到 7 ~ 8m/s

（续）

密封形式		简图	特点及应用
接触式密封	密封圈密封	密封唇朝里 密封唇朝外	密封圈用耐油橡胶制成，是标准件（GB/T 13871.1—2007）。安放在轴承端盖内，用弹簧圈把密封唇箍紧在轴上 用于脂润滑或油润滑的轴承密封中，一般接触处的圆周速度 $v \leqslant 7\mathrm{m/s}$，适合于工作温度 $-40 \sim 100℃$ 安装时，密封唇朝里主要防止油泄出；密封唇朝外主要防灰尘、杂质侵入
非接触式密封	油沟密封		在端盖上开 3 个以上宽 3 ~ 4mm、深 4 ~ 5mm 的沟槽，并填充润滑脂，提高润滑效果 适用于脂润滑轴承密封、轴颈速度较高的场合。但工作温度不宜太高，以防止润滑脂熔化而流失
	迷宫密封	1 2	迷宫密封的静止件 1 与回转件 2 之间有拐了几道弯的缝隙，构成所谓“迷宫”，缝隙中填充润滑脂，以加强密封效果 适用于较脏的工作环境
	甩油密封		甩油环靠离心力将油甩掉，油再通过导油槽返回油池。这种密封方式无摩擦阻力损耗，密封效果可靠 适用于油、脂润滑轴承密封

9.5 滑动轴承简介

9.5.1 滑动轴承的类型

1. 摩擦状态

滑动轴承工作时与轴颈接触表面间存在压力并有相对滑动，因而存在滑动摩擦。按液体润滑条件的不同，其摩擦状态可分为以下三种。

（1）干摩擦状态　两摩擦表面直接接触，其间没有任何润滑剂。干摩擦的摩擦因数大，磨损和发热严重，甚至导致摩擦表面烧伤。因此在滑动轴承中应力求避免。

（2）非液体摩擦状态　两摩擦表面间注入少量的润滑油后，便形成一层极薄且牢固的润滑油膜，它具有一定的承载能力，并能减小摩擦、磨损。这种摩擦状态下，润滑油不能将工作表面完全隔开，表面局部凸起部分仍会发生金属的直接接触。但结构简单，对制造精度和工作要求不高，因此得到广泛应用。

（3）液体摩擦状态　两摩擦表面完全被一层具有一定压力的润滑油膜所隔开。此时，摩擦只发生在润滑油膜内部，摩擦因数很小，故摩擦阻力很小，无磨损，是最好的摩擦状态，但须在一定的条件下才能实现。

2. 常用类型

按滑动轴承的摩擦状态，可分为非液体摩擦轴承和液体摩擦轴承。非液体摩擦轴承也称为非完全润滑轴承。液体摩擦轴承按其油膜形成的原理，又分为液体动压轴承和液体静压轴承。

对于精度、寿命等要求不高，不太重要的轴承，常采用非完全润滑轴承。本节只介绍非完全润滑轴承。

按轴承承受载荷的方向，滑动轴承可分为径向滑动轴承和推力滑动轴承两种。

9.5.2 滑动轴承的典型结构

1. 径向滑动轴承

径向滑动轴承用来承受径向载荷。其主要结构形式有整体式、剖分式、自位式三大类。

（1）整体式　典型的整体式径向滑动轴承结构如图9-23所示。它是由整体的轴承座、轴套及相应的润滑油孔组成，轴套压装在轴承座中，用螺栓把轴承座固定在机架上。

整体式径向滑动轴承无法调节轴颈和轴承孔间的间隙，当轴套磨损后，必须更换轴套。此外，在安装轴时，必须作轴向位移，很不方便。在机器装拆条件允许的情况下，它适用于低速、轻载及间歇运转的场合，如在绞车，手动起重机上多用此类轴承。

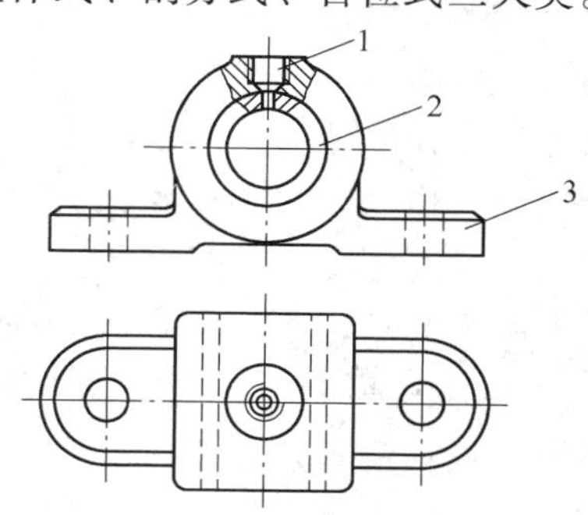

图9-23　整体式径向滑动轴承

1—油孔　2—轴套　3—轴承座

（2）剖分式　典型的剖分式径向滑动轴承如图9-24a所示，它是由轴承座1、下轴瓦2、上轴瓦3、油杯4、螺栓5、轴承盖6等组成。轴承盖与轴承座的剖分面做成阶梯形，以便安装对中，并防止横向错动。剖分面间可放置少量垫片，以便在轴瓦磨损后用减少垫片的方法来调整轴与轴瓦之间的间隙。这类轴承装拆调整方便，故得到广泛应用。在正常工作情况下，轴承所受径向载荷方向应该在垂直于剖分面的轴承中心线35°左右的范围内，否则应采用斜剖分式，如图9-24b所示。

（3）自位式　轴承宽度与轴颈直径之比（B/d）称为宽径比。当宽径比较大时，轴的弯曲变形或安装误差易造成轴颈与轴瓦端部的局部接触，形成集中载荷，引起剧烈的磨损和发热。因此，当轴承的宽径比 $B/d>1.5$ 时，多采用如图9-25所示的自位式轴承。该类轴承轴瓦的外部中间做成外凸球面，与轴承盖和轴承座间的内凹球面配合，轴瓦可自动调位，以适应轴弯曲时轴颈产生的偏斜，从而使轴颈与轴瓦保持良好接触。这类轴承常应用于传动轴有

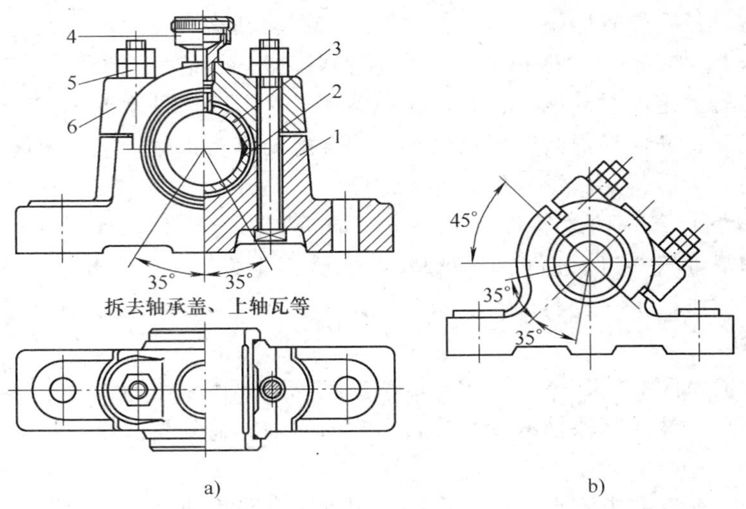

图 9-24　剖分式径向滑动轴承

a）剖分式正滑动轴承　b）剖分式斜滑动轴承

1—轴承座　2—下轴瓦　3—上轴瓦　4—油杯　5—螺栓　6—轴承盖

偏斜的场合。

2. 推力滑动轴承

推力滑动轴承用来承受轴向载荷，且能防止轴的轴向位移。当与径向轴承组合使用时，可同时承受径向和轴向载荷，其结构简图如图 9-26 所示。它由轴承座 1、止推轴瓦 2、防止止推轴瓦转动的销钉 3 及径向轴瓦 4 组成。止推轴瓦 2 与轴承座 1 以球面配合，起自动调心作用。在止推轴瓦 2 与轴端接触的表面上开有油沟，以便润滑。径向轴瓦 4 是用来承受径向载荷的。

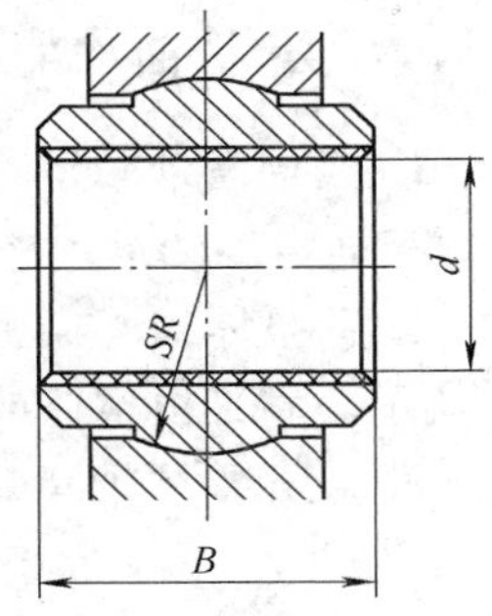

图 9-25　自位式径向滑动轴承

推力滑动轴承的承载面和轴上的止推面均为平面，止推面形式如图 9-27 所示。实心式（图 9-27a）结构最简单，但由于止推面上不同半径处滑动速度不同，导致磨损不同，以致压力分布不同，靠近轴心处压强很高，润滑油不易进入，对润滑极为不利，一般不采用。为改善润滑条件并提高止推面的承载能力，一般多采用空心式（图 9-27b）或单环式（图 9-27c）。如载荷较大，可做成多环式（图 9-27d），这种结构还能承受双向轴向载荷。

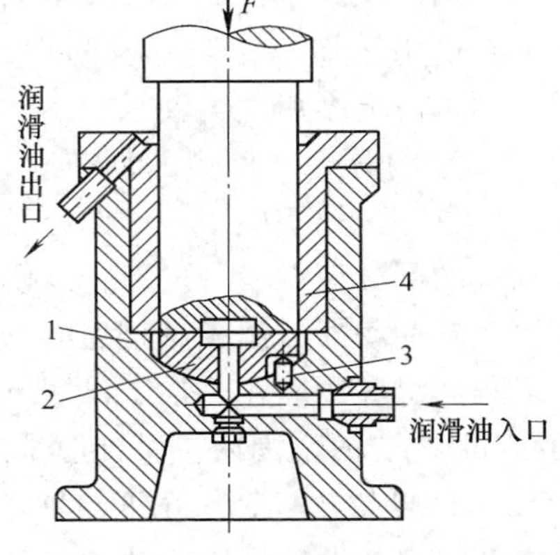

图 9-26　推力滑动轴承

1—轴承座　2—止推轴瓦

3—销钉　4—径向轴瓦

3. 轴瓦结构

轴瓦是滑动轴承中与轴直接接触的重要零件。它的工作面既是承载面，又是摩擦面，故需采用减摩材料。采用轴瓦的目的在于节省贵重的减摩材料，且在磨损后易于修复或更换。轴瓦也有整体式和剖分式两种。

（1）整体式轴瓦（亦称轴套）　用于整体式轴承，它又分无油槽轴套和有油槽轴套两种，如图 9-28 所示。

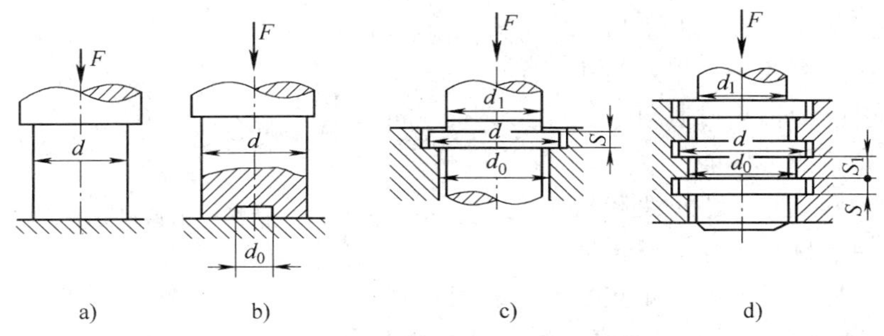

图 9-27　止推面形式

a）实心式　b）空心式　c）单环式　d）多环式

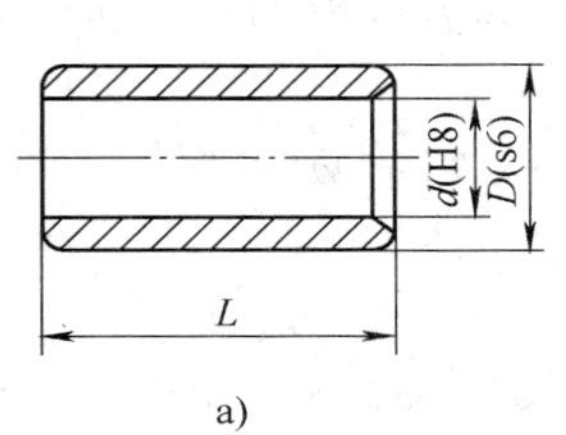

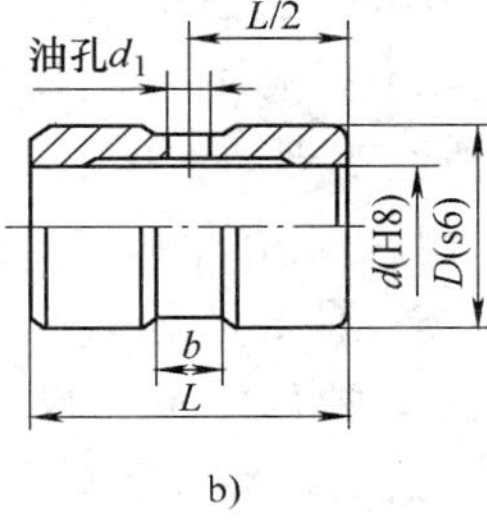

图 9-28　轴套

a）无油槽轴套　b）有油槽轴套

无油槽轴套结构简单，用于轻载、低速或不经常转动和不重要的场合，有油槽轴套便于向工作面供油，故应用较广泛。为防止轴套在轴承座孔中游动，孔和套之间采用过盈配合，或用紧定螺钉或销钉固定；重载时用薄型平键固定。

（2）剖分式轴瓦　用于剖分式轴承，它由上轴瓦和下轴瓦两片对合而成，结构如图 9-29 所示。通常上轴瓦不承载，下轴瓦承载。轴瓦两端的凸缘用于防止轴瓦轴向窜动并可承受一定的轴向载荷。

为把润滑油导入整个摩擦面之间，一般在轴瓦内壁上开设油孔和油槽，其常见结构形式是以油孔为中心沿轴向、周向或斜向开设油槽，如图 9-30 所示。油孔和油槽一般应开在非承载区的上轴瓦内，或压力较小的区域，以利供油，同时避免降低轴承的承载能力。轴向油槽的长度，一般应稍短于轴瓦的长度，以免润滑油流失过多。

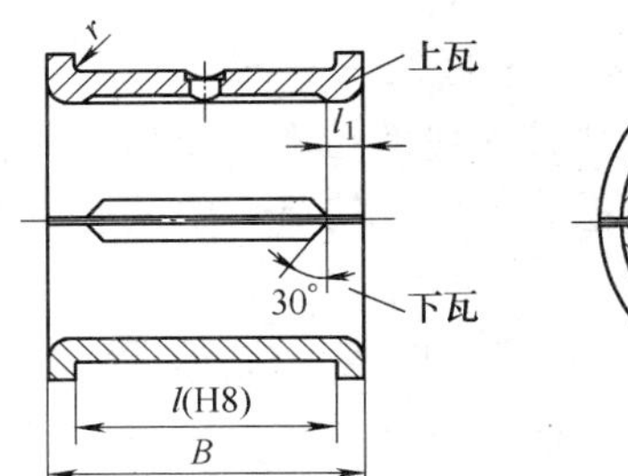

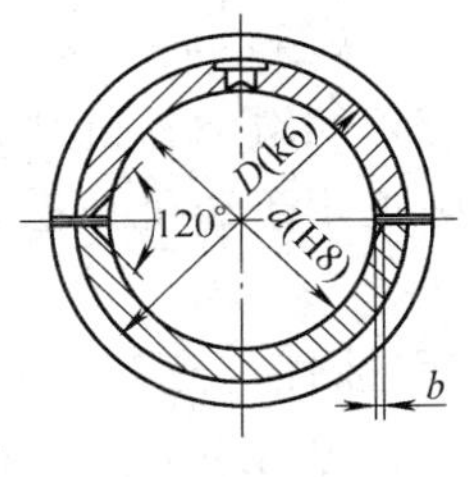

图 9-29　剖分式轴瓦

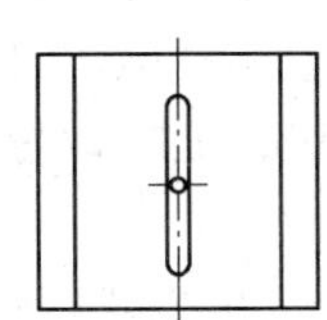

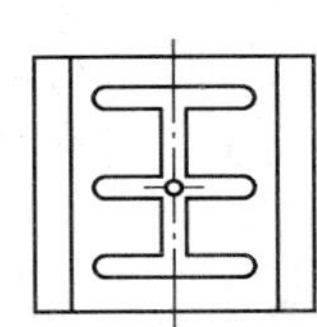

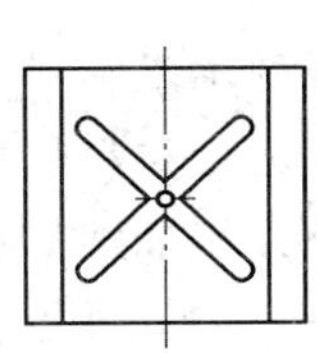

图 9-30　油孔和油槽（非承载轴瓦）

为使轴瓦既有一定的强度，又具有良好的减摩性，常在轴瓦内表面浇注一层减摩性好的材料，称为轴承衬。为使轴承衬与轴瓦可靠结合，常在轴瓦内表面预制一些燕尾式沟槽，如图 9-31 所示。

9.5.3　滑动轴承的材料

1. 对轴承材料的性能要求

对滑动轴承材料性能的要求主要取决于滑动轴承的失效形式。一般滑动轴承的最常见失效形式是轴瓦磨损、胶合（烧瓦）、疲劳剥伤、刮伤、腐蚀等，以及由于制造工艺原因引起的轴承衬脱落。因此轴承材料应具备如下性能。

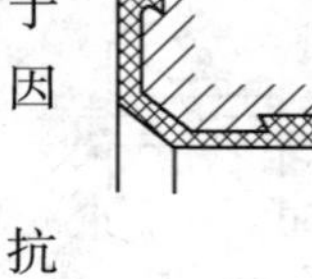
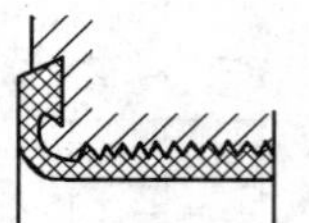
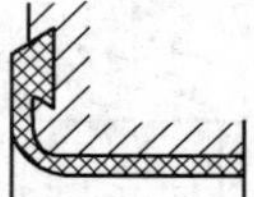
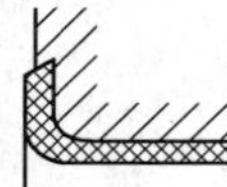

图 9-31　轴瓦与轴承衬结合形式

1）良好的减摩性、耐磨性和抗胶合性。即与轴颈材料相配的摩擦因数小、磨损小，易形成油膜，耐热性、抗黏附性好。

2）良好的顺应性、嵌入性和磨合性。即轴承材料能通过其表面的弹性变形来补偿和适应轴颈的偏斜和变形；能容纳硬质颗粒嵌入以减轻轴承滑动表面发生刮伤或磨粒磨损；以及轴颈与轴瓦之间经短期轻载运转即能形成相互吻合的表面粗糙度。

3）足够的抗压强度，包括疲劳强度、抗压强度、抗冲击强度，防止发生疲劳剥伤和大的塑性变形。

4）良好的制造工艺性，包括易于浇铸和加工，以获得所需的光滑摩擦表面。

5）良好的导热性、耐蚀性等。

2. 常用轴承材料

轴承材料是指轴瓦和轴承衬材料。仅一种材料是很难同时满足上述性能要求的。因此，选用轴承材料时，需根据使用中最主要的要求，有侧重地选用较合适的材料。也可把两、三种材料组合起来，做成多层轴瓦。常用轴承材料如下。

（1）轴承合金　轴承合金有锡锑轴承合金和铅锑轴承合金两大类。其减摩性、耐蚀性、抗胶合性均较好，但强度低、价格较贵，通常作为轴承衬材料浇铸在钢、铸铁或青铜的轴瓦基体上。锡锑轴承合金常用于高速重载场合；铅锑轴承合金常用于中速中载场合。

（2）青铜　青铜有锡青铜、铅青铜和铝青铜。青铜具有较好的强度，较好的减摩性、耐蚀性。既可单独做成轴瓦，也可浇铸在钢、铸铁轴瓦基体上。锡青铜用于中速、重载场合；铅青铜用于高速、重载场合；铝青铜用于低速、重载场合。

（3）粉末冶金材料　也称多孔质金属材料。是用不同金属粉末经制粉、成形、烧结而成的轴承材料，具有多孔性组织，孔隙内可以储存润滑油，所制成的轴承也称含油轴承。粉末冶金材料价格低廉、耐磨性好，但韧性较差。适用于载荷平稳、无冲击载荷、中低速以及不方便加油的场合。

（4）铝基轴承合金　具有良好的减摩性、耐蚀性，有较高的疲劳强度。在部分领域取代了较贵的轴承合金和青铜。可以单独做成轴瓦，也可以做成以钢为轴承衬背、以铝基轴承合金为轴承衬的轴瓦。

（5）铸铁　普通灰铸铁，或加有合金成分的耐磨灰铸铁，或球墨铸铁，都具有一定的减摩性、耐磨性，可用作轴承材料。但铸铁材质较脆，跑合性能差，故只适用于低速轻载和不受冲击载荷的场合。

（6）非金属材料　如塑料、橡胶、硬木等。塑料（如酚醛树脂、尼龙、聚碳酸酯、聚四氟乙烯等）与许多化学物质不起反应，耐蚀性特别强；在高温下具有一定的润滑能力，可在无润滑条件下工作；嵌入性好，不易擦伤配合零件表面；减摩性和耐磨性都较好。但承载能力低，热变形大，导热性和尺寸稳定性差。橡胶能隔热、降低噪声、减小动载补偿误差。但导热性差，需加强冷却，温度高时易老化，常用于水、泥浆等工业设备中。木材具有多孔质结构，可用填充剂（如聚乙烯）来改善其性能，所制成的轴承可在灰尘极多的条件下工作，例如用作建筑、农业中使用的带式运输机支撑滚子的滑动轴承。

9.5.4　滑动轴承的润滑

滑动轴承润滑的主要目的是减少轴与轴承之间的摩擦与磨损，同时也起散热、吸振和防锈、减小噪声等作用。在使用滑动轴承时，必须合理地选择润滑剂、润滑方法和润滑装置。下面简单介绍非液体润滑轴承的润滑问题。

（1）润滑剂的选择　常用的润滑剂主要有润滑油和润滑脂二类。选用润滑油时，主要根据轴承平均压强 p（MPa）、轴颈线速度 v（m/s）及摩擦表面状态等情况来确定润滑油的规格。重载、高温、有冲击的轴承应选用黏度大的润滑油。轻载、高速轴承宜选用黏度小的润滑油。非液体滑动轴承常用有色金属材料，轴承支承的主轴一般精度较高，要特别注意防锈、防腐蚀等问题，所以优质润滑油中常含有少量抗氧化剂、清净剂和修复剂等多种添加剂。

润滑脂主要有钙基润滑脂、钠基润滑脂和锂基润滑脂三种，通常可按轴承压强、滑动速度和工作温度来选择。钙基润滑脂耐水不耐热，钠基润滑脂耐热不耐水，锂基润滑脂耐热又耐水。采用润滑脂润滑时，润滑脂密封方便，黏度大，不易流失。但摩擦损耗大，机械效率低。故不适用于高速机械，而适用于低速或有冲击的机器。

（2）润滑方式和润滑装置　润滑方法和相应的润滑装置有多种多样，正确选择润滑剂后，通常可以根据轴承平均压强 p、轴颈线速度 v 的 $\sqrt{pv^3}$ 值选定润滑方法和相应润滑装置，根据不同 $\sqrt{pv^3}$ 值推荐的几种常见润滑方法和相应润滑装置见表 9-15。

表 9-15　润滑方法和润滑装置推荐表

$\sqrt{pv^3}$ 值	润滑剂	润滑装置	润滑方法	适用场合
≤2	润滑脂	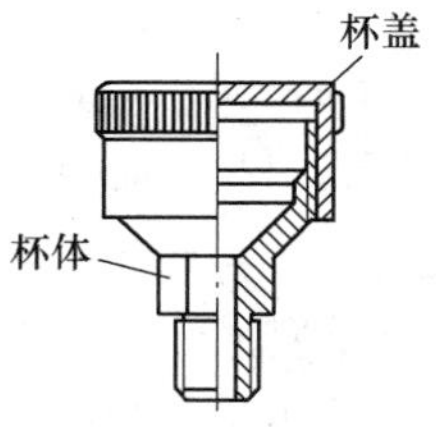 杯盖 杯体 旋盖式油杯润滑	油杯中填满润滑脂，定期旋转杯盖，使容腔体积减小而将润滑脂注入轴承内，只能间歇挤入	低速、轻载和次要轴承
>2～15	润滑油	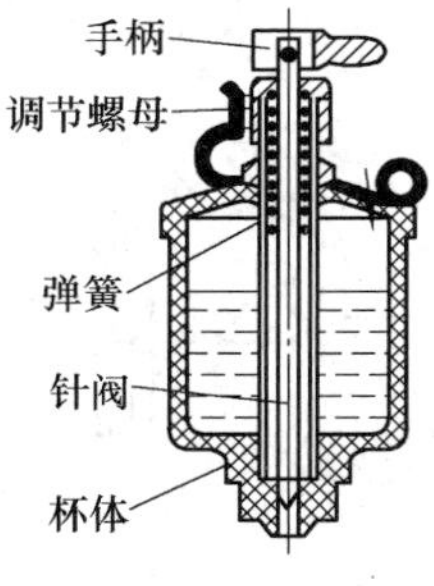 手柄 调节螺母 弹簧 针阀 杯体 针阀式油杯润滑	手柄如图示位置时，针阀受弹簧推压向下而堵住底部油孔。手柄转 90°变为直立状态时，针阀上提，下端油孔打开，润滑油流进轴承，调节螺母可调节油孔开口大小以控制流量	中低速、轻中载轴承

（续）

$\sqrt{pv^3}$值	润滑剂	润滑装置	润滑方法	适用场合
>15～30	润滑油	轴颈 油环 油环或飞溅润滑	图示为油环润滑，在轴颈上套一油环，油环下部浸入油池中，当轴颈旋转时，靠摩擦力带动油杯旋转，把油引入轴承。油环浸在油池内的深度约为直径的1/4时，供油量足以维持润滑状态	这种装置只能用于水平而连续运转的轴颈。常用于大型电机的滑动轴承
>30	润滑油	油送往润滑点 回油 循环压力润滑	利用油泵使循环系统的润滑油达到一定压力后输送到润滑部位，进行压力循环润滑	高速、重载、精密的重要设备的轴承

思考与习题

1. 轴承的作用是什么？

2. 试说明下列轴承代号的含义及其适用场合：6205、N208/P4、7208AC/P5、30209。

3. 根据工作条件，某机器传动装置中轴的两端各采用一个深沟球轴承，轴径 $d=35\text{mm}$，转速 $n=2000\text{r/min}$，每个轴承径向载荷 $F_r=2000\text{N}$，一般温度下工作，载荷平稳，预期寿命 $L_h'=8000\text{h}$，试选择适合的轴承型号。

4. 某机器的转轴，两端各用一个向心轴承支承。已知轴径 $d=40\text{mm}$，转速 $n=1000\text{r/min}$，每个轴承的径向载荷 $F_r=5880\text{N}$，载荷平稳，工作温度125℃，预期寿命 $L_h'=5000\text{h}$，试分别按深沟球轴承和外圈无挡边圆柱滚子轴承选择型号，并比较两者的不同。

5. 根据工作条件，决定在某传动轴上安装一对角接触球轴承，如图9-32所示。已知两个轴承的径向载荷分别为 $F_{r1}=1470\text{N}$，$F_{r2}=2650\text{N}$，轴向外载荷 $F_A=1000\text{N}$，轴径 $d=40\text{mm}$，转速 $n=5000\text{r/min}$，一般温度下工作，受中等冲击，预期寿命 $L_h'=2000\text{h}$，试选择轴承型号。

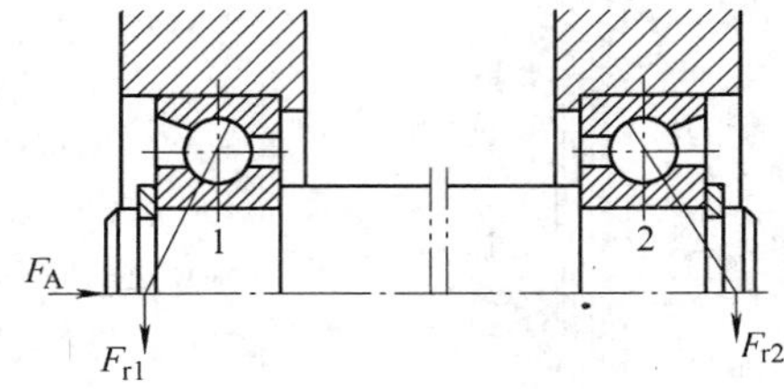

图9-32　题5图

6. 一工程机械中的传动装置，根据工作条件决定采用一对角接触球轴承，如图 9-33 所示，并暂定轴承型号为 7308AC。已知轴承载荷作用中心作用的径向载荷 $F_{r1}=1000\text{N}$，$F_{r2}=2060\text{N}$，外加作用在轴心线上的轴向载荷 $F_A=880\text{N}$，方向如图示。转速 $n=5000\text{r/min}$，运转中受中等冲击，预期寿命 $L_h'=2500\text{h}$。试校核所选轴承型号是否合理。

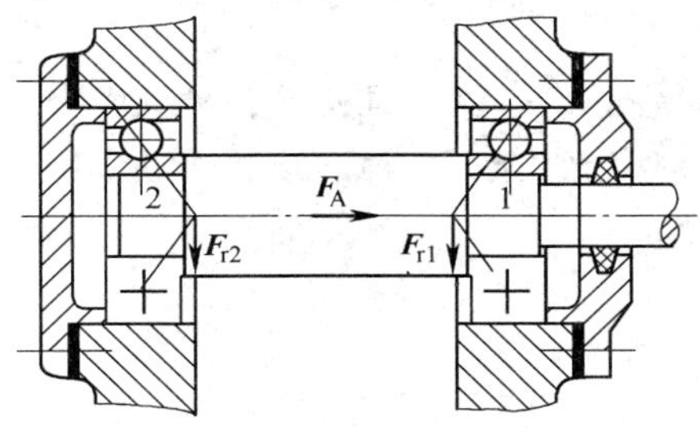

图 9-33　题 6 图

7. 径向滑动轴承包括哪几种类型？

8. 整体式滑动轴承的使用特点是什么？

9. 在轴瓦上开油槽，有什么要求？

第10章 连　接

在机械中，为便于制造、安装、运输、维修等，常把两个或两个以上的机械零件连接在一起。连接是连接件与被连接件的组合，各种连接被广泛应用于机械中。本章着重介绍轴毂连接、轴间连接以及螺纹连接。

10.1 轴毂连接

轴上传动零件（如齿轮、带轮等）一般都是以其轮毂与轴连在一起，形成轴毂连接。轴毂连接主要用于实现轴与轮毂之间的周向固定，以传递转矩，有些还能实现轴上零件的轴向固定或轴向移动。

10.1.1 轴毂连接方法及其特点

常用的轴毂连接方法及其特点和应用见表10-1。其中键连接是最常用的一类轴毂连接，本节将重点介绍。

表10-1 轴毂连接方法及其特点和应用

连接方法	结构简图	特点和应用
键连接	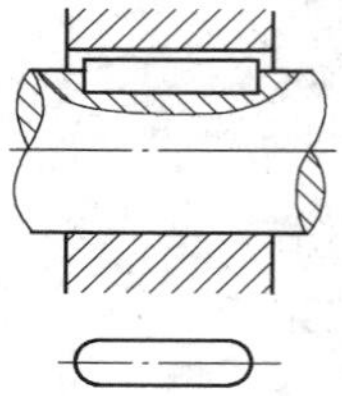	结构简单、装拆方便、工作可靠。用于传递转矩较大、对中性要求一般的场合。应用最为广泛，大多已标准化（后述）
花键连接	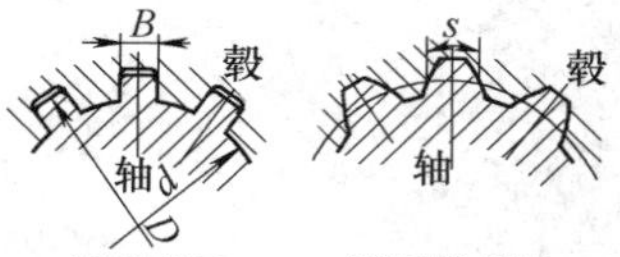 B 毂 轴 d D 矩形花键 s 毂 轴 渐开线花键	由与轴做成一体的花键和具有相应凹槽的毂孔组成。键齿对称布置，对中性、导向性、载荷分布的均匀性均较好；因键槽较浅，齿根处应力集中较小，轴与轮毂强度的削弱小；且多齿工作，承载能力高。但制造较困难，成本高。适用于载荷大和对中性要求高的静连接和动连接，尤其广泛应用于零件在轴上滑移的重要连接场合 矩形花键：GB/T 1144—2001 渐开线花键：GB/T 3478.1—2008
销连接	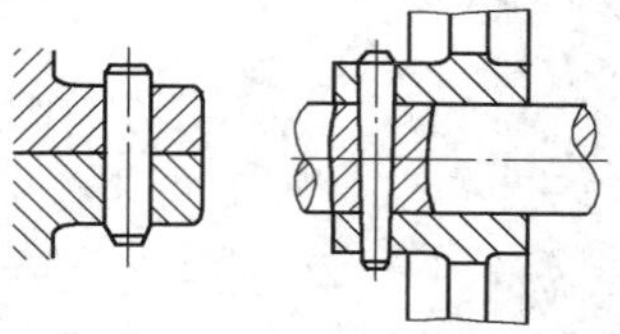 a) b)	主要用来固定零件的相对位置（图a），也用于轴毂间连接（图b），还可充当过载剪断元件。由于销孔对轴的削弱较大，故多用于固定处受力不大或不重要、但需要轴向固定零件的场合 圆锥销：GB/T 117—2000

（续）

连接方法	结构简图	特点和应用
过盈连接	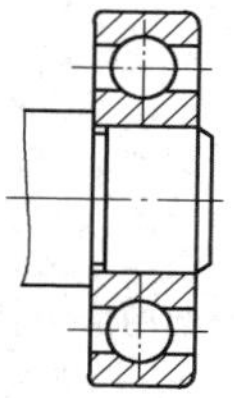	是借助轴与毂孔间的过盈配合实现的连接。结构简单、对中性好，可避免因切制键槽对轴的削弱。但装配时配合面会擦伤，配合边缘产生应力集中，且装配困难。多用于载荷较大或有冲击的场合
胀套连接	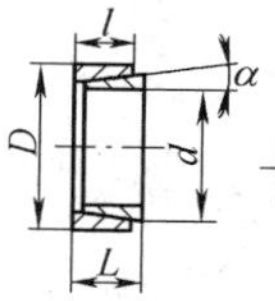 a)对胀套 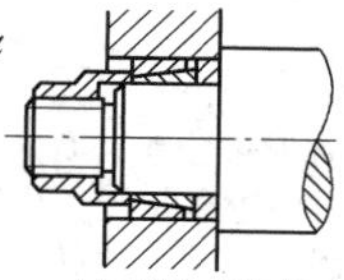 b)对胀套连接 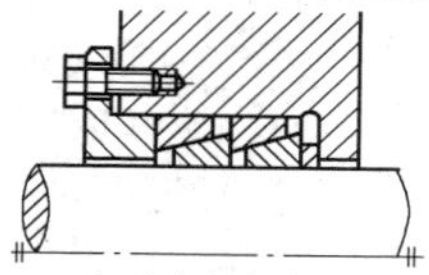 c)两对胀套连接	是在轴和轮毂孔之间放置一对或数对内、外锥面贴合的胀紧连接套（简称胀套），在轴向力作用下，内环缩小，外环胀大，分别与轴和轮毂紧密贴合，产生足够的摩擦力，以传递转矩、轴向力或两者的复合载荷。对中性好，装拆或调整轴与轮毂的相对位置方便，无应力集中，承载能力高，可避免连接件强度因键槽等原因而削弱，又有密封效果。主要用于载荷大、运动精度高、尺寸较大的场合 JB/T 7934—1999
成形连接	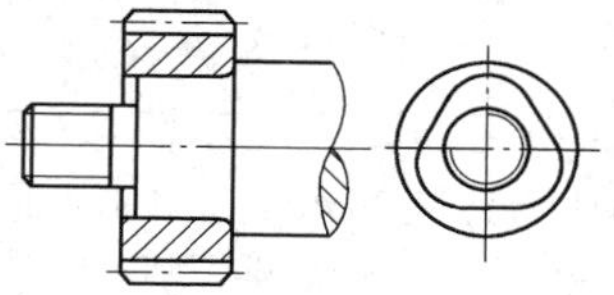	是利用非圆截面的轴与形面相同的毂孔所构成的连接。装拆方便，对中性好，无键槽及尖角等应力集中源，因而承载能力高，但加工困难，故目前应用仍不普遍

10.1.2 键连接的类型、特点和应用

键连接的类型、特点和应用见表10-2。

表10-2 键连接的类型、特点和应用

类型		简图	特点和应用	
平键	普通型平键	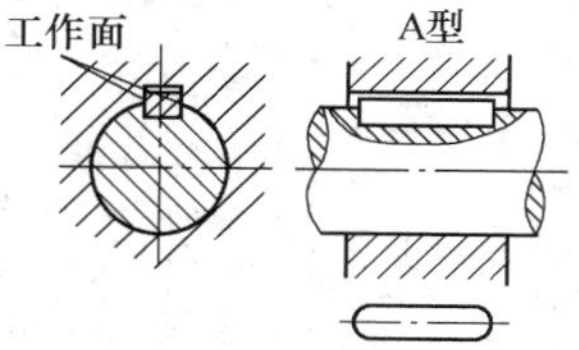 工作面 A型	A型普通平键的端部形状为圆头，用在轴的中部。键在轴上的键槽用指状铣刀铣出，键在槽中固定良好，但键槽引起的应力集中较大	工作时靠键和键槽侧面的挤压来传递转矩。对中性好，精度较高，易装拆。但不能实现轴上零件的轴向固定 应用最广。用于轴毂间无相对轴向移动的静连接，且适用于高精度、高速或承受变载、冲击的场合。薄型平键应用于薄壁结构和传递力矩较小的场合 普通型平键：GB/T 1096—2003 薄型平键：GB/T 1567—2003
		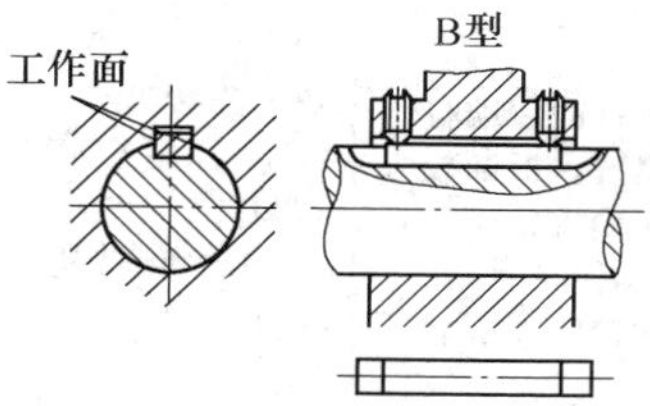 工作面 B型	B型普通平键的端部形状为平头，用在轴的中部。键在轴上的键槽用盘铣刀铣出，轴的应力集中较小	

（续）

类型		简　图	特点和应用	
平键	普通型平键	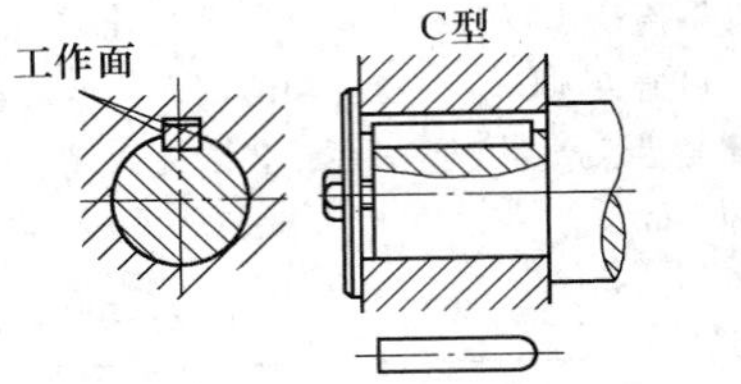 工作面　C型	C 型普通平键的端部形状为单圆头，用在轴端。键在轴上的键槽用指状铣刀铣出，键在槽中固定良好，但键槽引起的应力集中较大	工作时靠键和键槽侧面的挤压来传递转矩。对中性好，精度较高，易装拆。但不能实现轴上零件的轴向固定 应用最广。用于轴毂间无相对轴向移动的静连接，且适用于高精度、高速或承受变载、冲击的场合。薄型平键应用于薄壁结构和传递力矩较小的场合 普通型平键：GB/T 1096—2003 薄型平键：GB/T 1567—2003
	导向平键	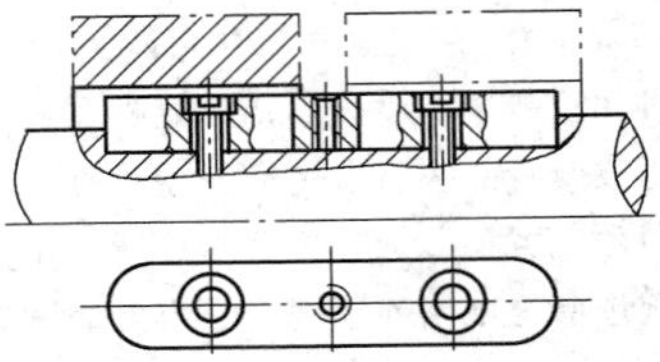	键和键槽侧面为动配合，无轴向固定作用。因键较长，一般用螺钉把键固定在轴上的键槽中。为方便拆卸，在键的中部制有起键螺孔，以便拧入螺钉使键退出键槽	工作时靠键和键槽侧面的挤压来传递转矩。对中性好，易装拆 用于轴上零件沿轴向移动量不大的动连接，如变速箱中的滑移齿轮 GB/T 1097—2003
	滑键	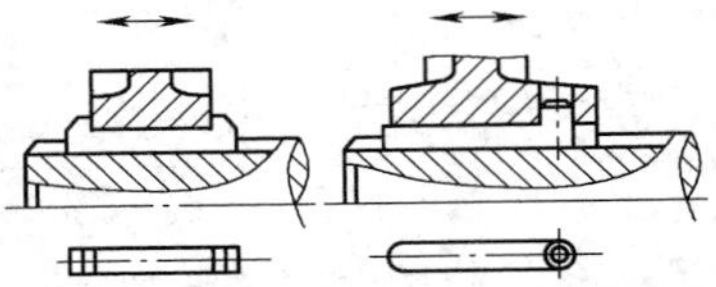	键固定在轮毂上，与轴上零件一起沿轴上键槽作轴向滑移	工作时靠键和键槽侧面的挤压来传递转矩。对中性好，易装拆 适用于轴上零件沿轴向移动量较大的动连接
半圆键		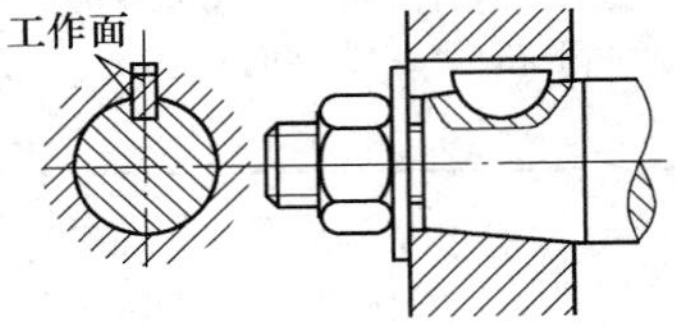 工作面	键的侧面为半圆形，轴上键槽用尺寸与键相同的圆盘铣刀铣出，因而键能在轴槽中绕槽底圆弧曲率中心摆动，以适应轮毂中键槽的倾斜	工作面也是两侧面。装配极为方便。但键槽较深，对轴的强度削弱较大。适用于轻载或轴的锥形端部 GB/T 1099—2003
楔键	普通型楔键	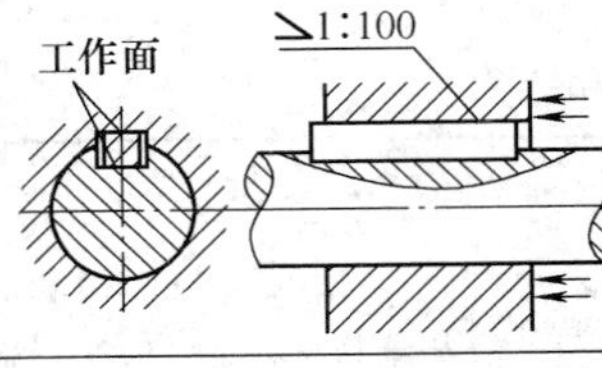 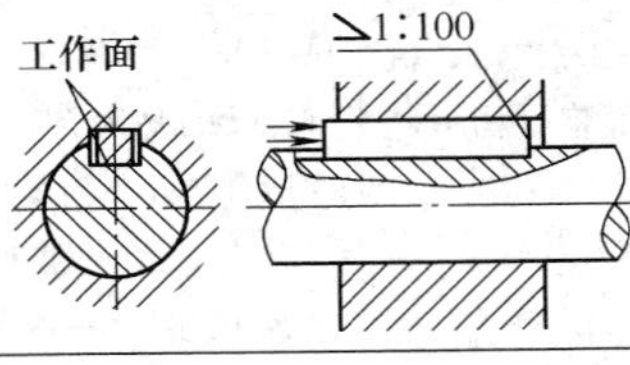 工作面　∠1:100 工作面　∠1:100	键的上表面和与它相配的轮毂槽底面各有 1∶100 的斜度，装配时键需打入轴和轮毂的键槽里楔紧 有 A 型（圆头）、B 型（平头）、C 型（单圆头）三种型式。装配时，圆头楔键要先放入轴上键槽中，然后打紧轮毂；平头、单圆头楔键则在轮毂装好后才将键打入键槽	楔键的上下面为工作面。工作时，靠键楔紧后产生的摩擦力传递转矩，同时还可承受单向轴向力，对轮毂起到单向轴向固定作用；楔键与键槽的两侧面间有很小的间隙，当转矩过载而导致轴与轮毂发生相对转动时，键的侧面能像平键那样参与工作。但楔紧后轴和轮毂产生偏心 用于对中性要求不高、低转速场合。如带轮、链轮轮毂与轴的连接等 普通型楔键：GB/T 1564—2003 钩头型楔键：GB/T 1565—2003
	钩头型楔键	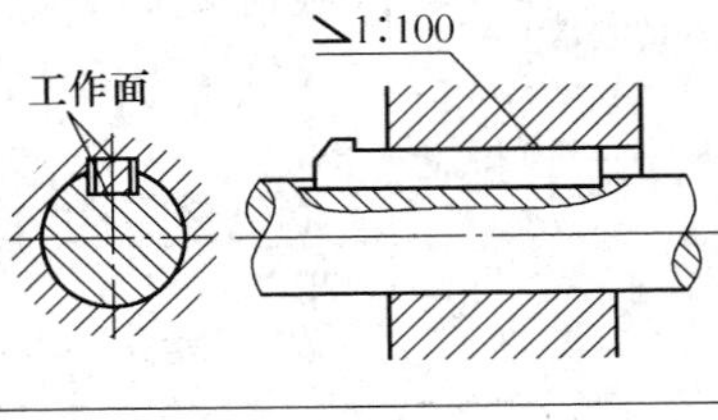 工作面　∠1:100	当楔键不能从轴的一端打出时，可用钩头楔键。拆卸较方便，但如安放在轴端，应注意加装防护罩 装配时，应在轮毂装好后才将键打入键槽	

（续）

类型	简　图	特点和应用	
切向键		由一对斜度为 1∶100 的楔键组成。其工作面是由一对楔键沿斜面拼合后相互平行的两个窄面，其中一个窄面在通过轴心的平面内。装配时，把一对楔键分别从轮毂两端打入，拼合而成的切向键就沿轴的切线方向楔紧在轴与轮毂的键槽内	工作时，靠工作面上的挤压力和轴与轮毂间的摩擦力来传递转矩。用一个切向键只能传递单向转矩；传递双向转矩时，需采用两个互成 120°的切向键 用于载荷大、对中性要求不高的场合，因键槽对轴的强度削弱较大，故常在直径 >100mm的轴上使用 GB/T 1974—2003

10.1.3　平键的选择和强度计算

1. 平键的类型和尺寸选择

平键的选择包括类型选择和尺寸选择两方面。

1）平键的类型应根据使用要求、工作条件和键连接的结构特点按表 10-1 选定，即选择时应考虑传递转矩的大小、对中性要求、是否要求轴向固定或沿轴向移动及移动距离、键在轴上的位置等。

2）平键的尺寸则按标准规格、结构尺寸以及强度要求来确定。平键的主要尺寸为宽度 b、高度 h 与长度 L，键的规格尺寸 $b \times h \times L$ 按轴径 d 从标准中（普通平键参见表 11-36）选定。键的长度 L 略小于轮毂宽度 B，一般 $L = B - (5 \sim 10)$mm，并符合标准规定的长度系列。

平键的标记示例：

普通 A 型平键，$b = 16$mm，$h = 10$mm，$L = 100$mm，标记为

GB/T 1096　键 A16 × 10 × 100

普通 B 型平键，$b = 16$mm，$h = 10$mm，$L = 100$mm，标记为

GB/T 1096　键 B16 × 10 × 100

2. 平键连接的强度校核

假定挤压应力在键的工作面上是均布的，平键连接的受力情况如图 10-1 所示。普通平键连接（静连接）的主要失效形式为工作面被压溃，严重过载时才会出现键被剪断，故通常要校核其挤压强度；导向平键和滑键连接（动连接）的主要失效形式为工作面过度磨损，故通常校核其耐磨性。即

静连接时
$$\sigma_{jy} = \frac{2T}{kld} \leqslant [\sigma_{jy}] \quad (10\text{-}1a)$$

动连接时
$$p = \frac{2T}{kld} \leqslant [p] \quad (10\text{-}1b)$$

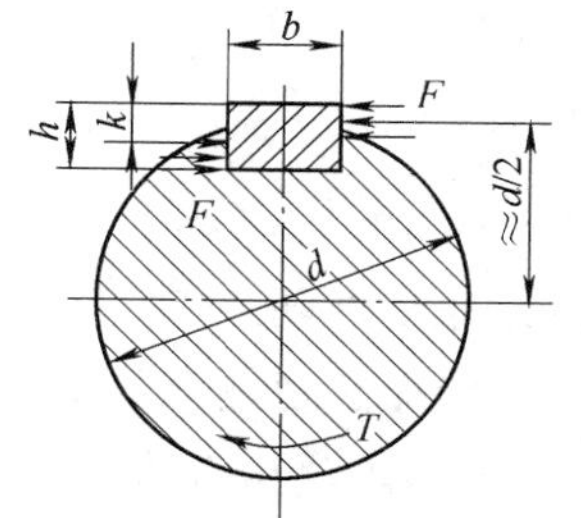

图 10-1　平键连接的受力

式中　σ_{jy}——工作面上的挤压应力（MPa）；

p——工作面上的压力（MPa）；

T——连接所传递的转矩（N · mm）；

k——键与轮毂键槽的接触高度（mm），$k \approx h/2$；

l——键的工作长度(mm)，A 型键 $l=L-b$，B 型键 $l=L$，C 型键 $l=L-b/2$；

d——轴的直径(mm)；

$[\sigma_{jy}]$、$[p]$——键连接许用挤压应力和许用压力(MPa)，其值可查表 10-3。

表 10-3　键连接的许用挤压应力和许用压力　　(单位：MPa)

许用值	连接方式	键、轴或轮毂的材料	载荷性质		
			静载荷	轻度冲击	冲击
$[\sigma_{jy}]$	静连接	钢	120 ~ 150	100 ~ 120	60 ~ 90
		铸铁	70 ~ 80	50 ~ 60	30 ~ 45
$[p]$	动连接	钢	50	40	30

注：1. 当被连接件表面经过淬火时，$[p]$可提高 2 ~ 3 倍。

2. 许用挤压应力$[\sigma_{jy}]$和许用压力$[p]$取键、轴或轮毂三者中最小值。

当单键连接强度不足时，若结构允许，可适当增加毂宽和键长，但应使键长 $L\leqslant(1.6\sim1.8)d$，以避免载荷沿键长分布不均。若结构受限制，可采用相隔 180°布置的双键连接，考虑到载荷在两个键上分配不均的现象，双键连接的强度只按 1.5 个键计算。

10.2　轴间连接

将两轴直接连接起来以传递运动和转矩的连接形式称为轴间连接，通常采用联轴器和离合器来实现轴间连接。在机器工作时，联轴器只能保持两轴的接合状态，而离合器却可随时完成两轴的接合和分离。

图 10-1 所示为联轴器和离合器的应用实例。

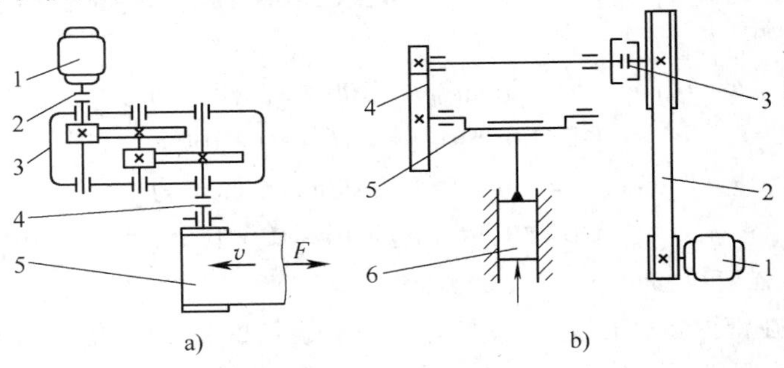

图 10-2　联轴器与离合器的应用

a) 带式运输机

1—电动机　2、4—联轴器　3—减速器　5—卷筒

b) 曲柄压力机

1—电动机　2—带传动　3—离合器　4—齿轮传动　5—曲轴　6—冲头

图 10-2a 是带式运输机。电动机 1 的高速回转通过减速器 3 变成卷筒 5 的低速回转。该系统分为电动机 1、减速器 3、卷筒 5 三个部件，分别用联轴器 2、4 连接起来，以方便加工、装配、运输和维修。

图 10-2b 是曲柄压力机，其中带传动 2 和齿轮传动 4 是减速装置，将电动机 1 的高速回转变成曲轴 5 的低速回转和冲头 6 的低速往复运动。为了便于操作，在从动带轮轴上装有离合器 3，使电动机 1 连续回转时，可以随时控制冲头 6 的启停。

10.2.1　联轴器的类型、特点和应用

1. 联轴器的分类

联轴器所连接的两轴，由于制造和安装误差，受载后的变形以及工作温度变化等原因，可能产生某种程度的位移（图 10-3），使机器的工作情况恶化。因此，要求联轴器具有补偿两轴间相对位移的能力。具有这种补偿能力的联轴器称为挠性联轴器，否则称为刚性联轴器。

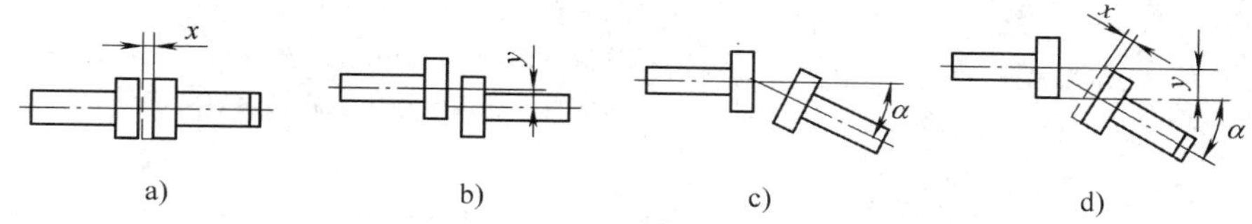

图 10-3　两轴轴线相对位移的型式

a）轴向位移 x　b）径向位移 y　c）角位移 α　d）综合位移 x、y、α

当轴的转速较高或工作载荷不平稳时，轴将发生冲击振动，为缓冲吸振，可在联轴器内设置弹性元件。因此，挠性联轴器又分为有弹性元件的挠性联轴器和无弹性元件的挠性联轴器。

此外，在传递的转矩超过允许的极限转矩时，联轴器中的特定元件将发生折断，从而自动停止传动，以保护机器中的重要零件不致损坏，这种具有过载保护作用的联轴器称为安全联轴器。

常用联轴器类型、特点及应用见表 10-4。

表 10-4　常用联轴器类型、特点及应用

类型		结　构	特点及应用
刚性联轴器	凸缘联轴器	GY 型 GYS 型 GYH 型	凸缘联轴器是应用最广的刚性联轴器。它由两个带凸缘的半联轴器组成。两个半联轴器分别用键与两轴连接，并用螺栓将两个半联轴器联为一体 有 GY、GYS 和 GYH 三种型式。GY 型是基本型，利用铰制孔用螺栓连接来实现两轴对中，靠螺栓承受剪切和挤压传递转矩；GYS 型是有对中凸榫凸缘联轴器，利用两半联轴器的凸肩与凹槽的相互配合来保证两轴对中，靠两半联轴器结合面间的摩擦力传递转矩。前者能传递的转矩大，后者对中精度高。GYH 型是有对中环凸缘联轴器 结构简单、刚性好、对中精确、能传递较大的转矩。但无补偿两轴相对位移和缓冲减振能力，且要求两轴对中精度高。通常用于载荷平稳、速度较低、两轴能很好对中的场合 GB/T 5843—2003
	套筒联轴器	a) b)	它是用一个套筒通过键或销等连接件与两轴相联 结构简单，容易制造，径向尺寸小，转动惯量也小，但装拆较困难，无补偿两轴相对位移和缓冲减振能力。常用于径向尺寸受限、两轴对中性高、工作较平稳、轻载、低速、经常正反转的场合 图 b 所示的联轴器中，若销的尺寸设计适当，过载时销被剪断，可防止损坏机器中的重要零件，即可作为安全联轴器使用

（续）

类型		结　　构	特点及应用
	十字滑块联轴器	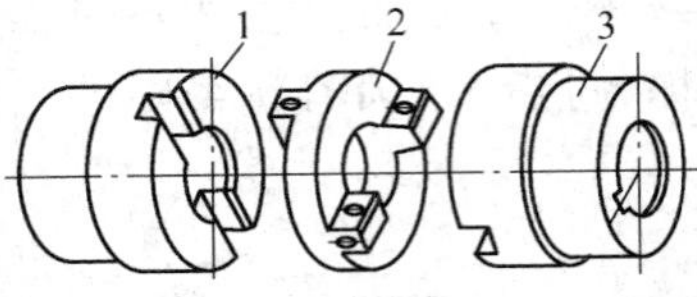 1、3—半联轴器　2—中间圆盘	它由端面开有凹槽的两个半联轴器1、3和一个两端具有相互垂直凸块的中间圆盘2所组成。凸块与凹槽嵌合，并可相对滑动，以补偿两轴的相对位移。当转速较高且两轴线有相对位移时，中间圆盘的偏心将会产生较大的离心力和磨损，并给轴和轴承带来较大的附加载荷。为了减小磨损，由中间圆盘的小孔中注入润滑剂，并使工作面有较高硬度（46～60HRC） 结构简单，具有一定补偿两轴相对位移的能力，但转动惯量大，需润滑。适用于转速不高、轴的刚度较大且无冲击载荷的场合
无弹性元件的挠性联轴器	齿式联轴器	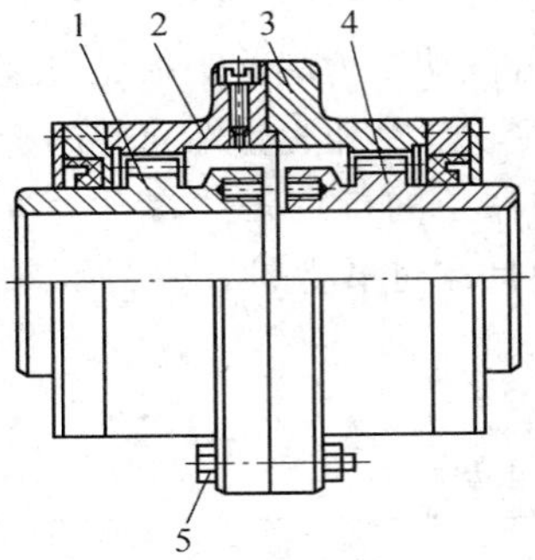 1、4—半联轴器　2、3—外壳　5—螺栓	它主要由两个具有外齿圈的半联轴器1、4和两个具有内齿圈的外壳2、3组成，内、外齿圈齿数相等，均采用20°压力角的渐开线齿廓。两外壳用螺栓5连成一体，两半联轴器分别用键装在主动轴和从动轴上。工作时，靠内外轮齿相啮合传递转矩 由于外齿的齿顶制成椭球面，且保证与内齿啮合后具有适当的顶隙和侧隙，故具有较大的综合位移补偿能力。为减少轮齿之间磨损与相对移动时的摩擦阻力，在外壳内腔注入润滑油，并在联轴器两端设有密封装置 能传递很大的转矩，工作可靠，允许有较大的综合位移量。但结构复杂，制造困难，成本高；有噪声，不能缓冲吸振；不适于连接立轴。适用于起动频繁、经常正反转的重型机械和长轴连接 鼓形齿式联轴器：JB/T 8854.1～3—2003
	十字轴万向联轴器	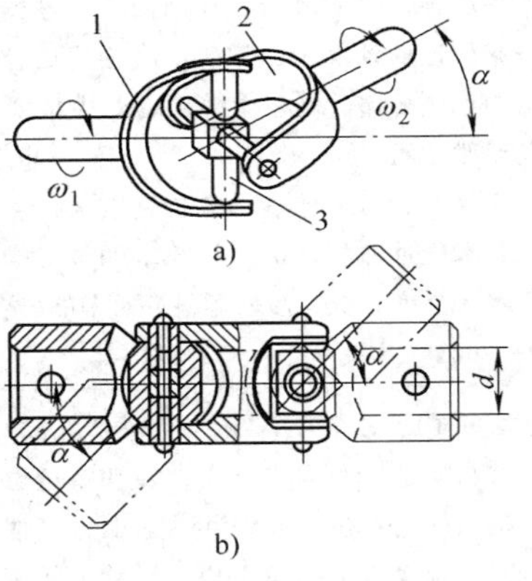 a) b) 1、2—叉形接头　3—十字头	它主要是由两个分别固定在主、从动轴上的叉形接头1、2和一个十字形零件（称十字头）3铰接而成（图a）。因此允许两轴间有较大的角位移，两轴夹角 α 最大可达45°。但当两轴线不重合时，主动轴以等角速度 ω_1 转动，而从动轴角速度 ω_2 在一定范围内作周期性变化，因而在传动中产生附加动载荷。为避免这种情况，通常成对使用十字轴万向联轴器，或采用双十字轴万向联轴器（图b）。但安装时必须保证：①主动轴、从动轴与中间轴之间的夹角相等；②中间轴两端的叉形接头在同一平面内；③主动轴、从动轴和中间轴三轴线在同一平面内，以使主、从动轴同步转动 结构紧凑，维护方便，可用于连接两相交轴或平行轴，或用于工作时有较大角位移的场合，在汽车、拖拉机、多头钻床等机器的传力系统中得到广泛应用 SWP型（剖分式轴承座）：JB/T 3241—2005 SWZ型（整体式轴承座）：JB/T 3242—1993

（续）

类型		结　构	特点及应用
有弹性元件的挠性联轴器	弹性套柱销联轴器	1—弹性套圈　2—柱销	其结构与凸缘联轴器相似，只是用套有弹性套圈 1 的柱销 2 代替了连接螺栓。利用蛹状套圈的弹性，不仅能吸收振动和冲击，还能补偿两轴间的位移 结构简单，制造容易，装拆、维护方便，成本较低；承载能力较大，且具有一定补偿两轴相对位移能力和一般减振性能。但弹性套易磨损，寿命较短。适用于经常正反转、起动频繁、转速较高、载荷平稳的场合 LT 型（基本型）、LTZ 型（制动轮型）：GB/T 4323—2002
	弹性柱销联轴器	1—弹性柱销　2—挡板	它可视为由弹性套柱销联轴器简化而成。即采用弹性柱销 1 代替弹性套圈和金属柱销。弹性柱销的一端为柱形，另一端制成鼓形，以增大两轴间的角位移量。为了防止柱销滑出，在半联轴器外侧用螺钉固定了挡板 2 结构简单，制造、安装、维护方便，耐久性好。具有一定补偿两轴相对位移的能力和一般减振性能。常用于正反转较多、起动频繁、转速较高及对缓冲要求不高的场合。可代替弹性套柱销联轴器 LX 型（弹性柱销联轴器）、LXZ 型（带制动轮弹性柱销联轴器）：GB/T 5014—2003

2. 联轴器的选择

选用标准联轴器时，应根据具体工作要求，综合考虑两轴间的相对位移、联轴器的载荷特性、工作转速、联轴器的外廓尺寸、工作环境、经济性等方面的因素，参考国家标准或企业产品说明书，先选择合适的类型，再根据被连接两轴的直径、计算转矩和转速从标准系列中查出适合的型号。必要时才校核其薄弱零件的承载能力（本书从略）。

选择联轴器时所采用的计算转矩由式（10-2）确定

$$T_c = KT = K \times 9550 \times \frac{P_W}{n} \leqslant T_n \tag{10-2}$$

式中　T_c——传递的转矩（N·m）；

T_n——公称转矩（N·m）；

P_W——驱动功率（kW）；

n——工作转速（r/min）；

K——工作情况系数，它是考虑机器起动时的惯性力和过载等影响的修正系数，其值的大小由表 10-5 选取。

表 10-5　工作情况系数 K

载荷类别	工作状况	设备名称举例	工作情况系数 K
Ⅰ	均匀载荷	离心式鼓风机和压缩机、发电机、（均匀加载）运输机、废水处理设备、搅拌设备等	1.0～1.5
Ⅱ	中等冲击载荷	洗衣机、木材加工机械、工具机、混凝土搅拌机、旋转式粉碎机、起重机和卷扬机等	1.5～2.5

（续）

载荷类别	工作状况	设备名称举例	工作情况系数 K
Ⅲ	重冲击载荷	破碎机、往复式给料机、摆动运输机、可逆输送辊道等	≥2.5

注：1. 本表所列工况系数适用于原动机为电动机和蒸汽涡轮机传动系统。

2. 大功率非连续工作电动机及设备，在承受激烈冲击载荷或易产生事故的工作情况时，工况系数应作特殊考虑，不按本表选用。

10.2.2 离合器的类型和应用

在机器运转时，离合器应根据需要随时将主、从动轴接合或分离，故要求其工作可靠，接合、分离迅速而平稳，操作灵活，调节和维修方便，外廓尺寸小，重量轻等。其离合作用可以靠嵌合、摩擦等方式来实现。按离合动作的过程可分为操纵式（机械式、电磁式、液压式、气动式）和自控式（如超越式、离心式、安全式）。

下面介绍几种常用的离合器。

1. 牙嵌式离合器

如图10-4所示，它主要由端面带牙的两个半离合器1、2组成。其中半离合器1固装在主动轴上；而半离合器2利用导向平键安装在从动轴上。工作时，利用操纵杆（图中未画出）带动滑环3，使半离合器2作轴向移动，实现离合器的接合或分离，并依靠两个半离合器接触端的凸牙和凹槽相互嵌合来传递转矩。

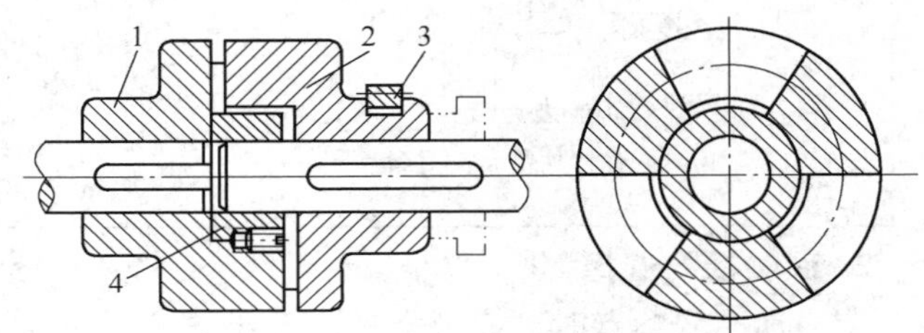

图10-4 牙嵌式离合器

1、2—半离合器 3—滑环 4—对中环

这种离合器沿圆柱牙面上展开的牙型有矩形、三角形、梯形和锯齿形等，其特点与应用见表10-6。

表10-6 牙嵌式离合器常用牙型、特点与应用

牙型	牙型角	牙数	特点	应用
矩形	$\alpha=0$	3~15	矩形牙传递转矩大，制造容易，但接合和分离较困难。为便于结合常采用较大的牙间间隙	适合于重载，可以传递双向转矩，一般用于不经常离合的传动中。须在静止或极低转速下才能结合。常用于手动结合
正三角形	$\alpha=30°\sim45°$	15~60	三角形牙接合和分离容易，但牙的强度较弱	适合于轻载低速、双向传递转矩的离合器。应在运转速度低时结合
正梯形	$\alpha=2°\sim8°$	3~15	正梯形牙强度较大，接合和分离也较容易，结合后牙间间隙较小	适合于较大速度和载荷，能双向传递转矩，能自动补偿牙的磨损和间隙，能避免速度变化时因间隙而产生的冲击。常用于自动结合

（续）

牙型	牙型角	牙数	特点	应用
斜梯形	$\alpha=2°\sim8°$ $\beta=50°\sim70°$	3～15	斜梯形牙结合比正梯形牙更快，强度较大	只能单向传递转矩，适合于较大速度和载荷，能自动补偿牙的磨损和间隙，能避免速度变化时因间隙而产生的冲击。常用于自动结合
锯齿形	$\alpha=1°\sim1.5°$	3～15	强度高、结合容易	可传递较大转矩，但只能单向传动，反转时工作面将受较大的轴向分力，迫使离合器自行分离

牙嵌式离合器结构简单，外廓尺寸小，能传递较大转矩，接合后牙间无相对滑动，使两轴同步转动。但只宜在两轴的转速差较小或停车的情况下接合，否则可能将牙撞断。

2. 摩擦式离合器

摩擦式离合器中常用的是圆盘摩擦离合器，有单盘式和多盘式两种。

单盘式圆盘摩擦离合器，如图 10-5 所示。圆盘 1 固装在主动轴上，圆盘 2 利用导向平键（或花键）安装在从动轴上，通过操纵滑环 3 实现离合。工作时，两圆盘相互压紧，靠接触面间产生的摩擦力来传递转矩。这种离合器结构简单，散热性好，但传递的转矩较小。

当必须传递较大转矩时，可采用如图 10-6 所示的多盘式圆盘摩擦离合器。它有两组摩擦片，其中外摩擦片组 4 利用外圆上的花键与外鼓轮 2 相连（鼓轮 2 与主动轴 1 固连），内摩擦片组 5 利用内圆上的花键与内套筒 10 相连（套筒 10 与从动轴 9 固连）。当滑环 8 作轴向移动时，将拨动曲臂压杆 7，使压板 3 压紧或松开内、外摩擦片组，从而使离合器接合或分离。螺母 6 用来调节摩擦片间的压力。

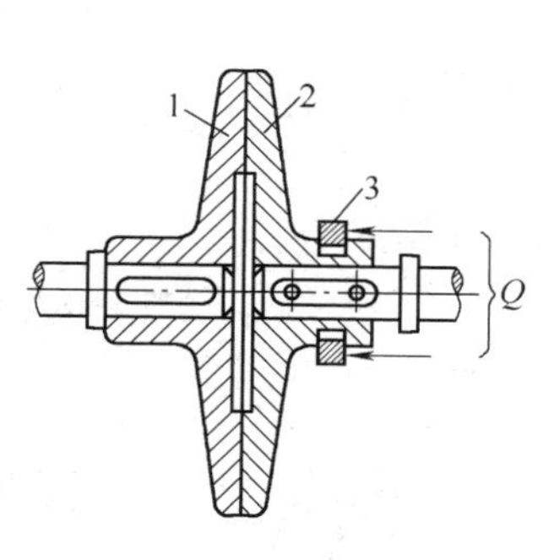

图 10-5　单盘式圆盘摩擦离合器
1、2—半离合器　3—滑环

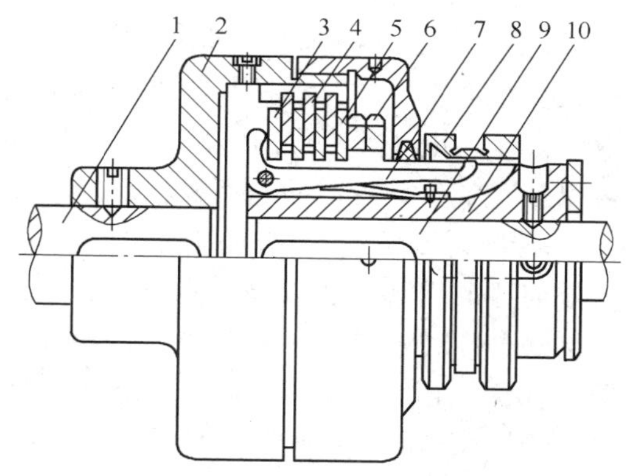

图 10-6　多盘式圆盘摩擦离合器
1—主动轴　2—鼓轮　3—压板　4—外摩擦片组　5—内摩擦片组　6—螺母　7—曲臂压杆　8—滑环　9—从动轴　10—套筒

外摩擦片和内摩擦片的结构形状，如图 10-7 所示。若将内摩擦片改为右图所示的碟形，使其具有一定的弹性，在离合器分离时碟形片能自行弹开，有利于迅速分离，接合时也较平稳。

这种离合器可以将在机器运转时有较大转速差的两轴连接起来，并且操纵方便，接合平稳，分离迅速；其所传递的最大转矩可以调整，且有过载保护作用。但结构较复杂，外廓尺寸较大，成本高；离合时因摩擦片间相对滑动，导致摩擦片磨损及产生较大的摩擦热，且不能保证两轴精确地同步转动。常用于频繁起动、制动或经常改变速度大小和方向的机械中，如汽车、机床等。

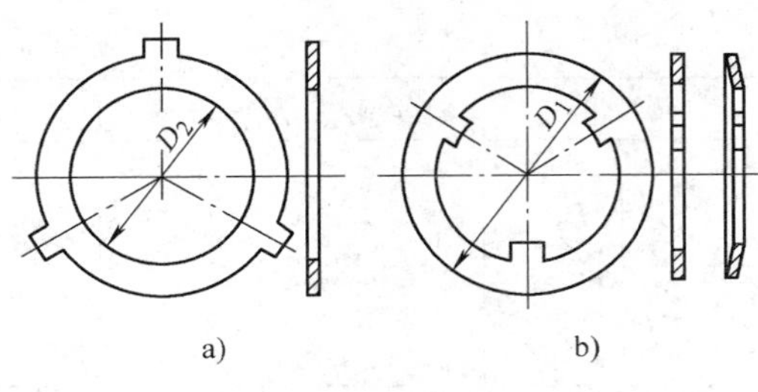

图 10-7　摩擦片

a）外摩擦片　b）内摩擦片

3. 磁粉离合器

磁粉离合器是以磁粉为介质，借助磁粉间的结合力和磁粉与工作面间的摩擦力传递转矩，其工作原理如图 10-8 所示。主动轴 7 与磁铁轮芯 5 固联，在轮芯外缘的凹槽内绕有环形激磁线圈 4，线圈与接触环 6 相连，接触环与电源相通，从动外鼓轮 2 与齿轮 1 相连，并与磁铁轮芯间约有 0.5 ~ 2mm 的间隙，其中填充磁导率高的铁粉和油或石墨的混合物 3。当线圈通电时，形成一个经轮芯、外鼓轮又回到轮芯的闭合磁通，使铁粉磁化而产生磁连接力。当主动轴旋转时，借助磁粉间的结合力和磁粉与主、从动件间的摩擦力带动外鼓轮一起旋转来传递转矩。当线圈断电时，磁粉恢复为松散状态，离合器立即分离。

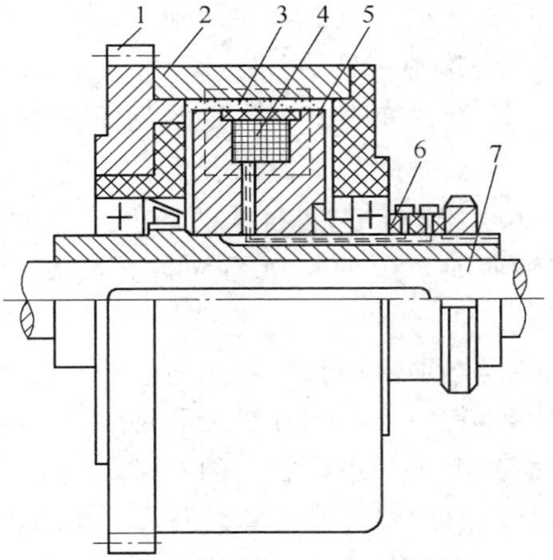

图 10-8　磁粉离合器

1—齿轮　2—从动外鼓轮　3—铁粉和油或石墨的混合物　4—环形激磁线圈　5—磁铁轮芯　6—接触环　7—主动轴

这种离合器接合平稳，动作迅速，使用寿命长，可以远距离操纵，并有过载保护作用。但尺寸和重量较大。它适宜用作自动控制元件和高频快速离合，如数控机床，电子计算机中的控制机构，也宜用于过载保护和带负荷起动的重型机械。

4. 定向离合器

如前述的锯齿形牙嵌离合器，只能传递单向的转矩，反向时自动分离，这就是一种定向离合器；棘轮机构也可用做定向离合器。但它们在空程时（分离状态运转）噪声大，故只宜用于低速场合。

图 10-9 所示为应用较广的滚柱式定向离合器。它主要由星轮 1、外圈 2、滚柱 3 和弹簧顶杆 4 组成。弹簧顶杆 4 的作用是将滚柱压向星轮的楔形槽内与星轮和外圈相接触。

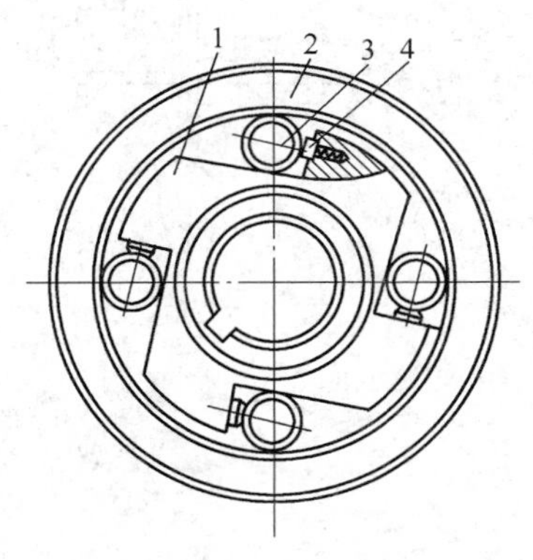

图 10-9　滚柱式定向离合器

1—星轮　2—外圈　3—滚柱　4—弹簧顶杆

星轮和外圈均可作为主动件。当星轮为主动件并按顺时针方向旋转时，滚柱受摩擦力的作用被楔紧在槽内，因而带动外圈一起转动，这时离合器处于接合状态。当星轮反转时，滚柱受摩擦力的作用，被推到楔槽较宽的部分。这时离合器处于分离状态，故可在机械中用来防止逆转并完成单向传动。当星轮和外圈按顺时针方向作同向旋转时，若外圈转速不大于星轮转速，则离合器处于接合状态；反之，若外圈转速大于星轮转速，则离合器处于分离状态，此时两者以各自的转速旋转，即从动件的转速超越主动件转速。因此，这种离合器称为超越离合器。

在汽车的起动机中，装上这种定向离合器，起动时电动机通过定向离合器的外圈（此时外圈按逆时针方向旋转）、滚柱、星轮带动发动机，当发动机发动以后，反过来带动星轮，使其获得与外圈转向相同但转速较大的运动，使离合器处于分离状态，以避免发动机带动起动电机超速旋转。

定向离合器常用于汽车、拖拉机和机床等设备中。

10.2.3 联轴器、离合器的使用与维护

使用联轴器和离合器时，除要考虑前述各自特点及应用等基本因素外，还应考虑工作环境，安装条件和使用寿命等方面的问题。

1. 联轴器的使用与维护

1）联轴器的安装误差应严格控制。由于所连接的两轴其相对位移在负载后还可能增大，故通常要求安装误差不大于许用补偿量的1/2。

2）在工作后应检查两轴对中情况，其相对位移不应大于许用补偿量。应定期检查传力零件是否损坏，如连接螺栓断裂、弹性套磨损失效等，以便及时更换。

3）对于转速较高的联轴器力求径向尺寸小、重量轻，同时要进行动平衡检验。对其连接螺栓之间的重量差有严格限制，不得任意更换。

4）有润滑要求的联轴器（如齿式联轴器等），要定期检查润滑情况。

2. 离合器的使用与维护

1）片式摩擦离合器在工作时不应有打滑或分离不彻底现象。应经常检查作用在摩擦片上的压力是否足够，回位弹簧是否灵活，摩擦片磨损情况，主、从动片之间的间隙，必要时应注意调整或更换。

2）应定期检查离合器的操纵系统是否操作灵活，工作可靠。有防护罩、散热片的离合器，使用前应检查防护罩、散热片是否完好。

3）有润滑要求的离合器（如超越离合器）应密封严实，不得有漏油现象。在运行中，如有异常响声，应及时停车检查。

10.3 螺纹连接

螺纹连接是利用具有螺纹的零件构成的可拆连接，其结构简单，装拆方便，成本低，应用广泛。

10.3.1 螺纹连接的类型、特点和应用

螺纹连接的主要类型包括：螺栓连接、双头螺柱连接、螺钉连接以及紧定螺钉连接。各种螺纹连接的结构、特点及应用见表10-7。

表 10-7　螺纹连接的主要类型、特点和应用

<table>
<tr><th colspan="2">类型</th><th>结构图</th><th>特点和应用</th><th>主要结构尺寸</th></tr>
<tr><td rowspan="2">螺栓连接</td><td>普通螺栓连接</td><td></td><td>被连接件上有粗制通孔，孔与螺栓杆之间留有间隙，可以补偿各孔之间的位置误差；无需在被连接件上车制螺纹，故不受其材料限制；加工简单，装拆方便，应用广泛
用于连接两个较薄的零件，并能从连接两边装配的场合</td><td rowspan="4">螺纹余留长度 l_1：$l_1 \geqslant (0.3 \sim 0.5)d$(静载)
$l_1 \geqslant (0.75)d$(变载)
$l_1 \geqslant (0.3 \sim 0.5)d$(弯曲、冲击)
$l_1 \geqslant (0.1 \sim 0.3)d$(铰制孔用螺栓)
螺纹伸出长度 l_2：$l_2 \approx (0.2 \sim 0.3)d$
螺栓中心到边缘的距离 e 为
$e \approx d + (3 \sim 6)$
通孔直径 d_0 为
$d_0 \approx 1.1d$
螺纹旋入深度 l_3 为
$l_3 \approx d$(钢、青铜)
$l_3 \approx (1.25 \sim 1.5)d$(铸铁)
$l_3 \approx (1.5 \sim 2.5)d$(铝合金)
螺纹孔深度 l_4 为
$l_4 \approx l_3 + (2 \sim 2.5)P$($P$ 为螺距)
钻孔深度 l_5 为
$l_5 \approx l_4 + (0.5 \sim 1)d$</td></tr>
<tr><td>铰制孔用螺栓连接</td><td></td><td>被连接件上精制通孔与螺栓杆多采用基孔制过渡配合，如 H7/m6、H7/n6 等。具有定位作用，适于承受横向载荷，但因加工精度高故成本高
适用场合除同于普通螺栓连接外，还可用螺栓杆承受横向载荷及给被连接件定位</td></tr>
<tr><td colspan="2">双头螺柱连接</td><td></td><td>厚的被连接件制有螺孔，薄的被连接件则粗制通孔。装配时，双头螺柱拧入螺孔中，用螺母压紧薄件。拆卸时，只需旋下螺母而不必拆下双头螺柱，可避免因多次拆卸使螺纹孔损坏
用于被连接件之一较厚，不宜用螺栓连接，或被连接件强度较差，又需要经常拆卸的场合</td></tr>
<tr><td colspan="2">螺钉连接</td><td></td><td>厚的被连接件制有螺孔，薄的被连接件则粗制通孔。装配时螺钉（或螺栓）直接拧入螺纹孔中，不需要螺母
结构比双头螺柱连接简单、紧凑，重量较轻
用于被连接件之一较厚或要求结构紧凑的场合，但不需经常拆卸，以免螺纹孔损坏</td></tr>
<tr><td colspan="2">紧定螺钉连接</td><td></td><td>紧定螺钉旋入被连接件之一的螺纹孔中，其末端顶住(或顶入)另一被连接件表面(或凹坑)。结构简单，便于调整
用来固定被连接件的相对位置。也可以传递较小的力或扭矩</td><td>$d = (0.2 \sim 0.3)d_h$</td></tr>
</table>

10.3.2　螺纹连接件的类型、特点和应用

螺纹连接件的类型很多。按制造精度，螺纹连接件分为粗制、精制两类。粗制螺纹连接件多用于建筑、木结构及其他次要场合；机械制造业多用精制螺纹连接件。在机械制造中常见螺纹连接件的结构形式和尺寸等都已标准化，通常可根据使用要求从有关标准中选用。常用螺纹连接件的类型、特点和应用见表 10-8。

表 10-8　常用螺纹连接件的类型、特点和应用

类型	图　　例	特点和应用
六角头螺栓	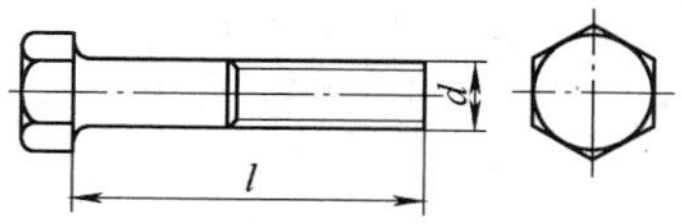	种类很多，应用最广，分为 A、B、C 三级 其中 A 级精度最高，C 级精度最差。通用机械中多用 C 级（左图），A 级用于承载较大，要求精度高或受冲击、振动载荷的场合。螺栓杆部可制出一段螺纹或全部螺纹，螺纹可用粗牙或细牙，螺栓头有多种形式，六角头应用最广。可作螺钉用 GB/T 5780—2000 等
双头螺柱	A型 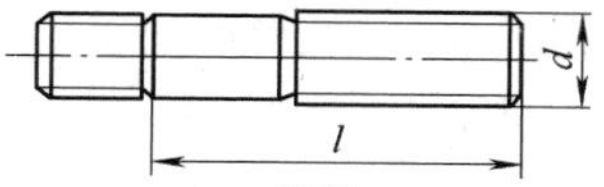 B型 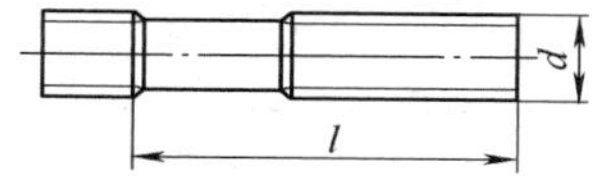	有 A 型、B 型两种结构。螺柱两端都制有螺纹，两端螺纹可相同或不同，两端可制退刀槽或制成腰杆。螺柱的一端旋入较厚的被连接件螺纹孔中，旋入后即不拆卸，另一端则用于安装螺母以固定其他零件 GB/T 897—1988 等
螺钉	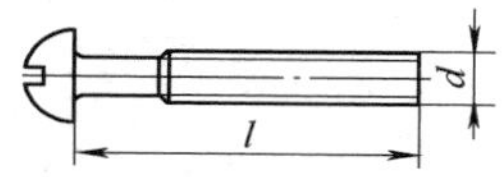 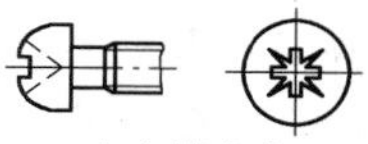 十字槽盘头 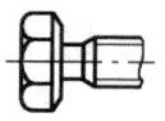　六角头 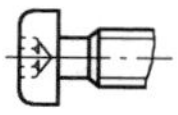 内六角圆柱头 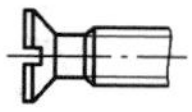　一字开槽沉头 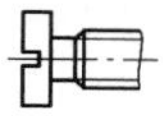　一字开槽盘头	螺钉头部形状有圆头、扁圆头、六角头、圆柱头和沉头等。头部旋具槽有一字槽、十字槽和内六角孔等形式。一字槽螺钉多用于较小零件的连接；十字槽螺钉旋拧时对中性好，便于自动装配，外形美观，生产效率高，槽的强度高，不易拧壳、打滑，需专用旋具装拆；内六角孔螺钉能承受较大的扳手力矩，连接强度高，可代替六角头螺栓，头部能埋入零件内，用于要求结构紧凑、外形平滑的场合 GB/T 818—2000 等
紧定螺钉	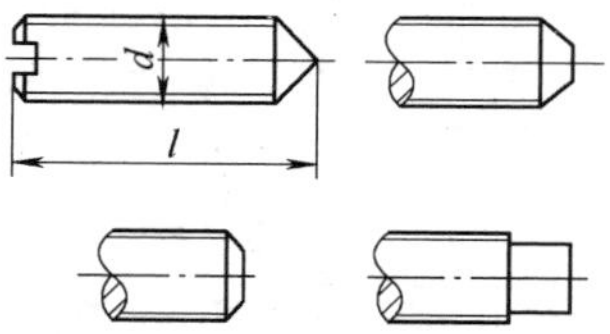	紧定螺钉末端形状常用的有锥端、平端和圆柱端；锥端（有尖）紧定螺钉利用锐利的端头直接顶紧零件，适用于顶紧表面硬度小的零件，或不经常拆卸的场合；锥端（无尖）紧定螺钉在零件的顶紧面上要打坑眼，使锥面压在坑眼边上，锥端压在坑中能大大增加传递载荷的能力；平端紧定螺钉端部平滑，接触面积大，顶紧后不伤零件表面，多用于经常拆卸的场合；圆柱端紧定螺钉的端部压入在管轴（薄壁件）上打的孔眼中，端部靠剪切作用可传递较大的载荷，但应有防松装置 GB/T 71—1985 等
六角螺母	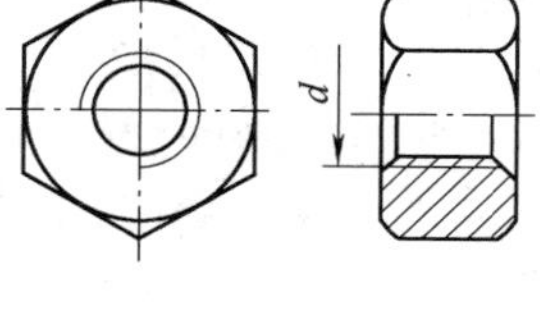	按螺母厚度不同，分为普通螺母、厚螺母、薄螺母和扁螺母等。普通螺母有 1 型和 2 型，应用最多，2 型螺母较 1 型螺母约高 10%，力学性能等级略高；厚螺母一般用于需经常拆卸连接中；薄螺母在放松装置中用作副螺母起锁紧作用；扁螺母常用于受剪切载荷为主的螺栓上，或空间尺寸受限制的场合 螺母的制造精度与螺栓相同，分为 A、B、C 三级，分别与相同级别的螺栓配用 GB/T 6170—2000 等

（续）

类型	图　　例	特点和应用
垫圈	平垫圈　斜垫圈	垫圈是螺纹连接中不可缺少的附件，常放置在螺母和被连接件之间，以增加支承面，遮盖较大孔眼以及防止损伤零件表面。平垫圈按加工精度不同，分为A级和C级两种。用于同一螺纹直径的垫圈又分为特大、大、普通和小的四种规格，特大垫圈主要在木结构上使用。斜垫圈只用于倾斜的支承面上 GB/T 95—2002 等
弹簧垫圈		弹簧垫圈由高碳钢制成，放置在螺母与被连接件间，装配时被压平。除有垫圈作用外，还是防松元件。对于同一公称直径有标准型、轻型和重型 GB/T 93—1987 等

10.3.3　螺纹连接的预紧和防松

1. 螺纹连接的预紧

绝大多数螺纹连接在装配时必须拧紧，使连接在承受工作载荷之前，预先受到力的作用（螺栓受拉，被连接件受压）。这个预先施加的作用力称为预紧力，用 F_0 表示。适当大小的预紧力，有利于增强连接的刚性、紧密性、防松能力，防止受载后被连接件间出现缝隙或相对滑动。经验证明：适当选用较大的预紧力，对螺纹连接的可靠性和连接件的疲劳强度都是有利的，特别对于如缸盖与缸体、管路接头凸缘、齿轮箱盖与箱体等紧密性要求较高的螺纹连接，预紧尤为重要。但过大的预紧力会使螺栓在装配或偶尔超载时断裂，也会导致连接的尺寸增大。因此，在装配时螺栓连接需要控制预紧力。

一般规定拧紧后螺栓连接的预紧应力不超过其材料屈服极限 σ_s 的 80%，其具体数值需根据螺栓连接的载荷性质、螺栓组受力大小和连接的工作要求来决定。控制预紧力通常是利用控制拧紧力矩的方法来实现。对于普通的螺栓连接，通常用普通扳手凭经验控制预紧力。

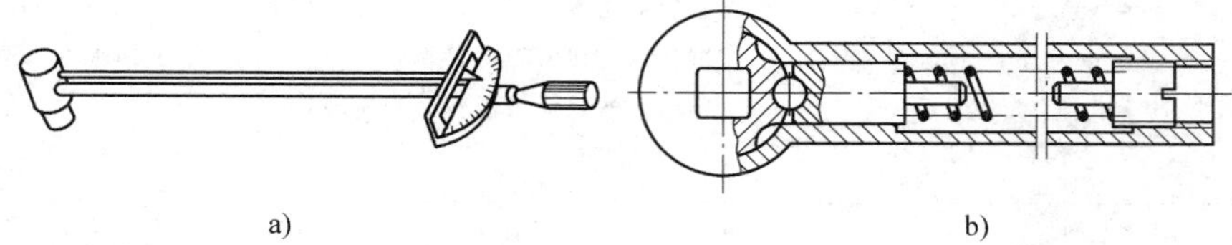

图 10-10　控制拧紧力矩的扳手

a）指针式测力扳手　b）预置式定力扳手

对于重要的螺栓连接，可用指针式测力扳手或预置式定力扳手控制拧紧力矩，如图 10-10 所示。有力学分析可知，扳手上施加的拧紧力矩 T，用来克服螺旋副间和螺母支撑面上的摩擦阻力矩。对于 M10 ~ M68 的粗牙普通钢制螺纹，拧紧力矩 T(N · mm) 与预紧力 F_0(N) 之间的关系可由如下近似公式（理论推导从略）确定

$$T \approx 0.2F_0 d \tag{10-3}$$

式中　d——螺纹公称直径（mm）。

由于加在扳手上的力不易准确控制以及摩擦因数不稳定的原因，影响预紧力 F_0 的准确性，有时导致螺栓拧断。因此，在重要的连接中，若不能严格控制预紧力，螺栓直径不宜小于 12mm。对于特别重要的螺栓连接，可用测量螺栓伸长量的应变传感器来控制预紧力。

2. 螺纹连接的防松

如第 3 章所述，连接用的普通螺纹，由于螺纹升角小于螺旋副的当量摩擦角，能满足自锁条件（$\lambda<\varphi_v$）。此外，拧紧后的螺母和螺栓头部的支承面上的摩擦力也起防松作用。所以，在静载荷和工作温度变化不大时，螺纹连接不会松脱。但在冲击、振动或变载荷作用下，螺旋副间的摩擦力会瞬时减小或消失，使连接松动，甚至松脱。另外，高温或温度变化较大的情况下，也会使连接中的预紧力和摩擦力逐渐减小，最终导致连接失效。螺纹连接一旦出现松脱，轻者会影响机器正常运转，重者会造成严重事故。因此螺纹连接仍须采取防松措施。

防松的实质就是防止螺旋副的相对运动。常用的防松方法、特点和应用见表 10-9。

表 10-9　螺纹连接常用的防松方法、特点和应用

防松方法		结构形式	特点和应用
摩擦防松	双螺母	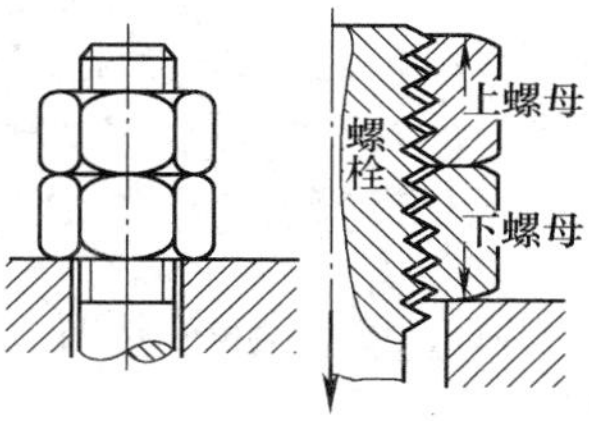 螺栓　上螺母　下螺母	上、下螺母的对顶作用，使旋合螺纹间始终受到附加的压力和摩擦力的作用。即使工作载荷有变化或消失，该摩擦力仍然存在。 正确的安装方法为：先用规定的拧紧力矩的 80% 拧紧下螺母，再用 100% 的拧紧力矩拧紧上螺母，下螺母螺纹牙只受对顶力，其高度可以减小，一般用薄螺母，而上螺母用 1 型标准螺母。有时为防止装错或保证下螺母有足够的强度，则采用两个等高的 1 型螺母。 该结构简单、成本低、重量大。多用于载荷平稳、低速重载场合
	弹簧垫圈	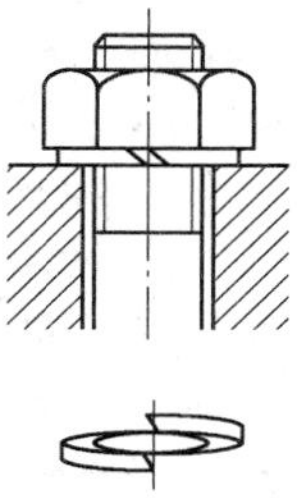	拧紧螺母后弹簧垫圈压平而产生反弹力，使旋合螺纹间压紧，利用所产生的摩擦力防止螺纹副松动，同时垫圈切口处的尖角抵住螺母与被连接件的支承面也有防松作用 结构简单、成本低、使用方便 GB/T 93—1987、GB/T 859—1987 等传统使用的弹簧垫圈，因弹力不均，在冲击或振动较大的场合，防松不十分可靠，常用于不太重要的连接，对表面不允许划伤和经常拆卸的场合不宜选用 GB/T 7245—1987、GB/T 7246—1987 等鞍型或波形弹簧垫圈可明显改善一般弹簧垫圈的不足
	自锁螺母	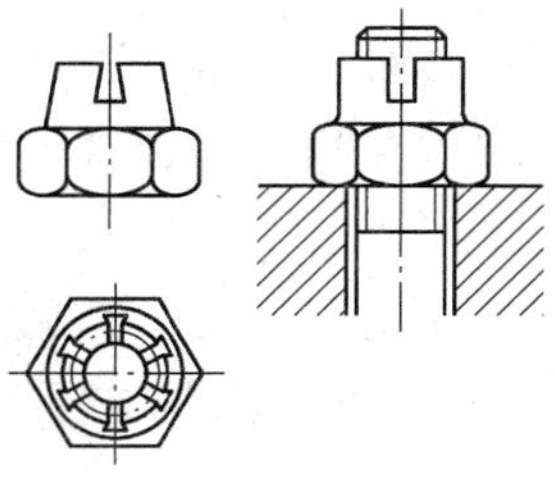	螺母一端制成非圆形收口或开缝后径向收口。拧紧螺母时，收口胀开的反弹力使旋合螺纹间压紧，利用所产生的摩擦力防止螺旋副松动 结构简单，防松可靠，可多次拆装而不降低防松性能

（续）

防松方法		结构形式	特点和应用
机械防松	开槽螺母配开口销	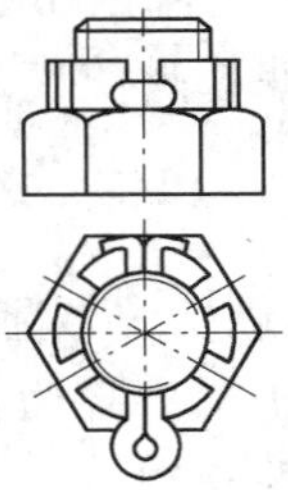	利用槽形螺母、开口销及带钻孔的螺栓直接防松。拧紧螺母后，开口销通过螺母槽插入螺栓孔中并将尾部掰开与螺母侧面贴紧，防止螺母与螺栓杆之间的相对转动 安全可靠，但由于螺杆上的销孔位置不易与螺母最佳位置的槽口吻合，所以安装较费工时，不经济。适用于有较大冲击、振动的高速机械中运动部件的连接，航空、汽车及拖拉机等工业中普遍采用。但不适用于双头螺柱的防松
	止动垫圈	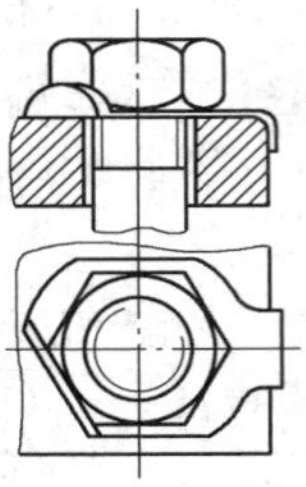	利用单耳（GB/T 854—1988）或双耳（GB/T 855—1988）或外舌（GB/T 856—1988）止动垫圈直接防松。拧紧螺母后，将止动垫圈的边缘弯折，与螺母和被连接件的侧面贴紧，即可锁住螺母 结构简单、防松可靠，使用方便，经济性也较好，应用广泛。但要求有一定安装空间
	钢丝串接	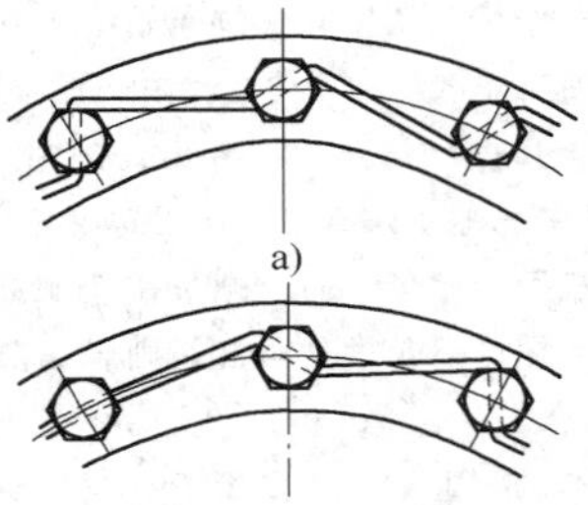 a) b) a）正确　b）不正确	拧紧螺母后，用低碳钢丝穿入各螺栓头部的专用孔内，将螺栓串连并捆扎起来，使其相互制动。使用时必须注意钢丝走向，即当任一螺栓在松动时使其余螺栓为拧紧趋势，图示仅适用于右旋螺纹 适用于螺栓组连接，防松可靠，结构轻便。但装拆不方便。也适用于双头螺柱的防松
不可拆卸防松		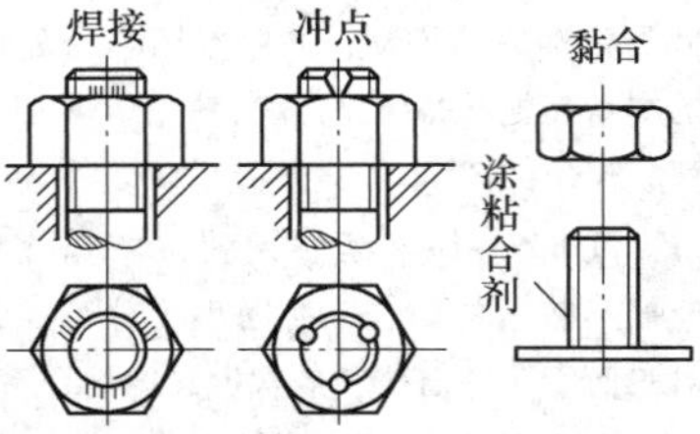 焊接　冲点　黏合　涂粘合剂	通过破坏或固结螺旋副以实现防松。例如：拧紧螺母后，利用冲头在螺栓末端与螺母旋合缝处打2～3个冲点；或在螺栓末端与螺母旋合缝处的2～3个位置焊接。也可在螺纹上涂敷黏合剂，旋紧螺母即与螺栓粘为一体 防松可靠，但拆卸后连接件不能再使用。适用于不拆或很少拆的连接

10.3.4　螺栓连接的受力分析及选用计算

机器中的螺纹连接件大多是成组使用的，其中螺栓组连接最具典型性，这里以螺栓组连接为例，讨论其受力和选用等问题，所得基本结论也适应于双头螺柱和螺钉连接。

1. 螺栓连接的受力分析

螺栓连接的受力与其承载形式、连接类型、装配时的预紧情况等有关，见表10-9。由表可见，螺栓组的承载形式较多，但对单个螺栓连接而言，螺栓的受力形式一般为轴向受拉（普通螺栓）或横向受剪（铰制孔用螺栓）两类。

2. 螺栓连接的材料及力学性能

螺栓连接件的材料是多种多样的，以满足不同行业不同用途的需要。常用的有：Q215A、Q235A、35和45钢；对于承受冲击、振动的螺栓连接件，可以采用高强度材料，如40Cr、30CrMnSi等；用作其他特殊用途的可以采用特殊材料，例如不锈钢等。国家标准中对材料的使用无硬性的规定，只有推荐材料。表10-10为螺栓连接件常用材料的力学性能。

3. 螺栓连接的失效形式及选用计算

由于螺栓连接件都是标准件，螺栓连接的选用主要是指连接中螺栓直径、螺母、垫圈等的确定。螺栓直径是根据强度条件确定的，螺母、垫圈等的结构尺寸则直接按螺栓公称直径由标准选取。

对于受拉螺栓，其主要失效形式是螺栓杆螺纹部分发生断裂；对于受剪螺栓，其主要失效形式是螺栓杆被剪断或螺栓杆与孔壁发生压溃。针对螺栓的主要失效形式，可建立相应的强度计算准则，以确定满足强度要求的螺栓直径。

在实际工程应用中，对于普通场合的螺栓连接，其螺栓直径的选择可用类比法或经验公式、或依据相关的规范确定；对于重要场合，则需进一步根据强度条件进行的校核计算，见表10-10。

表10-10 螺栓连接的受力分析及强度校核计算

应用实例及特点	受力分析	强度校核计算	许用应力及有关参数
受轴向载荷的松螺栓连接 F 装配时不需拧紧螺母，预紧力 $F_0=0$	松螺栓连接（不需预紧）工作时由螺栓直接承受轴向工作载荷 ***F***。螺栓只受轴向载荷 ***F*** 的拉伸作用	校核螺栓拉伸强度 $\sigma=\dfrac{F}{\frac{1}{4}\pi d_1^2}\leqslant[\sigma]$	螺栓许用拉应力为 $[\sigma]=\dfrac{\sigma_S}{1.2\sim1.7}$ σ_S——螺栓材料的屈服极限（MPa），见表10-11 d_1——螺纹小径（mm）
受横向载荷的紧螺栓连接 F_S F_S F_S F_S 装配时需要拧紧螺母，预紧力 $F_0\neq0$	紧螺栓连接（需预紧）工作时靠被连接件接合面间的摩擦力承受横向工作载荷 F_S。螺栓只受预紧力 F_0 的拉伸作用	所需的预紧力为 $F_0=\dfrac{K_SF_S}{mfz}$	K_S——防滑系数，通常 $K_S=1.1\sim1.3$ m——接合面数 f——接合面间摩擦因数，$f=0.15\sim0.2$ z——螺栓数目
		校核螺栓拉伸强度 $\sigma=\dfrac{1.3F_0}{\frac{1}{4}\pi d_1^2}\leqslant[\sigma]$ 1.3是考虑拧紧时扭转切应力等影响，将 σ 增加了30%	螺栓许用拉应力为 $[\sigma]=\dfrac{\sigma_S}{S}$ S——安全系数，见表10-12 其他参数意义同前

（续）

应用实例及特点	受力分析	强度校核计算	许用应力及有关参数
受轴向载荷的紧螺栓连接 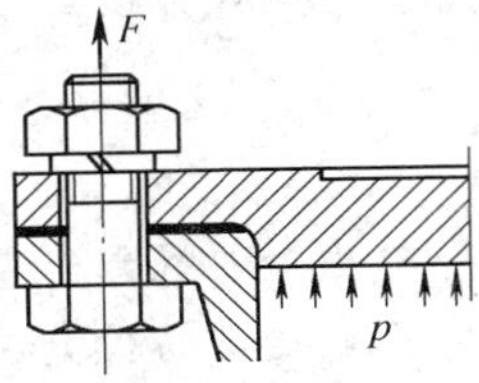 装配时需要拧紧螺母，预紧力 $F_0 \neq 0$	工作时由螺栓直接承受轴向工作载荷 F。螺栓受预紧力 F_0 和轴向工作载荷 F 的拉伸作用，但螺栓受 F 作用时 F_0 将减小，其总拉力为 F_Σ	螺栓的总拉力为 $F_\Sigma = KF$	K——紧密系数，$K=2.5\sim2.8$（紧密连接）$K=1.2\sim1.6$（静载荷）$K=1.6\sim2$（动载荷）
		校核螺栓拉伸强度 $\sigma = \dfrac{1.3F_\Sigma}{\frac{1}{4}\pi d_1^2} \leqslant [\sigma]$ 1.3 意义同上	螺栓许用拉应力为 $[\sigma] = \dfrac{\sigma_S}{S}$ S——安全系数，见表 10-12 其他参数意义同前
受横向载荷的铰制孔用螺栓连接 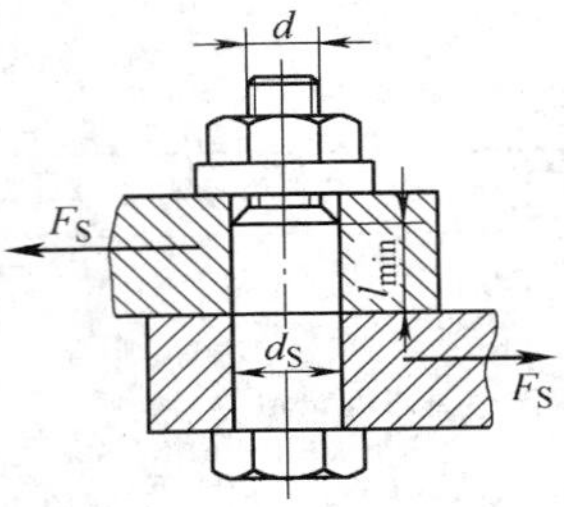 装配时只需适当拧紧螺母，预紧力 F_0 很小	工作时靠螺杆受剪切和螺杆与被连接件孔壁相互挤压承受横向工作载荷 F_S。螺栓受横向载荷 F_S 的剪切和挤压作用	校核螺栓剪切强度 $\tau = \dfrac{4F_S}{\pi d_S^2 mz} \leqslant [\tau]$	螺栓许用切应力为 $[\tau] = \dfrac{\sigma_S}{2.5}$（静载荷） $[\tau] = \dfrac{\sigma_S}{3.5\sim5}$（变载荷时） d_S——螺栓受剪处直径（mm）
		校核连接挤压强度 $\sigma_p = \dfrac{F_S}{d_S l_{min} z} \leqslant [\sigma_p]$	连接许用挤压应力为 $[\sigma_p] = \dfrac{\sigma_S}{1.25}$（钢） $[\sigma_p] = \dfrac{\sigma_b}{2\sim2.5}$（铸铁） l_{min}——螺栓杆与孔壁挤压面的最小高度（mm） σ_b——材料强度极限（MPa），见表 10-11 其他参数意义同前

注：对于受轴向载荷的紧螺栓连接，如果是受轴向变载荷的重要连接，如内燃机气缸的螺栓连接，除按表中方法进行静强度核算外，还需对螺栓进行疲劳强度校核，此处从略。

表 10-11　螺栓连接件常用材料力学性能

常用材料	Q215A	Q235A	35	45	40Cr	30CrMnSi
强度极限 σ_b/MPa	340～420	410～470	540	610	750～1000	1080～1200
屈服极限 σ_S/MPa	220	240	320	360	650～900	900

表 10-12　预紧连接螺栓的安全系数 S

控制预紧力	1.2～1.5						
不控制预紧力	钢种	静载荷			变载荷		
		M6～M16	M16～M30	M30～M60	M6～M16	M16～M30	M30～M60
	碳钢	4～3	3～2	2～1.3	10～6.5	6.5	6.5～10
	合金钢	5～4	4～2.5	2.5	7.5～5	5	5～7.5

【例 10-1】 图 10-11 所示为凸缘联轴器，用 4 个材料为 Q235A 钢的 M12 螺栓连接，传递的转矩 $T=0.9\times10^6\text{N}\cdot\text{mm}$，螺栓中心所在圆直径 $D_1=150\text{mm}$；联轴器的材料为 HT300，$\sigma_b=300\text{ MPa}$，凸缘厚 $h=15\text{ mm}$。若分别采用普通螺栓连接和铰制孔用螺栓连接，试分析所选螺栓直径是否合适。

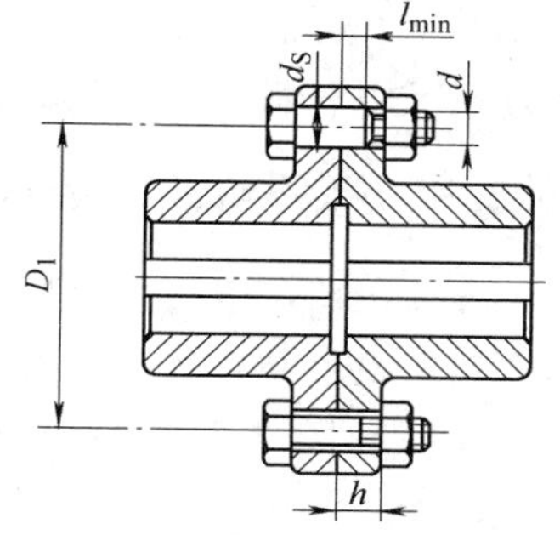

图 10-11 凸缘联轴器

解 （1）采用普通螺栓连接

1）计算螺栓组所受横向工作载荷 F_S。

$$F_S=\frac{2T}{D_1}=\frac{2\times0.9\times10^6}{150}\text{N}=12\times10^3\text{N}$$

2）计算每个螺栓的预紧力 F_0。接合面数 $m=1$，螺栓个数 $z=4$；由表 10-9 取接合面间摩擦因数 $f=0.15$，防滑系数 $K_S=1.2$，则

$$F_0=\frac{K_SF_S}{mfz}=\frac{1.2\times12\times10^3}{1\times0.15\times4}\text{N}=24\times10^3\text{N}$$

3）确定许用拉应力［σ］。查表 10-11、表 10-12，当螺栓材料为 Q235A，直径为 12mm 时，$\sigma_S=240\text{MPa}$，$S=3$，则

$$[\sigma]=\frac{\sigma_S}{S}=\frac{240}{3}=80\text{MPa}$$

4）校核计算。查机械设计手册得 M12 螺栓的螺纹小径 $d_1=10.106\text{mm}$，由表 10-10 得

$$\sigma=\frac{1.3F_0}{\frac{1}{4}\pi d_1^2}=\frac{1.3\times4\times24\times10^3}{\pi\times10.106^2}\text{MPa}=388.96\text{MPa}>[\sigma]=80\text{MPa}$$

计算结果表明，采用 M12 的普通螺栓连接时强度不足，故不合适。

（2）采用铰制孔用螺栓连接

1）确定许用切应力［τ］和许用挤压应力［σ_p］。由表 10-10 可得

螺栓许用切应力为 $[\tau]=\dfrac{\sigma_S}{2.5}=\dfrac{240}{2.5}\text{MPa}=96\text{MPa}$

螺栓许用挤压应力为 $[\sigma_{jy}]_1=\dfrac{\sigma_S}{1.25}=\dfrac{240}{1.25}\text{MPa}=192\text{MPa}$

被连接件许用挤压应力为 $[\sigma_{jy}]_2=\dfrac{\sigma_S}{S}=\dfrac{300}{2}\text{MPa}=150\text{MPa}$

因 $[\sigma_{jy}]_2<[\sigma_{jy}]_1$，故取 $[\sigma_{jy}]=[\sigma_{jy}]_2=150\text{MPa}$。

2）校核计算。查机械设计手册得 M12 的铰制孔用螺栓受剪处直径 $d_S=13\text{mm}$；查表 10-7 可知，螺栓杆与孔壁挤压面的最小高度 $l_{min}=h-l_1=15-3=12\text{mm}$，则由表 10-10 可得螺栓的切应力为

$$\tau=\frac{4F_S}{\pi d_S^2mz}=\frac{4\times12\times10^3}{\pi\times13^2\times1\times4}\text{MPa}=22.6\text{MPa}<[\tau]=96\text{MPa}$$

由表 10-10 可得螺栓连接的挤压应力为

$$\sigma_{jy}=\frac{F_S}{d_Sl_{min}z}=\frac{12\times10^3}{13\times12\times4}\text{MPa}=19.23\text{MPa}<[\sigma_{jy}]_2=150\text{MPa}$$

计算结果表明，采用 M12 的铰制孔用螺栓连接时，剪切强度和挤压强度足够。

可见，当横向载荷 F_s 较大时，若采用普通螺栓连接，需采用较粗的螺栓，使连接粗笨，此时宜采用铰制孔用螺栓连接。但铰制孔加工工艺复杂，成本较高。

10.3.5 螺栓组连接的结构分析

螺栓组连接泛指成组使用的螺栓连接、双头螺柱连接及螺钉连接。螺栓组连接的合理结构有利于螺栓和连接结合面间受力均匀，便于加工和装配。螺栓组连接的结构合理性与接合面的几何形状、螺栓的数目和布置形式、所采用的连接类型和结构尺寸等有关。

1）如图 10-12 所示，尽量使连接结合面的形状成轴对称的简单几何形状，最好是方形、圆形或矩形（图 10-12a）等，这样不仅便于加工制造，而且便于对称布置螺栓，使螺栓组的对称中心与连接接合面形心重合，以保证连接结合面受力比较均匀；连接结合面最好有两条互相垂直的对称轴，以便加工和计算。另外，常把结合面中间挖空（图 10-12b），以减少结合面加工量和结合面不平度的影响，并可提高连接刚度。同一圆周上的螺栓数目应采用 4、6、8 等偶数，以便钻孔时分度和画线。

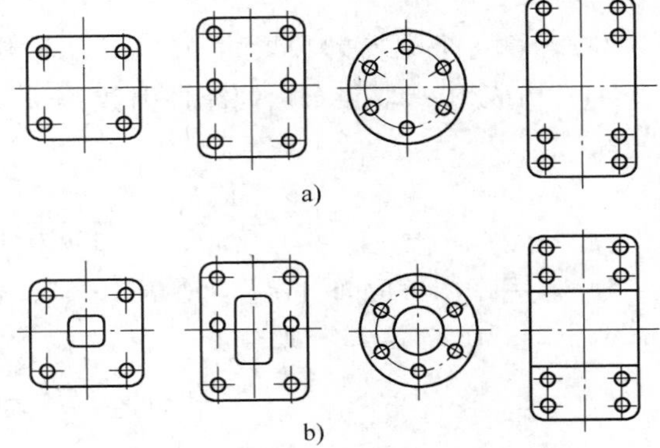

图 10-12　连接结合面的形状和螺栓布置

2）螺栓的布置应使各螺栓的受力合理。对于受横向力的绞制孔用螺栓组连接，沿受力方向布置的螺栓不宜超过 6～8 个，以免各螺栓受力严重不均匀；对于受弯矩或转矩的螺栓组连接应尽量使螺栓布置在靠近接合面的边缘（图 10-13），以减小螺栓受力；对于同时承受轴向力和较大横向力的普通螺栓组连接，应采用如图 10-14 所示的减载装置来承受横向力，以减小螺栓的预紧力及其结构尺寸。

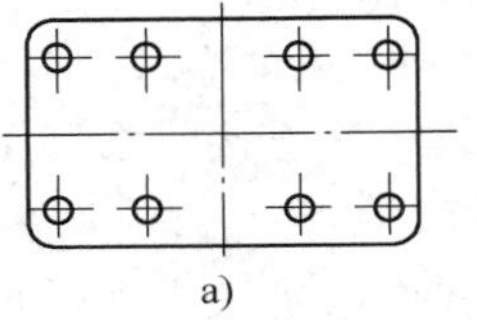

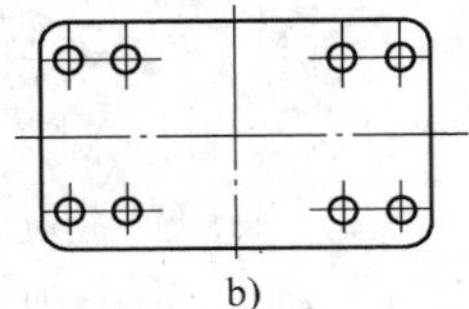

图 10-13　受弯矩或转矩时螺栓的布置

a）不合理　b）合理

3）螺栓的排列应有合理的间距、边距。布置螺栓时，各螺栓轴线之间以及螺栓轴线和机体壁间的最小距离，应根据扳手所需活动空间的大小来决定。扳手空间的尺寸，如图 10-15 所示，可查阅有关标准。对于压力容器等紧密性要求较高的重要连接，螺栓的间距 t_0 不得大于表 10-13 所推荐的数值。同一螺栓组中紧固件的材料、直径和长度均应相同，以便加工和装配。

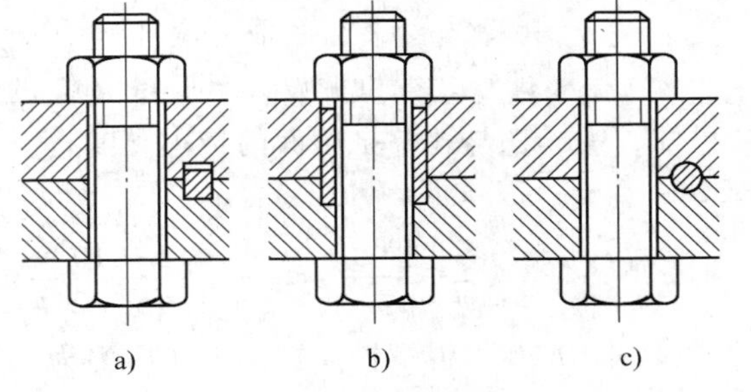

图 10-14　减载装置

a）减载键　b）减载套筒　c）减载销

4）螺栓连接的结构应保证安装的可能性及装拆方便，如图 10-16 所示。

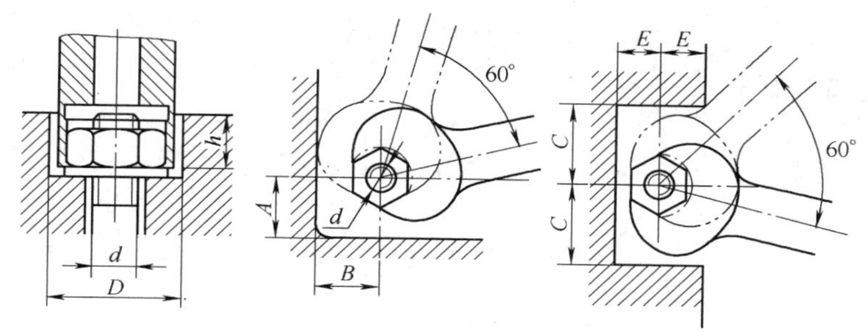

图 10-15　扳手空间尺寸

表 10-13　螺栓间距 t_0

t_0　d	普通连接	压力容器工作压强 p/MPa					
		≤1.6	>1.6~4	>4~10	>10~16	>16~20	>20~30
	t_0/mm						
	<10d	<7d	<4.5d	<4.5d	<4d	<3.5d	<3d

注：表中 d 为螺纹公称直径。

5）避免螺栓受偏心载荷。在结构上尽量不用图 10-17a 所示钩头螺栓，不在斜支承面上布置螺栓。在工艺上保证被连接件、螺母、螺栓头部的支承面平整，并与螺栓轴线相垂直。当支承面为倾斜表面时，应采用如图 10-17b 所示斜垫圈等。在铸、锻件等的粗糙表面上安装螺栓时，应制成如图 10-17c、d 所示的凸台或沉座。

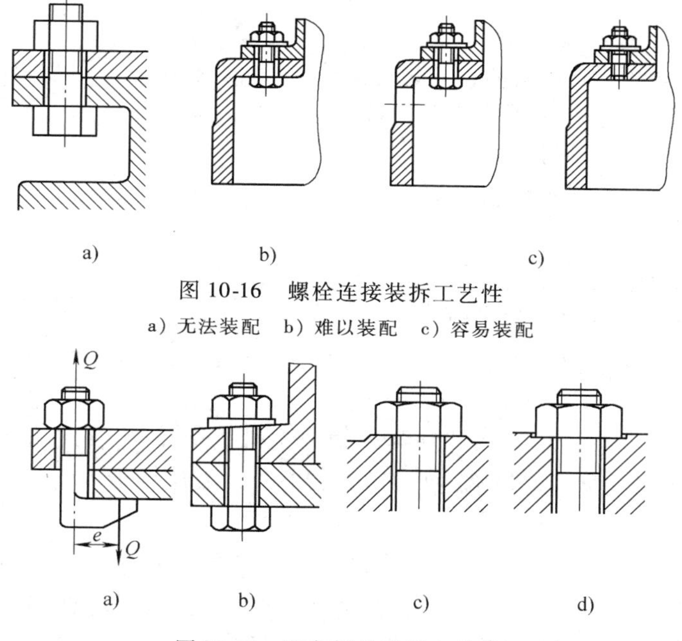

图 10-16　螺栓连接装拆工艺性

a）无法装配　b）难以装配　c）容易装配

图 10-17　避免螺栓受偏心载荷

a）钩头螺栓　b）斜垫圈　c）凸台　d）沉座

10.3.6　螺纹连接的使用与维护

（1）预紧力　安装时，除松螺栓连接外都要预紧。普通螺栓的预紧力大小对其正常工作有很大的影响。预紧力过大会降低螺栓的强度，预紧力过小会使螺栓的工作能力不能充分发挥。重要连接的预紧力用控制拧紧力矩的扳手，一般无问题，但需要注意工具使用前的标定，以免发生错误。一般连接的预紧力是凭操作者的经验控制的。用正规的工具厂生产的呆扳手拧紧，用力过大、过小都不适宜。若在扳手上加套管去拧紧一般情况下都属不当操作。

在机器工作中，由于各种原因，连接的预紧力会减小，直到松退。因此，检查并维持螺栓的预紧力是机器维护中经常性的工作。

（2）防松　实际中广泛采用双螺母来防松的。连接的工作载荷由上螺母承受（表10-9），因此，下螺母可用薄螺母。当采用一厚一薄两螺母作为对顶螺母时，应注意位置不要颠倒。因扳手厚度比薄螺母厚，给拧紧带来困难，故常采用两个厚螺母。

头部带孔螺栓串联金属丝的防松装置，虽然装拆不方便，但防松可靠，常用于大型设备。但要注意保证金属丝穿过孔的方位处于阻碍连接松退的位置。

摩擦防松并不完全可靠，即使可靠的防松装置也可能因偶然原因失效。所以定期检查防松装置的状态也是机器维护人员巡检内容之一。

（3）连接的拆卸　锈死常使连接拆卸变得非常困难。遇到这种情况可尝试先清理螺栓尾的螺纹，在连接处加煤油，用手槌轻轻敲击螺母。在易锈条件下工作且需经常拆卸的螺栓，要采取防锈措施，以避免锈死。

思考与习题

1. 在一直径 $d=80\text{mm}$ 的轴端，安装一钢制直齿圆柱齿轮（图 10-18）轮毂宽度 $L'=1.5d$，工作时有轻微冲击。试确定平键连接的尺寸，并计算其传递的最大转矩。

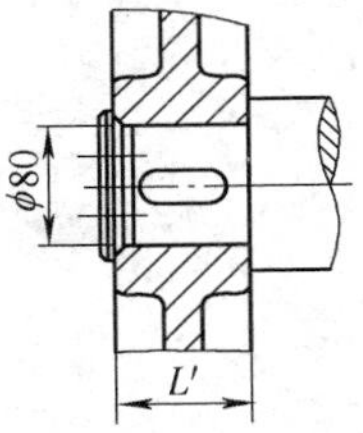

图 10-18　题 1 图

2. 试确定基本尺寸为 $\Phi25\text{mm}$ 的轴、孔平键连接，要求能承受正反转较重负荷。

3. 联轴器和离合器有何功用？

4. 联轴器和离合器有何主要区别？

5. 常用离合器有哪些类型？它们的特点和使用条件如何？列举你所知道的应用实例。

6. 在电动机与液压泵间用联轴器连接，如图 10-19 所示。已知电动机功率 $P=7.5\text{kW}$，转速 $n=960\text{r/min}$，电动机伸出轴端的直径 $d_1=38\text{mm}$，液压泵轴的直径 $d_2=42\text{mm}$，试选择联轴器型号。

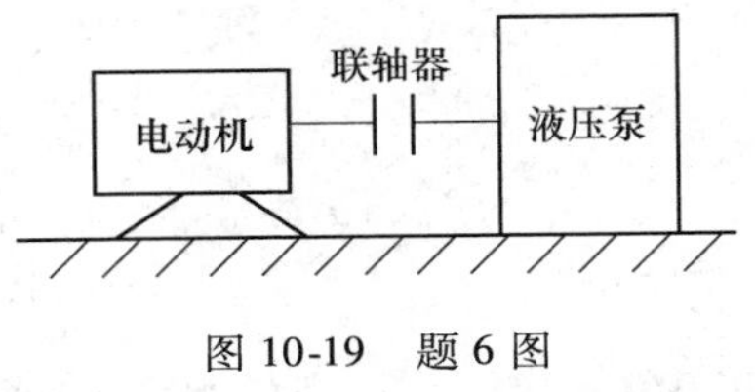

图 10-19　题 6 图

7. 螺纹连接预紧的作用是什么？为什么重要连接要控制预紧力？

8. 为什么采用普通扳手拧紧螺母时禁止用套筒加长？

9. 螺纹连接常用的防松方法有哪些？试举例说明各类防松方法的特点和应用。

10. 螺栓连接是否满足自锁条件？为什么需要采取防松措施？

第 11 章　机械零部件精度分析

11.1　概述

机械分析除了前面各章所涉及的运动分析、结构分析和工作能力分析以外，还要进行精度分析。机械零部件的精度将直接影响机械产品的质量，包括工作性能、耐用度、可靠度、使用寿命等；同时也对机械产品的制造成本产生直接影响。本章将从互换性和标准化观点出发，从几何精度方面分析机械零部件几何参数的合理性。

11.1.1　几何精度与互换性

1. 几何精度及其合理性

机械零件在制造过程中，由于加工、测量等多种原因造成尺寸、位置、形状和表面质量都存在一定的误差，几何精度是指这些几何要素参数值的精度，主要包括尺寸精度、几何公差和表面粗糙度等。机械零部件几何精度低将导致运动不平稳、振动噪声大，甚至不能运转；反之，若过分提高精度要求则会大大提高成本，经济性差。合理确定机械零部件的精度，即是根据机械产品的使用要求和制造经济性，考虑质量和成本关系，合理确定尺寸精度、几何公差和表面粗糙度等，用以控制加工误差，保证产品的各项性能要求。

2. 互换性及其作用

机械制造行业中，经常要求产品的零部件具有互换性。零部件的互换性是指按规定的技术要求制造的同一规格的零部件能够彼此替换而使用效果相同的性能。互换性不仅大大缩短产品的设计周期，便于计算机辅助设计（CAD），加速产品的更新换代，而且有利于组织大规模专业化协作生产，便于计算机辅助制造（CAM），以提高产品质量和生产效率，同时降低生产成本；有利于实现机械化、自动化和流水作业装配，提高装配效率；有利于缩短维修、更换零部件时间，节约维修费用，提高维修质量，延长产品使用寿命，从而提高机器的利用率。因此，互换性是机械制造业中保证产品质量和降低生产成本的技术措施，它不但适用于大批量生产，也适用于单件小批量生产，是现代化制造业中普遍遵守的原则。

按零部件互换形式和程度的不同，互换性分为完全互换性和不完全互换性两种。

完全互换性（简称互换性）是指统一规格的零部件，不需要任何挑选、调整或修配，就能装配或更换，并完全符合预定使用功能要求的性能。一般标准件都具有完全互换性，如螺钉、螺母、滚动轴承的内圈和外圈等。

当装配精度要求很高时，若采用完全互换将使零件的尺寸公差很小，造成加工困难，成本很高，甚至无法加工。为便于加工，可将制造公差适当放大，完工后将零件按实际尺寸分组，使得同组零件的尺寸变动量大大减小，再按组进行装配，使得同组零件装配后其结合的松紧程度一致性好，这样既可保证装配精度与使用要求，又降低了成本。此时，仅组内零件可以互换，组与组之间不可互换，故属不完全互换性（又称有限互换性）。例如滚动轴承内、外圈滚道与滚动体的结合，就是采取这种分组法进行装配的。又如机床导轨中的镶条，装配时可沿导轨移动方向调整其位置，以满足间隙要求。这种用调整法改变零件的位置（或尺寸）以满足装配精度要求，也属不完全互换性。

并非所有零件都要采用互换性方式生产，也允许装配时采用补充机械加工或钳工修刮办法来获得所需的装配精度，称修配法。例如普通车床尾座部件中的垫板，在装配时需对其厚度再进行修磨，以满足头尾座顶尖中心等高的精度要求。此时，垫板不具有互换性。

一般大批量生产的产品，如汽车、拖拉机厂常采用完全互换性生产；批量大、精度要求很高，且制造厂内部装配，如轴承行业，常采用分组法装配。而单件或小批生产，如矿山、冶金等重型机械，则常采用调整法或修配法。

11.1.2 标准化与优先数系

1. 标准化及标准分类

现代制造业规模大、分工细、协作单位多、互换性要求高，必须使分散的、局部的生产部门和生产环节很好地衔接，协调一致，保持技术统一，成为一个有机的整体来实现互换性生产。标准及标准化正是实现这一目标的主要途径和手段。制定标准和实行标准化是互换性生产的基础。

所谓标准，就是由一定的权威组织对经济、技术和科学中重复出现的共同的技术语言和技术事项等方面规定出来的统一技术准则。它是各方面共同遵守的技术依据。

标准化是指制定标准和贯彻标准为主要内容的全部活动过程，标准化程度的高低是评定产品质量的指标之一，是一项重要的技术政策。标准一经颁布，即成为技术法规。标准是为标准化而制定的技术文件。标准在一定范围内具有约束力。在世界范围内，企业共同遵守的是国际标准（ISO）。按适用领域、有效作用范围和发布权力的不同，我国技术标准分为国家标准、行业标准、地方标准、企业标准四级。

对需要在全国范围内统一的技术要求制定国家标准，代号 GB，表示强制执行的国家标准；代号为 GB/T 表示推荐执行的国家标准。对没有国家标准而又需要在全国某个行业统一的技术要求，制定行业标准，如机械行业标准（JB），冶金行业标准（YB）。对没有国家标准和行业标准而又需要在某个范围统一的技术要求，制定地方标准（DB）和企业标准（QB）。

2. 优先数及优先数系

在产品设计和制定技术标准的过程中，产品的性能参数、尺寸规格参数等都要通过数值表达。任何产品的参数值不仅与自身的技术特性有关，还直接、间接地影响与其相关的系列产品参数值，例如，设计减速器箱体的螺孔，其尺寸会影响到螺栓尺寸、加工螺孔和螺栓的刀具（钻头、丝锥、板牙）尺寸、检验螺孔和螺栓的量具尺寸等，甚至与之配套的垫圈、箱盖上通孔等的尺寸也随之而定。由此可见，工程技术中参数数值相互关联、不断传播，造成尺寸规格繁杂，涉及许多部门和领域。参数数值如果随意取值，势必给组织生产、协作配套和设备维修带来很大的困难。

为了对各种技术参数进行协调、简化和统一，使其既能满足使用上对产品不同规格的需求，又能简化生产，GB/T 321—2005 规定了优先数系，其中任何一个数值均为优先数。优先数系是一种科学的、国际上统一的数值制度，是无量纲的分级数系，适用于各种量值的分级。在确定产品的参数或参数系列时，应最大限度地采用优先数及优先数系。优先数系基本系列的优先数常用数值见表 11-1。

表 11-1　优先数系基本系列的优先数常用数值（摘自 GB/T 321—2005）

系列符号	优先数常用数值
R5	1.00，1.60，2.50，4.00，6.30，10.00
R10	1.00，1.25，1.60，2.00，2.50，3.15，4.00，5.00，6.30，8.00，10.00
R20	1.00，1.12，1.25，1.40，1.60，1.80，2.00，2.24，2.50，2.80，3.15，3.55，4.00，4.50，5.00，5.60，6.30，7.10，8.00，9.00，10.00
R40	1.00，1.06，1.12，1.18，1.25，1.32，1.40，1.50，1.60，1.70，1.80，1.90，2.00，2.12，2.24，2.36，2.50，2.65，2.80，3.00，3.15，3.35，3.55，3.75，4.00，4.25，4.50，4.75，5.00，5.30，5.60，6.0，6.30，6.70，7.10，7.50，8.00，8.50，9.00，9.50，10.00

11.1.3　几何参数的误差与公差

1. 加工误差

在机械加工中，由于机床、工艺、环境等因素的影响，如机床的振动、进给运动的不准确、工件和刀具的定位与安装误差、弹性变形和热变形等等，零件加工后的实际几何参数相对理想参数不可避免地存在差异，这种差异称为加工误差。加工误差主要包括尺寸误差、形状误差、位置误差和表面粗糙度。

（1）尺寸误差　加工后零件的实际尺寸与其理想尺寸之间的差值，如直径误差、中心距误差等。

（2）形状误差　加工后零件的实际形状与其理想形状之间的差异，如圆度、直线度等。

（3）位置误差　加工后零件表面、轴线或对称面之间的实际位置与其理想位置之间的差异，如同轴度、位置度等。

（4）表面粗糙度　零件加工表面上具有的较小间距和峰谷所形成的微观几何形状误差，是刀具在工件表面上留下的痕迹。

零件几何参数的实际值与其理想值接近的程度称为加工精度。加工误差越小，加工精度越高。

2. 公差

零件的加工误差在机械制造中是不可避免的，从零件的使用功能看也没有必要要求零件几何参数制造得绝对准确，但为了保证零部件的互换性，必须用公差来控制加工误差。所谓公差是指零件的实际几何参数所允许的变动量，用以限制加工误差，保证同一规格的零部件彼此充分接近。它包括尺寸公差 $T_{尺寸}$、形状公差 $T_{形状}$、位置公差 $T_{位置}$ 以及表面粗糙度允许值等。

公差是由设计人员根据产品使用要求给定的。它反映了产品对加工精度和经济性的要求，并体现加工难易程度，即公差越小，加工精度越高，加工越困难，加工成本越高。因此，规定公差的原则是：在保证满足产品使用性能的前提下，给出尽可能大的公差，以获得最大的经济效益。

规定公差 T 的大小顺序，应为

$$T_{尺寸} > T_{位置} > T_{形状} > 表面粗糙度允许值$$

11.2 尺寸精度及选用

为保证零件互换性，需要对零件的尺寸精度与零件之间的配合实行标准化。尺寸精度主要是根据现行的极限与配合国家标准来确定。

11.2.1 极限与配合的术语和定义

1. 孔和轴的定义

圆柱体结合是机械产品最广泛采用的一种结合形式，常指孔与轴的结合。在极限与配合国家标准中，孔与轴是广义的。

孔：通常指工件的圆柱形内尺寸要素，也包括非圆柱形的内尺寸要素（由二平行平面或切面形成的包容面），如图 11-1 所示。

轴：通常指工件的圆柱形外尺寸要素，也包括非圆柱形的外尺寸要素（由二平行平面或切面形成的被包容面），如图 11-1 所示。

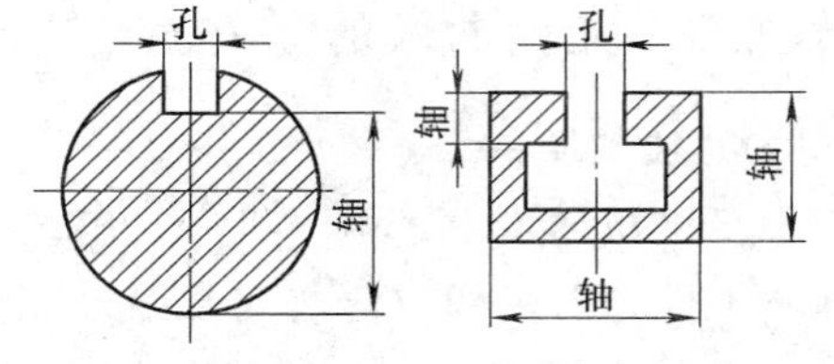

图 11-1 孔与轴

广义孔与轴的区别是，在装配关系上，孔是包容面，轴是被包容面；从加工过程看，孔的尺寸越加工越大，轴的尺寸越加工越小。

2. 有关尺寸的基本术语和定义

有关尺寸的基本术语和定义见表 11-2。

表 11-2 有关尺寸的基本术语和定义

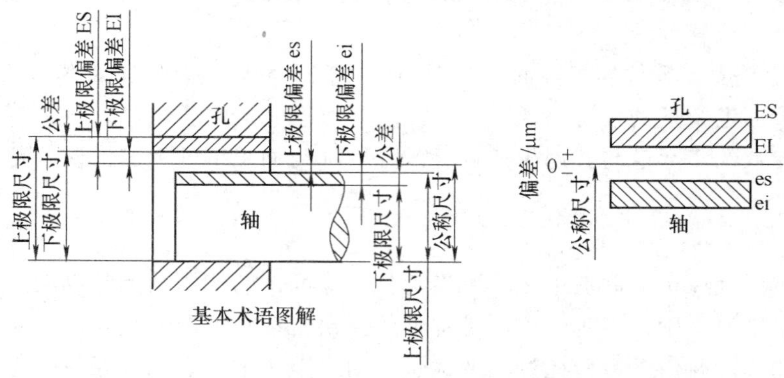

术语	定　义
尺寸要素	由一定大小的线性尺寸或角度尺寸确定的几何形状
尺寸	以特定单位表示线性尺寸和角度尺寸的数值。线性尺寸是指长度值，包括直径、宽度、深度、高度和中心距等，其特定单位为 mm
公称尺寸	由图样规范确定的理想形状要素的尺寸。它是设计时根据使用要求，通过计算、试验或类比法确定的尺寸。通常选取标准数，以减少定值刀具、量具和工艺装备的规格。公称尺寸可以是一个整数或一个小数值，例如 32，15，8.75，0.5 等。孔的公称尺寸代号用 D 表示，轴的公称尺寸代号用 d 表示

（续）

术语	定　　义
实际尺寸	通过测量得到的尺寸。由于存在测量误差，实际尺寸并非尺寸的真值；又由于存在形状误差，零件同一表面上的不同部位，其实际尺寸往往并不相等。孔、轴实际尺寸代号用 D_a、d_a 表示
极限尺寸	尺寸要素允许的尺寸的两个极端。实际尺寸应位于其中，也可达到极限尺寸
上极限尺寸	尺寸要素允许的最大尺寸。孔、轴上极限尺寸代号用 D_{max}、d_{max} 表示
下极限尺寸	尺寸要素允许的最小尺寸。孔、轴下极限尺寸代号用 D_{min}、d_{min} 表示
偏差	某一尺寸（实际尺寸、极限尺寸等）减其公称尺寸所得的代数差
极限偏差	上极限偏差和下极限偏差的统称。轴的上、下极限偏差代号用小写字母 es、ei 表示；孔的上、下极限偏差代号用大写字母 ES、EI 表示
上极限偏差	上极限尺寸减去公称尺寸所得的代数差，孔：$ES = D_{max} - D$；轴：$es = d_{max} - d$
下极限偏差	下极限尺寸减其公称尺寸所得的代数差，孔：$EI = D_{min} - D$；轴：$ei = d_{min} - d$
尺寸公差（简称公差）	上极限尺寸减下极限尺寸之差，或上极限偏差减下极限偏差之差。它是允许尺寸的变动量，是一个没有符号的绝对值
零线	在极限与配合图解中，表示公称尺寸的一条直线，以其为基准确定偏差和公差。通常，零线沿水平方向绘制，正偏差位于其上，负偏差位于其下
公差带	在公差带图解中，由代表上极限偏差和下极限偏差或上极限尺寸和下极限尺寸的两条直线所限定的一个区域。它是由公差大小和其相对零线的位置来确定
基本偏差	国家标准规定的用以确定公差带相对零线位置的那个极限偏差。它可以是上极限偏差或下极限偏差，一般为靠近零线的那个偏差
标准公差	国家标准规定的用以确定公差带大小的任一公差。字母 IT 为“国际公差”的英文缩写
标准公差等级	在标准公差系列中，同一公差等级（例如 IT7）对所有公称尺寸的一组公差被认为具有同等精确程度

3. 有关配合的基本术语和定义

配合是指公称尺寸相同的并且相互结合的孔和轴公差带之间的关系。根据孔、轴公差带之间的关系，配合分为三大类，即间隙配合、过盈配合、过渡配合。关于配合的基本术语和定义见表 11-3。

表 11-3　关于配合的基本术语和定义

术语	定义及图解	
间隙	孔轴配合时，孔的尺寸减去相配合的轴的尺寸之差为正	
过盈	孔轴配合时，孔的尺寸减去相配合的轴的尺寸之差为负	
间隙配合	具有间隙（包括最小间隙等于零）的配合。此时，孔的公差带在轴的公差带之上	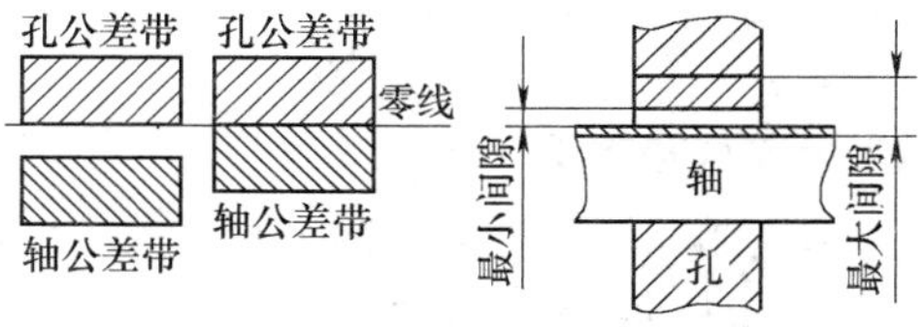 孔公差带　孔公差带　零线　轴公差带　轴公差带　最小间隙　轴　孔　最大间隙 a)　b) 间隙配合
最小间隙	在间隙配合中，孔的下极限尺寸与轴的上极限尺寸之差	
最大间隙	在间隙配合或过渡配合中，孔的上极限尺寸与轴的下极限尺寸之差	

（续）

术语	定义及图解	
过盈配合	具有过盈（包括最小过盈等于零）的配合。此时，孔的公差带在轴的公差带之下	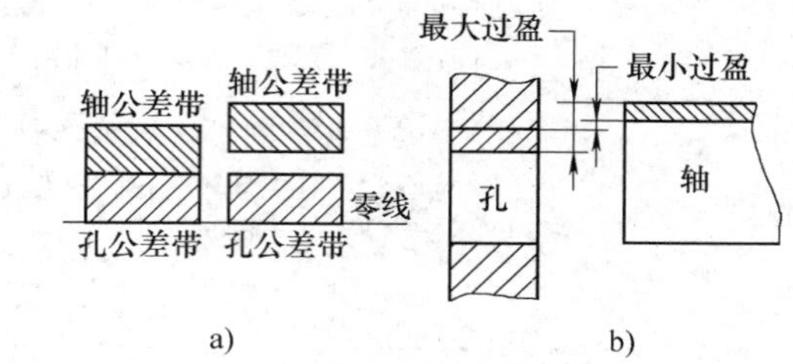 轴公差带 轴公差带 零线 孔公差带 孔公差带 最大过盈 最小过盈 孔 轴 a) b) 过盈配合
最小过盈	在过盈配合中，孔的上极限尺寸与轴的下极限尺寸之差	
最大过盈	在过盈配合或过渡配合中，孔的下极限尺寸与轴的上极限尺寸之差	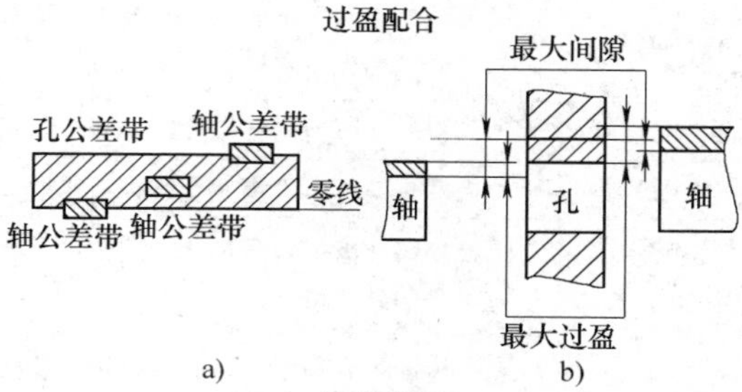 孔公差带 轴公差带 零线 轴公差带 轴公差带 最大间隙 轴 孔 轴 最大过盈 a) b) 过渡配合
过渡配合	可能具有间隙或过盈的配合。此时，孔的公差带与轴的公差带相互交叠	
配合公差	组成配合的孔与轴公差之和，也等于极限间隙或过盈量之差的绝对值。它是允许间隙或过盈的变动量，反映配合精度，是评定配合质量的一个重要指标	
配合制	国家标准规定的孔和轴组成的配合制度，包括基轴制配合和基孔制配合	
基轴制配合	基本偏差为一定的轴的公差带，与不同基本偏差的孔的公差带形成各种配合的一种制度。是轴的上极限尺寸与公称尺寸相等、轴的上极限偏差为零的一种配合制。该轴称为基准轴 水平实线代表孔或轴的基本偏差，虚线代表另一极限，表示孔或轴之间可能的不同组合与它们的公差等级有关	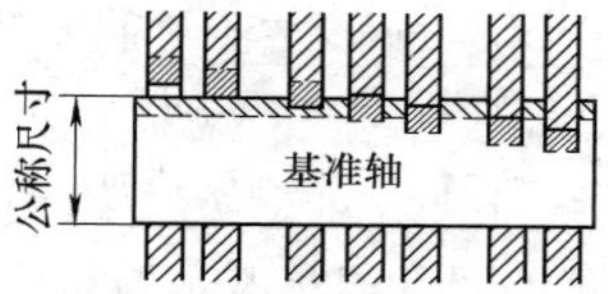 公称尺寸 基准轴
基孔制配合	基本偏差为一定的孔的公差带，与不同基本偏差的轴的公差带形成各种配合的一种制度。是孔的下极限尺寸与公称尺寸相等、孔的下极限偏差为零的一种配合制。该孔称为基准孔 水平实线代表孔或轴的基本偏差，虚线代表另一极限，表示孔或轴之间可能的不同组合与它们的公差等级有关	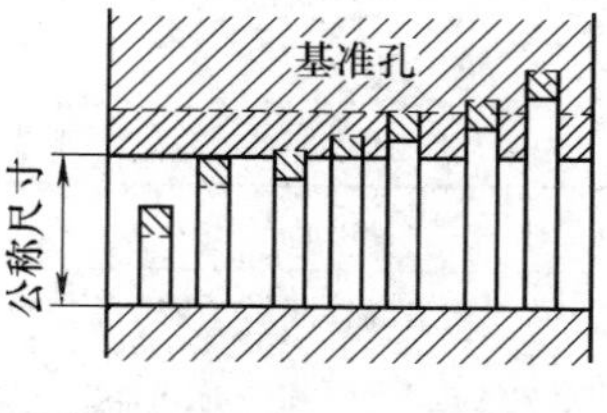 基准孔 公称尺寸

11.2.2 极限与配合国家标准

1. 标准公差系列

GB/T 1800.1—2009 将标准公差分为 20 等级，即 IT01、IT0、IT1、IT2、…、IT18，例如，IT8 表示标准公差 8 级。公差等级从 IT01 至 IT18 依次降低，其中，IT01 等级最高，IT18 等级最低。公差等级越高，公差数值越小，尺寸精度越高。表 11-4 列出了公称尺寸≤500mm的部分精度的标准公差数值。

表 11-4　标准公差数值（摘自 GB/T 1800.1—2009）

公称尺寸/mm		公差等级												
		IT4	IT5	IT6	IT7	IT8	IT9	IT10	IT11	IT12	IT13	IT14	IT15	IT16
大于	至	μm								mm				
—	3	3	4	6	10	14	25	40	60	0.10	0.14	0.25	0.40	0.60
3	6	4	5	8	12	18	30	48	75	0.12	0.18	0.30	0.48	0.75
6	10	4	6	9	15	22	36	58	90	0.15	0.22	0.36	0.58	0.90
10	18	5	8	11	18	27	43	70	110	0.18	0.27	0.43	0.70	1.10
18	30	6	9	13	21	33	52	84	130	0.21	0.33	0.52	0.84	1.30
30	50	7	11	16	25	39	62	100	160	0.25	0.39	0.62	1.00	1.60
50	80	8	13	19	30	46	74	120	190	0.30	0.46	0.74	1.20	1.90
80	120	10	15	22	35	54	87	140	220	0.35	0.54	0.87	1.40	2.20
120	180	12	18	25	40	63	100	160	250	0.40	0.63	1	1.60	2.50
180	250	14	20	29	46	72	115	185	290	0.46	0.72	1.15	1.85	2.90
250	315	16	23	32	52	81	130	210	320	0.52	0.81	1.30	2.10	3.20
315	400	18	25	36	57	89	140	230	360	0.57	0.89	1.40	2.30	3.60
400	500	20	27	40	63	97	155	250	400	0.63	0.97	1.55	2.50	4

2. 基本偏差系列

如前所述，基本偏差是用以确定公差带相对于零线位置的上极限偏差或下极限偏差，即指靠近零线的偏差。国家标准 GB/T 1800.1—2009 中规定了孔和轴各有 28 个基本偏差，如图 11-2 所示。

在基本偏差系列中，孔的基本偏差用大写字母表示；轴的基本偏差用小写字母表示。其中，基本偏差 H 代表基准孔，h 代表基准轴，基本偏差数值都为零。孔从 A ~ H，基本偏差为下极限偏差 EI，从 K ~ ZC，基本偏差为上极限偏差 ES；轴从 a ~ h，基本偏差为上极限偏差 es，从 k ~ zc，基本偏差为下极限偏差 ei。孔和轴的另一个偏差可由孔和轴的基本偏差和标准公差（IT）确定。JS（js）与零线完全对称，将逐步取代近似对称的 J（j）。

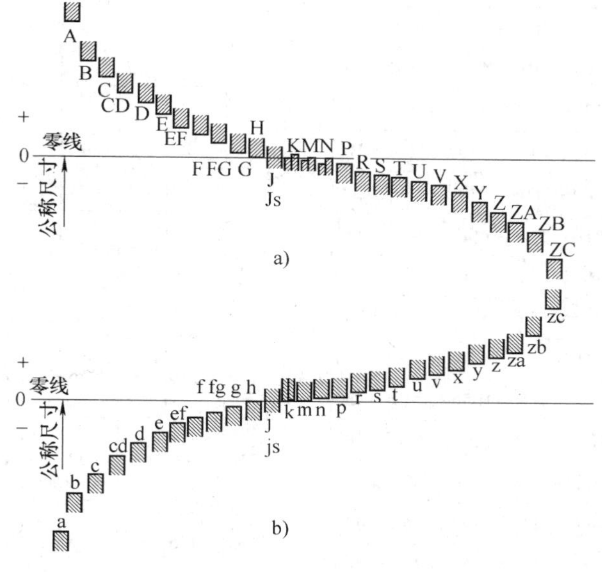

图 11-2　基本偏差系列示意图
a）孔　b）轴

在基孔（轴）制配合中，轴（孔）的基本偏差 a ~ h（A ~ H）用于间隙配合；j ~ n（J ~ N）主要用于过渡配合；p ~ zc（P ~ ZC）用于过盈配合。

国家标准中列出了孔、轴基本偏差数值表，表 11-5 和表 11-6 仅列出公称尺寸≤500mm 的基本偏差数值。

表 11-5　尺寸至 500mm 孔的基本偏差

基本偏差	下偏差 EI											JS②									
代号	A①	B①	C	CD	D	E	EF	F	FG	G	H		J			K		M		N	
标准公差等级 / 公称尺寸/mm	所有的标准公差等级												IT6	IT7	IT8	≤IT8③	>IT8	≤IT8③	>IT8	≤IT8③	>IT8
≤3	+270	+140	+60	+34	+20	+14	+10	+6	+4	+2	0	偏差 = $\pm IT_n/2$，式中 IT_n 为 IT 值数	+2	+4	+6	0	0	−2	−2	−4	−4
3～6	+270	+140	+70	+46	+30	+20	+14	+10	+6	+4	0		+5	+6	+10	−1 + Δ	—	−4 + Δ	−4	−8 + Δ	0
>6～10	+280	+150	+80	+56	+40	+25	+18	+13	+8	+5	0		+5	+8	+12	−1 + Δ	—	−6 + Δ	−6	−10 + Δ	0
>10～14	+290	+150	+95	—	+50	+32	—	+16	—	+6	0		+6	+10	+15	−1 + Δ	—	−7 + Δ	−7	−12 + Δ	0
>14～18																					
>18～24	+300	+160	+110	—	+65	+40	—	+20	—	+7	0		+8	+12	+20	−2 + Δ	—	−8 + Δ	−8	−15 + Δ	0
>24～30																					
>30～40	+310	+170	+120	—	+80	+50	—	+25	—	+9	0		+10	+14	+24	−2 + Δ	—	−9 + Δ	−9	−17 + Δ	0
>40～50	+320	+180	+130																		
>50～65	+340	+190	+140	—	+100	+60	—	+30	—	+10	0		+13	+18	+28	−2 + Δ	—	−11 + Δ	−11	−20 + Δ	0
>65～80	+360	+200	+150																		
>80～100	+380	+220	+170	—	+120	+72	—	+36	—	+12	0		+16	+22	+34	−3 + Δ	—	−13 + Δ	−13	−23 + Δ	0
>100～120	+410	+240	+180																		
>120～140	+460	+260	+200																		
>140～160	+520	+280	+210	—	+145	+85	—	+43	—	+14	0		+18	+26	+41	−3 + Δ	—	−15 + Δ	−15	−27 + Δ	0
>160～180	+580	+310	+230																		
>180～200	+660	+340	+240																		
>200～225	+740	+380	+260	—	+170	+100	—	+50	—	+15	0		+22	+30	+47	−4 + Δ	—	−17 + Δ	−17	−31 + Δ	0
>225～250	+820	+420	+280																		
>250～280	+920	+480	+300	—	+190	+110	—	+56	—	+17	0		+25	+36	+55	−4 + Δ	—	−20 + Δ	−20	−34 + Δ	0
>280～315	+1050	+540	+330																		
>315～355	+1200	+600	+360	—	+210	+125	—	+62	—	+18	0		+29	+39	+60	−4 + Δ	—	−21 + Δ	−21	−37 + Δ	0
>355～400	+1350	+680	+400																		
>400～450	+1500	+760	+440	—	+230	+135	—	+68	—	+20	0		+33	+43	+66	−5 + Δ	—	−23 + Δ	−23	−40 + Δ	0
>450～500	+1650	+840	+480																		

① 公称尺寸≤1mm 时，基本偏差 A 和 B 及大于 IT8 的 N 均不采用。

② JS 的数值中，对 IT7 至 IT11，若 IT_n 的数值为奇数，则取偏差 = ±（IT_n −1）/2。

③ 标准公差≤IT8 级的 K、M、N 及≤IT7 级的 P 到 ZC，从表的右侧选取 Δ 值。

例如：18～30mm 段的 K7，Δ = 8μm，所以 ES =（−2 + 8）μm = 6μm；18～30mm 段的 S6，Δ = 4μm，所以 ES

数值（摘自 GB/T 1800.1—2009） （单位：μm）

	上偏差 ES												$\Delta = IT_n - IT_{n-1}$					
P ~ ZC	P	R	S	T	U	V	X	Y	Z	ZA	ZB	ZC	孔的标准公差等级					
≤IT7[③]	> IT7												IT3	IT4	IT5	IT6	IT7	IT8
在大于IT7的相应数值上增加一个Δ值	−6	−10	−14	—	−18	—	−20	—	−26	−32	−40	−60	Δ = 0					
	−12	−15	−19	—	−23	—	−28	—	−35	−42	−50	−80	1	1.5	1	3	4	6
	−15	−19	−23	—	−28	—	−34	—	−42	−52	−67	−97	1	1.5	2	3	6	7
	−18	−23	−28	—	−33	—	−40	—	−50	−64	−90	−130	1	2	3	3	7	9
						−39	−45	—	−60	−77	−108	−150						
	−22	−28	−35	—	−41	−47	−54	−63	−73	−98	−136	−188	1.5	2	3	4	8	12
				−41	−48	−55	−64	−75	−88	−118	−160	−218						
	−26	−34	−43	−48	−60	−68	−80	−94	−112	−148	−200	−274	1.5	3	4	5	9	14
				−54	−70	−81	−97	−114	−136	−180	−242	−325						
	−32	−41	−53	−66	−87	−102	−122	−144	−172	−226	−300	−405	2	3	5	6	11	16
		−43	−59	−75	−102	−120	−146	−174	−210	−274	−360	−480						
	−37	−51	−71	−91	−124	−146	−178	−214	−258	−335	−445	−585	2	4	5	7	13	19
		−54	−79	−104	−144	−172	−210	−254	−310	−400	−525	−690						
	−43	−63	−92	−122	−170	−202	−248	−300	−365	−470	−620	−800	3	4	6	7	15	23
		−65	−100	−134	−190	−228	−280	−340	−415	−535	−700	−900						
		−68	−108	−146	−210	−252	−310	−380	−465	−600	−780	1000						
	−50	−77	−122	−166	−236	−284	−350	−425	−520	−670	−880	−1150	3	4	6	9	17	26
		−80	−130	−180	−258	−310	−385	−470	−575	−740	−960	−1250						
		−84	−140	−196	−284	−340	−425	−520	−640	−820	−1050	−1350						
	−56	−94	−158	−218	−315	−385	−475	−580	−710	−920	−1200	−1550	4	4	7	9	20	29
		−98	−170	−240	−350	−425	−525	−650	−790	−1000	−1300	−1700						
	−62	−108	−190	−268	−390	−475	−590	−730	−900	−1150	−1500	−1900	4	5	7	11	21	32
		−114	−208	−294	−435	−530	−660	−820	−1000	−1300	−1650	−2100						
	−68	−126	−232	−330	−490	−595	−740	−920	−1100	−1450	−1850	−2400	5	5	7	13	23	34
		−132	−252	−360	−540	−660	−820	−1000	−1250	−1600	−2100	−2600						

=（−35 + 4）μm = −31μm。特殊情况：250 ~ 315mm 段的 M6，ES = −9μm（代替 −11μm）。

表 11-6　尺寸至 500mm 轴的基本偏差

基本偏差	上极限偏差 es											js②			
代号	a①	b①	c	cd	d	e	ef	f	fg	g	h		j		
标准公差等级 / 公称尺寸/mm	所有的标准公差等级												IT5和IT6	IT7	IT8
≤3	-270	-140	-60	-34	-20	-14	-10	-6	-4	-2	0	偏差 = ±IT_n/2，式中IT_n为IT值数	-2	-4	-6
>3~6	-270	-140	-70	-46	-30	-20	-14	-10	-6	-4	0		-2	-4	—
>6~10	-280	-150	-80	-56	-40	-25	-18	-13	-8	-5	0		-2	-5	—
>10~14	-290	-150	-95	—	-50	-32	—	-16	—	-6	0		-3	-6	—
>14~18	-290	-150	-95	—	-50	-32	—	-16	—	-6	0		-3	-6	—
>18~24	-300	-160	-110	—	-65	-40	—	-20	—	-7	0		-4	-8	—
>24~30	-300	-160	-110	—	-65	-40	—	-20	—	-7	0		-4	-8	—
>30~40	-310	-170	-120	—	-80	-50	—	-25	—	-9	0		-5	-10	—
>40~50	-320	-180	-130	—	-80	-50	—	-25	—	-9	0		-5	-10	—
>50~65	-340	-190	-140	—	-100	-60	—	-30	—	-10	0		-7	-12	—
>65~80	-360	-200	-150	—	-100	-60	—	-30	—	-10	0		-7	-12	—
>80~100	-380	-220	-170	—	-120	-72	—	-36	—	-12	0		-9	-15	—
>100~120	-410	-240	-180	—	-120	-72	—	-36	—	-12	0		-9	-15	—
>120~140	-460	-260	-200	—	-145	-85	—	-43	—	-14	0		-11	-18	—
>140~160	-520	-280	-210	—	-145	-85	—	-43	—	-14	0		-11	-18	—
>160~180	-580	-310	-230	—	-145	-85	—	-43	—	-14	0		-11	-18	—
>180~200	-660	-340	-240	—	-170	-100	—	-50	—	-15	0		-13	-21	—
>200~225	-740	-380	-260	—	-170	-100	—	-50	—	-15	0		-13	-21	—
>225~250	-820	-420	-280	—	-170	-100	—	-50	—	-15	0		-13	-21	—
>250~280	-920	-480	-300	—	-190	-110	—	-56	—	-17	0		-16	-26	—
>280~315	-1050	-540	-330	—	-190	-110	—	-56	—	-17	0		-16	-26	—
>315~355	-1200	-600	-360	—	-210	-125	—	-62	—	-18	0		-18	-28	—
>355~400	-1350	-680	-400	—	-210	-125	—	-62	—	-18	0		-18	-28	—
>400~450	-1500	-760	-440	—	-230	-135	—	-68	—	-20	0		-20	-32	—
>450~500	-1650	-840	-480	—	-230	-135	—	-68	—	-20	0		-20	-32	—

① 公称尺寸≤1mm 时，各级 a 和 b 均不采用。

② js 的数值中，对 IT7 至 IT11，若 IT_n 的数值为奇数，则取偏差 = ±（IT_n-1）/2。

数值（摘自 GB/ T 1800. 1—2009）

（单位：μm）

下极限偏差 ei

k		m	n	p	r	s	t	u	v	x	y	z	za	zb	zc
IT4 ~ IT7	≤IT3 >IT7	所有的标准公差等级													
0	0	+2	+4	+6	+10	+14	—	+18	—	+20	—	+26	+32	+40	+60
+1	0	+4	+8	+12	+15	+19	—	+23	—	+28	—	+35	+42	+50	+80
+1	0	+6	+10	+15	+19	+23	—	+28	—	+34	—	+42	+52	+67	+97
+1	0	+7	+12	+18	+23	+28	—	+33	—	+40	—	+50	+64	+90	+130
+1	0	+7	+12	+18	+23	+28	—	+33	+39	+45	—	+60	+77	+108	150
+2	0	+8	+15	+22	+28	+35	—	+41	+47	+54	+63	+73	+98	+136	+188
+2	0	+8	+15	+22	+28	+35	+41	+48	+55	+64	+75	+88	+118	+160	+218
+2	0	+9	+17	+26	+34	+43	+48	+60	+68	+80	+94	+112	+148	+200	+274
+2	0	+9	+17	+26	+34	+43	+54	+70	+81	+97	+114	+136	+180	+242	+325
+2	0	+11	+20	+32	+41	+53	+66	+87	+102	+122	+144	+172	+226	+300	+405
+2	0	+11	+20	+32	+43	+59	+75	+102	+120	+146	+174	+210	+274	+360	+480
+3	0	+13	+23	+37	+51	+71	+91	+124	+146	+178	+214	+258	+335	+445	+585
+3	0	+13	+23	+37	+54	+79	+104	+144	+172	+210	+254	+310	+400	+525	+690
+3	0	+15	+27	+43	+63	+92	+122	+170	+202	+248	+300	+365	+470	+620	+800
+3	0	+15	+27	+43	+65	+100	+134	+190	+228	+280	+340	+415	+535	+700	+900
+3	0	+15	+27	+43	+68	+108	+146	+210	+252	+310	+380	+465	+600	+780	+1000
+4	0	+17	+31	+50	+77	+122	+166	+236	+284	+350	+425	+520	+670	+880	+1150
+4	0	+17	+31	+50	+80	+130	+180	+258	+310	+385	+470	+575	+740	+960	+1250
+4	0	+17	+31	+50	+84	+140	+196	+284	+340	+425	+520	+640	+820	+1050	+1350
+4	0	+20	+34	+56	+94	+158	+218	+315	+385	+475	+580	+710	+920	+1200	+1550
+4	0	+20	+34	+56	+98	+170	+240	+350	+425	+525	+650	+790	+1000	+1300	+1700
+4	0	+21	+37	+62	+108	+190	+268	+390	+475	+590	+730	+900	+1150	+1500	+1900
+4	0	+21	+37	+62	+114	+208	+294	+435	+530	+660	+820	+1000	+1300	+1650	+2100
+5	0	+23	+40	+68	+126	+232	+330	+490	+595	+740	+920	+1100	+1450	+1850	+2400
+5	0	+23	+40	+68	+132	+252	+360	+540	+660	+820	+1000	+1250	+1600	+2100	+2600

3. 公差带与配合的规定

GB/T 1800.1—2009 所列出的标准公差和基本偏差数值，可以组成大量不同位置和大小的公差带，而孔与轴公差带的任意组合都会形成配合，使得所形成的公差带与配合的数目庞大，其中很多配合在生产上很少用到，还有很多配合在性质上是相同的。但同时也给刀具、量具和工艺装备的品种与规格带来不必要的繁杂。从经济性出发考虑，GB/T 1801—2009 对孔、轴公差带的选择进行了限定，并从中选择少量的孔、轴公差带组成一些优先和常用的配合。

公称尺寸≤500mm 的孔的常用、优先公差带，如图 11-3 所示。公称尺寸≤500mm 的轴的常用、优先公差带，如图 11-4 所示。圆圈内为优先公差带，方框内为常用公差带，其余为一般用途公差带。

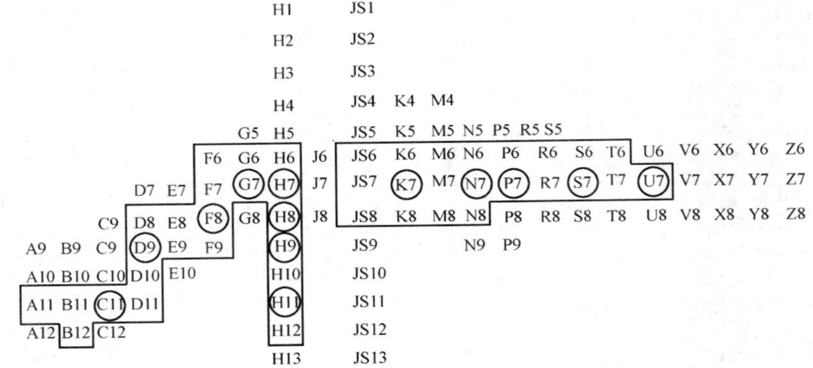

图 11-3　公称尺寸≤500mm 的孔的常用、优先公差带

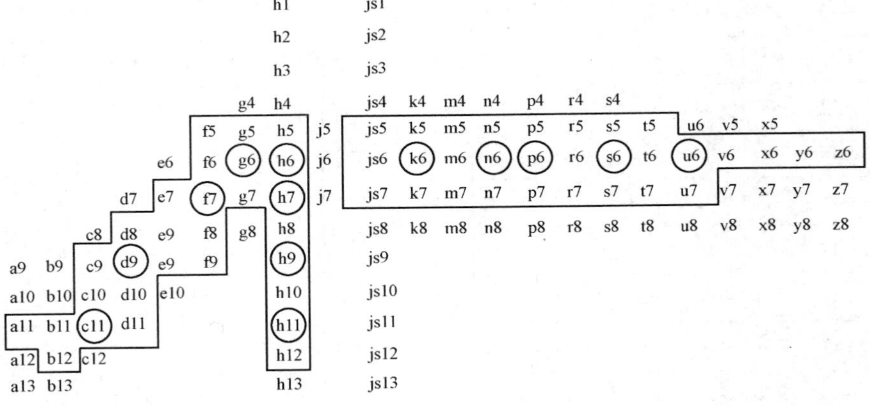

图 11-4　公称尺寸≤500mm 的轴的常用、优先公差带

对于公称尺寸≤500mm 的孔、轴配合，基孔制和基孔制的优先、常用配合见表 11-7、表 11-8。

4. 一般公差（线性尺寸的末注公差）

一般公差是指在一般加工条件下可以保证的公差，它是机床设备在正常维护和操作情况下，可以达到的经济加工精度。对功能无特殊要求的要素可以给出一般公差。采用一般公差的尺寸，在该尺寸后不用标注极限偏差或其他代号（故亦称未注公差），在正常情况下，一般可不检验。

表 11-7　基孔制的优先、常用配合（摘自 GB/T 1801—2009）

基准孔	轴																				
	a	b	c	d	e	f	g	h	js	k	m	n	p	r	s	t	u	v	x	y	z
	间隙配合								过渡配合			过盈配合									
H6						H6/f5	H6/g5	H6/h5	H6/js5	H6/k5	H6/m5	H6/n5	H6/p5	H6/r5	H6/s5	H6/t5					
H7						H7/f6	**H7/g6**	**H7/h6**	H7/js6	**H7/k6**	H7/m6	**H7/n6**	**H7/p6**	H7/r6	**H7/s6**	H7/t6	**H7/u6**	H7/v6	H7/x6	H7/y6	H7/z6
H8					H8/e7	**H8/f7**	H8/g7	**H8/h7**	H8/js7	H8/k7	H8/m7	H8/n7	H8/p7	H8/r7	H8/s7	H8/t7	H8/u7				
				H8/d8	H8/e8	H8/f8		H8/h8													
H9			H9/c9	**H9/d9**	H9/e9	H9/f9		**H9/h9**													
H10			H10/c10	H10/d10				H10/h10													
H11	H11/a11	H11/b11	**H11/c11**	H11/d11				**H11/h11**													
H12		H12/b12						H12/h12													

注：粗线框内的是优先配合。

表 11-8　基轴制的优先、常用配合（摘自 GB/T 1801—2009）

基准轴	孔																				
	A	B	C	D	E	F	G	H	JS	K	M	N	P	R	S	T	U	V	X	Y	Z
	间隙配合								过渡配合			过盈配合									
h5						F6/h5	G6/h5	H6/h5	JS6/h5	K6/h5	M6/h5	N6/h5	P6/h5	R6/h5	S6/h5	T6/h5					
h6						F7/h6	**G7/h6**	**H7/h6**	JS7/h6	**K7/h6**	M7/h6	**N7/h6**	**P7/h6**	R7/h6	**S7/h6**	T7/h6	**U7/h6**				
h7					E8/h7	**F8/h7**		**H8/h7**	JS8/h7	K8/h7	M8/h7	N8/h7									
h8				D8/h8	E8/h8	F8/h8		H8/h8													
h9				**D9/h9**	E9/h9	F9/h9		**H9/h9**													
h10				D10/h10				H10/h10													
h11	A11/h11	B11/h11	**C11/h11**	D11/h11				**H11/h11**													
h12		B12/h12						H12/h12													

注：粗线框内的是优先配合

GB/T 1804—2000 规定了线性尺寸的极限偏差数值见表 11-9；倒圆半径和倒角高度尺寸的极限偏差数值见表 11-10。

表 11-9 线性尺寸的极限偏差数值（摘自 GB/T 1804—2000）

公差等级	公称尺寸分段							
	0.5 ~ 3	> 3 ~ 6	> 6 ~ 30	> 30 ~ 120	> 120 ~ 400	> 400 ~ 1000	> 1000 ~ 2000	> 2000 ~ 4000
精密 f	±0.05	±0.05	±0.1	±0.15	±0.2	±0.3	±0.5	—
中等 m	±0.1	±0.1	±0.2	±0.3	±0.5	±0.8	±1.2	±2
粗糙 c	±0.2	±0.3	±0.5	±0.8	±1.2	±2	±3	±4
最粗 v	—	±0.5	±1	±1.5	±2.5	±4	±6	±8

表 11-10 倒圆半径和倒角高度尺寸的极限偏差数值（摘自 GB/T 1804—2000）

公差等级	公称尺寸分段				公差等级	公称尺寸分段			
	0.5 ~ 3	> 3 ~ 6	> 6 ~ 30	> 30		0.5 ~ 3	> 3 ~ 6	> 6 ~ 30	> 30
精密 f	±0.2	±0.5	±1	±2	粗糙 c	±0.4	±1	±2	±4
中等 m					最粗 v				

若采用标准规定的一般公差，应在图样标题栏附近或技术要求、技术文件中注出本标准号以及公差等级代号。例如，选取中等级时，标注为：GB/T 1804—m。

11.2.3 极限与配合的选用

1. 基准制的选用

选择基准制时，应从结构、工艺、装配及经济性等方面来分析确定。

1）在常用尺寸范围内（≤500mm），一般应优先选用基孔制。通常，孔用钻头、绞刀、拉刀等定值刀具加工，用极限量规检测，选用基孔制可以减少刀、量具的品种和规格，获得更好的经济效果。

2）基轴制通常用于以下情况。

① 所用配合的公差等级要求不高（公差等级 IT8 或更低）或直接用冷拉棒料制作轴（一般直径不太大），又不需再加工。

② 同一公称尺寸的轴上需要装上几个不同配合的零件，选用基轴制，既有利于加工，又便于装配，如图 11-5 所示活塞销与活塞及连杆的配合。

3）与标准件配合时，应根据标准件确定基准制。例如，与滚动轴承内圈配合的轴应选择基孔制，与滚动轴承外圈结合的孔应选择基轴制。

4）为了满足某些配合的特殊要求，国家标准允许采用任意孔、轴公差带组成的混合配合，即孔和轴都不是基准件。如图 11-6 所示轴承孔与端盖的配合。

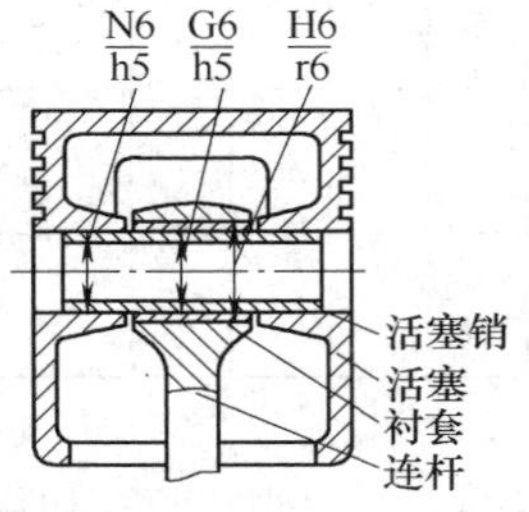

图 11-5 活塞销与活塞及连杆的连接

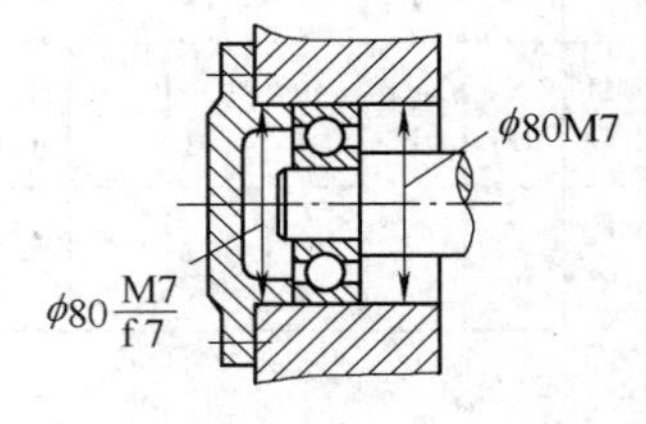

图 11-6 轴承孔与端盖的混合配合

2. 公差等级的选用

公差等级选用的原则是：在满足使用要求的前提下，应尽量选用较低的公差等级，以降低加工成本。公差等级的确定应考虑如下几点

1）对于公称尺寸≤500mm 的配合，较高精度（公差等级等于或高于 IT8）时，国家标准推荐孔比轴低一级相配合，如：H8/m7、K7/h6，以使孔、轴的加工难易程度相当；也推荐了少量 8 级公差的孔与 8 级公差的轴组成同级配合，如：H8/f8。对于公差等级低于 IT8 或公称尺寸 >500mm 的配合，推荐选用同级孔、轴配合。

2）相配合的零、部件的精度要匹配。例如，相配合的齿轮孔与轴，它们的公差等级由相关齿轮精度等级确定；与滚动轴承配合的外壳孔和轴颈的公差等级取决于轴承公差等级。

3）过盈、过渡和较紧的间隙配合，精度等级不能太低。一般孔的公差等级不低于 IT8，轴的公差等级不低于 IT7。否则，将使过盈配合时最大过盈过大，材料容易受到损坏；使过渡配合时不能保证相配的孔、轴既装拆方便又能实现定心的要求；使间隙配合时产生较大间隙，不能满足较紧配合的要求。

4）标准公差等级的使用范围见表 11-11；各种加工方法所能达到的公差等级见表 11-12；常用公差等级的选择及应用见表 11-13。

表 11-11　标准公差等级的使用范围

应用	量块	量规	配合尺寸	特别精密零件的配合	非配合尺寸（大制造公差）	原材料公差
公差等级（IT）	01 ~ 1	1 ~ 7	5 ~ 13	2 ~ 5	12 ~ 18	8 ~ 14

表 11-12　各种加工方法所能达到的公差等级

加工方法	公差等级（IT）	加工方法	公差等级（IT）	加工方法	公差等级（IT）
锻造	16	滚压、挤压	10 ~ 11	铰孔	6 ~ 10
砂型铸造、气割	15	钻孔	10 ~ 13	拉削	5 ~ 8
粉末冶金烧结	7 ~ 10	刨、插	10 ~ 11	金钢石车、金钢石镗	5 ~ 7
粉末冶金成型	6 ~ 8	铣	8 ~ 11	外圆磨、平面磨	5 ~ 8
压铸	11 ~ 14	镗	7 ~ 11	珩	4 ~ 7
冲压	10 ~ 14	车	7 ~ 11	研磨	01 ~ 5

表 11-13　常用公差等级的选择及应用

公差等级（IT）	应用范围	举　例
IT5（孔 IT6）	用于高精度重要配合	精密机床的轴颈与轴承、内燃机的活塞销与活塞孔的配合等
IT6（孔 IT7）	用于较高精度的重要配合、精密配合，应用广泛	普通机床中一般传动轴和轴承的配合，齿轮、带轮和轴的配合；内燃机曲轴和轴套的配合等
IT7—IT8	用于中等精度要求的配合	一般机械中转速不高的轴与轴承的配合；重型机械中精度要求稍高的配合；农业机械中较重要的配合等
IT9—IT10	用于一般精度要求的配合，或精度要求较高的槽宽的配合	轴套外径与孔、操作件与轴、单键连接中键与槽宽等配合；纺织机械、印染机械中的一般配合零件
IT11—IT12	用于较低精度不重要的配合。装配后有很大的间隙	机床上法兰盘止口与孔、滑块与滑移齿轮、凹槽等；农业机械、机车车厢部件及冲压加工的配合零件等

3. 配合的选用

选用配合时应根据使用要求，首先采用优先公差带及优先配合，其次采用常用公差带及常用配合，再次采用一般用途公差带。必要时按规定的标准公差与基本偏差组成任意的孔、轴公差带及其配合。表 11-14 所示为优先配合特性及应用。

表 11-14 优先配合特性及应用

配合类别	装配方式	优先配合		配合特性及应用
		基孔制	基轴制	
间隙配合	手轻推进	$\frac{H11}{c11}$	$\frac{C11}{h11}$	配合间隙很大。用于转动很慢、很松的动配合，用于大公差与大间隙的外露组件，要求装配方便的很松的配合
间隙配合	手轻推进	$\frac{H9}{d9}$	$\frac{D9}{h9}$	配合间隙较大。用于精度要求不高、高转速及负载不大的配合，或高温条件下的转动配合；以及由于装配精度要求不高引起偏斜的连接
间隙配合	手推滑进	$\frac{H8}{f7}$	$\frac{F8}{h7}$	具有中等间隙。广泛应用于普通机械中转速不大、用普通润滑油或润滑脂润滑的滑动轴承，以及要求在轴上自由转动或移动的配合场合
间隙配合	手旋进	$\frac{H7}{g6}$	$\frac{G7}{h6}$	具有很小间隙。适用于有一定相对运动、运动速度不高并精密定位的配合，以及运动可能有冲击但又能保证零件同轴度或紧密性的配合
间隙配合	加油后用手旋入	$\frac{H7}{h6}$	$\frac{H8}{h7}$	配合间隙较小。能较好地对准中心，一般多用于常拆或在调整时需要移动或转动的连接处，或工作时滑移较慢并要求较好的导向精度的地方，及对同轴度有一定要求，通过紧固件传递转矩的固定连接处
间隙配合	加油后用手旋入	$\frac{H9}{h9}$	$\frac{H11}{h11}$	间隙定位配合。适用于同轴度要求较低，工作时一般无相对运动的配合及载荷不大，无振动、拆卸方便、加键可传递转矩的情况
过渡配合	手锤打入	$\frac{H7}{k6}$	$\frac{K7}{h6}$	过盈概率为 41.7% ~45% 的过渡配合。用于承受较小冲击载荷，同轴度较好，用于常拆卸部位。是广泛采用的一种过渡配合
过渡配合	压力机压入	$\frac{H7}{n6}$	$\frac{N7}{h6}$	过盈概率为 77.7% ~82.4% 的过渡配合。用于可承受很大转矩、振动及冲击（需加紧固件），不常拆卸的地方。同轴度及紧密性好
过盈配合	压力机或温差	$\frac{H7}{p6}$	$\frac{P7}{h6}$	用于不拆卸的轻型过盈配合。不依靠配合过盈量传递摩擦载荷，传递转矩时要增加紧固件，以及用于以高的定位精度达到部件的刚性及对中性要求
过盈配合	压力机或温差	$\frac{H7}{s6}$	$\frac{S7}{h6}$	中型压入配合，过盈量中等。不加紧固件可传递较小转矩，当材料强度不够时，可用来代替重型压入配合，但需加紧固件
过盈配合	压力机或温差	$\frac{H7}{u6}$	$\frac{U7}{h6}$	重型压入配合，过盈量较大。用于传递较大转矩，配合处不加紧固件即可得到十分牢固的连接，材料的许用应力要求较大

11.3 几何公差及选用

几何公差即形状公差和位置公差。它是针对构成零件几何特征的点、线、面的几何形状和相对位置的误差所规定的公差。

11.3.1 基本术语和定义

1. 几何要素的术语和定义

形位公差研究的对象是零件的几何要素（简称要素），GB/T 18780—2002 和 GB/T 17851—2010 规定了有关要素的术语和定义，见表 11-15。

表 11-15　要素的术语和定义（摘自 GB/T 18780.1—2002）

术语	定义及图示或注解	
要素	构成零件几何特征的点、线、面	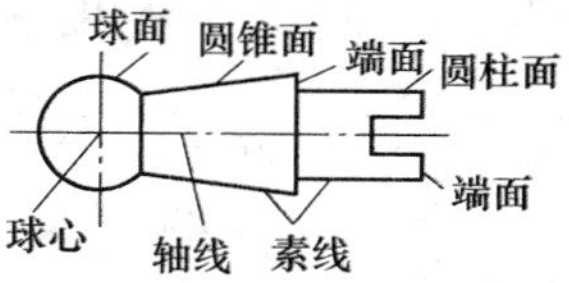 球面　圆锥面　端面　圆柱面　端面　球心　轴线　素线 图 a）要素图示
组成要素	面或面上的线	是实有定义的表面、轮廓，如图 a 中的球面、圆柱面、平面及素线等
导出要素	由一个或几个组成要素得到的中心点、中心线或中心面	如图 a 所示，球心是由球面得到的导出要素，该球面为组成要素；圆柱的中心线是由圆柱面得到的导出要素，该圆柱面为组成要素
尺寸要素	由一定大小的线性尺寸或角度尺寸确定的几何形状	如图 a 中的圆柱形、球形、两平行对应面、圆锥形或楔形
公称组成要素	由技术制图或其他方法确定的理论正确组成要素，如图 b 中的 A	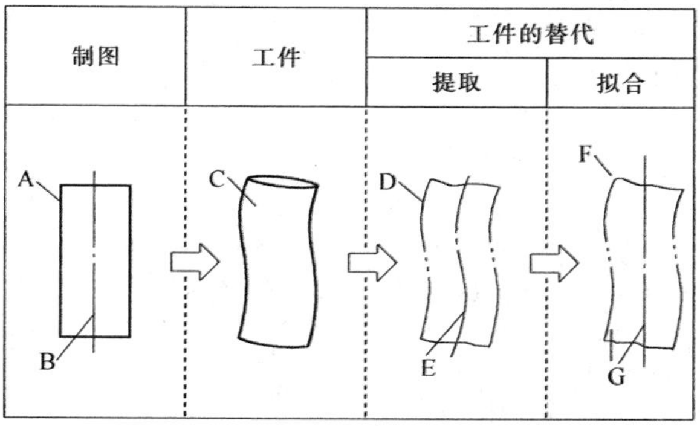 制图　工件　工件的替代（提取　拟合）　A　B　C　D　E　F　G 图 b）几何要素定义之间的相互关系 注：术语“轴线”、“中心平面”用于具有理想形状的导出要素；术语“中心线”、“中心面”用于非理想形状的导出要素
公称导出要素	由一个或几个公称组成要素导出的中心点、轴线或中心平面，如图 b 中的 B	
工件实际表面	实际存在并将整个工件与周围介质分隔的一组要素	
实际（组成）要素	由接近实际（组成）要素所限定的工件实际表面的组成要素部分。（注：没有实际导出要素），如图 b 中的 C	
提取组成要素	按规定方法，由实际（组成）要素提取有限数目的点所形成的实际（组成）要素的近似替代，如图 b 中的 D	
提取导出要素	由一个或几个提取组成要素得到的中心点、中心线或中心面，如图 b 中的 E	
拟合组成要素	按规定的方法，由提取组成要素形成的并具有理想形状的组成要素，如图 b 中的 F	
拟合导出要素	由一个或几个拟合组成要素导出的中心点、轴线或中心平面，如图 b 中的 G	

（续）

术语	定义及图示或注解	
被测要素	在图上给出几何公差要求的要素	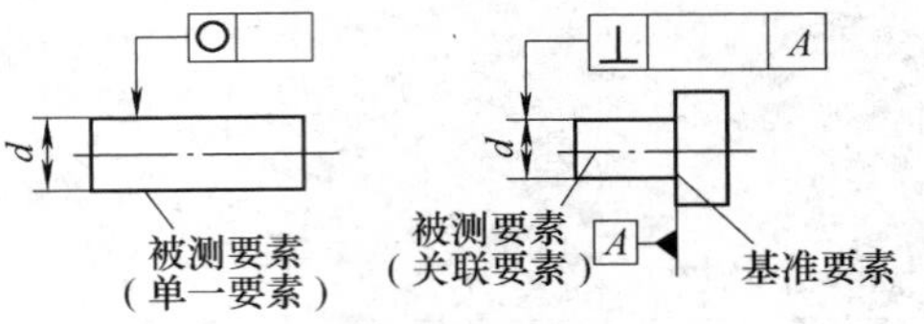
基准要素	用来确定被测要素的方向或（和）位置的实际（组成）要素	
单一要素	仅给出形状公差要求的要素（与基准无关）	被测要素（单一要素） 被测要素（关联要素） 基准要素 图 c） 被测要素和基准要素
关联要素	对其他要素有功能关系的要素（与基准有关）	

2. 几何公差的术语和定义

GB/T 1182—2008 规定的几何公差，包括形状公差、方向公差、位置公差和跳动公差，有关术语和定义见表 11-16。几何公差的类型及特征符号见表 11-17。

表 11-16　几何公差的术语和定义

术语	定义及图示	
形状公差	单一实际被测要素对其理想要素的允许变动量，包括直线度、平面度、圆度、圆柱度、线轮廓度、面轮廓度	
方向公差	关联实际被测要素对具有确定方向的理想被测要素的允许变动量，包括平行度、垂直度、倾斜度、线轮廓度（有基准要求）和面轮廓度（有基准要求）	
位置公差	关联实际被测要素对具有确定位置的理想被测要素的允许变动量，包括同心度、同轴度、对称度、位置度、线轮廓度（有基准要求）和面轮廓度（有基准要求）	
跳动公差	关联实际被测要素绕基准轴线回转一周或连续回转时允许的最大跳动量，包括圆跳动和全跳动	
公差带	由一个或几个理想几何线或面所限定的、有线性公差值 t 表示其大小的区域	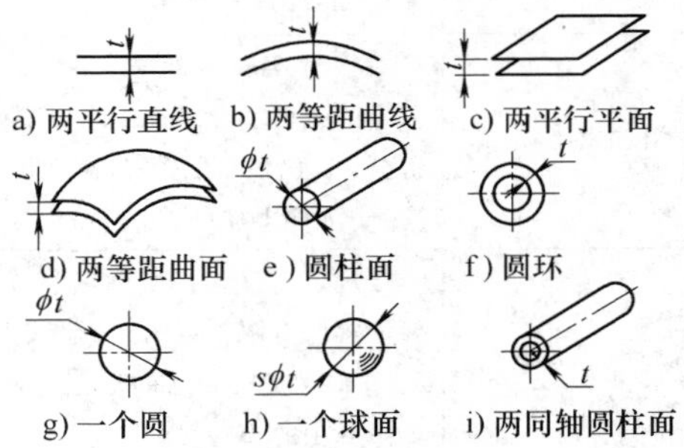 a) 两平行直线　b) 两等距曲线　c) 两平行平面 d) 两等距曲面　e) 圆柱面　f) 圆环 g) 一个圆　h) 一个球面　i) 两同轴圆柱面 公差带形状
单一基准	由单个要素构成、单独作为某被测要素的基准要素	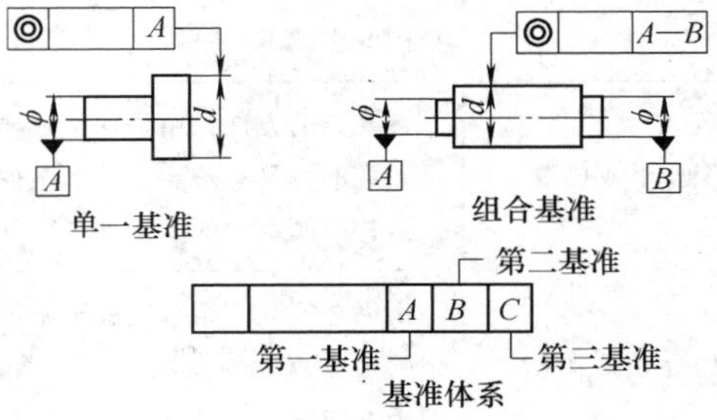 单一基准
组合基准（公共基准）	由两个或两个以上要素构成、起单一基准作用的一组基准要素	组合基准
基准体系	由两个或三个单独的基准要素构成的组合，用来共同确定被测要素的几何位置	第一基准　第二基准　第三基准 基准体系

表 11-17 几何公差的类型及特征符号（摘自 GB/T 1182—2008）

公差类型	几何特征	符号	有无基准	公差类型	几何特征	符号	有无基准
形状公差	直线度	—	无	位置公差	位置度	⌖	有或无
	平面度	▱			同心度（用于中心点）	◎	有
	圆度	○			同轴度（用于轴线）	◎	
	圆柱度	⌭			对称度	⌯	
	线轮廓度	⌒			线轮廓度	⌒	
	面轮廓度	⌓			面轮廓度	⌓	
方向公差	平行度	//	有	跳动公差	圆跳动	↗	有
	垂直度	⊥			全跳动	⌰	
	倾斜度	∠					
	线轮廓度	⌒					
	面轮廓度	⌓					

11.3.2 几何公差带定义、标注和解释

1. 形状公差带定义、标注和解释

形状公差带定义、标注和解释，见表 11-18。

表 11-18 形状公差带定义、标注和解释（摘自 GB/T 1182—2008）

项目	符号	公差带定义	标注和解释
直线度公差	—	公差带为间距等于公差值 t 的两平行平面所限定的区域 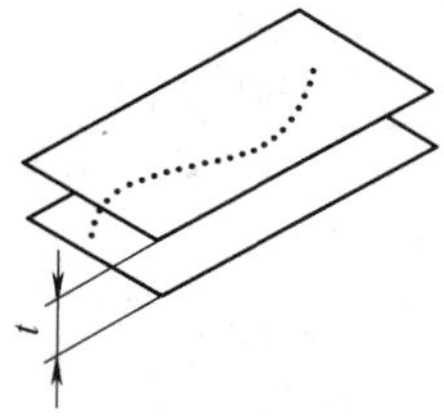	提取（实际）的棱边应限定在间距等于 0.1 的两平行平面之间 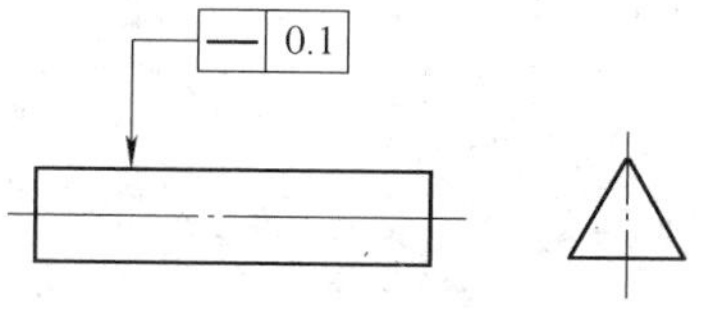
		由于公差值前加注了符号 ϕ，公差带为直径等于公差值 ϕt 的圆柱面所限定的区域 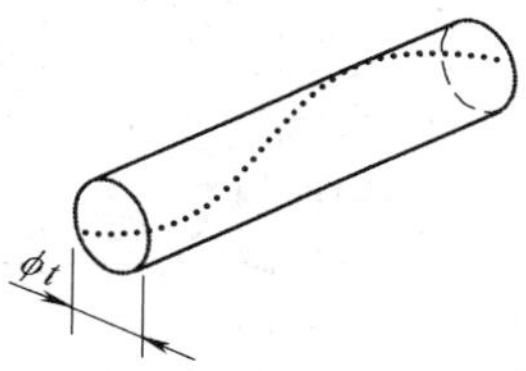	外圆柱面的提取（实际）中心线应限定在直径等于 $\phi0.08$ 的圆柱面内 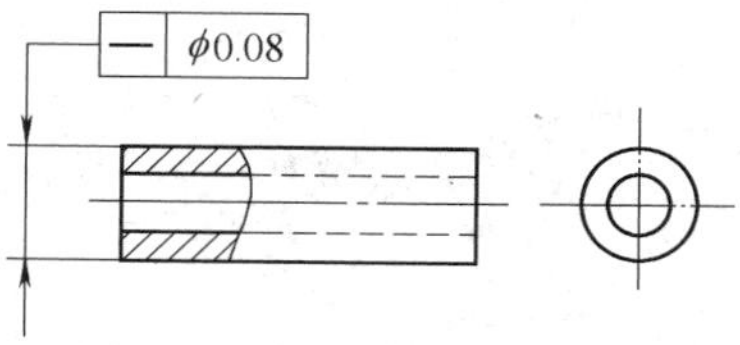

（续）

项目	符号	公差带定义	标注和解释
平面度公差	⏥	公差带为间距等于公差值 t 的两平行平面所限定的区域 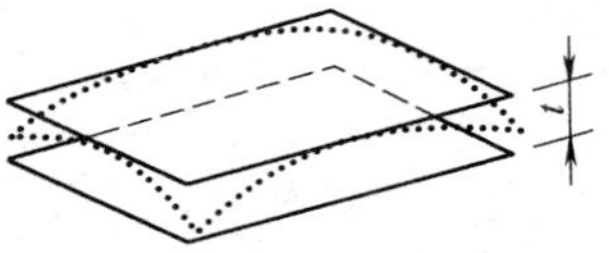 t	提取（实际）表面应限定在间距等于 0.08 的两平行平面之间 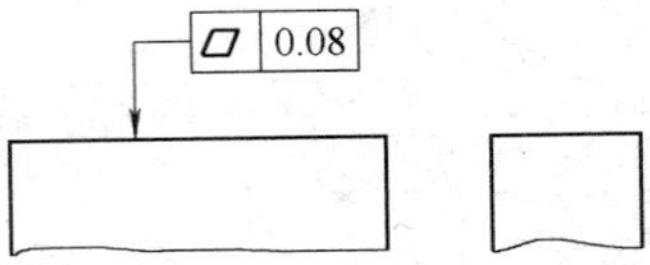 ⏥ 0.08
圆度公差	○	公差带为在给定横截面内、半径差等于公差值 t 的两同心圆所限定的区域 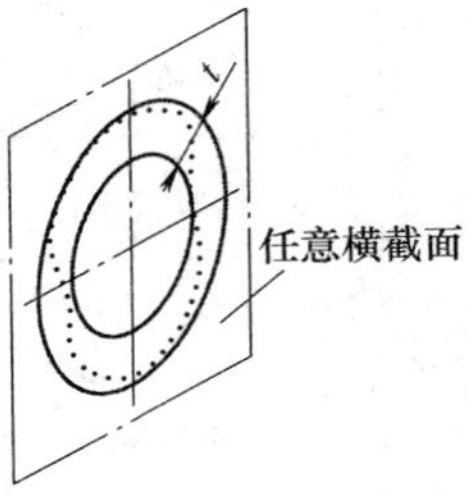 t 任意横截面	在圆柱面和圆锥面的任意横截面内，提取（实际）圆周应限定在半径差等于 0.03 的两同心圆之间 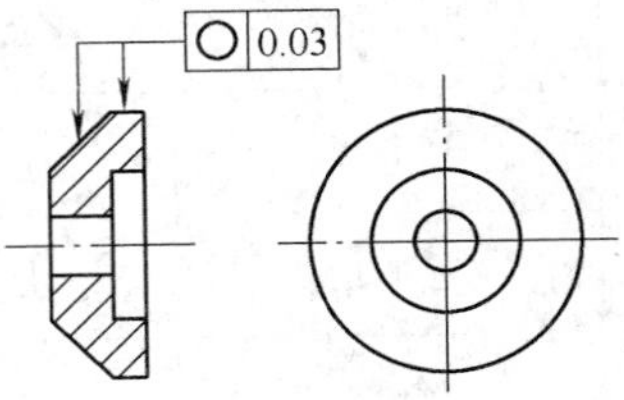 ○ 0.03
圆柱度公差	⌭	公差带为半径差等于公差值 t 的两同轴圆柱面所限定的区域 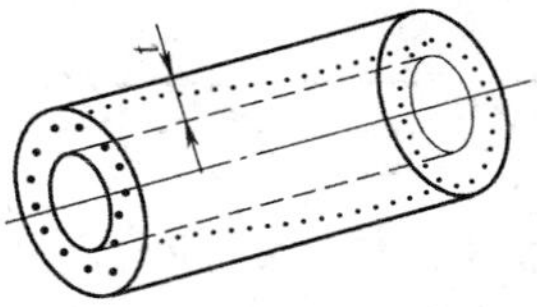 t	提取（实际）圆柱面应限定在半径差等于 0.1 的两同轴圆柱面之间 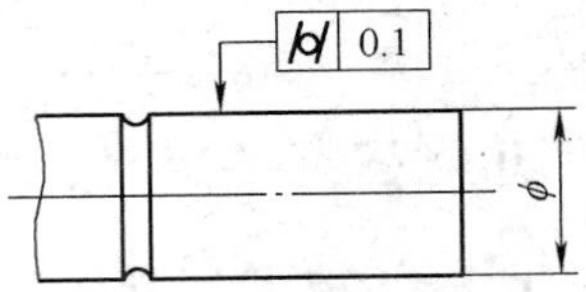 ⌭ 0.1 ϕ
线轮廓度公差：无基准的线轮廓度	⌒	公差带为直径等于公差值 t、圆心位于具有理论正确几何形状上的一系列圆的两包络线所限定的区域 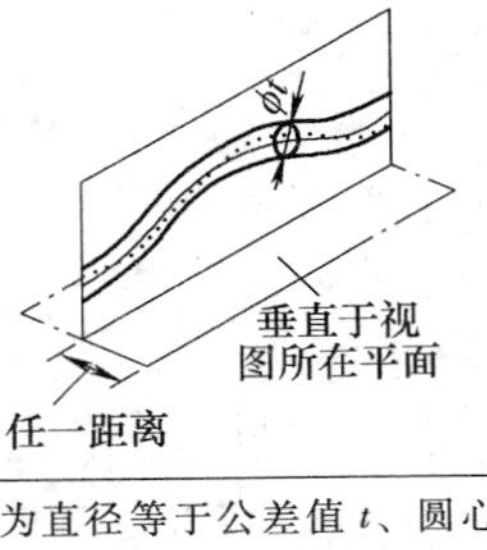 ϕt 垂直于视图所在平面 任一距离	在任一平行于图示投影面的截面内，提取（实际）轮廓线应限定在直径等于 0.04、圆心位于被测要素理论正确几何形状上的一系列圆的两包络线之间 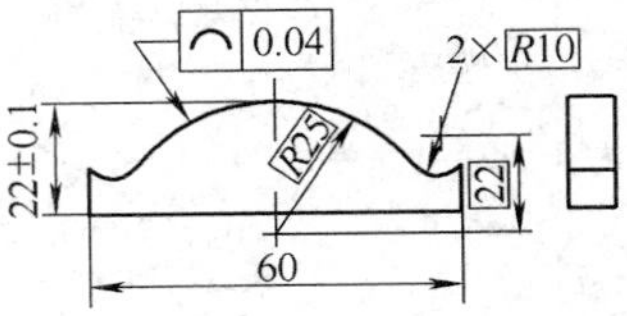 ⌒ 0.04 2×R10 R25 22±0.1 22 60
线轮廓度公差：有基准的线轮廓度	⌒	公差带为直径等于公差值 t、圆心位于由基准平面 A 和基准平面 B 确定的被测要素理论正确几何形状上的一系列圆的两包络线所限定的区域 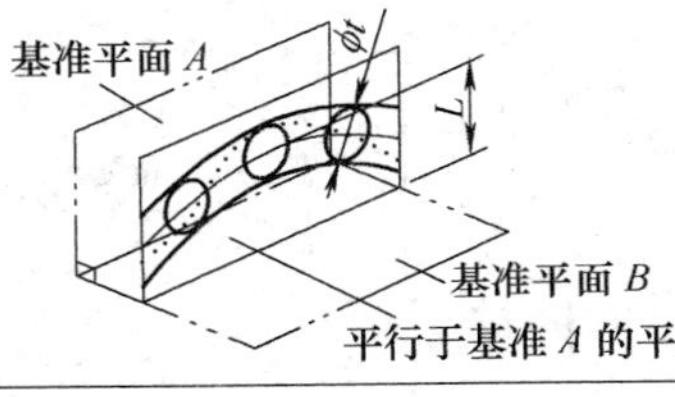 基准平面 A ϕt L 基准平面 B 平行于基准 A 的平面	在任一平行于图示投影平面的截面内，提取（实际）轮廓线应限定在直径等于 0.04、圆心位于由基准平面 A 和基准平面 B 确定的被测要素理论正确几何形状上的一系列圆的两等距包络线之间 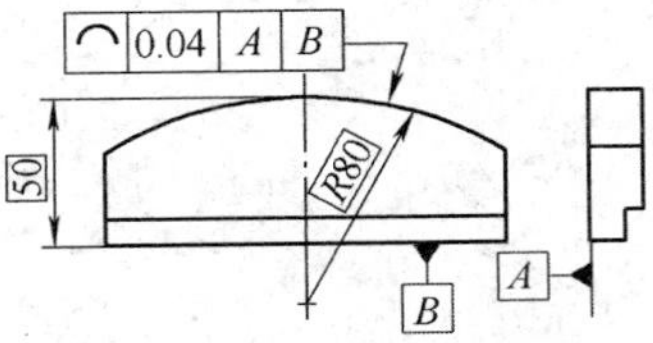 ⌒ 0.04 A B 50 R80 B A

(续)

项目	符号		公差带定义	标注和解释
面轮廓度公差	⌓	无基准的面轮廓度	公差带为直径等于公差值 t、球心位于被测要素理论正确形状上的一系列圆球的两包络面所限定的区域 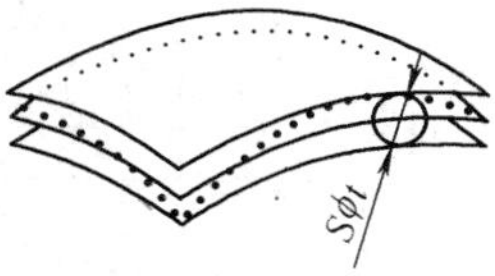	提取（实际）轮廓面应限定在直径等于 0.02、球心位于被测要素理论正确几何形状上的一系列圆球的两等距包络面之间 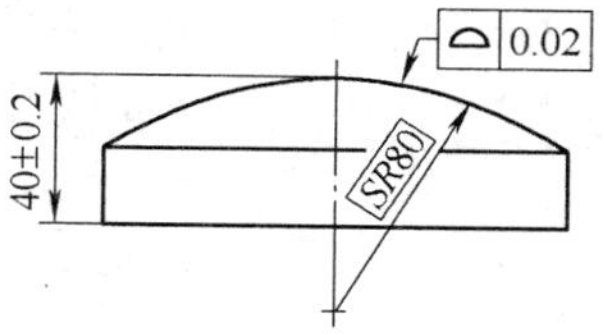
		有基准的面轮廓度	公差带为直径等于公差值 t、球心位于由基准平面 A 确定的被测要素理论正确几何形状上的一系列圆球的两包络面所限定的区域 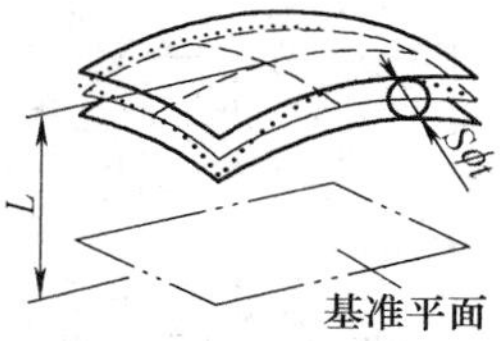 基准平面	提取（实际）轮廓面应限定在直径等于 0.1、球心位于由基准平面 A 确定的被测要素理论正确几何形状上的一系列圆球的两等距包络面之间 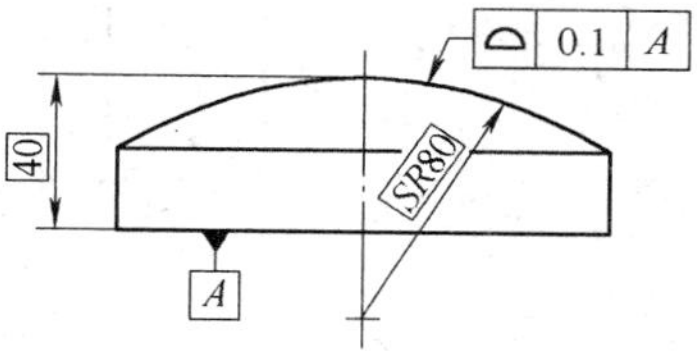

2. 方向公差带定义标注和解释

方向公差带定义、标注和解释，见表 11-19。

表 11-19　方向公差带定义、标注和解释（摘自 GB/T 1182—2008）

项目	符号	公差带定义	标注和解释
平行度公差	//	若公差值前加注了符号 ϕ，公差带为平行于基准轴线、直径等于公差值 ϕt 的圆柱面所限定的区域 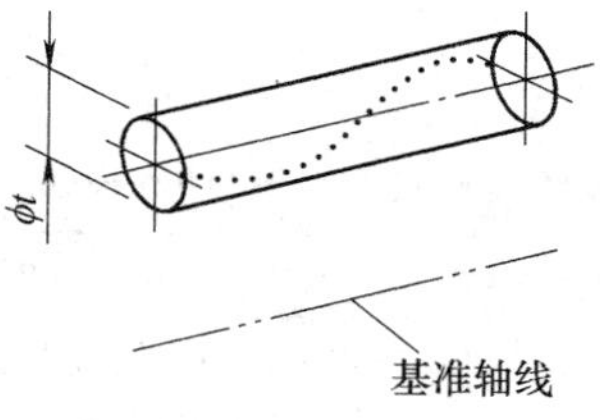 基准轴线	提取（实际）中心线应限定在平行于基准轴线 A、直径等于 ϕ0.03 的圆柱面内 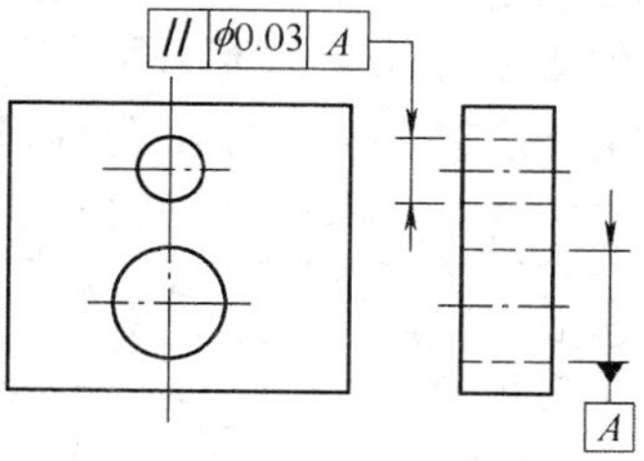
		公差带为间距等于公差值 t、平行于基准平面的两平行平面所限定的区域 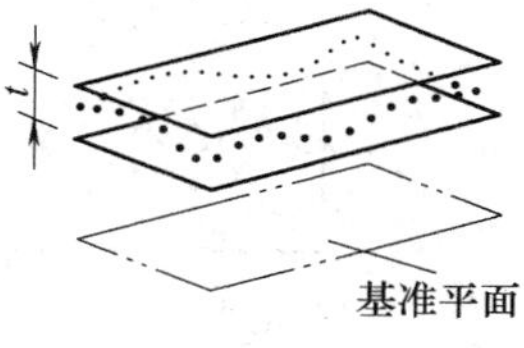 基准平面	提取（实际）表面应限定在间距等于 0.01、平行于基准 D 的两平行平面之间 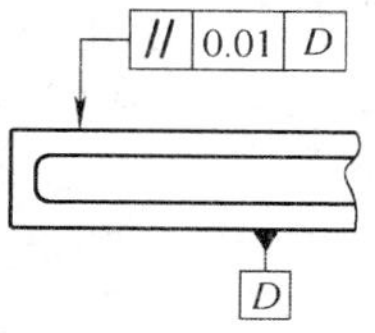

（续）

项目	符号	公差带定义	标注和解释
垂直度公差	⊥	若公差值前加注符号 ϕ，公差带为直径等于公差值 ϕt、轴线垂直于基准平面的圆柱面所限定的区域 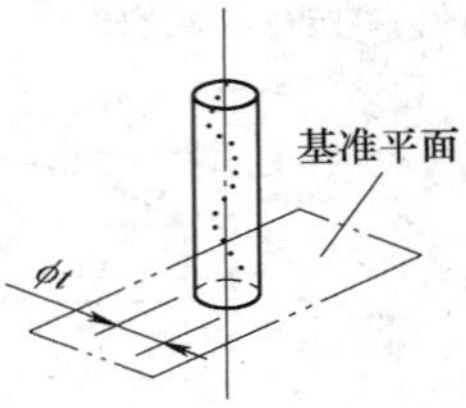 基准平面 ϕt	圆柱面的提取（实际）中心线应限定在直径等于 ϕ0.01、垂直于基准平面 A 的圆柱面内 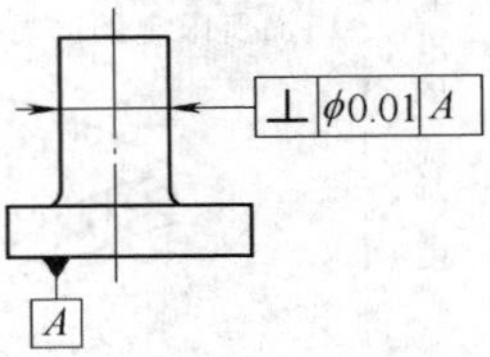 ⊥ ϕ0.01 A A
		公差带为间距等于公差值 t、垂直于基准平面的两平行平面所限定的区域 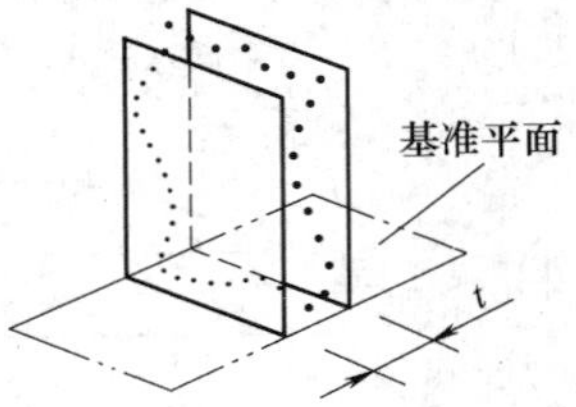 基准平面 t	提取（实际）表面应限定在间距等于 0.08、垂直于基准平面 A 的两平行平面之间 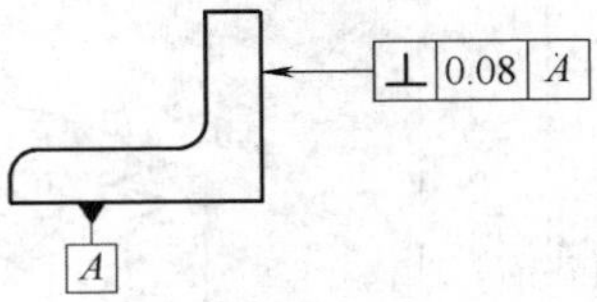 ⊥ 0.08 A A
倾斜度公差	∠	公差带为间距等于公差值 t 的两平行平面所限定的区域。该两平行平面按给定角度倾斜于基准平面 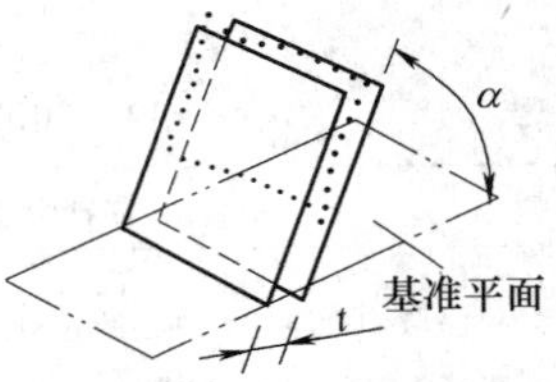 α 基准平面 t	提取（实际）表面应限定在间距等于 0.08 的两平行平面之间。该两平行平面按理论正确角度 40°倾斜于基准平面 A ∠ 0.08 A 40° A 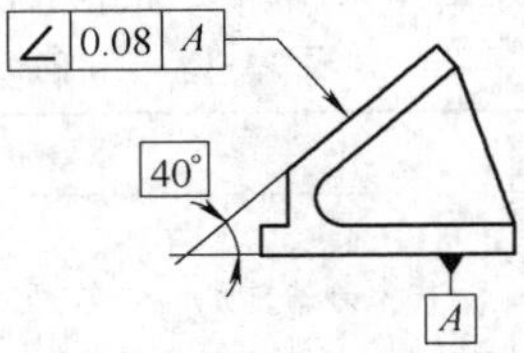

3. 位置公差带定义标注和解释

位置公差带定义、标注和解释见表 11-20。

表 11-20　位置公差带定义、标注和解释（摘自 GB/T 1182—2008）

项目	符号	公差带定义	标注和解释
位置度公差	⌖	公差值前加注符号 ϕ，公差带为直径等于公差值 ϕt 的圆柱面所限定的区域。该圆柱面的轴线的位置由基准平面 C、A、B 和理论正确尺寸确定 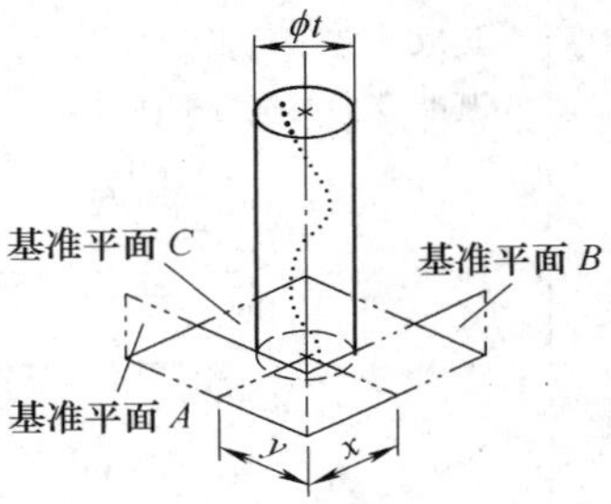 ϕt 基准平面 C 基准平面 B 基准平面 A y　x	提取（实际）中心线应限定在直径等于 ϕ0.08 的圆柱面内。该圆柱面的轴线的位置应处于由基准平面 C、A、B 和理论正确尺寸 100、68 确定的理论正确位置上 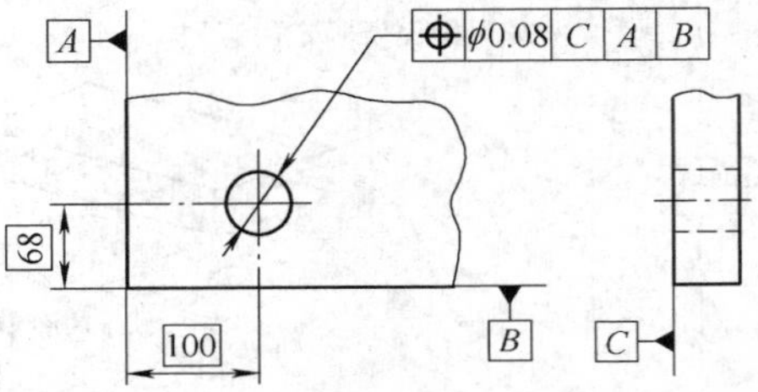 A ⌖ ϕ0.08 C A B 68 100 B C

（续）

项目	符号	公差带定义	标注和解释
同心度公差	◎	公差值前标注符号 ϕ，公差带为直径等于公差值 ϕt 的圆周所限定的区域。该圆周的圆心与基准点重合 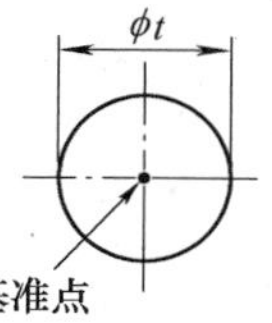 ϕt 基准点	在任意横截面内，内圆的提取（实际）中心应限定在直径等于 $\phi0.1$，以基准点 A 为圆心的圆周内 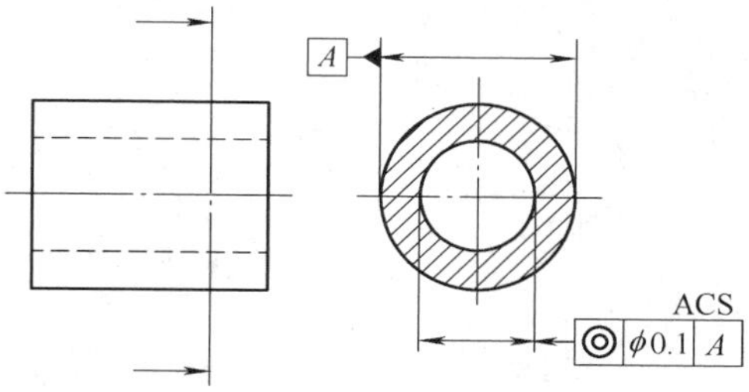 A ACS ◎ ϕ0.1 A 注：ACS 表示任意横截面
同轴度公差	◎	公差值前标注符号 ϕ，公差带为直径等于公差值 ϕt 的圆柱面所限定的区域。该圆柱面的轴线与基准轴线重合 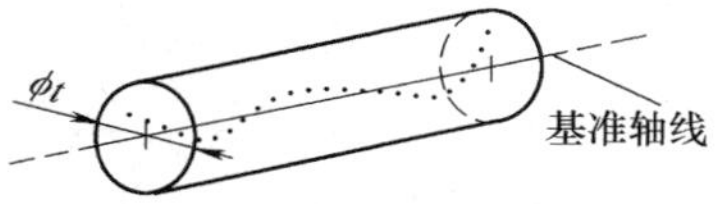 ϕt 基准轴线	大圆柱面的提取（实际）中心线应限定在直径等于 $\phi0.08$、以公共基准轴线 A—B 为轴线的圆柱面内 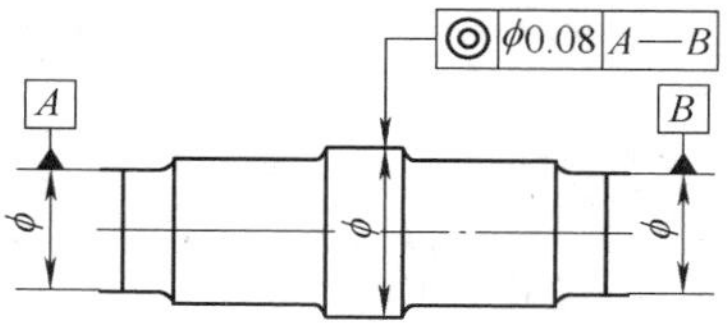 ◎ ϕ0.08 A—B A B
对称度公差	⌯	公差带为间距等于公差值 t，对称于基准中心平面的两平行平面所限定的区域 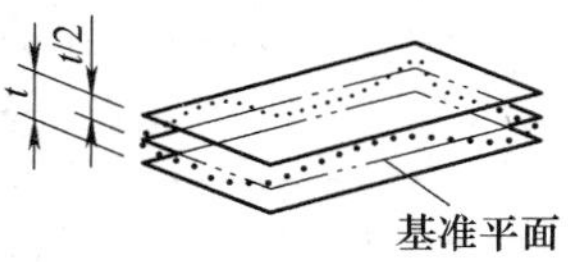 t $t/2$ 基准平面	提取（实际）中心面应限定在间距等于 0.08、对称于基准中心平面 A 的两平行平面之间 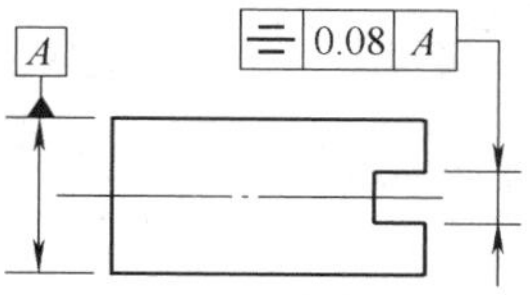 A ⌯ 0.08 A

4. 跳动公差带定义标注和解释

跳动公差带定义、标注和解释见表 11-21。

表 11-21　跳动公差带定义、标注和解释（摘自 GB/T 1182—2008）

项目	符号	公差带定义	标注和解释
圆跳动公差	↗	公差带为在任一垂直于基准轴线的横截面内、半径差等于公差值 t、圆心在基准轴线上的两同心圆所限定的区域（径向圆跳动公差） 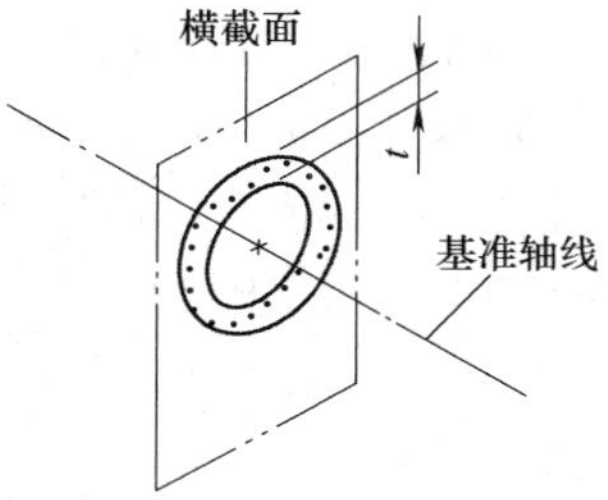 横截面 t 基准轴线	在任一垂直于公共基准轴线 A—B 的横截面内，提取（实际）圆应限定在半径差等于 0.1、圆心在基准轴线 A—B 上的两同心圆之间 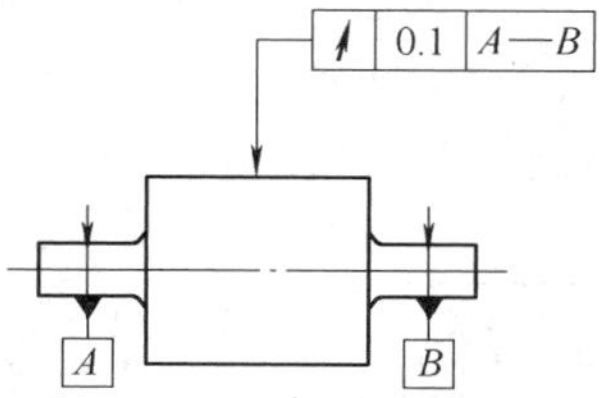 ↗ 0.1 A—B A B

（续）

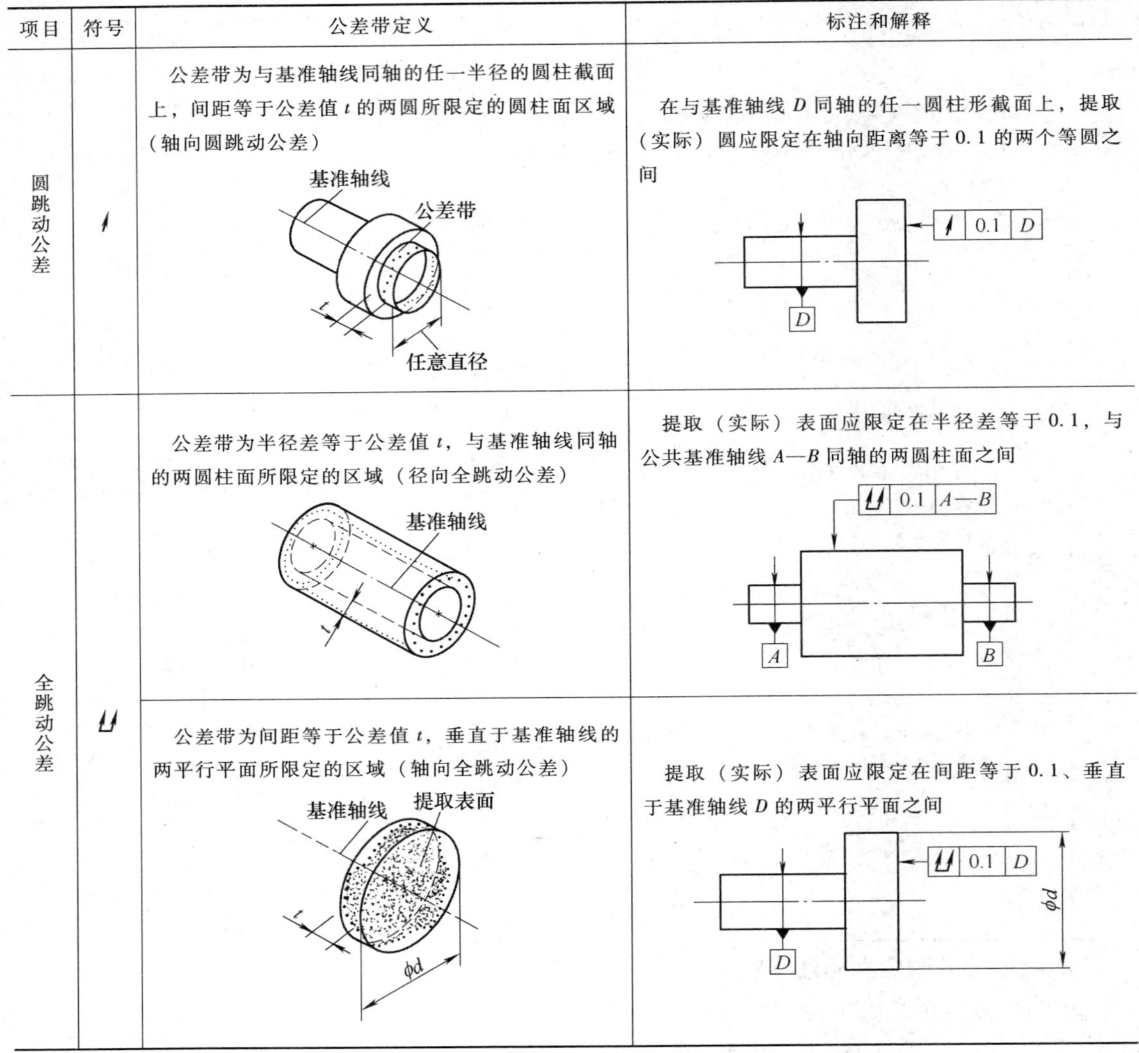

项目	符号	公差带定义	标注和解释
圆跳动公差	↗	公差带为与基准轴线同轴的任一半径的圆柱截面上，间距等于公差值 t 的两圆所限定的圆柱面区域（轴向圆跳动公差） 基准轴线 公差带 t 任意直径	在与基准轴线 D 同轴的任一圆柱形截面上，提取（实际）圆应限定在轴向距离等于 0.1 的两个等圆之间 ↗ 0.1 D
全跳动公差	⌰	公差带为半径差等于公差值 t，与基准轴线同轴的两圆柱面所限定的区域（径向全跳动公差） 基准轴线 t	提取（实际）表面应限定在半径差等于 0.1，与公共基准轴线 $A—B$ 同轴的两圆柱面之间 ⌰ 0.1 $A—B$
		公差带为间距等于公差值 t，垂直于基准轴线的两平行平面所限定的区域（轴向全跳动公差） 基准轴线 提取表面 t ϕd	提取（实际）表面应限定在间距等于 0.1、垂直于基准轴线 D 的两平行平面之间 ⌰ 0.1 D ϕd

11.3.3 几何公差数值及应用

1. 几何公差的注出公差值

除线轮廓度、面轮廓度外，GB/T 1184—1996 对其余几何公差项目都规定了公差值数系，其中除位置度给出了公差值数系（见表 11-22）外，其余各项还划分了公差等级。圆度和圆柱度公差划分 13 个等级，即 0 级、1 级、2 级、…12 级，其中 0 级精度最高，其余精度依次降低；除圆度和圆柱度以外的项目划分 12 个公差等级，即 1 级、2 级、…12 级，其中 1 级精度最高，其余精度依次降低。常用精度等级的几何公差数值及应用见表 11-23 ~ 表 11-26。

表 11-22 位置度公差值数系表（摘自 GB/T 1184—1996）

1	1.2	1.5	2	2.5	3	4	5	6	8
1×10^n	1.2×10^n	1.5×10^n	2×10^n	2.5×10^n	3×10^n	4×10^n	5×10^n	6×10^n	8×10^n

注：n 为正整数。

表 11-23　直线度、平面度公差值（摘自 GB/T 1184—1996）

主参数 L 图例

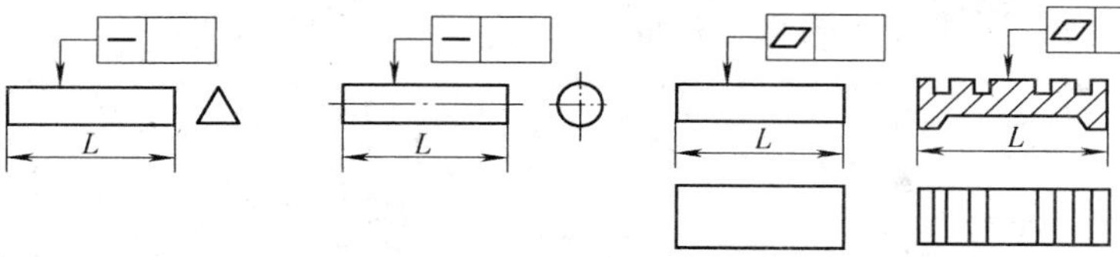

公差等级	主参数 L/mm										应用举例
	≤10	>10~16	>16~25	>25~40	>40~63	>63~100	>100~160	>160~250	>250~400	>400~630	
	公差值/μm										
5	2	2.5	3	4	5	6	8	10	12	15	平面磨床的纵导轨、垂直导轨、立柱导轨及工作台，转塔车床床身导轨面，柴油机进、排气门导杆等
6	3	4	5	6	8	10	12	15	20	25	普通车床床身导轨面，自动车床床身导轨，铣床工作台，柴油机进、排气门导杆，柴油机机体上部结合面等
7	5	6	8	10	12	15	20	25	30	40	镗床工作台，摇臂钻底座工作台，液压泵盖，减速器箱体接合面，滚齿机床身导轨，压力机导轨及滑块等
8	8	10	12	15	20	25	30	40	50	60	车床溜板箱体，机床主轴和传动箱体，自动车床底座，气缸盖结合面，气缸座，内燃机连杆分离面，减速器壳体的结合面等
9	12	15	20	25	30	40	50	60	80	100	立钻工作台，螺纹磨床的挂轮架，柴油机气缸体、连杆的分离面，液压管件和法兰的连接面，手动机械支承面等

表 11-24　圆度、圆柱度公差值（摘自 GB/T 1184—1996）

主参数 $d(D)$ 图例

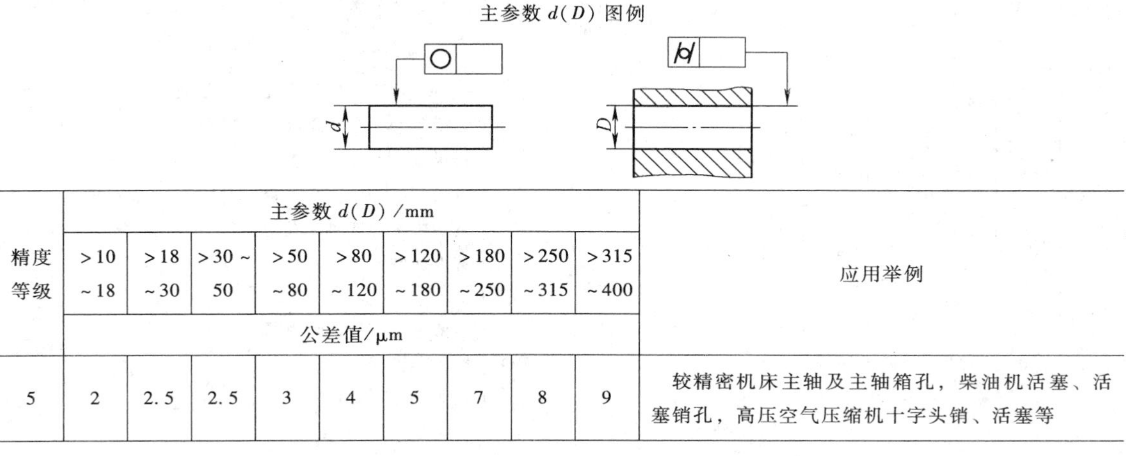

精度等级	主参数 $d(D)$ /mm									应用举例
	>10~18	>18~30	>30~50	>50~80	>80~120	>120~180	>180~250	>250~315	>315~400	
	公差值/μm									
5	2	2.5	2.5	3	4	5	7	8	9	较精密机床主轴及主轴箱孔，柴油机活塞、活塞销孔，高压空气压缩机十字头销、活塞等

（续）

精度等级	主参数 $d(D)$ /mm									应用举例
	>10～18	>18～30	>30～50	>50～80	>80～120	>120～180	>180～250	>250～315	>315～400	
	公差值/μm									
6	3	4	4	5	6	8	10	12	13	一般机床主轴及箱孔，中等压力下液压装置工作面（包括泵、压缩机的活塞和汽缸），通用减速器轴颈等
7	5	6	7	8	10	12	14	16	18	大功率低速柴油机曲轴、活塞、活塞销、连杆、汽缸，高速柴油机箱体孔，压力油缸活塞，一般减速器轴颈等
8	8	9	11	13	15	18	20	23	25	低速发动机、减速器、大功率曲柄轴轴颈，压力机连杆，拖拉机气缸体、活塞，内燃机曲轴，凸轮轴等
9	11	13	16	19	22	25	29	32	36	空气压缩机缸体，通用机械杠杆与拉杆用套筒销子，拖拉机活塞环套筒孔，氧压机机座等

表 11-25　平行度、垂直度、倾斜度公差值（摘自 GB/T 1184—1996）

主参数 L、$d(D)$ 图例

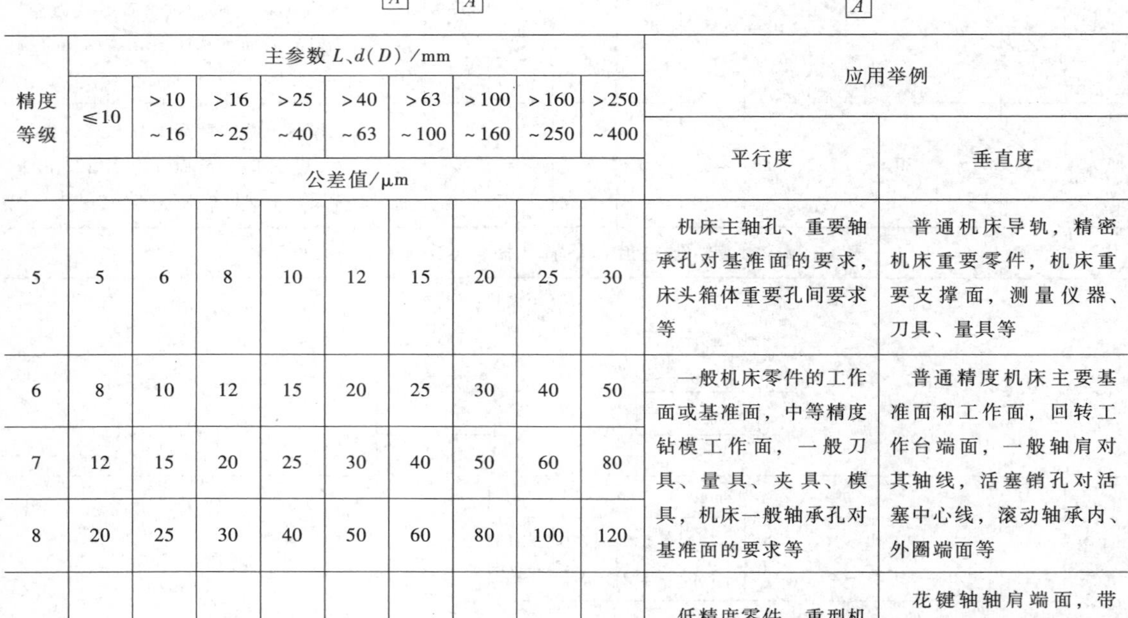

精度等级	主参数 L、$d(D)$ /mm									应用举例	
	≤10	>10～16	>16～25	>25～40	>40～63	>63～100	>100～160	>160～250	>250～400	平行度	垂直度
	公差值/μm										
5	5	6	8	10	12	15	20	25	30	机床主轴孔、重要轴承孔对基准面的要求，床头箱体重要孔间要求等	普通机床导轨，精密机床重要零件，机床重要支撑面，测量仪器、刀具、量具等
6	8	10	12	15	20	25	30	40	50	一般机床零件的工作面或基准面，中等精度钻模工作面，一般刀具、量具、夹具、模具，机床一般轴承孔对基准面的要求等	普通精度机床主要基准面和工作面，回转工作台端面，一般轴肩对其轴线，活塞销孔对活塞中心线，滚动轴承内、外圈端面等
7	12	15	20	25	30	40	50	60	80		
8	20	25	30	40	50	60	80	100	120		
9	30	40	50	60	80	100	120	150	200	低精度零件，重型机械滚动轴承端盖，柴油机曲轴孔、轴颈等	花键轴轴肩端面，带式输送机法兰盘等端面对轴线，减速器壳体平面等

表 11-26　同轴度、对称度、圆跳动和全跳动公差值（摘自 GB/T 1184—1996）

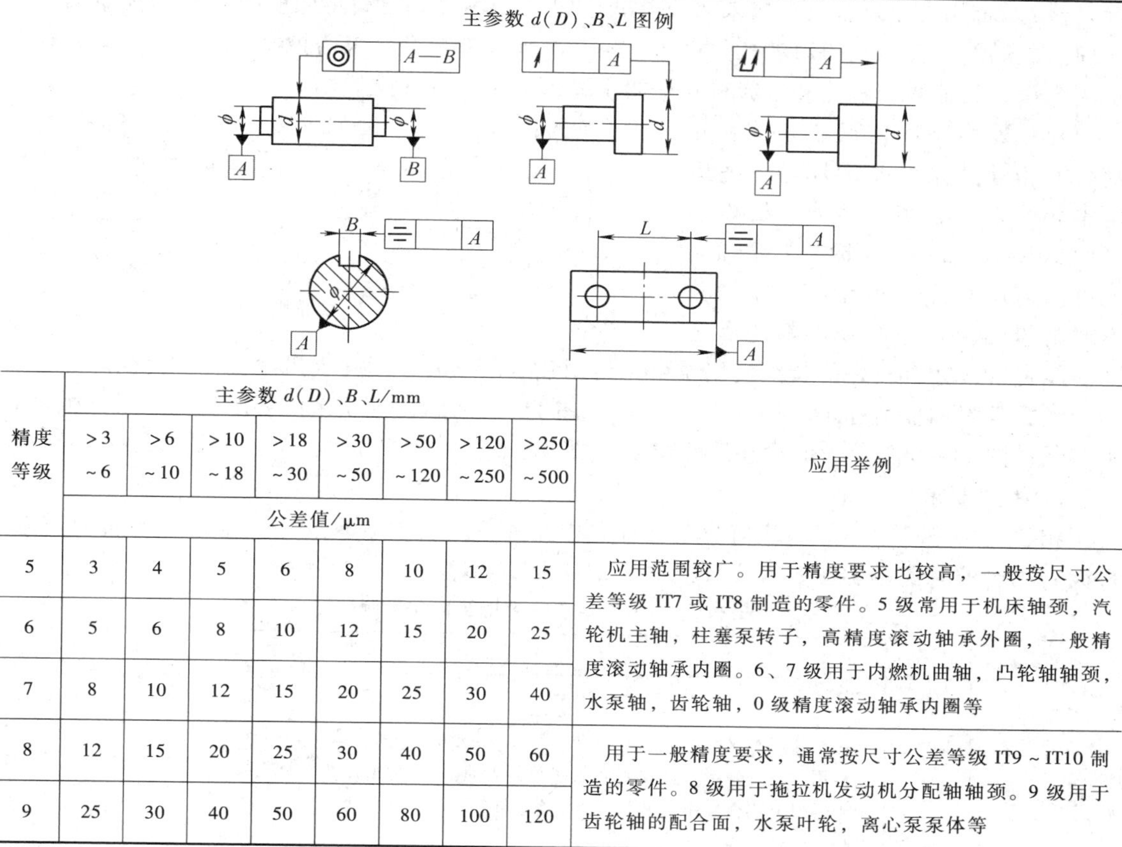

精度等级	主参数 d(D)、B、L/mm								应用举例
	>3 ~6	>6 ~10	>10 ~18	>18 ~30	>30 ~50	>50 ~120	>120 ~250	>250 ~500	
	公差值/μm								
5	3	4	5	6	8	10	12	15	应用范围较广。用于精度要求比较高，一般按尺寸公差等级 IT7 或 IT8 制造的零件。5 级常用于机床轴颈，汽轮机主轴，柱塞泵转子，高精度滚动轴承外圈，一般精度滚动轴承内圈。6、7 级用于内燃机曲轴，凸轮轴轴颈，水泵轴，齿轮轴，0 级精度滚动轴承内圈等
6	5	6	8	10	12	15	20	25	
7	8	10	12	15	20	25	30	40	
8	12	15	20	25	30	40	50	60	用于一般精度要求，通常按尺寸公差等级 IT9 ~ IT10 制造的零件。8 级用于拖拉机发动机分配轴轴颈。9 级用于齿轮轴的配合面，水泵叶轮，离心泵泵体等
9	25	30	40	50	60	80	100	120	

2. 几何公差的未注公差值

GB/T 1184—1996 中，对直线度、平行度、垂直度、对称度和圆跳动的未注公差规定了 H 、K、L 三个公差等级，其中 H 级最高，L 级最低。各项的未注公差值参见 GB/T 1184—1996 的规定。采用规定的未注公差值时，应在图样的标题栏附近或在技术要求、技术文件（如企业标准）中注出标准号及公差等级代号，如：“GB/T 1184-H”。

11.3.4　公差原则简介

按 GB/T 4249—2009 的规定，公差原则是尺寸（线性尺寸和角度尺寸）公差与几何公差之间相互关系的原则。公差原则适用于技术制图和有关文件中所标注的尺寸、尺寸公差和几何公差，以确定零件要素的大小、形状、方向和位置特征。公差原则包括独立原则和相关要求两大部分。

1. 独立原则

独立原则是完工零件应该分别满足尺寸公差和几何公差要求的公差原则。采用独立原则时，尺寸公差和几何公差各自独立控制被测要素的尺寸误差和几何（形状、方向或位置）误差，即尺寸误差不受几何公差带的控制，几何误差也不受尺寸公差带的控制。独立原则一般用于尺寸公差和几何公差需要分别满足要求，两者不发生关系的要素。例如，印刷机的滚筒，对尺寸精度要求不高，但对圆柱度要求高，以保证印刷清晰，因此按独立原则给出圆柱度公差 t，而其尺寸公差只需按未注公差处理即可，此时既能满足印刷机的性能要求又经济合理。再例如，箱体上的通油孔，由于它不与其他零件配合，只需控制其直径大小以保证一定的流量，其轴线的弯曲并不影响功能要求，因此也采用独立原则。

图 11-7　独立原则标注

独立原则是确定尺寸公差和几何公差相互关系的基本原则，适应范围相当广泛，统计表明，机械图样中 90% 以上的公差要求遵循独立原则。当尺寸公差和几何公差按独立原则给出时，一般零件都能满足其功能要求，并有较好的装配使用质量。运用独立原则时，图样上尺寸公差和几何公差应分别标注，不附加任何标记，如图 11-7 所示。图 11-7a 所示为形状精度要求较高，尺寸精度要求较低；图 11-7b 所示为形状和尺寸精度均要求较高。

2. 相关要求

相关要求是尺寸公差和几何公差有特定相互关系的公差要求。相关要求分为包容要求、最大实体要求、最小实体要求及可逆要求，见表 11-27。

表 11-27　相关要求的应用及标注示例

公差要求	符号	应用	标注示例
包容要求	E	尺寸公差不仅限制了实际尺寸，还控制了形状误差 适用于单一要素（圆柱表面或两平行表面）。主要应用于零件上配合性质要求严格的配合表面，如与滚动轴承相配的轴颈等	$\phi50_{-0.03}^{\ 0}$Ⓔ $\phi50_{-0.03}^{\ 0}$Ⓔ　○ 0.004
最大实体要求	M	允许将尺寸公差补偿给几何公差 仅适用于导出要素（如轴线或中心平面），既可用于被测要素，也可用于基准要素。主要应用于保证装配互换性，如控制螺孔、螺栓孔等轴线的位置度公差等	⌖ ϕ0.04Ⓜ A ⌖ ϕ0.04 AⓂ ⌖ ϕ0.04Ⓜ AⓂ
最小实体要求	L	允许将尺寸公差补偿给几何公差 仅适用于导出要素（如轴线或中心平面），既可用于被测要素，也可用于基准要素。主要应用于控制最小壁厚，以保证零件具有允许的刚度和强度，如控制轴套内孔轴线对基准（外圆轴线）的同轴度公差，以保证轴套最小壁厚	⌖ ϕ0.5Ⓛ A ⌖ ϕ0.5 AⓁ ⌖ ϕ0.5Ⓛ AⓁ
可逆要求	R	允许尺寸公差与几何公差相互补偿 仅适用于被测导出要素（如轴线或中心平面）。可逆要求不能独立使用，必须与最大实体要求或最小实体要求一起使用	⌖ ϕ0.1ⓂⓇ A ⌖ ϕ0.2ⓁⓇ C

11.4 表面粗糙度及选用

11.4.1 表面结构的概念

经过机械加工的零件表面，由于各种因素的影响，必然存在几种不同的不规则形状，叠加在一起形成一个复杂的实际表面轮廓，如图 11-8a 所示。

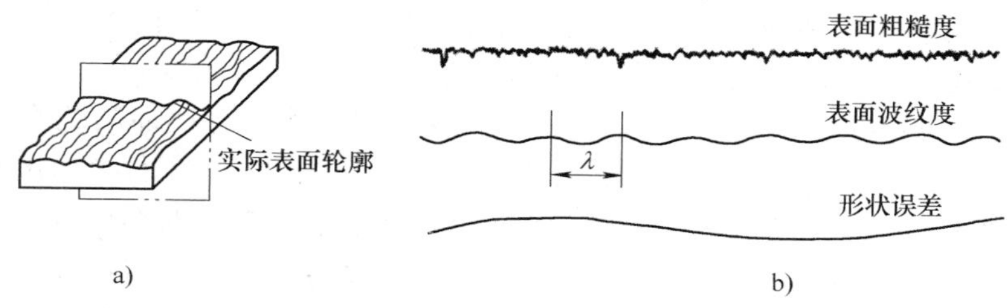

图 11-8 实际表面轮廓

各实际表面轮廓都具有其特定的表面特征，称为零件的表面结构。表面结构包括表面粗糙度、表面波纹度、表面几何形状以及表面缺陷，如图 11-8b 所示。即，在零件的同一表面上，存在微观几何形状误差，即表面粗糙度；同时还存在如平面度、圆柱度等宏观几何形状误差，以及介于微观和宏观之间的几何形状误差，即表面波纹度。

表面粗糙度是指零件在加工过程中由于不同的加工方法、机床与工具的精度、振动及磨损等因素在被加工表面上形成的具有较小间距和较小峰、谷的微观不平状况，属于微观几何形状误差。它影响着零件的摩擦因数、密封性、耐蚀性、疲劳强度、接触刚度及导电、导热性能等。

表面波纹度是波距 λ 大于表面粗糙度、小于表面形状误差的随机或接近周期性的成分构成的表面几何不平度，是零件表面在机械加工过程中，由于机床与工具系统的振动或一些意外因素所形成的表面纹理变化。它直接影响零件表面的力学性能，如接触刚度、疲劳强度、结合强度、耐磨性、减振性和密封性，它与表面粗糙度一样，是影响产品质量的一项重要指标。

此外，表面缺陷与表面粗糙度、表面波纹度和表面形状误差一起综合形成了零件的表面特征。它是零件表面在加工、运输、储存或使用过程中都可能产生的表面状况，不存在周期性与规律性。

目前通常按波距 λ 的大小来划分零件表面误差的三种轮廓成分。波距 λ 小于 1mm 的属表面粗糙度；波距 λ 在 1～10mm 之间的属表面波纹度；波距 λ 大于 10mm 的属形状误差。由于表面粗糙度是零件表面质量评价体系的主要参数，故本节着重介绍表面粗糙度的相关内容。

11.4.2 表面粗糙度对零件功能的影响

表面粗糙度直接影响产品质量，对零件的表面功能有很大的影响。主要影响有如下几方面。

（1）耐磨性　零件互相接触的表面，由于存在微观几何形状误差，其接触部位仅仅是加工表面上许多凸出的微小波峰顶端，实际有效接触面积减小，导致单位面积上压力增大。当两个表面有相对运动时，表面磨损加剧。零件接触表面越粗糙、相对运动速度越快时，磨损越快。因此，合理提高零件表面粗糙度要求，可减少磨损，提高零件耐磨性，延长使用寿命。但在某些场合（如滑动轴承、液压导轨面的配合处），表面过于精细，即表面粗糙度数值过小，不仅增加制造成本，而且会因金属分子间的吸附力加大，接触表面间的润滑油层被挤掉而形成干摩擦，加剧表面间的磨损。

（2）抗疲劳性　机械零件表面越粗糙，其凹痕、裂纹或尖锐的切口越明显，对应力集中越敏感。尤其当零件受到交变载荷时，金属疲劳裂纹容易从这些凹痕、裂纹或切口处开始。因此适当提高零件表面粗糙度要求，可以提高零件的抗疲劳强度。

（3）配合性质稳定性　若两零件配合表面比较粗糙，不仅会增加装配难度，而且在运动时易于磨损，使间隙增大，从而影响配合性质。对于间隙配合，零件表面微小波峰会被磨去，导致间隙增大，影响原有的配合功能；对于过盈配合，在装配时会将零件表面微小波峰挤平，使有效过盈量减小，降低连接强度；对于有定位或导向要求的过渡配合，也会在使用或拆装过程中产生磨损而使配合松动，降低定位或导向精度。特别对于尺寸小、公差小的配合影响更甚。

（4）密封性　对于零件结合处的密封表面，其密封性将受到表面粗糙度参数值的影响。对于静密封，密封处表面越粗糙，会存在越多的微小缝隙，泄漏就越严重；对于动密封，密封处表面过于精细，反而不利于储存润滑油，引起摩擦磨损。

（5）耐蚀性　由于腐蚀性物质容易积存在微小波谷底部，腐蚀作用便从波谷向金属零件内部深入，造成锈蚀。零件表面越粗糙，波谷越深，腐蚀越严重。因此，降低表面粗糙度参数值，可提高零件的耐蚀能力，从而延长机械设备的使用寿命。

11.4.3　表面粗糙度参数值

GB/T 1031—2009 中采用轮廓法评定表面粗糙度，并规定其参数优先从下列两项中选取。

（1）轮廓算术平均偏差 *Ra*　在一个取样长度内，轮廓偏距绝对值的算术平均值。

（2）轮廓最大高度 *Rz*　在一个取样长度内，最大轮廓峰高与最大轮廓谷深之和的高度。

在常用表面粗糙度参数值范围内优先选用轮廓算术平均偏差 *Ra*，其数值见表 11-28。根据表面功能和生产的经济合理性，当选用推荐的系列值不满足要求时，可由相关国家标准选取补充的系列值。

表 11-28　表面粗糙度参数值（摘自 GB/T 1031—2009）　　（单位：μm）

Ra	0.012、0.025、0.05、0.1、0.2、0.4、0.8、1.6、3.2、6.3、12.5、25、50、100
Rz	0.025、0.05、0.1、0.2、0.4、0.8、1.6、3.2、6.3、12.5、25、50、100、200、400、800、1600

图样上标注表面粗糙度要求的符号和方法应符合 GB/T 131—2006 中的规定。

11.4.4　表面粗糙度选用举例

表面粗糙度选用举例见表 11-29。

表 11-29 表面粗糙度选用举例

Ra/μm	表面状况	加工方法	适应的零件表面
≤12.5	可见刀痕	粗车、镗、刨、钻	粗加工非配合表面，如轴端面、倒角、键槽的非工作表面、齿轮和带轮侧面、减重孔眼表面等
≤6.3	可见加工痕迹	车、镗、刨、钻、铣、锉、磨、粗铰、铣齿	半精加工表面，用于不重要零件的非配合表面，如轴、外壳、盖等的端面；紧固件的自由表面；内外花键的非定心表面等
≤3.2	微见加工痕迹	车、镗、刨、铣、刮 1～2 点/cm^2、拉、磨、锉、滚压、铣齿	半精加工表面，包括箱体、盖、套筒等与其他零件连接而不形成配合的表面；键和键槽的工作表面；需要滚花或氧化处理的表面等
≤1.6	看不清加工痕迹	车、镗、刨、铣、铰、拉、磨、滚压、刮 1～2 点/cm^2、铣齿	接近于精加工表面，如要求有定心及配合特性的衬套、轴承；普通精度齿轮的齿面；定位销孔、V 带轮槽表面、大径定心的内花键大径等
≤0.8	可辨加工痕迹的方向	车、镗、拉、磨、立铣、刮 3～10 点/cm^2、滚压	锥销和圆柱销表面，与 P6 级滚动轴承相配合的轴颈和孔，中速转动的轴颈，过盈配合 IT7 级的孔，间隙配合 IT8、IT9 级的孔，滑动导轨面等
≤0.4	可辨加工痕迹的方向	铰、磨、镗、拉、刮 3～10 点/cm^2、滚压	要求长期保持配合性质稳定的配合表面，IT7 级的轴、孔配合表面，精度较高的轮齿表面，受交变应力作用的重要零件等

注：1. 若由于条件限制或某些特殊要求只能测出 Rz 参数值时，可按 $Rz=(4\sim15)Ra$ 换算出 Ra 的数值。

2. 表面粗糙度 Ra 常用的数值范围为 0.25～6.3μm。

11.5 典型零部件精度分析

下面以图 8-15 所示二级斜齿圆柱齿轮减速器输出端轴系零部件为例，介绍典型零部件精度分析的方法。

11.5.1 滚动轴承精度分析及实例

滚动轴承是机械制造业中应用极为广泛的高精度标准化部件。其工作时要求转动平稳、旋转精度高、噪声小。为了保证滚动轴承的工作性能与使用寿命，除了轴承本身的制造精度外，还要正确选择轴承与轴和外壳孔的配合，以及轴和外壳孔的尺寸精度、几何公差和表面粗糙度。

1. 滚动轴承精度等级及其选用

GB/T 307.3—2005 中规定了向心轴承（圆锥滚子轴承除外）精度等级分为 0、6、5、4、2 五级，精度由 0 级到 2 级依次升高；圆锥滚子轴承精度分为 0、6x、5、4、2 五级；推力轴承分为 0、6、5、4 四级。滚动轴承精度等级的选用见表 11-30。

表 11-30　滚动轴承精度等级的选用

精度等级	应用情况
P0	常称普通级。用于低、中速及旋转精度要求不高的一般旋转机构，在机械中应用最多。例如，用于普通电动机、水泵、压缩机等旋转机构中的轴承，汽车、拖拉机变速箱中的轴承，普通机床变速箱、进给箱的轴承等
P6	用于旋转精度要求较高以及转速较高的旋转机构中。例如，用于精密机床变速箱的轴承、普通机床主轴后轴承等
P5、P4	用于旋转精度要求高以及转速高的旋转机构中。例如，用于精密机床的主轴承，精密仪器、仪表的主要轴承等
P2	用于旋转精度要求很高以及转速很高的旋转机构中。例如，用于齿轮磨床、精密坐标镗床的主轴承，高精度仪器、仪表的主要轴承等

2. 滚动轴承配合及其选用

滚动轴承配合是指轴承内圈与轴颈、外圈与外壳孔的配合，以防止轴承在运转时，内圈与轴颈、外圈与外壳孔之间产生径向、轴向和周向的滑动现象。

(1) 滚动轴承配合的特点　轴承内圈与轴的配合采用基孔制，外圈与外壳孔的配合采用基轴制。由于轴承内、外圈均为薄壁零件，在制造和存放过程中极易变形而影响其工作性能，因此，滚动轴承的配合与一般机器制造采用的配合不同，轴承内外径公差带均为上偏差为零、下偏差为负的分布（参见 GB/T 307.1—2005、GB/T 307.4—2002）。所以，轴承内圈与轴相配合时要比 GB/T 1801—2009 中一般基孔制同名配合紧得多，许多过渡配合变成了过盈配合，有些间隙配合变成了过渡配合。与一般基轴制同名配合比较，轴承外圈与外壳孔的配合性质也有所不同。

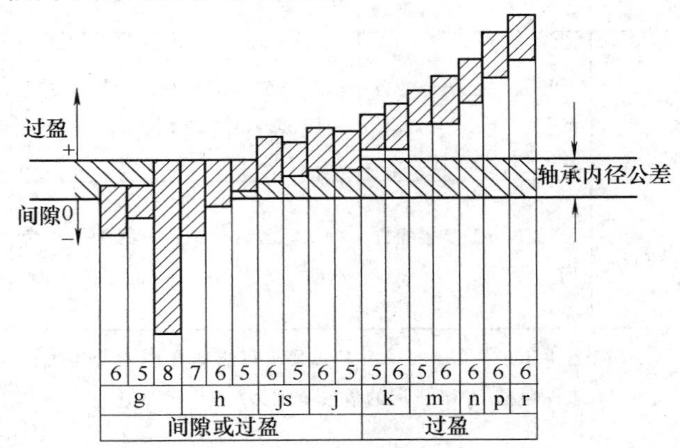

图 11-9　轴承与轴配合常用公差带

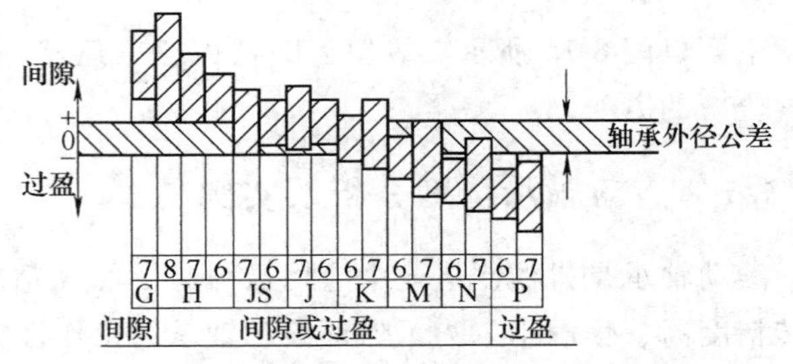

图 11-10　轴承与外壳配合常用公差带

(2) 轴承与轴和外壳配合常用公差带　GB/T 275—1993 中规定了 0 级和 6（6x）级轴承与轴配合的常用公差带，如图 11-9 所示；与外壳配合的常用公差带，如图 11-10 所示。

(3) 轴承与轴和外壳配合的选用　影响滚动轴承配合选用的因素较多，如载荷类型和大小、工作温度、旋转精度、轴和外壳孔结构与材料等，实际生产中常用类比法确定。表 11-31、表 11-32 列出了 GB/T 275—1993 推荐的安装向心轴承的轴和孔公差带，供选用时参考。

表 11-31　安装向心轴承的轴公差带（摘自 GB/T 275—1993）

<table>
<tr><td colspan="3">内圈工作条件</td><td rowspan="2">应用举例</td><td>深沟球轴承
调心球轴承
角接触球轴承</td><td>圆柱滚子轴承
圆锥滚子轴承</td><td>调心滚子
轴承</td><td>公差带</td></tr>
<tr><td>旋转状态</td><td colspan="2">载荷</td><td colspan="4">轴承公称内径 d/mm</td></tr>
<tr><td colspan="8">圆柱孔轴承</td></tr>
<tr><td rowspan="3">内圈相对于载荷方向旋转或摆动</td><td colspan="2">轻载荷</td><td>机床主轴、仪器仪表、精密机械、泵、通风机、传送带等</td><td>≤18
>18～100
>100～200
—</td><td>—
≤40
>40～140
>140～200</td><td>—
≤40
>40～100
>140～200</td><td>h5
j6①
k6①
m6①</td></tr>
<tr><td colspan="2">正常载荷</td><td>一般通用机械、电动机、涡轮机、泵、内燃机变速箱、木工机械等</td><td>≤18
>18～100
>100～140
>140～200
>200～280
—
—</td><td>—
≤40
>40～100
>100～140
>140～200
>200～400
—</td><td>—
≤40
>40～65
>65～100
>100～140
>140～280
>280～500</td><td>j5、js5
k5②
m5②
m6
n6
p6
r6</td></tr>
<tr><td colspan="2">重载荷</td><td>铁路机车车辆轴箱、牵引电动机、轧机、破碎机等重型机械</td><td>—</td><td>>50～140
>140～200
>200
—</td><td>>50～100
>100～140
>140～200
>200</td><td>n6
p6③
r6
r7</td></tr>
<tr><td rowspan="2">内圈相对于载荷方向静止</td><td rowspan="2">所有载荷</td><td>内圈须在轴上容易移动</td><td>静止轴上的各种轮子等</td><td colspan="3" rowspan="2">所有尺寸</td><td rowspan="2">f6
g6①
h6
j6</td></tr>
<tr><td>内圈不必在轴向移动</td><td>张紧滑轮、绳索轮、振动筛等</td></tr>
<tr><td colspan="3">纯轴向载荷</td><td>所有应用场合</td><td colspan="3">所有尺寸</td><td>j6、js6</td></tr>
<tr><td colspan="8">圆锥孔轴承（带锥形套）</td></tr>
<tr><td rowspan="2">所有负荷</td><td colspan="3">铁路机车车辆轴箱</td><td colspan="3">装在退卸套上的所有尺寸</td><td>h8（IT6）④⑤</td></tr>
<tr><td colspan="3">一般机械或传动轴</td><td colspan="3">装在紧定套上的所有尺寸</td><td>h9（IT7）④⑤</td></tr>
</table>

① 凡对精度有较高要求的场合，应用 j5、k5……代替 j6、k6……。

② 圆锥滚子轴承、角接触球轴承配合对游隙影响不大，可用 k6、m6 代替 k5、m5。

③ 重负荷下轴承游隙应选大于 0 组。

④ 凡有较高精度或转速要求的场合，应选用 h7（IT5）代替 h8（IT6）等。

⑤ IT6、IT7 表示圆柱度公差数值。

3. 轴颈和外壳孔几何公差的选用

GB/T 275—1993 规定了与滚动轴承配合的轴颈和外壳孔的几何公差，见表 11-33。由于轴承内、外圈易变形，需在装配后靠轴颈和外壳孔校正，为保证轴承正确安装、转动平稳，对轴颈和外壳孔表面规定了圆柱度公差，并采用包容要求，更严格地控制圆柱度误差。为保证轴承工作时有较高的旋转精度，对轴肩和外壳孔肩规定了端面圆跳动公差，以限制与轴承套圈接触的轴肩及外壳孔肩的倾斜，避免轴承装配后滚道位置不正而导致旋转不稳。

表 11-32　安装向心轴承的孔公差带（摘自 GB/T 275—1993）

<table>
<tr><th colspan="3">外圈工作条件</th><th rowspan="2">应用举例</th><th rowspan="2" colspan="2">公差带[①]</th></tr>
<tr><th>旋转状态</th><th>载荷</th><th>其他情况</th></tr>
<tr><td rowspan="2">外圈相对于载荷方向静止</td><td>轻、正常、重</td><td>轴向易移动，可采用剖分式外壳</td><td rowspan="5">一般机械、铁路机车车辆轴箱、电动机、泵、曲轴主轴承</td><td colspan="2">H7、G7[②]</td></tr>
<tr><td>冲击</td><td rowspan="2">轴向能移动，可采用整体或剖分式外壳</td><td colspan="2" rowspan="2">J7、J_S7</td></tr>
<tr><td rowspan="3">载荷方向不定</td><td>轻、正常</td></tr>
<tr><td>正常、重</td><td rowspan="5">轴向不移动，采用整体式外壳</td><td colspan="2">K7</td></tr>
<tr><td>冲击</td><td colspan="2">M7</td></tr>
<tr><td rowspan="3">内圈相对于载荷方向旋转</td><td>轻</td><td rowspan="3">张紧滑轮、轮毂轴承</td><td>J7</td><td>K7</td></tr>
<tr><td>正常</td><td>K7、M7</td><td>M7、N7</td></tr>
<tr><td>重</td><td>—</td><td>N7、P7</td></tr>
</table>

① 并列公差带随尺寸的增大从左至右选择，对旋转精度有较高要求时，可相应提高一个公差等级。

② 不适用于剖分式外壳。

表 11-33　轴颈和外壳孔的几何公差（摘自 GB/T 275—1993）

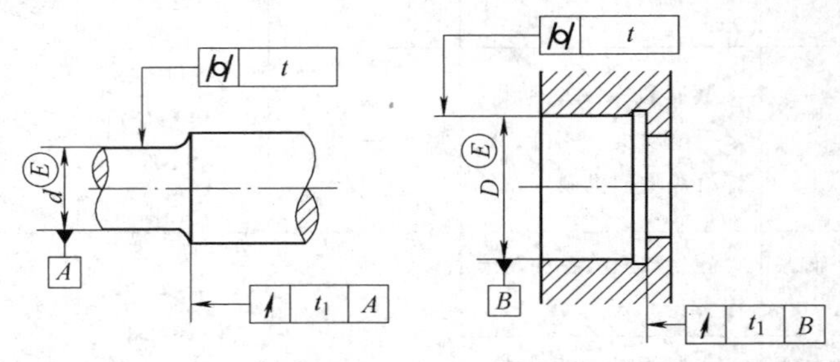

公称尺寸/mm		圆柱度 t				端面圆跳动 t_1			
		轴颈		外壳孔		轴肩		外壳孔肩	
		轴承公差等级							
		0	6（6x）	0	6（6x）	0	6（6x）	0	6（6x）
超过	到	公差值/μm							
—	6	2.5	1.5	4	2.5	5	3	8	5
6	10	2.5	1.5	4	2.5	6	4	10	6
10	18	3.0	2.0	5	3.0	8	5	12	8
18	30	4.0	2.5	6	4.0	10	6	15	10
30	50	4.0	2.5	7	4.0	12	8	20	12
50	80	5.0	3.0	8	5.0	15	10	25	15
80	120	6.0	4.0	10	6.0	15	10	25	15
120	180	8.0	5.0	12	8.0	20	12	30	20
180	250	10.0	7.0	14	10.0	20	12	30	20
250	315	12.0	8.0	16	12.0	25	15	40	25
315	400	13.0	9.0	18	13.0	25	15	40	25
400	500	15.0	10.0	20	15.0	25	15	40	25

4. 配合表面的表面粗糙度选用

GB/T 275—1993 规定了轴颈和外壳孔配合表面的表面粗糙度，如表 11-34 所示。

表 11-34　轴颈和外壳孔配合表面的表面粗糙度

轴或轴承座直径/mm		轴或外壳配合表面直径公差等级								
		IT7			IT6			IT5		
		表面粗糙度/μm								
超过	到	R_Z	*Ra*		R_Z	*Ra*		R_Z	*Ra*	
			磨	车		磨	车		磨	车
—	80	10	1.6	3.2	6.3	0.8	1.6	4	0.4	0.8
80	500	16	1.6	3.2	10	1.6	3.2	6.3	0.8	1.6
端面		25	3.2	6.3	25	3.2	6.3	10	1.6	3.2

5. 滚动轴承精度分析实例

以图 8-15 所示轴系中的滚动轴承为例。一对正安装的圆锥滚子轴承用于支撑减速器输出轴，承受径向和轴向载荷的联合作用。

（1）确定轴承精度等级　减速器属一般通用机械，轴的转速较低，选用 P0 级轴承（见表 11-30）。

（2）确定轴颈公差带　依据内圈相对于载荷方向旋转、正常载荷、轴承直径为 Φ65，查表 11-31 得轴的公差带为 m6（代替 m5），其尺寸为 Φ65m6。

（3）确定外壳孔公差带　依据外圈相对于载荷方向静止、轴向易移动、正常载荷、剖分式外壳，查表 11-32 得外壳孔公差带为 H7 其尺寸为 Φ140H7。

（4）确定几何公差值　查表 11-33 得，轴颈圆柱度公差值为 0.005mm，轴肩轴向圆跳动公差值为 0.015mm；外壳孔圆柱度公差值为 0.012mm，与轴承外圈接触的轴承盖端面，其轴向圆跳动公差值为 0.030mm。

（5）表面粗糙度值　查表 11-34 得，轴颈 *Ra*0.8μm，轴肩接触端面 *Ra*3.2μm；外壳孔 *Ra*1.6μm，轴承盖端面 *Ra*3.2μm。

11.5.2　平键连接精度分析及实例

1. 平键连接的公差与配合

由于键是标准件，因此键连接采用基轴制配合。为保证键在轴槽上紧固，同时又便于拆装，轴槽和轮毂槽采用不同的公差带，使其配合的松紧程度不同。按照配合的松紧不同，平键连接分为松连接、正常连接和紧密连接，平键连接三种配合及应用见表 11-35。普通平键三种连接配合及其应用见表 11-36。

表 11-35　平键三种连接配合及其应用（摘自 GB/T 1095—2003、GB/T 1096—2003）

配合种类	尺寸 *b* 的公差带			应　用
	键	轴槽	轮毂槽	
松连接	h8	H9	D10	键在轴上及轮毂中均能滑动。主要用于导向平键，轮毂可在轴上移动
正常连接		N9	JS9	键在轴槽中和轮毂槽中均固定，但易于拆装。用于载荷不大的场合
紧密连接		P9	P9	键在轴槽中和轮毂槽中均牢固地固定，比一般键连接配合更紧。用于承受重载荷、冲击载荷或双向转矩的场合

2. 键槽的几何公差

由于键槽的实际中心平面在径向产生偏移和轴向产生倾斜，造成了键槽的对称度误差，为了保证键和键槽的侧面具有足够的接触面积和避免装配困难，GB/T 1095—2003 规定，应分别给出轴槽和轮毂槽对轴线的对称度公差。对称度公差等级按国家标准 GB/T 1184—1996 选取，一般取 7 ~ 9 级。

表 11-36 普通平键及键槽的尺寸与公差（摘自 GB/T 1095—2003、GB/T 1096—2003）

（单位：mm）

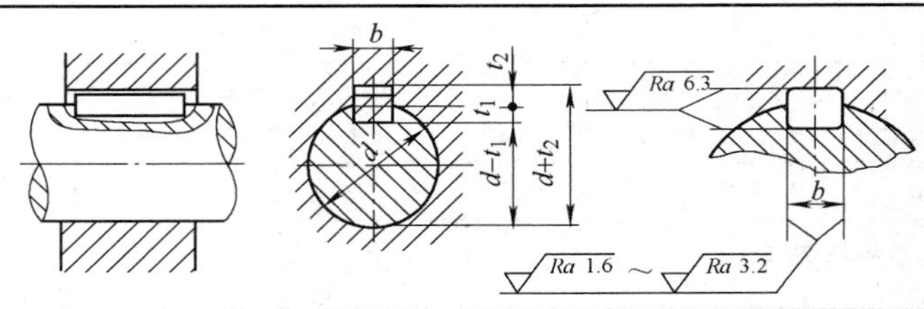

轴颈	键	键槽									
公称直径 $d>$	公称尺寸 $b \times h$	宽度 b						深度			
		基本尺寸	极限偏差					轴 t_1	$d-t_1$ 极限偏差	毂 t_2	$d+t_2$ 极限偏差
			松连接		正常连接		紧密连接				
			轴 H9	毂 D10	轴 N9	毂 Js9	轴和毂 P9				
12 ~ 17	5 × 5	5	+0.030	+0.078	0	±0.015	−0.012	3.0	0	2.3	+0.1
17 ~ 22	6 × 6	6	0	+0.030	−0.030		−0.042	3.5	−0.1	2.8	0
22 ~ 30	8 × 7	8	+0.036	+0.098	0	±0.018	−0.015	4.0		3.3	
30 ~ 38	10 × 8	10	0	+0.040	−0.036		−0.051	5.0		3.3	
38 ~ 44	12 × 8	12						5.0		3.3	
44 ~ 50	14 × 9	14	+0.043	+0.120	0	±0.0215	−0.018	5.5		3.8	
50 ~ 58	16 × 10	16	0	+0.050	−0.043		−0.061	6.0	0	4.3	+0.2
58 ~ 65	18 × 11	18						7.0	−0.2	4.4	0
65 ~ 75	20 × 12	20						7.5		4.9	
75 ~ 85	22 × 14	22	+0.052	+0.149	0	±0.026	−0.022	9.0		5.4	
85 ~ 95	25 × 14	25	0	+0.065	−0.052		−0.074	9.0		5.4	
95 ~ 110	28 × 16	28						10.0		6.4	
键的公称长度 L 系列	6 ~ 22（2 进位），25，28，32，36，40，45，50，56，63，70，80，90，100，110，125，140，160，180，200，220，250，280，320，360，400，450，500										

3. 键槽的表面粗糙度

轴槽和轮毂槽两侧面为配合面，GB/T 1095—2003 规定其表面粗糙度参数值 Ra 一般取 1.6 ~ 3.2μm；槽底为非配合面，规定 Ra 值取 6.3μm。

4. 平键连接精度分析实例

以图 8-15 所示轴系中普通平键连接为例。齿轮、半联轴器与轴的周向固定均采用 A 型普通平键连接。

（1）确定键连接配合尺寸　联轴器处：轴段直径 $d_1 = 50$mm，轴段长度 82 mm，由表

11-36 确定键的规格尺寸 $b\times h\times L$ 为 14mm ×9mm ×70mm。

齿轮处：轴段直径 d_4 =70mm，轴段长度 78 mm，由表 11-36 确定键的规格尺寸 $b\times h\times L$ 为 20mm ×12mm ×70mm。

由表 11-35 可知两处键连接均属正常连接的配合，其配合尺寸由表 11-36 确定如下。

键槽宽公称尺寸 b/mm		键槽宽极限偏差/mm		键槽深度/mm			
		轴 N9	毂 Js9	轴 t_1	$d-t_1$ 极限偏差	毂 t_2	$d+t_2$ 极限偏差
联轴器处	14	0 -0.043	±0.021	5.5	0 -0.2	3.8	+0.2 0
齿轮处	20	0 -0.052	±0.026	7.5	0 -0.2	4.9	+0.2 0

（2）确定键槽几何公差　分别给出轴槽和轮毂槽对轴线的对称度公差。查表 11-26，取对称度公差等级为 8 级，由 b =14mm，查得联轴器处轴槽和轮毂槽对称度公差值为 0.020；由 b =20mm，查得齿轮处轴槽和轮毂槽对称度公差值为 0.025。

（3）确定键槽表面粗糙度　轴槽和轮毂槽两侧面表面粗糙度为 *Ra*3.2；槽底表面粗糙度 *Ra*6.3

上述结果的图样标注见图 11-13、图 11-14。

11.5.3　圆柱齿轮精度分析及实例

1. 齿轮传动的使用要求

齿轮传动广泛应用于各种机器和仪器中，是一种重要的转动装置。由于机器和仪器的工作性能、使用寿命和制造成本等与齿轮传动的质量密切相关，因此对齿轮传动提出了多项使用要求。对齿轮传动的使用要求会因其用途的不同各异，但归纳起来主要有以下四项。

（1）传递运动的准确性　即要求齿轮在一转范围内传动比的变化尽可能小，以保证从动轮与主动轮运动协调一致。在一对理想渐开线齿轮的传动过程中，齿轮传动比是恒定的，故传递运动是准确的。而实际上，由于存在齿轮加工误差和安装误差，齿轮传动比会发生变化，使从动轮在每一转中实际转角相对于理论转角存在转角误差，导致传递运动不准确。

（2）传递运动的平稳性　即要求齿轮在一转范围内多次重复的瞬时传动比变化尽可能小，以保持传动平稳。由于齿轮齿廓存在制造误差，使齿轮在传动过程中其瞬时传动比发生高频突变，引起齿轮传动的冲击、振动和噪声，影响机器的工作性能、能量消耗和使用寿命。

（3）载荷分布的均匀性　即要求齿轮啮合齿面接触良好，齿面上载荷分布均匀，以保证齿轮传动有较高的承载能力和较长的使用寿命。

齿轮在传递载荷时，若其工作齿面的实际接触面积小，会造成局部接触应力增大，使齿面的载荷分布不均匀，加剧齿面磨损，早期点蚀甚至折断，缩短齿轮的使用寿命。

（4）传动侧隙的合理性　即要求装配好的齿轮副啮合时非工作齿面之间留有适当的齿侧间隙（侧隙），以保证储存润滑油和补偿制造与安装误差以及受力变形和热变形，使其传动灵活。侧隙过小可能造成齿轮卡死和烧伤现象；侧隙过大，对于经常需要正反转的传动齿轮副，会引起换向冲击，产生空程。

2. 齿轮偏差的评定项目

GB/T 10095 · 1—2009 和 GB/T 10095 · 2—2009 中规定了圆柱齿轮的若干偏差项目，有的属于单项检验项目，有的属于综合检验项目，两种不能同时采用。由于某些偏差之间存在相关性和可替代性，故测量全部偏差项目既不经济也没有必要，因此将齿轮偏差的检验项目分为强制性和非强制性两类。强制性检验项目可以客观评定齿轮的加工精度，而非强制性检验项目可由供需双方协商选定。一般用途圆柱齿轮偏差检验项目见表 11-37。

表 11-37　圆柱齿轮偏差的评定项目

项目名称	代号	定义	图示	影响
齿距累积总偏差	F_p	齿轮同侧齿面任意弧段（k = 1 至 k = z）内的最大齿距累积偏差	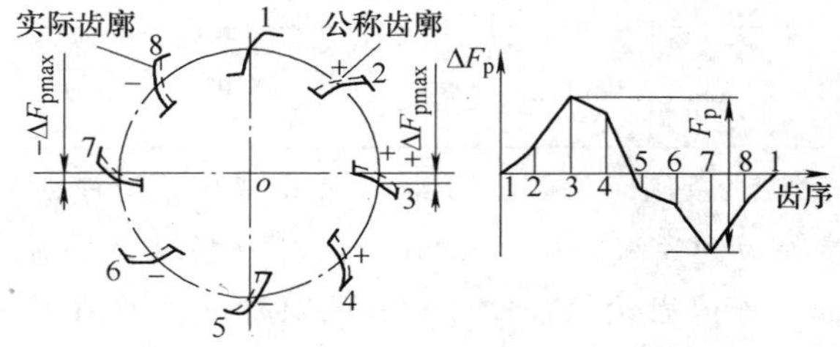 a)　b)	齿轮传递运动的准确性
径向圆跳动公差	F_r	测头（球形、圆柱形、砧形）相继置于每个齿槽内时，测出从测头到齿轮轴线的最大和最小径向距离之差	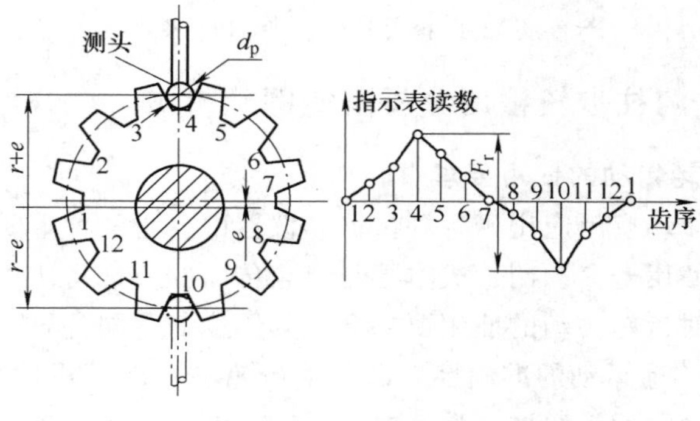 a)　b)	
单个齿距偏差	$\pm f_{pt}$	在端面平面上，在接近齿高中部的一个与齿轮轴线同心的圆上，实际齿距与理论齿距的代数差	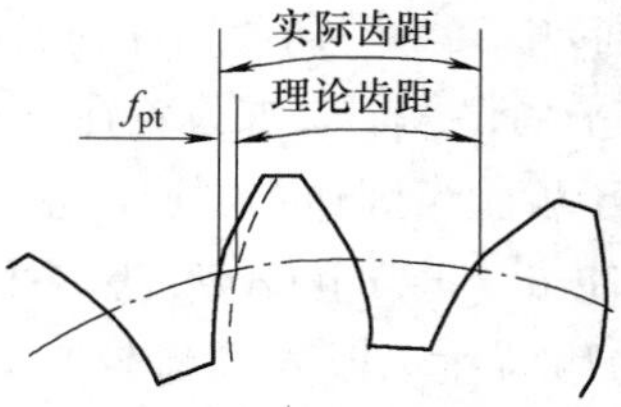	齿轮传递运动的平稳性
齿廓总偏差	F_α	在计值范围内，包容实际齿廓迹线的两条设计齿廓迹线间的距离	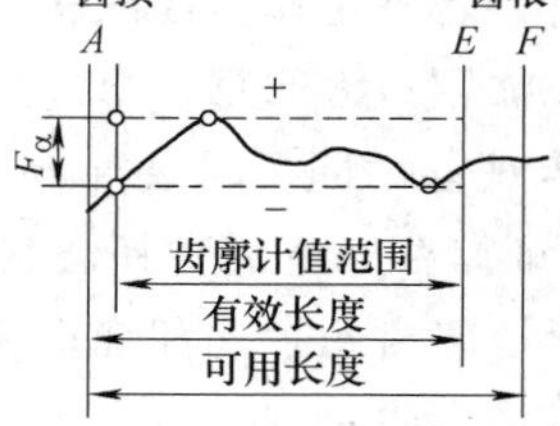	

（续）

项目名称	代号	定义	图示	影响
螺旋线总偏差	F_{β}	在计值范围内，包容实际螺旋线迹线的两条设计螺旋线迹线间的距离	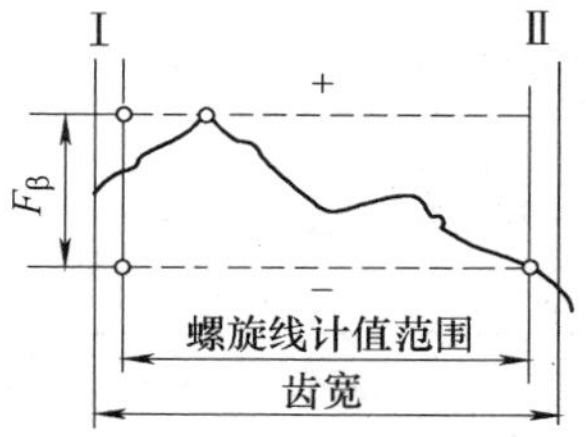	载荷分布的均匀性
齿厚偏差	E_{sn}	分度圆柱面上，实际齿厚与公称齿厚之差。（对于斜齿轮是指法向齿厚）	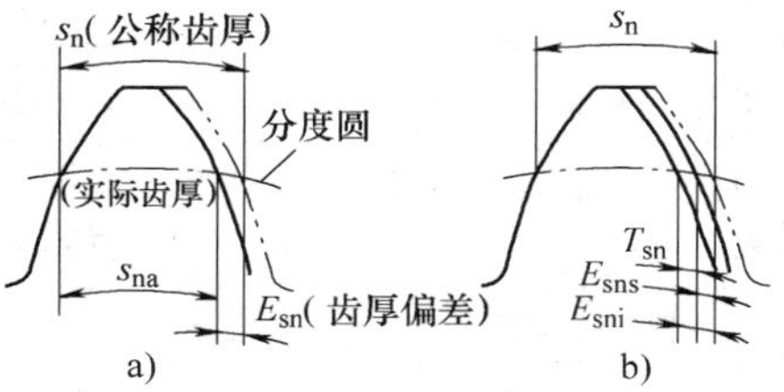	传动侧隙的合理性
公法线长度偏差	E_{bn}	在齿轮一周范围内，公法线实际长度的平均值与公称长度之差 为齿厚偏差替代项目	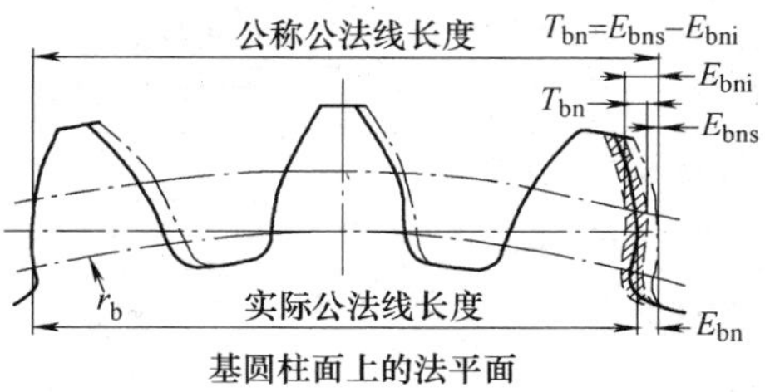	

3. 圆柱齿轮精度等级及其选用

GB/T 10095.1—2008 和 GB/T 10095.2—2008 对圆柱齿轮偏差（径向综合偏差 F''_i、f''_i除外）规定了 13 个精度等级，用数字 0～12 由高到低的顺序排列，0 级精度最高，12 级精度最低。对 F''_i、f''_i（本教材未叙述，参见相关标准）规定了 9 个精度等级，其中 4 级精度最高，12 级精度最低。6～9 级为中等精度级，使用最广。

选择齿轮精度时，必须根据其工作条件、适用范围、圆周速度等来确定。各类机械传动中所应用的齿轮精度等级见表 11-38。常用圆柱齿轮精度等级的应用范围见表 11-39。

表 11-38　各类机械传动中所应用的齿轮精度等级

应用范围	精度等级	应用范围	精度等级	应用范围	精度等级
测量齿轮	2～5	汽车底盘	5～8	轧钢机	5～9
涡轮机齿轮	3～6	轻型汽车	5～8	矿用绞车	8～10
金属切削机床	3～8	载重汽车	6～9	起重机械	6～10
航空发动机	4～7	拖拉机	6～9	农业机械	8～11
内燃机车	5～7	通用减速器	6～9		

表 11-39　常用圆柱齿轮精度等级的应用范围

精度等级	工作条件及应用范围	圆周速度/（m/s）	
		直齿	斜齿
6	用于机床，如 5 级精度机床主传动的重要齿轮，一般精度的分度链的中间齿轮，液压泵齿轮	>10～15	>15～30
	用于航空、船舶、车辆等，如高速传动有高平稳性、低噪声要求的机车、航空、船舶和轿车的齿轮	≤20	≤35
	用于动力齿轮，如高速传动的齿轮，工业机器有高可靠性要求的齿轮，重型机械的功率传动齿轮，作业率很高的起重运输机械齿轮	<30	<30
	用于其他，如读数装置中特别精密传动的齿轮	—	—
7	用于机床，如 4 级和 3 级以上精度等级机床的进给齿轮	>6～10	>8～15
	用于航空、船舶、车辆等，如有平稳性和低噪声要求的航空、船舶和轿车的齿轮	≤15	≤25
	用于动力齿轮。如高速和适度功率或大功率和适度速度条件下的齿轮，冶金、矿山、石油、林业、轻工业、工程机械和小型工业齿轮箱（普通减速器）有可靠性要求的齿轮	<15	<25
	其他，如读数装置的传动及具有非直齿的速度传动齿轮，印刷机械传动齿轮	—	—
8	用于机床，如一般精度的机床齿轮	<6	<8
	用于车辆，如中等速度较平稳传动的载货汽车和拖拉机的齿轮	≤10	≤15
	用于动力齿轮，如中等速度、较平稳传动的齿轮，冶金、矿山、石油，林业、轻工、化工、工程机械、起重运输机械和小型工业齿轮箱（普通减速器）的齿轮	<10	<15
	其他，如普通印刷机传动齿轮	—	—
9	用于机床。如没有传动精度要求的手动齿轮	—	—
	用于车辆。如较低速和噪声要求不高的载货汽车第一挡与倒挡、拖拉机和联合收割机齿轮	≤4	≤6
	用于动力齿轮。如一般性工作和噪声要求不高的齿轮，受载低于计算载荷的传动齿轮，速度大于 1m/s 的开式齿轮传动和转盘的齿轮	≤4	≤6

4. 齿轮检验项目的公差与极限偏差

对于一般用途的齿轮传动，推荐 f_{pt}、F_P、F_α、F_β、F_r 一组检验项目来评定和验收齿轮精度，各检验项目的公差与极限偏差见表 11-40、表 11-41。

表 11-40　圆柱齿轮各项公差与极限偏差（1）（摘自 GB/T 10095.1—2008 和 GB/T 10095.2—2008）

（单位：μm）

分度圆直径 d/mm	法向模数 m_n/mm	单个齿距偏差 $\pm f_{pt}$				齿距累积总偏差 F_p				齿廓总偏差 F_α				径向圆跳动公差 F_r			
		精度等级															
		6	7	8	9	6	7	8	9	6	7	8	9	6	7	8	9
$20 < d \leqslant 50$	$2 < m_n \leqslant 3.5$	7.5	11	15	22	21	30	42.	59	10	14	20	29	17	24	34	47
	$3.5 < m_n \leqslant 6$	8.5	12	17	24	22	31	44	62	12	18	25	35	17	25	35	49
$50 < d \leqslant 125$	$2 < m_n \leqslant 3.5$	8.5	12	17	23	27	38	53	76	11	16	22	31.	21	30	43	61
	$3.5 < m_n \leqslant 6$	9	13	18	26	28	39	55	78	13	19	27	38	22	31	44	62
	$6 < m_n \leqslant 10$	10	15	21	30	29	41	58	82	16	23	33	46	23	33	46	65

（续）

分度圆直径 d/mm	法向模数 m_n/mm	单个齿距偏差 $\pm f_{pt}$				齿距累积总偏差 F_p				齿廓总偏差 F_α				径向圆跳动公差 F_r			
		精度等级															
		6	7	8	9	6	7	8	9	6	7	8	9	6	7	8	9
$125 < d \leqslant 280$	$2 < m_n \leqslant 3.5$	9	13	18	26	35	50	70	100	13	18	25	36	28	40	56	80
	$3.5 < m_n \leqslant 6$	10	14	20	28	36	51	72	102	15	21	30	42	29	41	58	82
	$6 < m_n \leqslant 10$	11	16	23	32	37	53	75	106	18	25	36	50	30	42	60	85
$280 < d \leqslant 560$	$2 < m_n \leqslant 3.5$	10	14	20	29	46	65	92	131	15	21	29	41	37	52	74	105
	$3.5 < m_n \leqslant 6$	11	16	22	31	47	66	94	133	17	24	34	48	38	53	75	106
	$6 < m_n \leqslant 10$	12	17	25	35	48	68	97	137	20	28	40	56	39	55	77	109

表 11-41　圆柱齿轮各项公差与极限偏差（2）（摘自 GB/T 10095.1—2008）　（单位：μm）

分度圆直径 d/mm	齿　宽 b/mm	螺旋线总偏差 F_β			
		精度等级			
		6	7	8	9
$20 < d \leqslant 50$	$10 < b \leqslant 20$	10.0	14.0	20.0	29.0
	$20 < b \leqslant 40$	11.0	16.0	23.0	32.0
$50 < d \leqslant 125$	$10 < b \leqslant 20$	11.0	15.0	21.0	30.0
	$20 < b \leqslant 40$	12.0	17.0	24.0	34.0
	$40 < b \leqslant 80$	14.0	20.0	28.0	39.0
$125 < d \leqslant 280$	$10 < b \leqslant 20$	11.0	16.0	22.0	32.0
	$20 < b \leqslant 40$	13.0	18.0	25.0	36.0
	$40 < b \leqslant 80$	15.0	21.0	29.0	41.0
$280 < d \leqslant 560$	$10 < b \leqslant 20$	12.0	17.0	24.0	34.0
	$20 < b \leqslant 40$	13.0	19.0	27.0	38.0
	$40 < b \leqslant 80$	15.0	22.0	31.0	44.0

5. 齿轮副检验项目及极限偏差

（1）齿轮副中心距偏差　指在齿轮副的齿宽中间平面内，实际中心距与公称中心距之差。它属于安装误差，直接影响齿轮副的侧隙。齿轮中心距极限偏差 $\pm f_a$ 可参考表 11-42 选取。

表 11-42　中心距极限偏差 $\pm f_a$　（单位：μm）

齿轮精度等级		5～6	7～8	9～10
f_a		IT7/2	IT8/2	IT9/2
齿轮副中心距 /mm	>18～30	10.5	16.5	26
	>30～50	12.5	19.5	31
	>50～80	15	24	37
	>80～120	17.5	27	43.5
	>120～180	20	31.5	50
	>180～250	23	36	57.5
	>250～315	26	40.5	65
	>315～400	28.5	44.5	70

（2）轴线平行度偏差　也属于安装误差，主要影响齿轮副接触精度和侧隙。轴线平行度偏差的影响与其方向有关，GB/T 18620.3—2008 对“垂直平面内的偏差”$f_{\Sigma\beta}$和“轴线平面内的偏差”$f_{\Sigma\delta}$作了不同的规定，见图 11-11 和表 11-43。

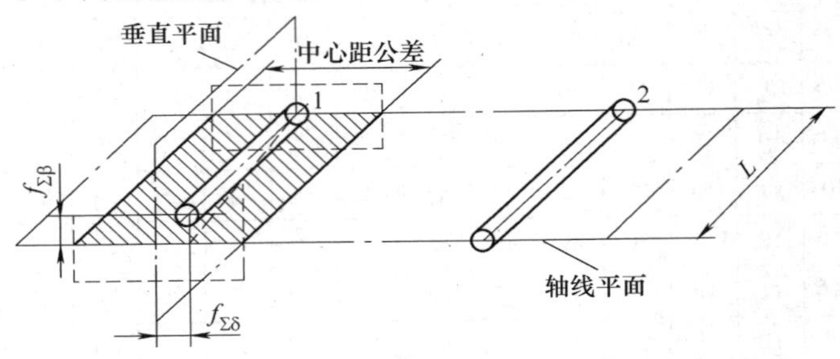

图 11-11　轴线平行度偏差

表 11-43　轴线平行度偏差 f_Σ 最大推荐值（摘自 GB/Z 18620.3—2008）

轴线平行度偏差方向	最大推荐值计算式	备　　注
垂直平面内的偏差 $f_{\Sigma\beta}$	$f_{\Sigma\beta}=0.5L\times F_\beta/b$	L 为两轴轴承的较长跨距 F_β 为螺旋线总偏差（表 11-41）
轴线平面内的偏差 $f_{\Sigma\delta}$	$f_{\Sigma\delta}=2f_{\Sigma\beta}$	

（3）齿轮副的接触斑点　是指装配好的齿轮副在轻微制动下，运行后齿面的接触擦亮痕迹，用沿齿高方向和沿齿宽方向的百分比表示，接触斑点分布的示意图见表 11-44。接触斑点是评定齿轮副载荷分布均匀性的综合指标，GB/Z 18620.4—2008 规定了一般齿轮副接触斑点的分布位置及大小，见表 11-44。齿轮副的接触斑点不小于规定的百分数，则齿轮副的载荷分布均匀性满足要求。

表 11-44　轮齿的接触斑点（摘自 GB/Z 18620.4—2008）

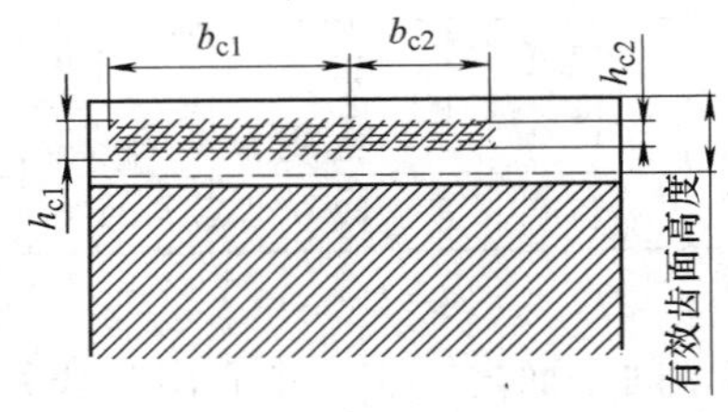

b_{c1} 为接触斑点的较大长度
b_{c2} 为接触斑点的较小长度
h_{c1} 为接触斑点的较大高度
h_{c2} 为接触斑点的较小高度

接触斑点分布的示意

项　　目	直齿轮装配后的接触斑点				斜齿轮装配后的接触斑点			
	精度等级（按 GB/T 10095—2009）							
	4 级及更高	5 和 6	7 和 8	9 ~ 12	4 级及更高	5 和 6	7 和 8	9 ~ 12
b_{c1} 占齿宽的百分比	50%	45%	35%	25%	50%	45%	35%	25%
h_{c1} 占有效齿面高度的百分比	70%	50%	50%	50%	50%	40%	40%	40%
b_{c2} 占齿宽的百分比	40%	35%	35%	25%	40%	35%	35%	25%
h_{c2} 占有效齿面高度的百分比	50%	30%	30%	30%	30%	20%	20%	20%

(4) 齿轮副侧隙 j　在一对装配后的齿轮副中，侧隙 j 是两工作齿面接触时在两非工作齿面间的间隙，它是节圆上齿槽宽度超过相啮合的轮齿齿厚的量。侧隙可以在法向平面上或沿啮合线测量，法向侧隙 j_{bn} 是两非工作齿面间的最小距离，如图 11-12 所示。

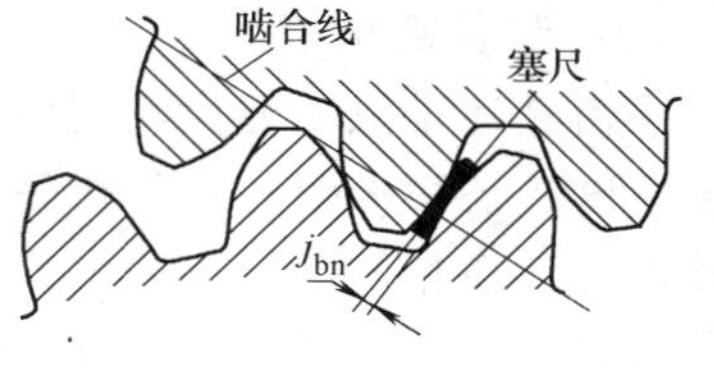

图 11-12　用塞尺测量侧隙（法向平面）

齿轮副侧隙是由一对齿轮运行时的中心距和每个齿轮的实际齿厚所控制的。在中心距极限偏差不变的情况下，通过改变齿厚偏差来获得足够的侧隙，以保证齿轮在负载情况下正常贮油润滑和补偿材料变形。最小侧隙 j_{bnmin} 是在静态条件下存在的最小允许侧隙，其推荐值见表 11-45。

表 11-45　中、大模数齿轮最小侧隙 j_{bnmin} 的推荐值（摘自 GB/Z18620.2—2008）　（单位：mm）

m_n/mm	最小中心距 a/mm				
	50	100	200	400	800
2	0.10	0.12	0.15	—	—
3	0.12	0.14	0.17	0.24	—
5	—	0.18	0.21	0.28	—
8	—	0.24	0.27	0.34	0.47

注：齿轮工作时节圆线速度小于 15m/s，其箱体、轴和轴承都采用常用制造公差。

(5) 齿厚偏差 E_{sn}　齿厚上偏差 E_{sns}、下偏差 E_{sni} 以及齿厚公差 T_{sn} 见表 11-37。齿轮副最大侧隙由齿厚上偏差 E_{sns}（为负值）保证，其值由设计人员根据需要给定。通常可取主动轮与从动轮有相同的齿厚上偏差 $E_{sns1}=E_{sns2}=E_{sns}$，则两轮的齿厚上偏差与法向侧隙的关系为 $j_{bn}=2|E_{sns}|\cos\alpha_n$。因此，在无需严格控制最小侧隙 j_{bnmin} 的情况下，可得齿厚极限偏差的计算公式（见表 11-46）。

表 11-46　齿厚极限偏差

项目名称	计算公式	说　明
齿厚上偏差	$E_{sns}=-j_{bnmin}/(2\cos\alpha_n)$	最小侧隙 j_{bnmin} 查表 11-45
齿厚公差	$T_{sn}=2\tan\alpha_n\sqrt{F_r^2+b_r^2}$	切齿径向进给公差 b_r 查表 11-47 径向圆跳动公差 F_r 查表 11-40
齿厚下偏差	$E_{sni}=E_{sns}-T_{sn}$	

表 11-47　切齿径向进刀公差 b_r

齿轮精度等级	4	5	6	7	8	9
b_r	1.26IT7	IT8	1.26IT8	IT9	1.26IT9	IT10

注：表中 IT 值按齿轮分度圆直径 d 查表 11-4。

(6) 公法线长度偏差 E_{bn}　公法线长度上偏差 E_{bns}、下偏差 E_{bni} 见表 11-37。对中、小模数齿轮，测公法线长度比测齿厚方便，常用公法线长度偏差替代齿厚偏差。GB/Z 18620.2—2008 给出了齿厚偏差与公法线长度偏差的关系式（见表 11-48）。

表 11-48　公法线长度偏差

项目名称	计算公式	说　明
公法线长度上偏差	$E_{bns}=E_{sns}\cos\alpha_n$	公法线测量对内齿轮是不适用的。对外斜齿轮，公法线测量受齿宽 b 的限制，需满足 $b>1.015W_k\sin\beta_b$（W_k 为公法线长度）
公法线长度下偏差	$E_{bni}=E_{sni}\cos\alpha_n$	

6. 齿轮坯精度

齿轮坯是供制造齿轮用的工件。齿轮坯的几何误差不仅直接影响齿轮的加工、测量和安装精度，还影响齿轮副的接触精度和传动平稳性。因此，应尽量控制齿轮坯的精度以保证齿轮的加工质量。

（1）术语和定义　有关齿轮坯的术语和定义见表 11-49。

表 11-49　齿轮坯术语和定义（摘自 GB/Z 18620.3—2008）

术语	定　义
工作安装面	用来安装齿轮的面
工作轴线	齿轮工作时绕其旋转的轴线，由工作安装面的中心确定。工作轴线只有考虑整个齿轮组件时才有意义
基准面	用来确定基准轴线的面
基准轴线	由基准面的中心确定，齿轮依此轴线来确定齿轮的细节，特别是确定齿距、齿廓和螺旋线的公差
制造安装面	齿轮制造或检验时用来安装齿轮的面

（2）基准轴线的确定　基准轴线是制造时用来对单个零件确定几何形状的轴线，在一般情况下首先需确定一个基准轴线，然后将其他的轴线（包括工作轴线及可能还有一些制造轴线）用适当的公差与之相联系。确定齿轮基准轴线的方法，见表 11-50。

表 11-50　确定基准轴线的方法（摘自 GB/Z 18620.3—2008）

序号	说　明	图　示
1	用两个“短的”圆柱或圆锥形基准面上设定的两个圆的圆心来确定轴线上的两点	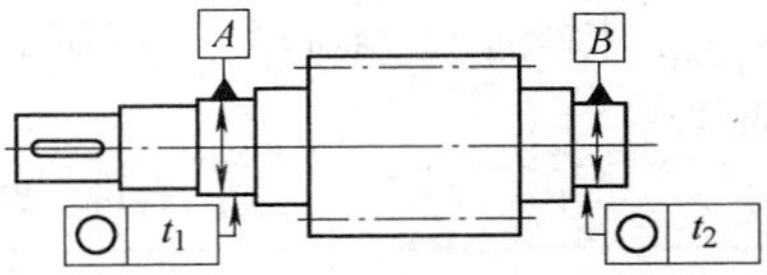 A　B　t_1　t_2
2	用一个“长的”圆柱或圆锥形的面来同时确定轴线的位置和方向。孔的轴线可以用与之相匹配的能正确地装配的工作心轴的轴线来代表	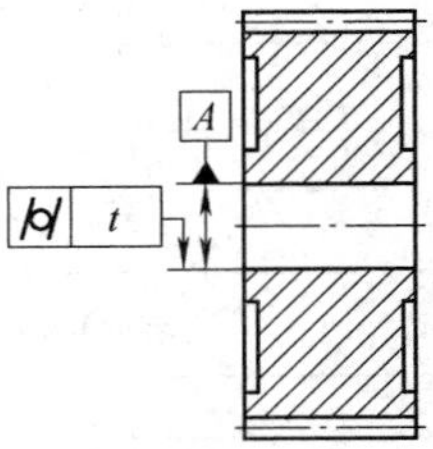 A　t
3	轴线的位置用一个“短的”圆柱形基准面上的一个圆的圆心来确定，而其方向则用垂直于轴线的一个基准端面来确定	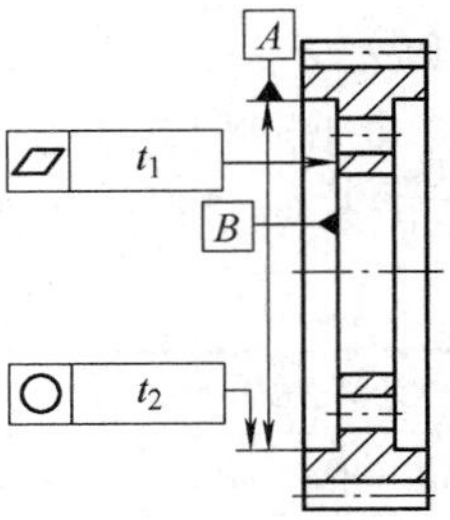 A　t_1　B　t_2

（续）

序号	说　明	图　示
4	在制造、检验一个齿轮轴时，常将其安置在两端的顶尖上，这样两个顶尖孔就确定了其基准轴线。齿轮公差及（轴承）安装面的公差均需相对此轴线来规定	A　B　t_1　A—B　t_2　A—B

（3）基准面与安装面的公差　GB/Z 18620.3—2008 中指出，所有基准面的形状公差不应大于表 11-51 中规定的数值。工作安装面以及采用其他制造安装面的形状公差，均应采用同样的限制。

表 11-51　基准面与安装面的形状公差（摘自 GB/Z 18620.3—2008）

确定轴线的基准面	形状公差项目		
	圆度	圆柱度	平面度
两个“短的”圆柱或圆锥形基准面	$0.04\ (L/b)\ F_\beta$ 或 $0.1F_p$ 取两者中的小值		
一个“长的”圆柱或圆锥形基准面		$0.04\ (L/b)\ F_\beta$ 或 $0.1F_p$ 取两者中的小者	
一个短的圆柱面和一个端面	$0.06F_p$		$0.06\ (D_d/b)\ F_\beta$
说明	（1）为较大的轴承跨距，D_d 为基准面直径，b 为齿宽 （2）齿轮坯的公差应减至能经济地制造的最小值		

当基准轴线与工作轴线不重合时，则工作安装面相对于基准轴线的跳动必须注在齿轮图样上予以控制，安装面不应大于表 11-52 中规定的数值。

当制造和检测中用来安装齿轮的安装面与基准面不重合时，这些安装面也应按表 11-52 中所给的公差数值加以控制。

表 11-52　安装面的跳动公差（摘自 GB/Z 18620.3—2008）

确定轴线的基准面	跳动量（总的指标幅度）	
	径向	轴向
仅指圆柱或圆锥形基准面	$0.15(L/b)F_\beta$ 或 $0.3F_p$ 取两者中的大值	
一圆柱基准面和一端面基准面	$0.3F_p$	$0.2\ (D_d/b)F_\beta$
说明	（1）L 为较大的轴承跨距，D_d 为基准面直径，b 为齿宽 （2）齿轮坯的公差应减至能经济地制造的最小值	

（4）齿轮坯的尺寸公差　通常应适当选择齿顶圆直径的公差，以保证最小的设计重合度，同时又具有足够的顶隙，齿顶圆尺寸公差等级可参考表 11-53。

表 11-53　齿轮坯尺寸公差等级

齿轮精度等级[①]	6	7	8	9
齿轮孔	IT6	IT7		IT8
轴齿轮轴颈	IT5	IT6		IT7

（续）

齿轮精度等级①		6	7	8	9
顶圆柱面②	作测量齿厚基准	IT8		IT9	
	不作测量齿厚基准	尺寸公差按 IT11 级给定，但不大于 $0.1m_n$			

① 当齿轮各项公差的精度等级不同时，按最高精度等级确定公差值。

② 齿顶圆柱面的尺寸公差带可取 h11 或 h8 等。

（5）齿轮表面粗糙度　齿轮齿面及齿坯基准面、安装面的表面粗糙度，对齿轮的工作性能和使用寿命有一定影响。GB/T 18620.4—2008 对齿面表面粗糙度作出了规定，如表 11-54 所示。

表 11-54　齿轮主要表面的表面粗糙度 *Ra* 值　（单位：μm）

加工表面		齿轮精度等级①			
		6	7	8	9
齿轮齿面 （摘自 GB/Z 18620.4—2008）	$m_n<6$	0.8	1.25	2.0	3.2
	$6<m_n<25$	1.0	1.6	2.5	4.0
齿轮基准孔		1.25	1.25 ~ 2.5		5
轴齿轮基准轴颈		0.63	1.25	2.5	
齿轮基准（或安装）端面		2.5 ~ 5		3.2 ~ 5	
齿顶圆柱面		3.2 ~ 12.5			
平键毂槽		表 11-36			

① 当齿轮各项公差的精度等级不同时，按最高精度等级确定 *Ra* 值。

7. 齿轮精度分析实例

以图 8-15 所示轴系中齿轮为例。由例 8-1 可知，该齿轮为普通减速器输出端斜齿圆柱齿轮，转速 $n=104\text{r/min}$，模数 $m_n=4\text{mm}$，齿数 $z=95$，螺旋角 $\beta=11°28'42''$，分度圆直径 $d=387.79\text{mm}$，齿宽 $b=80\text{mm}$，齿顶圆直径 $d_a=395.76\text{mm}$，中心距 $a=240.83\text{mm}$，轴承跨距 $L=227\text{mm}$。

（1）确定精度等级　齿轮的检验项目为 f_{pt}、F_p、F_α、F_β、F_r。可依据齿轮的圆周速度确定其影响传动平稳性偏差项目的精度等级。齿轮的圆周速度为

$$v=\frac{\pi nd}{60\times1000}=\frac{3.14\times104\times387.79}{60\times1000}\text{m/s}=2.11\text{m/s}$$

由表 11-39 选定影响传动平稳性偏差项目（f_{pt}、F_α）的精度等级为 8 级。由于动力齿轮对轮齿载荷分布的均匀性有一定要求，故选影响载荷分布均匀性偏差项目（F_β）的精度等级同为 8 级；而普通减速器对运动准确性的要求不高，可选择低一级，即影响运动准确性偏差项目（F_p、F_r）的精度等级为 9 级。

（2）确定单个齿轮检验项目公差值　根据齿轮精度为 8 级，$m_n=4\text{ mm}$，$d=387.79\text{mm}$，齿宽 $b=80\text{mm}$，由表 11-40 和表 11-41 分别查得

齿距累积总公差 $F_p=133\mu\text{m}$；径向跳动公差 $F_r=106\mu\text{m}$；单个齿距极限偏差 $f_{pt}=\pm22\mu\text{m}$；齿廓总公差 $F_\alpha=34\mu\text{m}$；螺旋线总公差 $F_\beta=31\mu\text{m}$。

（3）确定齿轮副检验项目极限偏差

1）确定中心距极限偏差 $\pm f_a$。根据齿轮副中心距 $a=240.83\text{mm}$，查表 11-42，$\pm f_a=$

±36μm，即中心距为（240.83±0.036）mm。

2）确定轴线平行度偏差最大值$f_{\Sigma\beta}$、$f_{\Sigma\delta}$。由表11-43可得两轴线在垂直平面内最大偏差$f_{\Sigma\beta}=0.5L\cdot F_\beta/b=0.5\ (227/80)\ \times 31\mu m=44\mu m$；两轴线在轴线平面内最大偏差$f_{\Sigma\delta}=2f_{\Sigma\beta}=2\times 44\mu m=88\mu m$

3）确定齿轮副最小侧隙j_{bnmin}。由表11-45查得$j_{bnmin}=0.2mm$。

4）确定齿厚极限偏差。依据齿轮分度圆直径和9级精度（与F_r同级），由表11-47和表11-4，可得$b_r=IT10=0.230mm$。由表11-46可得

齿厚上偏差 $E_{sns}=-j_{bnmin}/(2\cos\alpha_n)=[-0.2/(2\cos20°)]\ mm=-0.106mm$

齿厚公差 $T_{sn}=2\tan\alpha_n\sqrt{F_r^2+b_r^2}=2\tan20°\sqrt{0.106^2+0.230^2}mm=0.184mm$

齿厚下偏差 $E_{sni}=E_{sns}-T_{sn}=(-0.106-0.184)\ mm=-0.290mm$

5）确定公法线长度极限偏差。该齿轮属小模数外斜齿轮，测量公法线长度比较方便，但需判断是否满足$b>1.015W_k\sin\beta_b$，由式（7-14）可知公法线长度W_k计算式为

$$\begin{cases}\text{公法线长度} & W_k=m_n[2.9521(k-0.5)+0.0149Z']\\ \text{跨齿数} & k=0.111Z'+0.5\\ \text{其中} & Z'=Z(\tan\alpha_t-\alpha_t)/0.0149\\ & \tan\alpha_t=\tan\alpha_n/\cos\beta\end{cases}$$

由$\tan\alpha_t=\tan20°/\cos11°28'42''$，可求得$\tan\alpha_t=0.3714$，$\alpha_t=20°22'30''$，$\tan\alpha_t-\alpha_t=0.0158$。则$Z'=95\times0.0158/0.0149=100.7383$，$k\approx12$。

可得 $W_k=4\ [2.9521\ (12-0.5)\ +0.014\times100.7383]\ mm=141.437mm$

由 $\tan\beta_b=\tan\beta\cdot\cos\alpha_t=\tan11°28'42''\cos20°22'30''$，得$\beta_b=10°46'39''$，

则

$$\begin{aligned}1.015W_k\sin\beta_b&=1.015\times141.452\sin10°46'39''mm\\&=26.848mm<b=80mm\end{aligned}$$

故满足公法线长度测量的适用条件。

公法线长度上偏差 $E_{bns}=E_{sns}\cdot\cos\alpha_n=-0.106\cos20°mm=-0.100mm$

公法线长度下偏差 $E_{bni}=E_{sni}\cdot\cos\alpha_n=-0.290\cos20°mm=-0.273mm$

（4）确定齿轮坯精度

1）齿轮结构如图11-14所示，选择齿轮圆柱孔为基准面，由表11-51可确定其圆柱度公差为$0.04(L/b)F_\beta$或$0.1F_p$两者中小者，其中$0.04(L/b)F_\beta=0.04\times(227/80)\times31mm\approx0.004mm$，$0.1F_p=0.1\times133mm\approx0.013mm$，取小者0.004mm为齿轮坯基准面的圆柱度公差值。

2）顶圆柱面用于制造安装找正，齿轮端面为制造安装面，由表11-52可分别确定它们的跳动公差，顶圆柱面径向跳动公差为$0.3F_p=0.3\times133mm\approx0.040mm$，齿轮端面轴向跳动公差为$0.2(D_d/b)F_\beta=0.2\times(395.76/80)\times31mm\approx0.031mm$。

3）齿轮坯尺寸公差等级查表11-53，基准孔的尺寸公差为IT7，尺寸为$\Phi70H7\left(^{+0.030}_{0}\right)$；顶圆柱面不作测量齿厚基准，尺寸公差按IT11级，尺寸为$\Phi395.76h11\left(^{0}_{-0.036}\right)$。

4）齿面和其他主要表面的表面粗糙度Ra值查表11-54，齿面取2μm，基准孔取1.6μm，端面取3.2μm，齿顶圆柱面取3.2μm。

（5）图样标注如图11-13所示。

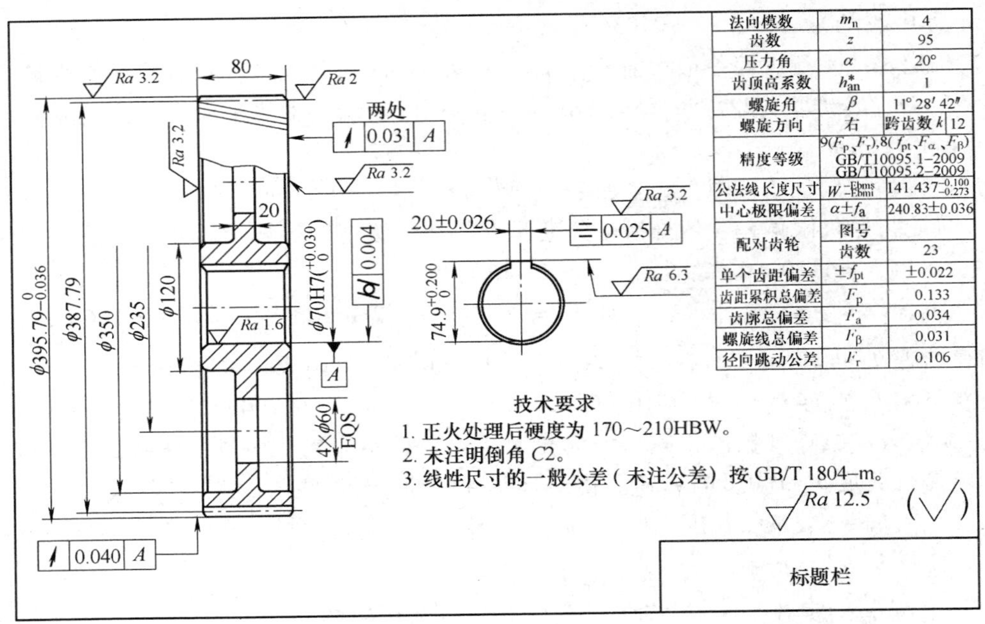

图 11-13　齿轮的工作图

11.5.4　轴的精度分析及实例

1. 轴的几何精度选用

1）轴与轴上零件的常用配合参见表 11-55。

表 11-55　轴与轴上零件的常用配合

应用举例	配合代号	装配方法	配合特性
减速器中轴与蜗轮的配合，大型减速器低速齿轮与轴的配合	$\frac{H7}{s6}$	压力机或温差	不加键连接传递转矩小。加键连接可传递较大的转矩
重载齿轮与轴的配合，联轴器与轴的配合	$\frac{H7}{r6}$	压力机或温差	只能受很小转矩和轴向力，传递转矩时需加键；以高的定位精度达到对中性要求
破碎机等振动的机械的齿轮与轴、爪型联轴器与轴、受重载和重冲击的滚子轴承与轴颈等的配合	$\frac{H7}{n6}$、$\frac{H8}{n7}$	压力机压入	同轴度和配合紧密性好。附加键后可承受振动、冲击并能传递很大转矩。不经常拆卸
减速器齿轮与轴、重载和有冲击载荷的滚子轴承与轴颈等的配合	$\frac{H7}{m6}$、$\frac{H8}{m7}$	铜锤打入	能保证配合的紧密性，同轴度好。不经常拆卸
机床不滑动齿轮与轴、中型电机轴与联轴器或带轮的配合，减速器齿轮与轴、蜗轮与轴的配合	$\frac{H7}{k6}$、$\frac{H8}{k7}$	手锤打入	承受较小冲击载荷，同轴度仍好，可经常拆卸。传递转矩要附加键。广泛采用
机床挂轮与轴、可拆带轮与轴端的配合，精密仪表中轴承与轴颈的配合	$\frac{H7}{js6}$、$\frac{H8}{js7}$	手锤或木锤装拆	可频繁拆卸、同轴度不高，是最松的一种过渡配合，大部分都将得到间隙
可拆卸齿轮、带轮与轴的配合，离合器与轴的配合	$\frac{H8}{h8}$、$\frac{H9}{h9}$	加油后用手旋进	易于拆卸、同轴度较低。载荷不大，加键可传递转矩

（续）

应用举例	配合代号	装配方法	配合特性
精密机床主轴与轴承、机床传动齿轮与轴、中等精度分度头主轴与轴套的配合	$\frac{H7}{g6}$	手旋进	配合间隙小。用于转速不高但精密定位的配合、有冲击但能保证同轴度或紧密性的配合
爪型离合器与轴的配合，机床中一般轴与滑动轴承的配合	$\frac{H7}{f6}$	手推滑进	有中等间隙。广泛应用于普通机械中转速不大、用普通润滑油或润滑脂润滑的滑动轴承，以及要求在轴上自由转动或移动的配合场合
中速、中载滑动轴承与轴颈的配合，机床滑移齿轮与轴的配合	$\frac{H8}{f7}$	手推滑进	
汽轮发电机、大电动机的高速轴与滑动轴承的配合	$\frac{H8}{e7}$	手轻推进	配合间隙较大，用于转速高、载荷不大的轴与轴承的配合

2）轴的表面粗糙度数值参见表 11-56。

表 11-56　轴的表面粗糙度 *Ra* 荐用值

加工表面	*Ra*/μm
与传动零件及联轴器毂孔的配合表面	0.8～3.2
传动零件、联轴器等定位轴肩端面	6.3～1.6
与滚动轴承配合的轴颈表面	表 11-34
滚动轴承定位轴肩端面	表 11-34
平键轴槽	表 11-36
倒角、倒圆、退刀槽等表面	3.2～12.5

加工表面		*Ra*/μm		
中心孔		0.8～1.6		
非工作面		6.3～12.5		
密封处轴段表面	密封材料	密封处圆周速度/（m/s）		
		≤3	>3～5	>5
	橡胶	0.8～1.6	0.4～1.6	0.4～0.8
	毛毡	0.8～3.2		
	迷宫式密封	3.2～6.3		
	油沟密封	3.2～6.3		

3）轴的几何公差推荐项目见表 11-57。

表 11-57　轴的几何公差推荐项目

项目	符号	精度	公差值	对工作性能影响
与传动件轴孔配合表面的圆柱度	⌭	7～8	表 11-24	影响传动件与轴配合松紧及对中性
与传动件轴孔配合表面对基准轴线的径向圆跳动	↗	6～8	表 11-26	影响传动件的运转同心度
传动件定位轴肩端面对基准轴线的轴向圆跳动	↗	6～8	表 11-26	影响传动件的定位及其受载均匀性
与轴承孔配合表面的圆柱度	⌭	表 11-33		影响轴承与轴配合松紧及对中性
与轴承孔配合表面对基准轴线的径向圆跳动	↗	5～6	表 11-26	影响轴承的运转同心度
轴承定位轴肩端面对基准轴线的轴向圆跳动	↗	表 11-33		影响轴承的定位及其受载均匀性
键槽侧面对基准轴线的对称度	⌯	7～9	表 11-26	影响键受载的均匀性及装拆的难易

2. 轴的精度分析实例

以图 8-15 所示轴系中的轴为例。该减速器输出轴的精度分析结果见表 11-58。

表 11-58　减速器输出轴的精度分析结果

轴段	配合尺寸		几何公差				表面粗糙度 *Ra*/μm	
			项目	符号	公差值/mm			
轴承处	Φ65m6	表 11-31	圆柱度	⌭	0.005	表 11-33	0.8	表 11-34
			径向圆跳动	↗	0.015	表 11-26		
			轴向圆跳动	↗	0.015	表 11-33	3.2	
齿轮处	Φ70H7/m6	表 11-55	圆柱度	⌭	0.013	表 11-24	1.6	表 11-56
			径向圆跳动	↗	0.025	表 11-26		
			轴向圆跳动	↗	0.025	表 11-26	3.2	
联轴器处	Φ50H7/k6		圆柱度	⌭	0.011	表 11-24	1.6	
			径向圆跳动	↗	0.020	表 11-26		
			轴向圆跳动	↗	0.025	表 11-26	3.2	
键槽（齿轮处）	20N9/h8	表 11-35	对称度	⌯	0.025	表 11-26	两侧面：3.2 槽底：6.3	表 11-36
键槽（联轴器处）	14N9/h8				0.020			
毡圈密封处							3.2	表 11-56

依据轴上各处配合尺寸的公称尺寸和公差带代号，由表 11-4 和表 11-6 可查得标准公差数值和基本偏差数值，由此可计算配合尺寸的极限偏差数值，其结果见表 11-59。

表 11-59　确定轴上各配合尺寸的极限偏差数值　（单位：mm）

项目	齿轮处	轴承处	联轴器处	键槽宽度（见表 11-36）		键槽深度（表 11-36）	
公称尺寸	Φ70	Φ65	Φ50	20	14	62.5	44.5
公差带代号	m6	m6	k6	N9	N9		
标准公差数值（IT_n）	0.019	0.019	0.016	—	—	—	—
基本偏差数值	+0.011	+0.011	+0.002	—	—	—	—
上极限偏差（es）（$es = ei + IT_n$）	+0.030	+0.030	+0.018	0	0	0	0
下极限偏差（ei）	+0.011	+0.011	+0.002	−0.052	−0.043	−0.2	−0.2
图样标注	$\Phi70^{+0.030}_{+0.011}$	$\Phi65^{+0.030}_{+0.011}$	$\Phi50^{+0.018}_{+0.002}$	$20^{\ 0}_{-0.052}$	$14^{\ 0}_{-0.043}$	$62.5^{\ 0}_{-0.2}$	$44.5^{\ 0}_{-0.2}$

上述结果的图样标注如图 11-14 所示。

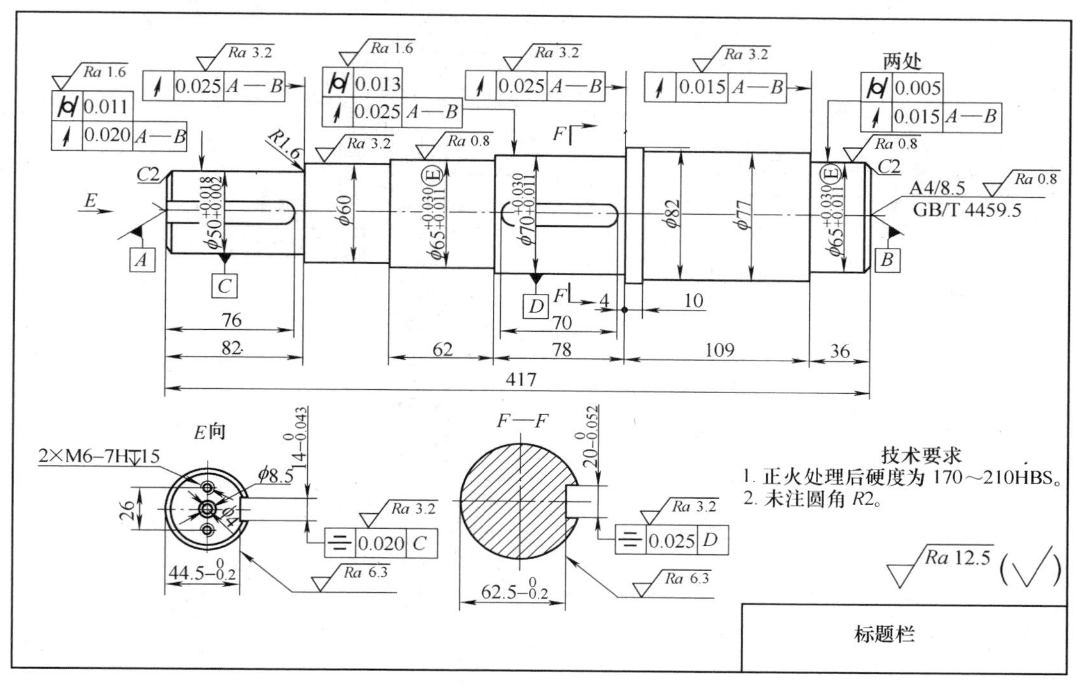

图 11-14 轴的工作图

思考与习题

1. 按 $\Phi50f7$ 的要求加工得到一批轴，经测量每一轴的实际尺寸，得知其中最大的尺寸为 $\Phi49.980$mm，最小的尺寸为 $\Phi49.960$mm，问这批轴所要求的极限尺寸是多少？这批轴的实际尺寸是否全部合格？为什么？

2. 查表求各公差带的极限偏差，绘制孔、轴公差带图，计算配合的极限间隙或极限过盈，并计算配合公差。

$\Phi80H7/g6$ ；$\Phi25K6/h5$ ；$\Phi50H7/r6$；$\Phi30H8/js7$

3. 查表确定下列各尺寸的公差带代号。

$\Phi150\pm0.080$（孔或轴）；$\Phi20^{+0.010}_{-0.023}$（孔）；$\Phi18^{-0.032}_{-0.043}$（轴）

4. 几何公差带包含哪几项内容？公差带的形状有哪几种？

5. 试说明图 11-15 中各项几何公差、表面粗糙度标注的含义。

6. 将下列尺寸和几何公差要求标注在图 11-16 所示的零件图上。

（1）Φd_1 轴颈的圆柱度公差 0.01mm。

（2）Φd_2 左端面对 Φd_1 轴线的轴向圆跳动公差 0.02mm。

（3）Φd_2 段轴线相对 Φd_1 段轴线同轴度公差 0.015mm，采用最大实体要求。

（4）Φd_1、Φd_2 均采用 h6 公差带并采用包容要求。

（5）圆锥左端面对 Φd_1 轴线的垂直度公差 0.02mm。

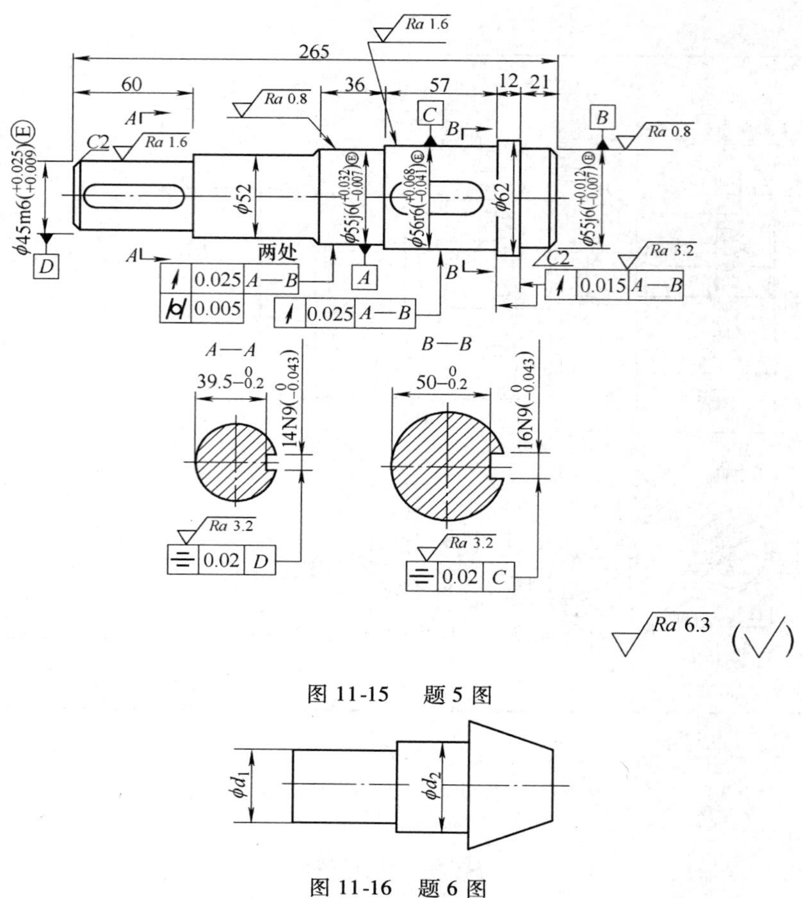

图 11-15　题 5 图

图 11-16　题 6 图

参考文献

[1] 濮良贵，纪名刚．机械设计［M］.8 版．北京：高等教育出版社，2006.

[2] 杨可桢，程光蕴，李仲生，等．机械设计基础［M］.4 版．北京：高等教育出版社，2006.

[3] 吴宗泽．机械设计实用手册［M］.3 版．北京：化学工业出版社，2010.

[4] 成大先．机械设计手册［M］.5 版．北京：化学工业出版社，2007.

[5] 秦大同，谢里阳．现代机械设计手册［M］．北京：化学工业出版社，2011.

[6] 吴宗泽．机械设计课程设计手册［M］.3 版．北京：高等教育出版社，2006.

[7] 程时甘，黄劲枝．机械设计基础［M］．北京：机械工业出版社，2006.

[8] 黄劲枝，程时甘．机械分析应用基础［M］．北京：化学工业出版社，2006.

[9] 黄劲枝，程时甘．机械分析应用综合课题指导［M］．北京：机械工业出版社，2007.

[10] 陈位宫．工程力学［M］.2 版．北京：高等教育出版社，2008.

[11] 刘霞．公差配合与测量技术［M］．北京：机械工业出版社，2010.